중학 G&T final test

충학생을 위한

실전 영재수학
모의고사

씨실과 날실 편집부 엮음

G&T MATH

'지앤티'는 영재를 뜻하는 미국·영국식
약어로 Gifted and talented의 줄임말로 '축복
받은 재능' 이라는 뜻을 담고 있습니다.

씨실과 날실

씨실과 날실은 도서출판 세화의 자매브랜드입니다.

이 책을 지으신 선생님들

■ 씨실과날실 편집부 엮음

검수 정호영 선생님 e-mail:allpassid@naver.com

류우성 선생님 e-mail:fbdntjd87@naver.com

∗ 이 책의 내용에 관하여 궁금한 점이나 상담을 원하시는 독자 여러분께서는 www.sehwapub.co.kr이나 메일로 검수하신 선생님께 연락을 주시면 적절한 확인 절차를 거쳐서 풀이에 관한 상세 설명을 받으실수 있습니다.

Tel_010-5564-7333

∗ 이 책의 문제나 풀이에 대한 의문사항이나 궁금하신 점은 저자의 e-mail로 문의 주시면 친절한 설명과 안내를 받으실 수 있습니다.

∗ 이 책의 정오표는 학습서게시판에서 내려받으실 수 있습니다.

실전 영재수학모의고사 (중학 G&T final test)

이 책을 지으신 선생님 정호영, 씨실과 날실 편집부 엮음   이 책을 검수하신 선생님 정호영, 류우성

펴낸이 구정자 펴낸곳 (주)씨실과 날실 발행일 4판 4쇄 2025년 9월10일 등록번호 (등록번호: 2007.6.15 제302-2007-000035)
주소 경기도 파주시 회동길 325-22(서패동 469-2) 전화 (031) 955-9445 팩스 (031) 955-9446

판매대행 도서출판 세화 주소 경기도 파주시 회동길 325-22(서패동 469-2)
전화 (031)955-9333 구입문의 (031)955-9331~2 팩스 (031)955-9334 홈페이지 www.sehwapub.co.kr
정가 25,000원 ISBN 979-11-89017-12-5 53410

*독자여러분의 의견을 기다립니다. 잘못된 책은 바꾸어드립니다.

실전 영재수학 모의고사

씨실과 날실 편집부 엮음

씨실과 날실

머리말

영재교육 진흥법에 따라 부산 영재학교가 세워진 후 많은 뛰어난 학생들이 영재학교에 입학하여 최고의 교육을 받게 되었지만 그 수요를 모두 충족시키기에는 한계가 있었습니다.

최근에 수도권의 많은 영재교육 대상자들을 위해 서울과 경기에 잇달아 영재학교가 개교함으로써 좀 더 많은 학생들에게 기회가 주어지게 되었습니다.

영재학교 신입생 선발은 법령에 따라 여러 단계를 거쳐 진행되도록 되어 있습니다.

그 중 서류 전형 다음 단계에 반드시 거쳐야 하는 것이 우수성을 진단하기 위한 지필평가입니다. 이 단계에서는 수학과 과학에 대한 기초 지식과 수학(修學)능력, 그리고 문제 해결 과정에서 필요한 창의력 등의 여러 가지 사고력을 종합적으로 평가하게 됩니다.

아직 영재학교가 정착단계에 있기 때문에 평가의 유형이 정해져 있지 않지만 기존의 영재학교 시험에서 출제되었던 문항들을 통해 미루어 짐작해볼 때 다음과 같은 기준을 갖고 준비한다면 충분히 대비할 수 있을 것입니다.

첫째는 중학교 교육과정에서 다루는 내용들을 충분히 이해하고 있는지 평가한다는 점입니다. 이를 위해서는 각 단원별로 반드시 공부해야 할 학습요소들을 깊이 이해하고 중요한 문제들은 반복해서 연습해야 할 것입니다.

두 번째는 난이도가 높지만 중학교 교육과정에서 배운 내용을 토대로 풀이과정을 유추해낼 수 있는 문제들입니다. 교과서나 다른 문제집들에서는 쉽게 접하기 어려우므로 이 책에서 제시하는 문제들을 충분히 연습함으로써 새로운 유형의 문제에도 당황하지 않고 도전하여 해결하는 훈련이 필요합니다.

세 번째는 창의력과 추론 능력, 계산능력, 종합능력 등 복합적 문제해결력을 평가하는 문제유형입니다. 이와 같은 문제의 경우 뚜렷한 대비책이 없는 것이 사실입니다. 다만 새로운 유형의 문제를 접했을 때, 섣불리 풀이집이나 선생님들의 도움을 받지 말고 오랜 시간을 투자하여 자신의 힘으로 해결하는 과정을 통해 사고력을 향상시키는 것만이 유일한 방법이라고 할 수 있습니다.

이 책에서는 이러한 세 가지 유형의 문제들을 적절한 수준으로 재구성하여 제시하고 있습니다. 영재학교 입시를 준비하고 있는 학생들이라면 지필평가 단계를 반드시 준비해야 할 것입니다.

이 책에 수록된 문제들을 하나 하나 시간을 들여 풀어본다면 충분한 대비가 될 것으로 믿고 있습니다. 영재학교를 준비하는 과정에서 자신의 실력을 더 키우가 발전해나간다면 결과에 관계없이 성공적인 과정이 될 것입니다. 모든 친구들에게 밝은 미래가 함께 하길 기원합니다.

저자 일동

이 책의 구성과 활용법

이 책은 영재학교 입학과정에서 다루는 평가유형에 맞는 문항들을 체계적으로 망라하고 있으며, 문항의 구성과 전개에 있어 몇가지 특징을 두어 엮었습니다.

문제 해결 능력을 키우고 복합적인 사고능력의 향상을 위하여 다음과 같이 구성하였습니다.

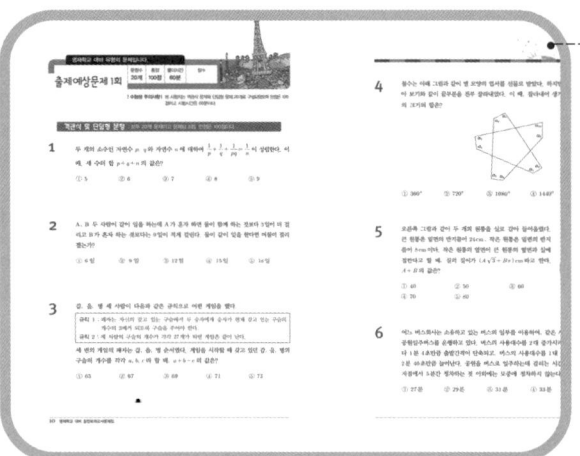

1 출제예상문제 주관식

■15문제

중학교 교육과정을 토대로 난이도가 높은 문항들을 단계 별로 연습할 수 있도록 체계적으로 구성하였습니다.

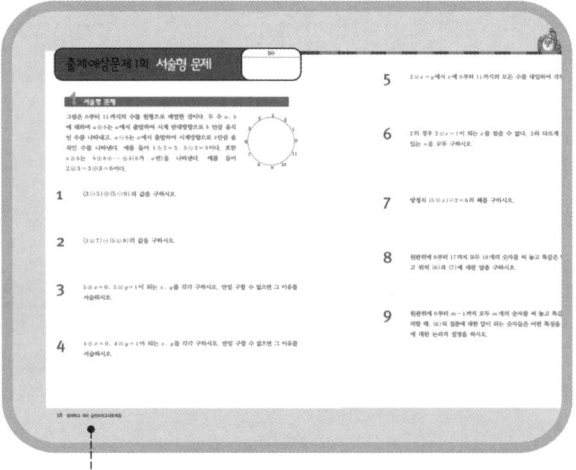

2 출제예상문제 서술형

■4문항

문제 풀이과정을 단계적으로 발견해 나갈 수 있도록 단계형 문항으로 구성하였습니다.

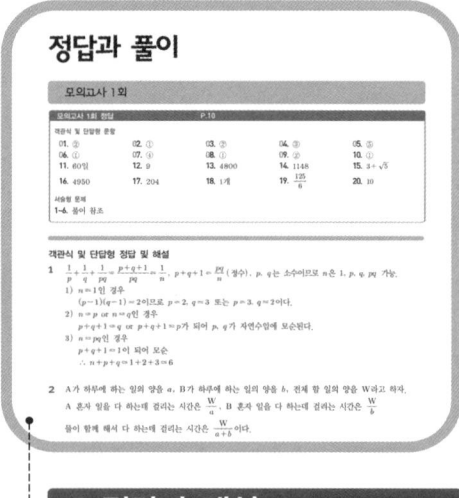

5 정답과 해설

■출제예상문제/실전모의고사 정답과 풀이

책속의 책으로 출제예상문제/실전모의고사 해답과 풀이를 분권으로 분리하여 강의 및 학습배양에 편의를 기하도록 하였습니다.

contents

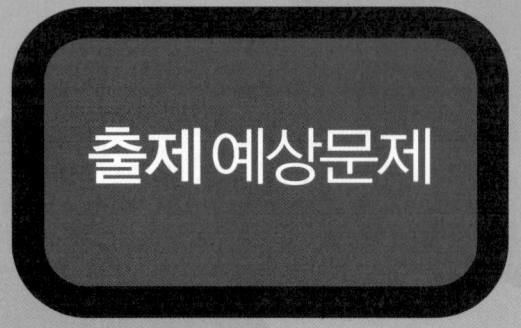

출제 예상문제

Final test

위대한 성취는 부지런한 노동과 정비례된다. 즉 일한것만큼 수확이 있게 되고 그 수확이 하나하나 쌓여 기적을 창조하게 된다. 〈로신〉

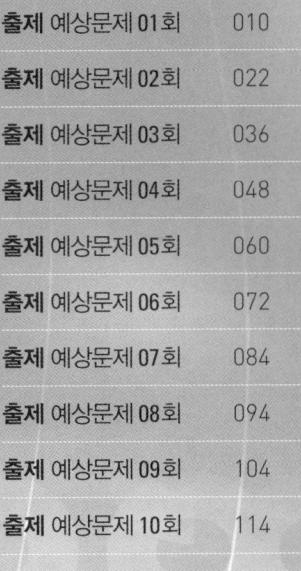

출제예상문제 1회

문항수	총점	풀이시간	점수

| 입시생 주의사항 | 본 시험지는 단답형 문제 15개, 서술형 문제 4개로 구성되었으며 시험시간은 180~240분입니다.

단답형 문항

1 자연수 n과 두 소수 p, q에 대하여 $\dfrac{1}{p} + \dfrac{1}{q} + \dfrac{1}{pq} = \dfrac{1}{n}$ 을 만족한다. 세 수의 합 $p+q+n$의 값을 구하여라.

2 A, B 두 사람이 같이 일을 하는데 A가 혼자 하면 둘이 함께 하는 것보다 3일이 더 걸리고 B가 혼자 하는 것보다는 9일이 적게 걸린다. 둘이 같이 일을 한다면 며칠이 걸리는지 구하여라.

3 갑, 을, 병 세 사람이 다음과 같은 규칙으로 어떤 게임을 했다.

> 규칙 1 : 패자는 자신의 갖고 있는 구슬에서 두 승자에게 승자가 현재 갖고 있는 구슬의 개수의 3배가 되도록 구슬을 주어야 한다.
> 규칙 2 : 세 사람의 구슬의 개수가 각각 27개가 되면 게임은 끝이 난다.

세 번의 게임의 패자는 갑, 을, 병 순서였다. 게임을 시작할 때 갖고 있던 갑, 을, 병의 구슬의 개수를 각각 a, b, c라 할 때, a, b, c의 값을 구하여라.

4 철수는 아래 그림과 같이 별 모양의 엽서를 선물로 받았다. 하지만, 끝이 마음에 들지 않아 보기와 같이 끝부분을 전부 잘라내었다. 이때, 잘라내어 생기는 각 $a_1, a_2, \cdots, a_{10}$의 크기의 합을 구하여라.

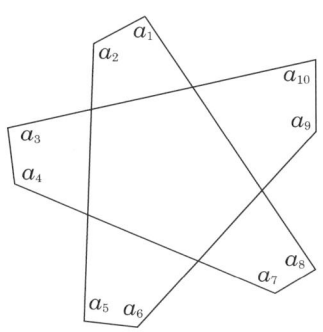

5 오른쪽 그림과 같이 두 개의 원통을 실로 감아 들어올렸다. 큰 원통은 밑면의 반지름의 길이가 $24\,\mathrm{cm}$, 작은 원통은 밑면의 반지름의 길이가 $8\,\mathrm{cm}$이다. 작은 원통의 옆면이 큰 원통의 옆면과 실에 접한다고 할 때, 실의 길이가 $(A\sqrt{3} + B\pi)\,\mathrm{cm}$라고 한다. $A+B$의 값을 구하여라.

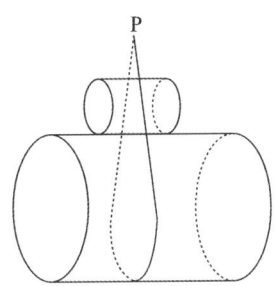

6 어느 버스회사는 소유하고 있는 버스의 일부를 이용하여, 같은 시간 간격으로 출발하는 공원일주버스를 운행하고 있다. 버스의 사용대수를 2대 증가시키면 1대 증가시킬 때보다 1분 4초만큼 출발간격이 단축되고, 버스의 사용대수를 1대 감소시키면 출발간격은 2분 40초만큼 늘어난다. 공원을 버스로 일주하는데 걸리는 시간을 구하여라. (단, 버스는 출발 지점에서 5분간 정차하는 것 이외에는 도중에 정차하지 않는다.)

7 아래 그림은 이차함수 $y = ax^2 + bx + c$ 의 그래프이다. 〈보기〉에서 옳은 것을 있는 대로 찾아라.

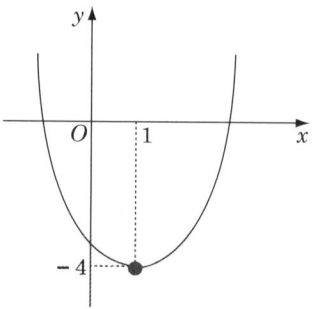

┤ 보기 ├

ㄱ. $abc > 0$

ㄴ. $a + b < 0$

ㄷ. $a + b + c = -4$

ㄹ. 직선 $y = ax + b$ 는 2사분면을 지난다.

ㅁ. 위에 주어진 이차함수의 그래프는 일차함수 $y = -bx + 2b - 4$의 그래프보다 항상 위에 있다.

8 자연수 n 에 대하여 $n = 2^k \times m$ (k는 음이 아닌 정수, m은 홀수)일 때, $f(n) = m$으로 정의한다. 예를 들면, $28 = 2^2 \times 7$이므로 $f(28) = 7$이다.

이때, $f(1) + f(2) + f(3) + f(4) + \cdots + f(200)$의 값을 구하여라.

9 다음 그림과 같이 한 모서리의 길이가 3cm인 정육면체가 있다. 사면체 BDEG에 내접하는 구의 반지름의 길이를 구하여라.

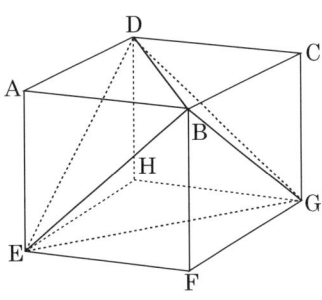

10 그림에서 사각형 ABCD는 직사각형이고 $\overline{AE}:\overline{ED}=1:4$, $\overline{AF}:\overline{FD}=9:1$, $\overline{BH}:\overline{HC}=2:3$, $\overline{BG}:\overline{GC}=7:3$이다. 삼각형 EHI의 넓이를 S_1, 삼각형 FGI의 넓이를 S_2라고 하자. 사각형 ABCD의 넓이가 100일 때, S_1+S_2의 값을 구하여라.

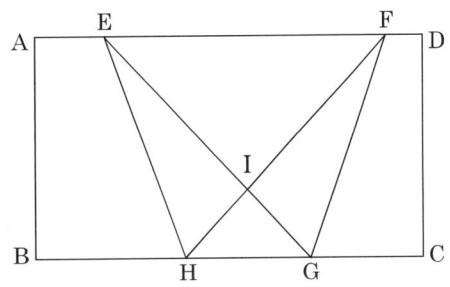

11 그림과 같이 별 O, A, B, C가 있다. 별 A는 별 O의 둘레를 반시계방향으로, 별 B는 별 A의 둘레를 시계방향으로, 별 C는 별 B의 둘레를 시계방향으로 회전하고 있다. 별 A는 12일, 별 B는 30일, 별 C는 24일 만에 1회전 한다. O, A, B, C가 일직선상에 놓여 있다가 동시에 출발하여 n일 후에 다시 처음으로 일직선 위에 놓인다고 할 때, n의 값을 구하여라.

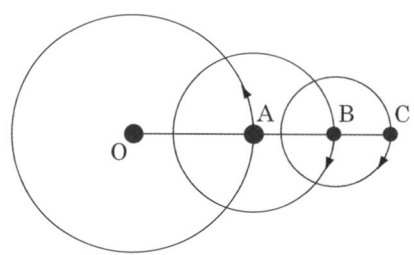

12 그림과 같이 각 삼각형의 꼭짓점에 있는 원 내부에 0에서 9까지의 숫자를 한 번씩 적어서 어두운 삼각형의 꼭짓점에 적힌 세 숫자의 합이 모두 같도록 만들려고 한다. 이때, 가운데 위치한 x에 적힐 수 있는 모든 숫자의 합을 구하여라.

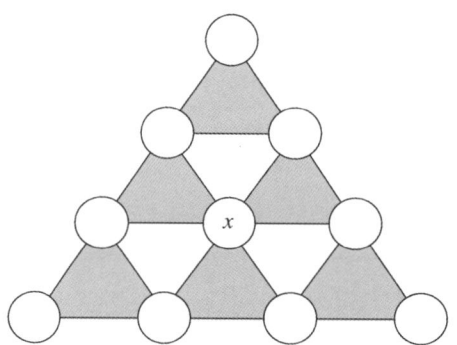

13 $(5+2\sqrt{6})^4 + (5-2\sqrt{6})^4 = 9602$ 이다. 이를 이용하여 $1960\sqrt{6}$ 보다 크지 않은 최대 정수의 값을 구하여라.

14 자연수 n에 대하여 함수 f, g, h를 보기와 같이 정의한다.

┤ 보기 ├

n이 5의 배수일 때 $f(n) = 1$, n이 5의 배수가 아닐 때 $f(n) = 0$
n이 6의 배수일 때 $g(n) = 1$, n이 6의 배수가 아닐 때 $g(n) = 0$
n이 7의 배수일 때 $h(n) = 1$, n이 7의 배수가 아닐 때 $h(n) = 0$

$F(n) = \{1 - f(n)\}\{1 - g(n)\}\{1 - h(n)\}$ 이라고 할 때,
$F(1) + F(2) + F(3) + \cdots + F(2009)$ 의 값을 구하여라.

15 그림과 같은 평행사변형 모양의 종이테이프를 세 번 접어서 정오각형 모양을 만들었다. 종이의 남는 부분이 없다고 할 때, x의 길이를 구하여라.

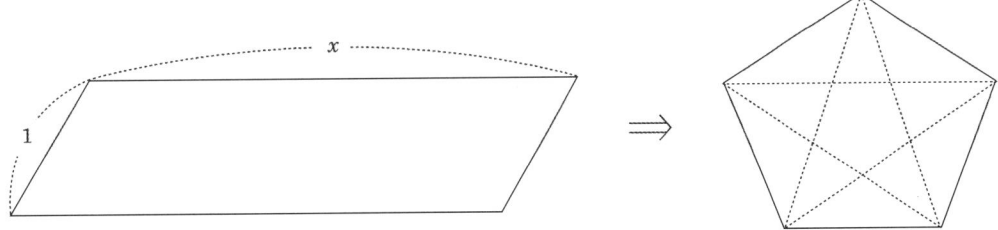

출제예상문제 1회 서술형 문제

점수

그림은 0부터 11까지의 수를 원형으로 배열한 것이다. 두 수 a, b에 대하여 $a \oplus b$는 a에서 출발하여 시계 반대방향으로 b 만큼 움직인 수를 나타내고, $a \ominus b$는 a에서 출발하여 시계방향으로 b만큼 움직인 수를 나타낸다. 예를 들어 $1 \oplus 2 = 3$, $5 \ominus 2 = 3$이다. 또한 $a \otimes b$는 $b \oplus b \oplus \cdots \oplus b$($b$가 a번)을 나타낸다. 예를 들어 $2 \otimes 3 = 3 \oplus 3 = 6$이다.

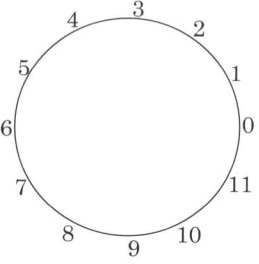

1 $(3 \ominus 5) \oplus (5 \ominus 9)$의 값을 구하여라.

2 $(3 \otimes 7) \ominus (5 \otimes 9)$의 값을 구하여라.

3 $5 \oplus x = 0$, $5 \otimes y = 1$이 되는 x, y를 각각 구하여라. 만일 구할 수 없으면 그 이유를 서술하여라.

4 $4 \oplus x = 0$, $4 \otimes y = 1$이 되는 x, y를 각각 구하여라. 만일 구할 수 없으면 그 이유를 서술하여라.

5 $2 \otimes x = y$에서 x에 0부터 11까지의 모든 수를 대입하여 각각의 경우 y값을 구하여라.

6   2의 경우 $2 \otimes x = 1$이 되는 x를 찾을 수 없다. 2와 다르게 $n \otimes x = 1$인 x를 찾을 수 있는 n을 모두 구하여라.

7   방정식 $(5 \otimes x) \ominus 2 = 6$의 해를 구하여라.

8   원판 위에 0부터 17까지 모두 18개의 숫자를 써 놓고 똑같은 방법으로 $\oplus$, $\otimes$를 정의하고 위의 (6)과 (7)에 대한 답을 구하여라.

9   원판 위에 0부터 $m-1$까지 모두 m개의 숫자를 써 놓고 똑같은 방법으로 $\oplus$, $\otimes$를 정의할 때, (6)의 질문에 대한 답이 되는 숫자들은 어떤 특징을 갖고 있는가? 자신의 답변에 대해 논리적으로 설명하여라.

2 서술형 문제

삼각형 ABC 의 변 BC 위에 점 D 가 있다. 이때, 삼각형 ABD 와 삼각형 ACD 에 각각 내접하는 두 원의 반지름의 길이가 같고 삼각형 ABC 에 원이 내접하고 있다. 삼각형 ABC 의 세 변의 길이를 a, b, c 라고 하고, $s = \dfrac{a+b+c}{2}$, $\overline{\mathrm{AD}} = x$, $s_1 = \dfrac{c+x+\overline{\mathrm{BD}}}{2}$,

$s_2 = \dfrac{b+x+\overline{\mathrm{CD}}}{2}$ 라고 하자.

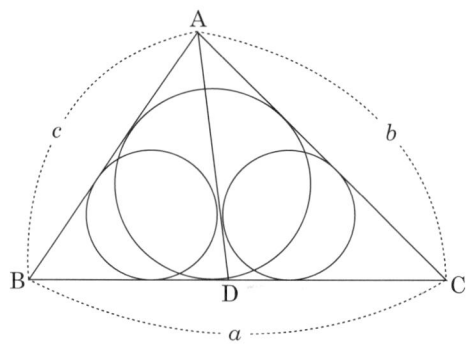

1 $s_1 + s_2 = s + x$ 임을 증명하여라.

2   위 그림에서 작은 두 원의 반지름의 길이를 k, 큰 원의 반지름의 길이를 r 이라고 할 때, $x = \dfrac{rs}{k} - s$ 임을 증명하여라.

3   삼각형의 닮음을 이용하여 x 를 a, b, c 에 관한 식으로 나타내어라.

3 서술형 문제

다음 물음에 답하여라. (단, $1^2 + 2^2 + 3^2 + \cdots + n^2 = \dfrac{1}{6}n(n+1)(2n+1)$ 이다.)

1 n개의 점은 주어진 직선을 최대한 몇 개의 부분으로 분할하는가?

2 평면에서 세 직선은 평면을 최대한 몇 개의 영역으로 분할하는가?

3 n개의 직선은 주어진 평면을 최대한 몇 개의 영역으로 분할하는가?

4 공간에서 네 평면은 공간을 최대한 몇 개의 영역으로 분할하는가?

5 n개의 평면은 주어진 공간을 최대한 몇 개의 영역으로 분할하는가?

6 n개의 원은 주어진 평면을 최대한 몇 개의 영역으로 분할하는가?

서술형 문제

바둑판의 중앙(원점)에 한 개의 바둑알이 놓여있다. 이것을 앞, 뒤, 오른쪽, 왼쪽방향으로 한 칸씩 무작위로 움직이기로 할 때, 다음 물음에 답하여라.

1 원점에서 출발하여 5회 움직였을 때, 이 바둑알이 있을 수 있는 위치는 몇 군데인지 구하여라.

2 원점에서 출발하여 4회 움직여서 점 $(1,\ 1)$에 도달하는 모든 방법의 수를 구하여라.

3 원점에서 출발하여 2011회 움직여서 점 $(1, 1)$에 도달할 수 있는지, 없는지 판단하고 이유를 설명하여라.

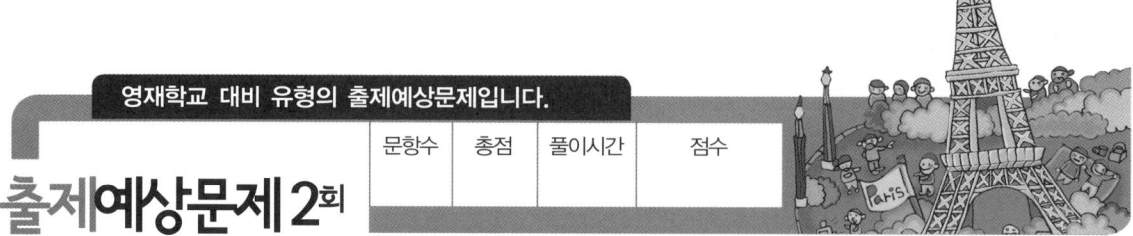

영재학교 대비 유형의 출제예상문제입니다.

문항수	총점	풀이시간	점수

| **입시생 주의사항** | 본 시험지는 단답형 문제 15개, 서술형 문제 4개로 구성되었으며 시험시간은 180~240분입니다.

단답형 문항

1 $\angle A = 90°$, $\overline{AB} : \overline{AC} : \overline{BC} = 3 : 4 : 5$ 이고 세 변의 길이가 모두 정수인 직각삼각형 ABC 가 있다. 그림과 같이 크기가 같은 n 개의 작은 원들이 서로 외접하며 모두 빗변 BC 에 접하고 있으며 양쪽 끝의 원은 각각 $\overline{AB}$, $\overline{CA}$ 에 접하고 있다. 원의 반지름의 길이가 $\dfrac{1}{3}$ 이라고 할 때, 가능한 n 의 값을 구하여라.

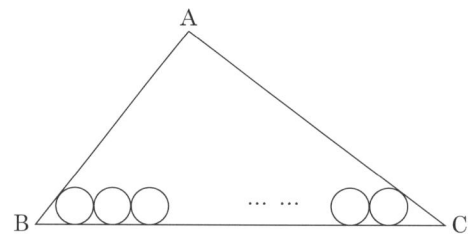

2 세 개의 도르래가 벨트로 연결되어 있다. 각 도르래의 작은 바퀴와 큰 바퀴의 반지름의 길이는 (1cm, 3cm), (1cm, 2cm), ($a$cm, $b$cm)이다. 그림과 같이 벨트로 연결되어 있을 때, 벨트가 미끄러지지 않고 돌기 위한 a, b 사이의 관계식을 구하여라.

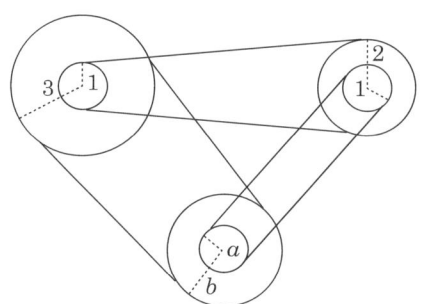

3 한 변의 길이가 12인 정사각형 내부에 가로의 길이가 3, 세로의 길이가 2인 직사각형을 24개 그렸다. 한 대각선이 만나는 직사각형의 개수는 8개다(꼭짓점만 지나는 경우는 제외한다.) 한 변의 길이가 216인 정사각형 내부에 가로의 길이가 9, 세로의 길이가 4인 직사각형을 1296개 그렸을 때, 한 대각선과 만나는 직사각형의 개수를 구하여라.

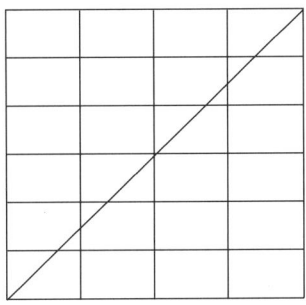

4 자동차 4대 A, B, C, D가 같은 도로 위를 같은 방향으로 달리고 있다. A는 B와 C를 각각 오전 8시, 오전 10시에 만났고, 오전 12시에는 D와 만났다. D는 B와 C를 각각 오후 3시, 오후 6시에 만났다. 이때, B가 C와 만나는 시간은? (단, A, B, C, D는 각각 일정한 속력으로 달린다.)

5 그림과 같이 밑면의 반지름의 길이 1cm, OA의 길이 24cm, OB의 길이 12cm인 원뿔이 있다. 이 원뿔에 A로부터 OA 위의 점 B까지 실의 길이가 최단이 되도록 실을 팽팽하게 4회 감는다. OA와 처음의 교점을 D라 할 때, OD를 한 변으로 하는 정사각형의 넓이를 구하여라.

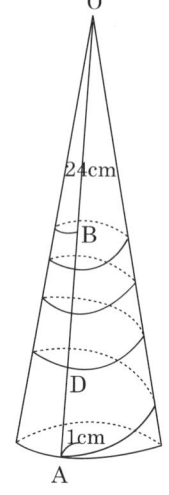

6 그림과 같이 마름모 ABCD의 한 꼭짓점 D에서 변 AB에 내린 수선의 발을 K라고 하면 선분 DK는 대각선 AC와 점 M에서 만난다. 선분 DK의 길이가 4이고, $\overline{AK} : \overline{KB} = 1 : 2$일 때, $\overline{MB}$의 길이를 구하여라.

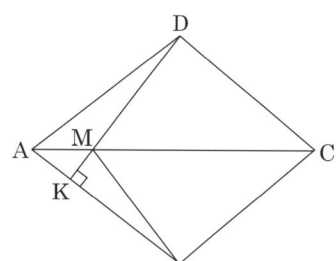

7 그림과 같이 16칸으로 나누어진 상자에 탁구공이 들어있다. 각 칸에 인접해 있는 모든 칸 속에 들어있는 탁구공들의 개수의 합은 항상 9개이다. 예를 들어, A칸에 인접한 B, E 두 칸 속에 들어있는 탁구공의 개수의 합은 9개, C칸에 인접한 B, G, D 세 칸 속에 들어있는 탁구공의 개수의 합도 9개, K칸에 인접한 G, J, O, L 네 칸 속에 들어있는 탁구공의 개수의 합도 9개이다. 이때, 16칸에 들어있는 모든 탁구공의 개수를 구하여라.

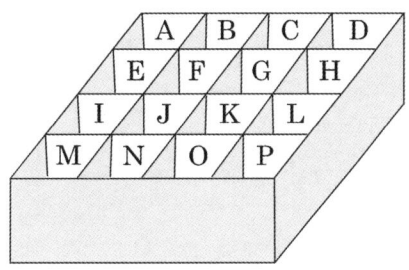

8 그림은 한 변의 길이가 24cm인 정사각형 내부에 같은 크기의 정사각형 4개가 들어간 것을 나타낸다. 이때, 내부의 정사각형 4개의 넓이를 구하여라.

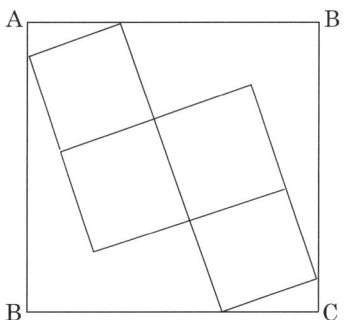

9 그림은 직사각형 모양의 종이로 비행기를 접는 방법을 순서대로 나타낸 것이다.

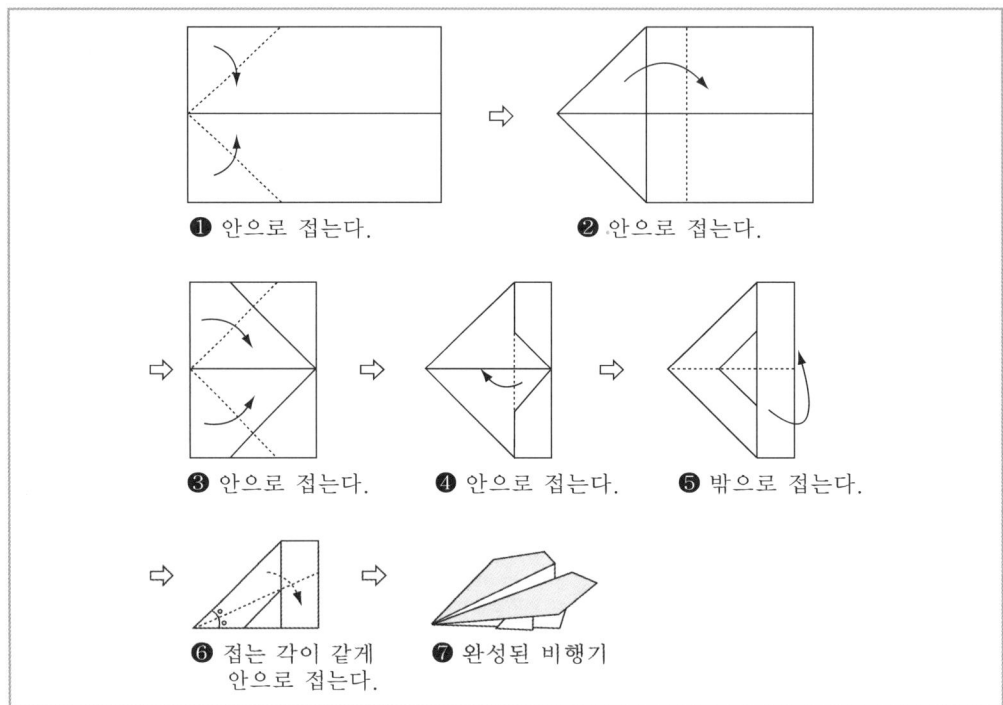

❶ 안으로 접는다.　　❷ 안으로 접는다.

❸ 안으로 접는다.　　❹ 안으로 접는다.　　❺ 밖으로 접는다.

❻ 접는 각이 같게
　안으로 접는다.　　❼ 완성된 비행기

가로 $20\sqrt{2}\,\mathrm{cm}$, 세로 $20\,\mathrm{cm}$인 직사각형 모양의 종이를 사용하여 위의 방법으로 종이비행기를 접었을 때, 완성된 비행기의 어두운 두 부분의 넓이의 합을 구하여라.

10 세 양의 정수 a, b, c와 정수 d는 관계식 $\dfrac{1}{4}a + \dfrac{1}{3}b + \dfrac{1}{3}c + d = 10$을 만족한다. 이때, $a+b+c+d$의 최솟값을 구하여라.

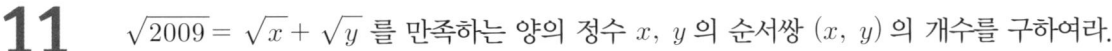

11 $\sqrt{2009} = \sqrt{x} + \sqrt{y}$ 를 만족하는 양의 정수 x, y 의 순서쌍 (x, y) 의 개수를 구하여라.

12 그림과 같이 반지름의 길이가 1인 원에 내접하는 정삼각형 ABC가 있다. 선분 BC에 평행한 직선 l이 삼각형 ABC와 원과 만나는 점을 D, E, F, G라 하자.

$\overline{DE} = \overline{EF} = \overline{FG}$ 일 때, EF의 길이를 구하여라.

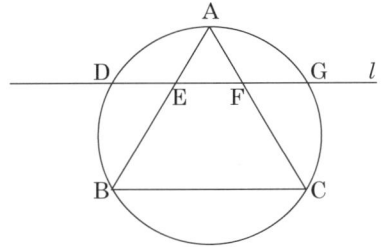

13 서로 다른 크기의 주사위 세 개를 동시에 던졌을 때 나온 눈의 수를 x, y, z 라 하자.

$\dfrac{180°}{x}$, $\dfrac{180°}{y}$, $\dfrac{180°}{z}$ 가 직각삼각형의 세 내각의 크기가 될 확률을 p_1,

$\dfrac{180°}{x}$, $\dfrac{180°}{y}$, $\dfrac{180°}{z}$ 가 이등변삼각형의 세 내각의 크기가 될 확률을 p_2 라 할 때,

$p_1 + p_2$ 의 값을 구하여라.

14 $\overline{AC} = \overline{AD}$ 인 직각이등변삼각형 ACD 밖에 $\angle ABD = 15°$, $\angle ADB = 30°$ 가 되도록 점 B를 그렸을 때, $\angle ACB$의 크기를 구하여라.

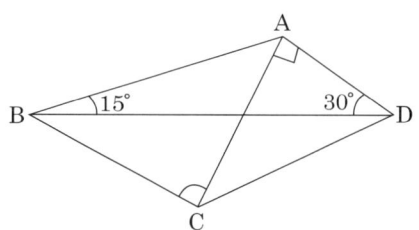

15 어떤 학급의 학생 수는 30명이다. 30명이 동시에 가위 바위 보를 하기로 했다. 3회 가위 바위 보를 한 결과 다음과 같다.

> (1) 한 번도 가위를 내지 않은 사람 12명
>
> (2) 한 번도 바위를 내지 않은 사람 13명
>
> (3) 한 번도 보를 내지 않은 사람 10명
>
> (4) 3회 모두 가위를 낸 사람 4명
>
> (5) 3회 모두 바위를 낸 사람 2명
>
> (6) 3회 모두 보를 낸 사람 3명

그렇다면 가위, 바위, 보를 가각 1회씩 낸 사람은 몇 명인지 구하여라.

출제예상문제 2회 서술형 문제

점수

1 서술형 문제

어느 지도상의 네 도시 A_1, A_2, A_3, A_4 의 중심지점을 C_1, C_2, C_3, C_4 , 각 지점 C_i과 C_j $(i \neq j)$간의 거리를 $d_{ij}(\text{km})$라고 할 때, 다음이 성립한다.

$$d_{12} = d_{14} , \quad d_{23} = d_{34} = \sqrt{5}\,d_{12}, \quad d_{13} = 12 , \quad d_{24} = 6, \quad d_{12} > d_{24}$$

여기서 각 도시의 인구를 p_i 라 하고, 매일 도시 A_i, A_j 를 왕래하는 사람의 수를 y_{ij} 라 하면, 상수 r 이 존재하여 모든 i, $j\,(i \neq j)$에 대하여 $y_{ij} = r \cdot \dfrac{p_i \cdot p_j}{d_{ij}^{\,2}}$가 성립한다. (단, C_1은 선분 C_2C_4의 오른쪽에 있다.)

1 C_1과 C_3를 지나는 직선과 C_2와 C_4를 지나는 직선의 교점을 Q라 할 때, C_2와 Q 사이의 거리를 구하여라.

2 C_1과 C_2 사이의 거리 d_{12} 를 구하여라.

3 $p_1 : p_2 = 2 : 1$, $y_{12} : y_{23} : y_{34} = 12 : 4 : 3$인 경우, $p_1 : p_2 : p_3 : p_4$를 구하여, 어느 두 도시 사이에서 왕래하는 사람의 수가 가장 많은지를 구하여라.

자연수 중에는 연속된 자연수의 합으로 표현되는 수도 있고 표현되지 않는 수도 있다. 예를 들어, $6 = 1 + 2 + 3$, $5 = 2 + 3$, $10 = 1 + 2 + 3 + 4$ 등으로 연속되는 자연수의 합으로 표현된다. 다음 물음에 답하여라. (단, 1개의 자연수의 합은 제외한다.)

1 두 개의 연속된 자연수의 합은 2의 거듭제곱수가 될 수 없는 이유를 설명하여라.

2 2의 거듭제곱수는 항상 연속된 자연수의 합으로 표현 할 수 없는 이유를 설명하여라.

3 2의 거듭제곱이 아닌 수를 연속된 자연수의 합으로 나타내는 일반적인 방법을 찾아라.

참고 2의 거듭제곱이 아닌 수는 $2^k \times (2m + 1)$ 꼴로 표현할 수 있음에 착안하시오.

4 5^{10} 을 가장 긴 연속된 자연수의 합으로 표현하여라.

3 서술형 문제

점 A, B 에 차고가 하나씩 있으며, 각각 a 대, b 대의 버스가 있다. 선분 AB 위에 버스 정비소를 만들어 모든 차량을 각 1회 차량검사를 실시하려고 한다. 다음 각 경우에 대하여, 소요되는 운반 비를 최소로 하기 위해 정비소를 어디에 만드는 것이 좋은지 점 A 로부터의 거리를 구하여라. (단, A, B 사이의 거리는 l 이며, 버스는 선분 AB 위를 움직인다.)

1   한 대당 운송비는 거리에 비례한다.

2   한 대당 운송비는 거리의 제곱에 비례한다.

다각형의 넓이를 구할 때에는 다각형의 변의 길이를 이용한다. 그러나 모든 꼭짓점이 격자점 (점의 좌표가 정수인 점) 위에 놓인 다각형의 넓이는 변의 길이와 관계없이 점의 개수만으로 구할 수 있음이 알려져 있다. 이것을 픽(Pick)의 정리라고 한다. 오스트리아 수학자인 픽은 1899년에 다음을 밝혔다.

> 어떤 다각형의 모든 꼭짓점이 격자점 위에 놓여 있다고 하자. 도형의 내부에 있는 격자점의 개수를 A, 도형의 둘레에 있는 격자점의 개수를 B라고 하면 그 넓이는 다음과 같다.
> $$A + \frac{B}{2} - 1$$

격자평면에서 아래와 같은 직사각형의 넓이는 8이다.

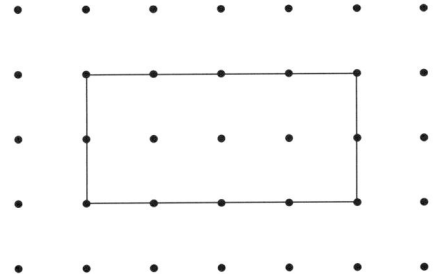

1 가로와 세로가 각각 x, y축에 평행한 직사각형의 가로 위에 있는 격자점 개수를 a, 세로 위에 있는 격자점 개수를 b이라고 할 때, 직사각형에서 픽의 정리가 성립함을 보여라.

2 다음을 이용하여 픽의 정리를 증명하여라.

> * 다각형에서 꼭짓점의 개수를 v, 변의 개수를 e, 면의 개수를 f라고 하면 $v-e+f=1$ 이
>   성립한다.
> * 주어진 다각형에서 세 격자점을 연결하여 다각형을 내부에 점이 없는 삼각형으로 나누면
>   각 삼각형의 넓이는 $\frac{1}{2}$ 이다.

3 세 꼭짓점 모두 격자점 위에 놓이는 정삼각형은 존재할 수 없음을 설명하여라.

4 격자평면 위에서 $n \times n$ 정사각형은 $(n+1)^2$ 개보다 많은 격자점을 덮을 수 없음을 설명하여라.

문항수	총점	풀이시간	점수

출제예상문제 3회

| 입시생 주의사항 | 본 시험지는 단답형 문제 15개, 서술형 문제 4개로 구성되었으며 시험시간은 180~240분입니다.

단답형 문항

1 집합 $X = \{1, 2, 3, 4, 5, 6, 7, 8, 9\}$의 서로 소인 두 부분집합 A, B 에 대하여 A 의 모든 원소의 합을 a, B 의 모든 원소의 합을 b 라고 할 때, ab 의 최댓값을 구하여라.

2 두 유리수 $\dfrac{3}{13}$ 과 $\dfrac{5}{7}$ 사이에 있는 분수 중 분모가 91 인 기약분수의 개수를 구하여라.

3 십진법으로 소수 2.34 는 $2.34 = 2 + \dfrac{3}{10} + \dfrac{4}{100}$ 를 의미한다. 6 진법으로 소수 2.34 는 $2.34_6 = 2 + \dfrac{3}{6} + \dfrac{4}{36}$ 를 의미한다. 1 보다 크고 2 보다 작은 유리수 중 분모가 10 보다 작은 기약분수들을 6 진법으로 나타낼 때, 유한소수의 개수를 구하여라.

4 $1-4+9-16+\cdots+361-400$의 값을 구하여라.

5   실수 x, y에 대하여

$$\max\{x,\,y\}=\begin{cases}x\ (x\geq y\text{일 때})\\y\ (x\leq y\text{일 때})\end{cases},\quad \min\{x,\,y\}=\begin{cases}y\ (x\geq y\text{일 때})\\x\ (x\leq y\text{일 때})\end{cases}\text{로 정의하고,}$$

$x^{+}=\max\{x,\,0\}$, $x^{-}=-\min\{x,\,0\}$으로 정의할 때, 다음 중 옳지 <u>않은</u> 것은?

① $x^{+}=\dfrac{x+|x|}{2}$ ② $x^{-}=\dfrac{x-|x|}{2}$ ③ $x^{+}+x^{-}=|x|$

④ $x^{+}-x^{-}=x$ ⑤ $x^{+}\leq |x|$

6   세 변의 길이가 3, 4, 5인 직각삼각형 ABC에서 선분 AC를 반지름으로 하는 사분원을 그리고 선분 AB와 만나는 점을 D라고 하자. 선분 AD를 한 변으로 하는 정사각형 ADEF의 넓이를 $\dfrac{q}{p}$라고 할 때, $p+q$의 값을 구하여라. (단, p, q는 서로 소인 자연수이다.)

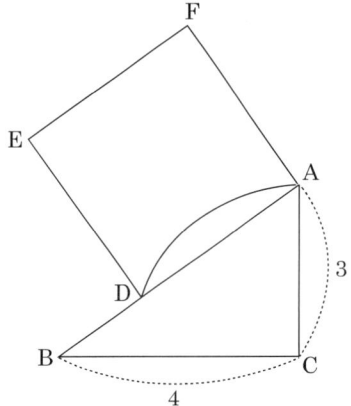

7 집합 $\{1, 2, 3, 4\}$ 에서 $\{-2, -1, 0, 1, 2\}$ 로의 함수 중에서 함수 값 전체의 합이 1이 되는 함수의 개수를 구하여라.

8 두 점 A, B는 이차함수 $y = x^2$ 의 그래프 위에 있고, 점 A의 x 좌표를 a, 점 B의 x 좌표를 b 라고 하자. $a < 0$, $b > 0$, $|a| < |b|$, 두 선분 OA, OB가 서로 수직일 때, 〈보기〉 중에서 옳은 것을 있는 대로 찾아라.

─────┤ 보기 ├─────

ㄱ. 삼각형 OAB의 넓이는 $\dfrac{1}{4}$ 이다.

ㄴ. 두 점 O, B를 지나는 직선의 기울기는 b 이다.

ㄷ. 두 점 O, A를 지나는 직선의 기울기는 $-a$ 이다.

ㄹ. 두 점 A, B를 지나는 직선의 방정식은 $y = (a+b)x + 1$ 이다.

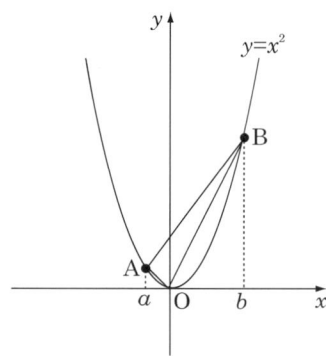

9 함수 f 가 $f(1) = 1$ 이고, 임의의 실수 x, y 에 대하여 다음 조건을 만족한다고 할 때, $f(0) + f(7)$의 값은?

$$f(x + y) = f(x) + f(y) + xy + 1$$

10 A 는 자동차로 회사에 출근을 한다. 첫째 날은 평균속력 60km/시로 달렸더니 예정된 시각보다 5 분 빨리 회사에 도착하였다. 둘째 날은 평균속력 50km/시로 달렸더니 예정된 시각보다 5 분 늦게 도착하였다. 예정된 시각보다 15분 빨리 도착하기 위한 평균속력을 구하여라.

11 그림에서 사각형 OBCD 와 OEFA 는 한 변의 길이가 각각 4, 6 인 정사각형이다. 선분 ED 의 중점을 M 이라 하고, 선분 AB 의 길이를 3 이라고 할 때, 선분 OM 의 길이를 구하여라.

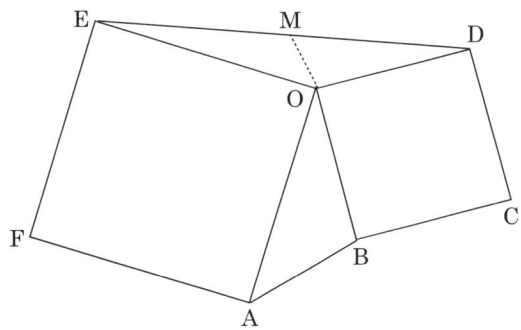

12 밑면이 한 변의 길이가 8cm 인 정사각형으로 된 직육면체 모양의 통에 반지름이 3cm 인 공을 넣을 때, 공 3 개가 완전히 들어가기 위한 통의 최소 높이를 구하여라. (단, 통의 옆면과 밑면의 두께는 무시한다.)

13 숫자가 알파벳 문자로 암호화된 아래와 같은 계산식이 있다. $M = 1$ 이고, 다른 문자는 다른 숫자를 나타낸다고 할 때, 알파벳 D, E, N, O, R, S, Y 가 나타내는 숫자들의 합을 구하여라.

$$\begin{array}{r} \text{S E N D} \\ + \text{M O R E} \\ \hline \text{M O N E Y} \end{array}$$

14 그림과 같은 정육면체의 전개도에 서로 다른 6 가지 물감으로 면을 칠하려고 한다. 이 전개도를 이용하여 정육면체를 만들었을 때 생길 수 있는 정육면체의 개수를 구하여라. (단, 정육면체를 회전시켰을 때 같은 형태의 정육면체는 한 개로 간주하고, 같은 물감을 여러 번 사용해도 상관없다.)

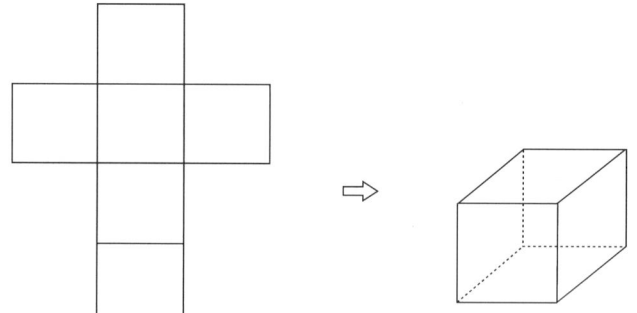

15 컴퓨터의 암호를 맞추는 게임이 있다. 게임의 규칙은 아래와 같다.

> 규칙 1 : 컴퓨터의 암호는 9이하의 서로 다른 자연수로 구성된 네 자리수이다.
> 규칙 2 : 게임자가 입력한 네 자리 수와 컴퓨터의 암호가 자리와 숫자가 동시에 p개 맞으면 'p S'로, 자리는 틀렸지만 숫자가 q개 맞으면 'q B'로 화면에 표시된다.

(예시) 컴퓨터의 암호가 4321인 경우

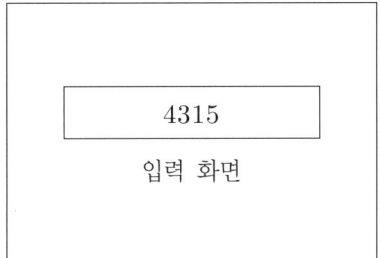

	입력 화면	출력 화면
1회	1234	2 B
2회	5678	1 S, 1 B
3회	3197	1 S, 1 B
4회	8956	2 B
5회	9412	1 S
6회	6713	1 S, 1 B

위 표의 모든 정보를 종합하여 컴퓨터의 암호를 구하여라.

출제예상문제 3회 서술형 문제

서술형 문제

그림 1은 한 변의 길이가 2인 정삼각형의 각 변의 중점을 연결하여 한 변의 길이가 1인 4개의 정삼각형을 그린 그림이다. 이 그림에서 찾을 수 있는 평행사변형의 개수는 그림 2, 3, 4와 같이 3개이다.

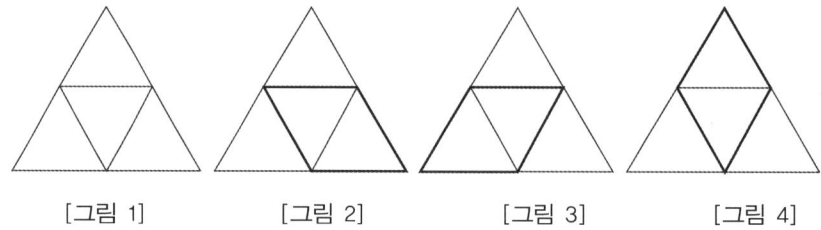

[그림 1]   [그림 2]   [그림 3]   [그림 4]

1 위 그림은 한 변의 길이가 3인 정삼각형을 한 변의 길이가 1인 정삼각형들로 나눈 그림이다. 이 그림에서 찾을 수 있는 평행사변형은 모두 몇 개인가?

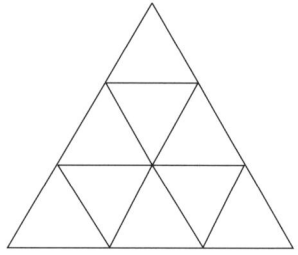

2 한 변의 길이가 4인 정삼각형을 한 변의 길이가 1인 정삼각형들로 나눈 그림에서 찾을 수 있는 평행사변형은 모두 몇 개인가?

3 한 변의 길이가 8인 정삼각형을 한 변의 길이가 1인 정삼각형들로 나눈 그림에서 찾을 수 있는 평행사변형은 모두 몇 개인가?

양의 실수 x, y에 대하여 $x * y = \dfrac{1}{\dfrac{1}{x} + \dfrac{1}{y}}$ 이라 정의하자. 다음 물음에 답하여라.

1 $(a * b) * c = a * (b * c)$ 성립하는가?

2 $(a * b)c = ac * bc$ 성립하는가?

3 $1 * \dfrac{1}{2} * \dfrac{1}{2^2} * \cdots * \dfrac{1}{2^n}$ 의 값을 구하여라.

4 $(a * b)^2 = a^2 * \dfrac{1}{2}ab * b^2$ 과 같이 나타내는 것을 전개한다고 한다.

$(a * b)^5$ 을 전개하여라.

3 서술형 문제

다음 물음에 답하여라.

1 n은 임의의 자연수이다. $10^{2n-1}+1$, $10^{2n}-1$이 모두 11의 배수임을 증명하여라.

2 10진법으로 표시된 자연수 $a_5 a_4 \cdots a_0 = a_5 \times 10^5 + a_4 \times 10^4 + \cdots + a_1 \times 10 + a_0$ (a_i는 모두 $0 \le a_i \le 9$인 자연수, $a_5 \ne 0$)에 대하여 $a_0 - a_1 + a_2 - a_3 + a_4 - a_5$이 11의 배수이면 6자리 자연수 $a_5 a_4 \cdots a_0$ 도 11의 배수임을 증명하여라.

3 자연수 123456의 자리 수를 적당히 바꾸어서 11의 배수가 될 수 있는가? 11의 배수가 될 수 있으면 한 예를 제시하고 구할 수 있는 모든 11의 배수의 개수를 구하여라. 만일 없으면 11의 배수가 될 수 없음을 증명하여라.

4 자연수 1234567의 자리 수를 적당히 바꾸어서 11의 배수가 될 수 있는가? 11의 배수가 될 수 있으면 한 예를 제시하고 구할 수 있는 모든 11의 배수의 개수를 구하여라. 만일 없으면 11의 배수가 될 수 없음을 증명하여라.

5 자연수 123, 1234, 12345, 123456, 1234567, 12345678, 123456789 중 각 수의 각 자리 수를 아무리 바꾸어도 11의 배수가 될 수 없는 수는 모두 몇 개인가? 그 이유를 설명하여라.

4 서술형 문제

아르키메데스는 그림과 같이 포물선 $y = x^2$과 직선으로 둘러싸인 도형의 넓이를 삼각형으로 분할하는 방법으로 구하였다. 즉, 직선과 포물선이 만나는 점을 A, B라고 하고, 직선 AB에 평행한 접선을 갖는 포물선 위의 점 C를 잡은 후에 삼각형 ABC의 넓이를 구한다. 다음으로 직선 AC, BC와 평행한 접선을 갖는 포물선 위의 점 D, E를 잡고, 삼각형 ADC와 삼각형 CEB의 넓이의 합을 구한다. 같은 방법으로 접선이 직선 AD, DC, CE, EB와 평행하게 되는 포물선 위의 점 F, G, H, I를 잡고 삼각형 AFD, DGC, CHE, EIB의 넓이의 합을 구한다. 이러한 방법을 연속적으로 시행하여 삼각형의 넓이를 합함으로써, 포물선과 직선으로 둘러싸인 도형의 넓이를 구한다. 여기에서 아르키메데스는 한 단계에서 삼각형들의 넓이의 합과 다음 단계에서 만들어지는 삼각형들의 넓이의 합의 비율은 일정함을 보였다.

즉, 삼각형 ABC의 넓이와 삼각형 ADC와 CEB의 넓이의 합의 비율은 삼각형 ADC와 CEB의 넓이의 합과 삼각형 AFD, DGC, CHE, EIB의 넓이의 합의 비율과 같음을 보였다.

$$\frac{\triangle ABC}{\triangle ADC + \triangle BEC} = \frac{\triangle ADC + \triangle BEC}{\triangle AFD + \triangle DGC + \triangle CHE + \triangle EIB}$$

이러한 사실을 이용하여 포물선과 직선으로 둘러싸인 도형의 넓이를 정확하게 계산할 수 있었다.

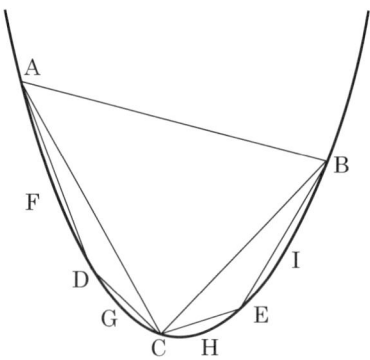

1 포물선 $y = x^2$ 위의 두 점 $A(a, a^2)$과 $B(b, b^2)$을 잡자. 그러면 접선이 직선 AB에 평행하게 되는 접점 C의 x좌표는 a와 b의 평균값이 됨을 보이고 그 점에서의 접선의 방정식을 구하여라.

2 포물선 $y = x^2$ 위의 두 점 $A(a, a^2)$, $B(b, b^2)$에 대하여 삼각형 ABC의 넓이를 a와 b를 이용하여 표현하여라. (단, b 는 a 보다 큰 실수이다.)

3 삼각형 ABC의 넓이와 두 삼각형 ADC, CEB 넓이의 합의 비율은 두 삼각형 ADC, CEB의 넓이의 합과 네 삼각형 AFD, DGC, CHE, EIB의 넓이의 합의 비율과 같음을 증명하여라.

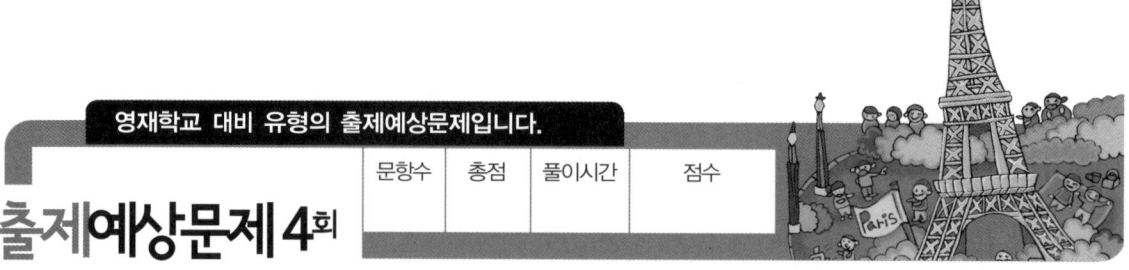

단답형 문항

1 집합 $A = \{n \mid 1 \leq n \leq 100, n$은 정수$\}$에 대하여 집합 M_p를

$M_p = \left\{ x \mid \left[\dfrac{x}{p} \right] = \dfrac{x}{p}, x \in A \right\}$로 정의할 때, $M_{30} \subset X \subset M_{10}$을 만족하는 집합 X의 개수를 구하여라. (단, $[x]$는 x를 넘지 않는 최대 정수이다.)

2 $2 < a < b$인 자연수 a, b에 대하여 $(a-1)(b-1)$이 $ab+1$의 약수가 되는 모든 순서쌍 (a, b)의 개수를 구하여라.

3 가로, 세로, 높이의 길이가 각각 x, 1, x 인 직육면체를 V_1, 가로, 세로, 높이의 길이가 각각 $2x$, 1, 2 인 직육면체를 V_2 라고 하자. 네 개의 직육면체 V_1 과 두 개의 직육면체 V_2 를 이어 붙여 직육면체 V_3 를 만들었다. 직육면체 V_3 의 부피가 60 일 때, 직육면체 V_3 의 겉넓이를 구하여라.

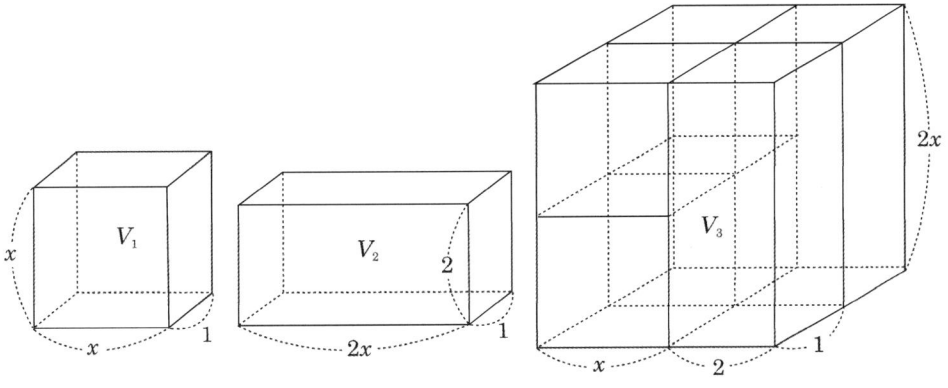

4 네 개의 바퀴들이 그림처럼 벨트로 연결되어 있다. A 바퀴는 반지름의 길이가 5cm, B 바퀴의 큰 바퀴는 반지름의 길이가 10cm, 작은 바퀴는 반지름의 길이가 3cm 이다. C 바퀴의 큰 바퀴는 반지름의 길이가 9cm, 작은 바퀴는 반지름의 길이가 6cm 이다. D 바퀴의 반지름의 길이는 12cm 이다. A 바퀴가 60 번 회전할 때, D 바퀴의 회전수를 구하여라.

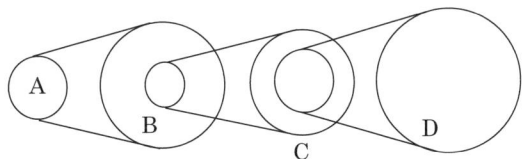

5 일차함수 $y = ax + b$의 그래프를 그리려고 하는데 영희는 기울기를 잘못 보고 그려서 두 점 $(1, 3)$, $(4, 4)$를 지나도록 그렸고, 철수는 y절편을 잘못 보고 그려서 두 점 $(3, -1)$, $(-3, 3)$을 지나도록 그렸다. 정확하게 그린다면 $y = ax + b$의 그래프는 점 $(t, 2)$를 지난다고 한다. t의 값을 구하여라.

6 자연수 집합 N에서 실수 집합 R로의 함수 $f : N \rightarrow R$에 대하여 함수 f가 $f(1) = 1$이고 다음 조건을 만족한다고 할 때, $f(256)$의 값을 구하여라.

$$f(n) = \begin{cases} 1 + f\left(\dfrac{n-1}{2}\right), & n\text{이 홀수} \\ 1 + f\left(\dfrac{n}{2}\right), & n\text{이 짝수} \end{cases}$$

7 오른쪽 그림과 같이 직사각형 $AOBC$가 있고 점 $E(0, 1)$을 지나는 직선이 직사각형 $AOBC$를 두 개의 사각형 $AEDC$와 $EOBD$로 나누고 있다. 사각형 $AEDC$의 넓이가 직사각형 $AOBC$의 넓이의 $\dfrac{1}{2}$보다 작다고 할 때, 직선의 기울기가 될 수 있는 값의 범위를 구하여라.

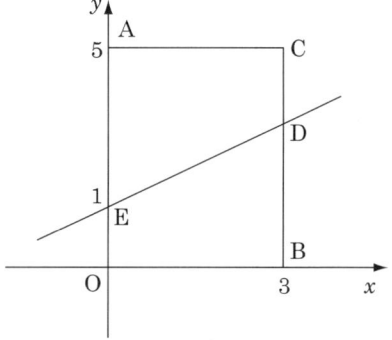

8 그림과 같이 삼각형 ABC에서 변 AB를 2 : 1로 내분하는 점을 M, 변 AC의 중점을 N이라 하고, 선분 MN을 1 : 2로 내분하는 점을 P라 하자. 이때, ($\triangle$PBC의 넓이)$= \dfrac{n}{m}$($\triangle$ABC의 넓이)이 성립한다. $m+n$의 값을 구하여라. (단, m, n은 서로소인 자연수이다.)

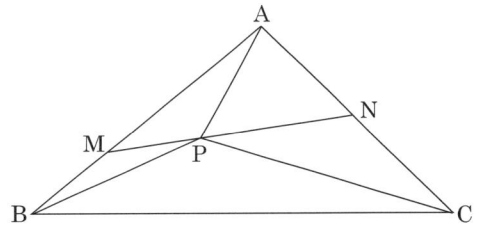

9 항상 일정한 개수의 계단이 보이고, 일정한 속력으로 올라오는 에스컬레이터가 있다. A, B 두 사람이 동시에 일정한 속력으로 타고 올라오면서 서로 일정한 속력으로 한걸음에 한 계단씩 걸어 올라온다. A의 걸음걸이 속력이 B의 걸음걸이 속력보다 4배 빠르고, A는 32걸음걸이로 올라왔고, B는 20걸음걸이로 올라왔다고 할 때, 이 에스컬레이터에서 항상 일정하게 보이는 계단의 개수를 구하여라.

10 그림과 같이 가로, 세로의 간격이 1인 바둑판 모양의 판에 평행사변형 ABCD와 평행사변형 EFGH가 겹치는 부분의 넓이를 구하여라.

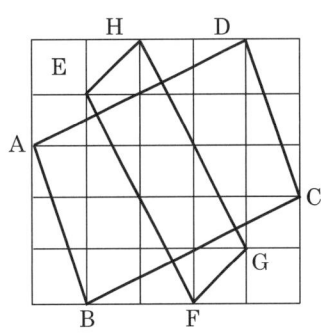

11 오른쪽 그림과 같이 반지름의 길이가 $6\,\text{cm}$ 이고 중심각이 $120°$ 인 부채꼴에 반지름의 길이가 $1\,\text{cm}$ 인 원이 외접하면서 한 바퀴 돌 때, 원의 중심 P가 움직인 자취의 길이를 구하여라.

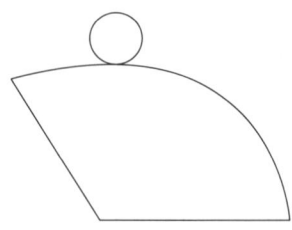

12 원점을 꼭짓점으로 하고 아래로 볼록인 이차함수의 그래프와 y축을 대칭축으로 하며 y축 위의 점 A를 꼭짓점으로 하는 이차함수의 그래프가 B와 C에서 만난다고 한다. 사각형 ABOC가 정사각형이라고 한다. 선분 $\overline{AB}$ 의 연장선이 x축과 만나는 점을 D, 아래로 볼록인 이차함수의 그래프와 만나는 점 중 B가 아닌 점을 E라고 할 때, 삼각형 $\triangle$ OED의 넓이는 사각형 ABOC의 넓이의 몇 배인지 구하여라.,

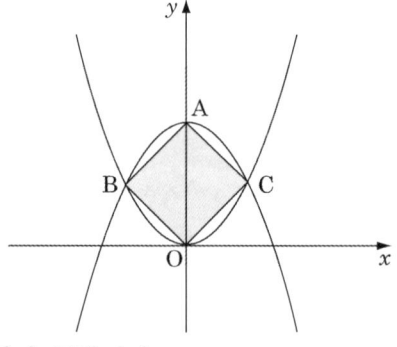

13 이차함수 $y = x^2$ 의 그래프와 점 $A(0, 1)$ 을 지나고 기울기가 양수인 직선이 만나는 두 점을 그림과 같이 B, C라고 하자. 점 B에서 y축에 내린 수선의 발을 D, 점 C에서 y축에 내린 수선의 발을 E라고 할 때 삼각형 AEC의 넓이가 삼각형 ABD의 넓이의 16배일 때, 직선 $\overline{BC}$ 의 기울기를 구하여라.

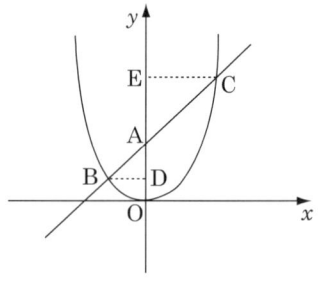

14 한 변의 길이가 $8\,\mathrm{cm}$인 정사각형 ABCD의 내부에 점 P가 움직이고 있다. 삼각형 PBC가 예각삼각형이 될 때 점 P가 속하는 영역의 넓이를 구하여라.

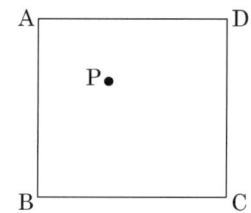

15 한 변의 길이가 n인 정사각형을 세 부분으로 나눈 각각의 넓이가 2^4, 2^7, 2^m이었다. 이때, $m+n$의 값을 구하여라. (단, m, n은 자연수이다.)

출제예상문제 4회 서술형 문제

점수

1 서술형 문제

같은 종류의 바둑돌을 정사각형의 꼭짓점에 놓는다. 단, 정사각형을 회전하여 일치하는 배치는 같은 것으로 간주한다. 가능한 배치는 A, B, C, D, E 5종류이다.

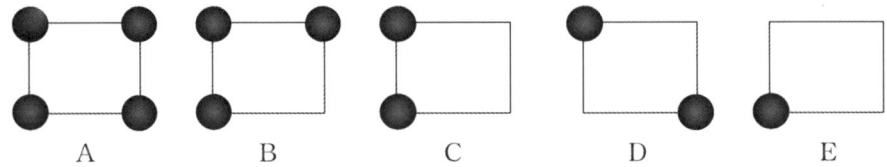

다음과 같은 규칙에 의하여 배치 X 가 배치 Y 로 변형된다.

규칙 1 : 배치 X에 있는 각각의 바둑돌은 확률 $\frac{1}{3}$ 로 양쪽 이웃한 점 중 하나로 이동하거나, 정지
해 있을 수 있다.
규칙 2 : 1의 조작에 의하여 2 개의 바둑돌이 겹치는 꼭짓점은 바둑돌 1 개를 제거하여 1 개만 남
긴다. 바둑돌 세 개가 겹치는 경우에는 바둑돌 2 개를 제거하여 1 개만 남긴다.
규칙 3 : 2 의 조작에 의하여 얻어진 배치를 Y 라 하자.

예를 들어, 배치 B 를 화살표 방향과 같이 바둑돌을 이동시키면 규칙 2에 의해 배치 D 가 된다.

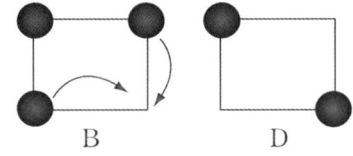

1 배치 A 가 배치 A 로 변형될 확률을 구하여라.

2 배치 A 가 배치 B 로 변형될 확률을 구하여라.

3 배치 A 가 배치 C 로 변형될 확률을 구하여라.

4 배치 A 가 배치 D 로 변형될 확률을 구하여라.

5 배치 A 가 배치 E 로 변형될 확률을 구하여라.

2 서술형 문제

평면 그래프(planar graph) G란 평면 위에 입체도형을 <u>서로의 변이 겹치지 않도록</u> 하여 평면 위에 입체도형과 점과 변의 연결상태가 동일하게 그릴 수 있는 그래프로서 이것은 입체도형의 점의 개수와 변의 개수 및 면의 개수를 구하는데 매우 유용하다. 평면 그래프에서 꼭짓점의 수를 v, 변의 수를 e, 면의 수를 f라고 하면 다음의 식이 성립한다. (단, 변을 표현할 때 곡선으로 표현해도 무방하다.)

$$v - e + f = 2$$

이때, <u>면은 변으로 닫혀진 유한한 넓이의 면뿐만이 아니라, 외부의 무한한 넓이의 면도 생각한다.</u>

1 정사면체, 정육면체, 정팔면체, 정십이면체, 정이십면체에 대하여 다음 표를 완성하여라.

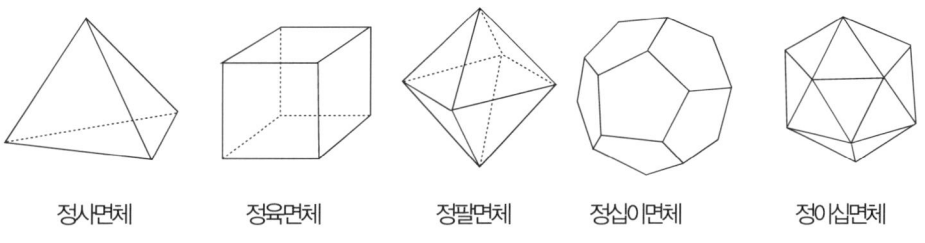

정사면체	정육면체	정팔면체	정십이면체	정이십면체

정사면체의 평면그래프	정육면체의 평면그래프	정팔면체의 평면그래프	정십이면체의 평면그래프	정이십면체의 평면그래프
$v = 4$ $e = 6$ $f = 4$	$v = 8$ $e = 12$ $f = 6$	$v =$ $e =$ $f =$	$v =$ $e =$ $f =$	$v =$ $e =$ $f =$

2   정다면체는 5가지 밖에 없음을 $v - e + f = 2$를 이용하여 증명하여라.

3   면이 n각형인 정다면체에 대하여 각 꼭짓점에 모이는 면의 개수를 m이라 하자. 이때, v, e, f, n, m 사이의 관계식을 구하고, $v - e + f = 2$식을 이용하여 m, n, e사이의 방정식을 구하여라.

음이 아닌 정수 n에 대하여 함수 $f(n)$을

$f(0) = 0$, $f(1) = 1$, $f(n) = f\left(\left[\dfrac{n}{2}\right]\right) + n - 2\left[\dfrac{n}{2}\right]$로 정의할 때, 다음 물음에 답하여라.

(단, $[x]$는 x를 넘지 않는 최대정수이다.)

1 $f(10)$을 구하여라.

2 n을 이진법으로 $n = a_k a_{k-1} \cdots a_2 a_{1(2)}$으로 표시할 때, $\left[\dfrac{n}{2}\right]$을 이진법으로 표현하여라.

(단, $a_i = 0$ 또는 1, $i = 1, 2, 3, \cdots, k$)

3 $n = a_k a_{k-1} \cdots a_2 a_{1(2)}$일 때, $f(n)$을 구하여라.

4 $0 \le n \le 1024$에서 $f(n)$의 최댓값을 구하여라.

4 서술형 문제

좌표평면에 두 선분 OE와 OF는 서로 수직이고 직사각형 ABCD의 한 점 B는 선분 OE 위에, 한 점 C는 선분 OF 위에 있다. $\overline{BC} = \sqrt{2}$, $\overline{CD} = 1$, $\angle DCF = \theta$, 선분 OF가 x축과 이루는 각을 α라고 할 때, $\tan \alpha = \dfrac{1}{\sqrt{2}}$ 이다. 다음 물음에 답하여라.

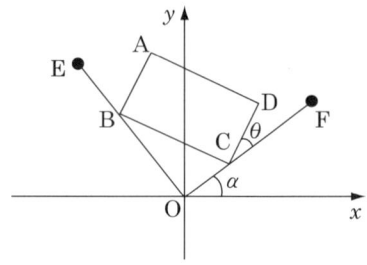

1   점 A의 좌표를 θ, α를 이용하여 나타내어라.

2   점 B의 좌표를 θ, α를 이용하여 나타내어라.

3 점 C의 좌표를 θ, α 를 이용하여 나타내어라.

4 점 D의 좌표를 θ, α 를 이용하여 나타내어라.

영재학교 대비 유형의 출제예상문제입니다.

출제예상문제 5회

문항수	총점	풀이시간	점수

| 수험생 주의사항 | 본 시험지는 단답형 문제 15개, 서술형 문제 4개로로 구성되었으며 시험시간은 180~240분입니다.

단답형 문항

1 $24^2 + 24 = 600$ 임을 이용하여 2^{1000}을 100으로 나눈 나머지를 구하여라.

2 $a + b = 6$, $ab = 4$, $x + y = 8$, $xy = 5$, $p = ax + by$, $q = bx + ay$ 일 때, $\dfrac{(p-q)^2}{88}$ 의 값을 구하여라.

3 세 자리 자연수 N은 7진법으로 나타내어도 세 자리이고 11진법으로 나타내어도 세 자리이다. 7진법으로 나타낸 수와 11진법으로 나타낸 수는 각 자리의 숫자가 반대로 배열된다고 한다. 가능한 모든 N의 값들의 합을 구하여라.

4 $a - d = c - b$, $ab = \dfrac{1}{cd}$ 일 때,

$(a+b+c-d)(a+b-c+d)(a-b+c+d)(-a+b+c+d)$의 값을 구하여라.

5 x^2 과 x 의 소수부분이 같고, $0 < x < 2$ 인 실수 x 의 개수를 구하여라.

6   뱃사공이 일정한 속력으로 강을 거슬러 노를 젓고 있다. 출발점에서 6km 정도 노를 저었을 때, 갑자기 바람이 불어 모자가 벗겨져 버렸다. 모자는 바로 강물을 따라 흘러 내려가기 시작했다. 하지만 뱃사공은 2시간이 지나서야 모자가 벗겨진 사실을 알게 됐고 바로 방향을 바꾸어 이전과 같은 속력으로 모자를 찾아 강을 따라 노를 젓기 시작했다. 만일 처음 출발점까지 되돌아와서야 모자를 찾을 수 있었다면 강물의 속력을 구하여라.

7 대형 할인 매장에서 PMP 판매 실적을 조사해본 결과 가격을 1% 올릴 때마다 판매량은 0.8%씩 감소하고, 가격을 1% 내릴 때마다 판매량은 2.5%씩 증가한다고 한다. 처음 정한 가격은 원가에 10%의 이윤을 추가하여 결정하였다고 할 때, 판매 수입이 최대가 되기 위해서는 원가의 몇 %를 이윤으로 추가하여 가격을 정해야 하는지 구하여라.

8 정수와 선형이는 각자 갖고 있는 시계의 시간을 학교 시계에 맞추었다. 그런데 한 시간 뒤에 보니 정수의 시계는 학교 시계보다 30초 빠르고 선형이의 시계는 학교 시계보다 1분 30초 느렸다. 다시 시간을 학교 시계에 맞추고 나서 며칠 동안 잊어버리고 있었다. 어느 날 정수와 선형이가 서로 시계를 비교해보니 정확하게 시간이 일치하였다. 다시 시간을 학교 시계에 맞추고 n일 후 정수와 선형이가 시계를 비교해 보니 정확하게 시간이 일치하였다. n의 최솟값을 구하여라.

9 그림과 같이 세 원 O_1, O_2, O_3에 대하여 두 원 O_1, O_2가 외접하고, 두 원 O_2, O_3가 외접하고 있다. 선분 PQ와 선분 AB는 원 O_1의 접선, 선분 PR과 CD는 원 O_3의 접선, 선분 BC는 원 O_2의 접선이고, $\overline{PQ}+\overline{PR}=12$, $\overline{BC}=3$일 때, 오각형 PABCD의 둘레의 길이를 구하여라.

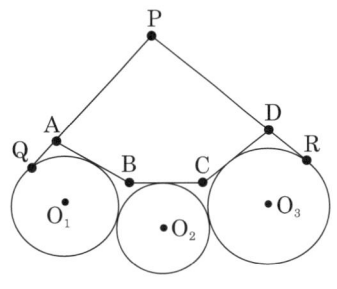

10 그림은 한 변의 길이가 2인 정육면체이고, M은 $\overline{AC}$와 $\overline{BD}$의 교점이다. 사각형 AEGM을 $\overline{MG}$를 축으로 하여 회전시켰을 때, 회전체의 부피를 구하여라.

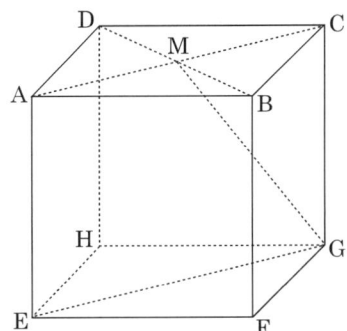

11 100개의 구슬이 있다. 이 구슬을 두 개의 상자에 나누어 담고, 나뉜 것을 또 다시 두 개의 상자에 나누어 담는 조작을 100개의 구슬이 서로서로 모두 분리되어 한 상자에 구슬이 1개씩 담길 때까지 계속한다고 하자. 한 상자에 들어 있는 구슬을 둘로 나눌 때마다 두 상자에 담긴 구슬 개수의 곱을 메모한다고 할 때, 최종 시행을 마친 후 메모에 쓰여 있는 수들의 합을 구하여라.

12 임의의 실수 x에 관하여 다음 등식이 항상 성립할 때, $A^2 - 2B$의 값을 구하여라.
$$(x+1)(x+2)(x+3)\cdots(x+8) = x^8 + Ax^7 + Bx^6 + \cdots + 1 \cdot 2 \cdot 3 \cdots 8$$

13 두 함수 $f(x)$, $g(x)$가 아래 조건을 만족할 때, $-6 \leq x \leq 6$의 범위에서 두 함수의 그래프의 교점의 개수가 2가 되는 정수 k의 개수를 구하여라.

조건 1 : 모든 실수 x에 대하여 $f(x) = f(x+1)$이고, $-1 \leq x < 0$일 때, $f(x) = x+1$
조건 2 : $g(x) = kx+2$

14 한 변의 길이가 5인 정육면체를 아래 그림처럼 8회 절단했다. 이때, 8회 절단 후 남아있는 입체의 부피를 구하여라. (단, 8회의 절단이 이루어지는 동안 처음 정육면체는 고정되어 있다.)

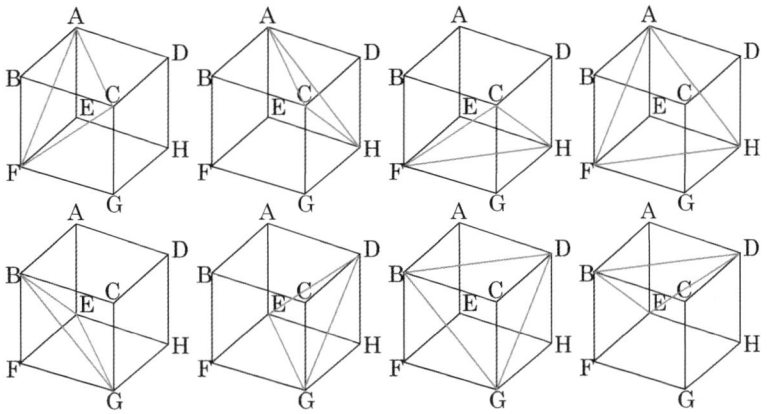

15 그림과 같은 사각형 ABCD에서 $\overline{\text{AD}} // \overline{\text{BC}}$, $\overline{\text{AD}} = 3$, $\overline{\text{BC}} = 9$, $\overline{\text{AB}} = 6$, $\overline{\text{BC}} = 4$, $\overline{\text{AD}} // \overline{\text{EF}}$일 때, 사각형 AEFD의 둘레의 길이가 사각형 EBCF의 둘레의 길이의 $\dfrac{p}{q}$ 배가 되었다. 두 사각형의 넓이의 비가 $\dfrac{\square \text{AEFD}}{\square \text{EBCF}} = \dfrac{12}{13}$ 일 때, $|p - q|$의 값을 구하여라.

(단, $\dfrac{p}{q}$ 는 기약분수)

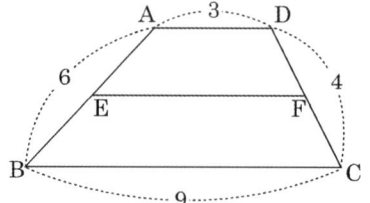

출제예상문제 5회 서술형 문제

점수

1 서술형 문제

9개의 자연수 1, 2, 3, 4, 5, 6, 7, 8, 9의 임의의 배열 $a_1, a_2, a_3, a_4, a_5, a_6, a_7, a_8, a_9$에 대하여 $b_1, b_2, b_3, b_4, b_5, b_6, b_7, b_8, b_9$를 다음과 같이 정의한다.

> 정의. $1 \leq i \leq 9$인 i에 대하여 a_i보다 우측에 있으며 그 값이 a_i보다 작은 $a_k(1 \leq k \leq 9)$의 개수를 b_i로 놓는다. 또한, b_9는 0으로 정의한다.

이와 같이 정의된 $b_1, b_2, b_3, b_4, b_5, b_6, b_7, b_8, b_9$을 $a_1, a_2, a_3, a_4, a_5, a_6, a_7, a_8, a_9$의 '뒤바꿈수'라 부르기로 하고, 그 합 $\beta = b_1 + b_2 + b_3 + b_4 + b_5 + b_6 + b_7 + b_8 + b_9$를 '뒤바꿈총수'라고 이름 붙인다.

1   배열 2, 3, 5, 1, 4, 8, 7, 9, 6의 뒤바꿈수를 구하여라. (단답형)

2   최대의 뒤바꿈총수가 되는 수의 배열을 구하여라. (단답형)

3 $a_3 = p$, $a_4 = q$인 배열 $a_1, a_2, a_3, a_4, a_5, a_6, a_7, a_8, a_9$에서 $a'_3 = q$, $a'_4 = p$, $a'_i = a_i (i \neq 3, 4)$에 의해 정해지는 배열 $a'_1, a'_2, a'_3, a'_4, a'_5, a'_6, a'_7, a'_8, a'_9$를 만들고자 한다. 이 규칙에 의해 정해진 뒤바꿈수 $b'_1, b'_2, b'_3, b'_4, b'_5, b'_6, b'_7, b'_8, b'_9$를 본래의 뒤바꿈수 $b_1, b_2, b_3, b_4, b_5, b_6, b_7, b_8, b_9$를 사용하여 나타내어라.

4 $a_1 = 3$, $a_9 = 7$인 배열 $a_1, a_2, a_3, a_4, a_5, a_6, a_7, a_8, a_9$에서 $a''_1 = 7$, $a''_9 = 3$, $a''_i = a_i (i \neq 1, 9)$에 의해 정해지는 배열 $a''_1, a''_2, a''_3, a''_4, a''_5, a''_6, a''_7, a''_8, a''_9$를 만들 때, 뒤바꿈총수 β와 β''에 대하여 $\beta - \beta''$을 구하여라.

2 서술형 문제

6개의 점 A, B, C, D, E, F가 일방통행인 도로에 의하여 그림과 같이 연결되어 있다. 점 A 에서 출발하여 각 점 사이를 이동하는 점 P가 있다. 점 P는 동전을 던져 앞면이 나오면 실선을 따라, 뒷면이 나오면 점선을 따라 화살표 방향을 따라 이웃한 점으로 이동한다.

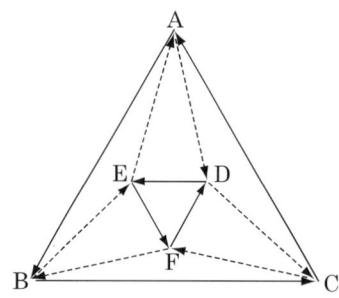

1 3회 연속으로 동전을 던져 이동하였을 때, 점 P가 점 A에 있을 확률을 구하여라.

2 n회 연속으로 동전을 던져 이동하였을 때, 점 P가 점 A에 있을 확률을 구하여라.

3 n회 연속으로 동전을 던져 이동하였을 때, 점 P가 점 B 이외에 있으며, 그때까지 점 B를 지나지 않았을 확률을 구하여라.

그림과 같이 한 변의 길이가 4인 정사각형의 내부에 한 변의 길이가 1인 정삼각형이 있다. 점 P는 그림과 같이 삼각형의 한 꼭짓점이다.

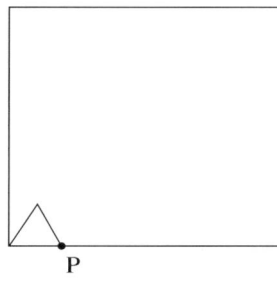

1 이 삼각형이 사각형의 변을 따라 미끄러지지 않고 굴러서 처음 위치로 올 때까지 점 P가 그리는 자취의 길이를 구하여라.

2 점 P가 원래 위치로 돌아올 때까지 점 P가 그리는 자취의 길이를 구하여라.

3 삼각형이 한 번 정사각형의 변을 따라 굴러서 처음 위치로 돌아오는 것을 1-회전 이라고 하자. 100-회전한 후 점 P의 위치와 그 때까지 점 P가 그리는 자취의 길이를 구하여라.

4 정사각형의 한 변의 길이가 n(n은 4이상의 자연수)일 때, 위의 세 질문에 대하여 답하여라.

5 한 변의 길이가 n인 정사각형의 내부에 그림과 같이 한 변의 길이가 1인 정사각형이 있다. 위의 네 가지 질문에 대하여 답하여라.

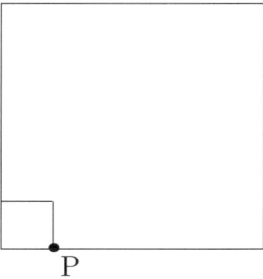

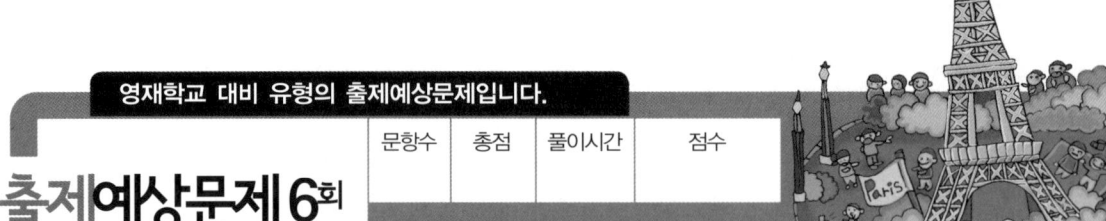
| 수험생 주의사항 | 본 시험지는 단답형 문제 15개, 서술항 문제 4개로 구성되었으며 시험시간은 180~240분입니다.

단답형 문항

※ (1~4) 다음 물음에 답하여라.

원둘레에 $1 \sim n$까지의 수를 순서대로 배열한다. 1을 지우지 않고, 2 지우고, 3 지우지 않고, 4 지우고… 번갈아 지워가며 남는 마지막 숫자를 $f(n)$이라 하자. 예를 들면 $1 \sim 5$를 배열하면 지우는 순서는 2, 4, 1, 5이므로 마지막에 남는 숫자는 3이다. 즉, $f(5) = 3$이다.

$n,\ m,\ r \in \mathbb{Z}$ 이고 $n = 2^m + r\ (0 \leq r < 2^m)$일 때, $f(n) = 2r + 1 \cdots\cdots$ (*)이다.

1 $f(2012)$를 구하여라.

2 (*)를 사용하지 않고 $f(2k)$와 $f(k)$의 관계를 구하여라.

3 (*)를 사용하지 않고 $f(2k+1)$과 $f(k)$의 관계를 구하여라.

4 고대 중국의 문헌인 『손자산경(孫子算經)』에는 다음과 같은 문제가 기록되어 있다.

> 3으로 나누면 1이 남고 5로 나누면 3이 남으며 7로 나누면 2가 남는 수를 구하여라.

1000 이하의 자연수 중에서 위 문제의 답이 될 수 있는 수의 개수를 구하여라.

5 지름의 길이가 10cm인 원기둥 모양의 음료수 캔을 가로 160cm, 세로 100cm의 직사각형 상자에 똑바로 세워서 한 층으로만 가득 채워 담으려고 한다. 다음 그림과 같이 가로와 세로를 각각 같은 개수로 나란히 채우는 [방법A]와 서로 엇갈리게 채우는 [방법B]를 고려하여 각각 최대 몇 개의 캔을 채울 수 있는지 구하여라.

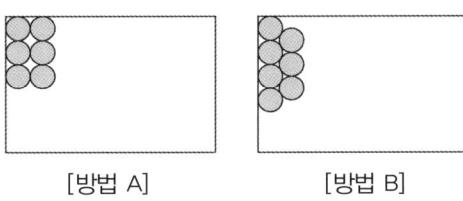

[방법 A]   [방법 B]

6 다음 디지털 전자시계는 여섯 자리의 아라비아 숫자로 시 : 분 : 초로 표시된다. 시, 분, 초를 차례대로 읽을 때 앞에서 읽으나 뒤에서 읽으나 같은 시간이 되는 경우는 하루에 모두 몇 번인지 구하여라. (단, 오후 01:21:21은 13:21:21로, 24:00:00은 00:00:00으로 표시된다.)

$$02 : 10 : 13$$

7 다음 그림에서 선분 AB는 원의 접선이고 ∠BAC의 이등분선과 $\overline{BC}$, $\overline{BD}$ 가 만나는 점을 각각 E, F라고 하자. $\overline{BF}=4\text{cm}$, $\overline{EF}=5\text{cm}$, $\overline{DF}=3\text{cm}$ 일 때, $\overline{BE}$ 의 길이를 구하여라.

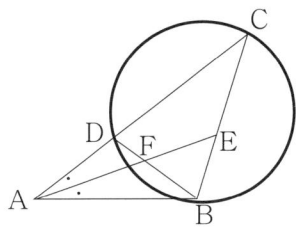

8 다음 그림은 이차함수 $y = x^2 + 2x - 3$과 일차함수 $y = mx + n$의 그래프이다. 포물선과 x축과의 교점을 A, B라 하고 y축과의 교점을 C라 할 때, △ACB의 넓이는 점 C를 지나는 일차함수 $y = mx + n$의 그래프에 의해 이등분된다고 한다. 이때, 상수 m의 값을 구하여라.

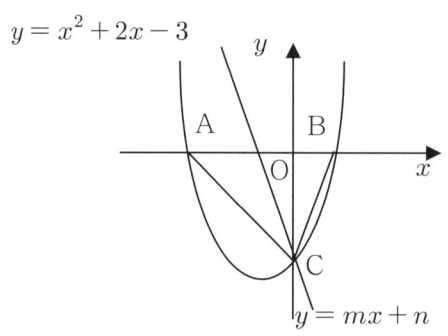

9 다음 그림과 같이 한 변의 길이가 $2\sqrt{3}\,\mathrm{cm}$인 정사각형 ABCD를 점 A를 중심으로 $30\,^\circ$만큼 회전시켜 □AB′C′D′을 만들었다. 두 정사각형이 겹쳐지는 부분의 넓이를 구하여라.

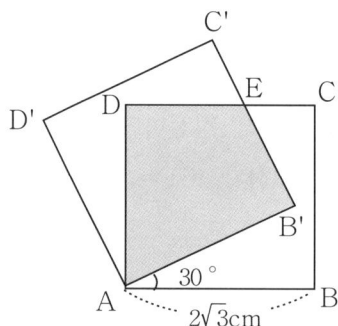

10 아래 그림과 같이 길이가 10 cm인 선분 AB를 지름으로 하는 반원에서 원주 위에 한 점 P를 잡는다. 두 현 PA, PB에 의하여 만들어지는 두 활꼴에 각각 내접하는 최대의 원을 그렸더니 한 원의 넓이가 π cm^{2}가 되었다. 이때, 다른 한 원의 넓이를 구하여라.

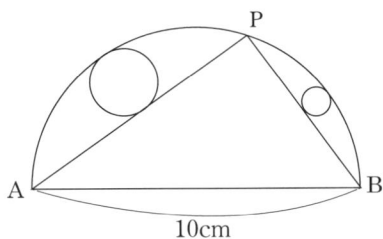

11 $x, y, z \,(0 \leq x \leq 4, \ 0 \leq y \leq 3, \ 0 \leq z \leq 2)$의 좌표가 정수로 이루어진 좌표공간의 점들의 집합을 S라고 할 때, S의 임의의 두 점을 택했을 때, 그 두 점을 잇는 선분의 중점이 다시 집합 S의 원소가 되는 경우의 수를 구하여라.

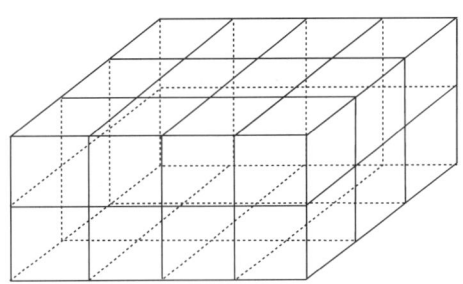

12 다음과 같이 1에서 50까지 숫자를 연속해서 만든 수에서 숫자의 순서를 바꾸지 않고, 84개의 숫자를 지워서 만들 수 있는 자연수 중에서 가장 큰 수와 가장 작은 수의 차를 구하여라. (단, 가장 큰 수의 자리 수와 가장 작은 수의 자리 수는 동일하다.)

$$12345 \cdots 47484950$$

13 다음은 양의 정수를 암호화하는 방법이다.

> I. 주어진 수를 오진법으로 나타낸다.
> II. 오진법으로 나타내는 데 쓰이는 숫자를 $\{V, W, X, Y, Z\}$에 일대일 대응시킨다.

이때, 연속하는 세 정수가 순서대로 VYZ, VYX, VVW가 된다고 할 때, 암호 XYZ에 대응하는 십진법의 수를 구하여라.

14 그림과 같이 반지름의 길이가 1인 쇠구슬 5개 중 4개를 가지고 각 구슬의 중심이 정사각형의 꼭짓점을 이루도록 평면 위에 붙여 놓는다. 나머지 1개의 쇠구슬을 4개의 쇠구슬과 접하도록 가운데에 올려놓았을 때, 평면으로부터 쌓아 올린 쇠구슬 꼭대기까지의 높이를 구하여라.

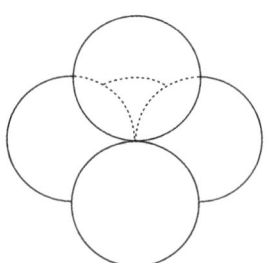

15 마술사가 1부터 200까지의 카드 200장을 가지고 있다. 그가 빨간색, 노란색, 파란색의 3가지 상자에 이 카드를 모두 넣되, 각 상자에 최소한 한 장 이상을 넣는다. 관객 중 한 명이 나와 세 개의 상자 중 두 개를 골라 이 두 상자에서 한 장씩의 카드를 뽑아 두 장의 카드에 쓰인 숫자의 합을 말한다. 이 합을 듣고 마술사는 세 상자 중 카드가 뽑히지 않은 상자를 밝힐 수 있어야 한다. 이 트릭이 항상 통할 수 있도록 카드를 모두 세 상자에 넣는 방법은 모두 몇 가지인지 구하여라.

서술형 문제

두 정수 a, b에 대하여 a와 b의 차가 n으로 나누어떨어질 때, $a \equiv b \pmod{n}$으로 나타낸다. 다음 물음에 답하여라.

1 $a \equiv b \pmod{n}$, $c \equiv d \pmod{n}$일 때, $ac \equiv bd \pmod{n}$임을 증명하여라.

2 $a_1 \equiv b_1 \pmod{n}$, $a_2 \equiv b_2 \pmod{n}$, $\cdots$, $a_m \equiv b_m \pmod{n}$일 때,

$a_1 a_2 \cdots a_m \equiv b_1 b_2 \cdots b_m \pmod{n}$임을 증명하여라.

3 두 정수 a, b에 대하여 a와 n이 서로 소일 때, $ab \equiv 0 \pmod{n}$이면 $b \equiv 0 \pmod{n}$임을 증명하여라.

4 위의 2, 3을 이용하여 $\dfrac{60!}{30! \, 30!}$을 61로 나눈 나머지를 구하여라.

(단, $n! = n \times (n-1) \times (n-2) \times \cdots \times 2 \times 1$이다.)

2 서술형 문제

한 개의 정사각형을 서로 겹쳐지지 않는 n개의 정사각형으로 분할하려고 한다. 예를 들어 $n=4$ 또는 $n=13$이면 다음 〈그림 1〉과 같이 분할할 수 있으며, $n=2,\ 3$일 때는 〈그림 2〉와 같이 정사각형으로 분할할 수 없다.

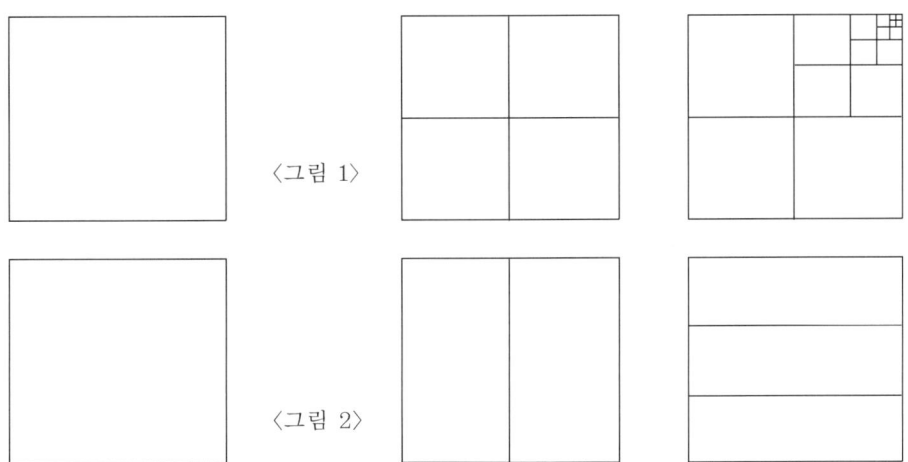

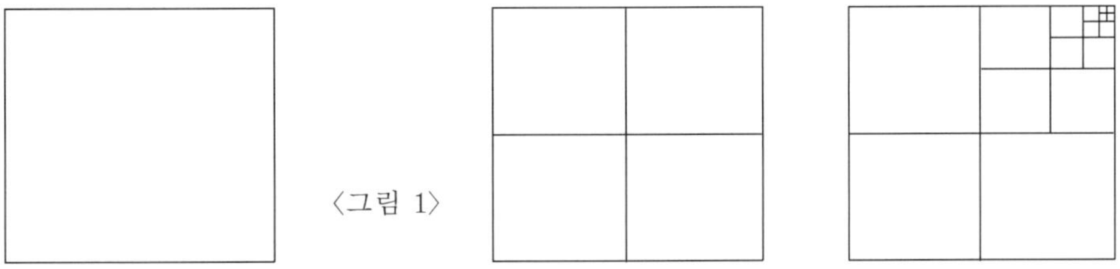

〈그림 1〉

〈그림 2〉

1 $n=6$일 때 분할가능한지 판단하고, 가능하다면 모양의 예를 하나 구하여라.

2 $n=7$일 때 분할가능한지 판단하고, 가능하다면 모양의 예를 하나 구하여라.

3 $n=8$일 때 분할가능한지 판단하고, 가능하다면 모양의 예를 하나 구하여라.

4 임의의 자연수 n에 대하여 분할 가능여부를 판단하여라.

5 변의 길이가 $1, 2, 3, \cdots$ 과 같이 정수인 정사각형 모양의 타일들이 있다. 이들 중 서로 다른 k가지 크기의 타일 n개를 빈틈없이 겹치지 않도록 이어 붙여 정사각형 모양을 만들려고 한다. 이때 만들어지는 정사각형의 변의 길이의 최솟값이 x일 때, 이것을 $f(n, k) = x$로 나타내기로 하자. 예를 들어, $f(9, 4) = 7$이다. 즉, 서로 다른 4가지 크기의 타일 9개를 이용하여 만들 수 있는 정사각형의 변의 길이의 최솟값은, 〈그림 3〉과 같이 변의 길이가

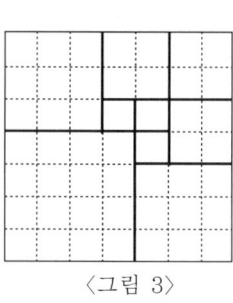

〈그림 3〉

1, 2, 3, 4인 정사각형 9개를 이용할 때이고 그때 변의 길이는 7이다. 이때, $f(7, 2)$와 $f(8, 3)$을 구하여라.

6 **5**에서와 같이 정사각형 타일을 사용하여 한 변의 길이가 5인 정사각형을 만들 수 있는 모든 경우의 수를 구하여라. (크기가 같은 타일의 개수가 같은 것은 모두 같은 경우로 한다.)

임의의 실수 x 에 대하여 함수 $f(x) = \dfrac{4^x}{4^x + 2}$ 일 때, 다음 물음에 답하여라.

1 $f(1-x)$를 구하여라.

2 $f(x) + f(1-x)$를 간단히 하여라.

3 $f\left(\dfrac{1}{2009}\right) + f\left(\dfrac{2}{2009}\right) + f\left(\dfrac{3}{2009}\right) + \cdots + f\left(\dfrac{2008}{2009}\right)$ 의 값을 구하여라.

서술형 문제

정사각형 모양의 종이가 있다.

그림과 같이 1회 접고 점선을 따라 반으로 자르면 2매의 종이 조각이 된다.

또한, 2회 접고 점선을 따라 반으로 자르면 4매의 종이 조각이 된다. 다음 물음에 답하여라.

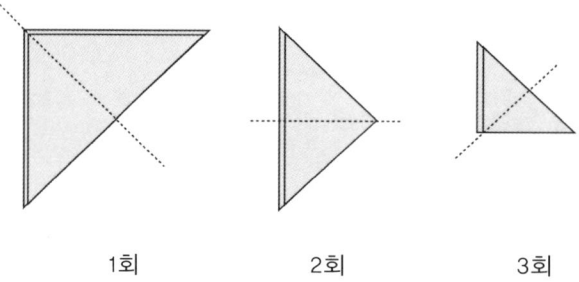

| 1회 | 2회 | 3회 |

1   위 규칙에 따라 3회 접고 잘랐을 때, 종이 조각의 수를 구하여라.

2   위 규칙에 따라 4회 접고 잘랐을 때, 종이 조각의 수를 구하여라.

3 위 규칙에 따라 7회 접고 잘랐을 때, 종이 조각의 수를 구하여라.

4 위 규칙에 따라 n회 접고 잘랐을 때, 종이 조각의 수를 구하여라.

출제예상문제 7회

문항수	총점	풀이시간	점수

| **입시생 주의사항** | 본 시험지는 단답형 문제 15개, 서술형 문제 4개로 구성되었으며 시험시간은 180~240분입니다.

단답형 문항

1 다음 식을 전개하였을 때, 모든 항의 계수들의 합을 구하여라.

$$(1 - 5x + 5x^2)^{2010}(1 + 5x - 5x^2)^{2009}$$

2 $\triangle ABC$ 의 세 변의 길이 a, b, c 가 다음 조건을 만족할 때, $\triangle ABC$ 의 넓이를 구하여라.

$$\frac{a^2 b}{a^2 - b} = \frac{b^2 c}{b^2 - c} = \frac{c^2 a}{c^2 - a} = 4$$

3 서로 다른 세 가지 정다각형으로 평면에 타일 붙이기를 하는데, 각 꼭짓점에는 세 가지 타일이 붙어 있고 빈틈이 없어야 한다고 가정하자. 세 종류의 다각형이 각각 p, q, r 개의 변을 갖는다고 할 때, $\frac{1}{p} + \frac{1}{q} + \frac{1}{r}$ 의 값을 구하여라.

4 다음 식이 제곱수가 된다고 할 때, 〈보기〉에서 가능한 양의 정수 순서쌍 (x, y, z)의 개수를 구하여라.

$$x^2 + y^2 + z^2 + 2xy + 2x(z-1) + 2y(z+1)$$

┤ 보기 ├

$(130, 130, 11)$ $(172, 12, 12)$ $(112, 108, 25)$ $(21, 21, 17)$ $(86, 86, 36)$

$(50, 52, 52)$ $(132, 137, 132)$ $(18, 59, 18)$ $(23, 23, 23)$ $(37, 29, 37)$

5 갑, 을 두 사람이 $400\,\mathrm{m}$ 트랙의 동일한 지점에서 동시에 출발하여 같은 방향으로 달린다. 갑이 을보다 빠르게 뛰어서 얼마 후 갑이 첫 번째로 을을 따라잡았다. 따라잡은 순간 갑은 뒤로 돌아서서 본래의 속도로 반대방향으로 달리기 시작했다. 두 사람이 다시 만날 때, 을은 모두 여섯 바퀴를 달렸다. 갑의 속도는 을의 속도의 몇 배인지 구하여라.

6 A, B 두 개의 통이 있다. A 통에는 흰색 페인트, B 통에는 검은색 페인트가 각각 $100\,\mathrm{g}$씩 들어 있다. 먼저 A 통에서 페인트 $50\mathrm{g}$을 꺼내 B 통에 넣고 잘 섞은 다음 다시 B 통에서 페인트 $50\mathrm{g}$을 꺼내 A 통에 넣고 잘 섞었다. 이와 같이 하고 나면 A 통과 B 통에는 각각 다른 색의 페인트가 담겨 있게 된다. 위와 같은 시행을 한 번 더 했을 때, A 통에 담겨 있는 페인트의 흰색과 검은색 비율을 구하여라.

7 좌표평면 위의 세 점 A$(2, 4)$, B$(6, 0)$, C$(6, 4)$를 꼭짓점으로 하는 $\triangle \mathrm{ABC}$의 넓이를 이등분하고, 원점을 지나는 직선의 방정식이 $y = mx$일 때, m의 값을 구하여라.

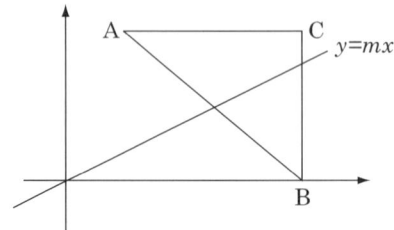

8 일차함수 $y = f(x)$가 $-3 \le f(2) \le 0$, $-1 \le f(4) \le 3$을 만족한다. 이때, $f(6)$의 값의 최댓값과 최솟값의 차이를 구하여라.

9 그림과 같이 원점을 지나는 두 이차함수 $y = ax^2$, $y = bx^2$의 그래프를 그린 다음, x축과 평행한 직선 $y = k$를 그렸다. $y = k$와 $y = ax^2$의 그래프가 만나는 두 점을 각각 B, C, $y = k$와 $y = bx^2$의 그래프가 만나는 두 점을 각각 A, D라고 할 때, $\overline{\mathrm{AD}} = 2\overline{\mathrm{BC}}$가 성립한다고 한다. 두 양수 a와 b에 대하여 $\dfrac{a}{b}$의 값을 구하여라.

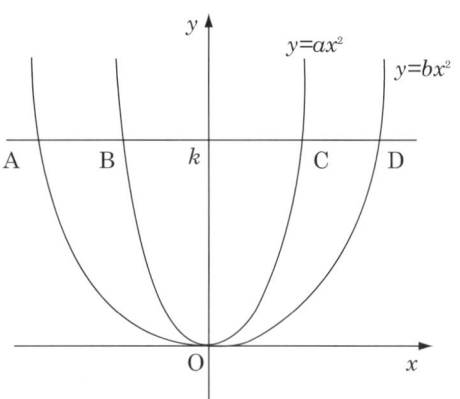

10 이차함수 $y = ax^2 \, (a > 0)$ 위의 1사분면의 점 $\mathrm{A}(t, \, at^2)$와 $\mathrm{B}\left(\dfrac{1}{a}, \, \dfrac{1}{a}\right)$이 있다. 점 $\mathrm{C}\left(\dfrac{1}{a}, \, 0\right)$에 대하여 삼각형 $\triangle \mathrm{OAC}$의 넓이와 $\triangle \mathrm{ABC}$의 넓이가 같을 때, 선분 $\overline{\mathrm{OA}}$의 기울기를 구하여라.

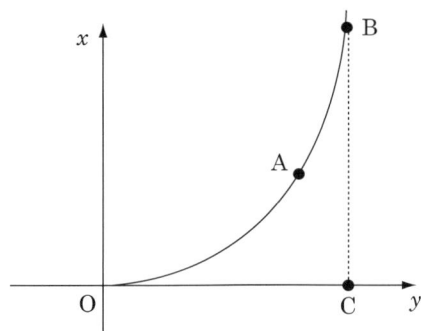

11 좌표평면 위에 그림과 같이 한 변의 길이가 1인 정사각형 ABCD가 있다. 점 P가 점 $\mathrm{A}(0, 1)$을 출발하여 점 $\left(\dfrac{11}{13}, \, 0\right)$으로 직선 운동을 하면서 반사된다. 점 P가 A, B, C, D 중 어느 한 곳에 도달할 때까지의 반사 횟수를 구하여라.

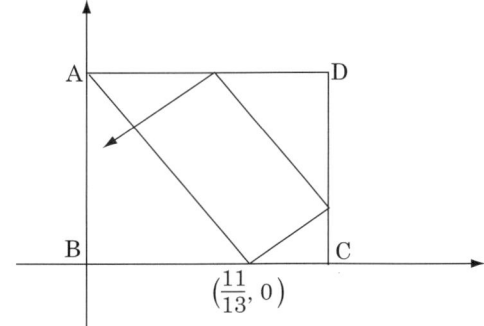

12 2016년 1월 1일은 금요일이다. 2018년 12월 31일까지 13일의 금요일이 나타나는 횟수를 구하여라.

13 오른쪽 그림과 같이 $\overline{AB} = 12$, $\overline{AC} = 16$, $\overline{BC} = 20$인 삼각형 ABC의 변 BC를 4등분한 점을 B에 가까운 쪽부터 D, E, F라 하자. $\overline{AD} = x$, $\overline{AE} = y$, $\overline{AF} = z$라고 할 때, $x^2 + y^2 + z^2$의 값을 구하여라.

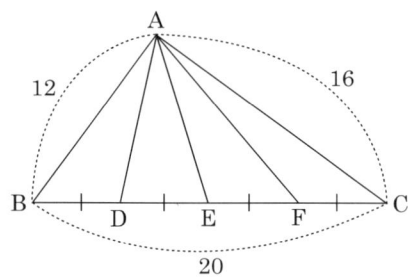

14 그림과 같이 반지름이 2인 원 6개가 서로 외접하고 있을 때, 색칠한 부분의 넓이를 구하여라.

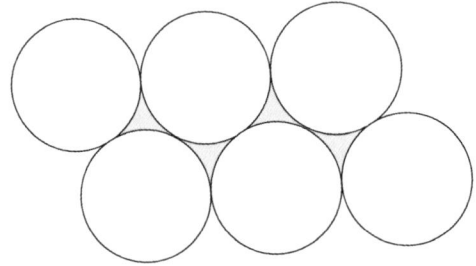

15 점 E는 원에 내접하고 있는 직사각형 ABCD의 한 변 AD 위에 있는 점이고, $\overline{AE}=6$, $\overline{DA}=8$, $\overline{AB}=6$, 선분 BE를 연장한 선이 원과 만나는 점을 F라고 할 때, 현 AF의 길이를 구하여라.

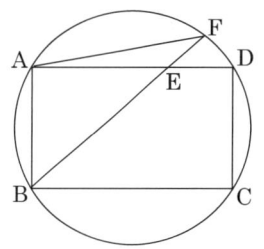

점수

 서술형 문제

다음 물음에 답하여라.

1 정사면체의 각 면에 서로 다른 네 가지 색을 모두 써서 만들 수 있는 서로 다른 정사면체 주사위 종류의 수를 구하여라.

2 정육면체 주사위에 서로 다른 여섯 가지 색을 모두 써서 만들 수 있는 서로 다른 주사위 종류의 수를 구하여라.

3 정팔면체의 각 면에 1~8까지의 수를 써서 정팔면체의 주사위를 만들려고 한다. 서로 다른 주사위 종류의 수를 구하여라.

양의 유리수의 집합 S에 대하여, a와 b가 S의 원소일 때, $a+b$와 ab도 S의 원소이다. 또한, 모든 유리수 r은 다음 조건 가운데 하나만을 만족한다.

$$r \in S, \quad -r \in S, \quad r = 0$$

1 0이 S에 속하지 않음을 보여라.

2   모든 양의 정수가 S의 원소임을 보여라.

3   모든 양의 유리수가 S의 원소임을 보여라.

3 서술형 문제

집합 A 의 부분집합 중에서 모든 원소들이 쌍마다 서로 소인 부분집합을 'p-type 부분집합'
이라고 하고, 그렇지 않은 것을 'q-type 부분집합' 이라고 하자.

원소의 개수가 n 인 A 의 부분집합이 반드시 'q-type 부분집합' 일 때, n 을 A 의
q-number 라 하자.

예를 들어 A $= \{1, 2, 3, 4, 5, 6, 7, 8, 9, 10\}$ 의 경우, 원소가 10개인 A 의 부분집합은 A
이고 A 는 q-type이므로 10은 q-number가 된다. 원소가 9개인 A 의 부분집합은 모두 10
개인데 10개 모두 q-type이므로 9역시 q-number이다. 원소의 개수가 4인 부분집합 가운데
$\{2, 3, 5, 7\}$ 은 쌍마다 서로소이어서 p-type이므로 4는 q-number가 아니다. 다음 질문
에 답하여라.

1 A $= \{1, 2, 3, 4, 5, 6, 7, 8, 9, 10\}$ 의 q-number의 최솟값을 구하여라.

2 A $= \{11, 12, 13, 14, \cdots, 30\}$ 의 q-number의 최솟값을 구하여라.

3 A $= \{52, 53, 54, \cdots, 104\}$ 의 q-number의 최솟값을 구하여라.

서술형 문제

어느 상품 1개의 현재의 정가를 P 원이라고 하고, 매월 판매수량을 n 개라 하면 현재의 매월 판매총액은 nP 원이 된다. 현재의 정가를 x 할 올리면 판매수량은 y 할 감소하며, 판매총액은 z 배로 된다. 다음 물음에 답하여라. (단, 할은 $\dfrac{1}{10}$ 을 나타내는 단위이다.)

1 z 를 x 에 관하여 나타내어라.

2 $y = kx$ 라 할 때, 판매총액을 최대로 하는 x 의 값을 k 로 나타내어라. (단, $0 < k < 1$)

3 $y = \dfrac{2}{3}x$ 일 때, 판매총액을 최대로 하는 x 의 값을 구하여라.

4 $y = \dfrac{2}{3}x$ 일 때, 판매총액을 증가시키는 x 값의 범위를 구하여라.

출제예상문제 8회

| 입시생 주의사항 | 본 시험지는 단답형 문제 15개, 서술형 문제 4개로 구성되었으며 시험시간은 180~240분입니다.

단답형 문항

1 1, 2, 3, 4, 5, 6, 7 중에서 뽑은 서로 다른 세 개의 숫자를 a, b, c라고 하자. 이때, 다음과 같이 세 자리 자연수 6개를 만들어 평균을 구했더니 평균값의 일의 자리의 숫자가 3이었다. $a+b+c$의 값을 구하여라.

2 자연수 전체의 집합 N에 대하여 $f : N \rightarrow N$이 다음 두 조건을 만족한다. $f(1)$의 값을 구하여라.

$$f(n+1) = f(n) + 5n, \quad f(21) = 2000$$

3 이차방정식 $x^2 + px + 1 = 0$의 두 근을 α, β라고 하고, 이차방정식 $x^2 + qx + 1 = 0$의 두 근을 γ, δ라고 할 때, $(\alpha - \gamma)(\beta - \gamma)(\alpha + \delta)(\beta + \delta)$을 두 실수 p, q에 관한 식으로 나타내어라.

4 삼각형의 세 변의 길이가 각각 2, 4, $\sqrt{2x}$ 이고 모두 자연수라고 할 때, 이 삼각형의 세 변의 길이의 합을 구하여라.

5 1 보다 큰 자연수 n 에 대하여 $a_1 a_2 + a_2 a_3 + a_3 a_4 + \cdots + a_{n-1} a_n + a_n a_1 = 0$ 을 만족하는 n 의 약수 중 1 을 제외한 가장 작은 수를 구하여라.
(단, $a_i \in \{-1, 1\}$, $i = 1, 2, 3, \cdots, n$)

6 길이가 1m 인 고무줄이 막대에 묶여 있고 묶인 곳에 개미가 있다. 이 개미는 매초 2cm 의 속도로 고무줄의 다른 끝을 향하여 기어가고 있다. 고무줄의 끝을 잡아당겨 매 1초마다 20cm 씩 늘어나게 할 때, 고무줄의 길이가 3m 가 되는 순간 개미는 처음 출발한 곳에서부터 몇 cm 의 거리에 있는지 구하여라. (단, 고무줄은 모든 위치에서 같은 비율로 늘어난다.)

7 어떤 상품에 세금을 부과하게 되어서 이 상품의 가격을 원래의 가격보다 $x\%$ 올리기로 하였다. 세율은 가격의 10%이며 값을 올렸을 때 판매량은 $\dfrac{x}{2}\%$ 감소하였다. 이때, 세금을 제외한 총 판매 금액이 이전의 판매 금액 이상이 되게 하는 x값의 최솟값을 구하여라.

8 원점을 지나는 두 직선 l_1, l_2가 있다. l_1이 x축의 양의 방향과 이루는 각이 l_2가 x축의 양의 방향과 이루는 각의 크기의 2배이고, l_1의 기울기는 l_2의 기울기의 6배라고 할 때, l_1과 l_2의 기울기의 곱을 구하여라.

9 방정식 $[x][y] = n$ (n 은 자연수)의 0 이상의 실수 해 x, y 를 좌표평면에 $(x,\ y)$ 로 나타 낸다고 하자. 집합 A_n 을 $A_n = \{(x,\ y)|\ [x][y] = n,\ n$ 은 자연수, $x \geq 0,\ y \geq 0\}$ 와 같이 정의한다고 할 때, A_{120} 이 나타내는 영역의 넓이를 구하여라. (단, $[x]$ 는 x 를 넘지 않는 최대 정수이고, $0 \leq x,\ y \leq 1$ 이 이루는 도형은 한 변의 길이가 1인 정사각형 으로 한다.)

10 이차함수 $y = ax^2 (a > 0)$ 의 그래프와 이차함수 $y = bx^2 (b < 0)$ 의 그래프위의 점들을 연결하여 위의 그림처럼 2개의 직사각형을 그렸다. 직사각형의 각 변은 모두 x 축, y 축과 평행하다. 사각형 $ABCD$ 의 넓이를 S_1, 사각형 $PQRS$ 의 넓이를 S_2 라고 하자. $\dfrac{S_1}{S_2} = 8$ 일 때, $\dfrac{\overline{AD}}{\overline{PS}} + \dfrac{\overline{DC}}{\overline{SR}}$ 의 값을 구하여라.

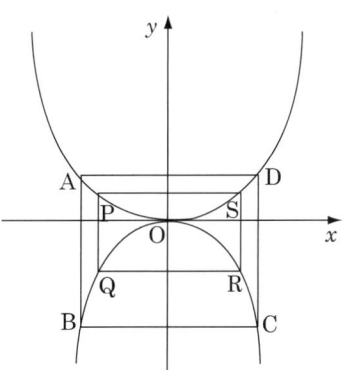

11 가로의 길이가 8, 세로의 길이가 6인 직사각형이 있다. 대각선 AC 위를 움직이는 점 P에 대하여 P에서 $\overline{AB}$에 내린 수선의 발을 D, $\overline{CD}$에 내린 수선의 발을 E, $\overline{AD}$에 내린 수선의 발을 F라고 할 때 색칠한 부분의 넓이의 최댓값을 구하여라.

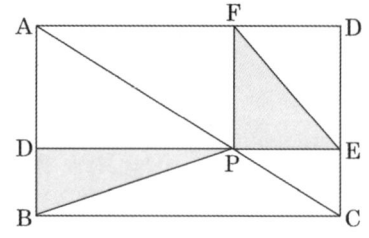

12 원 O는 삼각형 ABC의 외접원이고 ∠C는 둔각, 선분 OC는 원 O의 반지름이다. 선분 OC를 지름으로 하고 원 O에 내접하는 원과 선분 AB가 만나는 두 점을 D, E라고 하자. $\overline{AD}=2$, $\overline{BD}=6$일 때, 선분 $\overline{CD}$의 길이를 구하여라.

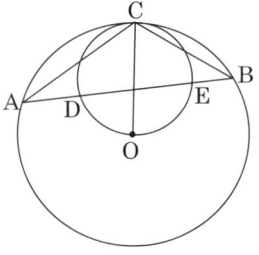

13 그림과 같이 삼각형 $A_1B_1C_1$의 각 변을 두 배로 연장하여 삼각형 $A_2B_2C_2$를 만들고, 삼각형 $A_2B_2C_2$의 각 변을 두 배로 연장하여 삼각형 $A_3B_3C_3$를 만들자. 삼각형 $A_1B_1C_1$의 넓이를 1이라고 할 때, 이와 같은 과정을 반복하여 얻은 삼각형 $A_nB_nC_n$의 넓이가 10000 이상이 되는 최초의 자연수 n의 값을 구하여라. (단, 점 A_n, B_n, C_n을 연장한 점을 각각 A_{n+1}, B_{n+1}, C_{n+1}라고 한다.)

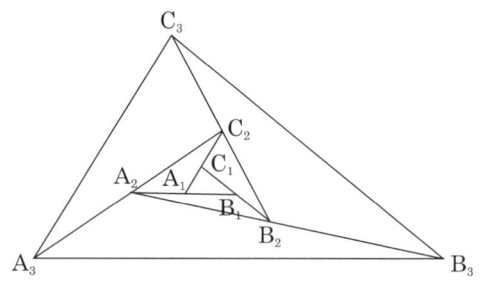

14 직사각형 ABCD의 가로의 길이는 12cm, 세로의 길이는 8cm이고 $\overline{\text{AM}}=4$cm, $\overline{\text{BN}}=8$cm이다. 이때 $\angle \text{ADM}=\alpha$, $\angle \text{BNM}=\beta$라고 하면 $\alpha+\beta$의 값을 구하여라.

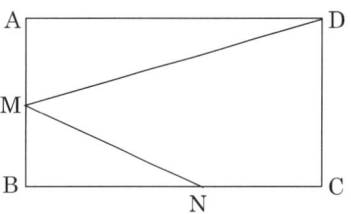

15 상자 A에는 검은 공 3개와 흰 공 2개가 있고, 상자 B는 비어 있다. 상자 A에서 공을 하나 뽑았을 때, 흰 공이 나오면 이 흰 공을 상자 B에 담고, 검은 공이 나오면 다시 상자 A에 넣는다고 한다. 공을 뽑는 시행을 세 번 하였을 때, 상자 B에 흰 공이 두 개 담겨있을 확률을 구하여라.

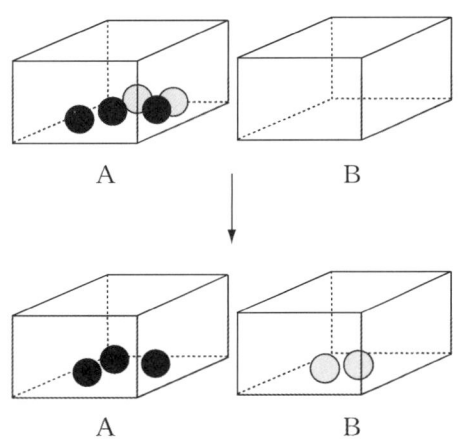

1 서술형 문제

다음 물음에 답하여라.

1 R이 실수 전체의 집합일 때, R에서 R로의 함수 f를 다음과 같이 정의한다. 함수 $f(x)$가 일대일 함수가 되기 위한 상수 a의 범위를 구하여라.

$$f(x) = a|x - 1| + (2 - a)x + a$$

2 a, b가 실수이고 $f(x) = x^2 + ax + b$에 대하여 $|f(1)|$, $|f(2)|$, $|f(3)|$ 중 적어도 어느 하나는 $\dfrac{1}{2}$ 이상임을 증명하여라.

직육면체가 다음 조건을 만족할 때, 물음에 답하여라.

> 조건 Ⅰ (가로) ≤ (세로) ≤ (높이)
>
> 조건 Ⅱ (직육면체의 부피)=(가로)+2(세로)+3(높이)
>
> 조건 Ⅲ 가로의 길이, 세로의 길이, 높이의 길이는 자연수

1 (밑넓이) $-5 \leq \dfrac{\text{가로}}{\text{세로}}$ 임을 설명하여라.

2 **1** 을 만족하는 가로, 세로의 길이를 모두 구하여라.

3 가로, 세로, 높이의 길이를 구하여라.

3 서술형 문제

문자 a, b, c 중에서 n 개를 골라 이어서 쓴 것을 길이 n 인 단어라고 부르자. 예를 들어 aba, aaa, abc 는 모두 길이 3인 단어이며 ab 는 길이 2인 단어이다.

1 길이 3인 단어는 모두 몇 개인가?

2 길이 3인 단어 중에서 aaa, abb, cab 와 같은 단어는 a 를 홀수 개 갖고 있다. a 가 홀수 개인 길이 3인 단어는 모두 몇 개인가?

3 길이 n 인 단어 중 a 가 홀수 개인 단어의 총수를 $f(n)$ 으로, 나머지수를 $g(n)$ 으로 나타낼 때 $f(n+1) = 2f(n) + g(n)$ 가 성립함을 증명하여라.

4 $f(n)$ 을 구하여라.

다음 물음에 답하여라.

1 원 둘레 위에 네 개의 점이 같은 간격으로 배열되어 있다. 네 개의 점들을 두 개씩 연결하여 두 개의 선분을 만들려고 한다. 단 두 개의 선분은 서로 만날 수 없다. 모두 몇 가지 방법이 가능한지 구하여라.

2 원 둘레 위에 여섯 개의 점이 같은 간격으로 배열되어 있다. 여섯 개의 점들을 두 개씩 연결하여 세 개의 선분을 만들려고 한다. 단, 선분들은 서로 만날 수 없다. 모두 몇 가지 방법이 가능한지 구하여라.

3 원 둘레 위에 여덟 개의 점이 같은 간격으로 배열되어 있다. 여덟 개의 점들을 두 개씩 연결하여 네 개의 선분을 만들려고 한다. 단, 선분들은 서로 만날 수 없다. 모두 몇 가지 방법이 가능한지 구하여라.

4 원 둘레 위에 열 개의 점이 같은 간격으로 배열되어 있다. 열 개의 점들을 두 개씩 연결하여 다섯 개의 선분을 만들려고 한다. 단, 선분들은 서로 만날 수 없다. 모두 몇 가지 방법이 가능한지 구하여라.

5 원 둘레 위에 $2n$개의 점이 같은 간격으로 배열되어 있다. 점들을 두 개씩 연결하여 n개의 선분을 만들려고 한다. 단, 선분들은 서로 만날 수 없다. 가능한 경우의 수를 구하는 방법을 설명하여라.

문항수	총점	풀이시간	점수

출제예상문제 9회

| 입시생 주의사항 | 본 시험지는 단답형 문제 15개, 서술형 문제 4개로로 구성되었으며 시험시간은 180~240분입니다.

단답형 문항

1 일차 이하의 다항 함수 $y = f(x)$가 다음 세 조건을 만족할 때, $f(2020)$의 값을 구하여라.

> Ⅰ. $f(2) \geq f(3)$ Ⅱ. $f(4) \leq f(5)$ Ⅲ. $f(6) = 6$

2 자연수 x, y, z에 대하여 $x + y - z = 0$, $5x + 2y - 3z = 0 \, (z \neq 0)$일 때,

$\dfrac{z^2}{x+y} + \dfrac{x^2}{y+z} + \dfrac{y^2}{z+x}$ 의 최솟값을 구하여라.

3 어떤 물건의 무게를 측정하는데 사용된 분동 1g, 5g, 25g짜리의 개수가 각각 a, b, c개였다. 이 물건에 172g을 더한 후 1g, 7g, 49g의 분동을 각각 c, b, a개 사용하여 평형을 이루었다. 이때, 사용된 분동의 개수를 구하여라. (단, a, b, c는 5보다 작은 자연수이다.)

4 일차함수 $y = ax + b$의 그래프가 그림의 두 점 A와 B를 잇는 선분 $\overline{AB}$와 만난다고 한다. b의 값의 범위가 $-1 \le b \le -\dfrac{1}{2}$일 때, a의 최댓값 M과 최솟값 m에 대하여 $7Mm$의 값을 구하여라.

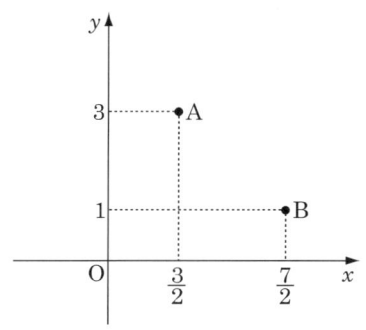

5 이차함수 $y = x^2$의 그래프와 일차함수 $y = x + 6$의 그래프가 두 점 A, B에서 만나고 있다. 이차함수의 그래프 위의 두 점 A와 B 사이에 두 점 C, D가 있고 삼각형 ACB의 넓이와 삼각형 ABD의 넓이가 같다. 점 C의 x좌표를 c, 점 D의 x좌표를 d라고 할 때, $c + d$의 값을 구하여라.

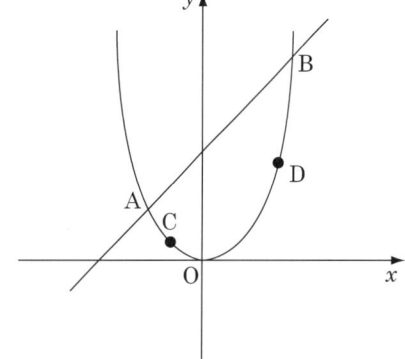

6 음료수 판매를 하는 A 씨는 음료수 1000병을 구입하여 가게로 운반하던 도중에 사고가 나서 40개를 떨어뜨렸다. 처음에 생각했던 이익은 한 병에 $a\%$였다고 한다. 그 나머지를 팔아서 처음에 생각했던 이익과 똑같은 이익을 얻기 위해서 처음 생각했던 이익의 몇 $k\%$만큼 이익을 늘려야 한다고 할 때, k의 값을 구하여라. (소수점 아래 둘째자리에서 반올림하시오.)

7   자연수 9는 두 개 이상의 연속하는 자연수들의 합으로 표현하는 방법이 $4+5=9$, $2+3+4=9$와 같이 두 개다. 자연수 50을 이와 같이 두 개 이상의 연속하는 자연수들의 합으로 표현하는 방법의 개수를 구하여라.

8   이차함수 $y=x^2-4x+3$의 그래프 위의 두 점 B, C와 이차함수 $y=-x^2+4x$의 그래프위의 두 점 A, D를 연결한 사각형 $ABCD$가 직사각형일 때, 이 직사각형의 둘레의 길이의 최댓값을 구하여라.

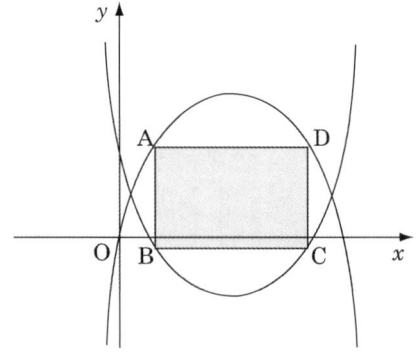

9   한 변의 길이가 6인 세 개의 정삼각형이 그림과 같이 겹쳐져 있고 색칠한 부분의 넓이가 $4\sqrt{3}$일 때, 그림에서 찾을 수 있는 가장 작은 정삼각형의 넓이를 구하여라.

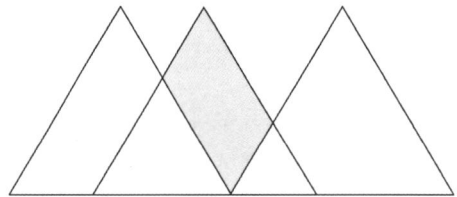

10 다음 두 조건을 모두 만족하는 세 자연수 a, b, c에 대하여 $a+b+c$의 값을 구하여라.

> Ⅰ. a, b, c는 직각 삼각형의 세 변의 길이이다.
> Ⅱ. a, b, c의 최대공약수와 최소공배수의 합은 2041이다.

11 4개의 서로 다른 실수 a, b, c, d를 원소로 갖는 집합을 M이라 하자.
$S = \{x+y \mid x,\ y \in M,\ x \neq y\}$, $T = \{xy \mid x,\ y \in M,\ x \neq y\}$라 할 때,
$S = \{5,\ 7,\ 8,\ 9,\ 10,\ 12\}$, $T = \{6,\ 10,\ 14,\ 15,\ 21,\ 35\}$이다.
이때, $a^2+b^2+c^2+d^2$의 값을 구하여라.

12 집합 $S = \{-2,\ -1,\ 0,\ 1,\ 2,\ 3\}$의 두 원소 x, y에 대하여 연산 $\triangle$를
$x \triangle y = \dfrac{1}{2}(x+y+|x-y|)$로 정의한다. S의 모든 원소 x에 대하여 $x \triangle a = x$를 만족하는 집합 S의 원소 a를 구하여라.

13 임의의 실수 x와 양의 실수 p에 대하여 함수 f가 $f(x-p)=f(x)=f(x+p)$를 만족할 때, 함수 f를 주기가 p인 함수라고 한다. 실수 집합 R에 대하여 함수 $f : R \rightarrow R$가 임의의 실수 x에 대하여 $|f(x)| < a\,(a \geq 0)$이고 다음 조건을 만족한다고 한다. 이 함수의 주기를 구하여라.

$$f\left(x+\frac{1}{4}\right)+f\left(x+\frac{1}{5}\right)=f(x)+f\left(x+\frac{9}{20}\right)$$

14 반지름의 길이가 각각 25 cm, 9cm 인 두 원이 그림과 같이 점 A 에서 접하고 있다. 두 원의 공통 외접선과 공통 내접선을 그려서 서로 만나는 점을 B 라고 하자. 이때 선분 AB 의 길이를 구하여라.

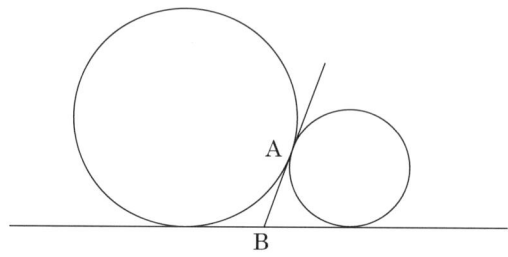

15 평면 위의 한 원에 세 개의 평행한 현을 그렸다. 세 현들은 각각 4 cm 씩 떨어져 있다. 가운데 현을 제외한 다른 두 현의 길이가 각각 18 cm, 14 cm 일 때, 가운데 현의 길이를 구하여라.

점수

1 서술형 문제

n을 3이상의 정수라 할 때, 다음 물음에 답하여라.

1 $1 \le p \le q$를 만족하는 정수 p, q에 대해 $n = p+q$를 만족하는 모든 경우의 수를 a_n이라 하자. 이때 $a_n = [\frac{n}{2}]$임을 보여라. (단, $[x]$는 x를 넘지 않는 최대의 정수다.)

2 $1 \le i \le j \le k$를 만족하는 정수 i, j, k에 대해 $n = i+j+k$를 만족하는 모든 경우의 수를 b_n이라 하자. 이때 $2 \le i \le j \le k$를 만족하는 정수 i, j, k에 대해 $n+3 = i+j+k$를 만족하는 모든 경우의 수는 b_n과 같음을 증명하여라.

3 $b_{n+3} = b_n + a_{n+2}$임을 보여라.
(단, a_n은 문항 (1)에서의 경우의 수이고, b_n은 문항 (2)에서의 경우의 수이다.)

2 서술형 문제

다음 물음에 답하여라.

1 9^n과 9^{n+1}의 자리 수가 같기 위한 조건을 설명하여라.

2 9^1은 한 자리의 수, $9^2 = 81$은 두 자리의 수, $9^3 = 729$는 세 자리의 수이다. 이와 같이 계속 계산해 보면 $9^{11} = 31, 381, 059, 609$는 11자리의 수이다. 그러나 9^{50}은 50자리의 수가 아니고 48자리의 수라고 한다. 9^1, 9^2, 9^3, $\cdots$ 9^{50} 중 첫 번째 자리의 수가 9인 수는 모두 몇 개인지 구하여라.

3 9^{2019}은 1926자리의 숫자이고 첫 번째 자리의 수는 9이다. 2019개의 자연수 9, 9^2, 9^3, $\cdots$, 9^{2019} 중에서 첫 번째 자리의 수가 9인 수는 모두 몇 개인지 구하여라.

다음을 증명하여라.

1 한 변의 길이가 1인 정삼각형 내부에 5개의 점을 잡으면 거리가 $\dfrac{1}{2}$인 두 점이 존재함을 증명하여라.

2 한 변의 길이가 1인 정삼각형 내부에 10개의 점을 잡으면 거리가 $\dfrac{1}{3}$이하인 두 점이 존재함을 증명하여라.

3 한 변의 길이가 1인 정삼각형 내부에 k개의 점을 잡으면 거리가 $\dfrac{1}{n}$이하인 두 점이 반드시 존재하게 되는 최소의 정수 k를 구하여라.

서술형 문제

다음 물음에 답하여라.

1 아래 그림과 같이 대각선이 모두 그려진 사각형에서 찾을 수 있는 삼각형은 모두 몇 개인
지 구하여라.

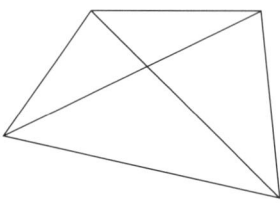

2 아래 그림과 같이 대각선이 모두 그려진 오각형에서 찾을 수 있는 삼각형은 모두 몇 개인
지 구하여라.

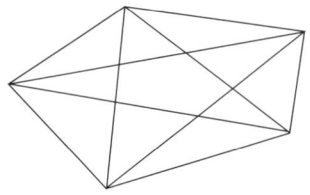

3 아래 그림과 같이 대각선이 모두 그려진 볼록 육각형에서 세 꼭짓점이 모두 육각형의
꼭짓점인 삼각형의 개수를 구하여라.

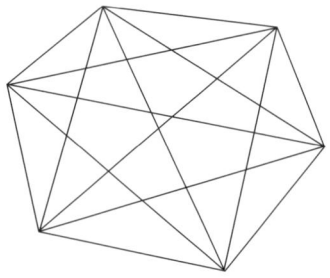

4 대각선이 모두 그려진 볼록 육각형에서 두 꼭짓점이 육각형의 꼭짓점이고 다른 한 꼭짓점은 대각선의 교점인 삼각형의 개수는 최대 몇 개인지 구하여라.

5 대각선이 모두 그려진 볼록 육각형에서 한 꼭짓점이 육각형의 꼭짓점이고 다른 두 꼭짓점은 대각선의 교점인 삼각형의 개수는 최대 몇 개인지 구하여라.

6 대각선이 모두 그려진 볼록 육각형에서 세 꼭짓점이 모두 대각선의 교점인 삼각형의 개수는 최대 몇 개인지 구하여라.

7 대각선이 모두 그려진 볼록 7각형에서 찾을 수 있는 삼각형의 최대 개수를 구하여라.

문항수	총점	풀이시간	점수

출제예상문제 10회

| 입시생 주의사항 | 본 시험지는 단답형 문제 15개, 서술형 문제 4개로 구성되었으며 시험시간은 180~240분입니다.

단답형 문항

1 반지름의 길이가 각각 1.1cm, 6.1cm인 두 원이 그림처럼 서로 외부에 놓여 있다. 두 원의 두 공통 외접선과 한 공통 내접선이 만나는 점을 각각 P, Q라고 하자. 그림에서 A, B, C, D, E, F는 각각 모두 접점들이다. 두 원의 중심 사이의 거리가 12cm라고 할 때, $x = \overline{AP}$ 와 $y = \overline{BQ}$ 의 값을 각각 구하여라.

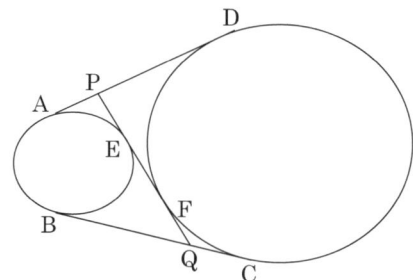

2 6개의 수 A, B, C, D, E, F가 다음 조건을 모두 만족한다.

(1) 각 수는 서로 다른 한 자리 음이 아닌 정수이다.
(2) A, C, D는 짝수이다.
(3) F는 C보다 작고, C×F = 0
(4) A, B, C의 순서대로 이루어진 세 자리 수는 9로 나누어떨어진다.
(5) D는 소수이다.
(6) A + D = 10이고 B + E = 13이다.
(7) E는 세 수 A, B, C의 평균보다 1 크다.

이때, A + B + C + D + E + F의 값을 구하여라.

3 아래 그림과 같이 $\angle A = 60°$, $\overline{AB} = 2\text{cm}$ 인 직각삼각형 ABC를 직선 L 위에서 미끄러짐이 없이 삼각형 $A_2B_2C_2$까지 1회전시켰을 때, 변 $\overline{AC}$의 중점 M이 그리는 자취와 직선인 L로 둘러싸인 부분의 넓이를 구하여라.

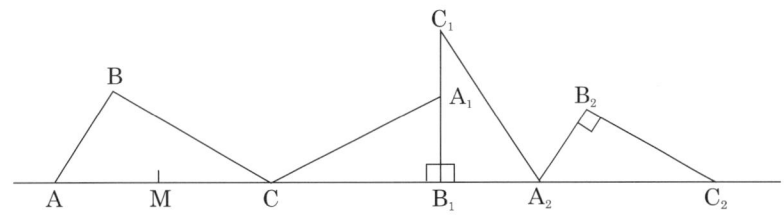

4 H, S, C, D가 쓰여진 네 장의 카드가 문자가 보이지 않게 탁자 위에 놓여 있다. 갑, 을, 병, 정 네 사람이 카드에 쓰여진 문자를 다음과 같이 예측하였다.

	첫 번째 카드	두 번째 카드	세 번째 카드	네 번째 카드
갑	C	H	S	D
을	H	H	D	D
병	D	H	D	C
정	S	D	C	H

네 명이 예측한 결과를 확인했더니 모든 카드는 적어도 한 사람에 의해 맞게 예측되었으며, 네 사람 모두 같은 수의 카드를 맞혔다. 네 카드에 쓰여진 문자를 순서대로 구하여라.

5 유한집합 L의 원소의 합을 S(L)로 나타내기로 하자. 두 집합이 다음 조건
$$A = \{x_1,\ x_2,\ x_3,\ x_4,\ x_5\}, \qquad B = \{x \mid x = 3x_i + a,\ x_i \in A\},$$
$S(A) = 40,\ S(A \cup B) = 99,\ A \cap B = \{9,\ 11\}$을 모두 만족할 때, 상수 a의 값을 구하여라.

6 $x \neq 0,\ x \neq 1$ 모든 실수 x에 대하여 다음 식
$$3f\left(\frac{1}{1-x}\right) + 4f\left(\frac{x-1}{x}\right) + 5f(x) = \frac{1}{1-x}$$을 만족시키는 함수 $f(x)$를 구하여라.

7 두 함수 $y = \frac{1}{4}x^2$과 $y = m(x-2)+1$의 그래프가 서로 다른 두 점 A, B에서 만난다. 각 A, B를 지나는 x축과 평행한 직선이 곡선과 만나는 점을 C, D라 하자. □ABCD의 넓이가 64일 때, m의 값을 구하여라. (단, m은 양의 정수)

8 아래 그림과 같이 한 변의 길이가 6인 정사각형 ABCD에서 변 AB, BC 위에 $\overline{AP}=3$, $\overline{BQ}=4$인 두 점 P, Q를 정하고, 변 CD, DA 위에 두 점 R, S를 정할 때, 사각형 PQRS의 둘레의 길이의 최솟값을 소수점 아래 둘째 자리까지 구하여라. (단, $\sqrt{145}=12.04$로 계산한다.)

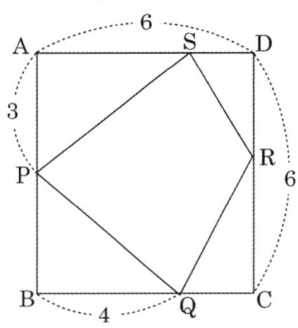

9 집합 $X=\{x\mid 0\le x\le 1\}$일 때, 함수 $f:X\to X$가 다음 세 조건을 만족한다.

(i) $x_1<x_2$일 때, $f(x_1)\le f(x_2)$

(ii) $f\left(\dfrac{x}{3}\right)=\dfrac{1}{2}f(x)$

(iii) $f(1-x)=1-f(x)$

이때, $\dfrac{1}{9}<\dfrac{2}{13}<\dfrac{2}{9}$를 이용하여, $f\left(\dfrac{2}{13}\right)$의 값을 구하여라.

10 한 변의 길이가 4인 정사각형을 한 변의 길이가 1인 정사각형 16개로 나누었다. 오른쪽 그림과 같이 문자 a를 정사각형의 대각선의 양 끝에 고정하여 문자 a, b, c, d를 다음과 같은 규칙으로 배열하려고 한다.

a			
			a

┤ 보기 ├

Ⅰ. 각 행과 각 열에 문자가 중복되지 않게 배열한다.

Ⅱ. 4등분한 정사각형의 내부에 문자가 중복되지 않게 배열한다.

이때, 배열할 수 있는 모든 경우의 수를 구하여라.

(바른 예)

a	b	c	d
c	d	a	b
b	a	d	c
d	c	b	a

(틀린 예 Ⅰ)

a	b	c	b
c			
d			
c			

(틀린 예 Ⅱ)

a	b		
b	d		
		c	b
		b	a

11 n개의 수의 집합 $\{1, 2, 3, \ldots n\}$에서 동시에 3개의 수를 꺼낸다고 한다. 꺼낸 3개의 수가 연속될 확률을 p_1, 꺼낸 3개의 수 중 2개만이 연속될 확률을 p_2라고 할 때, $p_1 + p_2$를 n에 관한 식으로 나타내어라.

12 한 변의 길이가 1인 정사각형 ABCD 모양의 꽃밭이 있다. 이 꽃밭의 각 변을 n등분한 후, 그림과 같이 연결하여 교차되게 길을 만들었다. 가운데 작은 정사각형 모양의 넓이가 $\dfrac{1}{181}$일 때, n의 값을 구하여라.

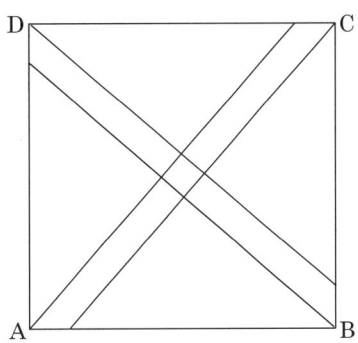

13 우표 수집을 열심히 하던 한 소년이 다음과 같이 말을 했다.

> "내가 모은 우표의 수는 2로 나누면 나머지가 1이 되고, 3으로 나누면 나머지가 2가 되고, 4로 나누면 나머지가 3이 되고, 5로 나누면 나머지가 4가 되고, 6으로 나누면 나머지가 5가 되고, 7로 나누면 나머지가 6이 되고, 8로 나누면 나머지가 7이 되고, 9로 나누면 나머지가 8이 되고, 10으로 나누면 9가 남습니다. 그리고 제가 모은 우표는 3000장이 안됩니다."

이 소년이 모은 우표가 몇 장인지 구하여라.

14 0과 자연수 전체의 집합을 X라 하자. 함수 $f : X \to Y$는 임의의 $n \in X$에 대하여 다음을 만족시킨다. 이때, $f(2019) - f(0)$의 값을 구하여라.

$$f(n) = f\left(\left[\frac{n}{2}\right]\right) + \frac{1 + (-1)^{n+1}}{2}$$

15 원 내부의 점 E에서 만나는 두 현 AB, CD에 대하여 점 E를 지나며 현 BC에 평행인 직선이 현 AD의 연장선과 만나는 점을 F, 점 F에서 원에 그은 접선의 접점을 G라고 하자. $\overline{EF} = 5$일 때, $\overline{GF}$의 길이를 구하여라.

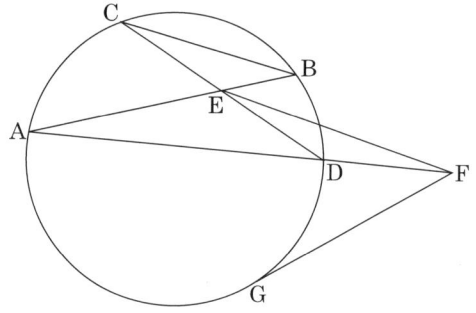

점수

1 서술형 문제

삼각형 ABC와 점 P에 대하여 점 P를 변 AC의 중점에 대하여 대칭이동한 점을 X, 점 P를 변 AB의 중점에 대하여 대칭이동한 점을 Y, 점 P를 변 BC의 중점에 대하여 대칭이동한 점을 Z라고 하자. 다음 물음에 답하여라.

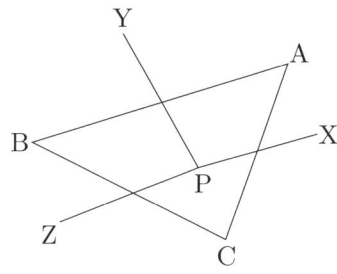

1 네 점 A, B, C, P가 한 평면 위에 있고, 점 P가 삼각형 ABC의 내부에 있을 때, 세 변 AZ, BX, CY가 한 점에서 만남을 증명하여라.

2 점 P가 삼각형 ABC를 포함하는 평면 위에 있지 않고, 삼각형 ABC를 밑면으로 하는 각기둥의 내부에 있을 때, 세 변 AZ, BX, CY가 한 점에서 만남을 증명하여라.

2 서술형 문제

세 변의 길이가 $\overline{CD}=5$, $\overline{BC}=12$, $\overline{BD}=13$인 직각삼각형 DBC에서 $\angle DBC = \theta$라고 할 때, 다음 물음에 답하여라.

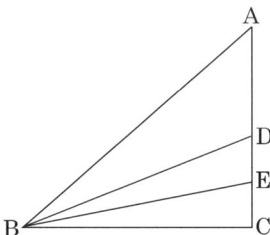

1 $\angle DBC$의 이등분선이 $\overline{CD}$와 만나는 점을 E라고 할 때, $\overline{CE}$의 길이를 구하여라.

2 $\overline{CD}$의 연장선 위에 $\angle ABD = \angle DBC$를 만족하는 점 A를 잡을 때, $\overline{AC}$의 길이를 구하여라.

3 $\tan 2\theta + \tan \dfrac{\theta}{2}$의 값을 구하여라.

4 직각삼각형 $ABC\,(\angle ACB = 90°)$에서 $\angle ABC$의 이등분선
이 $\overline{AC}$와 만나는 점을 D라고 하자. $\overline{BC} = 1$, $\overline{CD} = t$라고
할 때, $\overline{AC}$의 길이를 t에 관한 식으로 나타내어라.

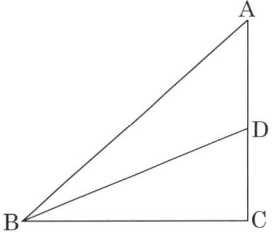

5 $\tan\theta\,(0° < \theta < 90°)$를 $\tan\dfrac{\theta}{2}$에 관한 식으로 나타내어라.

3 서술형 문제

다음과 같이 정사각형에 대각선을 각각 하나씩 그어 [도형 1]과 [도형 2]를 만든다.

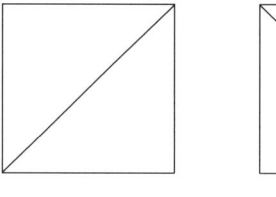

[도형 1]   [도형 2]

[도형 1]과 [도형 2]를 번갈아 가며 계속 붙여 아래 그림과 같은 도형을 만든다. 그림과 같이 처음으로 붙여지는 [도형 1]의 왼쪽 아래 꼭짓점을 P 라 하고, [도형 1]의 개수와 [도형 2]의 개수를 합하여 n개 붙여 만든 도형에서 가장 오른쪽 대각선의 끝점을 A_n 이라고 하자.

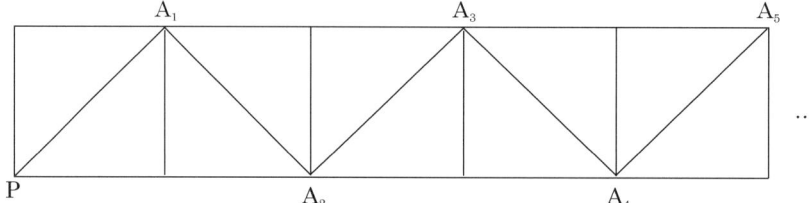

지나온 선분으로 되돌아 갈 수 없고, 오른쪽 또는 위, 아래, 대각선으로만 움직인다. 꼭짓점 P 에서 A_1, A_2, A_3, $\cdots$, A_{n-1} 을 모두 거쳐서 A_n 까지 도착하는 경로의 수를 a_n 이라고 하자. a_7 의 값을 구하여라.

4 서술형 문제

일직선 위에 있는 점 A, B, C, D에 대하여 $\overline{AB}:\overline{BC}=\overline{BC}:\overline{CD}=1:a$이고, $\triangle PAB$의 넓이와 $\triangle QCD$의 넓이가 각각 8, 32이다. $\triangle PBC$의 넓이를 S_1, $\triangle QBC$의 넓이를 S_2라 할 때, S_1+S_2의 최솟값을 구하여라. (단, 양의 실수 a, b에 대하여 $a+b \geq 2\sqrt{ab}$이 성립함을 이용한다.)

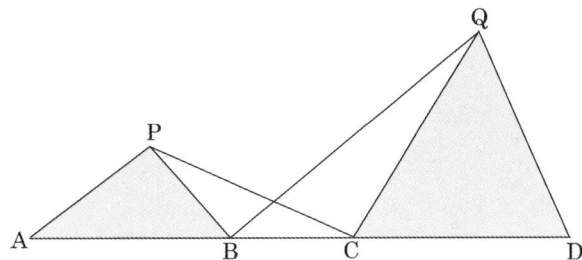

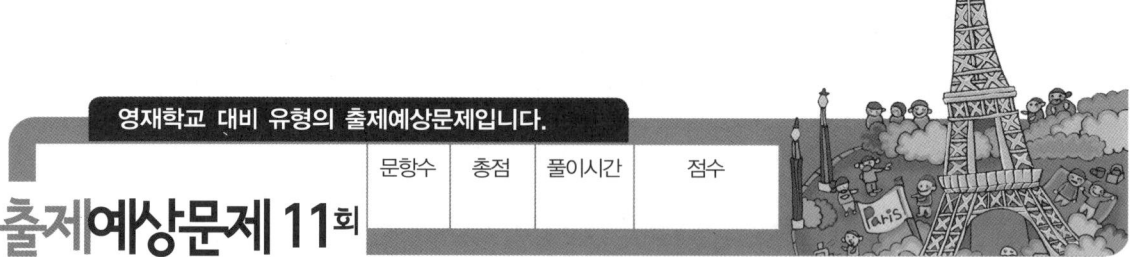

영재학교 대비 유형의 출제예상문제입니다.

출제**예상문제 11**회

문항수	총점	풀이시간	점수

| **입시생 주의사항** | 본 시험지는 단답형 문제 15개, 서술형 문제 4개로 구성되었으며 시험시간은 180~240분입니다.

단답형 문항

1 한 변의 길이가 $3\,cm$인 정육면체의 각 면의 중심을 꼭짓점으로 하는 정팔면체의 부피를 구하여라.

2 자연수 n을 3으로 나눈 나머지가 p일 때 $n \equiv p$라고 나타내면 $3 \equiv 0$, $4 \equiv 1$, $5 \equiv 2$가 된다. $n \equiv 2$일 때, $1 + n + n^2 + \cdots + n^{10} \equiv g$가 성립한다. g의 값을 구하여라.

3 $a_1 = 1$이고 $a_2 = 1$인 5000개의 수 a_1, a_2, $\cdots$, a_{5000}가 $m \geq 1$, $n > 1$, $m + n \leq 5000$인 모든 자연수 m, n에 대해 $a_{m+n} = a_{n-1}a_m + a_n a_{m+1}$을 만족시키고 또한 a_n과 a_{n-1}의 최대공약수는 1이라고 하자. 이때, a_{2001}과 a_{1002}의 최대공약수를 구하여라.

4 일요일부터 토요일까지의 연속된 7일 중에서 같은 달에 속해 있는 날들을 한 주간이라고 부르자. 예를 들어 어느 달의 말일이 일요일이면 그 달의 마지막 주간은 그 말일 하루로 이루어진다. 1월 1일부터 같은 해의 12월 31일 까지를 한 해라고 할 때, 한 해에 들어있는 주간의 최댓값과 최솟값을 구하여라.

5 그림과 같이 직육면체 내부에 반지름이 2인 큰 구 1개와 반지름이 1인 작은 구 2개가 서로 외접하고, 큰 구는 직육면체의 5개의 면과 작은 구는 3개의 면과 접할 때, 이 직육면체의 부피를 구하여라.

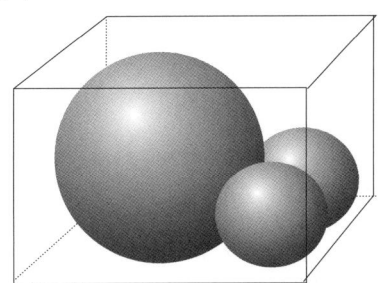

6

$\left[x+\dfrac{1}{3}\right]^2 + 2\left[x-\dfrac{2}{3}\right] - 13 = 0$ 을 만족하는 실수 x 의 값을 구하여라.

(단, $[x]$ 는 x 을 넘지 않는 최대의 정수이다.)

7

아래 그림과 같이 삼각형 ABC에서 $\overline{AB} = 12$, $\overline{BC} = 22$, $\angle BAC = 3\angle ACB$ 일 때, $\overline{AC}^2$ 을 구하여라.

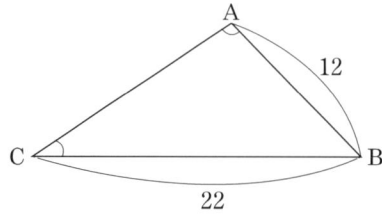

8

$f : R \rightarrow R$ 일 때 $f(x+f(y)) = f(x) + 2xy^2 + y^2 f(y)$을 만족하는 함수 f를 구하여라.

9 3의 배수와 3의 배수가 아닌 자연수의 제곱의 차로 나타낼 수 있는 소수를 모두 구하여라.

10 두 원 O_1, O_2 의 교점을 A, B 원 O_2 의 중심 C_2가 원 O_1 위의 점이다. 두 원의 중심을 지나는 직선이 원 O_1 과 만나는 점을 D라 하자. 점 D를 지나는 임의의 직선이 원 O_1, O_2 와 만나는 점을 E, F라 하자. $\overline{AE} = a$, $\overline{BE} = b$라 할 때, $\overline{EF}$ 를 a와 b의 식으로 나타내어라. (단, $\overline{DE} > \overline{DF}$ 이다.)

11 A, B 두 사람이 주사위를 한 번씩 던져 다음과 같은 게임을 하였다. A 의 주사위의 눈을 a, A 의 주사위의 눈을 b라 하였을 때, 다음과 같은 규칙이 있다.

> (i) $a > b$일 때는 A가 이기고, A의 득점을 $(a-b)$점, B의 득점은 0점
> (ii) $a = b$일 때는 비기고 A, B의 득점은 0점
> (iii) $a < b$일 때는 B가 이기고, B의 득점을 $(b-a)$점, A의 득점은 0점

이 게임을 2회 실행했을 때, A 의 득점의 합계가 B 의 득점의 합계보다 4점 많을 확률을 구하여라.

12 1부터 16까지의 수를 적당히 한 줄로 늘어 놓아 서로 이웃하는 두 수의 합이 모두 어떤 수의 제곱이 되도록 하였다. 양쪽 끝에 놓이는 두 수의 곱은 얼마인가 ?

13 다음 삼각형ABC에서 $\overline{DE}/\!/\overline{BC}$ 이고, 삼각형 OBC의 넓이는 36, 삼각형 ODE의 넓이는 16 이다. 이때, 삼각형 ABC의 넓이를 구하여라.

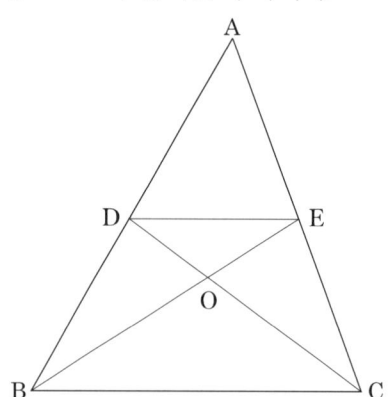

14 오른쪽 그림에서 정오각형 $ABCDE$의 대각선들로 이루어진 작은 정오각형 $FGHIJ$의 넓이가 2일 때, 정오각형 $ABCDE$의 넓이를 구하여라.

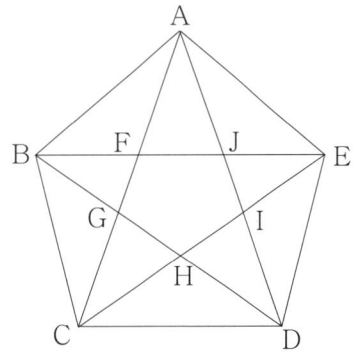

15 $f(x) = \dfrac{1}{\sqrt{x} + \sqrt{x+1}}$ 에 대하여 $f(9) + f(10) + f(11) + \cdots\cdots + f(48)$의 값을 m이라고 하고, 두 집합 $A = \{2,\ n^2 - 4n + 7\}$, $B = \{n+1,\ n^2+1,\ n^2+2\}$에 대하여 $A \cap B = \{4\}$일 때, m과 n을 두 근으로 하는 이차방정식을 $x^2 + ax + b = 0$의 형태로 나타내어라.

서술형 문제

다음 물음에 답하여라.

1 x, y, z를 $xyz \geq x+y+z$를 만족하는 양의 실수라고 하자. 이때, 다음 부등식이 성립함을 보여라.

$$\sqrt{2x^2 + yz} + \sqrt{2y^2 + zx} + \sqrt{2z^2 + xy} \geq 9$$

다음 물음에 답하여라.

원 O 의 두 현 AB , BC 에 대하여, $\overline{BC} > \overline{AB}$, M 이 호 ABC 의 중점이고 M 에서 선분 BC 에 내린 수선의 발을 F 라 하자. $\angle MOC = 80\degree$, $\angle MOB = 20\degree$ 이고, 반지름의 길이는 10이다.

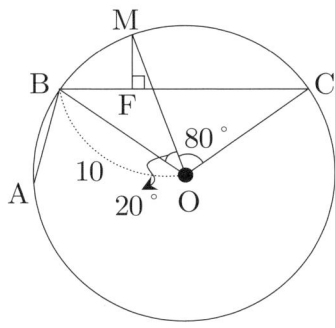

1　(1) $\overline{AB} + \overline{BF} = \overline{CF}$ 임을 증명하여라.

2　(2) 선분 $\overline{AB}$ 의 길이를 구하여라.

3 서술형 문제

직선 L과 두 점 A, B가 L에 대하여 같은 쪽에 주어져있다. A, B에서 L에 내린 수선의 발을 각각 A′, B′이라 할 때, $\mathrm{AA'}=6, \mathrm{BB'}=3, \mathrm{A'B'}=4$이다.

1   L 위의 한 점 P를 잡아서 ∠APB가 최대가 되게 하는 점 P의 작도법을 설명하여라.

2   B′P의 길이를 구하여라.

4 서술형 문제

다음 물음에 답하여라.

1 7개의 동전이 모두 앞면이 위로 오도록 원 모양으로 배열되어 있다. 한 번에 3개의 이웃한 동전을 뒤집을 때, 모두 뒷면으로 바꾸려면 최소한 몇 번을 시행해야하는지 구하고, 그 이유를 설명하여라.

2 15개의 동전이 모두 앞면이 위로 오도록 원 모양으로 배열되어 있다. 한 번에 9개의 이웃한 동전을 뒤집을 때, 모두 뒷면으로 바꾸려면 최소한 몇 번을 시행해야하는지 구하고, 그 이유를 설명하여라.

3 n개의 동전이 모두 앞면이 위로 오도록 원 모양으로 배열되어 있다. 한 번에 m개의 이웃한 동전을 뒤집을 때, 모두 뒷면으로 바꾸려면 최소한 몇 번을 시행해야하는지 구하고, 그 이유를 설명하여라. ($n > m$)

4 동전을 원 모양으로 배열하지 않고 일직선으로 배열한 경우에는 어떻게 달라지는지 설명하여라.

문항수	총점	풀이시간	점수

출제예상문제 12회

| **입시생 주의사항**| 본 시험지는 단답형 문제 15개, 서술형 문제 4개로 구성되었으며 시험시간은 180~240분입니다.

단답형 문항

1 $0 < x < 7$, $0 < y < 24$ 일 때, $\sqrt{x^2+y^2} + \sqrt{(7-x)^2+(24-y)^2}$ 의 최솟값을 구하여라.

2 길이가 60 인 나무막대 위에 이 막대의 길이를 10 등분, 12 등분, 15 등분하는 세 종류의 눈금이 새겨져 있다. 새겨진 모든 눈금을 따라 막대를 자르면 n 토막 난다고 한다. 이때, n 의 값을 구하여라.

3 'χ' 신을 모시는 신전은 넓은 원 모양의 바닥 위에 천정을 반구 모양으로 덮어서 지어졌다. (따라서 건물 전체가 거대한 반구 모양이다.) 이 신전에 높이 $2\,\mathrm{m}$ 인 신의 동상을 설치하려고 한다. 동상을 설치할 수 없는 부분의 넓이를 구하여라.

4 정사각형 ABCD의 두 점 A, B가 각각 좌표평면의 x 축과 y 축에서 움직인다고 한다. 이 정사각형의 두 대각선의 교점을 I 라고 할 때, 점 I 의 좌표를 (a, b)라고 하자. a, b 사이의 관계식을 구하여라.

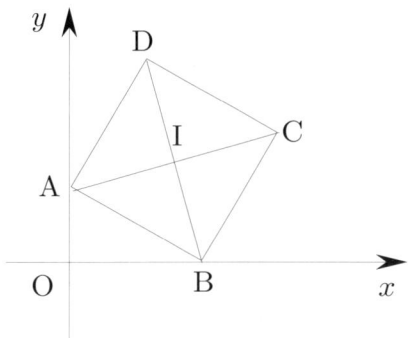

5 그림과 같이 크기가 같은 정육면체 모양의 투명한 유리 상자 12개를 쌓아서 직육면체를 만들었다.

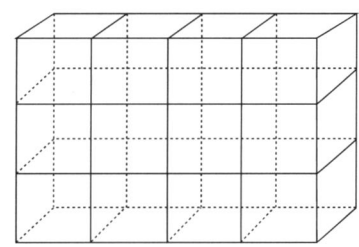

이 중에서 4개의 유리 상자를 같은 크기의 검은 색 유리 상자로 바꾸어 넣은 직육면체를 위에서 내려다 본 모양이 (가), 옆에서 본 모양이 (나)와 같이 되도록 만들 수 있는 방법의 수를 구하여라.

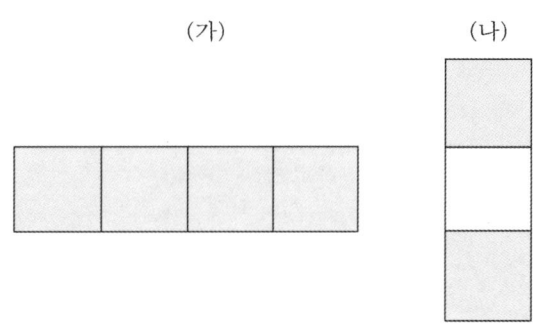

(가)   (나)

6 포물선 $y = x^2 - 4x + 3$ 과 직선 $mx - 4y - 13 = 0$ 는 한 점 P에서 만나고, 이 직선 $mx - 4y - 13 = 0$ 을 x축의 방향으로 1, y축의 방향으로 -1만큼 평행 이동하면 직선 $y = ax - \frac{1}{4}$ 과 수직이고, 한 점 Q에서 만난다. 이때, 선분 PQ의 길이를 구하여라. (단, $m > 0$)

7 한 평면 위에 정삼각형 ABC가 있다. 새로운 점 P를 그렸을 때 △PAB, △PBC, △PCA가 모두 이등변삼각형이 되게 하는 P의 위치의 개수를 구하여라.

8 지름 $\overline{AB}$의 길이가 8cm인 반원이 있다. $\overline{AB}$ 위의 점 H를 선택하고 H에서 그린 수선이 원 둘레와 만나는 점을 C라고 하자. $\overline{CH}$를 지름으로 하는 원의 넓이를 S_1, 색칠한 부분의 넓이를 S_2라고 하자. $\dfrac{S_1}{S_2}$의 값을 구하여라.

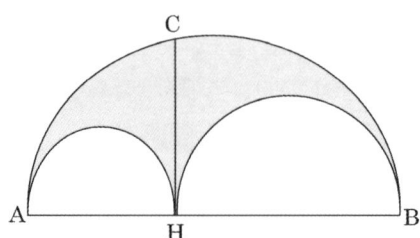

9 1부터 2019까지 모두 2019개의 자연수를 차례로 이어서 12345678910111213⋯ 20182019과 같이 새로운 자연수를 만들 수 있다. 이 자연수에서 나타나는 0의 개수를 구하여라.

10 한 호텔의 2층에 방이 1, 2, 3, 4호실 4개가 있고, 현재 모두 손님이 투숙 중이다. 호텔 방에서 어른들의 경우 최대 2명까지 투숙이 가능하다. 다음의 사실로부터 3호실에 투숙한 어른과 아이의 수를 구하여라.

> (1) 모든 방마다 어른의 수가 아이의 수보다 적지 않다.
> (2) 한 방을 제외하고 나머지 방의 사람 수는 모두 홀수이다.
> (3) 방 번호가 짝수인 방중 하나에는 아이가 없다.
> (4) 짝수 번호 방에 투숙한 사람의 총수는 4명이다.
> (5) 만일 1호실에 아이가 있다면 3호실에도 아이가 있다.
> (6) 어른의 총수는 아이들의 총수의 2배이다.
> (7) 4호실 사람의 수가 3호실보다 많다.

11 삼각형 ABC 내부에 한 점 P를 잡고, △ABP, △BCP, △CAP의 넓이가 각각 a, b, c라고 할 때, $a \geq 2c \geq 2b$일 확률을 구하여라.

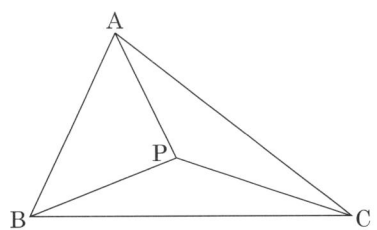

12 반지름의 길이가 1인 원의 둘레를 12등분하는 점을 차례로 A_1, A_2, ..., A_{12}라 할 때, 원둘레 위의 한 점 P에 대해 $\overline{A_1P^2} + \overline{A_2P^2} + ... + \overline{A_{12}P^2}$ 의 값을 구하여라.

13 집합 A와 전체 집합 U 에 대하여 $3 \in A \subset U = \{1, 2, 3, \cdots, 2010\}$ 이고, m, $n \in A$, $m + n \in U$ 이면, 항상 $m + n \in A$ 이다. 이를 만족하는 집합 A 중 원소의 개수가 가장 적은 것의 부분집합의 개수를 k라 할 때, k의 일의 자리수를 구하여라.

14

자연수 1로만 $2n$개 쓰여진 $2n$자리 자연수 $111 \cdots 1$이 아래와 같이 2로만 쓰여진 m자리 자연수 $222 \cdots 2$와 3으로만 쓰여진 k자리 자연수 $333 \cdots 3$의 제곱의 합으로 나타내어진다고 한다. m, n, k 사이의 관계식을 구하여라.

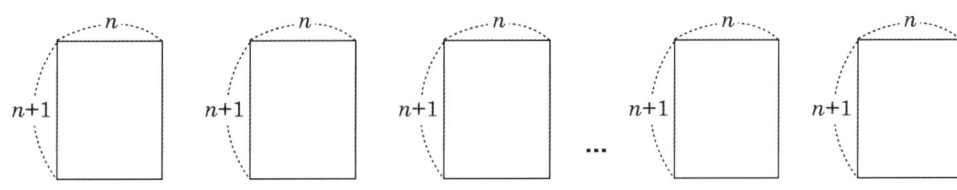

$$\underbrace{111 \cdots 1}_{2n\,\text{자리}} = \underbrace{222 \cdots 2}_{m\,\text{자리}} + \left(\underbrace{333 \cdots 3}_{k\,\text{자리}} \right)^2$$

15

변의 길이가 각각 n, $n+1$인 직사각형 모양의 타일이 12개 있다.

이 타일을 사용하여 아래의 규칙을 모두 만족하는 직사각형 모양을 만들려고 한다. (단, n은 3이상인 자연수이다.)

규칙 1 : 12개의 타일을 모두 사용한다.
규칙 2 : 타일의 변끼리 맞붙여서 만든다.
규칙 3 : 타일의 면이 겹치지 않도록 한다.
규칙 4 : 직사각형 내부에 빈틈이 생기지 않도록 한다.

위의 규칙에 따라 만든 직사각형 중에서 둘레의 길이가 가장 작은 것을 측정하였더니 90이었다. 이때, n의 값을 구하여라.

서술형 문제

다음 물음에 답하여라.

1
그림과 같이 45°를 이루는 해안에 점 O에서 3km 떨어진
곳에 섬 A가 있다. 섬 A에서 유람선이 출발하여 두 해변
P, Q를 둘러서 섬 A로 돌아오는 최단거리를 구하여라.

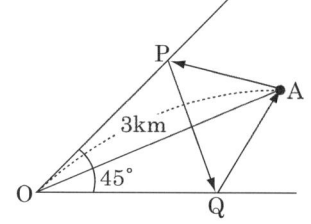

2
한 변의 길이가 3인 정삼각형 ABC의 내부에 점 P를 잡을 때, $\overline{PA} + \overline{PB} + \overline{PC}$의 최솟
값을 구하여라.

3
좌표평면 위에 네 점 A(0, 0), B(1, 4), C(6, 6),
D(7, 1)이 있다.
$\overline{PA} + \overline{PB} + \overline{PC} + \overline{PD}$의 값을 최소가 되게 하는 점 P
의 좌표를 구하여라.

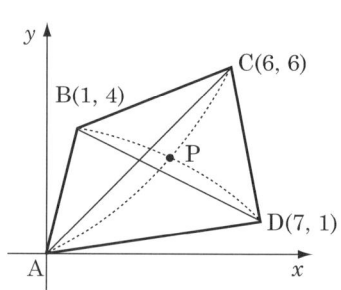

[그림 1]에서 $\overline{AB}=1$, $\angle ACB=90°$, $\angle ABC=\beta$, $\angle CBE=\angle CAD=\alpha$ 이고 그림 2에서 $\overline{BC}=1$, $\angle CAB=90°$, $\angle ABC=\beta$, $\angle ABD=\alpha$, AFBD, CGDE 는 직사각형이다.

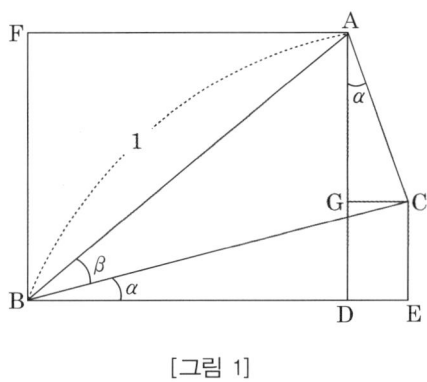

[그림 1]

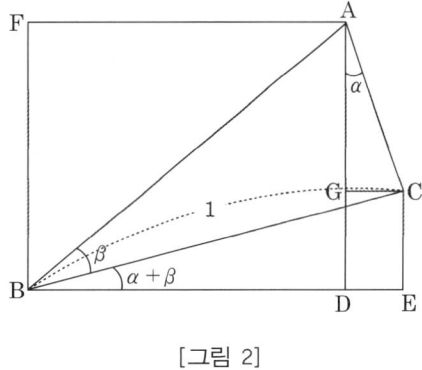

[그림 2]

1 [그림 1]을 보고, $\sin(\alpha+\beta)$를 $\sin\alpha$, $\cos\alpha$, $\sin\beta$, $\cos\beta$에 관한 식으로 나타내어라.

2 [그림 2]를 보고, $\sin(\alpha-\beta)$를 $\sin\alpha$, $\cos\alpha$, $\sin\beta$, $\cos\beta$에 관한 식으로 나타내어라.

3 [그림 1]을 보고, $\cos(\alpha+\beta)$를 $\sin\alpha$, $\cos\alpha$, $\sin\beta$, $\cos\beta$에 관한 식으로 나타내어라.

4 [그림 2]를 보고, $\cos(\alpha-\beta)$를 $\sin\alpha$, $\cos\alpha$, $\sin\beta$, $\cos\beta$에 관한 식으로 나타내어라.

3 서술형 문제

아래 그림은 한 변의 길이가 4인 삼각기둥 내부에 정삼각기둥 부피의 $\frac{3}{4}$만큼의 물이 채워져

있고, 이를 변 AB를 축으로 회전시키는 과정을 나타낸 것이다. [그림 1]은 변 QR의 중점 P

에서 내린 수선의 발을 H라고 할 때 P와 H에 실이 메어져 있는 것을 나타내고, [그림 2]는

정면에서 보이는 물이 차 있지 않은 삼각형의 두 변의 길이를 각각 a, b 라고 한 것이다.

(단, [그림 1]의 삼각기둥의 한 면은 지면에 닿아있다.)

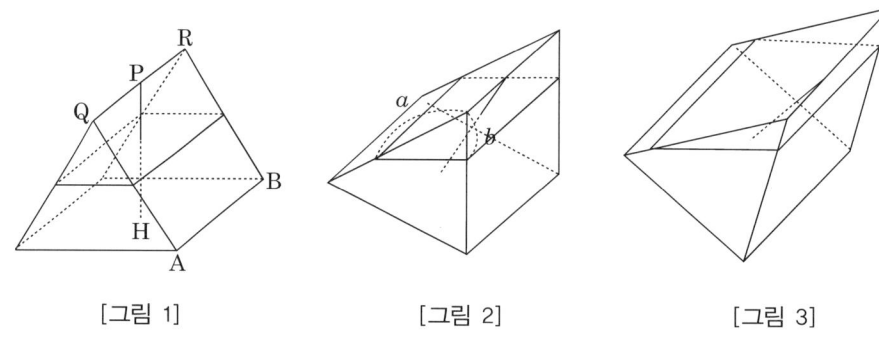

[그림 1]　　　　　　[그림 2]　　　　　　[그림 3]

1 삼각형에서 두 변의 길이가 a, b이고 두 변 사이에 끼인 각의 크기를 θ라고 할 때, 이
삼각형의 넓이가 $\frac{1}{2}ab\sin\theta$ 임을 증명하여라.

2 문제의 조건을 만족하는 두 실수 a, b 사이의 관계식을 구하여라.

3 $a=4$일 때, 물에 잠긴 실의 길이를 구하여라.

4 삼각기둥을 변 AB를 축으로 60° 회전시켰을 때, 물에 잠긴 실의 길이를 구하여라.

서술형 문제

다음 물음에 답하여라.

1 2개의 주사위를 굴려서 나온 눈의 합이 7일 확률을 구하여라.

2 $x+y+z=10$을 만족하는 자연수 x, y, z의 순서조 (x,y,z)의 개수를 구하여라.

3 **2**에서 구한 것들 중 $x>6$인 것들의 집합을 B_1, $y>6$ 인 것들의 집합을 B_2, $z>6$인 것들의 집합을 B_3이라고 할 때, 세 개의 집합 B_1, B_2, B_3를 각각 구하여라.

4 3개의 주사위를 굴려서 나온 눈의 합이 10일 확률을 구하여라.

5 5개의 주사위를 굴려서 나온 눈의 합이 14일 확률을 구하여라.

6 5개의 주사위를 굴려서 나온 눈의 합이 17일 확률을 구하여라.

문항수	총점	풀이시간	점수

출제예상문제 13회

단답형 문항

1 전체집합 $U = \{1, 2, 3, 4, 5, 6\}$의 두 부분집합 A, B에 대하여 $A \cup B = U$, $A \cap B = \phi$ 이고, 두 집합 A, B 의 원소의 총합을 각각 $f(A)$, $f(B)$라고 할 때, $f(A) \cdot f(B)$의 값이 최대가 되게 하는 두 집합 A, B 의 순서쌍 (A, B)의 개수를 구하여라.

2 반비례 함수 $y = \dfrac{k}{x}$의 그래프와 원점을 지나는 일차함수 $y = ax$의 그래프가 두 점 A, B에서 만나고, $y = bx$와는 두 점 D, E에서 만난다. 점 A, B를 지나며 각각 x축, y축에 수직인 직선이 만나는 점을 C, 점 D, E를 지나며 각각 x축, y축에 수직인 직선이 만나는 점을 F라 하자. 직각삼각형 ABC의 넓이를 S_1, 직각삼각형 DEF의 넓이를 S_2라고 할 때, $\dfrac{S_1}{S_2}$의 값을 구하여라. (단, $k > 0$, $a > 0$, $b > 0$)

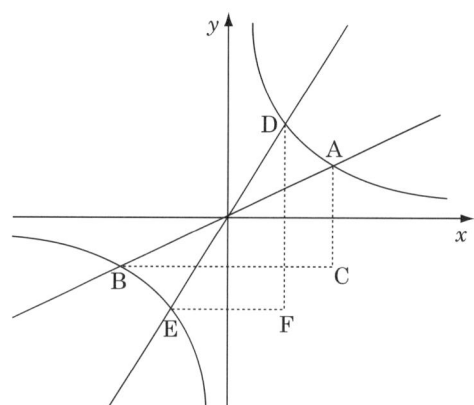

3 평면 위에 평행사변형 ABCD가 있다. 네 꼭짓점에서 평면과 수직이 되도록 같은 방향으로 수선을 그렸다. A에서 그린 수선 위에 $\overline{AP}=4$인 점 P를, B에서 그린 수선 위에 $\overline{BQ}=16$인 점 Q를, C에서 그린 수선 위에 $\overline{CR}=10$인 점 R을, D에서 그린 수선 위에 $\overline{DS}=12$인 점 S를 각각 정한다. $\overline{QS}$의 중점 M에서 평면에 내린 수선의 발을 H_1, $\overline{PR}$의 중점 N에서 평면에 내린 수선의 발을 H_2라고 할 때 $\dfrac{\overline{MH_1}}{\overline{NH_2}}$의 값을 구하여라.

4 정육면체의 한 면의 중심에 점 A가 고정되어 있다. 점 A에서 출발하여 최단 거리로 각 면의 중심을 한 번씩만 거쳐 다시 A로 돌아오는 방법의 수를 구하여라.

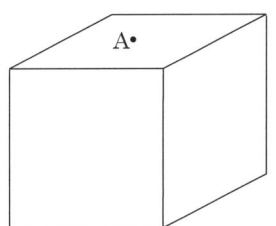

5 움직이는 점 P, Q, R이 각각 한 변의 길이가 6인 정사각형 ABCD의 변 $\overline{AB}$, $\overline{BC}$, $\overline{CD}$ 위에 있다. 이때, 삼각형 PQR의 무게중심 G가 움직이는 범위의 넓이를 구하여라.

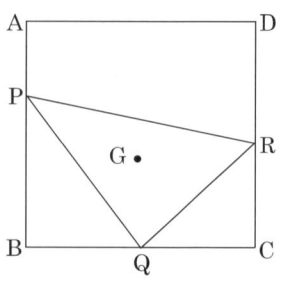

6 다섯 명의 학생 A, B, C, D, E가 각각 네 자리 정수를 종이에 썼다. 그 다음에 처음 숫자의 왼쪽 끝의 숫자를 오른쪽 끝에 옮겨 적은 새로운 네 자리 정수를 처음 정수 밑에 쓰도록 하였다. 두 숫자를 더한 결과가 다음과 같을 때, 덧셈을 틀린 한 사람을 찾아라.

A : 5720   B : 9339   C : 6304   D : 6611   E : 8679

7 그림과 같이 16개의 점이 일정한 간격으로 격자를 이루며 연결되어 있다. 점 A에서 출발하여 모든 점을 한 번씩만 거쳐 B에 도착하는 모든 경로의 수를 구하여라.

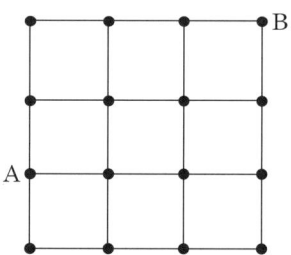

8 자연수 n을 7진법으로 나타내었을 때 일의 자리의 수를 $d(n)$이라고 하자. $a_n = |d(n^2) - d(n)|$이라고 할 때, $a_1 + a_2 + a_3 + \cdots + a_{100}$의 값을 구하여라.

9 다음 세 조건을 만족시키는 함수 f에 대하여, $f\left(\dfrac{1}{5}\right) + f\left(\dfrac{1}{4}\right) + f\left(\dfrac{1}{3}\right) + f\left(\dfrac{1}{2}\right) + f(1)$의 값을 구하여라.

> (1) $a < b$ 이면 $f(a) \leq f(b)$ 이다.
>
> (2) $2f\left(\dfrac{x}{5}\right) = f(x)$
>
> (3) $f(x) + f(1-x) = 1$

10 변량의 계급값이 x_1, x_2, x_3, x_4, x_5인 어떤 실험의 분포를 만들면서 실험 회수인 도수의 총합 N을 기록하지 않았다. 이 실험에서 상대도수 분포표가 아래와 같을 때, N의 최솟값을 구하여라.

계급값	상대도수
x_1	0.125
x_2	0.5
x_3	0.25
x_4	0.0625
x_5	0.0625
	1

11 그림과 같이 한 변의 길이가 3인 정사각형 ABCD가 있다. 꼭짓점 B와 D를 중심으로 반지름의 길이가 $\sqrt{6}$ 인 사분원을 각각 그리고 서로 만나는 점을 F, G라고 하자. 이때, $\angle ABF = 15°$ 이다. 위의 그림에서 색칠한 부분의 넓이 P, Q, R에 대하여 $P + Q + R$의 값을 구하여라.

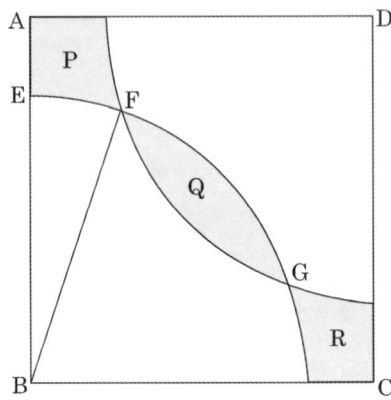

12 한 원이 자신과 합동인 4개의 원 위를 따라 아래 그림과 같이 A 위치에서 출발하여 B 위치까지 굴러갔다. 원은 정확하게 몇 바퀴 굴렀는지 구하여라.

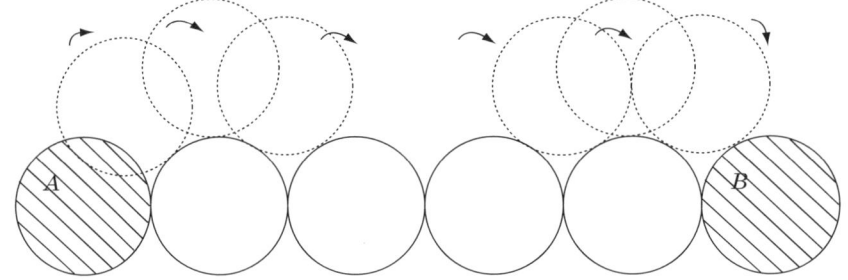

13 바닥과 수직으로 서 있는 전봇대의 A점에 바닥과 평행인 길이 84cm의 가로대가 설치되어 있다. 이 전봇대의 가로대의 윗부분에 전등을 달고자 한다. B지점에 전등을 달았을 때 바닥에 비춰진 가로대의 그림자의 길이는 l이고, B지점의 높이의 2배가 되는 지점 C에 전등을 올려 달았을 때 바닥에 비춰진 가로대의 그림자의 길이는 $\frac{3}{4}l$이다. 이때, $\overline{AB} : \overline{AC}$ 의 값을 구하여라.

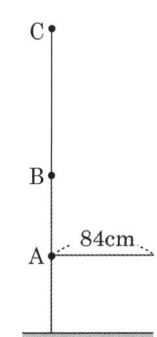

14 수직선 위를 움직이는 점 P가 있다. 주사위를 던져서 3의 배수의 눈이 나오면 점 P를 오른쪽으로 1만큼 움직이고, 3의 배수가 아닌 눈이 나오면 점 P를 왼쪽으로 1만큼 움직인다고 하자. 점 P의 현 위치가 2일 때, 주사위를 3번 던져서 움직인 점 P의 위치가 1이 될 확률을 기약분수로 나타내면 $\frac{b}{a}$ 라고 할 때, $a+b$의 값을 구하여라.

15 다음은 각각 일정한 규칙을 갖는 계산 과정 □ 또는 ■을 거치면서 2부터 시작하여 왼쪽에서 오른쪽으로 수를 하나씩 만들어 나가는 과정이다. 최초로 1000보다 큰 수는 왼쪽에서 몇 번째에 오는 수인가?

2 □ 5 ■ 3 □ 8 ■ 6 □ 17 ■ 15 □ 44 …

서술형 문제

다음을 증명하여라.

1 세 정수 a, b, c가 홀수일 때, 방정식 $ax^2 + bx + c = 0$의 근은 유리수가 아니다.

2 a, b가 홀수일 때, 방정식 $x^2 + ax + b = 0$의 근은 정수가 아니다.

모양과 크기가 같은 공들과 양팔 저울이 있다. 양팔 저울을 이용하여 불량품 공을 찾아내려고
한다. 다음 물음에 답하여라.

1 3개의 공 가운데 무게가 다른 불량품 공이 하나 있다. 양팔저울을 이용해서 이 불량품을
찾아내려고 한다. 양팔저울을 단 한번만 사용해 불량품을 알아내는 수 있는지 답하고 그
방법을 설명하여라.

2 8개의 공 가운데 1개의 공은 다른 공보다 무게가 가벼운 불량품이다. 양팔저울을 단
2번만 사용해 불량품을 찾을 수 있는지 답하고 그 방법을 설명하여라.

3 9개의 공 가운데 8개의 공은 무게가 같고, 나머지 1개는 무게가 다른 불량품이라고 한
다. 단, 불량품인 공은 나머지 공들보다 무거운지 가벼운지는 알 수 없다. 양팔저울을
3번 사용하여 불량품을 찾을 수 있는지 답하고 그 방법을 설명하여라.

3 서술형 문제

삼각형의 세 변의 길이 a, b, c 에 대하여 다음을 증명하여라.

1 $\quad a+b+c \geq 3\sqrt[3]{abc}$

2 $\quad \dfrac{3}{2} \leq \dfrac{a}{b+c} + \dfrac{b}{c+a} + \dfrac{c}{a+b}$

3 $\quad \dfrac{a}{b+c} + \dfrac{b}{c+a} + \dfrac{c}{a+b} < 2$

n개의 수를 나열한 두 수열 $a_1,\ a_2,\cdots,\ a_n$과 $b_1,\ b_2,\cdots,\ b_n$에 대하여
$a_1b_1 + a_2b_2 + \cdots + a_nb_n$
$= (a_1 - a_2)b_1 + (a_2 - a_3)(b_1 + b_2) + \cdots + (a_{n-1} - a_n)(b_1 + b_2 + \cdots + b_{n-1})$
$\quad + a_n(b_1 + b_2 + \cdots + b_n)$
이 성립한다고 한다. 이를 아벨의 합 공식(The Abelsummation forula)이라고 한다.
다음 물음에 답하여라.

1 $1 - p^n = (1 - p)(1 + p + p^2 + \cdots + p^{n-1})$이 성립함을 증명하여라.
(단, n은 자연수이다.)

2 아벨의 합 공식과 **1**의 결과를 이용하여 $1 + 2 \times 3 + 3 \times 3^2 + 4 \times 3^3 + \cdots + n \times 3^{n-1}$을 n에 관한 식으로 나타내어라.

3 아벨의 합 공식과 **1**의 결과를 이용하여 $1 + 4 \times 3 + 9 \times 3^2 + \cdots + n^2 \times 3^{n-1}$을 n에 관한 식으로 나타내어라.

출제예상문제 14회

문항수	총점	풀이시간	점수

| 입시생 주의사항 | 본 시험지는 단답형 문제 15개, 서술형 문제 4개로 구성되었으며 시험시간은 180~240분입니다.

단답형 문항

1 부등식 $\sqrt{x-8} + \sqrt{y-4} + \sqrt{z} \geq \dfrac{1}{4}(x+y+z)$을 만족시키는 실수 x, y, z에 대하여 $x-y-z$의 값을 구하여라.

2 세 이차방정식 $ax^2 + bx + c = 0$, $bx^2 + cx + a = 0$, $cx^2 + ax + b = 0$이 공통된 실근을 가질 때, $\dfrac{a^3 + b^3 + c^3}{abc}$의 값을 구하여라.

3 어느 목장에서 풀이 매일 같은 양만큼 자라고 있다. 만일 소 30마리를 방목한다면 소들은 6일만에 풀을 다 먹어버리게 되고, 만일 소 24마리를 방목한다면 소들은 9일만에 풀을 다 먹어버리게 된다. 소 한 마리가 하루에 먹는 풀의 양은 모두 같고 일정하다고 할 때, 풀이 없어지지 않기 위해서 방목할 수 있는 소의 마리 수의 최댓값을 구하여라.

4 정삼각형 ABC의 내부의 한 점 P에서 세 꼭짓점까지의 거리가 각각 $\overline{PA}=2$, $\overline{PB}=2\sqrt{3}$, $\overline{PC}=4$일 때 정삼각형의 넓이를 구하여라.

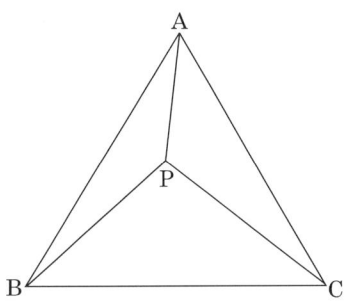

5 좌표평면에서 x축의 양의 방향 위에 두 점 A, B를 잡고, y축의 양의 방향 위에 두 점 C, D를 잡아 $\overline{AB}=\overline{AD}=1$, $\overline{CD}=2$가 되도록 점 A, B, C, D를 움직일 때, 사각형 ABCD의 넓이의 최댓값을 구하여라.

6 각 면에 1부터 6까지 자연수가 하나씩 적힌 정육면체가 있다. 1부터 n까지의 숫자가 적힌 면에는 흰색을 칠하고, $n+1$부터 6까지 숫자가 적힌 면에는 노란색을 칠한다. 이 정육면체를 한 번 던져서 짝수가 나오는 사건을 A, 흰색을 칠한 면이 나오는 사건을 B라 할 때, $P(A)\times P(B)=P(A\cap B)$를 만족시키는 모든 자연수 n의 값의 합을 구하여라. (단, $1 \le n \le 5$, $P(A)$는 사건 A가 발생할 확률, $P(A\cap B)$는 A와 B가 동시에 발생할 확률을 뜻한다.)

7 다음 등식이 성립할 때, 자연수 a, b, c, d의 총합을 구하여라.

$$1 + x + x^2 + x^3 + x^4 + \cdots + x^{15} = (a+x)(b+x^2)(c+x^4)(d+x^8)$$

8 30자리의 자연수 $N = a_1 a_2 a_3 \cdots a_{30}$이 있다. 자연수 N의 맨 앞에 2, 맨 뒤에 1을 추가하여 만든 32자리의 자연수를 A, 자연수 N의 맨 앞에 1, 맨 뒤에 2를 추가하여 만든 32자리의 자연수를 B라 할 때, A : B = 7 : 4가 성립하는 자연수 N의 모든 자리수의 합을 구하여라.

9

세 양수 a, b, c에 대하여 $a+b+c = \dfrac{8}{3}$, $\dfrac{1}{a+b} + \dfrac{1}{b+c} + \dfrac{1}{c+a} = \dfrac{7}{4}$ 이 성립할 때,

$\dfrac{a+\dfrac{1}{3}}{b+c} + \dfrac{b+\dfrac{1}{3}}{c+a} + \dfrac{c+\dfrac{1}{3}}{a+b}$ 의 값을 구하여라.

10

서로 평행하고 거리가 4인 두 직선 l, m 위에 각각 5개, 6개의 점이 1만큼의 간격으로 찍혀 있다. 직선 l, m 위에 주어진 점에서 각각 두 개씩 선택하여 이 네 점을 꼭짓점으로 하는 사각형을 만들 때, 그 넓이가 12일 확률을 구하여라.

11 1번부터 200번까지 번호가 부여된 200명의 사람이 번호 순서대로 원을 이루고 앉아 있다. 1번부터 시작하여 6명씩 건너가면서 계속하여 표를 나누어 주기로 한다. 예를 들어, 1, 7, 13, …, 199번의 사람에게 표를 주고, 이어서 5, 11, 17, … 번의 사람에게 표를 준다. 표는 충분히 많이 준비되어 있고, 이와 같은 방법으로 표를 계속 나누어 준다고 할 때, 표를 한 개도 받지 못하는 사람의 수를 구하여라.

12 한 변의 길이가 1인 정육면체가 흰색 75개, 검은색 50가 있다. 흰색 정육면체와 검은색 정육면체를 모두 이용하여, 다음 그림과 같이 한 변의 길이가 5인 정육면체를 만들 때 생기는 겉넓이에서 검은색이 차지하는 최대 넓이를 구하여라.

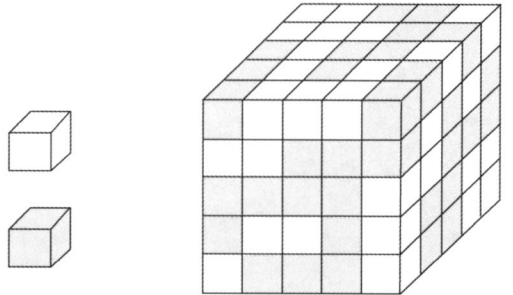

13 전체집합 $U = \{x \mid 1 \le x \le 10, x\text{는 자연수}\}$의 두 부분집합 X, Y에 대하여 연산 $\triangle$를 $X \triangle Y = (X \cup Y) \cap (X^c \cup Y^c)$으로 정의한다. $(X \cup Y)^c = \{2\}$, $X \cup Y^c = \{2, 4, 5, 7, 8\}$, $X \cap Y = \{5, 7\}$이다. 이때, 집합 $(X \triangle Y) \triangle Y$의 모든 원소의 총합을 구하여라.

14 갑은 회사에서 퇴근할 때 항상 같은 기차역으로 오후 5시에 도착한다. 갑의 운전기사는 늘 정시에 도착해서 갑을 태우고 그의 집까지 차로 간다. 어느 날, 갑은 평소보다 빠르게 오후 4시에 역에 도착한 후 곧바로 집을 향해 걸어가는 도중에 운전기사를 만나서 차를 타고 집에 갔더니 평소보다 20분 일찍 도착했다. 만약 갑이 오후 4시 30분에 역에 도착하여 곧바로 집을 향해 걸어가는 도중에 운전기사를 만나 집으로 돌아간다면 평소보다 몇 분 일찍 집에 도착하는지 알아내어라.

15 집합 $X = \{x \mid 0 \le x \le 1\}$일 때, 함수 $f : X \to X$가 다음 세 조건을 만족한다.

> (i) $x_1 < x_2$일 때, $f(x_1) \le f(x_2)$
>
> (ii) $f\left(\dfrac{x}{3}\right) = \dfrac{1}{2} f(x)$
>
> (iii) $f(1-x) = 1 - f(x)$

이때, $\dfrac{1}{9} < \dfrac{2}{13} < \dfrac{2}{9}$를 이용하여, $f\left(\dfrac{2}{13}\right)$의 값을 구하여라.

1 서술형 문제

자연수 n에 대하여 $d(n) = \begin{cases} \dfrac{n}{2} & (n \text{이 짝수}) \\ \dfrac{n+1}{2} & (n \text{이 홀수}) \end{cases}$ 로 정의한다.

또한 $d^1(n) = d(n)$, $d^2(n) = d(d(n))$, $d^3(n) = d(d(d(n)))$, $\cdots$ 과 같이 정의한다.

예를 들면 $d^4(11) = d(d(d(d(11)))) = d(d(d(6))) = d(d(3)) = d(2) = 1$ 이다.

또한 $d^m(n) = 1$을 만족하는 가장 작은 자연수 m을 $b(n)$으로 정의한다.

따라서 $b(11) = 4$이다.

1 $b(6)$, $b(13)$, $b(29)$의 값을 구하여라.

2 $b(n) = 4$인 자연수 n은 모두 몇 개인지 구하여라.

3 $b(n) = m$인 자연수 n의 개수를 m에 관한 식으로 나타내어라.

4   임의의 자연수 n에 대하여 $b(n)$을 구하는 방법을 설명하여라.

자연수 $n\,(n>1)$에 대하여 $S_{2n+1} = 1 - \dfrac{1}{2} + \dfrac{1}{3} - \dfrac{1}{4} + \cdots - \dfrac{1}{2n} + \dfrac{1}{2n+1}$ 이라고 정의하자. 다음 물음에 답하여라.

1 $S_5 = \dfrac{1}{3} + \dfrac{1}{4} + \dfrac{1}{5}$ 임을 보여라.

2 $S_{2n+1} = \dfrac{1}{k} + \dfrac{1}{k+1} + \cdots + \dfrac{1}{2n+1}$ 을 만족하는 k의 값을 구하여라.

3 $S_7 = \dfrac{p_7}{q_7}$ (단, $\dfrac{p_7}{q_7}$ 은 기약분수)라고 할 때, p_7이 11의 배수임을 보여라.

4   자연수 n에 대하여 $6n+5$가 소수이고, $S_{4n+3} = \dfrac{p_{4n+3}}{q_{4n+3}}$ (단, $\dfrac{p_{4n+3}}{q_{4n+3}}$ 은 기약분수)라고 할 때, p_{4n+3}의 소인수 중에서 $4n+3$보다 큰 것 한 개를 구하는 방법을 설명하여라. (단, $6n+5$는 소수이다.)

3 서술형 문제

n 명의 남자와 한 명의 여자가 회의실에 앉아 있다. 다음 **1**과 **2**의 경우의 수가 같음을 보여라.

1   남자 중 한 명을 선택하여 내보내고 나머지 $n-1$ 명의 남자를 각각 다른 사람의 자리에 앉도록 배열하는 방법의 수 (이때, 여자는 움직이지 않는다.)

2   전체 $n+1$ 명을 모두 다른 사람의 자리에 앉도록 배열하는 방법의 수

서술형 문제

실수 x에 대하여 x보다 크지 않은 최대의 정수를 $[x]$로 나타낸다. 예를 들어 $[3.4] = 3$, $[0] = 0$, $[-2.3] = -3$이다. 다음 물음에 답하여라.

1 $\left[\dfrac{x}{2}\right] = x$를 만족하는 x를 모두 구하여라.

2   6의 배수 x 중에서 $\left[\dfrac{x}{2}\right] + \left[\dfrac{x}{3}\right] = x$를 만족하는 x를 모두 구하여라.

3   6으로 나눈 나머지가 1인 정수 x 중에서 $\left[\dfrac{x}{2}\right] + \left[\dfrac{x}{3}\right] = x$를 만족하는 x를 모두 구하여라.

4 $\left[\dfrac{x}{2}\right] + \left[\dfrac{x}{3}\right] = x$를 만족하는 x를 모두 구하여라.

5 $\left[\dfrac{x}{2}\right] + \left[\dfrac{x}{3}\right] + \left[\dfrac{x}{5}\right] = x$를 만족하는 모든 x의 개수를 구하여라.

6   서로 다른 n개의 소수 p_1, p_2, $\cdots$, p_n에 대하여 $\left[\dfrac{x}{p_1}\right] + \left[\dfrac{x}{p_2}\right] + \cdots + \left[\dfrac{x}{p_n}\right] = x$를 만족하는 x의 개수를 구하는 방법을 설명하여라.

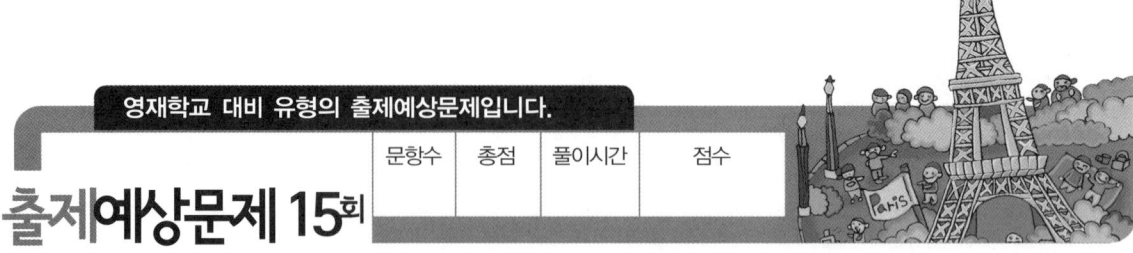

영재학교 대비 유형의 출제예상문제입니다.

문항수	총점	풀이시간	점수

출제예상문제 15회

| 입시생 주의사항 | 본 시험지는 단답형 문제 15개, 서술형 문제 4개로 구성되었으며 시험시간은 180~240분입니다.

단답형 문항

1

1부터 10까지의 수가 적힌 탁구공 10개를 불투명한 자루 속에 넣었다. 이 자루 속에서 탁구공을 한 개씩 꺼내어 차례로 놓는다. 처음부터 차례로 뽑아 나가다가 뽑힌 탁구공에 적힌 수 중 어떤 2개에 적힌 수의 곱이 자연수의 제곱수가 되면 중지한다. 예를 들면, 뽑힌 탁구공이 순서대로 2, 3, 8이면 $2 \times 8 = 4^2$이므로 중지한다. 탁구공을 가장 많이 뽑고 중지하는 경우, 이때 뽑은 공의 개수를 구하여라.

2

좌표평면 위에 네 점 A$(2,0)$, B$(2,3)$, C$(0,3)$, D$(-2,3)$이 있다. 점 P와 점 Q는 점 O를 동시에 출발하여 각각 일정한 속력으로 직사각형 OABC의 네 변을 따라 움직이고 있다. 다시 처음 출발점 O로 돌아올 때까지 P는 20초, Q는 10초 걸린다고 한다. 출발 후 t초 후의 삼각형 OPD의 넓이를 $f(t)$, 삼각형 OQD의 넓이를 $g(t)$라고 하자. 출발 후 100초가 될 때까지 $f(t) = g(t)$가 성립하도록 하는 모든 t의 값의 개수를 구하여라.

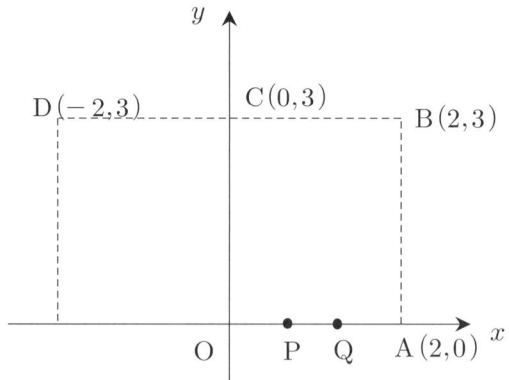

3 주사위를 두 번 던져서 첫 번째 나온 눈을 a, 두 번째 나온 눈을 b 라 한다. 이때, 이차함수 $y = (x-a)(x-b)+c$ 의 그래프가 x 축과 만나지 않을 확률을 구하여라.

4 $\overline{AB} = \overline{CD}$ 이고 $\angle BAC = 90°$, $\angle ACD = 30°$ 인 사각형 ABCD 가 있다. $\overline{BC}$ 의 중점을 E, $\overline{AD}$ 의 중점을 F 라고 할 때, $\overline{BA}$, $\overline{EF}$, $\overline{CD}$ 의 연장선들이 만나는 교점들을 그림과 같이 각각 P, Q, R이라고 하자. $\angle PQR$ 의 크기를 구하여라.

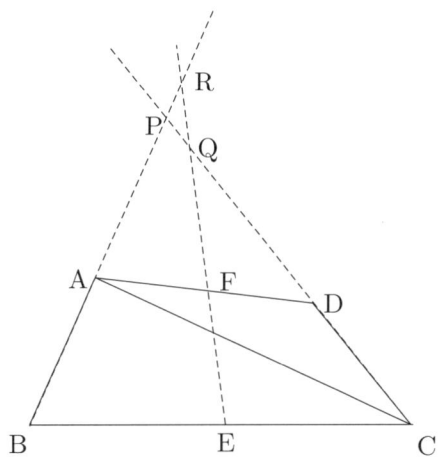

5 가로, 세로, 높이의 길이가 각각 x, y, z(단, x, y, z는 모두 정수)인 직육면체의 겉넓이를 A 라 하고 이 직육면체를 한 변의 길이가 1인 정육면체들로 잘랐을 때 생기는 모든 정육면체의 겉넓이의 합을 B 라 하자. B = 5A 일 때 x, y, z의 순서쌍 $(x,\ y,\ z)$의 개수를 구하여라. (단, $x \le y \le z$)

6 두 실수 x, y에 대하여 x, y 중 작지 않은 수를 $\max\{x, y\}$, 크지 않은 수를 $\min\{x, y\}$로 나타낼 때, 두 방정식 $\max\{x, y\} = x^2 + y^2$, $\min\{x, y\} = x + 2y - 2$를 만족하는 두 실수 x, y에 대하여 $x + y$의 값을 구하여라.

7 연립방정식 $\begin{cases} x(x+y+z) = 4 - yz \\ y(x+y+z) = 9 - zx \\ z(x+y+z) = 25 - xy \end{cases}$ 의 해 $x = \alpha$, $y = \beta$, $z = \gamma$에 대하여 $20\,|\,\alpha - \beta + \gamma\,|$의 값을 구하여라.

8 평행사변형 $ABCD$의 꼭짓점 D를 지나는 직선이 선분 BC와 만나는 점을 P, 선분 AB의 연장선과 만나는 점을 Q라고 하자. $\dfrac{\overline{BC}}{\overline{BP}} - \dfrac{\overline{BA}}{\overline{BQ}}$ 의 값을 구하여라.

9 그림과 같이 빗변의 길이가 $\sqrt{2}\,a$인 같은 크기의 두 직각이등변삼각형이 한 직선 위에서 서로 마주보고 있다. 이 두 삼각형이 직선 위를 미끄러지며 서로 접근하다가 겹치며 지나친 후 멀어진다.

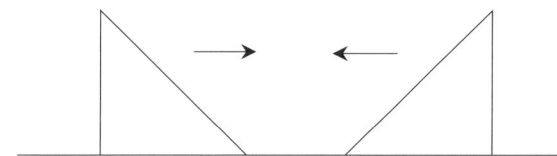

이 운동에서 두 삼각형이 겹치는 영역의 넓이의 최댓값을 구하여라.

10 자연수 $a_i\,(1 \le i \le 6)$에 대하여 $a_1,\ a_2,\ a_3,\ \cdots,\ a_6$의 최대공약수를 G라 하자. $a_1 + a_2 + a_3 + \cdots + a_6 = 385$일 때, G의 최댓값을 구하여라.

11 세 변의 길이가 3, 4, 5인 삼각형 ABC의 내부의 임의의 점 P에서 각 변에 그은 수선의 길이를 각각 p, q, r이라 할 때, $p^2 + q^2 + r^2$의 최솟값을 구하여라.

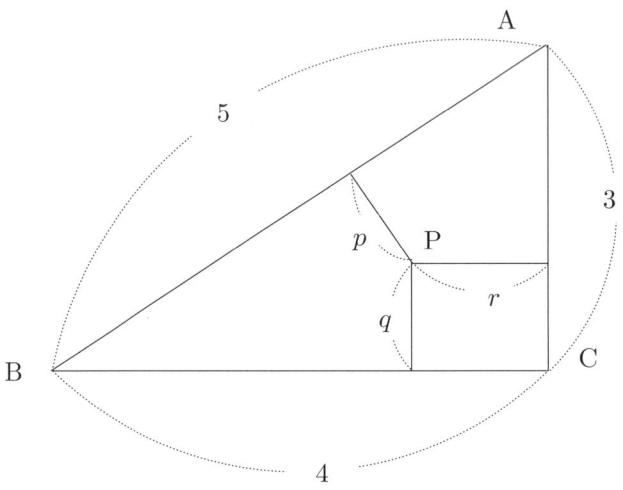

12 A, B 두 사람이 어느 긴 계단 앞에 있다. 가위, 바위, 보를 해서 A가 이기면 A는 3계단 올라가고, B는 움직이지 않는다. 비기면 A는 2계단 올라가고, B는 움직이지 않는다. B가 이기면 B는 4계단 올라가고, A는 움직이지 않는다. 3회의 가위, 바위, 보를 했을 때, A가 B보다 위의 계단에 있을 확률을 구하여라.

13 x에 대한 두 이차함수 $y = f(x)$, $y = g(x)$에 대하여 $y = f(x)$의 최댓값은 5, $y = g(x)$의 최솟값은 -2이고 $f(x) + g(x) = x^2 + 16x + 13$이 성립한다. 이때, $f(x)$를 최대로 하는 x의 값을 α라 하면, $\alpha > 0$이고 $g(\alpha) = 25$가 된다고 한다.
α의 값과 함수 $y = g(x)$의 식을 구하여라.

14 $x + y + z = 10$, $x \geq 1$, $y \geq 2$, $z \geq 3$을 만족하는 정수 (x, y, z)의 쌍의 개수를 구하여라.

15 농도가 $a\%$인 알코올 용액이 있다. 이 중에서 절반을 버리고, 그 대신 물을 섞는 방법을 8회 반복하여 원하는 농도를 얻었다. 그렇다면 용액을 $\frac{2}{3}$ 버리고 그 대신 물을 섞는 방법을 사용할 경우 n번 반복했을 때 원하는 농도와 가장 가까운 농도를 얻을 수 있었다. n의 값을 구하여라.

1 서술형 문제

다음 물음에 답하여라.

1 초록색 블록 3개, 노란색 블록 4개, 빨간색 블록 5개가 한 상자 안에 있다. 임의로 서로 다른 색의 두 블록을 각각 한 개씩 꺼내고 남은 색의 블록 한 개를 상자 안에 집어넣는다. (상자 밖에는 세 가지 색의 블록이 각각 충분히 많이 있다.) 이와 같은 과정을 계속하여 상자 안에 블록이 단 1개만 남거나 또는 상자 안의 블록이 모두 같은 색이 될 때까지 진행한다. 마지막에 남아 있는 블록의 색은 어떤 색일까?

2 각각 블록 5개, 49개, 51개로 이루어진 세 무더기의 블록이 있다. 임의로 두 무더기를 합쳐 하나로 만들거나 짝수 개수의 블록으로 이루어진 하나의 무더기를 똑같은 개수를 갖는 두 무더기로 나눌 수 있다. 이와 같은 과정을 거쳐서 모두 블록 1개로만 이루어진 105개의 블록을 만들 수 있는가?

그림에서 원의 한 지름을 $\overline{AB}$라고 하고 원 위의 임의의 두 점 D, E를 선택하고 $\overline{AE}$와 $\overline{BD}$의 교점에서 $\overline{AB}$에 내린 수선의 발을 C라 하자. C에서 $\overline{AD}$, $\overline{AE}$, $\overline{BD}$, $\overline{BE}$에 내린 수선의 발을 각각 J, K, L, M이라 하고 $\overline{AE}$와 $\overline{BD}$의 교점을 P라고 할 때 다음 물음에 답하여라.

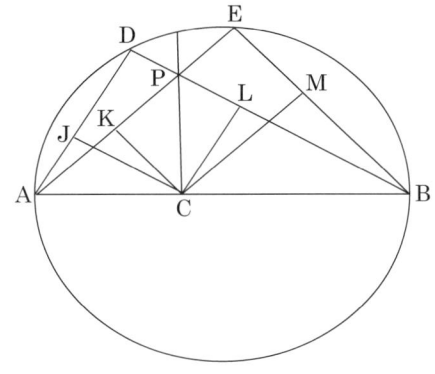

1　$\angle PKL = \angle PBC$임을 보여라.

2　$\angle JCA = \angle JKA$임을 보여라.

3　세 점 J, K, L이 한 직선 위에 있음을 보여라.

4　네 점 J, K, L, M이 한 직선 위에 있음을 보여라.

3 서술형 문제

주사위 A, B, C를 던져서 나온 눈의 수를 각각 a, b, c라 할 때, 다음 물음에 답하여라.

1 $y = ax^2 + 2bx + c$가 $(-2, 0)$를 지날 때, 만족하는 a, b, c의 순서쌍의 개수를 구하여라.

2 $y = ax^2 + 2bx + c$가 x축과 한 점에서 만날 확률을 구하여라.

3   오른쪽 그림과 같이 $y = ax^2 + 2bx + c$의 두 근중 한 근은 -2와 -1 사이, 또 다른 근은 -1과 0 사이일 때, a, b, c에 관한 연립부등식을 구하여라.

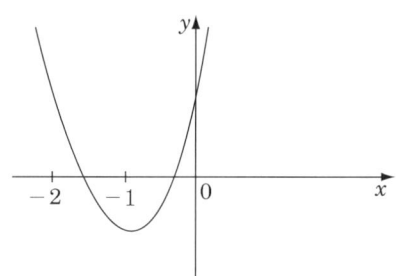

4   3에서 세운 연립부등식을 만족하는 a, b, c의 순서쌍의 개수를 구하여라.

4 서술형 문제

세 변의 길이가 $\overline{CD}=5$, $\overline{BC}=12$, $\overline{BD}=13$인 직각삼각형 DBC에서 $\angle DBC=\theta$라고 할 때, 다음 물음에 답하여라.

1 $\angle DBC$ 의 이등분선이 $\overline{CD}$ 와 만나는 점을 E 라고 할 때, $\overline{CE}$ 의 길이를 구하여라.

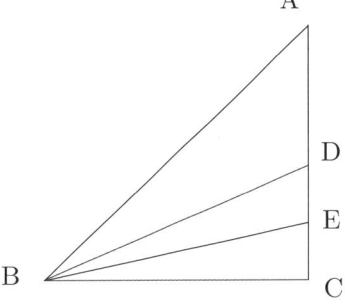

2 $\overline{CD}$ 의 연장선 위에 $\angle ABC=\angle DBC$를 만족하는 점 A 를 잡을 때, $\overline{AC}$ 의 길이를 구하여라.

3 $\tan 2\theta + \tan \dfrac{\theta}{2}$ 의 값을 구하여라.

4 직각삼각형 ABC ($\angle ACB = 90°$)에서 $\angle ABC$ 이등분선이 $\overline{AC}$와 만나는 점을 D 라고 하자. $\overline{BC}=1$, $\overline{CD}=t$ 라고 할 때, $\overline{AC}$의 길이를 t에 관한 식으로 나타내어라.

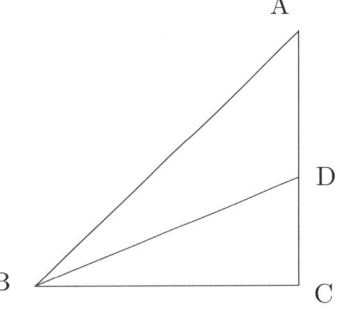

5 $\tan \theta$ ($0° < \theta < 90°$)를 $\tan \dfrac{\theta}{2}$ 에 관한 식으로 나타내어라.

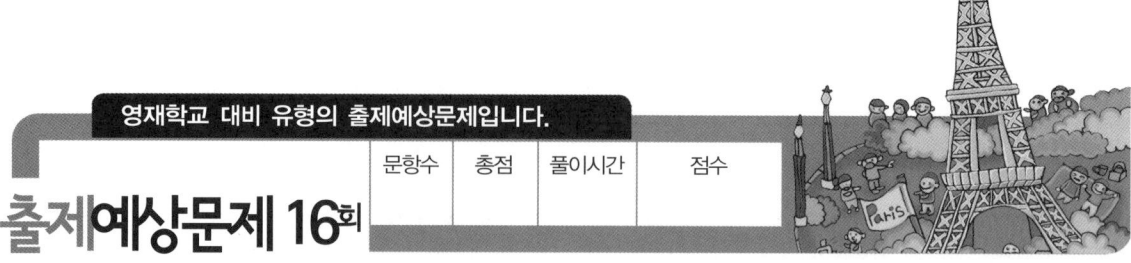

영재학교 대비 유형의 출제예상문제입니다.

출제예상문제 16회

문항수	총점	풀이시간	점수

| **입시생 주의사항** | 본 시험지는 단답형 문제 15개, 서술형 문제 4개로 구성되었으며 시험시간은 180~240분입니다.

단답형 문항

1 그림과 같이 자연수를 나열할 때, 1부터 시작하는 대각선 위에 있는 수가 1, 3, 7, 13, 일 때, 15번째의 수를 구하여라.

1	2	5	10	⋯
4	3	6	11	⋯
9	8	7	12	⋯
16	15	14	13	⋯
⋯	⋯	⋯	⋯	

2 그림과 같이 정구각형의 두 변 AB와 DE가 각각 꼭짓점 B, D에서 원과 접하고 있다. 이때, 원의 호 BD(짧은 쪽)에 대한 중심각의 크기를 구하여라.

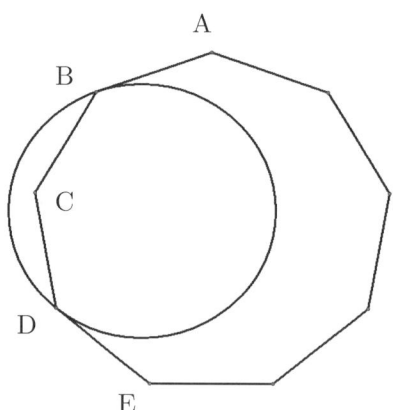

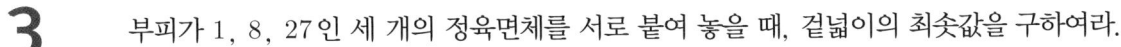

3 부피가 1, 8, 27인 세 개의 정육면체를 서로 붙여 놓을 때, 겉넓이의 최솟값을 구하여라.

4 $R_k = 11111 \cdots 1111$ (1이 k개)이라고 하자. 이를테면 $R_3 = 111$, $R_5 = 11111$ 이다. R_{24}를 R_4로 나눈 몫을 Q라고 할 때, Q의 자리 수가 0인 자리의 개수를 구하여라.

5 그림과 같이 정사각형의 시계판에서 12시와 1시 사이의 넓이를 A, 1시와 2시 사이의 넓이를 B라고 할 때, $\dfrac{A}{B}$의 값을 구하여라.

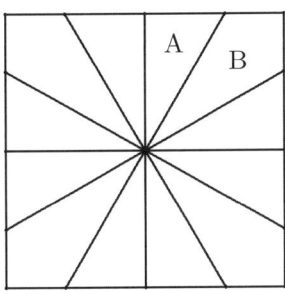

6 2000이하의 정수 N에 대하여 분수 $\dfrac{N^2+7}{N+4}$이 기약분수가 아닐 때, N의 개수를 구하여라.

7 원점에서 출발한 점이 그림의 화살표의 길을 따라 1분 동안 1만큼 움직이는 속도로 계속 움직이고 있다. 원점을 출발한 후 2014분이 지났을 때 점의 위치를 구하여라.

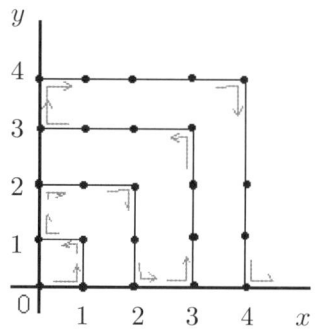

8 한 변의 길이가 1인 정사각형과 같은 평면 위의 점 P가 있다. 정사각형의 꼭짓점을 시계 반대방향으로 차례로 A, B, C, D라 하고, P에서 A, B, C에 이르는 거리를 각각 u, v, w라 한다. $u^2 + v^2 = w^2$일 때, P에서 D에 이르는 거리의 최댓값을 구하여라.

9 어떤 일을 할 때, A, B, C가 함께 하면 15일 걸리고, A와 C가 함께 하면 18일, B와 C가 함께 하면 21일 걸린다고 한다. A와 B가 함께 일하면 x일 걸린다고 할 때, x의 값을 구하여라.

10 그림과 같이 AD∥BC인 사다리꼴 ABCD에서 점 D로부터 AB에 평행한 선을 그어 AC, BC와 만나는 점을 각각 E, F, AD의 중점을 G, BG와 AC의 교점을 H라 할 때, DE = 2EF이다. 이때, AH : HE : EC의 길이의 비를 구하여라.

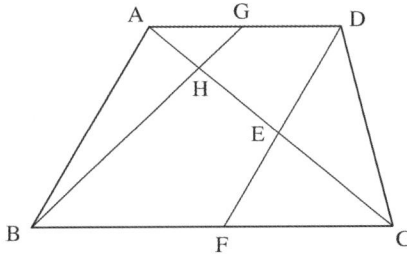

11 0이 아닌 서로 다른 세 실수 x, y, z에 대하여 $x + \dfrac{2}{y} = y + \dfrac{2}{z} = z + \dfrac{2}{x}$가 성립할 때, xyz의 값을 구하여라.

12 0부터 9까지 숫자가 적힌 10장의 카드에서 4장을 골라 뽑힌 순서대로 나열할 때, 먼저 뽑힌 카드가 다음에 뽑힌 카드보다 항상 2이상 더 크게 될 확률을 구하여라.

13 $x = 29$, $y = 69$라 할 때, $(x+1)(y+1) = 2100$이고, $x + y + 2 = 100$으로 2100에서 천의 자리인 2를 없앤 수와 같다. 이와 같이 두 자리의 자연수 x와 y에 대하여 $2000 \leq (x+1)(y+1) < 3000$이며, $(x+1)(y+1)$에서 천의 자리인 2를 없앤 수와 $x + y + 2$가 같은 성질을 갖는 $x = 29$, $y = 69$ 이외에 수를 구하여라.

14 오른쪽 그림과 같은 정팔면체를 평면 BCDE와 평행하게 10개의 평면으로 자른다. 이때, 생기는 11개의 입체도형에서 부피가 두 번째로 큰 것 중 하나의 부피를 a라 할 때, 전체 정팔면체의 부피를 AC로 나타내어라. (단, 선분 AF를 10개의 평면으로 잘랐을 때, 생기는 11개의 선분의 길이는 모두 같다.)

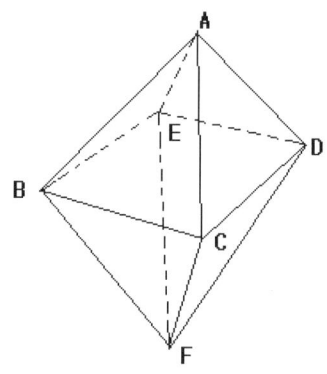

15 직사각형 ABCD의 변 AD와 BC를 각각 5등분하여 다음 그림과 같이 선분으로 연결하였다. $\overline{AB} = 10$cm 이고, $\overline{AD} = 15$ cm 일 때, 색칠한 부분의 넓이를 구하여라.

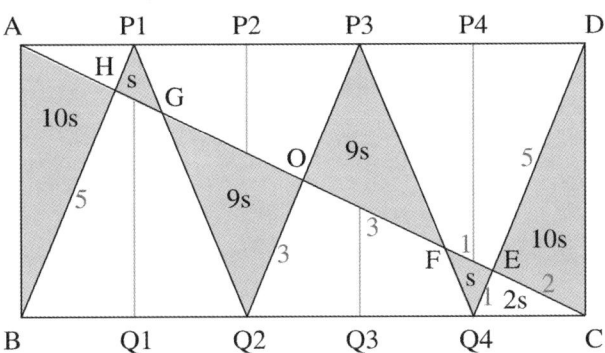

1 서술형 문제

함수 $f(x) = \left| 1 - \dfrac{2}{x} \right|$ 에 대하여 다음을 만족시키는 양수 a와 b의 값을 구하여라. (단, $a < b$)

$$f(a) = f(b) = 2 \cdot f\left(\frac{a+b}{2} \right)$$

이차함수(포물선) $y = -x^2 + 2(m+1)x + m + 3$은 x축과 두 개의 교점 A, B에서 만난다. $|OA| = a$, $|OB| = b$, A의 x좌표는 양수, B의 x좌표는 음수일 때, 다음 물음에 답하여라.

1 m의 값의 범위를 구하여라.

2 $a : b = 3 : 1$을 만족시키는 m의 값과 함수식을 구하여라.

3   2에서 구한 이차함수와 y축의 교점을 C라 할 때, 포물선 위에 $\triangle PAC \equiv \triangle OAC$를 만족시키는 P라는 점이 있는가? 있으면 점 P의 좌표를 구하고 없으면 이유를 설명하여라.

3 서술형 문제

그림은 꺾인 선분 ABCD 를 나타낸다. $\overline{AB} = a$, $\overline{BC} = b$, $\overline{CD} = c$ 라 하고, 직선 BC 위에 점 E , 직선 CD 위에 움직이는 점 F 는 $\angle AEF = 90°$ 인 움직이는 점이다. $\angle EAB = \omega$ $(\omega > 0)$ 라고 하고, $x = \tan\omega$ 라 할 때, 다음 물음에 답하여라.

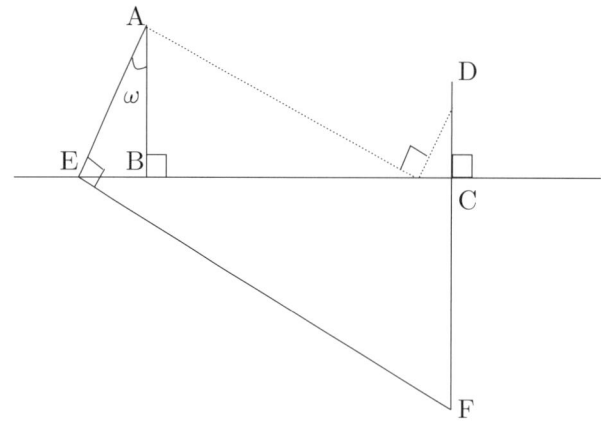

1 선분 BE 의 길이를 a, b, c, x 에 관한 식으로 나타내어라.

2 선분 CE 의 길이를 a, b, c, x 에 관한 식으로 나타내어라.

3 선분 CF 의 길이를 a, b, c, x 에 관한 식으로 나타내어라.

4 선분 DF 의 길이를 a, b, c, x 에 관한 식으로 나타내어라.

5 $\overline{DF} = 0$ 을 만족하는 실수 x 의 값이 이차방정식 $ax^2 + bx + c = 0$ 의 실근이 됨을 기하학적 방법으로 증명하여라.

원 O 의 원주 위에 A, B, C 세 마리의 개미가 같은 위치에서 동시에 출발한다. A 개미는 4분에 1바퀴 돌고, B 개미는 3분에 1바퀴, C 개미는 2분에 1바퀴 돈다.

1   A, B, C 개미가 최초로 이등변삼각형을 이루는 시각을 구하여라.

2   A, B, C 개미가 40분 동안 몇 번 이등변삼각형이 되는지 구하여라.

3   A, B, C 개미가 40분 동안 몇 번 직각삼각형이 되는지 구하여라.

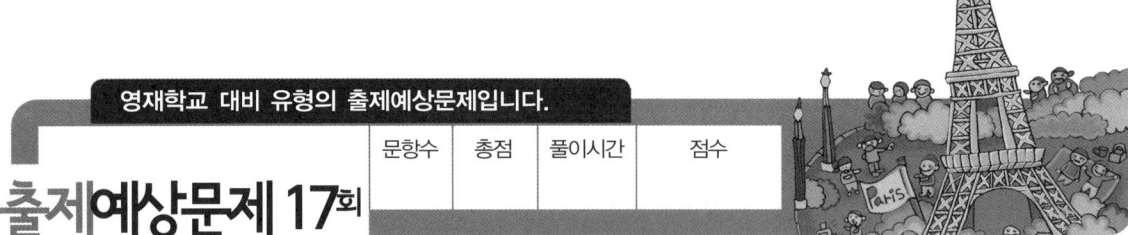

영재학교 대비 유형의 출제예상문제입니다.

문항수	총점	풀이시간	점수

출제**예상문제 17**회

| 입시생 주의사항 | 본 시험지는 단답형 문제 15개, 서술형 문제 4개로 구성되었으며 시험시간은 180~240분입니다.

단답형 문항

1 양의 실수 x에 대하여 $x - [x] = y$이고, $x^2 + y^2 = 38$일 때, y의 값을 구하여라.
(단, $[x]$는 x를 넘지 않는 최대의 정수)

2 연립방정식 $\begin{cases} (\sqrt{3} + \sqrt{2})x + (\sqrt{3} - \sqrt{2})y = \sqrt{3} \\ (\sqrt{3} - \sqrt{2})x - (\sqrt{3} + \sqrt{2})y = \sqrt{2} \end{cases}$ 의 해 $x = a$, $y = b$에 대하여

$\dfrac{[10 \times (a-b)]}{10}$ 의 값을 구하여라. (단, $[x]$는 x를 넘지 않는 최대의 정수)

3 실수 x에 대하여 $[x]$는 x를 넘지 않는 최대의 정수를 의미한다. 예를 들어 $[3.4] = 3$, $[-2.5] = -3$ 등이다. 자연수 n에 대하여 $f(n) = \dfrac{[\sqrt{n^2 + 1}] + [\sqrt{n^2 - 1}]}{9}$ 로 정의할 때, $f(10) + f(11) + f(12) + \cdots + f(90)$의 값을 구하여라.

4 세 마을 A, B, C가 한 변의 길이가 10km 인 정삼각형의 꼭짓점 위치에 놓여 있다. 각 변은 세 마을을 연결하는 도로이다. 삼각형 내부의 한 점 P 의 위치에서 갑, 을, 병 세 사람이 자전거를 타고 세 마을을 연결하는 도로를 향하여 동시에 출발해서 최단거리로 움직여 각각 F, D, E 에 도착한다. 갑은 시속 2km 로 F를 향해, 을

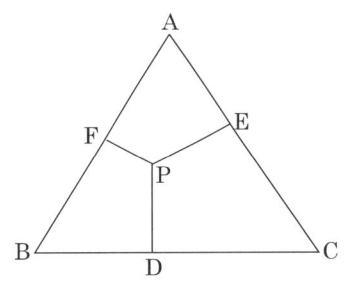

은 시속 2.5km 로 D를 향해, 병은 시속 3km 로 E를 향해 움직이고 있다. 갑이 F 에 도착한 후 한 시간 뒤에 을이 D 에 도착하였고, 또 그 후 한 시간 뒤에 병이 E 에 도착하였다. 을이 움직인 거리를 구하여라.

5 두 자연수 a, b에 대하여 $a+b$와 ab는 서로 소이다. 그러나 $a+b$와 $a^2-5ab+b^2$은 서로 소가 아니라고 한다. $a+b$와 $a^2-5ab+b^2$의 최대 공약수를 구하여라.

6 정육면체 ABCD – EFGH 의 꼭짓점 A 에서 출발하여 모서리를 따라 8개의 모서리를 지나 이동한 후 처음 위치로 되돌아오는 경로의 수를 구하여라. (단, 한 번 지난 모서리는 다시 지나지 않는다.)

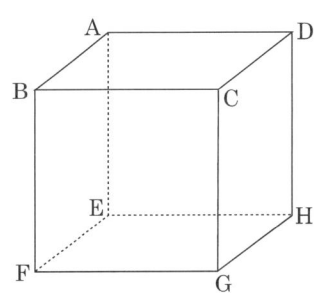

7 한 변의 길이가 8인 정사각형 ABCD의 변 $\overline{AB}$ 위에 점 P, 변 $\overline{BC}$ 위에 점 Q가 있다. 점 P가 A에서부터 B까지 움직이며 항상 $\overline{PQ}=8$이라고 할 때, $\overline{PQ}$ 의 중점 M이 그리는 도형의 길이를 구하여라.

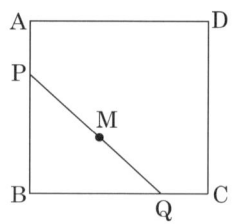

8 1부터 1000까지의 자연수들 중 1의 자리의 수가 3인 수들의 평균을 M, 10의 자리의 수가 3인 수들의 평균을 N이라고 할 때, $2\times|M-N|$의 값을 구하여라.

9 원주 위에 주어진 점들을 선분으로 모두 연결하여 아래의 예와 같이 경로를 만든다.

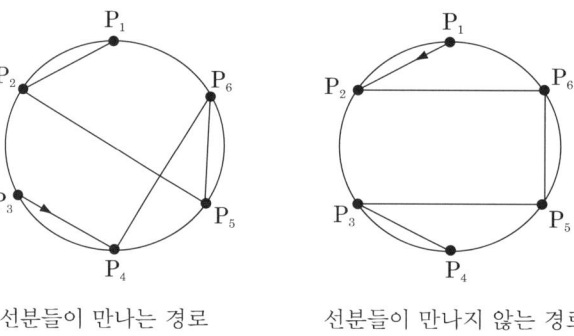

【원주 위에 여섯 개의 점이 있을 때의 예】
원주 위에 6개의 점 P_1, P_2, …, P_6가 반시계 방향으로 놓여있을 때, $P_3P_4P_6P_5P_2P_1$는 선분들이 만나는 경로이고 $P_1P_2P_6P_5P_3P_4$는 선분들이 만나지 않는 경로이다.

선분들이 만나는 경로   선분들이 만나지 않는 경로

원주 위에 12개의 점이 주어졌을 때 선분들이 서로 만나지 않는 경로의 수를 구하여라.

10 한 변의 길이가 $\sqrt{57}$ 인 정사각형 ABCD의 변 $\overline{BC}$ 위에 $\overline{BE} : \overline{EC} = 1 : 2$ 가 되는 점 E가 있고, 변 $\overline{DC}$ 위에 $\overline{DF} : \overline{FC} = 2 : 3$ 가 되는 점 F가 있다. 대각선 $\overline{AC}$ 와 $\overline{ED}$ 가 만나는 점을 G, $\overline{ED}$ 와 $\overline{AF}$ 가 만나는 점을 H라고 할 때 사각형 GCFH의 넓이를 구하여라.

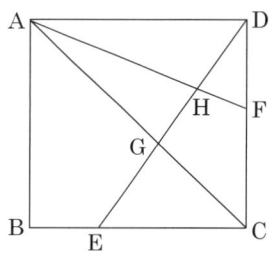

11 삼각형 ABC의 무게중심을 G라고 하자. 세 삼각형 $\triangle GBC$, $\triangle GCA$, $\triangle GAB$ 의 무게중심을 각각 P, Q, R이라고 할 때, 두 삼각형의 넓이의 비 $\dfrac{\triangle ABC}{\triangle PQR}$ 의 값을 구하여라.

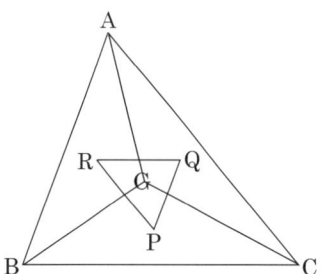

12 프로야구팀 X는 어떤 경기에서 이겼을 때, 바로 다음 경기에서 이길 확률이 $\dfrac{3}{5}$이고, 경기를 졌을 때, 바로 다음 경기를 질 확률이 $\dfrac{3}{4}$라고 한다. 5번의 경기에서 먼저 3번을 이기면 우승하는 결승전에서 X팀은 첫 경기를 이겼다고 한다. X팀이 우승할 확률을 기약분수로 나타내면 $\dfrac{p}{q}$라고 할 때, $|p-q|$의 값을 구하여라.

13 $U = \{1, 2, 3\}$의 서로 다른 세 부분집합 A, B, C의 순서모임 (A, B, C)들 중 $A \cup B \cup C = U$를 만족하는 (A, B, C)의 개수를 구하여라.

14 예각삼각형 $\triangle ABC$ 에서 $\overline{AB}$ 의 사등분점을 A 에 가까운 것부터 차례로 D, E, F 라고 하고, $\overline{BC}$ 의 중점은 M 이라고 하자. $\overline{EM}$ 과 $\overline{CF}$ 의 교점을 G 라고 할 때, $\triangle EFG = 4\text{cm}^2$ 이다. 사각형 EGCD 의 넓이는 몇 cm^2 인지 구하여라.

15 이차함수 $y = x^2 - 4x$ 의 그래프 위의 점들 중 x 좌표가 양수이고, y 좌표가 정수인 점들을 x 좌표가 작은 것부터 차례대로 x_1, x_2, x_3, $\cdots$ 로 나타내기로 한다.

$n + \dfrac{1}{2} \leq x_{100} \leq n+1$ 가 성립하는 정수 n 의 값을 구하여라.

출제예상문제 17회 서술형 문제

점수

1 서술형 문제

원에 내접하는 사각형 ABCD가 있다. $\overline{BD}$ 위에 $\angle BAE = \angle CAD$가 되는 점 E를 잡는다.

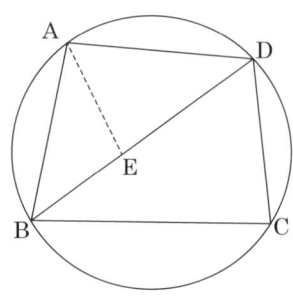

1 $\overline{AB} \cdot \overline{CD} = \overline{AC} \cdot \overline{BE}$임을 보여라.

2 $\overline{AB} \cdot \overline{CD} + \overline{AD} \cdot \overline{BC} = \overline{AC} \cdot \overline{BD}$임을 보여라. (톨레미의 정리)

3 그림과 같이 한 원이 평행사변형 ABCD의 꼭짓점 A를 지날 때 **2**를 이용하여 다음을 증명하여라. (원은 $\overline{AD}$와는 N에서, $\overline{AC}$와는 M에서, $\overline{AB}$와는 L에서 만난다.)

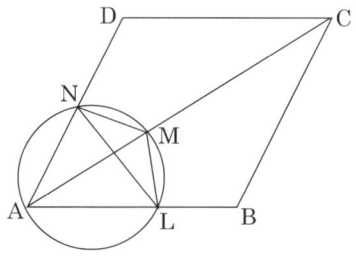

$$\overline{AL} \cdot \overline{AB} + \overline{AN} \cdot \overline{AD} = \overline{AM} \cdot \overline{AC}$$

4 예각삼각형의 외접원의 반지름의 길이와 내접원의 반지름의 길이의 합은 외심에서 세 변까지의 거리의 합과 같음을 보여라.

서술형 문제

모든 실수 x에 대하여 $f(-x) = f(x)$를 만족하는 함수 f를 우함수, 모든 실수 x에 대하여 $g(-x) = -g(x)$를 만족하는 함수 g를 기함수라고 정의한다.

1   함수 $y = 2^x$을 우함수와 기함수의 합으로 표현하여라.

2   모든 실수 x에 대하여 정의된 임의의 함수는 우함수와 기함수의 합으로 표현됨을 증명하여라.

3   2에서의 표현 방법은 유일함을 증명하여라.

3 서술형 문제

스코틀랜드의 수학자 더들리 랭퍼드(C. Dudley Langford)는 1과 1사이에 한 개의 숫자, 2와 2사이에 두 개의 숫자가 위치하게, n과 n사이에는 n개의 숫자가 배열되도록 나열한 모양을 랭퍼드 수열 (L–n)이라고 정의한다. 다음은 랭퍼드 수열 (L–n)의 한 예이다.

$$L-3 : 312132, \quad L-4 : 41312432$$

1 $L-3$, $L-4$인 경우는 숫자배열 방향을 고려하지 않으면 유일함을 증명하여라.

2 $r = 1,\ 2,\ 3,\ \cdots,\ n$에 대하여 a_r는 r의 처음 위치를 나타낸다. 예를 들면, 312132에서 $a_1 = 2$, $a_2 = 3$, $a_3 = 1$을 의미한다.

이때, 두 번째 r의 위치와 a_r 사이의 관계식을 구하여라.

3   2를 이용하여 랭퍼드 수열$(L-M)$을 만들 수 있는 자연수 n은 어떤 수인지 유추하고 증명하여라.

4 서술형 문제

다음 문제에 답하여라.

1 $\sqrt{2}$ 가 무리수임을 증명하여라.

2 $a_i(i = 0,\ 1,\ 2,\ 3,\ \cdots,\ n)$이 정수이고 $a_0 \neq 0,\ a_n \neq 0$일 때,

n차 방정식 $a_n x^n + a_{n-1} x^{n-1} + \cdots + a_1 x + a_0 = 0$의 근 중에서 유리수 근을 α라 하면

$\alpha = \dfrac{a_0 \text{의 약수}}{a_n \text{의 약수}}$ 꼴 임을 증명하여라.

3   2의 결과를 이용하여 $\sqrt{2} + \sqrt{3}$ 이 무리수임을 증명하여라.

영재학교 대비 유형의 출제예상문제입니다.

출제예상문제 18회

문항수	총점	풀이시간	점수

| **입시생 주의사항** | 본 시험지는 단답형 문제 15개, 서술형 문제 4개로 구성되었으며 시험시간은 180~240분입니다.

단답형 문항

1 $x_1 = \sqrt{3}$ 이라고 할 때, 자연수 n에 대하여 $y_n = x_n - [x_n]$, $x_{n+1} = \dfrac{1}{y_n}$ 이다. y_{2019}의 값을 구하여라. (단, $[x]$는 x를 넘지 않는 최대의 정수)

2 네 실수 a, b, x, y가 다음 식을 만족한다.

$$ax + by = 3, \quad ax^2 + by^2 = 7, \quad ax^3 + by^3 = 16, \quad ax^4 + by^4 = 42$$

이때, $ax^5 + by^5$의 값을 구하여라.

3 양수 a, b에 대하여 원점을 지나는 직선 $y = ax$가 x축의 양의 방향과 이루는 각의 크기를 θ라고 하면 원점을 지나는 직선 $y = bx$가 x축의 양의 방향과 이루는 각의 크기는 $\dfrac{\theta}{2}$가 된다. $a : b = 3 : 1$이라고 할 때, ab의 값을 구하여라.

4 좌표평면에 세 이차함수

$$y = \frac{2}{5}x^2, \quad y = ax^2, \quad y = \frac{9}{10}x^2$$

의 그래프가 그려져 있다.

그림과 같이 $y = ax^2$ 의 그래프 위를 움직이는 점 P를 잡고, 점 P를 지나고 x축에 평행한 직선이

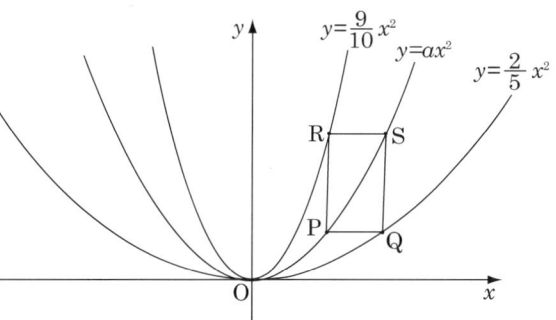

$y = \frac{2}{5}x^2$ 의 그래프와 만나는 점을 Q, 점 P를 지나고 y축에 평행한 직선이 $y = \frac{9}{10}x^2$ 의 그래프와 만나는 점을 R라 하자. $\overline{PQ}$, $\overline{PR}$을 두 변으로 갖는 직사각형의 나머지 꼭짓점 S가 $y = ax^2$ 의 그래프 위에 있다고 할 때, □PQSR이 정사각형이 되도록 하는 a의 값과, 점 P의 x좌표를 구하여라. (단, $\frac{2}{5} < a < \frac{9}{10}$ 이고 두 점 P, Q의 x좌표는 모두 양수이다.)

5 $\overline{AB} = 6$을 지름으로 하고 O를 중심으로 하는 반원에서 반지름 $\overline{OA}$ 위에 한 점 C를 잡고 C를 지나고 $\overline{AB}$에 수직인 직선을 그어 반원과 만나는 점을 D라 하자. $\overline{CD}$ 위에 한 점 E에 대해 점 E를 중심으로 하고 반원과 $\overline{AB}$에 동시에 접하는 원을 그려 반원과의 접점을 F라 하면, $\overline{CF} = \overline{CO}$라고 한다. 이때, $\overparen{AF}$, $\overparen{CF}$와 $\overline{AC}$로 둘러싸인 도형의 넓이 S의 값을 구하여라.

6 세 원 A, B, C가 위의 그림과 같이 서로 외접하고 있고, 한 직선에 동시에 외접하고 있다. 원 A의 반지름의 길이가 9, 원 B의 반지름의 길이가 36일 때, 원 C의 반지름의 길이를 구하여라.

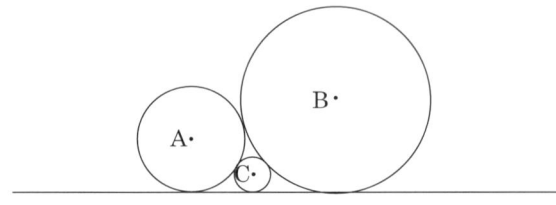

7 한 개의 주사위를 두 번 던져 처음 나온 수를 a, 두 번째 나온 수를 b라 한다. 두 직선 $\dfrac{x}{a}+\dfrac{y}{b}=1$, $y=-x+a$와 y축으로 둘러싸인 부분의 넓이가 3일 확률을 구하여라.

8 $\overline{AB}=5$, $\overline{BC}=6$, $\overline{CA}=7$인 삼각형 ABC의 각 변을 한 변으로 하는 정사각형을 각각 그렸다. 아래 그림에서 $\overline{DI}$의 중점을 L, $\overline{EF}$의 중점을 M, $\overline{GH}$의 중점을 N이라고 할 때, $\overline{AL}+\overline{BM}+\overline{CN}$의 값을 구하여라.

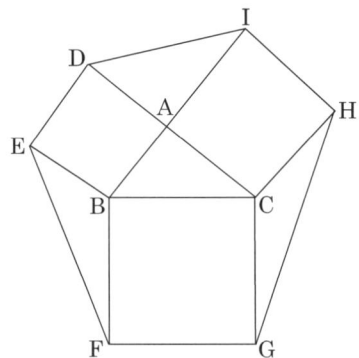

9 불이 꺼진 어두운 방의 옷장 속에 붉은 색 양말 100개, 녹색 양말 80개, 푸른 색 양말 60개, 검은 색 양말 40개가 들어 있다. 짝이 맞는 양말이 적어도 10쌍이 되려면 최소한 몇 개의 양말을 꺼내야 하는지 구하여라. (단, 색을 알 수 없을 정도로 어두운 방이고, 같은 색이면 짝이 맞는 것으로 한다.)

10 양의 실수 a, b가 $\dfrac{1}{a} - \dfrac{1}{b} - \dfrac{1}{a+b} = 0$을 만족시킬 때, $\left(\dfrac{b}{a}\right)^3 + \left(\dfrac{a}{b}\right)^3$의 값을 구하여라.

11 한 변의 길이가 20m인 정사각형의 한 꼭짓점에서 두 사람이 서로 반대 방향으로 달리기 시작하여 10분 동안 달린다. 두 사람이 달리는 속력이 각각 60m/분, 40m/분이라 할 때, 이 두 사람이 출발할 때를 제외하고 꼭짓점에서 만나는 횟수를 구하여라.

12 실수 a, b, c가 다음 연립방정식을 만족한다.

$$\begin{cases} a^2 - bc - 8a + 7 = 0 \\ b^2 + c^2 + bc - 6a + 6 = 0 \end{cases}$$

이때, a의 최댓값을 구하여라.

13 x에 대한 이차방정식 $x^2 + px + q^2 = 0$의 두 근에 각각 4를 더한 수를 근으로 하는 이차방정식이 $x^2 + qx + p^2 = 0$이라 할 때, 정수 p, q의 합 $p+q$의 값을 구하여라.

14 버튼을 누르는 전화기가 있다. 인접한 두 버튼의 중심 사이의 거리는 1이라 할 때, 버튼 2개를 누를 때(즉, 00부터 99까지) 손가락이 움직이는 평균거리를 구하여라. (단, 반드시 버튼 사이는 직선거리로 움직이며, 처음 번호를 누르는 거리는 0이라고 한다. 또한, 단 하나의 손가락을 사용하며, 손가락은 반드시 버튼의 중심을 누른다고 가정한다.)

①	②	③
④	⑤	⑥
⑦	⑧	⑨
	⓪	

15   흰 구슬과 검은 구슬이 두 개의 상자에 들어있다. 두 상자에 들어있는 전체 구슬의 개수는 25개이다. 두 상자에서 각각 한 개의 구슬을 꺼냈을 때, 두 개 모두 검은 구슬일 확률은 $\dfrac{27}{50}$이라 한다. 두 상자에서 각각 한 개의 구슬을 꺼냈을 때, 두 개 모두 흰 구슬일 확률을 구하여라.

점수

1 서술형 문제

$2^{2n}(2^{2n+1} - 1)$의 마지막 두 자리 숫자를 다음의 과정에 따라 구하여라.

1 임의의 자연수 m에 대하여 $2^{4m} - 1$이 15의 배수임을 보여라.

2 임의의 자연수 m에 대하여 $2^{8m+3} - 2^{4m} - 7$이 25의 배수임을 보여라.

3 임의의 양의 홀수 n에 대하여 $2^{2n}(2^{2n+1} - 1)$의 마지막 두 자리의 숫자를 구하여라.

다음 물음에 답하여라.

1 평행사변형 $ABCD$에서 $\overline{AB}^2 + \overline{BC}^2 + \overline{CD}^2 + \overline{DA}^2 = \overline{AC}^2 + \overline{BD}^2$이 성립함을 증명하여라.

2 삼각형 ABC에서 $\overline{BC}$의 중점을 D라고 하자. $4\overline{AD}^2 + \overline{BC}^2 = 2\overline{CA}^2 + 2\overline{AB}^2$임을 증명하여라.

3 삼각형 ABC에서 $\overline{BC}$의 중점을 D, $\overline{CA}$의 중점을 E, $\overline{AB}$의 중점을 F라고 할 때, $\overline{AD}^2 + \overline{BE}^2 + \overline{CF}^2 = \dfrac{3}{4}(\overline{BC}^2 + \overline{CA}^2 + \overline{AB}^2)$임을 증명하여라.

3 서술형 문제

양수 a, b, c가 $a^2 + b^2 = c^2$을 만족시킬 때, 다음을 증명하여라.

1 $a + b > c$

2 $a^3 + b^3 < c^3$

3 a, b, c가 자연수이면 a, b중 적어도 하나는 짝수이다.

서술형 문제

자와 컴퍼스를 가지고 작도를 하자. 곱셈과 나눗셈에 대한 작도를 알아보자. 다음은 비례식 $b : 1 = x : a$를 만족시키는 $x = ab$를 구하는 작도법이다. 다음 물음에 답하여라.

(1) AOB 를 그리고 선분 OA와 단위선분(길이가 1 인 선분) OC, 선분 BC 를 그린다.

(2) 두 점 A, C 를 연결하고 A 를 중심으로 하고 반지름의 길이가 a 인 원과 B 를 중심으로 하고 반지름의 길이가 1 인 원을 그린다.

(3) 두 원의 교점을 E 라고 하자. 그리고 직선 EB를 그리고 반직선 OA 와의 교점을 D 라고 하면 선분 AD 의 길이가 ab 가 된다.

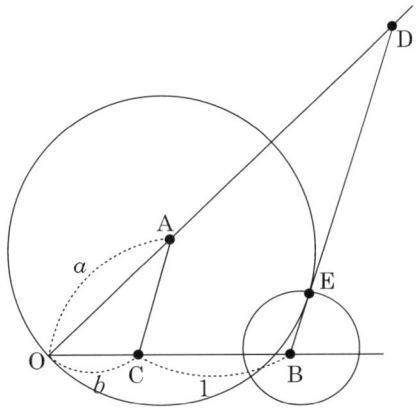

1 위 작도법에서 $\overline{\text{AD}} = ab$ 임을 증명하여라.

2 $b : 1 = a : x$를 만족시키는 $x = \dfrac{a}{b}$ 를 구하는 작도법을 설명하여라.

출제예상문제 19회

단답형 문항

1 세 자연수 a, b, c에 대하여 a와 b의 최소공배수는 216, b와 c의 최소공배수는 432, c와 a의 최소공배수는 432이다. 위의 조건을 만족하는 (a, b, c)의 개수를 구하여라.

2 $x = \dfrac{158}{\pi}$ 일 때, $|x| - |x-1| + |x-2| - |x-3| + |x-4| + \cdots - |x-99| + |x-100|$ 의 값을 구하여라.

3 자연수 n에 대하여 이차방정식

$$\left\{ n + \sqrt{n(n+1)} \right\} x^2 - \left\{ \sqrt{n\sqrt{n}} + \sqrt{n^2(n+1)} \right\} x + \sqrt{n} = 0$$

의 두 근을 각각 α_n, β_n이라고 할 때,

$(\alpha_1{}^2 + \alpha_2{}^2 + \cdots + \alpha_{100}{}^2) + (\beta_1{}^2 + \beta_2{}^2 + \cdots + \beta_{100}{}^2)$의 값을 구하여라.

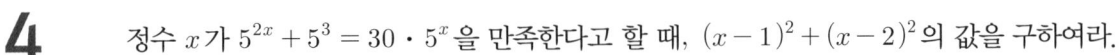

4 정수 x 가 $5^{2x} + 5^3 = 30 \cdot 5^x$ 을 만족한다고 할 때, $(x-1)^2 + (x-2)^2$ 의 값을 구하여라.

5 그림과 같이 직사각형 모양의 탁자에 같은 길이의 두 레일이 평행하게 놓여 있다. 두 로봇 A , B 가 서로 다른 레일 위를 각각 일정한 속력으로 움직이고, 레일 끝에 도착하면 바로 되돌아서 반대 방향으로 움직이는 왕복운동을 계속 하고 있다. A 와 B 가 서로 반대 편 끝에서 동시에 출발한 후 A 가 70cm 이동한 지점에서 B 를 처음 만났다. A 가 맞은편에 도착한 후 반대 방향으로 40cm 이동한 지점에서 두 번째로 B 와 만났다. 두 로봇이 B 가 출발한 쪽 끝에 처음으로 동시에 도착할 때까지 서로 만난 횟수를 구하여라. (단, 지나치는 경우, 따라잡는 경우, 동시에 도착한 경우 모두 만난 것으로 한다.)

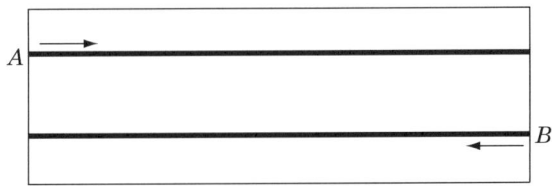

6 $y = x^2$ 과 $y = x + 2$ 가 만나는 두 점을 A, B 라 하고 직선 AB 와 평행인 직선이 $\triangle OAB$ 와 만나는 두 점을 P, Q 라 하자. $\triangle OPQ$ 의 넓이가 $\triangle OAB$ 의 넓이의 $\dfrac{4}{9}$ 일 때, 직선 PQ 의 방정식은 $y = ax + b$ 이다. $a + b$ 의 값을 구하여라.

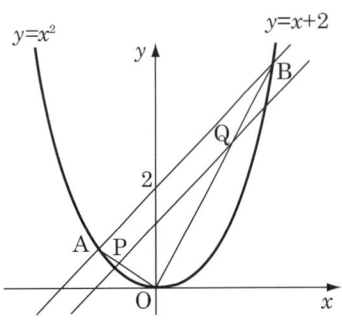

7 직선의 방정식 $y = \dfrac{3}{4}x + 1$이 나타내는 직선과 $x = 16$, x축으로 이루어진 삼각형의 내부에 있는 격자점(x-좌표와 y-좌표가 모두 정수인 점)의 개수를 구하여라.

8 그림과 같이 정육각형 ABCDEF의 두 대각선 AC, CE 위에 $\overline{\mathrm{AM}} = \overline{\mathrm{CN}}$이고 세 점 B, M, N이 일직선 위에 있도록 M, N을 잡는다.
$\angle\mathrm{BNC} + \angle\mathrm{CND} + \angle\mathrm{DNE}$의 값을 구하여라.

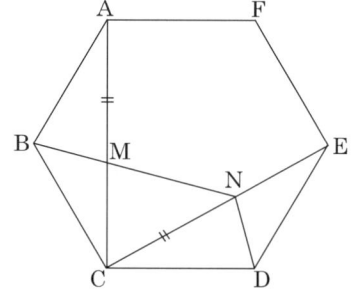

9 볼록사각형 ABCD가 $\overline{\mathrm{AB}} + \overline{\mathrm{CD}} + \overline{\mathrm{BD}} = 12$를 만족한다. 사각형의 넓이가 최대가 될 때, 대각선 $\overline{\mathrm{AC}}$의 길이를 구하여라.

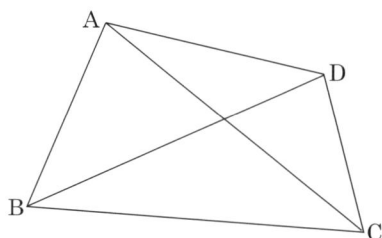

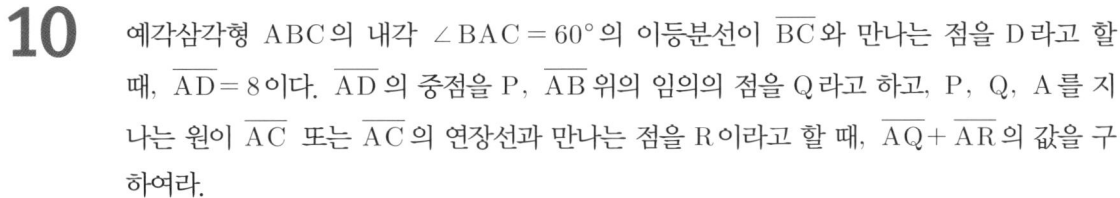

10 예각삼각형 ABC의 내각 $\angle BAC = 60°$의 이등분선이 $\overline{BC}$와 만나는 점을 D라고 할 때, $\overline{AD} = 8$이다. $\overline{AD}$의 중점을 P, $\overline{AB}$ 위의 임의의 점을 Q라고 하고, P, Q, A를 지나는 원이 $\overline{AC}$ 또는 $\overline{AC}$의 연장선과 만나는 점을 R이라고 할 때, $\overline{AQ} + \overline{AR}$의 값을 구하여라.

11 넓이가 1인 삼각형 ABC에서 세 점 P, Q, R이 각각 선분 BC, CA, AB 위에 있다. $\overline{BP} : \overline{PC} = 3 : 2$, $\overline{CQ} : \overline{QA} = 5 : 2$, $\overline{AR} : \overline{RB} = m : n$이고 △BRP의 넓이를 x, △CPQ의 넓이를 y, △AQR의 넓이를 z라고 하자. $xy = z$일 때, $\dfrac{m}{n}$의 값을 구하여라.

12 $\dfrac{1}{a} + \dfrac{1}{b} + \dfrac{1}{c} = \dfrac{1}{a+b+c}$을 만족하는 실수 a, b, c에 대하여 $\dfrac{1}{a^n} + \dfrac{1}{b^n} + \dfrac{1}{c^n} = \dfrac{1}{(a+b+c)^n}$을 만족시키는 자연수 n을 모두 구하여라.

13 $x^3 = 8$을 만족하는 $x = 2$를 8의 세제곱근이라고 한다. $18\sqrt{3} + 14\sqrt{5}$ 의 세제곱근을 구하여라.

14 그림과 같은 삼각형 PQR을 다음과 같이 분할하려고 한다. 이 삼각형의 밑변의 4등분점을 각각 A, B, C 빗변의 5 등분점을 각각 D, E, F, G 라 하고 이 점들을 그림과 같이 연결하여 얻어지는 사각형의 넓이를 각각 S_1, S_2, S_3 라 할 때, $S_1 : S_2 : S_3$ 를 가장 작은 자연수의 비로 나타내어라.

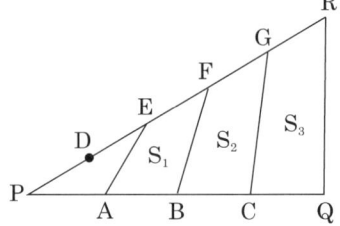

15 흰 바둑돌과 검은 바둑돌이 있다. 이 바둑돌 n 개를 일렬로 나열하되, 흰 바둑돌끼리는 이웃하지 않도록 나열하는 방법의 수를 a_n 이라 하자. 예를 들면 $a_1 = 2$, $a_2 = 3$ 이다. a_{10} 의 값을 구하여라.

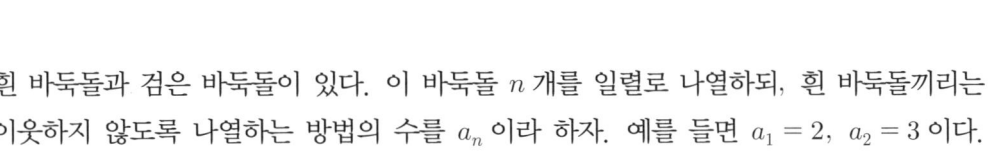

$$\bigcirc,\ \bullet \qquad\qquad \bigcirc\bullet,\ \bullet\bigcirc,\ \bullet\bullet$$

$$a_1 = 2 \qquad\qquad\qquad a_2 = 3$$

출제예상문제 19회 서술형 문제

점수

1 서술형 문제

그림과 같이 계단 모양으로 이루어진 표에 1부터 10까지 10개의 자연수를 한 번씩 사용하여 다음 규칙에 따라 배열하려고 한다.

i행에 놓인 수 중에서 가장 큰 수를 M_i라 할 때,
(단, $i=1,\ 2,\ 3,\ 4$)
[규칙 1] i 행에는 i 개의 수를 놓는다.
[규칙 2] M_i 는 항상 i 행의 오른쪽 끝에 적는다.
[규칙 3] $i<j$ 이면 $\mathrm{M}_i<\mathrm{M}_j$ 이다.

			M_1	1행
		a	M_2	2행
	b	c	M_3	3행
d	e	f	M_4	4행

다음 물음에 답하여라.

1 M_3의 값이 될 수 있는 모든 수의 합을 구하여라.

2 $\mathrm{M}_2=4,\ \mathrm{M}_3=7$일 때, 위의 표에 빈칸이 없이 수를 배열하는 방법이 모두 몇 가지인지 구하여라.

3 $\mathrm{M}_3=7$이고, $b<c,\ d<e<f$ 를 만족하도록 위의 표에 빈칸이 없이 수를 배열하는 방법이 모두 몇 가지인지 구하여라.

주머니 A 에는 검은 공이 3개, 주머니 B 에는 흰 공이 3개 들어 있다. A 에서 공을 한 개 꺼내 B 에 넣은 다음 다시 B 에서 공을 한 개 꺼내 A 에 넣는 것을 한 번의 시행이라고 하자. 다음 물음에 답하여라.

1 한 번의 시행 후 처음과 같은 상황이 될 확률을 구하여라.

2 두 번의 시행 후 처음과 같은 상황이 될 확률을 구하여라.

3 세 번의 시행 후 처음과 같은 상황이 될 확률을 구하여라.

3 서술형 문제

10진법 대신 12진법을 사용했다면 세상은 얼마나 달라졌을까? 12진법의 숫자로 0, 1, 2, 3, 4, 5, 6, 7, 8, 9, A, B를 사용하기로 하자.

1 12진법의 구구단(BB단)표를 만들어라.

2 12진법에서는 10진법에서처럼 어떤 주어진 수가 2의 배수인지 아닌지 쉽게 판정할 수 있는 방법이 있다. 그것을 설명하여라. 3, 4, 6, B의 배수 판정법도 각각 설명하여라.

3 12진법에서 8의 배수와 9의 배수를 판정하는 방법을 각각 설명하여라.

서술형 문제

$a^n - b^n = (a-b)(a^{n-1} + a^{n-2}b + \cdots + ab^{n-2} + b^{n-1})$ 임을 이용하여 다음 물음에 답하여라.

1 양의 실수 a, b에 대하여 $a \neq b$이면 $a^{n+1} + nb^{n+1} > (n+1)ab^n$ 임을 증명하여라.

2 어떤 양의 실수 a, b, c에 대하여, $n \geq 1$인 모든 자연수 n에 대하여 a^n, b^n, c^n을 세 변으로 하는 삼각형 T_n이 존재하면, 삼각형 T_n은 이등변삼각형임을 증명하여라.

3 $a > b > 0$일 때, $\dfrac{n+1}{n}a > \dfrac{a^{n+1} - b^{n+1}}{a^n - b^n} > \dfrac{n+1}{n}b$ 임을 증명하여라.

문항수	총점	풀이시간	점수

출제예상문제 20회

| 입시생 주의사항 | 본 시험지는 단답형 문제 15개, 서술형 문제 4개로 구성되었으며 시험시간은 180~240분입니다.

단답형 문항

1 정수 전체 집합의 두 부분집합 $A = \{3x + 4y \mid x,\ y$는 정수$\}$,
$B = \{5x + 7y \mid x,\ y$는 정수$\}$에 대하여 다음 중 옳은 것을 있는 대로 찾아라.

ㄱ. $A \subset B ,\ A \neq B$ ㄴ. $B \subset A ,\ A \neq B$

ㄷ. $A = B$ ㄹ. $A^c \subset B$

ㅁ. $A \cap B = \varnothing$

2 실수 x에 대하여 $f(x) = \dfrac{x^2 - 2x - 3}{2x^2 + 2x + 1}$의 최댓값을 M, 최솟값을 m이라고 할 때,

$\dfrac{m^4}{M^2}$의 값을 구하여라.

3 $1, 2, 3, \cdots, 2009$ 중에서 서로 다른 세 개의 자연수를 선택하여 한 수가 다른 두 수의 평균이 되게 하는 방법의 수를 구하여라.

4 $\dfrac{x + xy + y}{x - xy + y} = 10$ 을 만족하는 두 실수 x, y에 대하여 $\dfrac{1}{x} + \dfrac{1}{y} = \dfrac{q}{p}$ 일 때, $p + q$의 값을 구하여라. (단, p, q는 서로소인 자연수)

5 $15x^2 - 5xy - 16x + 7y + 6 = 0$을 만족하는 정수 x, y에 대하여 $|x - y|$의 값을 구하여라.

6 $4x^4 + 1$은 다음 식을 이용하여 두 이차식의 곱으로 인수분해 할 수 있다.

$4x^4 + 1 = 4x^4 + 4x^2 + 1 - 4x^2 = (2x^2 + 1)^2 - (2x)^2 = (2x^2 + 2x + 1)(2x^2 - 2x + 1)$

또한 $(x+1)(x^2 - x + 1) = x^3 + 1$을 이용하면 $x^3 + 1$도 인수분해 할 수 있다.

위의 사실을 이용하면 $2^{120} - 1$은 $2^{14} = 16384$보다 큰 여섯 개의 정수의 곱으로 나타낼 수 있다. 이 여섯 개의 정수들 중 가장 작은 정수를 구하여라.

7 작은 원이 큰 원에 내접하고 있다. 작은 원의 반지름의 길이를 r 이라고 할 때, 큰 원의 반지름의 길이는 $5r$ 이다. 작은 원에 접하면서 큰 원의 내부에 들어갈 수 있는 최대의 정사각형의 한 변의 길이를 $2x$ 라고 할 때, $\dfrac{2x}{r}$ 의 값을 구하여라.

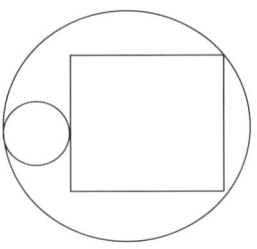

8 A, B, C, D 4가지 색의 일부 또는 전부를 사용하여 그림과 같은 프로펠러의 중앙 부분과 4개의 날개 부분을 모두 칠하려고 한다. 인접한 중앙 부분과 날개 부분은 서로 다른 색으로 칠하기로 할 때, 칠할 수 있는 방법의 수를 구하여라. (단, 4개의 날개는 모두 합동이고, 회전하여 같은 경우에는 한 가지 방법으로 한다.)

9 유리수 a, b, c 에 대하여 $\dfrac{(\sqrt{3}+\sqrt{5})(\sqrt{5}+\sqrt{7})}{\sqrt{3}+2\sqrt{5}+\sqrt{7}} = a\sqrt{3}+b\sqrt{5}+c\sqrt{7}$ 이 성립한다고 할 때, $a-b+c$ 의 값을 구하여라.

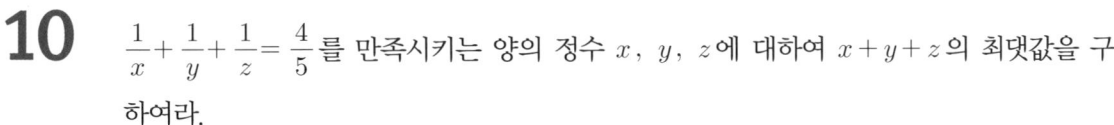

10 $\dfrac{1}{x}+\dfrac{1}{y}+\dfrac{1}{z}=\dfrac{4}{5}$를 만족시키는 양의 정수 x, y, z에 대하여 $x+y+z$의 최댓값을 구하여라.

11 $3x^2+4y^2=1$을 만족하는 실수 x, y에 대하여 $4x+5y^2$의 최댓값 M, 최솟값 N 의 값을 구하여라.

12 좌표평면에서 세 점 $\mathrm{O}(0,\ 0)$, $\mathrm{A}(4,\ 0)$, $\mathrm{B}(4,\ 1)$을 꼭짓점으로 하는 $\triangle \mathrm{OAB}$가 있다. 점 $\mathrm{D}(0,\ -1)$을 지나고 변 OB와 만나는 직선을 그어 x축과 만나는 점을 E라고 하고 변 OB와 만나는 점을 F라고 하자. $\triangle \mathrm{OEF}$의 넓이가 $\triangle \mathrm{OAB}$의 넓이의 $\dfrac{1}{6}$이라 할 때, 이 직선의 방정식을 구하여라.

13 정사각형 ABCD의 내부의 한 점 P에서 세 꼭짓점을 연결하여 얻은 선분의 길이들이 각각 $\overline{PA}=1$, $\overline{PB}=2$, $\overline{PC}=3$일 때, $\angle APB$의 크기를 구하여라.

14 반지름의 길이가 1인 원 O_1과 반지름의 길이가 2인 원 O_2가 한 점 P에서 서로 외접하고 있다. P를 지나는 한 직선이 O_1과 만나는 점을 A, O_2와 만나는 점을 B라고 하자. P를 지나며 $\overline{AB}$와 수직인 직선이 O_1과 만나는 점을 C, O_2와 만나는 점을 D라고 하자. $\overline{AB}^2 + \overline{CD}^2$의 값을 구하여라.

15 영재가 탄 택시는 $20\,\mathrm{km/h}$의 속력으로 가고 있다. 반대편 차선에서 지나가는 버스를 3분마다 한 대씩 만나며 같은 차선을 따라 뒤에서 오는 버스는 6분마다 한 대씩 지나보낸다. 버스들의 속력이 모두 같고 버스회사 주차장에서 출발하는 시간 간격은 일정하다. 이때, 버스들이 출발하는 시간 간격을 구하여라.

1 서술형 문제

$F_0 = 0$, $F_1 = 1$, $n \geq 2$인 자연수 n에 대하여 $F_n = F_{n-1} + F_{n-2}$를 만족하는 수열 F_0, F_1, F_2, $\cdots$ 을 피보나치(Fibonacci)수열이라고 한다. 다음 물음에 답하여라.

1 F_{10}의 값을 구하여라.

2 $3^2 + 4^2 = 5^2$, $5^2 + 12^2 = 13^2$과 같은 직각삼각형을 이루는 세 변의 수를 "피타고라스 수"라고 한다. 피보나치 수열에 속하는 피타고라스 수를 구하여라.

서술형 문제

지현이는 주사위를 던져서 1부터 30까지의 숫자를 다음과 같은 규칙에 따라 지우고 있다.

규칙 1. 주사위를 던져서 나온 수의 배수 중 하나만 지운다.
  (1이 나오면 아무 수나 하나만 지운다.)
규칙 2. 나온 수의 배수가 모두 지워져 있으면 지울 수 없다.

지현이가 주사위를 30번 던졌을 때, 각 수는 다음과 같은 회수로 나왔다. 지현이가 지우지 못한
수는 적어도 몇 개 있는지 구하고 그 이유를 설명하여라.

주사위를 던져 나온 수	1	2	3	4	5	6
나온 회수	3	3	3	7	7	7

1부터 $2n$ 까지의 자연수를 원소로 하는 집합 $N_{2n} = \{1,\ 2,\ 3,\ \cdots,\ 2n-1,\ 2n\}$ 에 대하여 집합 N_{2n} 을 원소의 개수가 n 개인 두 집합 N_a, N_b 으로 분리할 수 있다.

$N_a = \{a_1,\ a_2,\ \cdots,\ a_n\}$, $N_b = \{b_1,\ b_2,\ \cdots,\ b_n\}$, $a_1 > a_2 > \cdots > a_n$, $b_1 < b_2 < \cdots < b_n$ 일 때,

$|a_1 - b_1| + |a_2 - b_2| + \cdots + |a_n - b_n| = n^2$ 임을 증명하는 과정이다. 다음 물음에 답하여라.

1   임의의 원소 $i \in \{1,\ 2,\ \cdots,\ n\}$ 에 대하여 $\{a_i,\ b_i\} \not\subset \{1,\ 2,\ 3, \cdots,\ n\}$ 임을 증명하여라.

2   임의의 원소 $i \in \{1,\ 2,\ \cdots,\ n\}$ 에 대하여 $\{a_i,\ b_i\} \not\subset \{n,\ n+1,\ \cdots,\ 2n\}$ 임을 증명하여라.

3 결과 **1**, **2**를 이용하여 $|a_1 - b_1| + |a_2 - b_2| + \cdots + |a_n - b_n| = n^2$ 임을 증명하여라.

4 결과 **3**을 이용하여 집합 $N = \{1,\ 2,\ 3,\ \cdots,\ 2010\}$의 두 부분집합

$N_{2k} = \{2,\ 4,\ 6,\ \cdots,\ 2010\}$와 $N_{2k+1} = \{1,\ 3,\ 5,\ \cdots,\ 2009\}$에 대하여

$|2009 - 2| + |2007 - 4| + |2007 - 6| + \cdots + |1 - 2010|$ 의 값을 구하여라.

$\phi = \dfrac{\sqrt{5}+1}{2}$ 이라고 할 때, 다음 물음에 답하여라.

1 ϕ를 한 근으로 하는 유리수 계수 이차방정식을 구하여라.

2   1에서 구한 이차방정식의 다른 한 근을 χ 라고 할 때, $\phi^{50}\chi^{50}$의 값을 구하여라.

3 ϕ^{2}, ϕ^{3}을 각각 ϕ에 관한 일차식으로 나타내어라.

4 ϕ^{10}을 ϕ에 관한 일차식으로 나타내어라.

5 ϕ^{14}의 값을 구하여라.

Final test

네 어머니는 성취와 성공의 차이를 분명히 하셨다. 어머니는 말씀하셨다. '성취란 네가 열심히 공부했고 일했으며 네가 가진 최선을 다했다는 인식이다. 성공은 남들에게 추앙받는 것이며, 이것이 멋진 일이긴 하나 그렇게 중요하거나 만족을 주는 것은 아니다. 항상 성취를 목적으로 삼고 성공에 대해선 잊어라. 〈헬렌 헤이스〉

문항수	총점	풀이시간	점수

실전모의고사 1회

| 입시생 주의사항 | 본 시험지는 단답형 문제 15개, 서술형 4개로 구성되었으며 시험시간은 180~240분입니다.

단답형 문항

1 다음과 같은 수열이 있다.

$$f(1) = 1, \ f(2) = 12, \ f(3) = 123, \ \cdots, \ f(10) = 12345678910, \ \cdots$$

이제 $f(1), \ f(2), \ f(3), \ f(4), \ f(5), \ \cdots, \ f(2020)$ 가운데 3의 배수는 모두 몇 개일까?

2 좌표평면 위에 네 점 $A\left(-\dfrac{1}{3}, \dfrac{1}{9}\right)$, $B(3, -1)$, $C(3, 9)$, $D(0, t)$ 가 있다. a와 t는 양의 실수이다. 삼각형 ABC의 넓이와 삼각형 ABD의 넓이는 같다고 한다. t의 값은 얼마인가?

3 10000 이하의 자연수 중 약수의 개수가 4개인 수 가운데 가장 큰 수는 무엇인가?

4 자연수 15를 2개 이상의 연속된 자연수들의 합으로 나타낼 수 있는 방법은

$$15 = 7 + 8, \qquad 15 = 1 + 2 + 3 + 4 + 5, \qquad 15 = 4 + 5 + 6$$

처럼 3가지가 있다. 그렇다면 35를 연속된 수들의 합으로 나타낼 수 있는 방법은 모두 몇 가지인가?

5 자연수 15를 2개 이상의 연속된 자연수들의 합으로 나타낼 수 있는 방법은

$$15 = 7 + 8, \qquad 15 = 1 + 2 + 3 + 4 + 5, \qquad 15 = 4 + 5 + 6$$

처럼 3가지가 있다. 그렇다면 35를 연속된 수들의 합으로 나타낼 수 있는 방법은 모두 몇 가지인가?

6 자연수 15를 2개 이상의 연속된 자연수들의 합으로 나타낼 수 있는 방법은

$$15 = 7 + 8, \qquad 15 = 1 + 2 + 3 + 4 + 5, \qquad 15 = 4 + 5 + 6$$

처럼 3가지가 있다. 그렇다면 64를 연속된 수들의 합으로 나타낼 수 있는 방법은 모두 몇 가지인가?

7 모든 실수 x에 대하여 $3f(x) + 4f(1-x) = x^2$을 만족한다. $f(5) = -\dfrac{b}{a}$(단, a, b는 서로소인 양의 정수)이다. $b \times a$의 값은?

8 $P_1(x_1, 2019)$, $P_2(x_2, 2019)$는 다음 이차함수

$$y = ax^2 + bx + 2020$$

위의 서로 다른 두 점이다. $x = x_1 + x_2$일 때, y의 값을 구하여라.

9 a, b, c는 모두 양의 정수이다. 또 포물선 $y = ax^2 + bx + c$와 x축은 서로 다른 두 개의 교점 A, B에서 만난다. 만약 두 점 A, B로부터 원점까지의 거리가 모두 1보다 작다고 할 때, $a + b + c$의 최솟값을 구하여라.

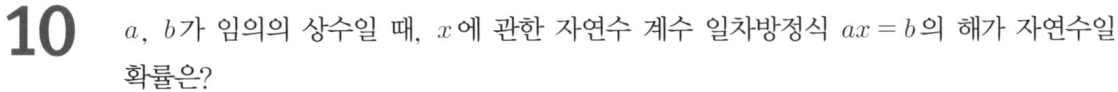

10 a, b가 임의의 상수일 때, x에 관한 자연수 계수 일차방정식 $ax = b$의 해가 자연수일 확률은?

11 그림과 같은 전기 회로가 있다. 왼쪽에서 오른쪽으로 전기가 투입될 때, 왼쪽 끝에서 오른쪽 끝까지 선로에 전기가 흐르게 되도록 개폐기를 열고 닫을 때 그 경우의 수는 모두 몇 가지인가? (단, 그림에서 큰 검은 점은 개폐기로서 전기를 흐르거나(선로가 이어짐) 흐르지 못하게(선로가 끊김) 하는 스위치가 내장되어 있다.)

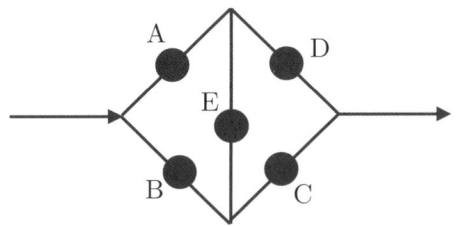

12 다음 달은 첫날 1일이 월요일이고 한 달이 31일로 구성된 달이다. 영희는 다음 달부터 매주(일요일부터 토요일까지 1주일마다) 하루는 서예 공부를 하기로 하였다. 서예 공부를 할 경우 1개월 동안 서예 공부할 요일을 선정하였는데 1개월 중 일요일 날 서예 공부하는 경우는 1번, 월요일 날 서예 공부하는 경우도 1번, 수요일 날 서예 공부하는 경우는 2번, 토요일 날 서예 공부하는 경우는 1번의 서예 공부를 하기로 결정하고 화, 목, 금은 서예공부를 하지 않기로 하였다. 1개월 동안 서예 공부한 날짜의 총 합을 구하여라. 예컨대 1일, 3일, 6일에 서예 공부한 경우 서예 공부한 날짜의 합은 $1 + 3 + 6 = 10$이 된다.

13 모눈종이에 네 점 A(0, 0), B(6, 0), C(6, 3), D(0, 3)을 꼭짓점으로 하는 직사각형을
그리고 이 직사각형의 내부의 두 점 (1, 1), (5, 2)에 붉은 펜으로 표시하였다. 직사각형
ABCD를 가위로 오린 후, 선분 AD, BC를 붙여서 원기둥을 만들었다.

(1) 이 원기둥 위에서 붉게 표시된 두 점 사이의 최단거리를 구하여라.

(2) 공간에서 붉게 표시된 두 점 사이의 최단거리를 구하여라.

14 반지름이 1인 원 4개가 다음 그림처럼 접해있다. △ABC의 둘레의 길이를 구하여라.

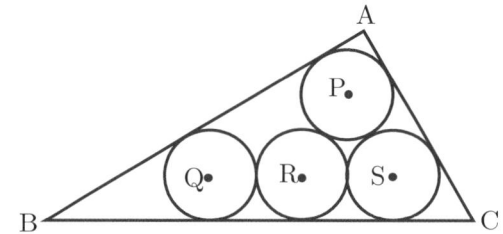

다음 각 물음에 답하여라.
(1) ∠ABC는 몇 도인가?

(2) 삼각형 ABC의 한 변 AB의 길이를 구하여라.

15 삼각형 ABC는 각 변의 길이가 $\overline{AB} = \overline{AC} = 10$, $\overline{BC} = 12$인 이등변삼각형이다. 또한 점 D, G는 각각 차례로 $\overline{AB}$, $\overline{AC}$의 중점이다. 점 E, F는 $\overline{BC}$ 위의 점이며, $\overline{BE} = \overline{FC} = 3$, $\overline{EF} = 6$이다. 또한 네 점 E, H, I, G는 동일 직선 위에 있으며 $\overline{DH} \perp \overline{EG}$, $\overline{IF} \perp \overline{EG}$이다. $\overline{HI}$의 길이의 제곱을 기약분수 $\dfrac{p}{q}$라 할 때, $p + q$의 값은?

점수

1 서술형 문제

다음 각 물음에 답하여라.

1 720의 양수 약수의 개수는 30개이다. 이유를 서술하여라.

2 6은 $3 \times 2 \times 1$처럼 연속된 세 정수의 곱으로 나타낼 수 있다. 그렇다면 연속된 네 정수의 곱은 반드시 24의 배수가 됨을 증명하여라.

3 4이상의 자연수 n에 대하여 수 A를 다음과 같이 정하자.
$$A = n \times (n-1) \times (n-2) \times (n-3) \times \cdots \times 3 \times 2 \times 1$$
A가 1000의 배수라 할 때, 가능한 자연수 n의 최솟값을 구하여라.

다음 각 물음에 답하여라.

1 a가 양의 실수일 때, 두 수 $\sqrt{1+a}$ 와 $\dfrac{a+2}{2}$ 의 대소를 비교하여라.

2   두 수 $A = \dfrac{\sqrt{2}+1}{\sqrt{2}+2}$, $B = \dfrac{\sqrt{2}+2}{\sqrt{2}+3}$ 의 대소를 비교하는데 $A - B < 0$임을 증명하여 $A < B$임을 증명하였다. 그렇다면 $A - B < 0$임을 이용하지 말고 또 다른 방법으로 증명하여 보아라.

3   두 양의 실수 a, b에 대하여 $a + b \geq 2\sqrt{ab}$ 임을 증명하여라.

4   세 양의 실수 a, b, c에 대하여 $(a+b+c)\left(\dfrac{1}{a}+\dfrac{1}{b+c}\right)$의 최솟값을 구하여라.

5 $x = a^2 + 2a + 3$(단, a는 실수)이다. $y = x + \dfrac{1}{x}$ 일 때, y의 최솟값은?

6   다음 식 $\dfrac{x^2 + 2}{\sqrt{x^2 + 1}}$ 의 최솟값을 구하여라.

다음 그림과 같이 △ABC는 ∠A = 90°인 직각삼각형이다. AD⊥BC이고, 꼭짓점 A에서 마주보는 변 $\overline{BC}$에 내린 수선의 발을 점 D라 하자. ∠B의 이등분선은 각각 AD, AC와 점 E, F에서 만난다. H는 EF의 중점이다.

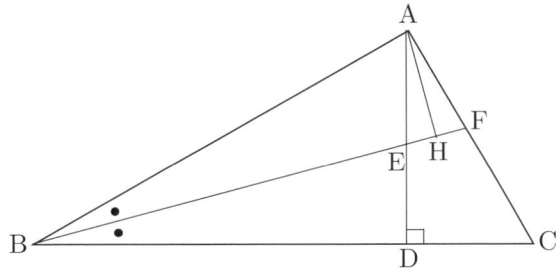

1   AH⊥EF임을 증명하여라.

2   △AHF, △BDE, △BAF의 둘레길이를 각각 C_1, C_2, C_3라 할 때, 다음 부등식이 성립함을 증명하여라.

$$\frac{C_1 + C_2}{C_3} \leq \frac{9}{8}$$

3   위 부등식 $\dfrac{C_1 + C_2}{C_3} \leq \dfrac{9}{8}$ 에서 등호로 된 식이 성립될 때, $\dfrac{AF}{BF}$ 의 값을 구하여라.

4 서술형 문제

가로가 4cm, 세로가 3cm인 직사각형이 있다. 이 직사각형의 네 꼭짓점을 시계방향으로 돌아가면서 A, D, H, K라 약속하자. $\overline{AD}$는 세로 중 하나이다. 이제 꼭짓점 A를 기준점으로 하여 직사각형의 변을 따라서 1cm 간격으로 시계방향으로 돌아가면서 매번 점을 찍어서 각 점을 A, B, C, E, …, K, L, M, N이라 하자. 그러면 총 14개의 점이 생긴다. 여기서 $\overline{AD}=3cm$, $\overline{DH}=4cm$, $\overline{HK}=3cm$, $\overline{KA}=4cm$이다.

1 이들 14개의 점들 중에서 2개의 점을 택하여 선분으로 연결한다면, 선분은 최대한 몇 개까지 만들 수 있는가?

2 이들 14개의 점들 중에서 2개의 점을 택하여 직선으로 연결한다면, 직선은 최대한 몇 개까지 만들 수 있는가?

3 이들 14개의 점들 중에서 3개의 점을 택하여 선분으로 연결한다면, 삼각형은 최대한 몇 개까지 만들 수 있는가?

4 이들 14개의 점들 중에서 3개의 점을 택하여 선분으로 연결한다면, 정삼각형이 아닌 이등변삼각형은 최대한 몇 개까지 만들 수 있는가?

5 서술형 문제

통신위성의 외형을 제작하려고 한다. 통신위성의 외형은 한 모서리의 길이가 a인 정삼각형 모양의 합금판 8조각과 한 모서리의 길이가 a인 정사각형 모양의 합금판 6조각으로 둘러싸인 십사면체이다. 통신위성을 만드는데 밑면과 윗면에 평행한 정사각형으로 각각 하나씩 배치하고, 나머지 조각들로 적당히 옆으로 둘러싸서 만들었다. 통신위성의 임의의 한 모서리를 공유한 이웃한 두 면은 모양이 항상 서로 다르게 배치하였다.

1 통신위성의 겨냥도를 간단하게 그려보아라.

2 통신위성의 정면도(앞에서 본 모습), 평면도(위에서 본 모습), 우측면도(오른쪽 옆에서 본 모습)를 그려보아라.

3 통신위성의 전개도를 간단하게 그려보아라.

4 통신위성의 겉넓이를 구하여라.

5 통신위성의 부피를 구하여라.

문항수	총점	풀이시간	점수

| **입시생 주의사항** | 본 시험지는 단답형 문제 15개, 서술형 4개로 구성되었으며 시험시간은 180~240분입니다.

단답형 문항

1 서로 다른 자연수 x, y, z, u 가 1, 2, 3, 4 중 서로 다른 어느 하나씩일 때, 다음 식
$$ux + uy + x^2 + 2xy + xz + y^2 + yz$$
의 값들 중 서로 다른 값은 모두 몇 개인가?

2 함수 $f(n)$은 자연수 n의 최고자리의 수를 떼어내서 남아있는 수에 더해주는 함수이다. 예컨대 $f(12345) = 1 + 2345$, $f(3005) = 3 + 005 = 8$이다. 이제 다음과 같이 2^{2019}에 계속 함수 f를 취하는 행동을 계속한다고 하자.
$$f(2^{2019}),\ f(f(2^{2019})),\ f(f(f(2^{2019}))),\ \cdots$$
그렇게 계속하다가 마지막에 함숫값이 한 자리의 수가 되었을 때, 그 함숫값은 얼마인가?

3 네 자리의 자연수 $\overline{aabb}$는 완전제곱수이다. ab^2의 값은?

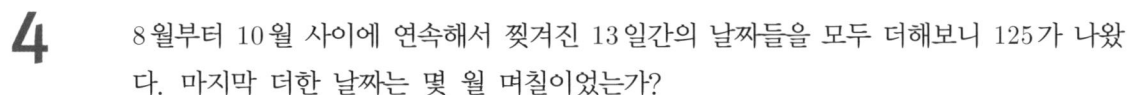

4 8월부터 10월 사이에 연속해서 찢겨진 13일간의 날짜들을 모두 더해보니 125가 나왔다. 마지막 더한 날짜는 몇 월 며칠이었는가?

5 자연수 x가 얼마일 때, $\dfrac{\sqrt{3}}{3}$이 $\dfrac{x}{x+3}$와 $\dfrac{x+1}{x+4}$ 사이에 존재하게 되는가?

6 이차방정식 $x^2 + (a-6)x - 12 = 0$의 두 해를 α, β라 할 때, $\alpha^2 = 9\beta^2$이다. a의 값을 모두 구하여 그들을 곱한 값은?

7 이차함수 $y = ax^2 + bx + c(a \neq 0)$의 꼭짓점의 좌표는 $(-2, \ -1)$이다. 또 이 이차함수 의 그래프와 x축과의 두 교점을 A, B라 할 때, $\overline{AB} = 2$이다. $x = 2$일 때, 이 이차함수 의 함숫값을 구하여라.

8 x에 관한 함수 $y = x^2 - |x| - 12$의 그래프는 x축과 두 점 A, B에서 만난다. 다른 한 포물선 $y = ax^2 + bx + c$는 두 점 A, B를 지나며 꼭짓점 P를 지난다. 그런데 삼각형 APB는 직각이등변삼각형이다. 이때 ac의 값을 구하여라.

9 이차함수의 그래프 C와 x축의 두 개의 교점 사이의 거리는 2이며, 두 x절편의 x좌표 는 양수이다. 만약 그래프가 y축 양의 방향으로 3만큼 이동하면, 그래프는 원점을 지나 게 되며, 포물선과 x축의 두 교점 사이의 거리는 4로 된다. C를 나타내는 이차함수를 $f(x)$라 할 때, $f(2)$의 값을 구하여라.

10 정 8각형의 모양의 탁자 주위에 탁자의 각 꼭짓점의 바로 앞에 8개의 의자가 있다. 자리를 옮길 때에는 한 번에 반시계방향으로 5칸씩만 이동할 수 있다. 어떤 사람이 여러 번 자리를 옮기고 나고 다시 원래 자리에 돌아와서 앉으려면 처음부터 있었던 자리로부터 탁자를 몇 바퀴를 돌아야 하는가?

11 원 주위에 같은 간격으로 색깔이 서로 다른 10개의 점이 놓여 있다. 이들 점들을 2개씩 선택해서 그 둘을 실선으로 연결하고 그것을 실선쌍이라고 말하기로 하자. 이제 적당히 2개씩 선택해서 실선쌍들을 만드는데 가능한 최소의 개수의 실선쌍을 만들고자 한다. 단, 실선쌍을 만든 작업이 끝난 뒤에, 임의로 어떤 4개의 점을 선택해도 3개의 실선쌍이 항상 존재하도록 하고자 한다. 몇 개의 실선쌍을 만들어야 되는가?

12 다음 그림에서 점 A를 출발하여 점 C로 선을 따라서 가고자 한다. 길은 반드시 왼쪽에서 오른쪽으로, 아래에서 위로 나아가야 하며, 비스듬한 선 부분은 왼쪽 아래에서 오른쪽 위로만 가야 한다. 모두 몇 가지의 방법이 있는지 구하여라.

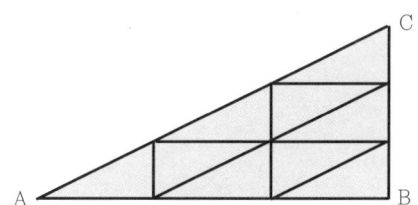

13 정 n각기둥에서 밑면의 한 모서리와 꼬인 위치에 있는 모서리의 개수를 세었더니 52개나 되었다. n의 값은?

14 그림처럼 정사각형 ABCD에 원이 내접하고 있고, 직사각형 AEFG는 사각형 ABCD와 원에 접하고 있다. $\overline{AE} = 1\,\text{cm}$, $\overline{EF} = 8\,\text{cm}$

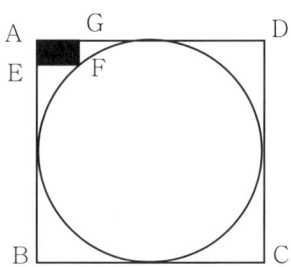

정사각형 ABCD의 내접원의 반지름의 길이는 $r\,\text{cm}$이다. r의 값은?

15 다음 그림에서 점 D는 열호 ABC의 중점이다. 그리고 $\overline{DE} \perp \overline{AB}$ 이다. $\overline{BC} = 3$, $\overline{BE} = 4$이다. $\overline{AE}$의 길이를 구하여라.

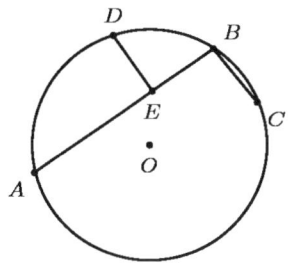

실전모의고사 2회 서술형 문제

점수

1 서술형 문제

$\dfrac{p}{q} = \dfrac{r+5}{r+1}$를 만족시키는 소수의 순서쌍 (p, q, r)을 구하는 과정을 생각해보자.
다음 각 물음에 답하여라.

1 $r+5$와 $r+1$의 최대공약수로 가능한 수는 어떤 것들을 생각할 수 있는가?

2 쌍둥이 소수에 대하여 아는 바를 간단히 서술하고 그 예를 하나 이상 들어보아라.

3 5이상의 소수를 6으로 나눈 나머지는 어떤 수인가?

4 $\dfrac{p}{q} = \dfrac{r+5}{r+1}$를 만족시키는 소수의 순서쌍 (p, q, r)을 모두 구하여라.

다음 각 물음에 답하여라.

1 실수 a, b, x, y에 대하여 다음 부등식이 성립함을 증명하여라.
$$(a^2 + b^2)(x^2 + y^2) \geq (ax + by)^2$$

2 실수 a, b, c, x, y, z에 대하여 다음 부등식이 성립함을 증명하여라.
$$(a^2 + b^2 + c^2)(x^2 + y^2 + z^2) \geq (ax + by + cz)^2$$

3 양의 실수 a, b, c에 대하여, 위 (2)번 부등식을 활용하여 다음 식의 최솟값을 구하여라.
$$(a + b + c)\left(\frac{1}{a} + \frac{1}{b} + \frac{1}{c}\right)$$

4 양의 실수 a, b, c에 대하여, 위 (2)번 부등식을 활용하여 다음 식의 최솟값을 구하여라.

$$\frac{4a}{b+c} + \frac{9b}{c+a} + \frac{16c}{a+b}$$

5 한 변의 길이가 2인 정삼각형 ABC의 내부의 임의의 한 점 P에서 각 변에 이르는 거리를 각각 a, b, c라 할 때, $a^2 + b^2 + c^2$의 최솟값을 구하여라.

좌표평면에서 포물선 $y = -x^2 + 2(m+1)x + m + 3$은 x축과 두 개의 교점 A, B에서 만난다. x절편 A의 x좌표는 양수이고, x절편 B의 x좌표는 음수이다. 좌표평면의 원점이 O이고, $|\text{OA}| = a$, $|\text{OB}| = b$라 할 때, 다음 각 물음에 답하여라.

1 m의 값의 범위를 구하여라.

2 $a : b = 3 : 1$을 만족시키는 m의 값과 함수식을 구하여라.

3   좌표평면에서 **2**에서 구한 포물선과 y축의 교점을 C라 할 때, $\overline{\text{AC}}$를 빗변으로 가지는 직각삼각형 PAC의 꼭짓점 P는 **2**에서 구한 포물선 위에 있다. 점 P의 좌표를 구하여라.

서술형 문제

영희는 아무것도 없는 모니터의 화면에 매초 마다 공이 1개씩 자동으로 생겨나면서 동시에 그 생겨난 공은 1초 후 또는 2초 후 또는 3초 후에 사라지는 프로그램을 작성하여 그 프로그램을 가동시키고 있다. 이 프로그램에 따르면 공은 매초마다 1개씩 생겨나고, 동시에 임의로 생겨난 공은 생겨나고 난 후부터 시작하여 1초 또는 2초 또는 3초 후 중 어느 한 순간에 반드시 사라진다고 한다. 영희가 짠 프로그램의 설명에 따르면 어느 순간 생겨난 임의의 공이 생겨나고 나서 1초 후 사라질 확률을 p라 하면, 2초 후 사라질 확률은 $\dfrac{p}{2}$, 3초 후에 사라질 확률은 $\dfrac{p}{3}$이다.

화면에 이 프로그램이 작동되고 나서 매우 오랜 시간이 충분히 지나고 난 후에 새 공이 바로 1개 생겨난 그 순간의 시각에 대한 다음 각 물음에 답하여라.

1 공이 0개 남아 있을 확률 P_0을 구하여라.

2 공이 4개 이상 남아 있을 확률 P_4를 구하여라.

3 p의 값을 구하여라.

4 공이 3개 남아 있을 확률 P_3을 구하여라.

5 공이 2개 남아 있을 확률 P_2를 구하여라.

6 공이 1개 남아 있을 확률 P_1을 구하여라.

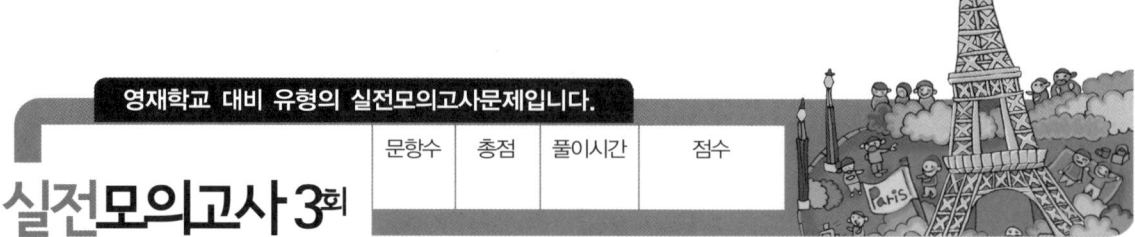

영재학교 대비 유형의 실전모의고사문제입니다.

문항수	총점	풀이시간	점수

실전**모의고사 3**회

| **입시생 주의사항** | 본 시험지는 단답형 문제 15개, 서술형 4개로 구성되었으며 시험시간은 180~240분입니다.

단답형 문항

1 자연수 N으로 1500을 나누니까 몫은 소수이고 나머지는 41이 되었다. N으로 가능한 수를 모두 구하여 더한 값은?

2 세 자리의 어떤 자연수 abc가 있다. $a \times b \times c > 2$이다. 또한 $a+b=c$, $b+c=a$, $c+a=b$의 세 식 중 어느 하나가 반드시 성립한다. 이러한 세 자리의 자연수 abc는 모두 몇 개인가?

3 몸무게가 서로 다른 다섯 명의 학생 영희, 준희, 다희, 명희, 세희가 있다. 영희는 준희보다 무겁고 명희보다 가볍다. 준희와 다희의 몸무게를 더한 값은 영희와 명희의 몸무게를 더한 값과 같다. 영희와 다희의 몸무게의 합은 준희와 세희의 몸무게의 합과 같다. 다섯 친구들 중에서 몸무게가 세 번 째인 학생은 누구인가?

4 $2x^2 + (a^2 - 2b)x + (b^2 + 2a) = 0$의 해는 $x = \alpha,\ \gamma$이고,

$2x^2 + 2(a - b)x + (a^2 + b^2) = 0$의 해는 $x = \beta,\ \gamma$이다.

여기서 $\alpha \neq \beta$이다. a^2b의 값은 얼마인가?

5 A는 다음 방정식의 근의 절댓값들의 합이다.

$$x = \sqrt{20} + \cfrac{19}{\sqrt{20} + \cfrac{19}{\sqrt{20} + \cfrac{19}{\sqrt{20} + \cfrac{19}{\sqrt{20} + \cfrac{19}{x}}}}}$$

A^2의 값을 구하여라.

6 다음 식의 값을 구하여라.

$$\cfrac{1}{1 + \cfrac{2}{2 + \cfrac{6}{3 + \cfrac{12}{4 + \cfrac{20}{5 + \cfrac{30}{6 + \dots}}}}}}$$

7 $x^2 + 4(y-3)^2 - 16 = 0$ 일 때, $x^2 + 2y^2$의 최댓값과 최솟값을 구하여 그 둘을 곱한 값은 얼마인가?

8 두 직선 $l_1 : y = 4x$, $l_2 : y = (3-k)x + k$라 하자. 제1사분면에서 l_1, l_2 및 x축으로 둘러싸인 삼각형이 만들어지는 k가 존재할 때, 그 삼각형 넓이의 최솟값을 구하여라.

9 n이 자연수일 때, 함수 $f(n)$은 $f(n+2) = f(n+1) - f(n)$을 만족시킨다. $f(1) = 1$, $f(2) = 2$일 때, $f(2019)$의 값을 구하여라.

10 다음 그림과 같이 화살표 방향으로만 진행하는 일방통행로들이 있다. 이제 점 A에서 출발하여 1바퀴만 돌아서 다시 A까지 돌아오는데 몇 가지의 길잡이 방법이 있는지 구하여라.

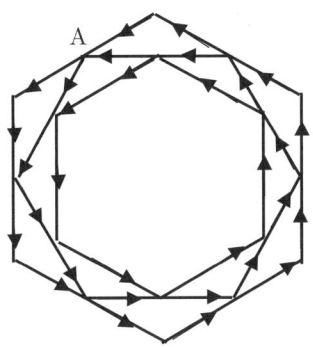

11 다음 그림에서 각 문자가 나타내는 꼭짓점이 12개 있다. 임의의 이웃한 두 꼭짓점을 연결한 선분의 길이는 모두 1이다.

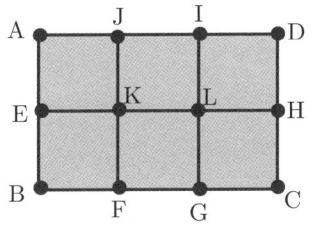

개미가 꼭짓점 B에서 출발하여 선분들을 따라서 한 번에 1만큼씩 거리를 간다. 단, 개미는 갔던 길을 반복해서 다닐 수 있다. 5번 이하로 움직여서 꼭짓점 K에 도달할 수 있는 길잡이의 수는 몇 가지가 될지 구하여라. 꼭짓점 K에 도달했을 때, 이동을 멈추고 그만 두는 것도 상관이 없으며, 또한 K에서 다시 다른 곳으로 이동했다가 K로 되돌아 올 수도 있다. 참고로 꼭짓점 B에서 꼭짓점 F까지는 1번 또는 3번 움직여서 갈 수 있기도 하고, 5번 움직여서도 갈 수 있다.

12 다음 그림과 같은 도로망을 따라서 영희가 집에서 영화관에 가고 있다.

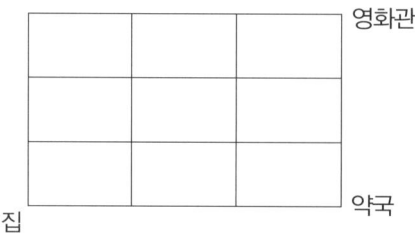

그런데 영희는 집에서 영화관으로 가는 도중에 도로망의 교차로(교차점) 어딘가에서 어머니로부터 필히 전화(당장 최대한 빨리 약국으로 와!)를 받고 약국으로 간다고 한다. 영희가 전화를 받고 약국으로 가는 최단 길잡이의 수를 구하여라. 단, 영희는 가장 짧은 길잡이를 선택해야만 한다.

13 한 변의 길이가 1인 정사각형의 내부에 서로 교차하지 않은 두 개의 임의의 정사각형을 배치했을 때, 이 두 원의 넓이 합이 최대가 되려면 작은 원의 반지름의 길이는 얼마이어야 하는가?

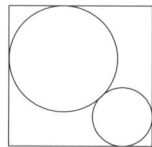

14 임의의 볼록 24각형에서 임의의 두 꼭짓점들을 선택하여 그 둘을 선분으로 연결해서 대각선을 만드는 일을 반복하는데, 더 이상 연결을 할 새로운 두 꼭짓점이 발견되지 않을 때까지 최대한 많이 했을 때, 그렇게 생겨난 도형에서 보이는 모든 삼각형은 최대한 모두 몇 개까지 보이는지 그 개수를 구하여 1000으로 나눈 나머지를 구하여라.

15 다음 그림처럼 원의 두 현 $\overline{AB}$와 $\overline{CD}$는 원 안의 한 점 E에서 만난다.

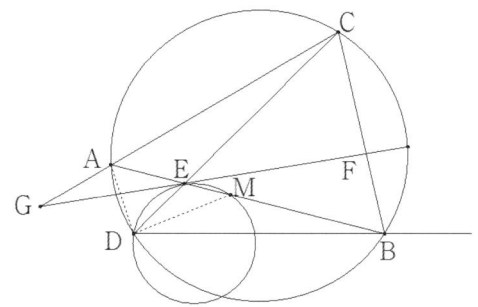

M이 현 $\overline{AB}$ 위의 E와 B 사이의 한 점이라 할 때, 세 점 D, E, M을 지나는 한 원을 그리고, 이 원 위의 점 E를 지나는 접선 l을 그리자. 그러면 이 접선 l과 직선 BC는 점 F에서 만나고, 이 접선 l과 직선 CA는 점 F와 G에서 만난다. 만약 $\dfrac{\overline{AM}}{\overline{AB}} = \dfrac{3}{4}$ 이라면 $\dfrac{\overline{GE}}{\overline{EF}}$ 의 값은 얼마인가?

1 서술형 문제

다음 각 물음에 답하여라.

1 6개의 숫자 1, 2, 3, 4, 5, 6으로 두 개의 세 자리 수를 만들 때, 그 두 수의 곱이 가장 큰 홀수인 경우를 구하여라. 단, 같은 숫자를 중복해서 사용하지는 않는다.

2 6개의 숫자 1, 2, 3, 4, 5, 6으로 두 개의 세 자리 수를 만들 때, 그 두 수의 곱이 가장 큰 짝수인 경우를 구하여라. 단, 같은 숫자를 중복해서 사용하지는 않는다.

3 8개의 숫자 1, 2, 3, 4, 5, 6, 7, 8로 두 개의 네 자리 수를 만들 때, 그 두 수의 곱이 가장 큰 홀수인 경우와 가장 큰 짝수인 경우를 각각 구하여라. 단, 같은 숫자를 중복해서 사용하지는 않는다.

4 8개의 숫자 1, 2, 3, 4, 5, 6, 7, 8로 두 개의 네 자리 수를 만들 때, 그 두 수의 곱이 가장 작은 홀수인 경우와 가장 작은 짝수인 경우를 각각 구하여라. 단, 같은 숫자를 중복해서 사용하지는 않는다.

자연수 k는 상수이다. n이 자연수일 때, S_n은 다음과 같다.

$$S_n = |n-1| + |n-2| + |n-3| + \cdots + |n-k|$$

다음 각 물음에 답하여라.

1 $k \le n$일 때, S_n의 우변을 간단히 하여라.

2 $1 \le n \le k$일 때, S_n의 우변을 간단히 하여라.

3 $1 \le n \le k$, k가 홀수일 때, S_n의 최솟값을 구하여라.

4 $1 \le n \le k$, k가 짝수일 때, S_n의 최솟값을 구하여라.

3 서술형 문제

두 직선 $y = x - 1$, $y = -x + 3$에 접하는 어떤 포물선의 식을 $y = ax^2 + bx + c$(단, a는 정수) 라 할 때, 이 포물선의 x절편 사이의 거리가 $\sqrt{3}$이 되는 것을 구하는 과정에 대한 다음 각 물음에 답하여라.

1 $y = x - 1$과 $y = ax^2 + bx + c$가 접할 조건을 a, b, c에 관한 식으로 나타내어라.

2 $y = -x + 3$과 $y = ax^2 + bx + c$가 접할 조건을 a, b, c에 관한 식으로 나타내어라.

3 b, c를 모두 a에 관한 식으로 나타내어라.

4 a가 정수일 때, a의 값을 구하여라.

5   포물선 $y = ax^2 + bx + c$의 식을 구했을 때, $a \times b \times c$의 값은?

왼쪽부터 한 줄로 늘어선 1번, 2번, 3번, $\cdots$, i번, $\cdots$, n번의 자리에 1, 2, 3, $\cdots$, i, $\cdots$, n을 나열하는데, 임의의 어떤 i번째 자리에도 항상 i가 아닌 것만 나열하는 모든 방법의 수를 a_n이라 하자. 물론 $i = 1, 2, 3, \cdots, n$이다. 다음이 성립하는데 여기서 a_n을 교란(derangement)의 수라고 말하기로 하자.

$$a_1 = 0, \ a_2 = 1, \ a_3 = 2, \ \cdots, \ a_n, \ \cdots$$

1 $a_4 = 3(a_3 + a_2)$가 성립함을 증명하여라.

2 a_4를 구하여라.

3 a_n을 a_{n-1}과 a_{n-2}에 관한 식으로 나타내어라(단, $n \geq 3$).

4 a_6의 값을 구하여라.

문항수	총점	풀이시간	점수

실전모의고사 4회

| 입시생 주의사항 | 본 시험지는 단답형 문제 15개, 서술형 4개로 구성되었으며 시험시간은 180~240분입니다.

단답형 문항

1 방정식 $4x + y + 4 = 2xy$를 만족시키는 자연수의 순서쌍 (x, y)는 모두 몇 개인가?

2 두 자리의 자연수 N은 각 자리의 숫자가 모두 홀수이다. N의 각 자리의 숫자를 바꾸어 놓은 또 다른 두 자리의 자연수를 M이라 하자. 정수 $(N^2 - M^2)$이 2^k(단, k는 가능한 가장 큰 자연수)으로 나누어떨어지도록 만드는 N을 모두 구하여 그들을 다 더한 값은?

3 다섯 개의 자연수 p, q, r, s, n은 모두 2보다 큰 자연수이다. 또한 p와 q는 서로 다른 소수이다. 이제 다음 조건이 모두 만족된다.

$$pqr = (p-q)(3p+7q), \quad r^2 - q^2 = s, \quad n = p+q+r+s$$

n을 구하여라.

4 $\sqrt{\dfrac{44}{3}n}$ 이 자연수가 될 수 있도록 해주는 자연수 n의 최솟값은?

5 수직선 위에 서로 다른 5개의 점이 있는데 그들 사이의 임의의 두 점 사이의 거리를 측정하여 짧은 것부터 나열하였더니 2, 5, 6, 7, 8, x, 14, 15, 19, 21이었다. x의 값은?

6 방정식 $x^4 + x^2 + 1 = 0$ 의 실수근은 몇 개인가?

7 $f_1(x) = f(x)$, $f_2(x) = f(f_1(x))$, $\cdots$, $f_n(x) = f(f_{n-1}(x))$을 뜻한다.

함수 $f(x) = \dfrac{x-3}{x+1}$ 에 대하여 다음을 만족한다. $f_{2019}(2020)$ 의 값은?

8 x, y는 양의 변수이다. $x+y=10$일 때, $3x+4y$의 값의 범위를 구하여라.

9 그릇 A에는 알코올이 $5l$ 들어있고, 그릇 B에는 물이 $10l$가 들어있다. 지금 A, B에서 $x(l)$씩 퍼내어 A의 것을 B에, B의 것을 A에 옮긴 후, 다시 A, B에서 또 $x(l)$씩 퍼내어 A의 것을 B에, B의 것을 A에 옮겼더니, A, B의 두 그릇 안의 알코올의 농도가 같게 되었다. x의 값은 얼마인가?

10 다음과 같은 도로망에서 집에서 학교까지 가는데 1번에 1칸 또는 2칸씩 이동하는 것이 허용된다면 그 최단 길잡이의 수는 모두 몇 가지인가? 단, 같은 길을 반복해서 왔다 갔다 하면 안 된다.

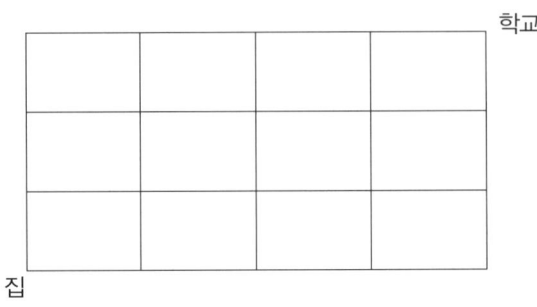

학교

집

11 서로 다른 4명의 사람이 있는데, 그들을 3조(= 패)로 나누고자 한다. 몇 가지 방법이 있 겠는가? 단, 어떤 조에도 비어있어서는 안 된다.

12

다음은 도시 A에서 도시 B까지 가는 도로망을 나타낸 것이다.

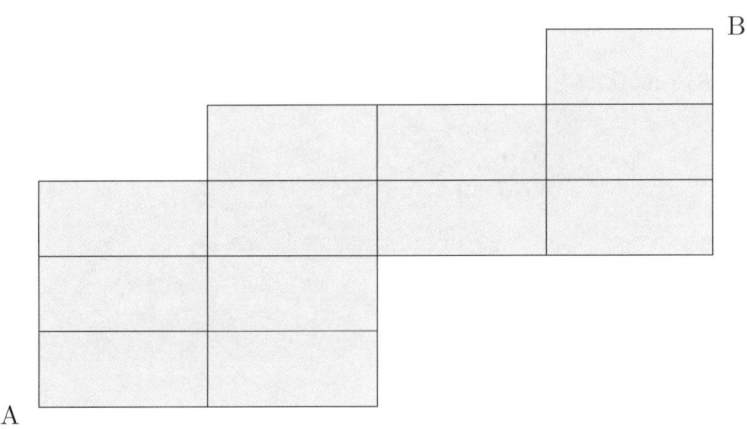

각 셀(그림에서 보이는 가장 작은 직사각형)들은 모두 가로가 200km, 세로가 400 km인 직사각 모양이다. 이 도로망은 좌회전하거나 우회전하는 길목(교차로)에만 휴게소가 있다고 한다. 재영이는 A도시에서 B도시까지 승용차로 여행을 가는데, 휴게소가 있는 곳에서만 쉬었다가 간다고 한다. 재영이는 한 번 쉬고 출발한 휴게소에서 다음에 쉬게 될 휴게소까지는 거리가 200km 될 때 쉬고 가거나 또는 400km가 될 때 쉬고 간다고 한다. 그리고 아무리 멀다 해도 쉰 곳으로부터 400km를 넘는 거리를 쉬지 않고 가는 경우는 없다. 예컨대 첫 출발 후 200km 되는 지점에서 쉬게 되는 경우는 1가지 방법밖에 없을 것이다. 또 예를 들면 첫 출발 후 400km 되는 지점에서 쉬게 되는 경우를 생각해본다면, 첫 출발지점으로부터 누적거리가 200km, 400km인 곳에서 2번을 쉬거나, 또는 첫 출발지점으로부터 200km 되는 지점의 휴게소를 쉬지 않고 지나쳐서 출발점으로부터 누적거리가 400km인 지점에서 1번을 쉴수 있다. 또한 첫 출발 후 총거리가 600km 되는 곳의 휴게소에서 쉬게 되는 경우를 생각한다면, 첫 출발지점으로부터 누적거리가 200km, 400km, 600km인 곳에서 3번 쉴 수도 있고, 첫 출발지점으로부터 누적거리가 200km, 600km인 곳에서 2번쉴 수도 있고, 첫 출발지점으로부터 누적거리가 400km, 600km인 곳에서 쉴 수 있다. 재영이가 최단 길잡이를 선택하여 갈 때, A도시에서 B도시까지 휴게소를 들러서 가는 모든 방법의 수는 몇 가지인지 구하여라. 단, 경로가 같아도 쉬게 되는 휴게소의 위치가 다르면 다른 방법으로 본다.

13 다음과 같은 직각삼각형 ABC에서 $\angle ABC = 90°$이고, 점 D는 변 BC위의 점이고, $\overline{AD}$는 $\angle A$의 이등분선이다. $\angle BAC = 2\theta$라 하자. $3\overline{AB} = 2\overline{AC}$일 때, $\cos\theta = \dfrac{\sqrt{k}}{6}$ 이다. k의 값을 구하여라.

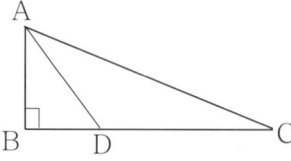

14 3개의 주사위를 동시에 던져 나온 수를 각각 삼각형의 3변의 길이로 해서 삼각형을 만들 때, 정삼각형이 아닌 이등변삼각형이 만들어질 확률은 $\dfrac{b}{a}$(기약분수)이다. $a \times b$의 값은?

15 다음 그림처럼 각 대응변이 각각 평행한 두 닮은꼴 삼각형 HIG$(= T_1$, 큰 삼각형)과 삼각형 JKL$(= T_2$, 작은 삼각형)가 서로 어긋나게 겹쳐져 놓여있다. 이 두 삼각형 T_1과 T_2가 겹친 부분은 육각형 ABCDEF$(= H)$이고, 이 육각형 H의 임의의 마주보는 두 변은 서로 평행하다. 또한 육각형 ABCDEF의 넓이는 삼각형 T_1의 넓이의 절반이며 동시에 삼각형 T_2의 $\dfrac{49}{72}$ 배이다. 또한 $\overline{AB} = 4\overline{DE}$, $\overline{AG} = 4\overline{DL}$, $\overline{GB} = 4\overline{LE}$ 이다. $\triangle BAG$는 $\triangle DEL$과 닮은꼴이다. $\dfrac{\overline{AB} \times \overline{CD} \times \overline{EF}}{\overline{BC} \times \overline{DE} \times \overline{FA}}$ 의 값을 기약분수로 나타냈을 때, 양의 실수인 분모와 분자의 합은 얼마인가?

실전모의고사 4회 서술형 문제

1 서술형 문제

다음 각 물음에 답하여라.

1 2002자리의 어떤 자연수 m이 있다. 그리고 m의 각 자리의 숫자의 순서를 임의로 바꾸어 얻은 새로운 수 n이 있다.

그렇다면 다음 식

$m + n = 999 \cdots 999$(9로만 이루어진 2002자리의 수)

이 성립하도록 만드는 m, n의 쌍이 존재할 수 있을까?

존재한다면 그 예를 적어도 하나 보여라.

2 2003자리의 어떤 자연수 a가 있다. 그리고 a의 각 자리의 숫자의 순서만 임의로 바꾸어 얻은 새로운 자연수 b가 있다.

그렇다면 다음 식

$a + b = 999 \cdots 999$(9로만 이루어진 2003자리의 수)

이 성립하도록 만드는 a, b의 쌍이 존재할 수 있을까?

다음 각 물음에 답하여라.

1 $\frac{5}{9}$를 2개의 양의 단위분수(분자가 1인 분수)들의 합으로 나타내어라.

2 $\frac{5}{9}$를 서로 다른 3개의 양의 단위분수들의 합으로 나타내어라.

3 $\frac{5}{9}$를 서로 다른 4개의 양의 단위분수들의 합으로 나타내어라.

4 $\frac{5}{9}$를 서로 다른 임의의 개수의 양의 단위분수들의 합으로 나타낼 수 있는가?

3 서술형 문제

$0 \leq x \leq 1$일 때, 이차함수 $f(x) = -x(x-a)$가 있다. 단, $a \neq 0$이다. 다음 각 물음에 답하여라.

1 $f(x) = -x(x-a)$의 꼭짓점의 좌표를 구하여라.

2 $f(x)$의 최댓값을 상수 또는 a에 관한 식으로 나타내어라.

3 $f(x)$의 최솟값을 상수 또는 a에 관한 식으로 나타내어라.

원 n개의 '(' 과 n개의 ')' 을 이용하여 짝이 맞는 괄호를 만드는 방법이 몇 가지 방법이 있는지 알아보기로 하자. 예를 들어 여기서 ()은 짝이 맞는 괄호이지만)(은 짝이 맞는 괄호로 보지 않는다. 또한 ()()은 짝이 맞는 괄호이지만 ())(는 짝이 맞는 괄호로 보지 않는다. 또 예컨대 (()())은 짝이 맞는 괄호이지만 ())()(는 짝이 맞는 괄호가 아니다.

이제 편의상 n개의 '('과 n개의 ')'을 이용하여 짝이 맞는 괄호를 만드는 방법의 수를 C_n으로 쓰기로 하자. 그러니까 2개의 '('과 2개의 ')'을 이용하여 짝이 맞는 괄호를 만드는 방법은 ()(), (())의 2가지 방법이 있으니까 $C_2 = 2$가 되는 것이다.

이제 $n = 0, 1, 2, 3, 4, \cdots$ 일 경우에 대하여 일일이 나열하면서 생각해보자.

$n = 0$일 때, 0개의 괄호를 만드는 방법은 없으나 나중에 C_n의 공식을 만들게 되는데 이 때 $n = 0$인 경우까지 성립하도록 하기 위하여 $C_0 = 1$로 약속하기로 한다. 이렇게 약속해두면 나중에 매우 편리하므로 그렇다. 그리고 실제로 우리가 필요로 하는 것은 C_1, C_2, C_3, $\cdots$ 등이 필요한 것이지 C_0이 필요한 것은 아니기 때문에 이렇게 약속하여도 아무 불편함이 없는 것이다.

  $n = 1$일 때, $C_1 = 1$. ☞ ()

  $n = 2$일 때, $C_2 = 2$. ☞ ()(), (())

  $n = 3$일 때, $C_3 = 5$. ☞ ()()(), ()(()), (())(), (()()), ((()))

이제 다음 각 물음에 답하여라.

1 C_4의 값을 구하여라.

2 /과 \을 관절로 연결하듯이 이어서 완전한 산 모양을 만들어 보자. 여기서 제일 왼쪽과 제일 오른쪽 산의 하단부를 잇는 선분을 기준선이라 하면 모든 산은 기준선 아래로 내려가서는 안 된다. 그리고 처음 시작은 /으로 시작하여 끝은 \으로 끝나야 한다. 이제 /과 \을 각각 n회씩 사용하여 완전한 산 모양을 만드는 방법의 수를 C_n이라 하자. 0개의 사선들로 산을 만드는 방법의 수는 가만히 있는 방법을 1가지로 약속하여 $C_0 = 1$로 정의하자. 여기서 완전한 산은 앞의 괄호와 일대일로 대응하는 관계라고 볼 수 있다.

예컨대 ()은 ⌃ 과 대응되고, ()()은 ⌃⌃ 과 대응된다.

또 예컨대 (())은 /⌃\ 과 대응된다.

또 예컨대 ()(())은 ⌃ /⌃\ 과 대응된다.

또 예컨대 $((()())())$은  과 대응된다.

(그림을 회색으로 칠한 것은 지루함을 덜기 위하여 칠한 것이다. 색칠은 무시하고 생각하도록 하자)

이번에는 대각선을 넘지 않고 가는 최단경로의 수에 대하여 생각해보자.

바둑판모양으로 생긴 $n \times n$ 정사각형의 한 꼭짓점에서 가장 먼 꼭짓점까지 대각선을 아래쪽으로 넘지 않고 가는 최단경로의 수를 C_n이라 하자. C_n을 구하는 방법도 역시 다음과 같이 일대일 대응을 이용하여 알아 낼 수 있다. 여기서 ↔은 일대일대응의 관계를 뜻한다.

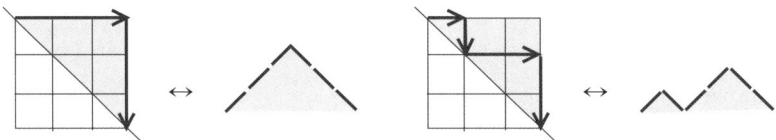

위 그림에서 유추하여 알 수 있듯이 여기서 C_3이나 앞에서 배운 C_3이나 같기 때문에 $C_3 = 5$임을 알 수 있다. 그러므로 바둑판 모양으로 $n \times n$정사각형의 한 꼭짓점에서 가장 먼 꼭짓점까지 대각선을 넘지 않고 가는 최단 경로의 수는 C_n 임을 알 수 있다.

이제 위와 같은 사고방식을 이용해서 C_5를 구하여라.

3 예컨대 4개의 괄호 쌍으로 완벽한 괄호를 만드는 방법을 생각해보자.

$()()(())$, $()(())()$, $()(())$, $()((()))$, $(())()$, $\cdots$

위 괄호의 예들에서 공통으로 발견되는 것처럼 맨 왼쪽에는 반드시 오프닝 괄호가 언제나 있으며 이 오프닝 괄호에 대응되는 괄호(이 괄호를 앞으로는 짝 괄호라고 편의상 이름 붙이겠다.)가 반드시 있기 마련이다. 여러분의 이해를 돕기 위하여 위의 예에서 오프닝 괄호 '('와 짝 괄호 ')'는 굵게 표시해 보았다. 위 괄호의 그림들을 우리는 간단히 $(P)Q$의 모양으로 나타낼 수 있다. 즉, 오프닝 괄호와 짝 괄호의 사이에 또 다른 괄호쌍들[P 부분에]이 있거나 아니면 짝 괄호의 오른쪽에 또 다른 괄호쌍[Q 부분에]이 있는 경우들이다. 예컨대 $(()())()$을 $(P)Q$로 본다면 여기서 P는 $()()$을 뜻하고 Q는 $()$을 뜻한다. 또한 $()()()$을 $(P)Q$로 본다면 여기서 P는 아무 것도 없는 괄호쌍 자체를 뜻하고 Q는 $()()()$을 뜻한다. 또 예컨대 $((()()))$을 $(P)Q$로 본다면 여기서 P는 $(()())$을 뜻하고 Q는 아무 것도 없는 것 자체를 뜻한다.

그러므로 위의 C_4(괄호쌍이 4개인 경우)를 나타내는 괄호 그림들을 (P)Q로 본다면 이들 (P)Q에는 괄호쌍이 모두 4개 있어야 하므로 P의 자리에 괄호가 0개 있으면 Q의 자리에는 괄호가 3개 있을 것이다. 또한 P의 자리에 괄호가 1개 있으면 Q의 자리에는 괄호가 2개 있을 것이다. 또한 P의 자리에 괄호가 2개 있으면 Q의 자리에는 괄호가 1개 있을 것이다. P의 자리에 괄호가 3개 있으면 Q의 자리에는 괄호가 0개 있을 것이다.

이를 일반화 한다면 C_n(괄호가 n쌍 있는 경우) (P)Q의 모든 경우의 수를 구하려면 P의 각 경우에 대한 Q의 각 경우를 세어서 그 둘을 곱한 것들을 모두 더하면 된다. 여기서 P가 괄호 $n-1$쌍으로 구성되었다면 Q는 괄호가 없다는 뜻이고, P가 괄호 k쌍으로 구성되었다면 Q는 괄호가 $n-1-k$쌍이 있다는 뜻이다. 또한 P가 괄호가 없는 것이라면 Q는 $n-1$쌍의 괄호로 구성되어 있다는 뜻이다. 이를 종합한다면 다음과 같은 결론에 도달하게 된다.

$C_0 = 1$ (약속)

$C_1 = C_0 C_0 = 1$ ☞ P와 Q의 자리에 아무것도 없는 경우

$C_2 = C_1 C_0 + C_0 C_1 = 1 + 1 = 2$

$C_3 = C_2 C_0 + C_1 C_1 + C_0 C_2 = 2 + 1 + 2 = 5$

   $\vdots$ $\vdots$ $\vdots$

이제 C_4를 C_0, C_1, C_2, C_3에 관한 식으로 나타내어라.

4   이제 **3**번 문제의 결과를 이용하여 C_4, C_5를 구하고, 이 답이 **1**번과 **2**번에서 구한 답들과 일치하는지 조사하여라.

문항수	총점	풀이시간	점수

| **입시생 주의사항** | 본 시험지는 단답형 문제 15개, 서술형 4개로 구성되었으며 시험시간은 180~240분입니다.

단답형 문항

1 두 자연수 a, b가 있어서, a가 b에 의하여 나누어떨어질 때 우리는 간단히 '$b \mid a$'라고 나타내기로 하자. 또한 나누어떨어지지 않을 때는 '$b \nmid a$'로 나타내기로 하자. 예컨대 $3 \mid 6$이지만, $3 \nmid 7$이라 쓸 수 있다. 그렇다면 다음 식

$$(n-3) \mid (2n^2 - 3n + 3)$$

을 만족시키는 자연수 n(단, $n > 3$)을 모두 구하여 더한 값은?

2 여러 개의 3을 한 개씩 더 증가시키면서 하나의 1만으로 만들어진 수들로 이루어진 무한 수열

$$31, \ 331, \ 3331, \ 33331, \ 333331, \ \cdots$$

에는 무한히 많은 31의 배수가 존재한다. 그러한 31의 배수들만 작은 수에서 큰 수의 순서대로 나열 했을 때, 5번 째 수의 각 자리 숫자들의 합을 구하여라.

3 다음과 같은 규칙에 따라서 식과 수를 아래로 계속 적어나갔다.

$$0 = a_1$$
$$1 + 1 = a_2$$
$$2 + 2 + 2 = a_3$$
$$3 + 4 + 4 + 3 = a_4$$
$$4 + 7 + 8 + 7 + 4 = a_5$$
$$5 + 11 + 15 + 15 + 11 + 5 = a_6$$
$$\vdots$$

규칙은 각 줄마다 내려가면서 윗줄의 첫 수와 마지막 수에 각각 1씩 더해서 아랫줄의 첫수와 마지막 수로 정하고, 윗줄의 이웃한 두 수의 합을 아랫줄에 더해지는 수로 간주하여 적어나가는 것이다. 이제 위의 규칙대로 써나갔을 때, a_{2000}을 100으로 나눈 나머지는 얼마인가?

4 송 서우는 세 모서리의 길이가 모두 2보다 크며, 세 모서리의 길이가 서로 다른 정수로 된 직육면체 모양의 하얀 나무토막 하나를 가지고 있었다. 전 준기가 그만 이 블록을 황 재하의 주스 속에 완전히 빠뜨렸다. 황 재하가 이 블록을 주스 속에서 건져 보니까 겉 표면에만 노란 주스물이 물들었음을 알았다. 송 서우가 이 블록을 단위 입방체(한 변의 길이가 1인 정육면체)로 모두 토막을 낸 다음 전 준기에게 주니까 전 준기가 개수를 세었는데, 주스 묻은 면의 개수가 짝수(0 또는 2)개인 단위 입방체의 개수가 주스 묻은 면의 개수가 홀수(1 또는 3)개인 단위 입방체의 개수보다 6개가 더 많았다. 황 재하는 그러한 정보를 이용하여 처음 직육면체의 겉넓이 S와 부피 V를 구할 수 있었다. $S + V$ 의 값은?

5 6을 두 자연수의 합으로 나타내는 서로 다른 방법은 다음과 같이 3가지가 있다. 즉, $1+5=6$, $2+4=6$, $3+3=6$이다. 1000을 세 자연수의 합으로 나타내는 서로 다른 방법의 수는 몇 가지인가?(단, 더하는 순서는 고려하지 않는다. 예컨대 $1+2+997$와 $997+2+1$은 2가지 방법으로 보지 않고 1가지의 같은 방법으로 본다.)

6 204명이 배를 타고 여행을 간다고 하자. 작은 배는 내부 인테리어가 잘 되어 있어서 큰 배나 작은 배나 1척당 빌리는 비용은 똑같다고 한다. 큰 배는 정원이 12명이고, 작은 배는 정원이 5명이다. 모든 빌리는 배에 학생들이 정원이 꽉 차게 타도록 빌리고자 하며, 또한 이왕이면 비용을 적게 들여서 여행하고자 한다. 큰 배와 작은 배는 모두 합해서 몇 척을 빌려야 하는가? 단, 큰 배와 작은 배를 반드시 섞어서 빌려야 한다.

7 삼각형 ABC의 세 꼭짓점에서 각각 마주보는 변의 중점에 선분(=중선)으로 이었다. 이 세 중선의 교차점을 G라 하자. 직선 GA의 방정식은 $x - 2y + 1 = 0$, 직선 GB의 방정식은 $x + y + 4 = 0$, 점 C의 좌표는 $(-3, -7)$이다. 직선 AB의 방정식을 $f(x) = mx + n$라고 할 때, $f(1)$의 값을 구하여라.

8 좌표평면 위에서 y축과 다음 두 직선 $y = a(x - a)$, $y = 2x - 4$로 둘러싸인 삼각형의 넓이가 $\dfrac{9}{2}$일 때, 정수 a의 값은 유일하다고 한다. 그것을 구하여라.

9 영희는 좌표평면 위의 직선 $y = ax$가 세 점 $(1, 0)$, $(0, 1)$, $\left(0, \dfrac{3}{2}\right)$을 꼭짓점으로 가지는 삼각형의 넓이를 이등분하는 a의 값을 구하기 위해서, 다음과 같이 생각하였다. 즉, 삼각형의 무게중심을 지나는 직선이면 직선의 좌우에 있는 삼각형의 넓이가 같을 것이라고 생각하고서 삼각형의 무게중심 $\left(\dfrac{1}{3}, \dfrac{5}{6}\right)$을 직선 $y = ax$에 대입하여 a를 구하니까 $a = \dfrac{5}{2}$이었다. 그런데 영희의 답은 틀렸다고 처리되었다. 어디가 잘못된 것인지 생각해 보고, 정답을 구하여라.

10 -1, $+1$만으로 만들어진 식의 첫 항부터 시작한 임의의 각 항까지의 연속된 수들의 합을 구했을 때, 항상 음수가 아닌 답이 나오도록 만들어진 식들의 개수를 구해보자. 예를 들어 $-1+1$, $+1-1$의 경우에 $+1-1$은 구하고자 하는 경우이지만 $-1+1$은 구하고자 하는 경우가 아니다.

위와 같이 식 $-1+1$의 경우는 동그라미의 합이 모두 음수가 아니어야 하는데 왼쪽 그림에서 보듯이 음수가 되므로 안 된다. 또 예를 들어 -1, -1, $+1$, $+1$의 경우 이 4개의 수로 덧셈과 뺄셈의 식을 만들면 다음과 같이 6가지 경우가 있는데

$-1-1+1+1$ … ① $-1+1-1+1$ … ②

$-1+1+1-1$ … ③ $+1-1-1+1$ … ④

$+1-1+1-1$ … ⑤ $+1+1-1-1$ … ⑥

①번, ②번, ③번은 처음부터 첫 항까지 합이 -1(음수)이 되므로 안 된다.

④번의 경우 첫 항부터 셋째 항까지의 합이 $+1-1-1=-1$(음수)이므로 안 된다.

그러나 ⑤번, ⑥번의 경우는 처음부터 모든 항까지의 합이 항상 음수가 아니므로 된다. ⑤번의 경우만 그림으로 보이면 다음과 같다.

$+1-1+1-1$ $+1-1+1-1$ $+1-1+1-1$ $+1-1+1-1$

⑤번의 경우 위의 그림처럼 각 동그라미 안의 식들의 합이 모두 음수가 아님을 알 수 있다. 따라서 -1, -1, $+1$, $+1$을 가지고 순서를 바꾸어서 덧셈과 뺄셈의 식을 만들었을 때, 첫 항부터 임의의 항까지 합이 항상 음수가 되지 않는 경우는 2가지가 있음을 알 수 있다.

다음과 같이

$$+1, +1, +1, +1, +1, -1, -1, -1, -1, -1, -1$$

처럼 $+1$과 -1을 각각 5개씩 모두 10개를 늘어놓아서 덧셈과 뺄셈의 계산식을 만들었을 때, 첫 항부터 임의의 항까지 합이 항상 음수가 되지 않도록 만드는 방법은 몇 가지나 있는가?

11 다음과 같은 도로망에서 A 에서 B 까지 가는데 1번에 1칸 또는 2칸씩 이동하는 것이 허용된다면 그 최단 길잡이의 수는 모두 몇 가지나 되는가? 단, 같은 길을 반복해서 왔다 갔다 하면 안 된다.

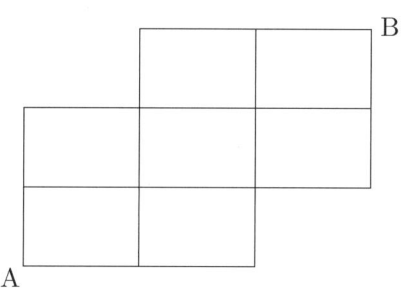

12 서로 다른 사람 n명을 i개의 조에 배치하는 방법(단, 어떤 조에도 적어도 1명 이상 사람이 들어가야만 한다)의 수를 $f(n,i)$로 나타낼 때, $f(n,i)$를 구하는 표를 다음과 같이 나타내었다. 일부의 어두운 여덟 곳의 빈칸을 적당한 수를 써넣어 완성하였을 때, 그 써넣은 여덟 곳의 수들 8개의 총합은 얼마인가?

n \ i	0	1	2	3	4	5	6
0	1						
1	0	1					
2	0	1	1				
3	0	1	3	1			
4	0	1	7	6	1		
5	0	1					
6	0	1					1

13 다음 그림처럼 4개의 원이 서로 접하고 있다. 원의 크기가 작은 것에 큰 것의 순서로 중심을 써보면 N, Y, X, M이다. $\overline{AP} = 6$, $\overline{PB} = 4$일 때, 가장 작은 원 N의 반지름은 $\dfrac{a}{b}$이다. a, b가 서로소인 자연수일 때, $a+b$의 값은 얼마인가?

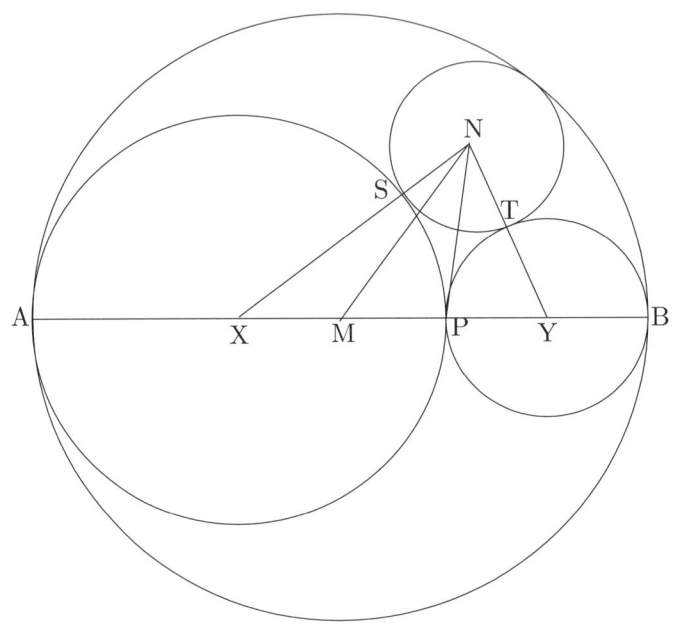

14 다음 그림처럼 세 변의 길이가 1, 1, $\sqrt{2}$ 인 직각이등변삼각형이 있다. 이 직각삼각형에 반지름이 똑같은 3 개의 원이 각각 3 개의 내각의 안쪽 양변에 접하고 있다. 여기에 빗금 쳐진 원은 앞의 3 개의 원에 반드시 모두 외접하며 직각삼각형의 안에 있다. 이제 이 4 개의 원의 넓이 합의 최댓값과 최솟값을 더하면 $\dfrac{a-b\sqrt{2}}{49}\pi$ 이다. $a+b$ 의 값을 구하여라.

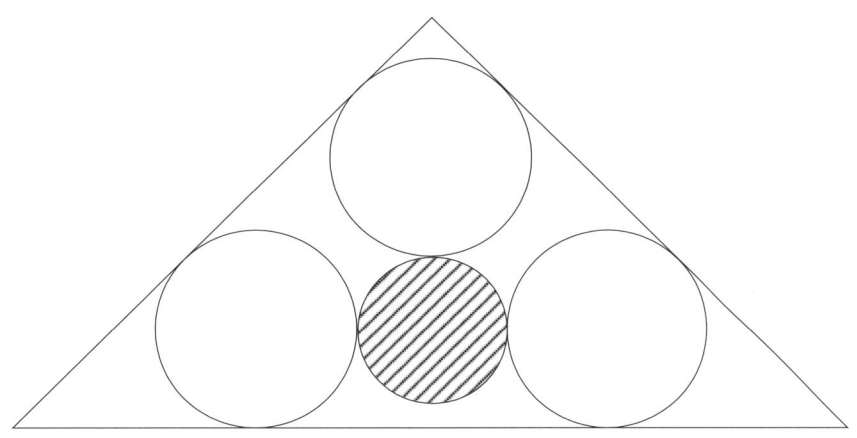

15 철수는 정삼각형의 세 변을 각각 4등분하여 4등분점들을 찍은 다음, 다음 그림처럼 두 꼭짓점으로부터 마주보는 변의 4등분점들에 선분으로 연결(6개)하였다. 철수는 좌우의 두 변의 4등분점들을 2개씩 짝지어 연결하는데 다른 한 변에 평행한 선분으로 연결(3개)하였다.

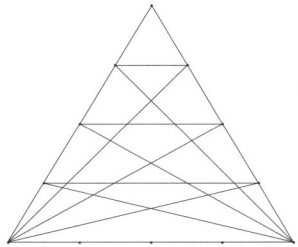

철수가 그림처럼 그렇게 한 결과 넓이가 모두 자연수인 25개의 도형들을 얻어내었다. 독자들은 원래의 정삼각형이 25개의 영역으로 나뉘어졌는지 확인하도록 하자.
철수가 그린 이 정삼각형의 넓이의 최솟값을 구하여 1000으로 나눈 나머지를 답하여라.

실전모의고사 5회 서술형 문제

1 서술형 문제

다음 각 물음에 답하여라.

1 두 자리의 자연수 n이 있다. 이 n의 십의 자리의 수를 a, 일의 자리의 수를 b라 한다. 이때, $n = a^2 + b^3$을 만족하는 n을 모두 구하여라.

2 n은 자연수이고, d는 $2n^2$의 양의 약수이다. $n^2 + d$는 완전제곱수가 아님을 증명하여라.

3 자연수 n^2의 끝의 두 자리의 수만 따로 떼어 보니 두 자리의 수 $\overline{xy}$가 되었다. 그런데 $\overline{xy}$와 나머지 부분의 수 역시 완전제곱수이었다. 그렇다면 자연수 n^2 중 가장 큰 수는?

다음 각 물음에 답하여라.

1 한 직육면체의 길이, 너비, 높이는 각각 x, y, z이다. 그런데 x, y, z는 모두 양의 정수이다. $xz = yz + 1$, $xy = xz + yz + 1$일 때, 다음 각 물음에 답하여라.
이 직육면체의 부피를 구하여라.

2 어떤 차가 갑에서 을로 갈 때 차의 속력을 20% 증가시키면 원래보다 1시간 빨리 도착한다고 한다. 그러면 2시간 빨리 도착하려면 속력을 몇 % 증가시켜야 할까?

3 갑, 을, 병 세 명의 남학생이 100개의 수학문제를 푸는데. 각 학생마다 60개의 문제를 풀어 보았다. 오직 한 사람만이 푼 문제를 "어려운 문제"라 하고, 세 사람이 모두 풀어낸 문제를 "쉬운 문제"라 말하기로 하자. 또한 두 사람 만이 풀어낸 문제를 "중간 수준의 문제"라고 말하기로 하자. 그러면 "쉬운 문제"는 "어려운 문제"보다 얼마나 적은가?

3 서술형 문제

좌표평면 위에 다음과 같은 세 개의 직선

$$y = -x - 1, \quad y = ax - 2a + 2, \quad y = \frac{1}{a}x + 2 - \frac{2}{a}$$

들이 놓여 있다. 다음 각 물음에 답하여라.

1 위의 세 직선이 교차해서 삼각형의 모양을 만들어 낼 수 없는 상수 a의 값을 모두 구하여라.

2 삼각형 ABC가 직각삼각형이 될 수 없음을 증명하여라.

3 점 A는 $y = -x - 1$, $y = ax - 2a + 2$의 교차점이고, 점 B는 $y = -x - 1$, $y = \frac{1}{a}x + 2 - \frac{2}{a}$의 교차점이다. $\overline{\text{AB}} = \frac{5\sqrt{2}}{3}$일 때, a의 값을 구하여라.

4 서술형 문제

둥근 테이블 주변에 $2n$명이 앉아서 모두 동시에 두 사람씩 악수를 하는데 팔뚝이 서로 교차하지 않도록 악수하는 방법의 수를 C_n이라 하자. C_n을 구하는 방법에 대하여 생각해 보기로 하자.

$n=0$일 때, 그대로 있는 것을 1가지 방법으로 보고 $C_0 = 1$로 약속하자.

$n=1$일 때, 2×1명이 교차하지 않고 악수하는 방법의 수 $C_1 = 1$.

$n=2$일 때, 2×2명이 교차하지 않고 악수하는 방법의 수 $C_2 = 2$.

$n=3$일 때, 2×3명이 교차하지 않고 악수하는 방법의 수 $C_3 = 5$.

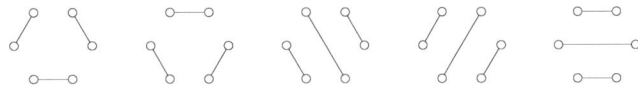

$n=4$일 때, 2×4명이 교차하지 않고 악수하는 방법의 수는 $C_4 = 14$.

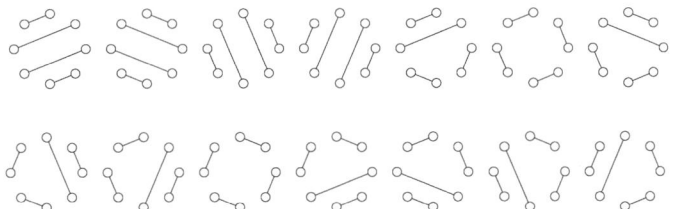

$$C_0 = 1, \quad C_1 = 1, \quad C_2 = 2, \quad C_3 = 5, \quad C_4 = 14, \quad \cdots$$

예를 들어 다음 그림과 같이 대각선이 교차하지 않게 그어졌다고 하자. 이제 그림의 1번 점을 기준으로 시계방향으로 돌아가면서 처음 만나는 점을 '시'(시작의 시)로 본다면 다음에 만나는 점이 바로 앞의 1번에서 시작된 대각선의 끝이면 '끝'으로 쓰고, 끝이 아니면 '시'로 쓰기로 하자. 같은 방식으로 한 바퀴를 돌면서 '시' 또는 '끝'을 쓰면서 진행하면 다음 그림 중 오른쪽 그림과 같이 된다.

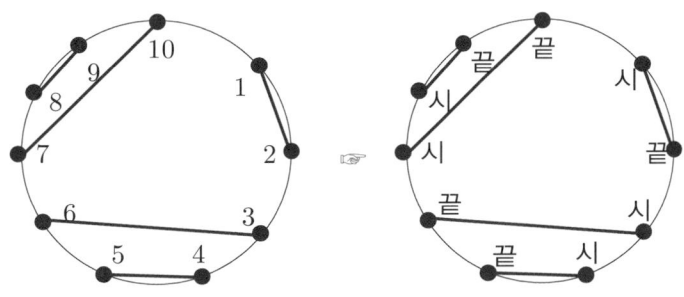

이제 이것을 한 줄로 나열하면 쓰고 대응을 시키면 다음과 같다. 여기서 '오'는 오른쪽, '아'는 아래쪽을 뜻하게 된다.

시끝시시끝끝시시끝끝 ↔ 오아오오아아오오아아

위 대응관계를 다시 그림으로 나타내면 다음과 같다.

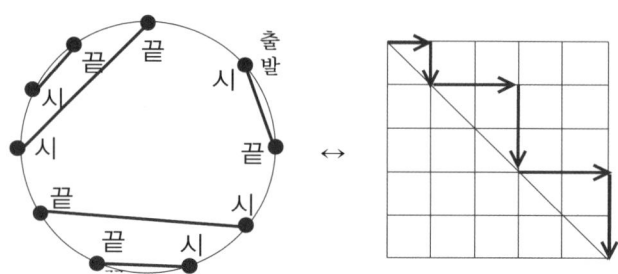

왼쪽 그림의 굵은 대각선끼리 교차하지 않으므로 처음 출발점으로부터 시작하여 어느 순간까지 '시'의 개수가 '끝'의 개수보다 항상 적지 않아야 한다. 만약 시계방향으로 돌아가면서 센 '끝'의 개수가 '시'의 개수보다 더 많다면 굵은 대각선이 서로 교차함을 뜻하며 이는 위의 오른쪽 그림에서 직사각형의 대각선과 교차하여 대각선 아래로 내려가는 경우를 뜻하게 된다. 그렇기 때문에 원형 그림에서 대각선을 교차하지 않게 그리는 방법의 수와 직사각형에서 대각선 아래로 내려가지 않도록 하면서 진행하는 최단경로의 수는 완전히 같은 것임을 알 수 있다. 이로써 둥근 테이블 주변에 $2n$ 명이 앉아서 모두 동시에 두 사람씩 악수를 하는데 팔뚝이 서로 교차하지 않도록 악수하는 방법의 수 C_n 을 구할 수 있게 되었다. 다음 각 물음에 답하여라.

1 $C_3 = C_2 + C_1 \times C_1 + C_2$ 가 성립함을 설명하여라.

2 12명의 사람이 원탁에 둘러앉아서 팔뚝이 교차하지 않도록 악수하는 방법의 수를 구하여라.

문항수	총점	풀이시간	점수

실전모의고사 6회

| 입시생 주의사항 | 본 시험지는 단답형 문제 15개, 서술형 문제 4개로 구성되었으며 시험시간은 180~240분입니다.

단답형 문항

1 다음과 같이 규칙에 따라서 수를 적어나가자.

$$1, \quad 101, \quad 10101, \quad 1010101, \quad 101010101, \quad 10101010101, \quad \cdots$$

위의 수들 중에서 9999의 배수가 되는 수들 중에서 최소의 수를 x라 하자. x의 각 자리의 숫자들의 총합을 구하여라.

2 다음 7개의 자연수는 모두 소수이다.

$$n, \quad 10634n + 15, \quad 14641n + 72, \quad 14482n + 703,$$
$$1681n + 844, \quad 3095n + 614, \quad 75n + 706$$

이 7개의 소수들의 총합은 $44609n + 2954$이다. 이 수($=$총합)의 최솟값을 1000으로 나눈 나머지를 구하여라. 참고로 69857, 74453, 78191, 100109, 101789, 102229, 102559, 102077, 12611, 22279, 22283 들은 모두 소수이다.

3 $p^q + q^p$이 소수가 되는 소수의 순서쌍 (p, q)는 최대한 많을 경우 몇 개가 있는가?

4 한 게임회사에서 특별 할인기간을 설정하여 중학생과 고등학생들을 회원으로 모집하였다. 모집할 때 연회비를 받았는데, 고등학생은 1인당 1700원, 중학생은 1인당 1500원을 받았다. 회원모집이 끝난 뒤에 보니까 신규 가입한 학생들의 연회비가 총 10만 7천원이 걷혔다. 또한 신규 가입한 고등학생 회원 수가 신규 가입한 중학생 회원 수보다 2배 이상으로 더 많았다고 한다. 고등학생 회원은 모두 몇 명이 신규 가입한 것일까?

5 실수 a, b에 관한 다음 식 $a^2 + ab + b^2 - a - 2b$의 최솟값을 구하여라.

6 이차방정식 $2mx^2 - 2x - 3m - 2 = 0$의 근 중 하나는 1보다 크고, 하나는 1보다 작다. m의 범위를 구하여라.

7 m이 임의 실수값을 취하면서 변하고 있다. 좌표평면 위에 직선 $2mx + (m-1)y = 2m - 2$의 그래프를 그리는데, 이 그래프가 지날 수 없는 점들이 있다고 한다. 그 점은 어떤 점들인지 말하여라.

8 좌표평면 위에 직사각형 ABCD가 있는데, A$(0, 0)$, B(p, o), C(p, q), D$(0, q)$이다. 직사각형 ABCD의 내부에 있는 격자점의 개수가 42이고, 둘레 위에 있는 격자점의 개수가 30일 때, 직사각형 ABCD의 넓이를 구하여라.

9 좌표평면 위에 직사각형 ABCD가 있는데, $A(0, 0)$, $B(p, o)$, $C(p, q)$, $D(0, q)$이다. 직사각형 ABCD의 내부에 있는 격자점의 개수가 k이고, 둘레 위에 있는 격자점의 개수가 l일 때, 삼각형 ABC의 내부에 있는 격자점의 개수가 7, 삼각형 ABC의 둘레 위에 있는 격자점의 개수가 12, 삼각형 ABC의 변 AC 위의 A, C 이외의 격자점의 개수가 1일 때, 삼각형 ABC의 넓이를 구하여라.

10 색종이를 자르고 싶은데 될수록 조각의 개수가 많아지도록 자르고자 한다. 정사각형 모양의 색종이를 평평한 바닥에 붙여 놓고 곧은 자를 대고서 칼질을 1번 하면 2조각이 나고, 2번째 칼질을 하면 4조각이 난다. 또 3번째 칼질을 하면 7조각이 난다. 또 4번째 칼질을 하면 11조각이 난다. 또 5번째 칼질을 하면 16조각이 난다. 만약 10번째 칼질을 하면 몇 조각이 나는가?

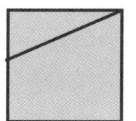 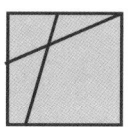 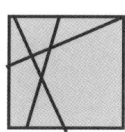 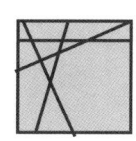 ...

11 다음은 우리나라 지도의 일부분이다. 6개의 도를 서로 다른 7가지의 무지개 색연필로 칠을 하여 도(道)를 구분하고자 한다. 색칠을 하는 방법의 가짓수를 구해서, 그것을 1000으로 나눈 나머지를 답하여라. 단, 경계선이 인접한 도끼리는 서로 다른 색깔로 칠해야 하며, 칠해야 할 도에 다른 도에 칠했던 색깔과 같은 색을 반복해서 칠해도 상관이 없다.

12 일반적으로 평면도형(단면적이 S)을 회전시켜(평면도형의 무게중심에서 회전축까지의 거리는 r) 얻은 입체도형의 부피는 $2\pi r \times S$이다. 이를 이용하여 다음 물음에 답하여라. 아래 그림의 왼쪽에 있는 반원(반지름이 1)과 오른쪽에 있는 반원(반지름이 1)을 각각 회전축을 따라서 1회전 시켰을 때 생긴 회전체의 부피의 합을 구하여라.

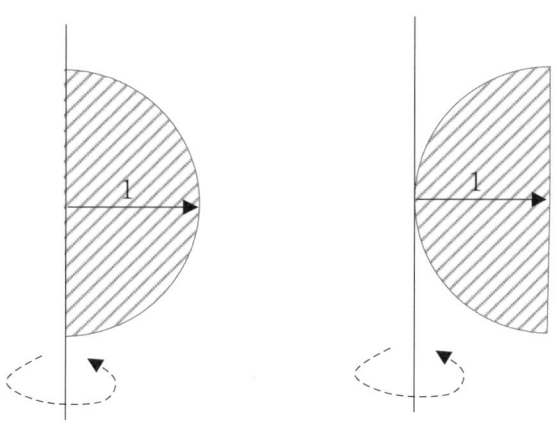

13 $\overline{AB} = \overline{AC}$인 이등변삼각형 ABC가 있다. 점 B를 지나며 $\overline{AB}$에 수직인 직선을 l이라 하자. 또한 점 C를 지나며 $\overline{AC}$에 수직인 직선을 m이라 하자. 이제 l과 m의 교차점을 O라 하자. 점 O를 중심으로 하며 반지름이 $\overline{OB}$인 원 O를 작도하자. $\overline{AO}$와 $\overline{BC}$의 교차점을 점 M이라 하자. 삼각형 ABO의 내부에 있으며 열호 BC 위에 있는 한 점 E가 있을 때, $\overrightarrow{EM}$과 원 O의 교차점 중 E가 아닌 점을 F라 하자. $\overline{AE} = 6$, $\overline{EM} = 3$, $\overline{MF} = 4$이다. $\overline{AF}$의 길이를 구하여라.

14 중심이 O인 두 동심원이 있다. 그림처럼 원 밖의 한 점 P에서 큰 원에 그은 접선 l과 큰 원의 접점을 A라 하자. 또한 점 P에서 작은 원에 그은 접선 m, m'과 작은 원의 접점을 각각 B, C라 하자. $\overline{AO}$와 $\overline{BP}$의 교차점을 G라 하자. 또한 $\overline{AC}$와 $\overline{BP}$의 교차점을 F라 하자. $\overline{AB}=8$, $\overline{BG}=4$, $\overline{GF}=3$이다. $\overline{AF}$의 길이를 구하여라.

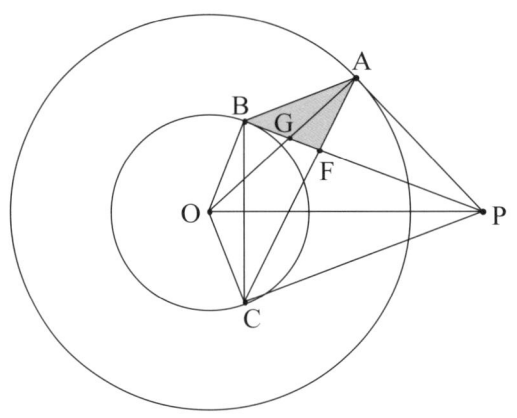

15 각 ABC의 크기가 예각인 평행사변형 ABCD의 대각선 $\overline{BD}$ 위의 임의의 한 점 P에서 평행사변형 ABCD의 각 변 $\overline{AB}$, $\overline{BC}$, $\overline{CD}$, $\overline{DA}$ 또는 그 연장에 수선의 발을 내려 그 점을 각각 차례로 E, F, G, H라 하였다. $\overline{PE} = 18$, $\overline{PG} = 24$, $\overline{PF} = 12$일 때, $\overline{HF}$ 의 길이를 구하여라.

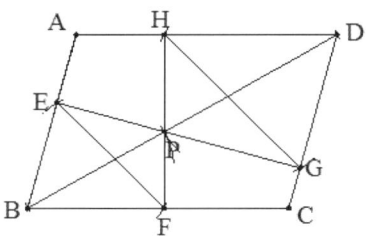

점수

1 서술형 문제

어떤 이상한 나라의 어떤 사람은 지금 화폐가 10원, 12원, 15원 짜리의 세 종류뿐이라고 한다. 이 나라에는 1원 짜리 화폐도 있다고 한다. 이제 이 사람이 거스름돈을 받지 않고 정확하게 지불할 수 없는 가장 큰 금액이 얼마인지 알아보자. 이 문제는 음이 아닌 정수 x, y, z에 대하여 $10x + 12y + 15z = n$을 표시할 수 없는 가장 큰 자연수 n을 구하면 되는 것이다. 다음 각 물음에 답하여라.

1 $4y + 5z$(단, $y \geq 0$, $z \geq 0$)가 12이상의 모든 자연수를 표시할 수 있음을 보여라.

2 $4y + 5z$(단, $y \geq 0$, $z \geq 0$)가 11을 나타낼 수 없음을 보여라.

3 $n \geq 36$이고, n이 3의 배수이면, $10x + 12y + 15z = n$의 음이 아닌 정수해 (x, y, z)는 존재하는가?

4 $n \geq 46$이고, n이 3으로 나누어 1이 남는 수이면, $10x + 12y + 15z = n$의 음이 아닌 정수해 (x, y, z)는 존재하는가?

5 $n \geq 56$이고, n이 3으로 나누어 2가 남는 수이면, $10x + 12y + 15z = n$의 음이 아닌 정수해 (x, y, z)는 존재하는가?

6 $n \geq 56$인 임의의 자연수 n에 대하여 $10x + 12y + 15z = n$의 음이 아닌 정수해 (x, y, z)는 존재하는가?

7 화폐가 10원, 12원, 15원짜리의 세 종류뿐일 때, 거스름돈을 받지 않고는 정확하게 지불할 수 없는 가장 큰 금액은 얼마인가?

2 서술형 문제

한 상가에는 등속으로 아래위로 작동하는 에스컬레이터가 있다. 갑과 을은 모두 일이 있어서 급하게 올라가야 하는데, 갑은 에스컬레이터에서 등속으로 걸어 55개의 계단을 올라간 후 도착했고, 을은 갑의 두 배의 속력으로 뛰어서 60개의 계단을 올라간 후 도착했다. 다음 각 물음에 답하여라.

1 정지한 에스컬레이터 계단의 경우 갑은 단위시간에 x개씩 올라간다고 하자. 실제로 에스컬레이터는 단위시간에 y개씩 올라간다고 하자. 에스컬레이터가 위쪽으로 움직이는 상태에서 갑이 아래층에서 끝까지 올라가는데 걸리는 시간을 x에 관한 식으로 나타내어라.

2 위 **1**번과 같은 조건에서 에스컬레이터가 위쪽으로 움직이는 상태에서 을이 아래층에서 끝까지 올라가는데 걸리는 시간을 x에 관한 식으로 나타내어라.

3 아래층에서 위층까지 올라가는데 에스컬레이터에는 모두 몇 개의 계단이 있겠는가?

다음 각 물음에 답하시오.

1 오른쪽 그림과 같은 모양의 6각형 모양의 방 7개로 이루어진 벌집이 있다. 벌이 1번 방에서 7번 방까지 1칸씩 기어서 넘어가는 경우의 수는 몇 가지가 되는가? 단, 갔던 방을 다시 가서는 안 되며, 가는 방향은 언제나 ↗ 또는 ↘ 또는 → 의 방향으로만 가는 것만 허용된다.

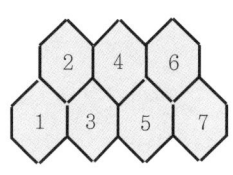

2 만약 바로 위 문제의 그림에서 작은 육각형의 방이 위쪽 줄에 왼쪽으로부터 차례로 가로로 2번, 4번, 6번, ⋯, $2n$번의 방이 있고, 아래쪽 줄에 왼쪽으로부터 차례로 가로로 1번, 3번, 5번, ⋯ , $2n+1$번의 방이 있을 때, 벌이 1번 방에서 $2n+1$번 방까지 1번 문제와 같은 방식으로 간다고 하자. 그리고 일반적으로 1번 방에서 임의의 m번 방까지 **1번** 문제와 같은 방식으로 1칸씩 기어서 넘어가는 길잡이의 수를 $f(m)$가지라고 하자. 그렇다면 $f(2n+1)$, $f(2n)$, $f(2n-1)$ 사이의 관계식을 구하여라.

서술형 문제

오일러(Leonhard Euler)는 정다각형을 삼각형으로 쪼개는 방법의 수를 구하는 문제를 제시하였다.
여기서 쪼갠다는 것은 영역의 분할을 말하는 것이니 주의하도록 하자.
m각형을 모두 삼각형으로 쪼개는 방법의 수를 E_m이라 하자.
정삼각형을 삼각형으로 쪼개는 것은 그대로 놔두면 되니까 그 방법의 수는 $E_3 = 1$이다.
그러면 정사각형을 2개의 삼각형으로 쪼개는 방법은 다음과 같이 2가지가 있다.

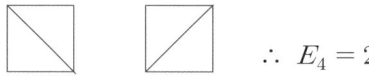 $\therefore E_4 = 2$

정오각형을 3개의 삼각형으로 쪼개는 방법은 다음과 같이 5가지가 있다.

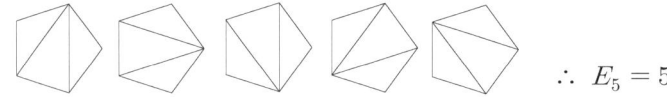 $\therefore E_5 = 5$

정육각형을 4개의 삼각형으로 쪼개는 방법은 다음과 같이 14가지가 있다.

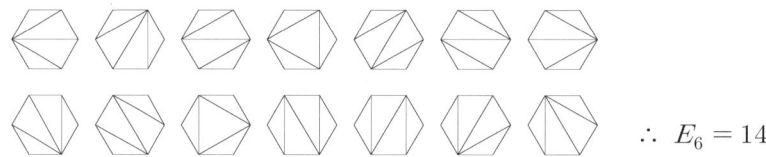 $\therefore E_6 = 14$

이제 m개의 꼭짓점을 가진 볼록 정다각형을 $m-2$개의 삼각형으로 분할하는 방법의 수를
E_m이라고 하면 $E_2 = 1$(약속), $E_3 = 1$, $E_4 = 2$, $E_5 = 5$, $E_6 = 14, \cdots$ 이다.

1 E_7을 E_3, E_4, E_5, E_6에 관한 식으로 나타내어라.

2 E_7의 값을 구하여라.

실전모의고사 7회

문항수	총점	풀이시간	점수

| 입시생 주의사항 | 본 시험지는 단답형 문제 15개, 서술형 4개로 구성되었으며 시험시간은 180~240분입니다.

단답형 문항

1 $\dfrac{q+6}{p}$ 과 $\dfrac{p+7}{q}$ 가 모두 자연수가 될 수 있는 소수의 순서쌍 (p, q) 는 모두 몇 개인가?

2 $[x]$ 는 실수 x 를 넘지 않는 최대정수이다. 자연수 x 에 대하여 함수

$$f(x) = x - 10 \times \left[\dfrac{x}{10}\right]$$

이다. 다음 n 의 값을 구하시오.

$$n = f(7) + f(7^2) + f(7^3) + \cdots + f(7^{100})$$

3 $[x]$ 는 실수 x 를 넘지 않는 최대정수이다. 자연수 n 은 $1 \le n \le 2020$ 이다. n 의 값들 중에서 $\dfrac{n}{[\sqrt{n}]}$ 이 자연수가 될 수 있는 것은 모두 몇 개인가?

4 $xy > 0$일 때, $x + y + \dfrac{9}{x} + \dfrac{4}{y} = 10$이다. $x - y$의 값은?

5 이차방정식 $x^2 - ax + 4a = 0$이 정수근만 가지도록 만들어주는 양의 실수 a의 값을 모두 구하여 더한 값은?

6 실수 s, t는 다음 두 방정식

$$19s^2 + 99s + 1 = 0, \quad t^2 + 99t + 19 = 0$$

을 동시에 만족시키며, $st \neq 1$, $s > \dfrac{1}{t}$ 이다. 식 $s - \dfrac{1}{t}$의 정수부분을 구하여라.

7 갑과 을이 장기를 두었는데, 이긴 판 수가 2판이 더 많아지는 순간 승부가 결정나게 되는 장기를 두었다. 이 두 사람은 정확히 8판의 장기를 두었는데, 을이 5승 3패로 갑을 이겼다고 한다. 이때 가능한 8판의 장기를 둔 승부의 패턴은 모두 몇 가지 종류가 있었겠는가? 단, 매번 비긴 경우는 한 판도 없었다고 한다.

8 좌표평면 위의 점 $D(11,7)$에서 불온한 유언비어의 내용을 담은 전파를 테러단이 발신하고 있다. 이 전파는 원형으로 퍼져나간다. 특공대의 전파 탐지차가 점 $A(1,7)$에서 출발하여 점 $B(3,1)$을 향해 뻗은 직선 도로 위를 점 $E(0,10)$에서 출발하여 점 B쪽으로 달리고 있다. 전파의 발신지와 전파 탐지차의 탐지감도는 전파 발신지와 탐지차의 거리가 가장 가까울 때 최고에 달한다고 한다. 전파 탐지차의 탐지감도가 최고조에 이르는 점의 좌표를 $C(x,y)$라고 하자. $x \times y$의 값을 구하여라.

9 이차함수 $f(x) = ax^2 + bx + c$가 다음 식을 만족한다.
$$f(x^2) = (f(x))^2 = f(f(x))$$
$f(16)$의 값을 모두 구하여라.

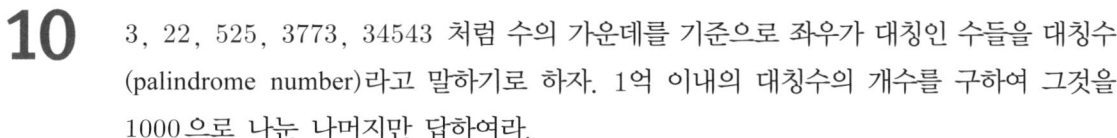

10 3, 22, 525, 3773, 34543 처럼 수의 가운데를 기준으로 좌우가 대칭인 수들을 대칭수 (palindrome number)라고 말하기로 하자. 1억 이내의 대칭수의 개수를 구하여 그것을 1000으로 나눈 나머지만 답하여라.

11 서로 다른 사람 n명을 i개의 똑같은 원탁(서로 구별이 되지 않는 원탁) 주변에 균등간격으로 둘러앉는 방법의 수를 $g(n,i)$라고 하자. 이제 4명을 1개의 원탁에 앉히는 방법은 $3 \times 2 \times 1 = 6$가지가 있으므로 $g(4,1) = 6$이다. 또한 4명을 2개의 조로 갈라서 그들을 2개의 원탁에 앉히는 방법의 수는 $g(4,2) = 8 + 3 = 11$이다. 이것을 이용하여 5명을 2개의 원탁에 앉히는 방법의 수를 구하여라.

12 아주 큰 사과가 있다. 이 사과를 도마에 놓고서 위에서 아래로 똑바로 칼질을 하여 조각을 내고자 한다. 이왕이면 조각의 개수를 많이 내고자 한다. 1번 칼질을 하면 2조각이 난다. 사과의 모양을 처음 상태를 유지하면서 2번 칼질을 하면 4조각이 난다. 같은 식으로 3번 칼질을 하면 8조각이 난다. 그렇다면 같은 식으로 7번 칼질하면 x조각이 난다. $\sqrt{x}$ 의 값은?

13 반지름의 길이가 20m 인 원형의 수영장이 있다. 점 O 는 수영장의 중심이고, 두 점 P, Q 는 원 위의 점이며 $\angle POQ = 60°$이다. 갑과 을이 각각 P, Q 에서 동시에 출발하여 반지름 $\overrightarrow{PO}$, $\overrightarrow{QO}$를 따라서 중심 O 를 향해 가고 있다. 호 PQ 위에 한 점 C 를 고정하고 선분 OP 와 선분 OQ 위의 임의의 두 지점 A, B 에 갑과 을이 각각 도달하였을 때, 세 지점 A, B, C 를 서로 연결한 거리의 합 $\overline{AB}+\overline{BC}+\overline{CA}$ 의 최솟값의 제곱을 x 라 할 때, x를 1000으로 나눈 나머지는? 단, 갑과 을은 $\overline{AB}+\overline{BC}+\overline{CA}$ 이 최소가 되는 속력으로 갔다고 한다.

14 삼각형 ABC에서 $\overline{AC}$의 중점을 M, $\overline{BC}$의 삼등분점을 E, F라고 하자. 선분 $\overline{BM}$은 $\overline{AE}$와 $\overline{AF}$에 의하여 삼분(3개의 선분으로 나뉨, 삼등분이 아님)된다. 이 삼분된 길이를 각각 $\overline{PB}=x$, $\overline{PQ}=y$, $\overline{QM}=z$(단, $x>y>z$)라고 할 때, $\dfrac{x+y}{z}$의 값을 구하여라.

15 다음 그림처럼 한 원 O를 그리고 그 위에 임의의 한 점 A를 잡은 다음, 점 A로부터 시작하여 시계 반대방향으로 돌아가면서 원 O 위에 세 점 B, C, D를 잡았는데, $\overline{AB}=5$, $\overline{BC}=3$, $\overline{CD}=4$의 길이를 가진 사각형 ABCD를 그리게 되었다. 변 AD 위에 임의의 한 점 P를 잡고, $\overrightarrow{BP}$, $\overrightarrow{CP}$가 원 O와 교차한 점을 각각 차례로 E, F라고 했을 때, $\overline{DE}=2$임을 알게 되었다.

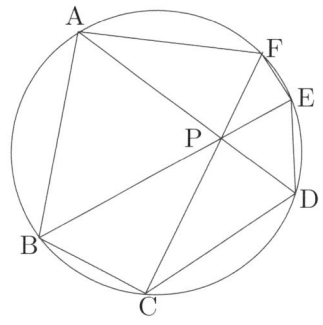

$\dfrac{\overline{FA}}{\overline{EF}}$의 값을 $\dfrac{n}{m}$(단, m, n은 서로소인 자연수)이라고 할 때, $m+n$의 값은 얼마인가?

실전모의고사 7회 서술형 문제

점수

1 서술형 문제

다음 각 물음에 답하여라.

1 다음 자연수의 나열을 보자.

1, 2, 3, 4, 5, 6, 7, 8, 9, 10, 11, 12, 13, 14, 15, 16, …

위 수의 나열에서 보이는 콤마(,)들 중 일부를 덧셈기호(+)나 등호(=)로 바꾸어서
위 수의 나열이 또 다른 의미가 있는 수학식을 나타내도록 만들어 보아라.

2 다음 수열(규칙을 가지고 만들어진 수의 나열)을 눈여겨보자.

3, 1, 7, 1, 3, 5, 8, 6, 4, 2, 7, 5, 2, 4, 6, 8

이 수열에서 수 k와 k사이에는 정확히 k개의 수가 들어있다. 이 수열의 특징을 이
용하여 다음 문제를 풀어보자. 즉, 16개의 자연수, 자연수 1, 2, 3, …, 16들을
정확히 한 번 씩만 사용하여 다음에 보이는 16개의 괄호를 모두 채워서 식이 의미
를 가지도록 만들어 보고 그렇게 한 이유를 설명하여라.

( ) − ( ) = 2, ( ) − ( ) = 3, ( ) − ( ) = 4, ( ) − ( ) = 5,
( ) − ( ) = 6, ( ) − ( ) = 7, ( ) − ( ) = 8, ( ) − ( ) = 9

다음 각 물음에 답하여라.

1 다음 식이 성립함을 증명하여라.

$$\sqrt{a^2 + \frac{1}{b^2} + \frac{a^2}{(ab+1)^2}} = \left| a + \frac{1}{b} - \frac{a}{ab+1} \right|$$

2 다음 식 $\sqrt{1 + 2019^2 + \frac{2019^2}{2020^2}} - \frac{1}{2020}$ 의 계산값을 구하여라.

3 서술형 문제

주머니 속에 똑같은 모양과 똑같은 크기의 구슬 9개가 있는데, 9개의 구슬엔 각각 A1, A2, A3, B1, B2, B3, C1, C2, C3이란 문자와 숫자의 조합이 새겨져 있다. 이제 이 주머니 속에서 동시에 3개의 구슬을 꺼낼 때, 다음 각 물음에 답하여라.

1 꺼낸 3개의 공들을 비교해볼 때, 문자도 모두 다르고 숫자도 모두 다른 경우의 수는 모두 몇 가지인가?

2 꺼낸 3개의 공들을 비교해볼 때, 문자는 3종류이고, 숫자는 2종류인 경우의 수는 모두 몇 가지인가?

3 꺼낸 3개의 공들을 비교해볼 때, 문자는 2종류이고, 숫자는 3종류인 경우의 수는 모두 몇 가지인가?

4 꺼낸 3개의 공들을 비교해볼 때, 문자는 3종류이고, 숫자는 1종류인 경우의 수는 모두 몇 가지인가?

5 꺼낸 3개의 공들을 비교해볼 때, 문자는 1종류이고, 숫자는 3종류인 경우의 수는 모두 몇 가지인가?

6 꺼낸 3개의 공들을 비교해볼 때, 문자는 2종류이고, 숫자도 2종류인 경우의 수는 모두 몇 가지인가?

7 위 모든 경우의 정답을 모두 더한 것이 몇 가지인지 말하고, 그것이 옳은 것인지 검산하는 방법 중의 하나를 말하여 보아라. 또한 이 검산의 결과로 위의 정답이 모두 옳다고 확정지을 수는 없는 이유를 말하여 보아라.

4 서술형 문제

한 미술가가 한 모서리의 길이가 a인 정사각형 합금 판 3개를 가지고 다음 그림과 같은 조형물을 만들었다. 그림에서 보듯이 각 사각형 조형물의 무게중심(정사각형의 두 대각선의 교차점)은 다른 정사각형의 한 꼭짓점과 일치하고 있다. 그림에서 A, B, C는 정사각형 합금 판의 무게중심들이다. 또한 A′, B′, C′은 두 정사각형의 변들끼리 교차하는 점을 뜻한다. 점 G는 갑 정사각형의 한 변과 $\overline{AC}$의 교차점을 뜻한다.

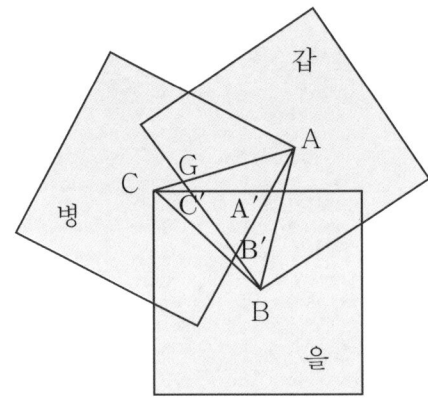

다음 각 물음에 답하여라.

1 $\overline{AB} = \overline{BC} = \overline{CA}$ 의 길이를 구하여라.

2 $\angle ABB'$의 크기를 구하여라.

3 $\dfrac{\overline{\mathrm{AG}}}{\overline{\mathrm{GC}}} = k$라 할 때, k의 값을 구하여라.(단, $\sin 45° = \dfrac{\sqrt{6}-\sqrt{2}}{4}$)

4   삼각형 $\mathrm{A'B'C'}$의 넓이인 $S_{\triangle \mathrm{A'B'C'}}$를 a에 관한 식으로 나타내어라.

5   그림의 어두운 부분의 전체 넓이를 구하여라.

중학 G&T final test

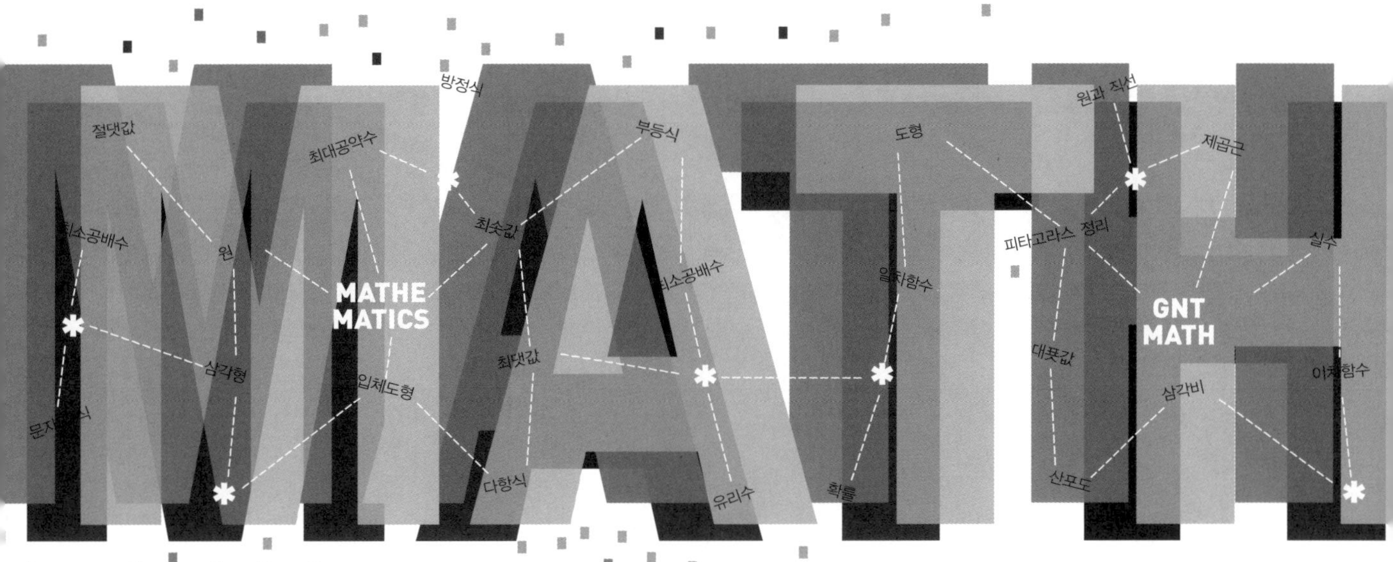

중학생을 위한

실전 영재수학 모의고사

정답과 풀이

씨실과 날실 편집부 엮음

G&T MATH

'지앤티'는 영재를 뜻하는 미국 · 영국식 약어로 Gifted and talented의 줄임말로 '축복 받은 재능'이라는 뜻을 담고 있습니다.

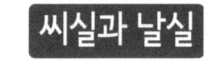

씨실과 날실

씨실과 날실은 도서출판 세화의 자매브랜드입니다.

정답과 풀이

출제예상문제 1회 정답   P.10

단답형 문항

01. 6   **02.** 6   **03.** $a = 55$, $b = 19$, $c = 7$ **04.** $1080°$ **05.** 80

06. 27분   **07.** ㄱ, ㄴ, ㄷ, ㅁ   **08.** 13344   **09.** $r = \dfrac{\sqrt{3}}{2}$ **10.** 21

11. 60일   **12.** 9   **13.** 4800   **14.** 1148   **15.** $3 + \sqrt{5}$

서술형 문제

1. (1) 6 (2) 0 (3) $x = 7$, $y = 5$ (4) $x = 8$, y는 없음 (5) 풀이참조 (6) 1, 5, 7, 11 (7) $x = 4$ (8)~(9) 풀이참조

2.~3. 풀이참조   **4.** (1) 36가지 (2) 24가지 (3) 도달할 수 없다.

단답형 정답 및 해설

1 $\dfrac{1}{p} + \dfrac{1}{q} + \dfrac{1}{pq} = \dfrac{p+q+1}{pq} = \dfrac{1}{n}$, $p+q+1 = \dfrac{pq}{n}$ (정수), p, q는 소수이므로 n은 1, p, q, pq 가능.

     1) $n = 1$인 경우

        $(p-1)(q-1) = 2$이므로 $p = 2$, $q = 3$ 또는 $p = 3$, $q = 2$이다.

     2) $n = p$ or $n = q$인 경우

        $p+q+1 = q$ or $p+q+1 = p$가 되어 p, q가 자연수임에 모순된다.

     3) $n = pq$인 경우

        $p+q+1 = 1$이 되어 모순

        $\therefore n+p+q = 1+2+3 = 6$

2   A가 하루에 하는 일의 양을 a, B가 하루에 하는 일의 양을 b, 전체 할 일의 양을 W라고 하자.

     A 혼자 일을 다 하는데 걸리는 시간은 $\dfrac{\mathrm{W}}{a}$, B 혼자 일을 다 하는데 걸리는 시간은 $\dfrac{\mathrm{W}}{b}$

     둘이 함께 해서 다 하는데 걸리는 시간은 $\dfrac{\mathrm{W}}{a+b}$이다.

     따라서 식은 $\dfrac{\mathrm{W}}{a} = \dfrac{\mathrm{W}}{a+b} + 3$ ······(1) $\dfrac{\mathrm{W}}{a} = \dfrac{\mathrm{W}}{b} - 9$······(2)이다.

     두 식을 연립해서 풀어보면 상수를 소거하기 위해 $3 \times (1) + (2)$하면 $\dfrac{4\mathrm{W}}{a} = \dfrac{3\mathrm{W}}{a+b} + \dfrac{\mathrm{W}}{b}$

     양 변을 W로 나누면 $\dfrac{4}{a} = \dfrac{3}{a+b} + \dfrac{1}{b}$이 된다.

     양 변에 $ab(a+b)$를 곱하면 $4b(a+b) = 3ab + a(a+b)$, 식을 정리하면 $a^2 = 4b^2$이고 $a > 0$, $b > 0$이므로 $a = 2b$이다. 따라서 이 식을 (2)에 대입하면 $\dfrac{\mathrm{W}}{a} = \dfrac{2\mathrm{W}}{a} - 9$ 이므로 $\dfrac{\mathrm{W}}{a} = 9$, 그러므로 $\dfrac{\mathrm{W}}{b} = 18$이고 다시 이 결과를 이용해서 계산하면 $\dfrac{\mathrm{W}}{a+b} = \dfrac{\mathrm{W}}{3b} = \dfrac{1}{3} \cdot 18 = 6$이 된다.

3 게임 시작할 때 갑, 을, 병이 갖고 있던 구슬의 개수를 각각 a, b, c라 하자.
매 게임마다 세 사람이 갖고 있는 구슬의 총 개수는 항상 $a+b+c$로 일정하므로 다음과 같은 표를 작성할 수 있다.

게임 시작	첫 번째 게임	두 번째 게임	세 번째 게임
갑	$a-2b-2c$	$3a-6b-6c$	$9a-18b-18c$
을	$3b$	$7b-2c-2a$	$21b-6c-6a$
병	$3c$	$9c$	$25c-2a-2b$

$9a-18b-18c=27$, $21b-6c-6a=27$, $25c-2a-2b=27$
따라서 $a=55$, $b=19$, $c=7$

4 원래 별 모양에서 가장 바깥쪽에 있는 5개의 뾰족한 각의 크기의 합은 $180°$이다. 이는 삼각형의 두 내각의 크기의 합은 나머지 한 외각의 크기의 합과 같다는 성질을 통해 이끌어낼 수 있다. 따라서 별 모양에서의 뾰족한 각을 각각 b_i라 하자.(단, $i=1$, 2, 3, 4, 5) 이때, $b_1+b_2+b_3+b_4+b_5=180°$, 그리고 $b_i+180°=a_{2i-1}+a_{2i}$ ($i=1$, 2, 3, 4, 5)가 된다. i에 1, 2, 3, 4, 5를 대입한 후 5개의 식을 모두 더하면,
$a_1+a_2+\cdots+a_{10}=b_1+b_2+b_3+b_4+b_5+180°\times5$
즉, $a_1+a_2+\cdots+a_{10}=180°\times6=1080°$가 된다.

5 단면을 그리면 오른쪽 그림과 같다. Q에서 반지름 OC에 내린 수선의 발을 T라고 하자. 삼각형 QTO는 QO$=32$, OT$=16$이고 $\angle QTO=90°$인 직각삼각형이므로 $\overline{PQ}$의 길이는 반지름 QA의 2배, 즉 $\overline{PQ}=16$cm이다.

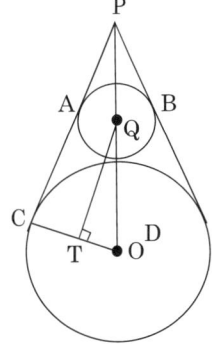

따라서 $\overline{PO}=\overline{PQ}+\overline{QO}=48$cm, $\overline{PC}=24\sqrt{3}$ cm, $\overline{PD}=24\sqrt{3}$ cm이다.
또 $\angle COD=240°$이므로 실 전체 길이는
$(24\sqrt{3}+24\sqrt{3}+\dfrac{2}{3}\times48\pi)$cm
따라서 A$=48$, B$=32$이므로 A$+$B$=80$이다.

6 1대의 버스가 공원을 출발한 후 다시 출발하는데 걸리는 시간을 x분, 최초의 버스의 사용대수를 y대라고 하자. 이때, 출발간격은 $\dfrac{x}{y}$이다.

1대 감소시키면 출발간격은 2분 40초만큼 늘어나므로 $\dfrac{x}{y-1}=\dfrac{x}{y}+\dfrac{8}{3}\cdots(1)$

2대 증가시키면 출발간격은 1대 증가시킬 때보다 1분 4초만큼 단축되므로 $\dfrac{x}{y+2}=\dfrac{x}{y+1}-\dfrac{16}{15}\cdots(2)$

(1)을 정리하면 $\dfrac{x}{y(y-1)}=\dfrac{8}{3}\cdots(3)$, (2)를 정리하면 $\dfrac{x}{(y+1)(y+2)}=\dfrac{16}{15}\cdots(4)$

$(4)\div(3)$하면 $\dfrac{y(y-1)}{(y+1)(y+2)}=\dfrac{2}{5}$

$3y^2-11y-4=0$, $(3y+1)(y-4)=0$ $\therefore y=4$ $(y>0)$
(3)에 대입하면 $x=32$
$x=32$는 버스가 출발한 후 다시 출발하는데 걸리는 시간이고, 출발지점에서 정차시간 5분을 포함하고 있으므로 공원을 일주하는데 걸리는 시간은 27분이다.

7 주어진 이차함수는 $y = a(x-1)^2 - 4 = ax^2 - 2ax + a - 4$ 이므로 $b = -2a$, $c = a - 4 < 0$
아래로 볼록한 이차함수이므로 $0 < a < 4$, 따라서 $b < 0$, $c < 0$

ㄱ. $abc > 0$ 는 참이다.

ㄴ. $a + b = a + (-2a) = -a < 0$ (참)

ㄷ. 이차함수가 $(1, -4)$를 지나므로 $a + b + c = -4$. (참)

ㄹ. $a > 0$, $b < 0$ 이므로 직선은 1, 3, 4사분면을 지난다. (거짓)

ㅁ. $ax^2 + bx + c = -bx + 2b - 4$ 에서 $b = -2a$, $c = a - 4$ 를 대입하여 정리하면
$ax^2 - 4ax + 5a = 0$ $a > 0$이므로 $x^2 - 4x + 5 = 0$ x의 값은 모두 허근이므로 이차함수와 주어진 일차함수의 교점은 존재하지 않는다. 그리고 $y = -bx + 2b - 4$는 x의 값에 관계없이 $(2, -4)$를 지나므로 이차함수보다 항상 아래에 있게 된다. (참)

8 $2^0 \times 1$, $2^0 \times 3$, $2^0 \times 5$, $\cdots$, $2^0 \times 199$
$2^1 \times 1$, $2^1 \times 3$, $2^1 \times 5$, $\cdots$, $2^1 \times 99$
$2^2 \times 1$, $2^2 \times 3$, $2^2 \times 5$, $\cdots$, $2^2 \times 49$

$\cdots$

$2^8 \times 1$
따라서 $(1 + 3 + \cdots + 199) + (1 + 3 + \cdots + 99) + (1 + 3 + \cdots + 49) + (1 + 3 + \cdots + 25)$
$\quad + (1 + 3 + \cdots + 11) + (1 + 3 + 5) + (1 + 3) + 1$
$= 100^2 + 50^2 + 25^2 + 13^2 + 6^2 + 3^2 + 2^2 + 1 = 13344$

9 주어진 사면체 BDEG는 한 모서리의 길이가 $3\sqrt{2}\,\text{cm}$ 인 정사면체이다. 따라서 내접하는 구의 중심에서 네 면에 내린 수선의 길이는 모두 구의 반지름 r과 같다.
전체의 정사면체를 구의 중심을 꼭짓점으로 하고 각 면을 밑면으로 하는 네 개의 삼각뿔로 나누면 각각의 부피는 $\dfrac{1}{3} \times r \times \dfrac{\sqrt{3}}{4} \times (3\sqrt{2})^2 = \dfrac{3\sqrt{3}}{2} r$이 된다.

이제 정사면체의 부피를 구하자. 잘려나간 귀퉁이의 삼각뿔의 부피는 전체 정육면체의 부피의 $\dfrac{1}{6}$ 이므로 정사면체의 부피는 $27 \times \left(1 - \dfrac{4}{6}\right) = 9$ 이다.

따라서 $9 = 4 \times \dfrac{3\sqrt{3}}{2} r$ 이 성립한다.

$\therefore r = \dfrac{\sqrt{3}}{2}$

10 $\overline{AD} = 10$ 이라고 할 때, $\overline{AE} = 2$, $\overline{EF} = 7$, $\overline{FD} = 1$, $\overline{BH} = 4$, $\overline{HG} = 3$, $\overline{GC} = 3$ 이 된다.
따라서 $\overline{EI} : \overline{IG} = \overline{FI} : \overline{IH} = \overline{EF} : \overline{HG} = 7 : 3$이 성립한다.
따라서 $S_1 = \dfrac{1}{2} \times \dfrac{3}{10} \times \dfrac{7}{10} \times 100 = \dfrac{21}{2}$, $S_2 = \dfrac{1}{2} \times \dfrac{3}{10} \times \dfrac{7}{10} \times 100 = \dfrac{21}{2}$
따라서 $S_1 + S_2 = 21$

11 별 A가 별 O의 둘레를 1회전 : $360° \div 120$일 $= 3°$/일
별 B가 별 A의 둘레를 1회전 : $360° \div 30$일 $= 12°$/일
별 C가 별 B의 둘레를 1회전 : $360° \div 24$일 $= 15°$/일
별 B와 별 A는 서로 반대방향으로 돌기 때문에 각도의 차이는 $3 + 12 = 15°$/일

따라서 별 O, A, B는 $180° \div 15 = 12$일마다 일직선상에 놓이게 된다.

또한, 별 C와 별 A는 서로 반대방향으로 돌기 때문에 각도의 차이는 $3 + 15 = 18°/$일

별 O, A, C는 $180° \div 18 = 10$일마다 일직선상에 놓이게 된다.

따라서 별 O, A, B, C가 일직선상에 놓이는 것은 12일과 10일의 최소공배수인 60일이다.

12 삼각형의 꼭짓점에 있는 수의 합을 a라고 하자.

그림의 중앙에 있는 꼭짓점에는 $(0 + 1 + 2 + \cdots + 9) - 3a = 45 - 3a$ 가 들어간다.

$45 - 3a$는 3의 배수이므로 $45 - 3a = 0, 3, 6, 9$ 네 가지 경우가 있다.

네 가지 경우를 직접 확인하면, $45 - 3a = 3$ 또는 $45 - 3a = 6$인 경우만 성립한다. 각각의 경우 회전이나 대칭이동으로 숫자를 배치하는 장소를 바꿀 수 있지만, 본질적으로는 각각의 경우에 대해서 한 가지로 나타낼 수 있다.

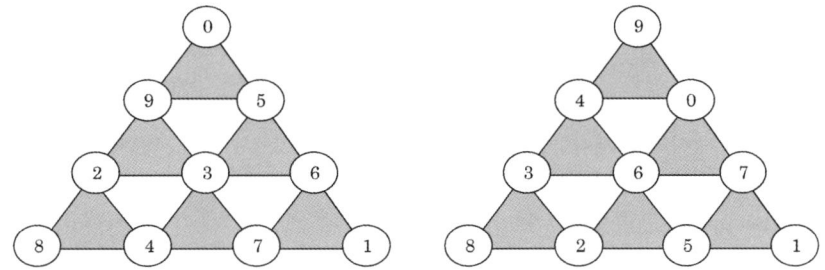

13 $(5 \pm 2\sqrt{6})^4 = 4801 \pm 1960\sqrt{6}$ 이다.

또한 $0 < 5 - 2\sqrt{6} < 1$이므로 $0 < (5 - 2\sqrt{6})^4 < 1$, 따라서 $(5 + 2\sqrt{6})^4 = 9601 + \alpha$ (단 $0 < \alpha < 1$).

$4801 + 1960\sqrt{6} = 9601 + \alpha$이므로 $1960\sqrt{6} = 4800 + \alpha$이다. 따라서 원하는 답은 $[1960\sqrt{6}] = 4800$이다.

14 n이 5의 배수도 아니고 6의 배수도 아니며 7의 배수도 아닐 때 $F(n) = 1$이고, 만일 세 수 중 하나의 배수가 되어도 $F(n) = 0$이 된다. 따라서 2009 이하의 자연수 중 5, 6, 7 중 어떤 수의 배수도 아닌 수의 개수를 구하면 된다. 이제 A는 2009 이하의 자연수 중 5의 배수들의 집합, B는 2009 이하의 자연수 중 6의 배수들의 집합, C는 2009 이하의 자연수 중 7의 배수들의 집합이라고 할 때 $2009 - |A \cup B \cup C|$를 구하면 된다.

$|A \cup B \cup C| = |A| + |B| + |C| - |A \cap B| - |B \cap C| - |C \cap A| + |A \cap B \cap C|$이다.

따라서

$$|A \cup B \cup C| = \left[\frac{2009}{5}\right] + \left[\frac{2009}{6}\right] + \left[\frac{2009}{7}\right] - \left[\frac{2009}{30}\right] - \left[\frac{2009}{42}\right] - \left[\frac{2009}{35}\right] + \left[\frac{2009}{210}\right]$$
$$= 401 + 334 + 287 - 66 - 47 - 57 + 9 = 861$$

따라서 답은 $2009 - 861 = 1148$

15 평행사변형의 종이를 세 번 접어 정오각형을 만들려면 다음 그림과 같이 접어야 한다.

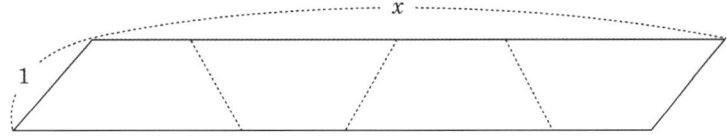

즉, 정오각형의 대각선의 길이를 a라 하면 $x = 2(1 + a)$이다.

그림에서 사각형 ABCD는 마름모이다.

정오각형의 대각선의 길이 $BE = a$

AC와 BE가 만나는 점을 F라 두면 △ABF와 △BEA는 닮음이고

$AE = EF = 1$이므로

$$1 : a-1 = a : 1$$

$$a^2 - a - 1 = 0 \Rightarrow a = \frac{1+\sqrt{5}}{2}$$

즉, $2a + 2 = 3 + \sqrt{5}$

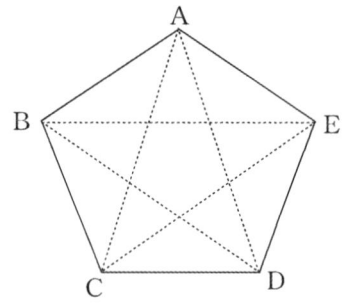

서술형 풀이 1

1 정답   6

$3 \ominus 5$는 3에서 출발하여 시계방향으로 5만큼 움직인 수이므로 10,

$5 \ominus 9$는 5에서 출발하여 시계방향으로 9만큼 움직인 수이므로 8

따라서 $(3 \ominus 5) \oplus (5 \ominus 9) = 10 \oplus 8$이다.

또한 $10 \oplus 8$은 10에서 출발하여 시계반대방향으로 8만큼 움직인 수이므로 6이다.

2 정답   0

$3 \otimes 7$은 $3 \oplus 3 \oplus 3 \oplus 3 \oplus 3 \oplus 3 \oplus 3$이다.

$3 \oplus 3 = 6$

$3 \oplus 3 \oplus 3 = 9$

$3 \oplus 3 \oplus 3 \oplus 3 = 0$

$3 \oplus 3 \oplus 3 \oplus 3 \oplus 3 = 3$

$3 \oplus 3 \oplus 3 \oplus 3 \oplus 3 \oplus 3 = 6$

$3 \oplus 3 \oplus 3 \oplus 3 \oplus 3 \oplus 3 \oplus 3 = 9$

이므로 $3 \otimes 7 = 9$다.

계산의 편의를 위해 0부터 11까지 12개의 수가 순서대로 나열되어 있다는 점을 이용할 수 있다.

이때, $3 \otimes 7$은 실제 $3 \times 7 = 21$을 12로 나눈 나머지인 9와 같은 값을 갖는다.

같은 방법으로 $5 \otimes 9$는 $5 \times 9 = 45$를 12로 나눈 나머지인 9다.

따라서 $(3 \otimes 7) \ominus (5 \otimes 9) = 9 \ominus 9 - 0$이다.

3 정답 $x = 7$, $y = 5$

$5 \oplus x = 0$이 되기 위해서는 5부터 출발하여 시계반대방향으로 x만큼 움직여 0에 도착해야 한다. 7만큼 움직이면 0에 도착하므로 $x = 7$이다.

역시 계산의 편의를 위해 0부터 11까지 12개의 수가 순서대로 나열되어 있다는 점을 이용하면 $5 + x$값을 12로 나누었을 때 나머지가 0인 x를 찾는 것이므로 $x = 7$이다.

$5 \otimes y = 1$이 되기 위해서는 $5 \times y$ 값을 12로 나누었을 때 나머지가 1이 되는 수를 찾는 것이다.

따라서 $5 \times 5 = 25$는 12로 나눈 나머지가 1이므로 $y = 5$이다.

4 정답 $x=8$, y는 없음

(3)에서와 같은 방법으로 구한다.

$4+8=12$는 12로 나눈 나머지가 0이므로 $x=8$이다.

$4 \times y$는 4의 배수이다. 그런데 12로 나눈 나머지가 1이 되는 수는 홀수이므로 $4y$는 12로 나눈 나머지가 1이 될 수 없다.

5 $2 \otimes 0 = 0$, $2 \otimes 1 = 2$, $2 \otimes 2 = 4$, $2 \otimes 3 = 6$, $2 \otimes 4 = 8$, $2 \otimes 5 = 10$

$2 \otimes 6 = 0$, $2 \otimes 7 = 2$, $2 \otimes 8 = 4$, $2 \otimes 9 = 6$, $2 \otimes 10 = 8$, $2 \otimes 11 = 10$

6 1, 5, 7, 11

7 $x = 4$

8 6의 질문에 대한 답 : 1, 5, 7, 11, 13, 17　　　7의 질문에 대한 답 : 16

9 m보다 작으며 m과 서로 소인 자연수들

서술형 풀이 2

1 $s_1 + s_2 = \dfrac{c+x+\overline{\mathrm{BD}}}{2} + \dfrac{b+x+\overline{\mathrm{CD}}}{2} = \dfrac{c+b+\overline{\mathrm{BD}}+\overline{\mathrm{CD}}+2x}{2} = \dfrac{a+b+c+2x}{2}$

$= s+x$

2 작은 두 원의 반지름의 길이를 k, 큰 내접원의 반지름의 길이를 r이라고 할 때,

$\triangle \mathrm{ABD} = \dfrac{1}{2}k(c+x+\overline{\mathrm{BD}})$, $\triangle \mathrm{ACD} = \dfrac{1}{2}k(b+x+\overline{\mathrm{CD}})$,

$\triangle \mathrm{ABC} = \triangle \mathrm{ABD} + \triangle \mathrm{ACD}$이므로 이를 정리하면 $ks_1 + ks_2 = rs$.

그리고 $s_1 + s_2 = s + x$이므로 $x = \dfrac{rs}{k} - s$

3 삼각형의 닮음을 이용하면 $\dfrac{s-b}{s_1 - x} = \dfrac{r}{k} = \dfrac{s-c}{s_2 - x}$

x에 대하여 정리하면 $\dfrac{s(s-b)}{s_1 - x} - s = x = \dfrac{s(s-c)}{s_2 - x} - s$

x에 관한 이차방정식을 변형하여 x를 구하면

$s(s-b) - ss_1 + sx = xs_1 - x^2$

$s(s-c) - ss_2 + sx = xs_2 - x^2$

$s(2s-b-c) - s(s_1 + s_2) + 2sx = x(s_1 + s_2) - 2x^2$

$sa - s(s+x) + 2sx = x(s+x) - 2x^2$

$2x^2 = (s+x)^2 - 2sx - sa$

$x^2 = s^2 - sa$

$\therefore x = \sqrt{s^2 - sa} = \sqrt{\dfrac{a+b+c}{2}\left(\dfrac{b+c-a}{2}\right)}$

서술형 풀이 3

1 한 점은 주어진 직선을 두 부분 A, B로 나눈다. 주어진 직선을 최대한 많은 부분으로 나누어야 하므로 두 번째 점은 처음 점과 일치하면 안 된다. 그러므로 두 번째 점은 A 또는 B에 속한다. 만약 A에 속한다고 하자. 그러면 두 번째 점은 A를 두 영역으로 분할하게 되고, 전체 영역의 개수는 1만큼 증가한다. 결국 점을 하나씩 찍으면 주어진 직선에는 영역이 하나씩 증가하게 된다.

n개의 점에 의해 얻어진 영역의 최대 개수를 L_n이라 하면, $L_1 = 2$, $L_n = L_{n-1} + 1$이다.

$$\therefore L_n = L_1 + (n-1) = n+1$$

2 영역의 수가 최대가 되려면, 세 직선에서 어느 두 직선도 평행하지 않으며 세 직선이 한 점에서 만나면 안 된다. 세 직선이 한 점에서 만나지 않으므로 삼각형이 생긴다. 이 삼각형을 중심으로 영역의 수를 세면 삼각형의 내부의 영역 1개(영역①), 삼각형의 각 변과 인접한 영역 3개(영역②, ③, ④), 꼭짓점과 인접한 영역 3개(영역⑤, ⑥, ⑦)가 나온다.

따라서 세 직선은 평면을 7개의 영역으로 나눈다.

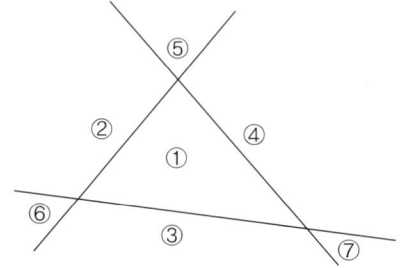

3 영역의 개수가 최대가 되려면 n개의 직선들 중 어떤 두 직선도 평행하지 않고, 어떤 세 직선도 한 점에서 만나지 않아야 한다.

$n=1$인 경우 : 평면을 2개로 분할

$n=2$인 경우 : 평면을 4개로 분할

$n=3$인 경우 : 평면을 7개로 분할
   ⋮

n개의 직선에 의한 평면 분할을 생각하자. $(n-1)$개의 직선으로 평면을 P_{n-1}개의 영역으로 분할하였다고 하면, n번째 직선은 $(n-1)$개의 직선과 $(n-1)$개의 교점을 만들고, 이들 교점은 n번째 직선을 n개의 부분으로 나눈다. 이때, n번째 직선의 각 부분은 한 개씩의 영역을 생성한다. 따라서 n번째 직선을 그으면 P_{n-1}에 n개의 영역이 증가된다.

$$P_n = P_{n-1} + n$$

$$P_n = 2 + (2+3+4+\cdots+n) = 1 + (1+2+3+4+\cdots+n)$$

$$= 1 + \frac{n(n+1)}{2} = \frac{n^2+n+2}{2}$$

4 영역의 개수가 최대가 되려면 어느 두 평면도 평행하지 않고, 어느 세 평면도 한 직선을 지나지 않아야 한다. 네 평면은 하나의 사면체를 만든다. 사면체의 내부의 영역 1개, 사면체의 꼭짓점과 인접한 영역 4개, 사면체의 모서리와 인접한 영역 6개, 사면체의 면과 인접한 영역 4개이다.

따라서 네 평면은 공간을 15개의 영역으로 나눈다.

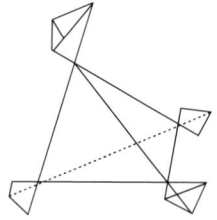

5 영역의 개수가 최대가 되려면 n개의 평면들 중 어떤 두 평면도 평행하지 않고, 어떤 세 평면도 한 직선을 지나지 않아야 한다.

$n=1$인 경우 : 공간을 2개로 분할

$n=2$인 경우 : 공간을 4개로 분할

$n=3$인 경우 : 공간을 8개로 분할
   ⋮

n개의 평면에 의한 공간 분할을 생각하자. $(n-1)$개의 평면으로 공간을 S_{n-1}개의 영역으로 분할하였다고 하면, n번째 평면은 $(n-1)$개의 평면과 교차하여 $(n-1)$개의 교선을 만들고, 이들 교선은 n번째 평면을 $P_{n-1}=\dfrac{(n-1)^2+(n-1)+2}{2}$개의 영역으로 나눈다. 이때, n번째 평면에 생성된 각각의 영역은 공간에서 하나씩 영역을 생성한다.

따라서 $S_n = S_{n-1} + P_{n-1}$

$$S_n = 2 + \frac{1^2+1+2}{2} + \frac{2^2+2+2}{2} + \frac{3^2+3+2}{2} + \cdots + \frac{(n-1)^2+(n-1)+2}{2}$$

$$= 2 + \frac{[1^2+2^2+\cdots+(n-1)^2] + [1+2+\cdots+(n-1)] + [2+2+\cdots+2]}{2}$$

$$= \frac{n^3+5n+6}{6}$$

6 분할 영역의 개수가 최대가 되려면, n개의 원들 중 어느 두 원도 접하지 않으며, 어느 세 원도 한 점에서 만나지 않아야 한다. 우선 원 O_1를 평면에 그리면, 주어진 평면은 두 개의 영역 F_1, F_2로 나뉜다. 원 O_1과 O_2를 그리면 두 원은 두 점에서 만난다. 이들 점은 원 O_2를 두 개의 호로 나누고, 이들 호는 영역 F_1, F_2를 분할하여 2개의 영역을 더 만든다.

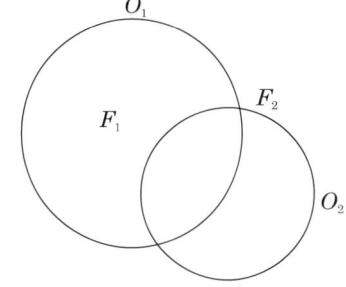

n개의 원에 의한 평면 분할을 생각하자. $(n-1)$개의 원을 그려 평면을 C_{n-1}개의 영역으로 분할하였다고 하면, 원 O_n은 $(n-1)$개의 원과 $2(n-1)$개의 교점을 만들며, 이들 교점은 원 O_n을 $2(n-1)$개의 호로 나눈다. 이때, $2(n-1)$개의 각 호들은 새로운 영역을 하나씩 생성하므로 원 O_n을 그리면 $2(n-1)$개의 영역이 증가한다.

$C_n = C_{n-1} + 2(n-1)$

$C_n = 2 + 2(1+2+3+\cdots+(n-1)) = 2 + 2 \times \dfrac{n(n-1)}{2} = n^2 - n + 2$

서술형 풀이 4

1 $(0, 0)$에서 한 칸 움직이면 $(\pm 1, 0)$ 또는 $(0, \pm 1)$이 된다. 한 칸 움직일 때 마다 x좌표와 y좌표의 합이 홀수에서 짝수로, 짝수에서 홀수로 바뀐다. 원점에서 5회 움직였으므로 $x+y=(\pm$ 홀수$)$꼴임을 알 수 있다. 즉, 가능한 것은 $x+y=-5, -3, -1, 1, 3, 5$이다.

$(0, 5), (0, -5), (0, 3), (0-3), (0, 1), (0, -1),$

$(1, 4), (1, -4), (1, 2), (1, -2), (1, 0)$ $(-1, 4), (-1, -4), (-1, 2), (-1, -2), (-1, 0)$

$(2, 3), (2, -3), (2, 1), (2, -1),$ $(-2, 3), (-2, -3), (-2, 1), (-2, -1)$

$(3, 2), (3, -2), (3, 0),$ $(-3, 2), (-3, -2), (-3, 0)$

$(4, 1), (4, -1),$ $(-4, 1), (-4, -1),$

$(5, 0)$ $(-5, 0)$

답 36가지

2 바둑알이 앞, 뒤, 오른쪽, 왼쪽 방향으로 움직인 횟수를 각각 a, b, c, d라 하자.

$a+b+c+d=4$이고 $(1, 1)$에 도달하려면 $a-b=1$, $c-d=1$이다.

$a+b+c+d=4$에 $a=b+1$, $c=d+1$을 대입하면, $b+d=1$

$(b, d) = (1, 0), (0, 1)$

따라서 $(a, b, c, d) = (2, 1, 1, 0), (1, 0, 2, 1)$이다.

가능한 방법의 수는

ⅰ) $(a, b, c, d) = (2, 1, 1, 0)$일 때,

  $aabc, aacb, abac, abca, acab, acba, baac, baca, bcaa, caab, caba, cbaa$: 12가지

ⅱ) $(a, b, c, d) = (1, 0, 2, 1)$일 때,

  같은 방법으로 12가지

답 24가지

3 바둑알이 한 칸 움직일 때마다 x좌표와 y좌표의 합이 홀수, 짝수가 바뀐다. 그런데 $(1, 1)$은 x좌표와 y좌 표의 합이 짝수이므로 짝수 번 움직여야만 도달할 수 있다. 따라서 2011회 움직여서는 도달할 수 없다.

단답형 정답 및 해설

1 다음 그림에서 $\overline{\text{AB}}=3k$, $\overline{\text{AC}}=4k$, $\overline{\text{BC}}=5k$라고 하고 원의 반지름을 r이라고 하자.
가장 왼쪽의 원의 중심을 O_1, 가장 오른쪽의 원의 중심을 O_n이라고 하자.

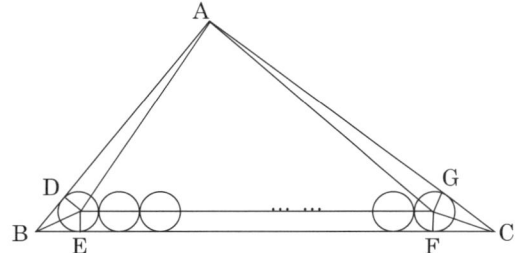

전체 삼각형 넓이는 $6k^2$, $\triangle \text{O}_1\text{AB}=\dfrac{3kr}{2}$, $\triangle \text{O}_n\text{AC}=\dfrac{4kr}{2}$, $\triangle \text{AO}_1\text{O}_n=\dfrac{1}{2}\times 2(n-1)r\times(\dfrac{12k}{5}-r)$,

사각형 O_1BCO_n의 넓이는 $\dfrac{r}{2}\times\{2(n-1)r+5k\}$이다.

따라서 $6k^2=\dfrac{3kr}{2}+\dfrac{4kr}{2}+\dfrac{2(n-1)r^2+5kr}{2}+(n-1)r\times(\dfrac{12k}{5}-r)$

$\qquad 12k^2=7kr+2(n-1)r^2+5kr+\dfrac{24}{5}(n-1)kr-2(n-1)r^2$

$\qquad 12k^2=12kr+\dfrac{24}{5}(n-1)kr$

$k=r+\dfrac{2}{5}(n-1)r$ 따라서 $k=\dfrac{2n+3}{5}\times r$ 이 된다. $r=\dfrac{1}{3}$이므로 $k=\dfrac{2n+3}{15}$이다.

k가 정수 값이므로 가능한 n의 값은 $n=6$, $n=21$, $n=36$ 등이다.

2 A의 작은 바퀴가 한 바퀴 돌 동안 B의 큰 바퀴는 $\dfrac{1}{2}$바퀴 돌고, B의 작은 바퀴가 한 바퀴 돌 동안 C의

작은 바퀴는 $\dfrac{1}{a}$바퀴 돈다. 그리고 A의 큰 바퀴가 한 바퀴 돌 동안 C의 큰 바퀴는 $\dfrac{3}{b}$바퀴 돈다.

따라서 $\dfrac{1}{2a}=\dfrac{3}{b}$을 얻는다. 즉, $b=6a$이다.

3 그림에서 ○표시된 곳의 규칙을 분석하자. 대각선이 한쪽 꼭짓점에서 다른 쪽 꼭짓점으로 가는 동안 세로줄과 한 번 만나고 가로줄과 두 번 만난다. 가로줄과 만날 때 ○는 그 아래쪽 사각형의 개수를 하나 추가하고, 세로줄과 만날 때는 그 왼쪽 사각형의 개수를 하나 추가하면 마지막 하나를 제외하고 모든 만나는 사각형의 개수를 셀 수 있다. 따라서 대각선이 중간에 가로줄과 세로줄이 만나는 꼭짓점을 지나지 않는 경우에는 가로줄에 놓인 사각형의 수를 m, 세로줄에 놓인 사각형의의 수를 n이라 할 때 $(m-1)+(n-1)+1=m+n-1$개의 사각형과 대각선이 만나게 된다. 위의 경우에도 가로줄에 놓인 사각형의 수가 2, 세로줄에 놓인 사각형의 수가 3이므로 $2+3-1=4$개와 만나게 된다. 똑같은 모양이

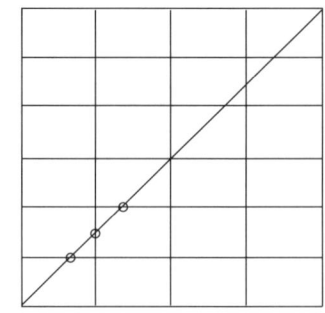

2번 반복되므로 모두 8개의 사각형과 만나게 된다. 이제 가로의 길이가 9, 세로의 길이가 4인 직사각형을 가로줄에 4개씩, 세로줄에 9개씩 모두 36개를 배열하면 한 변의 길이가 36인 정사각형 내부에 모두 나열할 수 있다. 9와 4는 서로소이므로 대각선이 중간에 가로줄과 세로줄의 교점과 만나지 않는다. 따라서 대각선이 만나는 사각형의 개수는 $4+9-1=12$이다. 한 변의 길이가 216인 정사각형 내부에는 한 변의 길이가 36인 정사각형을 가로줄에 6개, 세로줄에 6개 나열할 수 있으므로 한 대각선은 한 변의 길이가 36인 정사각형 6개와 만난다. 따라서 만나는 모든 사각형의 개수는 $6 \times 12 = 72$개다.

4 자동차들의 움직임을 그래프로 표현하자.

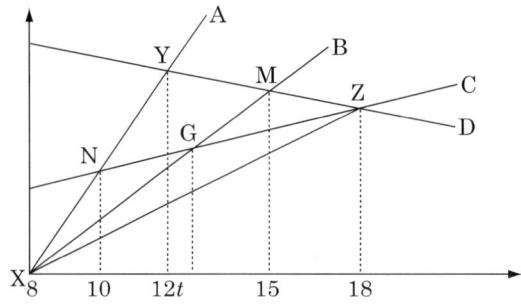

B가 C와 만나는 시간을 T라고 하자.
N은 XY의 중점, M은 YZ의 중점이므로 G는 삼각형 XYZ의 무게중심이다.
따라서 $\overline{XG} : \overline{GM} = (t-8) : (15-t) = 2 : 1$, $t-8 = 30-2t$, $3t=38$, $t=12$시 40분

5 원뿔의 전개도를 생각하자. 그러면 오른쪽 그림처럼 4개의 부채꼴 모양을 붙여놓은 것이 된다.
한 부채꼴의 호의 길이는 2π이고 반지름의 길이는 24이다.
한 부채꼴의 호의 길이=반지름의 길이×중심각(θ)
$2\pi = 24 \times \theta$, 따라서 한 부채꼴의 중심각 $\theta = 15°$
그러므로 $\triangle OAA'''$은 정삼각형이다. 실의 길이가 최단 거리가 되려면 $AB \perp OA'''$이 되어야 한다.
피타고라스 정리에 의해 $OD = 12\sqrt{2}$이다.

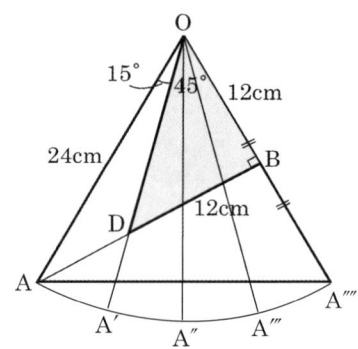

6 마름모 ABCD의 두 대각선의 교점을 O라 하고, $\overline{OL} \perp \overline{AB}$ 가 되도록 변 AB 위에 점 L을 잡으면 $\overline{DK} /\!/ \overline{OL}$ 이고 $\overline{DO} = \overline{OB}$ 이므로 $\overline{KL} = \overline{LB}$

그런데 조건에서 $\overline{AK} : \overline{KB} = 1 : 2$ 이므로 $\overline{AK} = \overline{KL}$

K가 $\overline{AL}$ 의 중점이고 $\overline{MK} /\!/ \overline{OL}$ 이므로 삼각형 ALO에서

삼각형의 중점연결정리를 적용하면, $\overline{MK} = \dfrac{1}{2}\overline{OL}$ 이고, 같은

방법으로 삼각형 BKD에서

$\overline{OL} = \dfrac{1}{2}\overline{DK}$ 를 얻을 수 있다.

$\overline{MK} = \dfrac{1}{2}\overline{OL} = \dfrac{1}{2}\left(\dfrac{1}{2}\overline{DK}\right) = \dfrac{1}{4}\overline{DK} = 1$ 이므로

$\overline{MB} = \overline{DM} = \overline{DK} - \overline{MK} = 4 - 1 = 3$ 이다.

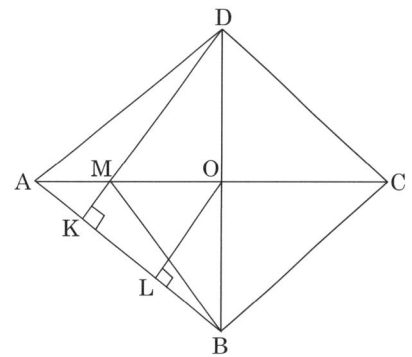

7 $B + E = 9$ 이고 $B + E + J + G = 9$ 이므로 $J = G = 0$

$C + H = 9$ 이고 $C + H + K + F = 9$ 이므로 $F = K = 0$

$A = x$ 라 하면 $A + F + C = 9$ 이고 $F = 0$ 이므로 $C = 9 - x$

$C + H = 9$ 이므로 $H = x$, $H + K + P = 9$ 이므로 $P = 9 - x$, $P + K + N = 9$

이므로 $N = x$, $I + N = 9$ 이므로 $I = 9 - x$

$B = y$ 라 하면 $B + E = 9$ 에서 $E = 9 - y$

$B + G + D = 9$ 이므로 $D = 9 - y$, $D + G + L = 9$ 이므로

$L = y$, $L + K + O = 9$ 이므로 $O = 9 - y$, $O + J + M = 9$ 이므로

$M = y$

따라서 모두 더하면 54개이다.

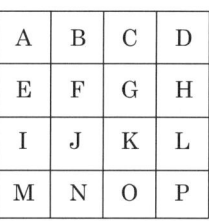

8 그림처럼 보조선을 긋자.

그러면 $\overline{PQ} = \overline{RS} = \overline{TU} = 24 \div 3 = 8$ 이 된다.

또한, $\overline{QR} = \overline{ST} = \overline{UV} = (24 - 8 \times 2) \div 3 = \dfrac{8}{3}$

내부 정사각형 한 개의 넓이는

$\left(8 + \dfrac{8}{3}\right) \times \left(8 + \dfrac{8}{3}\right) - 4 \times 8 \times \dfrac{8}{3} \div 2 = \dfrac{640}{9}$

구하려는 넓이는 $\dfrac{640}{9} \times 4 = \dfrac{2560}{9}$

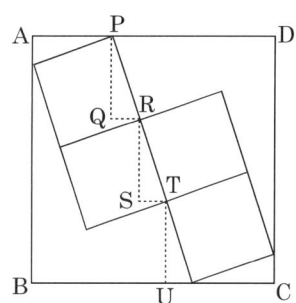

9 $\triangle ABC$ 에서 선분 AD는 $\angle A$ 의 이등분선이다.

따라서 $\overline{AC} : \overline{AB} = \overline{CD} : \overline{DB}$ 에서 $1 : \sqrt{2} = \overline{CD} : \overline{DB}$, $\overline{BC} = 10\sqrt{2}$ 이므로

$\overline{CD} = 20 - 10\sqrt{2}$

구하려는 날개의 넓이는

$= 2 \times \left\{\triangle ABC - \dfrac{1}{2} \times 10\sqrt{2} \times (20 - 10\sqrt{2}) - \dfrac{1}{2} \times (10\sqrt{2} - 10)^2\right\}$

$= 2 \times \left\{\dfrac{1}{2} \times (10\sqrt{2})^2 - \dfrac{1}{2} \times 10\sqrt{2} \times (20 - 10\sqrt{2}) - \dfrac{1}{2} \times (10\sqrt{2} - 10)^2\right\} = 2 \times 50 = 100$

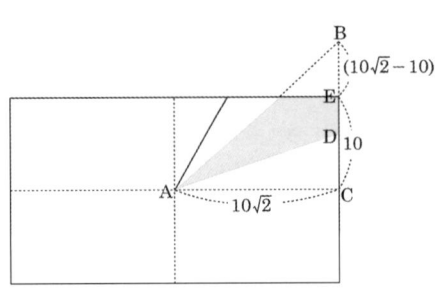

10 주어진 관계식을 정리하면 $3a+4(b+c)+12d=120$, $3a=4(30-b-c-3d)\cdots$ ①이다.

그런데 3과 4는 서로소이므로 a는 4의 배수이어야 하고, $30-b-c-3d$는 3의 배수이어야 한다.

따라서 $a=4k\,(k\geq 1)$로 놓을 수 있고, ①에 대입하면 $3k=30-b-c-3d$이므로

$b+c=30-3k-3d=3(10-k-d)\cdots$ ②가 되어 $b+c$는 3의 배수임을 알 수 있다.

그러므로 $b+c=3l\,(l\geq 1)$로 놓을 수 있으며, 이것을 ②에 대입하면 $3l=30-3k-3d$이다.

즉, $d=10-k-l$

따라서 $a+b+c+d=4k+3l+(10-k-l)=10+3k+2l$ 이고 $k=l=1$일 때 최솟값 15를 갖는다.

11 $\sqrt{2009}=7\sqrt{41}$ 이므로 $\sqrt{x}=a\sqrt{41}$, $\sqrt{y}=b\sqrt{41}$ 의 형태이어야 한다.

$\sqrt{2009}=7\sqrt{41}=(a+b)\sqrt{41}$ 이므로 $a+b=7$을 만족하는 양의 정수 a, b의 순서쌍 $(a,\ b)$의 개수를 구하면 된다. $(a,\ b)=(1,\ 6),\ (2,\ 5),\ (3,\ 4)$ 이고, 순서가 뒤바뀐 경우가 있으므로 총 6가지가 가능하다.

12 l과 BC가 평행이므로 $\angle AEF=60°=\angle AFE$ 이다.

$\overline{EF}=x$라 놓으면 $\overline{AF}=\overline{FG}=\overline{DE}=x$ 이다.

$\overline{AC}=\sqrt{3}$ 이므로 $\overline{FC}=\sqrt{3}-x$ 이다.

$\overline{DF}\cdot\overline{FG}=\overline{AF}\cdot\overline{FC}$ 이므로 $(2x)x=x(\sqrt{3}-x)$ 가 성립한다.

이를 정리하면, $x=\dfrac{1}{\sqrt{3}}$ 이다.

13 직각삼각형인 경우에 대하여 생각해보자.

직각삼각형이므로 $x,\ y,\ z$ 중에 어느 하나는 2이다. $z=2$라고 하면 $\dfrac{1}{x}+\dfrac{1}{y}=\dfrac{1}{2}$

$xy-2(x+y)=0$이므로 $(x-2)(y-2)=4$를 만족하는 자연수 순서쌍 $(x,\ y,\ z)$를 구하면

$(3,\ 6,\ 2),\ (6,\ 3,\ 2),\ (4,\ 4,\ 2)$ 세 가지이다. 이때, $x=2$ 또는 $y=2$가 되는 경우가 있으므로 전체 경우의 수는 $3\times 3=9$가지이다. 따라서 구하고자 하는 확률은 $P_1=\dfrac{9}{6^3}=\dfrac{1}{24}$이다.

이등변삼각형인 경우에 대하여 생각해보자.

$\dfrac{180°}{x}=\dfrac{180°}{y}\left(\dfrac{1}{x}=\dfrac{1}{y}\right),\ \dfrac{180°}{x}+\dfrac{180°}{y}+\dfrac{180°}{z}=180°$이므로

$\dfrac{1}{x}+\dfrac{1}{y}+\dfrac{1}{z}=1,\ \dfrac{1}{x}=\dfrac{1}{y}$이므로 $\dfrac{2}{x}+\dfrac{1}{z}=1$.

따라서 $xz=x+2z$ 즉, $(x-2)(z-1)=2$를 만족하는 자연수 순서쌍 $(x,\ y,\ z)$를 구하면

$(4,\ 4,\ 2),\ (3,\ 3,\ 3)$ 두 가지이다. 같은 방법으로 $\dfrac{180°}{x}=\dfrac{180°}{z},\ \dfrac{180°}{y}=\dfrac{180°}{z}$인 경우까지 모두 구하면

$(4,\ 2,\ 4),\ (2,\ 4,\ 4),\ (4,\ 4,\ 2),\ (3,\ 3,\ 3)$ 총 네 가지이다. 따라서 구하고자 하는 확률은 $P_2=\dfrac{4}{6^3}=\dfrac{1}{54}$

$\therefore P_1+P_2=\dfrac{1}{24}+\dfrac{1}{54}=\dfrac{1}{6}\left(\dfrac{1}{4}+\dfrac{1}{9}\right)=\dfrac{13}{216}$

14 $\overline{AC} = \overline{AD} = \sqrt{3}$ 이라고 하면 $\overline{CD} = \sqrt{6}$ 이다.

$\overline{AC}$와 $\overline{BD}$의 교점을 E 라고 할 때, 직각삼각형 DEA에서 $\overline{AE} = 1$, $\overline{CE} = \sqrt{3} - 1$ 이다.

이제 $\angle EDC = 15°$ 이므로 $\overline{AB} /\!/ \overline{CD}$ 가 성립하고, 따라서 $\triangle EAB \backsim \triangle ECD$ 가 성립한다.

$\overline{CE} : \overline{EA} = \overline{DE} : \overline{EB}$ 이므로 $\overline{EB} = \dfrac{\overline{EA} \cdot \overline{DE}}{\overline{CE}} = \sqrt{3} + 1$ 이다.

$\angle BEC = 60°$ 이므로 B에서 $\overline{EC}$의 연장선에 내린 수선의 발을 H라고 할 때, $\overline{EH} = \dfrac{1}{2}\overline{BE} = \dfrac{\sqrt{3}+1}{2}$ 이고, 따라서 $\overline{CH} = \overline{EH} - \overline{EC} = \dfrac{\sqrt{3}+1}{2} - (\sqrt{3}-1) = \dfrac{3-\sqrt{3}}{2}$ 이다.

또한 $\overline{BH} = \dfrac{\sqrt{3}}{2}\overline{BE} = \dfrac{\sqrt{3}(\sqrt{3}+1)}{2} = \dfrac{3+\sqrt{3}}{2}$ 이다.

이제 직각삼각형 BCH에서 피타고라스 정리를 적용하면
$$\overline{BC}^2 = \overline{BH}^2 + \overline{CH}^2 = \left(\dfrac{3+\sqrt{3}}{2}\right)^2 + \left(\dfrac{3-\sqrt{3}}{2}\right)^2 = 6$$ 이므로 $\overline{BC} = \sqrt{6}$ 이다.

$\angle BCE = 150° - \angle ACD = 150° - 45° = 105°$ 이다.

$\overline{BC} = \overline{CD} = \sqrt{6}$ 이므로 삼각형 CBD는 이등변삼각형이고, 따라서 $\angle CBD = 15°$, $\angle BCD = 150°$.

15 3회 모두 같은 것을 낸 사람 $4 + 3 + 2 = 9$명
가위와 바위만을 낸 사람 $10 - 4 - 2 = 4$명
바위와 보만을 낸 사람 $12 - 3 - 2 = 7$명
가위와 보만을 낸 사람 $13 - 4 - 3 = 6$명
합계 26명이다.
따라서 가위, 바위, 보를 1회씩 낸 사람은 이외의 사람이므로 4명이다.

서술형 풀이 1

1 조건 $d_{12} = d_{14}$, $d_{23} = d_{34} = \sqrt{5}\,d_{12}$, $d_{13} = 12$, $d_{24} = 6$, $d_{12} > d_{24}$에 의해 그림으로 아래와 같이 나타낼 수 있다.
∴ $\overline{C_2 Q} = 3$

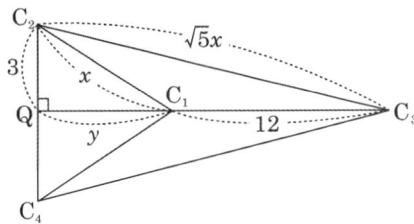

2 $\overline{C_1 C_2} = x$, $\overline{C_1 Q} = y$ 라고 하면, 피타고라스 정리에 의하여
$$\begin{cases} x^2 = 9 + y^2 & \cdots 1) \\ 5x^2 = 9 + (y+12)^2 & \cdots 2) \end{cases}$$
1), 2)에서 x를 소거하면, $5(9 + y^2) = 9 + (y+12)^2$
$y^2 - 6y - 27 = 0$ ∴ $y = 9$ ($\because y > 0$)
$y = 9$를 1)에 대입하면 $d_{12} = x = 3\sqrt{10}$ ($\because x > 0$)

3 $p_1 : p_2 = 2 : 1 \cdots (3)$, $y_{12} : y_{23} : y_{34} = 12 : 4 : 3 \cdots 4)$

조건과 (4)에 의해 $r \cdot \dfrac{p_1 \cdot \ p_2}{d_{12}{}^2} : r \cdot \dfrac{p_2 \cdot p_3}{d_{23}{}^2} : r \cdot \dfrac{p_3 \cdot \ p_4}{d_{34}{}^2} = 12 : 4 : 3$

또, (3)에서 $p_1 = 2t$, $p_2 = t$ 라고 놓으면, $\dfrac{2t \cdot \ p_2}{90} : \dfrac{p_2 \cdot \ p_3}{450} : \dfrac{p_3 \cdot \ t}{450} = 12 : 4 : 3 \ \therefore (2)$

$\begin{cases} 2 \cdot 5t : p_3 = 12 : 4 \\ p_2 : t = 4 : 3 \end{cases} \qquad \therefore p_3 = \dfrac{10}{3}t, \ p_2 = \dfrac{4}{3}t$

따라서 $p_1 : p_2 : p_3 : p_4 = 6 : 4 : 10 : 3$

$p_1 = 6, \ p_2 = 4, \ p_3 = 10, \ p_4 = 3$으로 놓으면,

$\begin{cases} y_{12} = \dfrac{16}{60}r, \ y_{13} = \dfrac{25}{60}r, \ y_{14} = \dfrac{12}{60}r \\ y_{23} = \dfrac{4}{45}r, \ y_{24} = \dfrac{20}{60}r, \ y_{34} = \dfrac{4}{60}r \end{cases}$

따라서 왕래하는 사람 수가 가장 많은 것은 A_1과 A_3사이이다.

서술형 풀이 2

1 두 개의 연속된 자연수를 $a, a+1$라고 하면 그 합은 $a + (a+1) = 2a+1$로 항상 홀수이다. 이 수는 2의 거듭제곱이 될 수 없다.

2 만약 2의 거듭제곱수 2^m이 연속된 $n+1$개의 자연수로 표현된다고 가정하자.
$n+1$개의 연속된 자연수의 합은
$a + (a+1) + (a+2) + \cdots + (a+n)$
$= (a + a + \cdots + a) + (1 + 2 + \cdots + n)$
$= a(n+1) + \dfrac{n(n+1)}{2}$
$= (n+1)\left(\dfrac{2a+n}{2}\right)$이다.

따라서 2^m이 연속된 $n+1$개의 자연수로 표현된다면 $2^m = (n+1)\left(\dfrac{2a+n}{2}\right)$이다.

즉, $2^{m+1} = (n+1)(2a+n)$이다.
n이 홀수이면 $2a+n$이 홀수이고, n이 짝수이면 $n+1$이 홀수가 되어 모순이다.
따라서 2의 거듭제곱 수는 항상 연속된 자연수의 합으로 표현 할 수 없다.

3 2의 거듭제곱이 아닌 수는 $2^k \times (2m+1)$꼴로 표현할 수 있다. ($k \geq 0, \ m \geq 1$)
따라서 연속된 $n+1$개의 자연수로 표현한다면,

$2^k(2m+1) = a + (a+1) + (a+2) + \cdots + (a+n) = (n+1)\left(\dfrac{2a+n}{2}\right)$이 된다.

$2^{k+1}(2m+1) = (n+1)(2a+n)$에서 $n+1 = 2m+1$이면 $n = 2m$이다.
따라서 $n + 2a = 2m + 2a = 2^{k+1}$이므로 $m + a = 2^k$이 되어 $a = 2^k - m$이다.
$a = 2^k - m$이 양수일 때와 음수일 때로 나누어 생각해보자.
$a = 2^k - m$이 양의 정수일 때, $a = 2^k - m$으로 시작하여 연속되는 $n+1 = 2m+1$개의 양의 정수를 합하면,
$[2^k - m] + [2^k - (m-1)] + [2^k - (m-2)] + \cdots + [2^k - (m - 2m)]$
$= 2^k(2m+1) - m - (m-1) - (m-2) - \cdots - (m - 2m) = 2^k(2m+1)$이다.
$a = 2^k - m$이 음의 정수일 때, $n+1 = 2^{k+1}$로 하면 $n = 2^{k+1} - 1$이다.

또한, $n+2a=2^{k+1}+2a-1=2m+1$이 되어 $a=m+1-2^k$이다. $a=m+1-2^k$로 시작하여 연속되는 $n+1=2m+1$개의 양의 정수를 합하면,

$$[m+1-2^k]+[m+1-2^k+1]+\cdots+[m+1-2^k+(2^{k+1}-1)]$$
$$=(m+1-2^k)2^{k+1}+[1+2+\cdots+(2^{k+1}-1)]=2^k(2m+1)$$

4
$$5^{10}=a+(a+1)+(a+2)+\cdots+(a+n)=(n+1)\left(\frac{n+2a}{2}\right)$$

즉, $2\times5^{10}=(n+1)(n+2a)$

2×5^{10}의 약수 : $1,5,5^2,\cdots,5^{10},2,2\times5,2\times5^2,\cdots,2\times5^{10}$이다.

$n+1<n+2a$이고 $n+1$을 최대로 하려면, $n+1=5^5$이다.

따라서 $n=5^5-1=3124$이고 $a=1563$이다. $5^{10}=1563+1564+\cdots+4687$

서술형 풀이 3

1 점 A에서부터 정비소까지의 거리를 $x\,(0\le x\le l)$라 하면, 점 A에서 정비소까지의 운반비는 한 대당 kx (k는 비례상수)이며 점 B에서 정비소까지의 운반비는 한 대당 $k(l-x)$이다. 총운반비를 y라고 하면,

$$y=ak\times2x+bk\times2(l-x)\quad\therefore y=2k\{(a-b)x+bl\}\cdots1)$$

1)식의 그래프는 직선이므로, $0\le x\le l$의 범위에서

$a>b$인 경우, 직선 1)의 기울기가 양이므로 $x=0$일 때 y는 최소이다.

$a=b$인 경우, $0\le x\le l$의 범위에서 모든 x에 대하여 y의 값은 같다.

$a<b$인 경우, 직선 1)의 기울기가 음이므로 $x=l$일 때 y는 최소이다.

2 점 A에서부터 정비소까지의 거리를 $x\,(0\le x\le l)$라 하면, 점 A에서 정비소까지의 운반비는 한 대당 kx^2 (k는 비례상수)이며 점 B에서 정비소까지의 운반비는 한 대당 $k(l-x)^2$이다. 총운반비를 y라고 하면,

$$y=ak\times2x^2+bk\times2(l-x)^2=2k\{ax^2+b(l-x)^2\}$$

$$y=2k\{ax^2+b(l-x)^2\}$$
$$=2k\{(a+b)x^2-2blx+bl^2\}$$
$$=2k(a+b)\left\{x^2-\frac{2bl}{a+b}x\right\}+2kbl^2$$
$$=2k(a+b)\left\{\left(x-\frac{bl}{a+b}\right)^2-\frac{b^2l^2}{(a+b)^2}\right\}+2kbl^2$$
$$=2k(a+b)\left(x-\frac{bl}{a+b}\right)^2+\frac{2kbl^2(a+b)-2kb^2l^2}{a+b}$$
$$=2k(a+b)\left(x-\frac{bl}{a+b}\right)^2+\frac{2kabl^2}{a+b}$$
$$=2k\left\{(a+b)\left(x-\frac{bl}{a+b}\right)^2+\frac{abl^2}{a+b}\right\}$$

$0\le\dfrac{bl}{a+b}\le l$이므로 y는 $x=\dfrac{bl}{a+b}$일 때, 최솟값 $\dfrac{abl^2}{a+b}$을 갖는다.

서술형 풀이 4

1 이 직사각형에서 $A=(a-2)(b-2)$, $B=2a+2b-4$이므로

$$A+\frac{1}{2}B-1$$
$$=ab-2b-2a+4+b+a-2-1$$
$$=(a-1)(b-1)$$
$$=(직사각형의\ 넓이)$$

2 다각형에서 v, e, f는 각각 꼭짓점, 모서리, 면의 개수라고 하고 내부의 경우에는 i, 둘레의 경우에는 b를 아래 첨자로 붙여 내부 꼭짓점의 개수는 v_i, 둘레 위의 꼭짓점의 개수는 v_b, 내부 변의 개수는 e_i, 둘레 위의 변의 개수는 e_b라고 하자. 세 개의 격자점으로 이루어진, 내부에 점이 없는 다각형의 넓이는 $\frac{1}{2}$이므로 다각형의 넓이를 f에 관한 식으로 나타내면 $\frac{1}{2}f$이다. 그런데
$3f=2e_i+e_b$, $e_b=v_b$, $v-e+f=1$이므로

$$3f=2e_i+e_b=2e-e_b$$
$$2e-3f-e_b=0$$
$$2(e-f)-f-e_b=0$$
$$2(v-1)-f-v_b=0$$
$$f=2v-2-v_b=2v_i+v_b-2\ 에서$$
$$(넓이)=\frac{1}{2}f=\frac{1}{2}(2v_i+v_b-2)=v_i+\frac{1}{2}v_b-1$$

이 되어 픽의 정리를 얻는다.

둘레 위의 꼭짓점
내부 꼭짓점
둘레 위의 변
내부 변

3 만약 이러한 정삼각형이 존재한다고 하면, 피타고라스 정리에 의하면 정삼각형의 넓이는 무리수이다. 그러나 픽의 정리에 의하면 이 정삼각형의 넓이는 유리수이어야 하므로 모순이다.

4 만약 네 개의 꼭짓점이 격자점에 놓인다면 $n\times n$ 정사각형은 내부에 $(n-1)^2$개의 격자점, 그리고 둘레에 $4n$개의 격자점이 있게 되므로 정확하게 $(n+1)^2$개의 격자점을 덮게 된다. 일반적으로 $n\times n$ 정사각형의 둘레에는 $4n$ 보다 적은 개수의 격자점이 놓이게 된다. 격자평면에서 두 점 사이의 최소 거리는 1이므로 길이가 $4n$인 선 위에는 $4n$개 보다 많은 격자점이 놓일 수 없기 때문이다. 픽의 정리로부터 $n^2=A-\dfrac{B}{2}+1$이고 $n\times n$ 정사각형이 덮는 격자점의 개수는 $A+B$이다. 이로부터 다음을 얻는다.

$$A+B=A+\frac{B}{2}-1+\frac{B}{2}+1=n^2+\frac{B}{2}+1\ \leq n^2+\frac{4n}{2}+1=(n+1)^2$$

출제예상문제 3회

출제예상문제 3회 정답   P.36

단답형 문항

01. 506	02. 34	03. 17	04. -210	05. ②
06. 349	07. 80	08. ㄴ, ㄹ	09. 33	10. 75
11. $\dfrac{3}{2}$	12. $6+4\sqrt{7}$	13. $D=7, E=5,$ $N=6, O=0, R=8$	14. 1103가지	15. 풀이참조
		$S=9, Y=2$		

서술형 문제

1~4. 풀이참조

단답형 정답 및 해설

1 최대가 되기 위해서는 $A \cup B = X$ 가 되어야 한다. 또한 서로소이므로 $A \cap B = \varnothing$ 따라서 $a+b=45$임을 알 수 있다. 그러므로 $ab = a(45-a) = -a^2 + 45a = -(a-\dfrac{45}{2})^2 + \dfrac{2025}{4}$ 이다.

a 는 정수이므로 $a=22$ 또는 $a=23$일 때, 최댓값 $22 \times 23 = 506$을 갖게 됨을 알 수 있다.

2 13과 7의 최소공배수는 $13 \times 7 = 91$이다. $\dfrac{3}{13} = \dfrac{21}{91}$ 이고 $\dfrac{5}{7} = \dfrac{65}{91}$ 이다. 따라서 21보다 크고 65보다 작은 정수 중 91과 서로 소인 것의 개수를 구하면 된다. 43개의 정수 중 7의 배수는 6개, 13의 배수는 3개이고 겹치는 것은 없다. 따라서 9개를 제외하면 되므로 정답은 34개이다.

3 분모를 소인수 분해하였을 때 2 또는 3의 곱으로만 표현되어야 한다. 따라서 분모가 될 수 있는 것은 2, 3, 4, 6, 8, 9일 때 뿐이고 각각의 경우 중복되는 것을 제외하면 17개뿐이다.

4 $1=1$
$1-4=-(1+2)$
$1-4+9=1+2+3$
$1-4+9-16=-(1+2+3+4)$
…
$1-4+9-16+\cdots+361-400=-(1+2+3+\cdots+20)=-210$

5 $x^+ = \begin{cases} x, & (x \geq 0) \\ 0, & (x < 0) \end{cases}$, $x^- = \begin{cases} 0, & (x \geq 0) \\ -x, & (x < 0) \end{cases}$ 이므로 $x^- = \dfrac{|x|-x}{2}$ 이라야 맞다.

6 C에서 $\overline{AB}$에 내린 수선의 발을 H라고 하자.

$\triangle CBH \backsim \triangle ACH$ 이므로 $\overline{AH} = x$라고 하면 $3:x=5:3$이므로 $x=\dfrac{9}{5}$

$\triangle CAH \equiv \triangle CDH$이므로 $\overline{AD} = 2\overline{AH}$ 따라서 $\overline{AD} = 2\overline{AH} = 2 \times \dfrac{9}{5} = \dfrac{18}{5}$

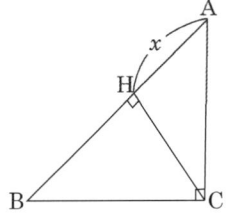

따라서 정사각형 ADEF의 넓이는 $\left(\dfrac{18}{5}\right)^2 = \dfrac{324}{25}$

324, 25는 서로 소이므로 $p+q = 25 + 324 = 349$

7 $f(1) = a$, $f(2) = b$, $f(3) = c$, $f(4) = d$ 라고 하면, $a+b+c+d = 1$ 이 되는 a, b, c, d를 찾으면 된다.
(단, a, b, c, $d \in \{-2, -1, 0, 1, 2\}$)
가능한 a, b, c, d의 경우를 알아보자.

$1 = -2+1+1+1$인 경우 a, b, c, d의 개수는 4가지 ($\because \dfrac{4!}{3!} = 4$)

$1 = -2+0+1+2$인 경우 a, b, c, d의 개수는 24가지 ($\because 4! = 24$)

$1 = -2+(-1)+2+2$인 경우 a, b, c, d의 개수는 12가지 ($\because \dfrac{4!}{2!} = 12$)

$1 = -1+0+1+1$인 경우 a, b, c, d의 개수는 12가지 ($\because \dfrac{4!}{2!} = 12$)

$1 = -1+(-1)+1+2$인 경우 a, b, c, d의 개수는 12가지 ($\because \dfrac{4!}{2!} = 12$)

$1 = -1+0+0+2$인 경우 a, b, c, d의 개수는 12가지 ($\because \dfrac{4!}{2!} = 12$)

$1 = 0+0+0+1$인 경우 a, b, c, d의 개수는 4가지 ($\because \dfrac{4!}{3!} = 4$)

그러므로 주어진 조건을 만족하는 함수의 개수는 총 80개이다.

8 직선의 기울기는 $\dfrac{y \text{증가량}}{x \text{증가량}}$ 이므로 두 점 O, A를 지나는 직선의 기울기는 $\dfrac{-a^2}{-a} = a$이다. 마찬가지로 두 점 O, B를 지나는 직선의 기울기는 $\dfrac{b^2}{b} = b$이다. 두 선분이 서로 수직이므로 $ab = -1$이다. 두 점 A, B를 지나는 직선의 기울기는 $\dfrac{b^2-a^2}{b-a} = b+a$이고 점 (b, b^2)을 지나므로 $y - b^2 = (a+b)(x-b)$이다.

정리하면 두 점 A, B를 지나는 직선의 방정식은 $y = (a+b)x - ab$이고 $ab = -1$이므로 $y = (a+b)x+1$이다. 삼각형 OAB의 넓이는 사다리꼴 넓이에서 양쪽 두 개의 직각삼각형의 넓이를 빼면 된다. 그러므로 $\dfrac{1}{2}(a^2+b^2)(b-a) - \dfrac{1}{2}(-a)a^2 - \dfrac{1}{2}b \times b^2 = \dfrac{1}{2}(b-a)$이다.

9 $x = y = 0$일 때, $f(0+0) = f(0) + f(0) + 0 \cdot 0 + 1$이므로 $f(0) = -1$
$x = y = 1$이면 $f(1+1) = f(1) + f(1) + 1 \cdot 1$, $f(1) = 1$이므로 $f(2) = 4$
$x = 1$, $y = 2$이면 $f(1+2) = f(1) + f(2) + 1 \cdot 2 + 1$이므로 $f(3) = 8$
$x = y = 2$이면 $f(2+2) = f(2) + f(2) + 2 \cdot 2 + 1$이므로 $f(4) = 13$
따라서 $f(7) = f(3) + f(4) + 3 \cdot 4 + 1$이므로 $f(7) = 34$
$\therefore f(0) + f(7) = -1 + 34 = 33$

10 예정된 시각을 t, 회사까지의 거리를 d라 하면 $\dfrac{d}{60} + \dfrac{5}{60} = \dfrac{d}{50} - \dfrac{5}{60}$

$50d + 250 = 60d - 250$, $10d = 500$, $d = 50$

예정된 시각은 $\dfrac{55}{60}$

구하려는 평균속력을 v라 하면

$\dfrac{55}{60} = \dfrac{50}{v} + \dfrac{15}{60} = \dfrac{3000 + 15v}{60v}$ 이므로 정리하면 $40v = 3000$

따라서 $v = 75$

11 주어진 그림에서 사각형 부분을 제거하고 △ODE는 점 O를 중심으로 시계반대방향으로 90° 회전하면 오른쪽 그림을 얻는다. 이때, 점 O와 M′은 각각 선분 D′B, D′A의 중점이므로 삼각형의 중점연결정리에 의하여 선분 OM′의 길이는 $\dfrac{3}{2}$ 이다.

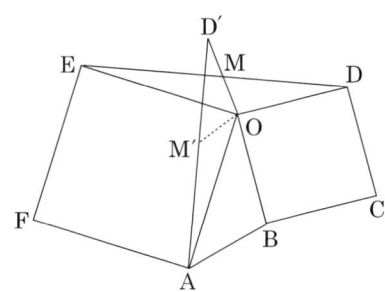

12 그림과 같이 공을 밑면의 대각선 방향으로 넣을 때, 통의 높이는 최소가 된다.

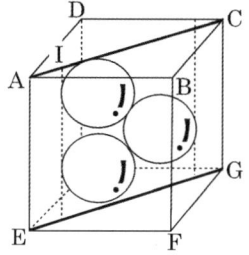 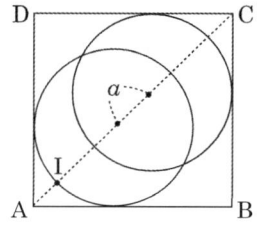

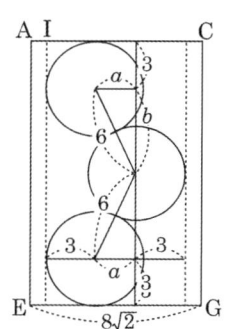

평면 AEGC로 잘라서 본 단면은 오른쪽 그림과 같다.
$\overline{\text{AI}} = 3\sqrt{2} - 3$, $a = 8\sqrt{2} - 2(3 + \overline{\text{AI}}) = 2\sqrt{2}$,
$b = \sqrt{6^2 - a^2} = 2\sqrt{7}$
∴ (최소높이) $= 2(3 + b) = 6 + 4\sqrt{7}$

13 $S-M-O$를 첫째 열, $E-O-N$을 둘째 열, $N-R-E$를 셋째 열, $D-E-Y$를 넷째 열이라고 하자.
$M=1$이므로 둘째 열에서 1이 넘어오거나 안 넘어오거나 두 가지 경우가 있다.
즉, ① $S+1+1=10+O$, ② $S+1=10+O$의 경우가 있다.
(1) $S+1+1=10+O$의 경우
　$S=8+O$이므로 $O=0$일 때, $S=8$, $E \neq N$이므로 셋째 열에서 1이 넘어와서
　$1+E=10+N$이고, $E=9+N \geq 11$이 되어 E가 0 이상 9 이하의 정수임에 모순된다.
(2) $S+1=10+O$의 경우
　$S=9+O$이므로 $O=0$일 때, $S=9$, $E \neq N$, $E, N \leq 9$이므로 셋째 열에서 1이 넘어와서
　$1+E=N \leq 9$이고, $N+R=10+E \geq 10$ 또는 넷째 열에서 1이 넘어와서
　$N+R+1=10+E \geq 10$인 경우가 있다.
　① $N+R=10+E \geq 10$인 경우
　　$1+E=N$이므로 $1+E+R=10+E$가 되어 $R=9$. $S \neq R$이므로 모순된다.
　② $N+R+1=10+E \geq 10$
　　$1+E=N$이므로 $1+E+R+1=10+E$가 되어 $R=8$
　이때, $D+E=10+Y$에서 $12 \leq D+E=10+Y \leq 17$,
　($\because O=0$, $M=1$, $R=8$, $S=9$), $D \leq 7$이므로 $E \geq 5$이고, $1+E=N \leq 7$이므로
　$E \leq 6$이다. 따라서 $E=5$ or 6이다.
　$E=6$이면 $N=7$이 되고 가능한 $D \geq 6$이 되어 모순이다. ($\because O=0$, $M=1$, $R=8$, $S=9$)
　따라서 $E=5$, $N=6$이고, $D=7$, $Y=2$가 주어진 조건을 만족하게 된다.
　∴ $D=7$, $E=5$, $N=6$, $O=0$, $R=8$, $S=9$, $Y=2$

$$\begin{array}{r} 9567 \\ +1085 \\ \hline 10652 \end{array}$$

14 (1) 한 가지 색만 사용하는 경우 : 6가지

(2) 두 가지 색을 사용하는 경우

두 가지 색을 칠하는 면의 수를 각각 a, b 라고 하면 $a+b=6$, a, $b \geq 1$이므로 이를 만족하는 쌍 (a, b)는 $(1, 5)$, $(2, 4)$, $(3, 3)$의 경우가 있다. 특정한 두 가지 색에 대하여 $(1, 5)$의 경우는 1가지, $(2, 4)$의 경우는 두 면 칠하는 색이 이웃하게 칠해지는 경우와 마주보고 칠해지는 경우 2가지, $(3, 3)$의 경우는 세 번 칠하는 면 중에서 두 면이 마주보는 경우와 마주보는 면이 없이 이웃하는 경우 2가지 총 5가지 경우가 있고 6가지 색 중 2가지 물감을 선택하는 경우의 수는 $_6C_2 = 15$이다. 따라서 전체 경우의 수는 $5 \times {_6C_2} = 75$가지이다.

(3) 세 가지 색을 사용하는 경우

세 가지 색의 칠하는 면의 수를 각각 a, b, c 라고 하면 $a+b+c=6$, a, b, $c \geq 1$이므로 이를 만족하는 순서쌍 (a, b, c)는 $(1, 1, 4)$, $(1, 2, 3)$, $(2, 2, 2)$의 경우가 있다. 특정한 세 가지 색에 대하여 $(1, 1, 4)$인 경우는 한 번씩 칠하는 두 가지 색이 마주보고 있는 경우와, 이웃하는 경우 2가지에 대하여 $(1, 1, 4)$의 순서가 바뀌는 경우의 수 3이므로 총 6가지, $(1, 2, 3)$인 경우는 두 번 칠하는 색을 마주보게 칠하는 경우와 이웃하게 칠하는 경우 2가지에 대하여 $(1, 2, 3)$의 순서가 바뀌는 경우의 수 6이므로 총 12가지, $(2, 2, 2)$인 경우는 같은 색은 모두 마주보는 경우, 한 색은 마주보게, 두 색은 이웃하게 하는 경우, 한 색은 이웃하게 두 색은 마주보게 하는 경우 총 3가지이므로 총 19가지이다. 6가지 색 중 3가지 물감을 선택하는 경우의 수는 $_6C_3 = 20$이므로 전체 경우의 수는 $19 \times {_6C_3} = 380$가지이다.

(4) 네 가지 색을 사용하는 경우

네 가지 색을 칠하는 면의 개수를 각각 a, b, c, d 라고 하면 $a+b+c+d=6 (a, b, c, d \geq 1)$이므로 이를 만족하는 순서쌍 (a, b, c, d)는 $(1, 1, 1, 3)$, $(1, 1, 2, 2)$이다.

$(1, 1, 1, 3)$인 경우

세 면을 칠하는 색을 마주보는 면이 있게 칠하는 경우와 마주보는 면이 있지 않게 칠하는 경우 2가지가 있고 $(1, 1, 1, 3)$을 순서 바꾸는 경우가 4가지 있으므로 전체 $2 \times 4 = 8$가지

$(1, 1, 2, 2)$인 경우

두 면을 같은 색으로 칠하는 것이 두 쌍 존재하므로 같은 색끼리 마주보게 하는 경우, 한 쌍은 마주보고 다른 한 쌍은 이웃하게 하는 경우, 두 쌍 모두 마주보지 않고 이웃하게 하는 경우 총 3가지가 존재하고, $(1, 1, 2, 2)$를 순서 바꾸는 경우가 12가지 있으므로 전체 $3 \times 12 = 36$가지

따라서 네 가지 색을 사용하는 특정한 한 경우에 대하여 전체 44가지가 있으며 6가지 색 중 4가지 물감을 선택하는 경우의 수는 $_6C_4 = 15$이므로 전체 경우의 수는 $36 \times 15 = 540$가지이다.

(5) 다섯 가지 색을 사용하는 경우

다섯 가지 색을 칠하는 면의 개수를 각각 a, b, c, d, e라고 하면 $a+b+c+d+e=6$ $(a, b, c, d, e \geq 1)$이므로 이를 만족하는 순서쌍 (a, b, c, d, e)는 $(1, 1, 1, 1, 2)$ 한 가지 뿐이다. 특정한 다섯 가지를 택한 한 가지 경우에 대하여 두 면을 칠하는 면이 마주보는 경우에는 $(4-1)! = 6$가지와 이웃하는 경우에는 $_4C_2 \times {_2C_2} = 6$가지가 있으므로 전체 12가지가 있고 6가지 색 중 5가지 물감을 선택하는 경우의 수는 $_6C_5 = 6$이므로 구하는 경우의 수 전체는 $6 \times 12 = 72$ 가지이다.

(6) 여섯 가지 색을 모두 사용하는 경우

회전시켜 같은 경우는 모두 한 가지로 간주하므로 구하는 모든 경우의 수는 $_6C_2 \times (4-1)! = 30$이다.

(1), (2), (3), (4), (5), (6)을 모두 합하면 $6+75+380+540+72+30 = 1103$가지이다.

15 1회, 2회의 정보를 통해 9가 없음을 알 수 있고, 5회의 정보에서 1, 2, 4중 1개의 숫자가 포함되므로 1회의 정보와 종합하면 반드시 3이 포함되어 있음을 알 수 있다. 또한 2회와 4회의 정보를 통해 7이 없음을 알 수 있으므로 3회의 정보를 통해 1이 포함되어 있음을 알 수 있다.

따라서 1회의 정보에서 2와 4는 포함되지 않음을 파악할 수 있고, 5회에 있는 정보에서 1이 S이므로 1의 위치는 세 번째 자리임을 알 수 있다. 또한 3회의 정보로부터 3의 위치는 첫 번째 자리임을 알 수 있다. 한편, 6회의 정보를 통해 6과 7이 포함되지 않음을 알 수 있으므로 2회의 정보를 통해 5와 8이 포함되어 있음을 파악할 수 있고, 2회 및 4회의 정보를 통하여 5의 위치는 두 번째, 8의 위치는 네 번째 자리임을 알 수 있다. 따라서 3518을 얻게 된다.

서술형 풀이 1

1 색칠한 평행사변형을 하나 결정하는 방법을 연구해보자. 변의 길이를 하나 더 늘인 삼각형을 생각한 다음 평행사변형의 각 변을 연장하여 새로 추가한 변과의 교점을 표시한다. 위의 그림에서 보면 ◯ 과 ● , 두 쌍의 점들이 각각 두 쌍의 변을 표시하고 있음을 알 수 있다. 따라서 점 4개를 선택하는 방법의 수가 바로 평행사변형의 개수와 같다. 따라서 5개의 점 중 4개를 선택하는 방법의 수인 5개의 평행사변형을 찾을 수 있다. 세 변에 각각 똑같은 방법이 적용되므로 모든 평행사변형의 수는 $3 \times 5 = 15$이다.

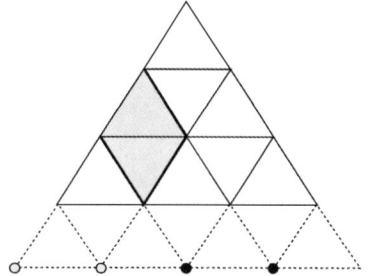

2 $3 \times \dfrac{6 \cdot 5 \cdot 4 \cdot 3}{4 \cdot 3 \cdot 2 \cdot 1} = 3 \times 15 = 45$

3 $3 \times \dbinom{10}{4} = 3 \times \dfrac{10 \cdot 9 \cdot 8 \cdot 7}{4 \cdot 3 \cdot 2 \cdot 1} = 3 \times 210 = 630$

서술형 풀이 2

1 $(a * b) * c = \left(\dfrac{1}{\dfrac{1}{a} + \dfrac{1}{b}} \right) * c = \dfrac{1}{\left(\dfrac{1}{a} + \dfrac{1}{b} \right) + \dfrac{1}{c}} = \dfrac{1}{\dfrac{1}{a} + \left(\dfrac{1}{b} + \dfrac{1}{c} \right)} = a * \left(\dfrac{1}{\dfrac{1}{b} + \dfrac{1}{c}} \right)$

$= a * (b * c)$

2 $(a * b)c = \dfrac{1}{\dfrac{1}{a} + \dfrac{1}{b}} \times c = \dfrac{1}{\dfrac{1}{ac} + \dfrac{1}{bc}} = ac * bc$

3 $\dfrac{1}{m} * \dfrac{1}{n} = \dfrac{1}{\dfrac{1}{\dfrac{1}{m}} + \dfrac{1}{\dfrac{1}{n}}} = \dfrac{1}{m + n}$ 이므로,

$1 * \dfrac{1}{2} * \dfrac{1}{2^2} * \cdots * \dfrac{1}{2^n} = \dfrac{1}{1 + 2 + 2^2 + \cdots + 2^n} = \dfrac{1}{2^{n+1} - 1}$

4 $(a * b)^5 = \left(\dfrac{ab}{a+b} \right)^5 = \dfrac{a^5 b^5}{a^5 + 5a^4 b + 10 a^3 b^2 + 10 a^2 b^3 + 5 a b^4 + b^5}$

$= \dfrac{1}{\dfrac{1}{b^5} + \dfrac{1}{\dfrac{1}{5} a b^4} + \dfrac{1}{\dfrac{1}{10} a^2 b^3} + \dfrac{1}{\dfrac{1}{10} a^3 b^2} + \dfrac{1}{\dfrac{1}{5} a^4 b} + \dfrac{1}{a^5}}$

$= a^5 * \dfrac{1}{5} a^4 b * \dfrac{1}{10} a^3 b^2 * \dfrac{1}{10} a^2 b^3 * \dfrac{1}{5} a b^4 * b^5$

1 $10^{2n-1}+1$일 때 $n=1$이면 자명하다.

$n \geq 2$일 때는 $10^{2n-1}+1 = (10+1)(10^{2n-2}-10^{2n-3}+10^{2n-4}-\cdots-10+1)$로 인수분해 된다.

$10^{2n}-1$일 때 $10^{2n}-1 = (10^2-1)(10^{2n-2}+\cdots+10^2+1)$로 인수분해 된다.

따라서 둘 다 11의 배수이다.

2 $a_5 \cdots a_1 a_0 = a_0 + a_1 \times 10 + a_2 \times 10^2 + \cdots + a_5 \times 10^5$

$= a_0 + a_1(11-1) + a_2(99+1) + a_3(1001-1) + a_4(9999+1) + (a_5(100001-1)$

$= 11 \times (a_1 + 9a_2 + 91a_3 + 909a_4 + 9091a_5) + (a_0 - a_1 + a_2 - a_3 + a_4 - a_5)$

3   123456의 경우 $1+2+3+4+5+6 = 21$이므로

123456을 자리 바꾼 6자리 자연수를 $a_5 a_4 \cdots a_0$이라고 하면

$a_0 - a_1 + a_2 - a_3 + a_4 - a_5 = (a_0 + a_2 + a_4) - (a_1 + a_3 + a_5)$이다.

그런데 6개의 자리 수 중 가장 작은 것 3개를 더한 값이 $1+2+3=6$, 가장 큰 것 3개를 더한 값은

$4+5+6=15$이므로 $6 \leq a_0 + a_2 + a_4 \leq 15$, $6 \leq a_1 + a_3 + a_5 \leq 15$이다.

$a_0 + a_2 + a_4 = 6$, $a_1 + a_3 + a_5 = 15 \rightarrow (a_0 + a_2 + a_4) - (a_1 + a_3 + a_5) = -9$

$a_0 + a_2 + a_4 = 7$, $a_1 + a_3 + a_5 = 14 \rightarrow (a_0 + a_2 + a_4) - (a_1 + a_3 + a_5) = -7$

$a_0 + a_2 + a_4 = 8$, $a_1 + a_3 + a_5 = 13 \rightarrow (a_0 + a_2 + a_4) - (a_1 + a_3 + a_5) = -5$

$a_0 + a_2 + a_4 = 9$, $a_1 + a_3 + a_5 = 12 \rightarrow (a_0 + a_2 + a_4) - (a_1 + a_3 + a_5) = -3$

$a_0 + a_2 + a_4 = 10$, $a_1 + a_3 + a_5 = 11 \rightarrow (a_0 + a_2 + a_4) - (a_1 + a_3 + a_5) = -1$

$a_0 + a_2 + a_4 = 11$, $a_1 + a_3 + a_5 = 10 \rightarrow (a_0 + a_2 + a_4) - (a_1 + a_3 + a_5) = 1$

$a_0 + a_2 + a_4 = 12$, $a_1 + a_3 + a_5 = 9 \rightarrow (a_0 + a_2 + a_4) - (a_1 + a_3 + a_5) = 3$

$a_0 + a_2 + a_4 = 13$, $a_1 + a_3 + a_5 = 8 \rightarrow (a_0 + a_2 + a_4) - (a_1 + a_3 + a_5) = 5$

$a_0 + a_2 + a_4 = 14$, $a_1 + a_3 + a_5 = 7 \rightarrow (a_0 + a_2 + a_4) - (a_1 + a_3 + a_5) = 7$

$a_0 + a_2 + a_4 = 15$, $a_1 + a_3 + a_5 = 6 \rightarrow (a_0 + a_2 + a_4) - (a_1 + a_3 + a_5) = 9$

어떤 경우에도 11의 배수는 없다.

4   1234567의 경우 $1+2+3+4+5+6+7 = 28$이므로 1234567을 자리 바꾼 7자리 자연수를 $a_6 a_5 \cdots a_0$ 이라고 하면 $a_0 - a_1 + a_2 - a_3 + a_4 - a_5 + a_6 = (a_0 + a_2 + a_4 + a_6) - (a_1 + a_3 + a_5)$ 이다.

그런데 7개의 자리 수 중 가장 작은 것 4개를 더한 값이 $1+2+3+4 = 10$,

가장 큰 것 4개를 더한 값은 $4+5+6+7 = 22$이다.

그런데 7개의 자리 수중 가장 작은 것 3개를 더한 값이 $1+2+3 = 6$,

가장 큰 것 3개를 더한 값은 $5+6+7 = 18$이다.

$10 \leq a_0 + a_2 + a_4 + a_6 \leq 22$, $6 \leq a_1 + a_3 + a_5 \leq 18$이다.

$a_0 + a_2 + a_4 + a_6 = 10$, $a_1 + a_3 + a_5 = 18 \rightarrow (a_0 + a_2 + a_4 + a_6) - (a_1 + a_3 + a_5) = -8$

$a_0 + a_2 + a_4 + a_6 = 11$, $a_1 + a_3 + a_5 = 17 \rightarrow (a_0 + a_2 + a_4 + a_6) - (a_1 + a_3 + a_5) = -6$

$a_0 + a_2 + a_4 + a_6 = 12$, $a_1 + a_3 + a_5 = 16 \rightarrow (a_0 + a_2 + a_4 + a_6) - (a_1 + a_3 + a_5) = -4$

$a_0 + a_2 + a_4 + a_6 = 13$, $a_1 + a_3 + a_5 = 15 \rightarrow (a_0 + a_2 + a_4 + a_6) - (a_1 + a_3 + a_5) = -2$

$a_0 + a_2 + a_4 + a_6 = 14$, $a_1 + a_3 + a_5 = 14 \rightarrow (a_0 + a_2 + a_4 + a_6) - (a_1 + a_3 + a_5) = 0$

$a_0 + a_2 + a_4 + a_6 = 15$, $a_1 + a_3 + a_5 = 13 \rightarrow (a_0 + a_2 + a_4 + a_6) - (a_1 + a_3 + a_5) = 2$

$a_0 + a_2 + a_4 + a_6 = 16$, $a_1 + a_3 + a_5 = 12 \rightarrow (a_0 + a_2 + a_4 + a_6) - (a_1 + a_3 + a_5) = 4$

$a_0 + a_2 + a_4 + a_6 = 17,\ a_1 + a_3 + a_5 = 11\ \rightarrow\ (a_0 + a_2 + a_4 + a_6) - (a_1 + a_3 + a_5) = 6$

$a_0 + a_2 + a_4 + a_6 = 18,\ a_1 + a_3 + a_5 = 10\ \rightarrow\ (a_0 + a_2 + a_4 + a_6) - (a_1 + a_3 + a_5) = 8$

$a_0 + a_2 + a_4 + a_6 = 19,\ a_1 + a_3 + a_5 = 9\ \rightarrow\ (a_0 + a_2 + a_4 + a_6) - (a_1 + a_3 + a_5) = 10$

$a_0 + a_2 + a_4 + a_6 = 20,\ a_1 + a_3 + a_5 = 8\ \rightarrow\ (a_0 + a_2 + a_4 + a_6) - (a_1 + a_3 + a_5) = 12$

$a_0 + a_2 + a_4 + a_6 = 21,\ a_1 + a_3 + a_5 = 7\ \rightarrow\ (a_0 + a_2 + a_4 + a_6) - (a_1 + a_3 + a_5) = 14$

$a_0 + a_2 + a_4 + a_6 = 22,\ a_1 + a_3 + a_5 = 6\ \rightarrow\ (a_0 + a_2 + a_4 + a_6) - (a_1 + a_3 + a_5) = 16$

이 중에서

$a_0 + a_2 + a_4 + a_6 = 14,\ a_1 + a_3 + a_5 = 14\ \rightarrow\ (a_0 + a_2 + a_4 + a_6) - (a_1 + a_3 + a_5) = 0$일 때만 11의 배수이다.

$\{a_0, a_2, a_4, a_6\} = \{1, 2, 5, 6\}$ 또는 $\{1, 3, 4, 6\}$ 또는 $\{2, 3, 4, 5\}$ 또는 $\{1, 2, 4, 7\}$ 넷 중 하나이다. 각각의 경우 $\{a_1, a_3, a_5\}$가 정해지므로 가능한 경우의 수는 각각 $4! \times 3!$개의 경우가 가능하여 모든 경우의 수는 $4 \times 4! \times 3! = 576$개다.

5 12345, 123456 2개 뿐이다.

서술형 풀이 4

1 포물선 $y = x^2$ 위의 임의의 두 점 $A(a, a^2)$과 $B(b, b^2)$을 잇는 직선의 기울기 m_1은 $m_1 = \dfrac{b^2 - a^2}{b - a} = a + b$

이고, 포물선 위의 점 $C(c, c^2)$에서 접선의 기울기 $a + b$이므로 접선의 방정식은 $y = (a + b)(x - c) + c^2$이다.

$x^2 = (a + b)(x - c) + c^2$을 정리하면 $x^2 - (a + b)x + c(a + b) - c^2 = 0$

접하므로 판별식 $D = 0$임을 이용하자.

$D = (a + b)^2 - 4(a + c)c + 4c^2 = (a + b - 2c)^2 = 0$

따라서 $c = \dfrac{a + b}{2}$. 그러므로 $y = (a + b)x - \dfrac{(a + b)^2}{4}$이 된다.

2 포물선 위의 세 점 A, B, C에서 x축에 내린 수선의 발을 각각 A′, B′, C′라 하면, 삼각형 ABC의 넓이는 사다리꼴 AA′B′B의 넓이에서 사다리꼴 AA′C′C와 CC′B′B의 넓이를 뺀 것과 같다. 따라서 각각의 사다리꼴의 넓이를 구하면 다음과 같다.

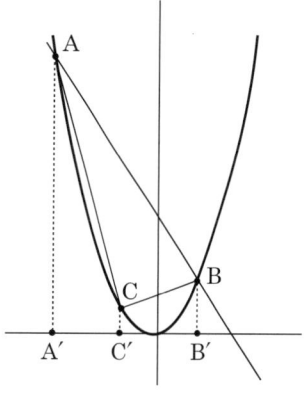

$\square\ AA'B'B = \dfrac{1}{2}(a^2 + b^2)(b - a)$

$\square\ AA'C'C = \dfrac{1}{2}(a^2 + c^2)(c - a)$

$\qquad\qquad = \dfrac{1}{2}\left[a^2 + \left(\dfrac{a + b}{2}\right)^2\right]\left[\left(\dfrac{a + b}{2}\right) - a\right]$

$\qquad\qquad = \dfrac{1}{2}\left(\dfrac{5a^2 + 2ab + b^2}{4}\right)\left(\dfrac{b - a}{2}\right)$

$\qquad\qquad = \dfrac{1}{16}(5a^2 + 2ab + b^2)(b - a)$

$\square\ CC'B'B = \dfrac{1}{2}(c^2 + b^2)(b - c)$

$\qquad\qquad = \dfrac{1}{2}\left[\left(\dfrac{a + b}{2}\right)^2 + b^2\right]\left[b - \left(\dfrac{a + b}{2}\right)\right]$

$$= \frac{1}{2}\left(\frac{a^2+2ab+5b^2}{4}\right)\left(\frac{b-a}{2}\right)$$

$$= \frac{1}{16}(a^2+2ab+5b^2)(b-a)$$

따라서 삼각형 ABC의 넓이는

$$\triangle ABC = \frac{1}{2}(a^2+b^2)(b-a) - \frac{1}{16}(5a^2+2ab+b^2)(b-a) - \frac{1}{16}(a^2+2ab+5b^2)(b-a)$$

$$= \frac{1}{16}(b-a)(8a^2+8b^2-6a^2-4ab-6b^2)$$

$$= \frac{1}{8}(b-a)(a^2-2ab+b^2)$$

$$= \frac{1}{8}(b-a)^3$$

3 포물선과 직선이 만나는 두 점 $A(a, a^2)$, $B(b, b^2)$, 그리고 $c = \frac{a+b}{2}$ 인 포물선 위의 점 $C(c, c^2)$을 꼭짓점으로 하는 삼각형 ABC의 넓이는 $\frac{1}{8}(b-a)^3$으로 표현된다. 여기에서 a와 b는 직선과 포물선이 만나는 점의 x좌표이다. 이 결과를 이용하여 삼각형 ACD와 CBE의 넓이를 구한다.

우선 삼각형 ACD의 면적을 구하려면 $\frac{1}{8}(b-a)^3$ 의 식에서 b대신에 다른 교점인 C의 x좌표인 $\frac{a+b}{2}$ 를 대입하면 된다.

따라서 삼각형 ACD의 넓이는 $\triangle ACD = \frac{1}{8}\left(\frac{a+b}{2}-a\right)^3 = \frac{1}{8}\left(\frac{b-a}{2}\right)^3 = \frac{1}{64}(b-a)^3$이 된다.

마찬가지로 삼각형 CBE의 넓이는 $\frac{1}{8}(b-a)^3$에서 a 대신에 $\frac{a+b}{2}$를 대입하면 구할 수 있다.

이를 계산하면, $\triangle CBE = \frac{1}{8}\left(b-\frac{a+b}{2}\right)^3 = \frac{1}{8}\left(\frac{b-a}{2}\right)^3 = \frac{1}{64}(b-a)^3$이 된다. 따라서 두 삼각형의 넓이의 합은 $\frac{1}{32}(b-a)^3$이 된다. 즉, $\triangle ACD + \triangle CBE = \frac{1}{32}(b-a)^3 = \frac{1}{4}\triangle ABC$이므로, 두 삼각형 ACD와 CBE의 넓이의 합은 삼각형 ABC 넓이의 $\frac{1}{4}$ 배이다.

단답형 문항

01. 2^7 개　　**02.** $(3, 5)$　　**03.** 104　　**04.** 5번　　**05.** 1

06. 9　　**07.** $1 < m < \dfrac{4}{3}$　　**08.** 25　　**09.** 40개　　**10.** $\dfrac{21}{5}$

11. $(6\pi + 12)\,\mathrm{cm}$　　**12.** 2배　　**13.** $\dfrac{3}{2}$　　**14.** $(64 - 8\pi)\,\mathrm{cm}^2$　　**15.** 28

서술형 문제

1~4. 풀이참조

단답형 정답 및 해설

1 $\left[\dfrac{x}{p}\right] = \dfrac{x}{p}$ 에서 $\dfrac{x}{p}$ 는 정수이므로 x는 p의 배수이다.

$M_{10} = \{10, 20, \cdots, 90, 100\}$

$M_{30} = \{30, 60, 90\}$

따라서 $M_{30} \subset X \subset M_{10}$ 을 만족하는 집합 X의 개수는 $2^{10-3} = 2^7$ 개

2 $a = 3$일 때, $(a-1)(b-1) = 2b-2$, $ab+1 = 3b+1$이다.

이때 $2(2b-2) - (3b+1) = b-5$ 이므로 $b > 5$이면 $(a-1)(b-1)$은 $ab+1$의 $\dfrac{1}{2}$ 보다 크므로 약수가

될 수 없다. 따라서 가능한 b의 값은 5뿐이다. 따라서 $(3, 5)$가 가능한 순서쌍이다. $a \geq 4$일 때, $b \geq 5$이고

$ab+1 - 2(a-1)(b-1) = -ab+2a+2b-1 = 3 - (a-2)(b-2)$이다.

$a-2 \geq 2$, $b-2 \geq 3$이므로 $(a-2)(b-2) \geq 6$ 이어서 결국 $ab+1 < 2(a-1)(b-1)$이다.

즉 $(a-1)(b-1)$은 $ab+1$의 $\dfrac{1}{2}$ 보다 크기 때문에 약수가 될 수 없다.

따라서 가능한 순서쌍은 $(3, 5)$ 뿐이다.

3 V_1의 부피는 x^2, V_2의 부피는 $2x \times 2 \times 1 = 4x$ 이다.

V_3는 V_1 네 개와 V_2 두 개를 이어 붙여 만든 입체이므로 부피는 $4x^2 + 2 \times 4x = 60$

$x^2 + 2x - 15 = 0 \Leftrightarrow (x+5)(x-3) = 0$ $\therefore x = 3$ $(\because x > 0)$

따라서 입체 V_3의 가로, 세로, 높이의 길이는 차례대로 5, 2, 6 이다.

겉넓이는 $2(5 \times 2 + 5 \times 6 + 2 \times 6) = 104$ 이다.

4 반지름의 길이와 회전수는 서로 반비례한다.

A가 한 번 회전할 때 B의 큰 바퀴는 $\dfrac{1}{2}$ 번 회전하고, 작은 바퀴도 같은 축을 사용하므로 $\dfrac{1}{2}$ 번 회전한다.

따라서 C의 큰 바퀴는 $\dfrac{1}{2} \times \dfrac{1}{3}$ 번 회전하고, 작은 바퀴도 같은 축을 사용하므로 $\dfrac{1}{6}$ 번 회전한다. 따라서

A가 60번 회전하였으므로 D는 $60 \times \dfrac{1}{12} = 5$바퀴 회전한다. 그러므로 정답은 5번 회전이다.

5 두 점 $(1, 3)$, $(4, 4)$를 지나는 일차함수의 식은 $y = \frac{1}{3}x + \frac{8}{3}$ 이다. 따라서 $b = \frac{8}{3}$ 이다.

두 점 $(3, -1)$, $(-3, 3)$을 지나는 일차함수의 식은 $y = -\frac{2}{3}x + 1$이다. 따라서 $a = -\frac{2}{3}$ 이다.

따라서 정확하게 그린 일차함수의 그래프는 $y = -\frac{2}{3}x + \frac{8}{3}$ 이므로 $2 = -\frac{2}{3}t + \frac{8}{3}$ 이 성립하는 t의 값은 $t = 1$이다.

6 몇 개의 자연수 n에 대하여 구해보자.
$f(2) = f(3) = 2$, $f(4) = f(5) = f(6) = f(7) = 3$, $f(8) = f(9) = f(10) = \cdots = f(15) = 4$, $\cdots$ 이다.
즉, 규칙을 발견할 수 있는데 $f(n)$은 자연수 n을 2진법으로 나타내었을 때 자리수를 나타낸다.
따라서 $256 = 2^8 = 1 \times 2^8$ 이므로 256을 2진법으로 나타내면 100000000_2 즉, 9자리 수이다.
$\therefore f(256) = 9$

7 넓이의 $\frac{1}{2}$이 되기 위해서는 직사각형의 두 대각선의 교점인 $(\frac{3}{2}, \frac{5}{2})$을 지나야 한다. 따라서 $(\frac{3}{2}, \frac{5}{2})$을 지날 때의 기울기인 1보다는 큰 값이어야 한다. 또한 반드시 사각형으로 나누어야 하므로 점 C를 지날 때보다는 작아야 한다. 따라서 $\frac{4}{3}$보다 작은 값이어야 한다. 따라서 기울기 m은 $1 < m < \frac{4}{3}$을 만족해야 한다.

8 $\triangle PMB = \frac{1}{3}\triangle MBN = \frac{1}{3}(\frac{1}{3}\triangle ABN) = \frac{1}{9}\triangle ABN \cdots ①$

$\triangle PNA = \frac{2}{3}\triangle AMN = \frac{2}{3}(\frac{2}{3}\triangle ABN) = \frac{4}{9}\triangle ABN \cdots ②$

$\triangle PBC = \triangle ABC - (\triangle AMN + \triangle PMB + \triangle PCN) \cdots ③$

$\triangle AMN = \frac{2}{3}\triangle ABN = \frac{2}{3}(\frac{1}{2}\triangle ABC) = \frac{1}{3}\triangle ABC \cdots ④$

$\triangle PMB = \frac{1}{9}\triangle ABN = \frac{1}{9}(\frac{1}{2}\triangle ABC) = \frac{1}{18}\triangle ABC \cdots ⑤$ ($\because$ ①에서)

$\triangle PCN = \triangle PNA = \frac{4}{9}\triangle ABN = \frac{4}{9}(\frac{1}{2}\triangle ABC) = \frac{2}{9}\triangle ABC \cdots ⑥$ ($\because$ ②에서)

④, ⑤, ⑥을 ③에 대입하면

$\triangle PBC = \triangle ABC - (\frac{1}{3} + \frac{1}{18} + \frac{2}{9}) \times \triangle ABC = \frac{7}{18}\triangle ABC$

$\therefore m + n = 25$

9 항상 일정하게 보이는 계단수를 x라고 하자. 이때, A, B는 각각 32걸음, 20걸음으로 도착하였으므로, 에스컬레이터가 올라감으로 인해서 A, B가 걷지 않고 자동으로 올라가버린 계단의 수는 각각 $x - 32$, $x - 20$가 된다. 그런데 에스컬레이터는 항상 일정한 속도로 올라오기에 이를 v라 하자. A, B가 각각 에스컬레이터에서 보낸 시간은 $\frac{x-32}{v}$, $\frac{x-20}{v}$가 된다.
따라서 A의 걸음걸이 속력 : B의 걸음걸이 속력$= 4 : 1$임을 이용하자.
즉, $\frac{32v}{x-32} : \frac{20v}{x-20} = 4 : 1$에서 내항의 곱은 외항의 곱과 같으므로
$x = 40$. 즉, 에스컬레이터의 일정한 계단 수는 40개이다.

10 $\overline{AD} \perp \overline{EF}$ 이므로 두 평형사변형이 겹치는 부분은 직사각형이다.

사각형 ABCD에서 넓이는 $25 - \frac{1}{2}(3+8) \times 2 = 14$

밑변 $\overline{BC} = 2\sqrt{5}$, 높이 h라 하면 $h = \frac{14}{2\sqrt{5}}$

사각형 EFGH에서 넓이는 $15 - \frac{1}{2}(1+8) \times 2 = 6$

밑변 $\overline{EF} = 2\sqrt{5}$, 높이 k라 하면 $k = \frac{6}{2\sqrt{5}}$

$\therefore hk = \frac{21}{5}$

11 부채꼴의 호를 따라 움직인 거리는 중심각이 $120°$이고 반지름이 $6\,\mathrm{cm}$인 부채꼴의 호의 길이와 같으므로 $\frac{14\pi}{3}\,\mathrm{cm}$, 부채꼴의 호에서 부채꼴의 반지름으로 넘어가면서 일어나는 회전에 의해 움직이는 거리는 중심각이 $90°$이고 반지름이 $1\,\mathrm{cm}$인 부채꼴의 호의 길이와 같으므로 $\frac{\pi}{2}\,\mathrm{cm}$이고 두 번 회전하므로 $\pi\,\mathrm{cm}$, 부채꼴의 반지름을 따라 두 번 움직이므로 $12\,\mathrm{cm}$, 부채꼴의 중심과 만나면서 한 쪽 반지름에서 다른 쪽 반지름으로 넘어가는 회전에 의해 움직이는 거리는 중심각이 $60°$이고 반지름이 $1\,\mathrm{cm}$인 부채꼴의 호의 길이와 같으므로 $\frac{\pi}{3}\,\mathrm{cm}$이다. 따라서 모두 더하면 $(6\pi + 12)\,\mathrm{cm}$이다.

12 정사각형의 넓이를 $2s^2$이라고 하면 $\overline{OA} = 2s$, $\overline{BC} = 2s$이다. 따라서 점 A의 좌표는 $(0, 2s)$, 점 B의 좌표는 $(-s, s)$, 점 C의 좌표는 (s, s)이다.

이제 직선 $\overline{AB}$의 방정식을 구하면 $y = x + 2s$이고 아래로 볼록인 이차함수의 식은 $y = \frac{1}{s}x^2$이다. 따라서 점 D의 좌표는 $(-2s, 0)$이고 점 E의 좌표를 구하기 위해 방정식 $\frac{1}{s}x^2 = x + 2s$을 풀면 $x^2 - sx - 2s^2 = 0$, $(x+s)(x-2s) = 0$이므로 점 E의 좌표는 $(2s, 4s)$이다. 따라서 삼각형 $\triangle OED$의 넓이는 $\frac{1}{2} \times 2s \times 4s = 4s^2 = 2 \times (2s^2)$이므로 사각형 ABOC의 넓이의 2배이다.

13 직선의 기울기를 m이라고 하자. $x^2 = mx + 1$ 즉 $x^2 - mx - 1 = 0$의 두 근 중 양수를 α, 음수를 β라고 하자. 그러면 점 B의 좌표는 $(\beta, m\beta + 1)$, 점 C의 좌표는 $(\alpha, m\alpha + 1)$이 된다. 이제 삼각형 ABD의 넓이를 구해보자.

$\overline{AD} = 1 - (m\beta + 1) = -m\beta$, $\overline{BD} = -\beta$이므로 넓이는 $\frac{m\beta^2}{2}$이다.

삼각형 AEC의 넓이를 구해보자. $\overline{EA} = m\alpha + 1 - 1 = m\alpha$, $\overline{EC} = \alpha$이므로 넓이는 $\frac{m\alpha^2}{2}$이다. 삼각형 AEC의 넓이가 16배이므로 $\frac{m\alpha^2}{2} = 16 \times \frac{m\beta^2}{2}$ 따라서 $\alpha = -4\beta$이다. ($\because \alpha$와 β는 부호가 다르므로) 두 근의 곱이 -1이므로 $-4\beta \times \beta = -1$, 즉 $\beta = -\frac{1}{2}$이다. $\alpha = 2$이므로

두 근의 합인 $m = 2 - \frac{1}{2} = \frac{3}{2}$이다.

14 밑변 $\overline{BC}$를 지름으로 하는 반원을 그렸을 때 원 둘레위의 점과 B, C로 이루어진 삼각형은 직각삼각형이다. 따라서 그림에서 색칠한 영역에 P가 위치할 때 $\triangle PBC$가 예각삼각형이 된다. 따라서 색칠한 부분의 넓이는 $(64-8\pi)\ cm^2$이다.

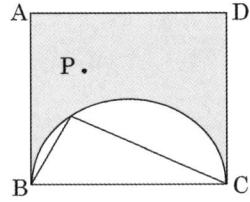

15 $2^4 + 2^7 + 2^m = n^2$

$2^m = n^2 - (2^7 + 2^4) = n^2 - 12^2 = (n-12)(n+12)$

$n-12 = 2^k$(k는 자연수)$\cdots$①이라 하면, $n+12 = 2^{m-k}\cdots$②이다.

②$-$①을 하면, $24 = 2^{m-k} - 2^k$

$2^3 \times 3 = 2^k(2^{m-2k} - 1)$

2^k은 짝수, $2^{m-2k} - 1$은 홀수이므로 $2^k = 2^3$, $2^{m-2k} - 1 = 3$이다.

따라서 $k=3$, $m=8$, $n=20$

$\therefore\ m+n = 28$

서술형 풀이 1

1 배치 $A \to$ 배치 A로 변형되는 경우

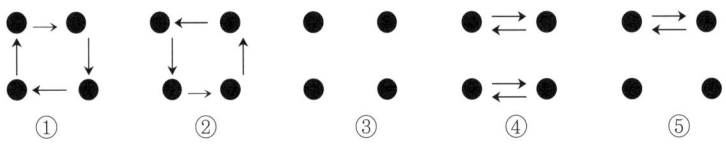

①과 같이 모두 시계방향으로 움직인 경우 : 1가지

②와 같이 모두 반시계방향으로 움직인 경우 : 1가지

③과 같이 모두 그대로인 경우 : 1가지

④와 같이 2개씩 서로 위치를 바꾼 경우 : 2가지

⑤와 같이 2개는 그대로이고 2개만 위치를 바꾼 경우 : 4가지

①, ②, ③, ④, ⑤에 의하여 $\dfrac{9}{3^4} = \dfrac{1}{9}$

2 배치 $A \to$ 배치 B로 변형되는 경우

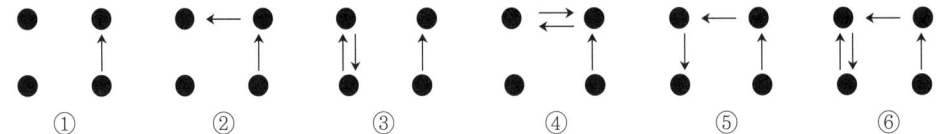

①과 같이 돌 한 개만 움직인 경우 : 8가지

②와 같이 돌 2개가 움직인 경우 : 8가지

③과 같이 돌 3개가 움직인 경우 : 8가지

④와 같이 돌 3개가 움직인 경우 : 8가지

⑤와 같이 돌 3개가 움직인 경우 : 8가지

⑥과 같이 돌 4개가 움직인 경우 : 8가지

①, ②, ③, ④, ⑤, ⑥에 의하여 $\dfrac{48}{3^4} = \dfrac{48}{81}$

3 배치 $A \rightarrow$ 배치 C로 변형되는 경우

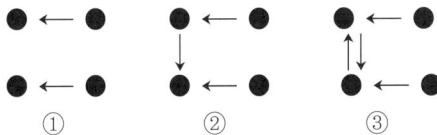

①과 같이 돌 2개가 움직인 경우 : 4가지
②와 같이 돌 3개가 움직인 경우 : $4 \times 2 = 8$가지
③과 같이 돌 4개가 움직인 경우 : 4가지

①, ②, ③에 의하여 $\dfrac{16}{3^4} = \dfrac{16}{81}$

4 배치 $A \rightarrow$ 배치 D로 변형되는 경우

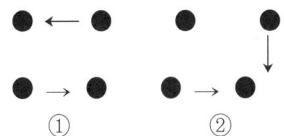

①과 같이 돌 2개가 움직인 경우 : 4가지
②와 같이 돌 2개가 움직인 경우 : 4가지

①, ②에 의하여 $\dfrac{8}{3^4} = \dfrac{8}{81}$

5 배치 $A \rightarrow$ 배치 E로 변형되는 경우

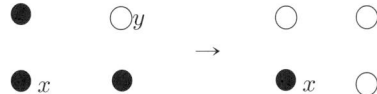

모든 돌이 x로 옮겨졌다고 할 때, y에 있는 돌은 x로 이동이 불가능함으로 확률은 0 이다.

서술형 풀이 2

1

정사면체의 평면그래프	정육면체의 평면그래프	정팔면체의 평면그래프	정십이면체의 평면그래프	정이십면체의 평면그래프
$v = 4$ $e = 6$ $f = 4$	$v = 8$ $e = 12$ $f = 6$	$v = 6$ $e = 12$ $f = 8$	$v = 20$ $e = 30$ $f = 12$	$v = 12$ $e = 30$ $f = 20$

2 (가) 정다면체의 면이 정삼각형으로 이루어졌다고 가정하자.

① 세 정삼각형이 만나서 한 꼭짓점을 이룰 때,

이 경우는 각각의 삼각형은 3개의 꼭짓점이 있다. $3 \times F$는 모든 꼭짓점의 개수를 나타낸다고 생각할 수 있다. 그러나 세 면이 한 꼭짓점에서 만나므로 각각의 꼭짓점을 3번 헤아린 결과가 된다. 왜냐하면 각각의 꼭짓점은 3개의 모서리, 즉 세 면이 만나는 곳이 되기 때문이다.

따라서 $V = 3F/3$이 성립한다.

또한 각 면은 3개의 모서리를 갖고 있으므로 $3 \times F$는 모든 모서리의 개수를 나타낸다고 생각할 수 있다. 그러나 각각의 모서리는 두 개의 면에 대한 경계가 되므로 모서리의 개수를 두 번씩 헤아린 것이 된다.

따라서 $E = 3F/2$

오일러의 공식에 대입하면, $3F/3 - 3F/2 + F = 2$, $2F - 3F/2 = 2$

이를 풀면 $F = 4$ 즉 정사면체가 된다.

② 네 정삼각형이 한 꼭짓점으로 모인 경우

$V = 3F/4$, $E = 3F/2$

따라서 $3F/4 - 3F/2 + F = 2$, 이를 풀면 $F = 8$ 즉 정팔면체가 된다.

③ 다섯 정삼각형이 한 꼭짓점으로 모인 경우

$V = 3F/5$, $E = 3F/2$

따라서 $3F/5 - 3F/2 + F = 2$, 이를 풀면 $F = 20$ 즉 정이십면체가 된다.

여섯 정삼각형이 한 꼭짓점으로 모이는 경우는 각의 합이 $360°$가 되어 불가능하다.

(나) 정다면체의 면이 정사각형으로 이루어졌다고 가정하자.

① 적어도 세 면이 모여야 하므로 이 경우는

$V = 4F/3$, $E = 4F/2$, 따라서 $4F/3 - 4F/2 + F = 2$, 이를 풀면 $F = 6$ 즉 정육면체가 된다.

네 면이 모일 때는 $90° \times 4 = 360°$가 되어 불가능하다.

(다) 정다면체의 면이 정오각형으로 이루어졌다고 가정하자.

① 정 5각형은 한 각이 $108°$이고 세 면이 모이면 $108° \times 3 = 324°$로서 $V = 5F/3$, $E = 5F/2$,

따라서 $5F/3 - 5F/2 + F = 2$, 이를 풀면 $F = 12$ 즉 정십이면체가 된다.

정오각형으로는 그 이상의 다면체를 만들 수 없다.

또한 정육각형은 한 각이 $120°$이므로 적어도 세 면이 만드는 꼭지각은 $120° \times 3 = 360°$로 다면체를 구성할 수 없다. 따라서 만들 수 있는 모든 정다면체는 위에 열거한 다섯 개 뿐이다.

3 f개의 면에서 각 모서리를 모두 세면 nf번, 각 모서리 입장에서는 2회씩 세어졌으므로 총 세어진 수는 $2e$번이다. $\therefore nf = 2e$

f개의 면에서 각 꼭짓점을 모두 세면 nf번, 각 꼭짓점 입장에서는 m회씩 세어 졌으므로 총 세어진 수는 mv번이다. $\therefore nf = mv = 2e$

그러므로 $f = \dfrac{2e}{n}$, $v = \dfrac{2e}{m}$이고 $v - e + f = 2$에 대입하면 $\dfrac{2e}{m} - e + \dfrac{2e}{n} = 2$

서술형 풀이 3

1 $f(10) = f(5) + 10 - 2 \times 5 = f(5)$

$f(5) = f(2) + 1 = (f(1) + 0) + 1 = 2$. 따라서 $f(10) = 2$

2
$$\left[\frac{n}{2}\right] = \left[\frac{a_k a_{k-1} \cdots a_2 a_{1(2)}}{2}\right]$$
$$= \left[\frac{a_k \times 2^{k-1} + a_{k-1} \times 2^{k-1} + \cdots + a_2 \times 2 + a_1 \times 1}{2}\right]$$
$$= \left[a_k \times 2^{k-2} + a_{k-1} \times 2^{k-2} + \cdots + a_2 \times 1 + \frac{a_1}{2}\right]$$
$$= a_k a_{k-1} \cdots a_{2_{(2)}}$$

3 조건에 의해 n이 짝수일 때, $f(n) = f\left(\left[\frac{n}{2}\right]\right)$, n이 홀수일 때, $f(n) = f\left(\left[\frac{n}{2}\right]\right) + 1$

$$f(n) = f(a_k a_{k-1} \cdots a_{1(2)})$$
$$= f(a_k a_{k-1} \cdots a_{2(2)}) + a_1$$
$$= f(a_k a_{k-1} \cdots a_{3(2)}) + a_2 + a_1 = \cdots = f(0) + a_k + a_{k-1} + \cdots + a_2 + a_1$$
$$= a_k + a_{k-1} + \cdots + a_2 + a_1$$

즉, $f(n)$은 n을 이진수로 표시했을 때 나타나는 1의 개수이다.

4 $1024 = 2^{10}$이고 $f(2^{10}) = 1$이다.

$1 + 2 + 2^2 + \cdots + 2^9 = 2^{10} - 1 (= 1023)$에서

$0 \le n \le 1024$에서 $f(n)$의 최댓값은 $f(1023) = 10$이다.

서술형 풀이 4

1 점 B에서 x축에 평행한 선을 그으면 이 선과 선분 AB가 이루는 각은 $\theta + \alpha$이다. 점 A의 x좌표는 점 B의 x좌표에서 $\overline{AB}\cos(\theta + \alpha) = \cos(\theta + \alpha)$을 더한 것이고, y좌표는 점 B의 y좌표에서 $\overline{AB}\sin(\theta + \alpha)$를 더한 것이다. 즉,

$\therefore$ A$(-\sqrt{2}\cos\theta\sin\alpha + \cos(\theta + \alpha),\ \sqrt{2}\cos\theta\cos\alpha + \sin(\theta + \alpha))$

2 점 B의 x좌표는 $-\overline{OB}\cos(90° - \alpha)$, y좌표는 $\overline{OB}\sin(90° - \alpha)$이고,

$\overline{OB} = \overline{BC}\cos\theta = \sqrt{2}\cos\theta$이므로 점 B의 좌표는

$\therefore$ B$(-\sqrt{2}\cos\theta\sin\alpha,\ \sqrt{2}\cos\theta\cos\alpha)$

또는 $\therefore$ B$(-\sqrt{2}\cos\theta\cos(90° - \alpha),\ \sqrt{2}\cos\theta\sin(90° - \alpha))$

3 $\overline{BC} = \sqrt{2}$, $\angle CBO = \theta$이므로 $\overline{CO} = \overline{BC}\sin\theta = \sqrt{2}\sin\theta$. 따라서 점 C의 x좌표는 $\sqrt{2}\sin\theta\cos\alpha$, y좌표는 $\sqrt{2}\sin\theta\sin\alpha$이다. $\therefore$ C$(\sqrt{2}\sin\theta\cos\alpha,\ \sqrt{2}\sin\theta\sin\alpha)$

4 점 C에서 x축에 평행하게 보조선을 긋자. 점 D의 x좌표는 점 C의 x좌표에서 $\overline{CD}\cos(\theta + \alpha)$를 더한 값이다. 즉, D의 x좌표는 $\sqrt{2}\sin\theta\cos\alpha + \cos(\theta + \alpha)$이다. 점 D의 y좌표는 점 C의 y좌표에서 $\overline{CD}\sin(\theta + \alpha)$를 더한 값이다. 즉, D의 y좌표는 $\sqrt{2}\sin\theta\sin\alpha + \sin(\theta + \alpha)$이다.

$\therefore$ D$(\sqrt{2}\sin\theta\cos\alpha + \cos(\theta + \alpha),\ \sqrt{2}\sin\theta\sin\alpha + \sin(\theta + \alpha))$

단답형 문항

01. 76	**02.** 10	**03.** 437	**04.** 16	**05.** 2개
06. $\dfrac{3}{2}$	**07.** 9.67%	**08.** 15일 뒤	**09.** 18	**10.** $\dfrac{188\sqrt{6}}{81}\pi$
11. 4950	**12.** 204	**13.** 1개	**14.** $\dfrac{125}{6}$	**15.** 10

서술형 문제

1~4. 풀이참조

단답형 정답 및 해설

1　$2^{10}=1024=100\times10+24$이므로 2^{10}을 100으로 나눈 나머지는 24이다.

$24^2=100\times6-24$ 이므로 24^2을 100으로 나눈 나머지는 76이다.

$24^4=(100\times6-24)^2=100\times(3600-288)+24^2=100\times Q_1-24$ 이다. 따라서 24^4을 100으로 나눈 나머지는 76이다. 이와 같이 계속 할 수 있다. 2^{10}을 $100k+24$라고 하면

$(2^{10})^2=(100k+24)^2=100\times(k^2+48k)+24^2=100\times Q_2-24$이다.

$(2^{10})^4=(2^{20})^2=100Q_3-24$, $(2^{10})^8=(2^{40})^2=100Q_4-24$이다.

$(2^{10})^{10}=(2^{10})^2\times(2^{10})^8=(100Q_2-24)(100Q_4-24)$

$\qquad\qquad=100(100Q_2Q_4-24Q_2-24Q_4)+24^2=100Q_5-24$.

즉, $2^{100}=100Q_5-24$ 이다.

$2^{200}=(2^{100})^2=(100Q_5-24)^2=100Q_6-24$

$2^{800}=(2^{100})^8=100Q_7-24$이다.

따라서 $2^{1000}=2^{200}\times2^{800}=(100Q_6-24)(100Q_7-24)=100Q_8-24$이다.

따라서 2^{1000}을 100으로 나눈 나머지는 76이다.

2　$(p-q)^2=(p+q)^2-4pq$이다.

$p+q=(a+b)(x+y)=48$, $pq=ab(x^2+y^2)+xy(a^2+b^2)$ 이다.

$x^2+y^2=(x+y)^2-2xy=54$, $a^2+b^2=(a+b)^2-2ab=28$

따라서 $pq=4\times54+5\times28=356$

$\qquad(p-q)^2=48^2-4\times356=2304-1424=880$　$\therefore\ \dfrac{(p-q^2)}{88}=10$

3　조건에 의해 $a\times7^2+b\times7+c=c\times11^2+b\times11+a$가 성립한다.

따라서 $12a=b+30c$이다.

$1\le a\le6$, $1\le b\le6$이므로 $c\le2$이다. 또한 $c\ne0$이므로 $c=1$이거나 $c=2$이다.

$c=1$일 때, $12a=b+30$이고 $a=3$만 가능하다. 따라서 $b=6$이므로

$N=361_7=190$이다.

$c=2$일 때, $12a=b+60$이고 $a=5$만 가능하다. 따라서 $b=0$이므로

$N = 502_7 = 247$이다.

따라서 모든 N의 값들의 합은 437이다.

4 $(a+b+c-d)(a+b-c+d)(a-b+c+d)(-a+b+c+d) = \{(a+b)^2 - (c-d)^2\}\{(c+d)^2 - (a-b)^2\}$

그런데 조건에 의하여 $a+b = c+d$이므로

$= \{(c+d)^2 - (c-d)^2\}\{(a+b)^2 - (a-b)^2\} = 4cd \cdot 4ab = 16abcd = 16$

5 $0 < x < 2$에서 $-\dfrac{1}{4} < x^2 - x < 2$이 성립한다.

x^2과 x의 소수부분이 같으므로 $x^2 - x = 0$ 또는 1이다.

방정식 $x^2 - x = 0$을 풀면 $x = 0, 1$이고 $x^2 - x = 1$을 풀면 $x = \dfrac{1 \pm \sqrt{5}}{2}$

따라서 x^2과 x의 소수부분이 같고, $0 < x < 2$을 만족하는 것은 $x = 1, \dfrac{1 + \sqrt{5}}{2}$

$\therefore$ 2개

6 배의 속력을 a, 강물의 속력을 b라 하면

강물을 거슬러 갈 때 배의 속력은 $a-b$

모자가 벗겨진지 2시간 후 배는 출발점에서 $6 + 2(a-b)$, 모자는 $6 - 2b$만큼 떨어져 있다.

강물을 따라 갈 때 배의 속력은 $a+b$이고, 출발점에 되돌아와서 모자를 찾을 때까지 배와 모자가 움직인

시간은 같으므로 $\dfrac{6 + 2(a-b)}{a+b} = \dfrac{6 - 2b}{b}$, $2ab = 6a - 2ab$. 따라서 $b = \dfrac{3}{2}$

7 가격을 $x\%$ 변동시킨다고 하자.

$x \geq 0$이면 판매 수입은 $(1+x)(1-0.8x)$ 배가 된다.

$x \leq 0$이면 판매 수입은 $(1+x)(1-2.5x)$ 배가 된다.

계산해보면 $x = -0.3$일 때, 최댓값 $\dfrac{49}{40}$를 얻을 수 있다. 따라서 원가를 p라고 하면 처음 가격은 $1.1p$

이고 이 가격에서 0.3% 내려야 하므로 $1.1p(1 - 0.003) = 1.1 \times 0.997p = 1.0967p$가 된다. 따라서 9.67%

의 이익을 추가하여 가격을 결정해야 한다.

8 1시간이 지난 뒤에 정수의 시계는 $\dfrac{1}{120}$ 시간 빨라지고 선형이의 시계는 $\dfrac{3}{120}$ 시간 느려지므로 n시간 뒤의

시계가 가리키는 시간은 각각 $n + \dfrac{1}{120}n$, $n - \dfrac{3}{120}n$시간이다. 두 시계가 가리키는 시간의 차이가 정확하

게 12시간이면 서로 같은 시간을 가리키게 되므로 $\dfrac{4}{120}n = 12$의 해를 구하면 된다. 따라서 $n = 360$이고,

이는 정확하게 15일 뒤이다.

9 원 밖의 한 점에서 원에 그은 두 접선의 길이는 같다.

$\overline{AQ} = \overline{AA'}$, $\overline{DR} = \overline{DC'}$ 이므로

$\overline{PQ} + \overline{PR} = \overline{PA} + \overline{AA'} + \overline{PD} + \overline{DC'} = 12$

$\overline{A'B} = \overline{BB''} = \overline{BB''}$, $\overline{B'C} = \overline{CC'} = \overline{CC''}$ 이므로

$\overline{A'B} + \overline{BB''} + \overline{B'C} + \overline{CC'} = 2\overline{BB''} + 2\overline{B'C} = 2\overline{BC} = 6$

따라서 오각형 PABCD의 둘레의 길이는 $12 + 2 \times 3 = 18$

10 회전하게 되면 오른쪽과 같은 모양이 만들어진다. 따라서 회전체의 부피는 원뿔대의 부피에서 뒤집어진 모양의 작은 원뿔의 부피를 빼고 아래를 큰 원뿔의 부피를 더해서 구할 수 있다.

우선 가운데 원뿔대의 부피를 구하자. M에서 $\overline{EG}$에 내린 수선의 발을 H라고 하자.

$\overline{AE} = 2$, $\overline{EG} = 2\sqrt{2}$, $\overline{AM} = \sqrt{2}$ 이므로

$\overline{MG} = \sqrt{6}$ 이다.

윗면의 원의 중심을 O, 아랫면의 원의 중심을 O'이라고 하면

$\triangle$AMO∽$\triangle$MKG이므로 $\overline{AO} = \dfrac{2}{\sqrt{3}}$,

$\overline{MO} = \dfrac{\sqrt{2}}{\sqrt{3}}$ 이다.

또한 $\triangle$EO'G∽$\triangle$MKG이므로 $\overline{EO'} = \dfrac{4}{\sqrt{3}}$,

$\overline{GO'} = \dfrac{2\sqrt{2}}{\sqrt{3}}$ 이다.

이제 두 모선의 연장선이 만나는 점을 P라고 할 때 닮음을 이용하여

$\overline{PO} = \dfrac{2\sqrt{2}}{\sqrt{3}}$, $\overline{PO'} = \dfrac{4\sqrt{2}}{\sqrt{3}}$ 임을 알 수 있다. 따라서 원뿔대의 부피는

$\dfrac{1}{3} \times \dfrac{4\sqrt{2}}{\sqrt{3}} \times \pi(\dfrac{4}{\sqrt{3}})^2 - \dfrac{1}{3} \times \dfrac{2\sqrt{2}}{\sqrt{3}} \times \pi(\dfrac{2}{\sqrt{3}})^2 = \dfrac{56\sqrt{2}}{9\sqrt{3}}\pi$ 이다.

위쪽의 아래로 뒤집어진 작은 원뿔의 부피는 $\dfrac{1}{3} \times \dfrac{\sqrt{2}}{\sqrt{3}} \times \pi(\dfrac{2}{\sqrt{3}})^2 = \dfrac{4\sqrt{2}}{9\sqrt{3}}\pi$

아래쪽의 아래로 뒤집어진 작은 원뿔의 부피는 $\dfrac{1}{3} \times \dfrac{2\sqrt{2}}{\sqrt{3}} \times \pi(\dfrac{4}{\sqrt{3}})^2 = \dfrac{32\sqrt{2}}{27\sqrt{3}}\pi$

따라서 회전체의 부피는 $\dfrac{56\sqrt{2}}{9\sqrt{3}}\pi - \dfrac{4\sqrt{2}}{9\sqrt{3}}\pi + \dfrac{32\sqrt{2}}{27\sqrt{3}}\pi = \dfrac{188\sqrt{2}}{27\sqrt{3}}\pi = \dfrac{188\sqrt{6}}{81}\pi$ 이다.

11 최종적으로 모두 1개씩만 되어야 하므로 100개의 구슬을 처음에 어떻게 분리를 하던지 간에 그 횟수는 항상 같다.

예를 들어, 4개의 구슬을 분리한다고 했을 때,

1) (1, 3) 곱은 3 → (1, (1, 2)) 곱은 2 → (1, 1, (1, 1)) 곱은 1 총합은 6

2) (2, 2) 곱은 4 → ((1, 1), (1, 1)) 곱은 1, 1 총합은 6

결국, n개의 구슬을

$(1, n-1) \rightarrow (1, 1, n-2) \rightarrow (1, 1, 1, n-3) \rightarrow \cdots \rightarrow (1, 1, 1, \cdots, 1)$이 되는 시행 횟수를 구하면 된다.

즉, $n-1$회 시행을 하면 구슬이 1개씩 상자에 담기게 되고, 위 시행에서 나뉜 구슬의 수들의 곱을 살펴보면, $n-1$, $n-2$, $n-3$, $\cdots$, 1이므로 이 수들의 합은 $\dfrac{n(n-1)}{2}$임을 알 수 있다.

구슬이 100개이므로 메모에 나타난 모든 수들의 합은 $\dfrac{100 \times 99}{2} = 4950$이다.

12 $(1+2+\cdots+8)^2 = 1^2 + 2^2 + \cdots + 8^2 + 2B$이므로 $A^2 - 2B = 1^2 + 2^2 + \cdots + 8^2 = 204$이다.

13 1) $(5,1)$을 지나는 직선
2) $(4,1)$을 지나는 직선
3) $(4,0)$을 지나는 직선
4) $(3,0)$을 지나는 직선
5) $(2,0)$을 지나는 직선
6) $(1,0)$을 지나는 직선
7) $(-6,0)$을 지나는 직선
8) $(-4,1)$을 지나는 직선

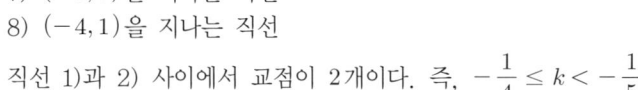

직선 1)과 2) 사이에서 교점이 2개이다. 즉, $-\dfrac{1}{4} \le k < -\dfrac{1}{5}$

직선 3)과 4) 사이에서 교점이 2개이다. 즉, $-\dfrac{1}{2} \le k < -\dfrac{2}{5}$

직선 4)와 5) 사이에서 교점이 2개이다. 즉, $-1 \le k < -\dfrac{1}{2}$

직선 6)과 두 점에서 만난다. $k=-2$

직선 7)과 8) 사이에서 교점이 2개다. 즉, $\dfrac{1}{6} \le k < \dfrac{1}{4}$. 정수인 경우는 $k=-1$, $k=-2$ 2개이다.

14 1회에서 4회까지의 절단된 후의 정육면체는 [그림 9]와 같은 정사면체가 된다. 이어서 5회에서 8회까지 절단하면 [그림 10]과 같은 정팔면체가 된다.

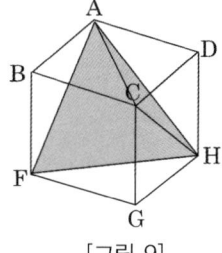

[그림 9]

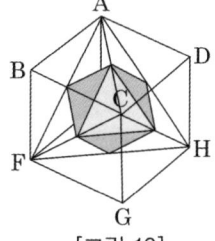

[그림 10]

처음 정육면체의 부피를 V, [그림 9]의 정사면체의 부피를 V_1, 정팔면체의 부피를 V_2라 하자.

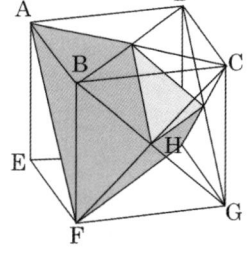

1회에서 4회까지의 절단에서는 1회의 절단으로 정육면체로부터 각 면이 직각이등변삼각형의 삼각뿔을 잘라내게 되므로

$$V_1 = V-\left(V\times\dfrac{1}{2}\times\dfrac{1}{3}\right)\times 4 = V\times\dfrac{1}{3}\text{이다.}$$

5회에서 8회까지의 절단에서는 V_1으로부터 $\dfrac{1}{8}$만큼 잘라내게 되므로

$$V_2 = V_1-\left(V_1\times\dfrac{1}{8}\right)\times 4 = V_1\times\dfrac{1}{2} = V\times\dfrac{1}{6} = \dfrac{125}{6}$$

15 $\overline{AE}:\overline{EB} = m:n$이라고 하자. $\overline{AE} = \dfrac{6m}{m+n}$, $\overline{EB} = \dfrac{6n}{m+n}$, $\overline{DF} = \dfrac{4m}{m+n}$,

$\overline{FC} = \dfrac{4n}{m+n}$, $\overline{EF} = \dfrac{6m}{m+n}+3 = \dfrac{9m+3n}{m+n}$이다. 따라서 높이의 비도 $m:n$이므로

넓이의 비는 $\left(\dfrac{1}{2}\times mk\times(\overline{AD}+\overline{EF})\right)/\left(\dfrac{1}{2}\times nk\times(\overline{EF}+\overline{BC})\right) = \dfrac{12}{13}$

$$\frac{m}{n} \times \left(\frac{3 + \dfrac{9m+3n}{m+n}}{9 + \dfrac{9m+3n}{m+n}} \right) = \frac{m}{n} \times \frac{12m+6n}{18m+12n} = \frac{m}{n} \times \frac{2 \cdot \dfrac{m}{n} + 1}{3 \cdot \dfrac{m}{n} + 2} = \frac{12}{13} \,\text{이다.}$$

따라서 $\dfrac{m}{n} = x$ 라고 생각하면 $\dfrac{x(2x+1)}{3x+2} = \dfrac{12}{13}$, $26x^2 - 23x - 24 = 0$, 따라서 $x = \dfrac{3}{2}$, $m : n = 3 : 2$임을 알 수 있다.

따라서 사각형 AEFD의 둘레의 길이는 $\overline{\mathrm{AE}} + \overline{\mathrm{EF}} + \overline{\mathrm{FD}} + \overline{\mathrm{DA}} = \dfrac{18}{5} + \dfrac{33}{5} + \dfrac{12}{5} + 3 = \dfrac{78}{5}$ 이고 사각형 EBCF의 둘레의 길이는 $\overline{\mathrm{EB}} + \overline{\mathrm{BC}} + \overline{\mathrm{CF}} + \overline{\mathrm{FE}} = \dfrac{12}{5} + 9 + \dfrac{8}{5} + \dfrac{33}{5} = \dfrac{98}{5}$ 이다.

따라서 둘레의 길이의 비는 $\dfrac{78}{98} = \dfrac{39}{49}$ 이므로 $p = 39$, $q = 49$, 따라서 $|p - q| = 10$이다.

서술형 풀이 1

1 답 1, 1, 2, 0, 0, 2, 1, 1, 0

2 답 9, 8, 7, 6, 5, 4, 3, 2, 1

3 i) $p > q$인 경우

$b_4{}'$는 p보다 작은 $a_k{}'(k = 5, 6, \cdots, 9)$의 개수이고, b_3는 p보다 작은 $a_k(k = 4, 5, \cdots, 9)$의 개수이다. 따라서 $b_4{}' = b_3 - 1$이다. 또한, b_4는 q보다 작은 $a_k(k = 5, 6, \cdots, 9)$의 개수이고, $b_3{}'$는 q보다 작은 $a_k{}'(k = 4, 5, \cdots, 9)$의 개수이다. 그러나 $p > q$이므로 $b_4 = b_3{}'$가 성립한다.

예를 들면,

$a_1,$	$a_2,$	$a_3,$	$a_4,$	$a_5,$	$a_6,$	$a_7,$	$a_8,$	$a_9,$		$a_1{}',$	$a_2{}',$	$a_3{}',$	$a_4{}',$	$a_5{}',$	$a_6{}',$	$a_7{}',$	$a_8{}',$	$a_9{}'$
5	6	7(p)	1(q)	2	4	3	9	8		5	6	1(q)	7(p)	2	4	3	9	8
$b_1,$	$b_2,$	$b_3,$	$b_4,$	$b_5,$	$b_6,$	$b_7,$	$b_8,$	b_9		$b_1{}',$	$b_2{}',$	$b_3{}',$	$b_4{}',$	$b_5{}',$	$b_6{}',$	$b_7{}',$	$b_8{}',$	$b_9{}'$
4	4	4	0	0	1	0	1	0		4	4	0	3	0	1	0	1	0

ii) $p < q$인 경우

마찬가지로 해결하면, $b_3{}' = b_4 + 1$, $b_4{}' = b_3$이다.

4 3과 7의 위치가 바뀌는 것에 따라서 뒤바뀜수가 바뀌는 것은 3, 4, 5, 6, 7뿐이다. 3보다 작은 수 1, 2와 7보다 큰 수 8, 9에 대해서는 뒤바뀜수가 바뀌지 않는다. 예를 들어, 8을 기준으로 왼쪽이든 오른쪽이든 상관없이 어디에 3, 7이 위치하더라도 3, 7 모두 8보다 작은 수이므로 뒤바뀜수에 영향을 주지 않는다. 뒤바뀜 수는 3에서 -2, 4에서 $+1$, 5에서 $+1$, 6에서 $+1$, 7에서 $+6$이므로 뒤바뀜의 총 수는 $+6$이다. 즉, $\beta'' = \beta + 7$이다. 따라서 $\beta - \beta'' = -7$이다. 따라서 처음 배열에서 $b_1 = 2$, $b_9 = 0$이었으므로 $b_1{}'' = 6$, $b_9{}'' = 0$으로 바뀌면서 뒤바뀜총수가 4만큼 늘었고, 또한 가운데 $a_l = 4$, $a_m = 5$, $a_n = 6$ 에 대하여 각각 $b_l{}'' = 1 + b_l$, $b_m{}'' = 1 + b_m$, $b_n{}'' = 1 + b_n$ 이 되므로(세 수의 오른쪽에 7대신 3이 생겨서 뒤바뀜 수가 한 개씩 늘어났다.) 뒤바뀜 총수는 7만큼 늘게 된다. 따라서 $\beta'' - \beta = 7$ 이다.

서술형 풀이 2

1 동전을 던진 횟수 n에 따른 P의 위치는 오른쪽 그림과 같이, 같은 형태가 반복된다. 따라서 m을 자연수라고 할 때, $n=3m-2$에서는 B, D, $n=3m-1$에서는 C, E, $n=3m$에서는 A, F만 나타나며, 각 경우에 같은 수로 나타난다.

따라서 구하는 확률은 $\dfrac{1}{2}$

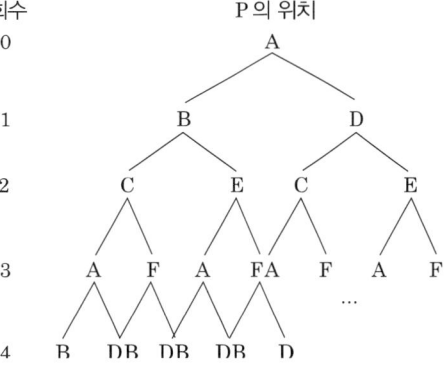

회수   P의 위치

2 A가 n회째에 나타나는 것은 $n=3m$인 경우뿐이므로 구하는 확률은
$$\begin{cases} n=3m-1,\ 3m-2 인\ 경우 : p_n=0 \\ n=3m 인\ 경우 : p_n=\dfrac{1}{2} \end{cases}$$

3 구하는 확률을 q_n이라 하자. $n=3m-2$인 경우에만 점 B가 나타나므로

$$q_{3m-2}=q_{3m-1}=q_{3m} \cdots (1)$$

q_{3m}은 $n=3m-1$까지 B를 통과하지 않고, $3m$번째에 A나 F에 도착할 확률이다.

$3m+1$번째에는 확률 $\dfrac{1}{2}$로 B, D로 각각 이동한다.

따라서 $q_{3m+1}=q_{3m+2}=q_{3(m+1)}=\dfrac{1}{2}q_{3m}$

$q_3=\dfrac{1}{2}$ 이므로 $q_{3m}=\left(\dfrac{1}{2}\right)^m$

따라서 $n=3m-2$, $3m-1$, $3m\,(m=1,\,2,\,3,\,\cdots)$일 때, $q_n=\left(\dfrac{1}{2}\right)^m$

서술형 풀이 3

구하는 확률을 q_n이라 하자. $n=3m-2$인 경우에만 점 B가 나타나므로,

$$q_{3m-2}=q_{3m-1}=q_{3m} \cdots (1)$$

q_{3m}은 $n=3m-1$까지 B를 통과하지 않고, $3m$번째에 A나 F에 도착할 확률이다.

$3m+1$번째에는 확률 $\dfrac{1}{2}$로 B, D로 각각 이동한다.

따라서 $q_{3m+1}=q_{3m+2}=q_{3(m+1)}=\dfrac{1}{2}q_{3m}$

$q_3=\dfrac{1}{2}$ 이므로 $q_{3m}=\left(\dfrac{1}{2}\right)^m$

따라서 $n=3m-2$, $3m-1$, $3m\,(m=1,\,2,\,3,\,\cdots)$일 때, $q_n=\left(\dfrac{1}{2}\right)^m$

정사각형의 각 변을 길이가 1인 선분으로 쪼개서 번호를 부여한다.
따라서 한 변의 길이가 n인 정사각형의 경우 1번부터 n번까지가 첫 번째 변, n+1번부터 2n번까지가 두 번째 변, 이와 같이 된다.
삼각형의 오른쪽 아래 점을 R, 왼쪽 아래 점을 L, 위쪽 점을 T라고 하자.

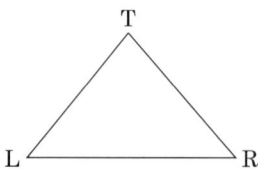

처음에 1번 위치에 있을 때, 점 P가 R의 위치에 있는 경우 삼각형이 2번 위치로 가면 P는 L의 위치로, 삼각형이 3번 위치로 가면 P는 T의 위치로 이동한다. 이와 같은 순서는 변하지 않으므로 R → L → T → R → L → T …의 순서대로 점 P가 이동해간다.

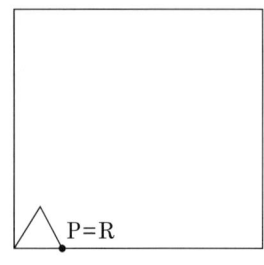 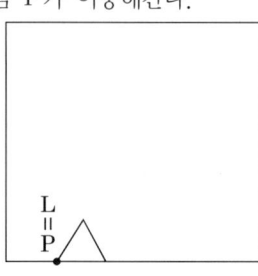 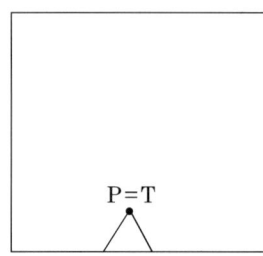

R → L인 경우 : 점 P가 회전하는 중심에 위치하므로 움직이지 않는다. 따라서 자취의 길이는 0이다.

L → T인 경우 : 120° 회전하므로 움직인 자취의 길이는 $\dfrac{2\pi}{3}$ 이다.

T → R인 경우 : 120° 회전하므로 움직인 자취의 길이는 $\dfrac{2\pi}{3}$ 이다.

따라서 자취의 길이는 $0 + \dfrac{2\pi}{3} + \dfrac{2\pi}{3}$ 이 반복되어서 나타난다.

이때, 만일 삼각형이 n번에서 $n+1$번으로 위치를 옮길 때와 같이 삼각형이 굴러가고 있는 변이 바뀔 때는 다음과 같은 규칙을 따른다.

R → L인 경우 : 점 P가 회전하는 중심에 위치하므로 움직이지 않고 따라서 자취의 길이는 0이다.

L → T인 경우 : 30° 회전하므로 움직인 자취의 길이는 $\dfrac{\pi}{6}$ 이다.

T → R인 경우 : 30° 회전하므로 움직인 자취의 길이는 $\dfrac{\pi}{6}$ 이다.

따라서 $0 + \dfrac{2\pi}{3} + \dfrac{2\pi}{3}$ 을 계속 더하되 삼각형이 굴러가고 있는 변이 바뀔 때 0이 나타나면 그대로 두고, $\dfrac{2\pi}{3}$ 이 나타나면 $\dfrac{\pi}{6}$ 으로 바꾸면 된다.

이와 같은 방법으로 계속 하면 원하는 답을 구할 수 있다.

한 변의 길이가 4인 정사각형의 경우를 보자.

1. 점 P가 처음에 R의 위치에 있을 때,

P	R	L	T	R	L	T	R	L	T	R	L	T	R	L	T	R	L
자취		0	$\dfrac{2\pi}{3}$	$\dfrac{2\pi}{3}$	0	$\dfrac{2\pi}{3}$	$\dfrac{2\pi}{3}$	0	$\dfrac{\pi}{6}$	$\dfrac{2\pi}{3}$	0	$\dfrac{2\pi}{3}$	$\dfrac{\pi}{6}$	0	$\dfrac{2\pi}{3}$	$\dfrac{2\pi}{3}$	0

따라서 움직인 자취의 길이는 $8 \times \dfrac{2\pi}{3} + 2 \times \dfrac{\pi}{6} = \dfrac{17\pi}{3}$ 이다.

2. 점 P가 처음에 L의 위치에 있을 때,

P	L	T	R	L	T	R	L	T	R	L	T	R	L	T	R	L	T
자취		$\frac{2\pi}{3}$	$\frac{2\pi}{3}$	0	$\frac{\pi}{6}$	$\frac{2\pi}{3}$	0	$\frac{2\pi}{3}$	$\frac{\pi}{6}$	0	$\frac{2\pi}{3}$	$\frac{2\pi}{3}$	0	$\frac{2\pi}{3}$	$\frac{2\pi}{3}$	0	$\frac{\pi}{6}$

따라서 움직인 자취의 길이는 $8\times\dfrac{2\pi}{3}+3\times\dfrac{\pi}{6}=\dfrac{35\pi}{6}$ 이다.

3. 점 P가 처음에 T의 위치에 있을 때,

P	T	R	L	T	R	L	T	R	L	T	R	L	T	R	L	T	R
자취		$\frac{2\pi}{3}$	0	$\frac{2\pi}{3}$	$\frac{\pi}{6}$	0	$\frac{2\pi}{3}$	$\frac{2\pi}{3}$	0	$\frac{2\pi}{3}$	$\frac{2\pi}{3}$	0	$\frac{\pi}{6}$	$\frac{2\pi}{3}$	0	$\frac{2\pi}{3}$	$\frac{\pi}{6}$

따라서 움직인 자취의 길이는 $8\times\dfrac{2\pi}{3}+3\times\dfrac{\pi}{6}=\dfrac{35\pi}{6}$ 이다.

또한 처음에 R의 위치에서 출발하여 다시 R의 위치로 오기 위해서는 세 번 돌아야 하고 따라서 움직인 자취의 길이는 $\dfrac{17\pi}{3}+\dfrac{35\pi}{6}+\dfrac{35\pi}{6}=\dfrac{52\pi}{3}$ 가 된다.

(위의 표에서는 색이 바뀔 때 0은 그대로 두고 $\dfrac{2\pi}{3}$ 는 $\dfrac{\pi}{6}$ 로 바꾼다.)

1 $\dfrac{17\pi}{3}$ 풀이참조

2 $\dfrac{52\pi}{3}$ 풀이참조

3 $33\times\dfrac{52\pi}{3}+\dfrac{17\pi}{3}=\dfrac{1733\pi}{3}$

4 $n=3k$, $3k+1$, $3k+2$일 때로 나누어 생각한다.
한 바퀴 돌아오는 경우만 생각해보자. (다른 질문에 대해서는 위와 유사한 방법으로 답을 찾을 수 있다.)

ⅰ) $n=3k$인 경우
삼각형이 $n+1$번째 선분에 있을 때 점 P의 위치가 1번째 선분에 있을 때 점 P의 위치와 같다.
처음 위치가 R이라면
첫 번째 변에서의 이동은 R-L-T-R-L-T- … -R-L-T
두 번째 변에서의 이동은 R-L-T-R-L-T- … -R-L-T 와 같이 움직인다.

따라서 다음 변의 첫 번째 선분으로 이동할 때, 이동 거리가 $\dfrac{\pi}{6}$ 인 것을 생각하면 $n+1$번째 선분에서 이동 거리를 $\dfrac{\pi}{6}$ 으로 바꾸면 된다.

또한, $4n$번째 선분에서 최초 위치로 이동하는 것을 고려하면 최초의 위치에도 $\dfrac{\pi}{6}$ 의 값을 대응시켜야 한다.
따라서 한 변 위에서의 이동 거리는
$\left(\dfrac{\pi}{6}+0+\dfrac{2\pi}{3}\right)+\left(\dfrac{2\pi}{3}+0+\dfrac{2\pi}{3}\right)+\left(\dfrac{2\pi}{3}+0+\dfrac{2\pi}{3}\right)+\cdots+\left(\dfrac{2\pi}{3}+0+\dfrac{2\pi}{3}\right)$ 이다.
따라서 총 이동 거리는 $4\times\left(\dfrac{5\pi}{6}+(k-1)\times\dfrac{4\pi}{3}\right)=\dfrac{16k-6}{3}\pi$ 이다.

처음 위치가 T라면 T-R-L-T-R-L- $\cdots$ -T-R-L 의 순서로 이동한다.

n번째 선분에서 $n+1$번째 선분으로 이동하는 거리를 $\frac{\pi}{6}$으로 바꾸고, $4n$번째 선분에서 최초 위치로 이동하는 것을 고려하여 계산한다.

따라서 한 변 위에서의 이동 거리는 $\left(\frac{\pi}{6}+\frac{2\pi}{3}+0\right)+\left(\frac{2\pi}{3}+\frac{2\pi}{3}+0\right)+\cdots+\left(\frac{2\pi}{3}+\frac{2\pi}{3}+0\right)$

총 이동 거리는 $4\times\left(\frac{5\pi}{6}+(k-1)\times\frac{4\pi}{3}\right)=\frac{16k-6}{3}\pi$ 이다.

처음 위치가 L이라면 L-T-R-L-T-R- $\cdots$ - L-T-R 의 순서로 이동한다.

n번째 선분에서 $n+1$번째 선분으로 이동하는 거리가 0이고, $4n$번째 선분에서 최초 위치로 이동하는 것을 고려하여 계산한다.

따라서 한 변 위에서의 이동 거리는 $\left(0+\frac{2\pi}{3}+\frac{2\pi}{3}\right)+\cdots+\left(0+\frac{2\pi}{3}+\frac{2\pi}{3}\right)$

총 이동 거리는 $4\times k\times\frac{4\pi}{3}=\frac{16k}{3}\pi$

ii) $n=3k+1$ 인 경우

삼각형이 $n+1$번째 선분에 있을 때를 생각해보자.

점의 최초 위치가 R이면 $n+1$번째 선분에서 점의 위치는 L,

점의 최초 위치가 T이면 $n+1$번째 선분에서 점의 위치는 R,

점의 최초 위치가 L이면 $n+1$번째 선분에서 점의 위치는 T 이다.

점의 최초 위치가 R일 때,

1번째 선분에서 n번째 선분까지 이동 형태 : R-L-T- $\cdots$ -R-L-T-R

$n+1$번째 선분에서 $2n$번째 선분까지 이동 형태 : L-T-R- $\cdots$ -L-T-R-L

$2n+1$번째 선분에서 $3n$번째 선분까지 이동 형태 : T-R-L- $\cdots$ -T-R-L-T

$3n+1$번째 선분에서 $4n$번째 선분까지 이동 형태 : R-L-T- $\cdots$ -R-L-T-R

$4n$번째 선분에서 1번째 선분으로 오는 이동 R-L

네 번째 변에서 1번째 선분으로 오는 이동 0을 고려하여 첫 번째 변에 추가하면

첫 번째 변에서의 이동 거리는 $0+\left(0+\frac{2\pi}{3}+\frac{2\pi}{3}\right)+\cdots\left(0+\frac{2\pi}{3}+\frac{2\pi}{3}\right)=k\times\frac{4\pi}{3}$

두 번째 변에서의 이동 거리는 $0+\left(\frac{2\pi}{3}+\frac{2\pi}{3}+0\right)+\cdots\left(\frac{2\pi}{3}+\frac{2\pi}{3}+0\right)=k\times\frac{4\pi}{3}$

세 번째 변에서의 이동 거리는 $\frac{\pi}{6}+\left(\frac{2\pi}{3}+0+\frac{2\pi}{3}\right)+\cdots+\left(\frac{2\pi}{3}+0+\frac{2\pi}{3}\right)=\frac{\pi}{6}+k\times\frac{4\pi}{3}$

네 번째 변에서의 이동 거리는 $\frac{\pi}{6}+\left(0+\frac{2\pi}{3}+\frac{2\pi}{3}\right)+\cdots+\left(0+\frac{2\pi}{3}+\frac{2\pi}{3}\right)=\frac{\pi}{6}+k\times\frac{4\pi}{3}$

따라서 총 이동 거리는 $\frac{16k+1}{3}\pi$

점의 최초 위치가 T일 때, 똑같은 방법으로 생각할 수 있다.

네 번째 변에서 최초 위치로 오는 이동 $\dfrac{\pi}{6}$를 고려하여 첫 번째 변에 추가하면

첫 번째 변에서의 이동 거리는 $\dfrac{\pi}{6}+\left(\dfrac{2\pi}{3}+0+\dfrac{2\pi}{3}\right)+\cdots+\left(\dfrac{2\pi}{3}+0+\dfrac{2\pi}{3}\right)=\dfrac{\pi}{6}+k\times\dfrac{4\pi}{3}$

두 번째 변에서의 이동 거리는 $\dfrac{\pi}{6}+\left(0+\dfrac{2\pi}{3}+\dfrac{2\pi}{3}\right)+\cdots+\left(0+\dfrac{2\pi}{3}+\dfrac{2\pi}{3}\right)=\dfrac{\pi}{6}+k\times\dfrac{4\pi}{3}$

세 번째 변에서의 이동 거리는 $0+\left(\dfrac{2\pi}{3}+\dfrac{2\pi}{3}+0\right)+\cdots\left(\dfrac{2\pi}{3}+\dfrac{2\pi}{3}+0\right)=k\times\dfrac{4\pi}{3}$

네 번째 변에서의 이동 거리는 $\dfrac{\pi}{6}+\left(\dfrac{2\pi}{3}+0+\dfrac{2\pi}{3}\right)+\cdots+\left(\dfrac{2\pi}{3}+0+\dfrac{2\pi}{3}\right)=\dfrac{\pi}{6}+k\times\dfrac{4\pi}{3}$

따라서 총 이동 거리는 $\dfrac{32k+3}{6}\pi$

점의 최초 위치가 L일 때, 똑같은 방법으로 생각할 수 있다. 총 이동 거리는 $\dfrac{32k+3}{6}\pi$

iii) $n=3k+2$ 인 경우
삼각형이 $n+1$번째 선분에 있을 때를 생각해보자.
점의 최초 위치가 R이면 $n+1$번째 선분에서 점의 위치는 T,
점의 최초 위치가 T이면 $n+1$번째 선분에서 점의 위치는 L,
점의 최초 위치가 L이면 $n+1$번째 선분에서 점의 위치는 R 이다.

점의 최초 위치가 R일 때,
1번째 선분에서 n번째 선분까지 이동 형태 : R–L–T– $\cdots$ –R–L–T–R–L
$n+1$번째 선분에서 $2n$번째 선분까지 이동 형태 : T–R–L– $\cdots$ –T–R–L–T–R
$2n+1$번째 선분에서 $3n$번째 선분까지 이동 형태 : L–T–R– $\cdots$ –L–T–R–L–T
$3n+1$번째 선분에서 $4n$번째 선분까지 이동 형태 : R–L–T– $\cdots$ –R–L–T–R–L
$4n$번째 선분에서 최초 위치로 오는 이동 L–T

네 번째 변에서 다시 1번째 선분으로 오는 이동 $\dfrac{\pi}{6}$를 고려하여 첫 번째 변에 추가하면

첫 번째 변에서의 이동 거리 $\dfrac{\pi}{6}+0+\left(\dfrac{2\pi}{3}+\dfrac{2\pi}{3}+0\right)+\cdots+\left(\dfrac{2\pi}{3}+\dfrac{2\pi}{3}+0\right)=\dfrac{\pi}{6}+k\times\dfrac{4\pi}{3}$

두 번째 변에서의 이동 거리 $\dfrac{\pi}{6}+\dfrac{2\pi}{3}+\left(0+\dfrac{2\pi}{3}+\dfrac{2\pi}{3}\right)+\cdots+\left(0+\dfrac{2\pi}{3}+\dfrac{2\pi}{3}\right)=\dfrac{5\pi}{6}+k\times\dfrac{4\pi}{3}$

세 번째 변에서의 이동 거리 $0+\dfrac{2\pi}{3}+\left(\dfrac{2\pi}{3}+0+\dfrac{2\pi}{3}\right)+\cdots+\left(\dfrac{2\pi}{3}+0+\dfrac{2\pi}{3}\right)=\dfrac{5\pi}{6}+k\times\dfrac{4\pi}{3}$

네 번째 변에서의 이동 거리 $\dfrac{\pi}{6}+0+\left(\dfrac{2\pi}{3}+\dfrac{2\pi}{3}+0\right)+\cdots+\left(\dfrac{2\pi}{3}+\dfrac{2\pi}{3}+0\right)=\dfrac{\pi}{6}+k\times\dfrac{4\pi}{3}$

총 이동 거리는 $\dfrac{16k+6}{3}\pi$

점의 최초 위치가 T일 때,

1번째 선분에서 n번째 선분까지 이동 형태 : T–R–L– ⋯ –T–R–L–T–R

$n+1$번째 선분에서 $2n$번째 선분까지 이동 형태 : L–T–R– ⋯ –L–T–R–L–T

$2n+1$번째 선분에서 $3n$번째 선분까지 이동 형태 : R–L–T– ⋯ –R–L–T–R–L

$3n+1$번째 선분에서 $4n$번째 선분까지 이동 형태 : T–R–L– ⋯ –T–R–L–T–R

$4n$번째 선분에서 1번째 선분으로 오는 이동 R–L

네 번째 변에서 1번째 선분으로 오는 이동 0을 고려하여 첫 번째 변에 추가하면

첫 번째 변에서의 이동 거리 $0+\dfrac{2\pi}{3}+\left(0+\dfrac{2\pi}{3}+\dfrac{2\pi}{3}\right)+\cdots+\left(0+\dfrac{2\pi}{3}+\dfrac{2\pi}{3}\right)=\dfrac{2\pi}{3}+k\times\dfrac{4\pi}{3}$

두 번째 변에서의 이동 거리 $0+\dfrac{2\pi}{3}+\left(\dfrac{2\pi}{3}+0+\dfrac{2\pi}{3}\right)+\cdots+\left(\dfrac{2\pi}{3}+0+\dfrac{2\pi}{3}\right)=\dfrac{2\pi}{3}+k\times\dfrac{4\pi}{3}$

세 번째 변에서의 이동 거리 $\dfrac{\pi}{6}+0+\left(\dfrac{2\pi}{3}+\dfrac{2\pi}{3}+0\right)+\cdots+\left(\dfrac{2\pi}{3}+\dfrac{2\pi}{3}+0\right)=\dfrac{\pi}{6}+k\times\dfrac{4\pi}{3}$

네 번째 변에서의 이동 거리 $\dfrac{\pi}{6}+\dfrac{2\pi}{3}+\left(0+\dfrac{2\pi}{3}+\dfrac{2\pi}{3}\right)+\cdots+\left(0+\dfrac{2\pi}{3}+\dfrac{2\pi}{3}\right)=\dfrac{5\pi}{6}+k\times\dfrac{4\pi}{3}$

총 이동 거리는 $\dfrac{16k+7}{3}\pi$

점의 최초 위치가 L일 때, 같은 방법으로 생각하면 총 이동 거리는 $\dfrac{32k+15}{6}\pi$

5 굴리는 도형이 한 변의 길이가 1인 정사각형일 때도 같은 방법으로 해결할 수 있다.

처음 점의 위치가 A에 있다고 가정하자.

큰 정사각형의 각 변을 한 변의 길이가 1인 선분으로 나누어 번호를 붙이면

1번 위치에서 2번 위치로 갈 때 이동한 거리는 $\dfrac{\pi}{2}$, 2번 위치에서 3번 위치로 갈 때 이동한 거리는 $\dfrac{\pi}{4}$,

3번 위치에서 4번 위치로 갈 때 이동한 거리는 0, 4번 위치에서 5번 위치로 갈 때 이동한 거리는 $\dfrac{\pi}{4}$가 된다.

그러면 다시 점이 A의 위치에 있게 된다.

따라서 처음 위치에서 다시 처음 위치로 올 때까지 움직인 거리는 $\dfrac{\pi}{2}+\dfrac{\pi}{4}+0+\dfrac{\pi}{4}$,

굴러가는 변이 바뀔 때는 움직이지 않게 되므로 움직인 거리를 0으로 바꾸면 된다.

예를 들어 큰 정사각형의 한 변의 길이가 6이라고 할 때, 움직인 거리를 계산해보자.

점 P	A	D	C	B	A	D	C	B	A	D	C	B	A	D	C	B	A	D
자취		$\dfrac{\pi}{2}$	$\dfrac{\pi}{4}$	0	$\dfrac{\pi}{4}$	$\dfrac{\pi}{2}$	0	0	$\dfrac{\pi}{4}$	$\dfrac{\pi}{2}$	$\dfrac{\pi}{4}$	0	0	$\dfrac{\pi}{2}$	$\dfrac{\pi}{4}$	0	$\dfrac{\pi}{4}$	$\dfrac{\pi}{2}$

점 P	C	B	A	D	C	B	A
자취	0	0	$\frac{\pi}{4}$	$\frac{\pi}{2}$	$\frac{\pi}{4}$	0	0

각 점의 위치에 따라 $D-C-B-A$ 순서로 $\frac{\pi}{2}+\frac{\pi}{4}+0+\frac{\pi}{4}=\pi$ 만큼 이동하게 된다. 모두 6번

나타나고, 변이 바뀔 때의 위치가 C, A, C, A이므로 0으로 바뀌는 값이 모두 $\frac{\pi}{4}$ 로 4개다.

따라서 이동한 거리는 $6\pi-4\times\frac{\pi}{4}=5\pi$ 가 된다.

큰 정사각형의 한 변의 길이를 n이라 할 때,

$n=4k$, $n=4k+1$, $n=4k+2$, $n=4k+3$ 으로 나누어 생각할 수 있다.

ⅰ) $n=4k$일 때,

최초의 위치가 A이면 점의 위치는 $A-D-C-B-\cdots-A-D-C-B$ 의 순서로 변한다.

최초의 위치가 B이면 점의 위치는 $B-A-D-C-\cdots-B-A-D-C$ 의 순서로 변한다.

최초의 위치가 C이면 점의 위치는 $C-B-A-D-\cdots-C-B-A-D$ 의 순서로 변한다.

최초의 위치가 D이면 점의 위치는 $D-C-B-A-\cdots-D-C-B-A$ 의 순서로 변한다.

최초의 위치가 A이면 첫 번째 변에서의 이동 거리는

$0+\frac{\pi}{2}+\frac{\pi}{4}+0+\left(\frac{\pi}{4}+\frac{\pi}{2}+\frac{\pi}{4}+0\right)+\cdots+\left(\frac{\pi}{4}+\frac{\pi}{2}+\frac{\pi}{4}+0\right)=\frac{3\pi}{4}+(k-1)\pi$

두 번째 변에서의 이동 거리도 같은 값으로 $\frac{3\pi}{4}+(k-1)\pi$

세 번째 변과 네 번째 변에서의 이동 거리도 같은 값이므로 총 이동거리는 $(4k-1)\pi$

최초의 위치가 B이면 첫 번째 변에서의 이동거리는

$0+\frac{\pi}{4}+\frac{\pi}{2}+\frac{\pi}{4}+\left(0+\frac{\pi}{4}+\frac{\pi}{2}+\frac{\pi}{4}\right)+\cdots+\left(0+\frac{\pi}{4}+\frac{\pi}{2}+\frac{\pi}{4}\right)=k\pi$

총 이동거리는 $4k\pi$

최초의 위치가 C이면

첫 번째 변에서의 이동 거리는

$0+0+\frac{\pi}{4}+\frac{\pi}{2}+\left(\frac{\pi}{4}+0+\frac{\pi}{4}+\frac{\pi}{2}\right)+\cdots+\left(\frac{\pi}{4}+0+\frac{\pi}{4}+\frac{\pi}{2}\right)=\frac{3\pi}{4}+(k-1)\pi$

총 이동 거리는 $(4k-1)\pi$

최초의 위치가 D이면

첫 번째 변에서의 이동 거리는

$0+\frac{\pi}{4}+0+\frac{\pi}{4}+\left(\frac{\pi}{2}+\frac{\pi}{4}+0+\frac{\pi}{4}\right)+\cdots+\left(\frac{\pi}{2}+\frac{\pi}{4}+0+\frac{\pi}{4}\right)=\frac{\pi}{2}+(k-1)\pi$

총 이동 거리는 $(4k-2)\pi$

ii) $n=4k+1$ 일 때,
최초의 위치가 A이면

첫 번째 변에서의 이동 거리는 $0+\left(\dfrac{\pi}{2}+\dfrac{\pi}{4}+0+\dfrac{\pi}{4}\right)+\cdots+\left(\dfrac{\pi}{2}+\dfrac{\pi}{4}+0+\dfrac{\pi}{4}\right)=k\pi$

두 번째 변에서의 이동 거리는 $0+\left(\dfrac{\pi}{4}+0+\dfrac{\pi}{4}+\dfrac{\pi}{2}\right)+\cdots+\left(\dfrac{\pi}{4}+0+\dfrac{\pi}{4}+\dfrac{\pi}{2}\right)=k\pi$

세 번째 변에서의 이동 거리는 $0+\left(0+\dfrac{\pi}{4}+\dfrac{\pi}{2}+\dfrac{\pi}{4}\right)+\cdots+\left(0+\dfrac{\pi}{4}+\dfrac{\pi}{2}+\dfrac{\pi}{4}\right)=k\pi$

네 번째 변에서의 이동 거리는 $0+\left(\dfrac{\pi}{4}+\dfrac{\pi}{2}+\dfrac{\pi}{4}+0\right)+\cdots+\left(\dfrac{\pi}{4}+\dfrac{\pi}{2}+\dfrac{\pi}{4}+0\right)=k\pi$

총 이동 거리는 $4k\pi$

최초의 위치가 B이면 같은 방법으로 총 이동 거리는 $4k\pi$
최초의 위치가 C이면 같은 방법으로 총 이동 거리는 $4k\pi$
최초의 위치가 D이면 같은 방법으로 총 이동 거리는 $4k\pi$

iii) $n=4k+2$ 일 때,
최초의 위치가 A이면
첫 번째 변에서의 이동 거리는

$0+\dfrac{\pi}{2}+\left(\dfrac{\pi}{4}+0+\dfrac{\pi}{4}+\dfrac{\pi}{2}\right)+\cdots+\left(\dfrac{\pi}{4}+0+\dfrac{\pi}{4}+\dfrac{\pi}{2}\right)=\dfrac{\pi}{2}+k\pi$

두 번째 변에서의 이동거리는

$0+0+\left(\dfrac{\pi}{4}+\dfrac{\pi}{2}+\dfrac{\pi}{4}+0\right)+\cdots+\left(\dfrac{\pi}{4}+\dfrac{\pi}{2}+\dfrac{\pi}{4}+0\right)=k\pi$

세 번째 변에서의 이동 거리는

$0+\dfrac{\pi}{2}+\left(\dfrac{\pi}{4}+0+\dfrac{\pi}{4}+\dfrac{\pi}{2}\right)+\cdots+\left(\dfrac{\pi}{4}+0+\dfrac{\pi}{4}+\dfrac{\pi}{2}\right)=\dfrac{\pi}{2}+k\pi$

네 번째 변에서의 이동거리는

$0+0+\left(\dfrac{\pi}{4}+\dfrac{\pi}{2}+\dfrac{\pi}{4}+0\right)+\cdots+\left(\dfrac{\pi}{4}+\dfrac{\pi}{2}+\dfrac{\pi}{4}+0\right)=k\pi$

따라서 총 이동 거리는 $(4k+1)\pi$ 이다.
최초의 위치가 B이면 같은 방법으로 총 이동 거리는 $(4k+1)\pi$ 이다.
최초의 위치가 C이면 같은 방법으로 총 이동 거리는 $(4k+1)\pi$ 이다.
최초의 위치가 D이면 같은 방법으로 총 이동 거리는 $(4k+1)\pi$ 이다.

iv) $n=4k+3$ 일 때,
최초의 위치가 A이면 같은 방법으로 총 이동 거리는 $(4k+2)\pi$ 이다.
결론적으로 최초의 위치에 관계없이 총 이동 거리는 $(4k+2)\pi$ 이다.

| 출제예상문제 6회 정답 | | | | P.72 |

단답형 문항

01. 1977

02. $f(2k) = 2f(k) - 1$

03. $f(2k+1) = 2f(k) + 1$

04. 9개

05. [방법 A]=160
[방법 B]=171

06. 96가지

07. 4cm

08. -3

09. $4\sqrt{3}\,\mathrm{cm}^2$

10. $\dfrac{1}{4}\pi(\mathrm{cm}^2)$

11. 230

12. 8999940

13. 108

14. $2 + \sqrt{2}$

15. 12가지

서술형 문제

1~4. 풀이참조

단답형 정답 및 해설

1 $n = 2^m + r \ (0 \le r < 2^m)$ 일 때 $f(n) = 2r + 1 \cdots\cdots$ (∗)을 이용하면,

$2012 = 2^{10} + 988$에서 1과 2×988사이의 988개의 짝수가 지워지면 2^{10}개의 수가 남는다.

그런데, $n = 2^m$이면 항상 $f(n) = 1$임을 쉽게 알 수 있다.

왜냐하면, 한 번 지우는 시행을 하면 $1, 2, 3, \cdots, 2^{m-1} \cdots, 2^m - 1 \ (2^{m-1}$개)이 남는다.

이것은 $1, 2, 3, \cdots, 2^{m-1}$과 같은 것이다.

두 번째 지우는 시행을 하면 $1, 3, 5, 7 \cdots, 2^{m-1} - 1 \ (2^{m-2}$개)이 남는다. 이것은 $1, 2, 3, \cdots, 2^{m-1}$과 대응되는 시행으로 생각할 수 있다. ($1 \leftrightarrow 1, \ 3 \leftrightarrow 2, \ 5 \to 3 ., 2k-1 \leftrightarrow k, \ 2^m - 1 \leftrightarrow 2^{m-1}$)

$1, 2, 3, 4$로 시행시 마지막 남는 수가 1이므로 $1, 2, 3, \cdots, 2^m$으로 시행해도 마지막 남는 숫자는 1임을 알 수 있다.

따라서 2×988가 지워지고 $2 \times 988 + 1 = 1977$부터 2012까지 2^{10}개의 수가 남는다.

이때, $1977 \to 1$, $2012 \to 2^{10}$와 같은 대응을 생각하자.

그러면, $f(2012) = 1977$이다. $f(2012) = 2 \times 988 + 1 = 1977$

2 1부터 $2k$까지 숫자에서 $2, 4, 6, \cdots, 2k$를 지우면 $1, 3, 5, \cdots, 2k-1$까지 k개의 숫자가 남는다.

$$
\begin{array}{cccc}
1 & 3 & \cdots & (2k-1) \\
\downarrow & \downarrow & & \downarrow \\
1 & 2 & \cdots & k
\end{array}
$$

만약, $1, 2, 3, \cdots, k$중 m이 남으면 대응관계에 의하여 $1, 3, 5, \cdots, (2k-1)$중에서 $2m-1$이 남는다.

따라서 $f(2k) = 2f(k) - 1$이다.

3 1부터 $2k+1$까지 숫자에서 $2, 4, 6, \cdots, 2k, 1$까지 $(k+1)$개의 숫자를 지우면 $3, 5, 7, \cdots, (2k+1)$

이렇게 k개의 숫자가 남는다.

$$
\begin{array}{cccc}
3 & 5 & \cdots & (2k+1) \\
\downarrow & \downarrow & & \downarrow \\
1 & 2 & \cdots & k
\end{array}
$$

만약, $1, 2, 3, \cdots, k$중 m이 남으면 대응관계에 의하여 $3, 5, 7, \cdots, (2k+1)$중에서 $2m+1$이 남는다.

따라서 $f(2k+1) = 2f(k) + 1$이다.

4   7 로 나누어 2 가 남는 수를 $7k+2$ 라 두면

$k=5m$ 일 때, $7k+2=35m+2$

$k=5m+1$ 일 때, $7k+2=35m+9$

$k=5m+2$ 일 때, $7k+2=35m+16$

$k=5m+3$ 일 때, $7k+2=35m+23$

$k=5m+4$ 일 때, $7k+2=35m+30$

   이 중에서 5 로 나누면 3 이 남는 수는 $35m+23$ 뿐이다. 또,

$m=3n$ 일 때, $35m+23=105n+23$

$m=3n+1$ 일 때, $35m+23=105n+58$

$m=3n+2$ 일 때, $35m+23=105n+93$ 이므로 1000 이하의 자연수 $n=0,1,2,\cdots,8$ 인 경우이다.

그러므로 9 개가 있다.

5   [방법 A]에 의해서는 가로 16개, 세로 10개 총 160개를 담을 수 있다. 이에 반해 [방법 B]는 문제 그림과 같이 세로 방향으로 볼 때, 10개, 9개, 10개 ⋯ 등등으로 엇갈려 채워지는 것을 알 수 있다. [방법 B]는 [방법 A]에 비해 동일 면적의 상자에 캔을 하나 이상 더 넣을 수 있다. 다음 그림과 같이 두 직선사이의 거리를 구하면 $5\sqrt{3}$ 이다.

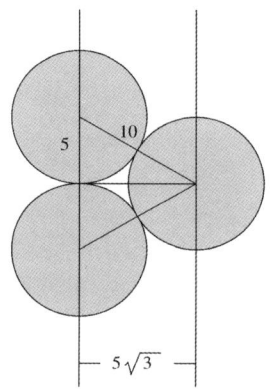

전체 세로줄의 캔의 개수를 n 이라 할 때 배열된 가로의 길이는 상자의 가로 길이보다 크지 않아야 하므로 $10+5\sqrt{3}(n-1) \leq 160$ 에서 최대 n값은 18이다. 즉, 캔의 개수가 10개 있는 줄은 9번이고, 9개 있는 줄은 9번이 되어 전체 총 171개의 캔을 담을 수 있다.

6   i) 00:XX:00인 경우

     00:00:00, 00:11:00, 00:22:00, 00:33:00, 00:44:00, 00:55:00

     따라서 6가지

   ii) 01:XX:10, 02:XX:20, 03:XX:30, 04:XX:40, 05:XX:50인 경우

     각 경우마다 6가지씩이므로 30가지

     06:XX:60인 경우는 60초가 되는 순간 00초로 바뀌므로 가능하지 않다.

     07:XX:70, 08:XX:80, 09:XX:90은 가능하지 않다.

   iii) 10:XX:01, 11:XX:11, 12:XX:21, 13:XX:31, 14:XX:41, 15:XX:51인 경우

     각 경우마다 6가지씩이므로 36가지

   iv) 20:XX:02, 21:XX:12, 22:XX:22, 23:XX:32인 경우

     각 경우마다 6가지이므로 24가지

총 96가지

7 $\triangle \text{AFB} \backsim \triangle \text{AEC}$임을 보인다.

$\triangle \text{FAB}$와 $\triangle \text{AEC}$에서 $\angle \text{FAB} = \angle \text{EAC}$ ...... ㉠

접선과 현이 이루는 각에서 $\angle \text{ABF} = \angle \text{ACE}$ ...... ㉡

㉠과 ㉡에 의하여 $\triangle \text{AFB} \backsim \triangle \text{AEC}$(AA 닮음)

$\angle \text{BFE} = \angle \text{FAB} + \angle \text{ABF}$

$\qquad = \angle \text{EAC} + \angle \text{ACE} = \angle \text{BEF}$

$\therefore \overline{\text{BE}} = \overline{\text{BF}} = 4(\text{cm})$

8 A, B 두 점의 좌표는 $x^2 + 2x - 3 = 0$에서 $(x+3)(x-1) = 0$

$\therefore x = -3$ 또는 $x = 1$

따라서 $\text{B}(1, 0)$ $\text{A}(-3, 0)$이고 점 C는 포물선과 y축과의 교점이므로

$\text{C}(0, -3)$

$\therefore \triangle \text{ACB} = \dfrac{1}{2} \times \overline{\text{AB}} \times \overline{\text{OC}}$

$\qquad = \dfrac{1}{2} \times 4 \times 3 = 6$

그리고 점 C를 지나는 일차함수 $y = mx + n$의 그래프가 $\triangle \text{ACB}$의 넓이를 이등분하려면

$\overline{\text{AB}}$의 중점 $(-1, 0)$을 지나야 하므로 기울기 m은 $m = \dfrac{-3-0}{0-(-1)} = -3$

9 $\overline{\text{AE}}$를 이으면 $\triangle \text{AB}'\text{E} \equiv \triangle \text{ADE}$(RHS 합동)

$\therefore \angle \text{B}'\text{AE} = 30°$

$\therefore \overline{\text{B}'\text{E}} = \overline{\text{AB}'}\tan 30° = 2\sqrt{3} \times \dfrac{1}{\sqrt{3}} = 2$

$\therefore \square \text{AB}'\text{ED} = 2\triangle \text{AB}'\text{E}$

$\qquad = 2 \times \left(\dfrac{1}{2} \times \overline{\text{AB}'} \times \overline{\text{B}'\text{E}} \right)$

$\qquad = 2\sqrt{3} \times 2 = 4\sqrt{3}\,(\text{cm}^2)$

10

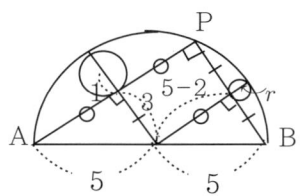

위 그림과 같이 $\overline{\text{PA}}$, $\overline{\text{PB}}$에 의해 만들어지는 두 활꼴에 내접하는 최대원은 $\overline{\text{PA}}$, $\overline{\text{PB}}$의 중점을 지난다. 한 원의 넓이가 πcm^2이므로 반지름의 길이가 1cm이고 나머지 다른 원의 반지름의 길이를 $r\text{cm}$라 하면

$\triangle \text{APB}$에서

$10^2 = \{2(5-2r)\}^2 + (2 \times 3)^3$

$100 = (10-4r)^2 + 36$

$100 = 100 - 80r + 16r^2 + 36$

$4r^2 - 20r + 9 = 0$

$(2r-1)(2r-9) = 0$

$\therefore r = \dfrac{1}{2}$ 또는 $r = \dfrac{9}{2}$

그런데 $5 - 2r > 0$ 즉, $r < \dfrac{5}{2}$ 이므로 $r = \dfrac{1}{2}$

따라서 구하는 원의 넓이는 $\pi \times \left(\dfrac{1}{2}\right)^2 = \dfrac{1}{4}\pi(\mathrm{cm}^2)$

11 임의의 두 점의 좌표를 (x_1, y_1, z_1), (x_2, y_2, z_2) $(x_1, x_2, x_3, y_1, y_2, y_3$ 는 정수)라고 할 때, 두 점의 중점의 좌표는 $\left(\dfrac{x_1+x_2}{2}, \dfrac{y_1+y_2}{2}, \dfrac{z_1+z_2}{2}\right)$인데, 이 점의 좌표도 모두 정수이어야 하므로 x_1+x_2, y_1+y_2, z_1+z_2 모두 짝수여야 한다.

$0 \le x_1, x_2 \le 4$, $0 \le y_1, y_2 \le 3$, $0 \le z_1, z_2 \le 2$

① 모든 좌표가 짝수인 경우

　모든 좌표가 짝수인 점들은 $3 \times 2 \times 2 = 12$ 가지이고, 선분을 만들 경우의 수는 $_{12}\mathrm{C}_2 = 66$

② 모든 좌표가 홀수인 경우

　모든 좌표가 홀수인 점들은 $2 \times 2 \times 1 = 4$가지이고, 선분을 만들 경우의 수는 $_4\mathrm{C}_2 = 6$

③ x 좌표만 홀수인 경우

　x 좌표만 홀수인 경우 $2 \times 2 \times 2 = 8$ 가지이고, 선분을 만들 경우의 수는 $_8\mathrm{C}_2 = 28$

④ y 좌표만 홀수인 경우

　y 좌표만 홀수인 경우 $3 \times 2 \times 2 = 12$가지이고, 선분을 만들 경우의 수는 $_{12}\mathrm{C}_2 = 66$

⑤ z 좌표만 홀수인 경우

　z 좌표만 홀수인 경우 $3 \times 2 \times 1 = 6$ 가지이고, 선분을 만들 경우의 수는 $_6\mathrm{C}_2 = 15$

⑥ x 좌표만 짝수인 경우

　x 좌표만 짝수인 경우 $2 \times 2 \times 2 = 8$ 가지이고, 선분을 만들 경우의 수는 $_8\mathrm{C}_2 = 28$

⑦ y 좌표만 짝수인 경우

　y 좌표만 짝수인 경우 $2 \times 2 \times 1 = 4$가지이고, 선분을 만들 경우의 수는 $_4\mathrm{C}_2 = 6$

⑧ z 좌표만 짝수인 경우

　z 좌표만 짝수인 경우 $3 \times 2 \times 1 = 6$ 가지이고, 선분을 만들 경우의 수는 $_6\mathrm{C}_2 = 15$, 따라서 총 230가지 이다.

12 총 자릿수는 $2 \times 41 + 9 = 91$이다. 84개를 지우게 되면 남은 숫자는 7개다. 남은 7개의 숫자로 만들 수 있는 가장 큰 수와 가장 작은 수는 아래 표와 같다.

$1 \sim 10$	$11 \sim 20$	$21 \sim 30$	$31 \sim 40$	$41 \sim 50$	
9	9	9	9	950	9999950
10	0	0	0	10	1000010

13 VYZ, VYX, VVW가 연속하는 오진법의 수이다.

VYX, VVW에서 X = 4, W = 0, Y + 1 = V

VYZ, VYX에서 Z = 3, Y = 1, V = 2

$XYZ = 413_{(5)} = 4 \times 5^2 + 1 \times 5 + 3 = 108$

14 다섯 개의 쇠구슬의 중심을 각각 P, Q, R, S, T라 하면 그들의 배열은 오른쪽 그림과 같다. 정사각형 PQRS의 중심을 O 라 하면 $\overline{OH}=1$

$\overline{TH}$는 그림과 같이 배열하므로

$\overline{TH}=\sqrt{2^2-1}=\sqrt{3}$, $\overline{TO}=\sqrt{\sqrt{3}^2-1}=\sqrt{2}$

따라서 높이는 $2+\sqrt{2}$ 이다.

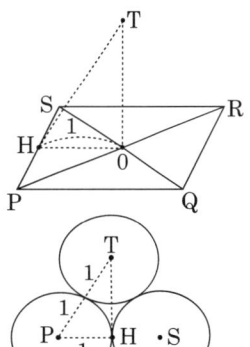

15 (1) 먼저 1과 200을 각각 다른 상자에 넣고 나머지 수 카드 모두를 남은 하나의 상자에 넣는 방법

두 수의 합이 200이하려면 200을 넣은 상자에서 카드를 뽑지 않은 경우가 되고, 두 수의 합이 201이면 1과 200을 제외한 수를 넣은 상자에서 카드가 뽑히지 않은 경우이고, 두 수의 합이 202 이상이면 1을 넣은 상자에서 카드가 뽑히지 않은 경우이다. 상자의 색을 생각하면 모두 6가지가 있다.

(2) 3으로 나눈 나머지가 같은 것끼리 같은 상자에 넣는 경우

두 수의 합을 3으로 나눈 나머지가 0이면 3의 배수에 들어 있는 상자에서 카드가 뽑히지 않고, 나머지가 1이면 (3의 배수)+2인 상자에서 카드가 뽑히지 않고, 나머지가 2이면 (3의 배수)+1인 상장에서 카드가 뽑히지 않은 경우이다. 따라서 상자의 색을 고려하면 모두 6가지이다.

(1), (2)에서 모두 $6+6=12$가지이다.

서술형 풀이 1

1 $a \equiv b \pmod{n}$이므로 적당한 정수 k가 존재하여 $a-b=nk$, $c \equiv d \pmod{n}$이므로 적당한 자연수 t가 존재하여 $c-d=nt$이다. 즉, $a=b+nk$, $c=d+nt$이므로 $ac=bd+n(bt+kd+nkt)$가 되어 $ac-bd=n(bt+kd+nkt)$. 따라서 $ac-bd$는 n의 배수가 되므로 $ac \equiv bd \pmod{n}$이다.

2 **1**에 의하여 $a_1 \equiv b_1 \pmod{n}$, $a_2 \equiv b_2 \pmod{n}$이면 $a_1 a_2 \equiv b_1 b_2 \pmod{n}$이 성립한다.

그리고 $a_1 a_2 \equiv b_1 b_2 \pmod{n}$, $a_3 \equiv b_3 \pmod{n}$이면 $a_1 a_2 a_3 \equiv b_1 b_2 b_3 \pmod{n}$이 성립한다.

이와 같은 식으로 전개하면 임의의 자연수 m에 대하여 $a_1 a_2 \cdots a_m \equiv b_1 b_2 \cdots b_m \pmod{n}$이 성립함을 알 수 있다.

3 $ab \equiv 0 \pmod{n}$이면 적당한 정수 k가 존재하여 $ab=nk$가 성립하므로 n은 ab의 약수이다. 이때, a, n이 서로 소이므로 n은 b의 약수가 된다. 따라서 적당한 정수 t가 존재하여 $b=nt$가 되므로 $b \equiv 0 \pmod{n}$임을 알 수 있다.

4 $60!=60 \times 59 \times 58 \times \cdots \times 2 \times 1$이므로 $\dfrac{60!}{30!}=60 \times 59 \times 58 \times \cdots \times 31$

$60 \equiv -1 \pmod{61}$, $59 \equiv -2 \pmod{61}$, $58 \equiv -3 \pmod{61}, \cdots, 31 \equiv -30 \pmod{61}$이므로 **2**에 의해

$60 \times 59 \times 58 \times \cdots \times 31 \equiv (-1)(-2)(-3) \times \cdots \times (-30) \pmod{61}$

즉, $\dfrac{60!}{30!}-30! \equiv (-1)(-2)(-3) \times \cdots \times (-30)-30!=0 \pmod{61}$이므로

$30!\left(\dfrac{60!}{30!30!}-1\right) \equiv 0 \pmod{61}$이고 (3)에 의해 30!과 61은 서로 소이므로

$\dfrac{60!}{30!30!}-1 \equiv 0 \pmod{61}$이 성립한다.

따라서 $\dfrac{60!}{30!30!} \equiv 1 \pmod{61}$이므로 $\dfrac{60!}{30!30!}$을 61로 나눈 나머지는 1이다.

서술형 풀이 2

1
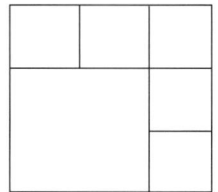

2
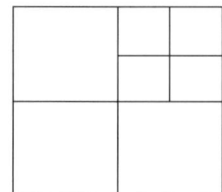

3
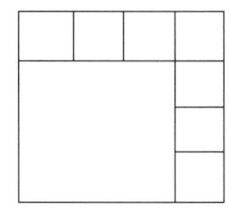

4 $n=1$, 4와 $n \geq 6$인 모든 자연수에 대하여 분할 가능하다.

$n=5$일 때 분할할 수 없다.

정사각형 ABCD를 5개의 정사각형으로 분할할 수 있다고 가정하면 만약 5개의 정사각형 중 어떤 정사각형이 정사각형 ABCD의 두 꼭짓점을 포함한다면 그 정사각형은 정사각형 ABCD 전체를 덮을 수 밖에 없다. 이것은 모순이다. 또한 정사각형 ABCD의 각 꼭짓점을 포함하는 정사각형이 반드시 있어야 하므로 4개의 정사각형이 정사각형 ABCD의 각 꼭짓점을 포함하고 그 외의 부분을 하나의 정사각형이 모두 덮어야 한다. 그런 분할은 직관적으로 불가능하다.

$n=6$, 7, 8일 때 가능하며, k에 대해 성립한다면 다음과 같이 $k+3$에 대해서도 가능하다.

그러므로 $n \geq 6$에 대하여 모두 분할 가능하다.

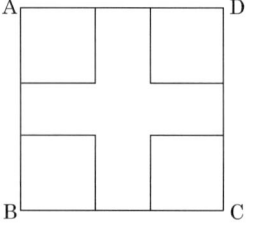

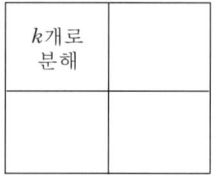

5 $f(7, 2)=4$, $f(8, 3)=5$

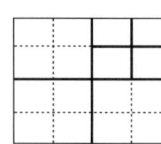   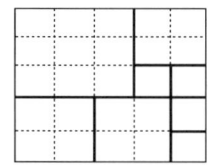

※ $f(7, 2)$란 변의 길이가 i, j의 서로 다른 두 가지 정사각형 7개로 나눌 수 있는 정사각형의 최소변의 길이이다. 변의 길이가 i인 것이 a개, j인 것이 b개 있다고 하면 $ai^2+bj^2=x^2$, $a+b=7$이 되는 최소의 i, j를 구한다. $i=1, j=2$라 하면 $a=1, b=6$일 때 $x=5$이고 $a=4, b=3$일 때 $x=4$인데, $x=5$일 때는 성립하지 않으므로 $x=4$가 답이 된다.

$f(8, 3)$이 되기 위해서는 변의 길이가 1, 2, 3인 것을 각각 a, b, c개 썼을 때 $a+4b+9c=x^2$, $a+b+c=8$인 x를 구한다.

$a=4, b=3, c=1$일 때 $x=5$가 된다.

6 11개

한 변의 길이가 5인 정사각형을 구성하는, 변의 길이가 1, 2, 3, 4인 정사각형의 개수를 순서쌍으로 나타내면

	구성 요소	$(S_1, S_2, S_3, S_4, S_5)$	경우의 수
1가지	S_1	$(25, 0, 0, 0, 0)$	1가지
	S_2 또는 S_3 또는 S_4		0가지
	S_5	$(0, 0, 0, 0, 1)$	1가지
2가지	S_1, S_2	$(21, 1, 0, 0, 0)$, $(17, 2, 0, 0, 0)$ $(13, 3, 0, 0, 0)$, $(9, 4, 0, 0, 0)$	4가지
	S_1, S_3	$(16, 0, 1, 0, 0)$	1가지
	S_1, S_4	$(9, 0, 0, 1, 0)$	1가지
	S_2, S_3또는 S_2, S_4 또는 S_3, S_4		0가지
3가지	S_1, S_2, S_3	$(12, 1, 1, 0, 0)$, $(8, 2, 1, 0, 0)$ $(4, 3, 1, 0, 0)$	3가지

서술형 풀이 3

1
$$f(1-x) = \frac{4^{1-x}}{4^{1-x}+2} = \frac{4 \times 4^{-x}}{4 \times 4^{-x}+2} = \frac{2}{4^x+2}$$

2
$$f(x) + f(1-x) = \frac{4^x}{4^x+2} + \frac{2}{4^x+2} = \frac{4^x+2}{4^x+2} = 1$$

3 **2**에 의하여 $f\left(\dfrac{1}{2009}\right) + f\left(\dfrac{2008}{2009}\right) = f\left(\dfrac{2}{2009}\right) + f\left(\dfrac{2007}{2009}\right) = \cdots = f\left(\dfrac{1004}{2009}\right) + f\left(\dfrac{1005}{2009}\right) = 1$ 이므로

$$f\left(\frac{1}{2009}\right) + f\left(\frac{2}{2009}\right) + f\left(\frac{3}{2009}\right) + \cdots + f\left(\frac{2008}{2009}\right) = 1 \times 1004 = 1004$$

서술형 풀이 4

다음은 접은 자국을 다시 펼친 그림이다.

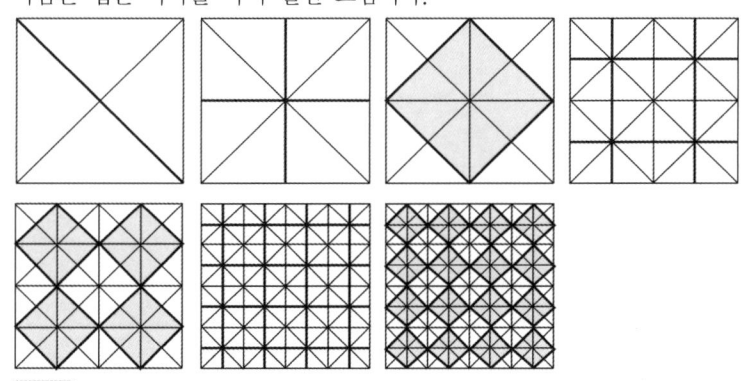

참고 2회 이상일 때의 일반식

홀수회 : $2n+1$ 회에 대해서, $(2^{n-1})^2 + (2^{n-1}+1)^2$

짝수회 : $2n$ 회 ... $(2^{n-1}+1)^2$

1 5조각

2 9조각

3 7번째 : 정사각형 4개$\times 4$열$=16$개

삼각형 5개$\times 2$열$+($정사각형$\times 3+$삼각형$\times 2)\times 3$열$=25$개

따라서 41개

4 $2n+1$회(홀수회) : $(2^{n-1})^2+(2^{n-1}+1)^2$조각

$2n$회(짝수회) : $(2^{n-1}+1)^2$조각

| 출제예상문제 7회 정답 | | | | P.84 |

단답형 문항

01. 1　　**02.** $\sqrt{3}$　　**03.** $\dfrac{1}{2}$　　**04.** 4개　　**05.** $\dfrac{a}{b} = \dfrac{1+\sqrt{37}}{6}$

06. $5:4$　　**07.** $\dfrac{1+\sqrt{19}}{9}$　　**08.** 11　　**09.** 4　　**10.** $\dfrac{\sqrt{5}-1}{2}$

11. 22회　　**12.** 5회　　**13.** 250　　**14.** $16\sqrt{3}-8\pi$　　**15.** $5\sqrt{2}$

서술형 문제

1~4. 풀이참조

단답형 정답 및 해설

1　$\left(1-5x+5x^2\right)^{2010}\left(1+5x-5x^2\right)^{2009}$ 을 전개하면

$\left(1-5x+5x^2\right)^{2010}\left(1+5x-5x^2\right)^{2009} = a_{8038}x^{8038}+a_{8037}x^{8037}+\cdots a_2x^2+a_1x+a_0 \cdots (1)$

이므로 계수들의 총합은 $a_{8038}+a_{8037}+\cdots+a_2+a_1+a_0$ 이다. 이는 (1)의 우변의 식에 $x=1$을 대입하여

얻은 식이므로 구하고자 하는 $a_{8038}+a_{8037}+\cdots+a_2+a_1+a_0$ 의 값은

$(1-5+5)^{2010}(1+5-5)^{2009} = 1$ 이다.

2　$\dfrac{a^2b}{a^2-b} = 4 \cdots$ ①　　$\Rightarrow a^2b = 4a^2-4b$ (양변을 a^2b 로 나누고)

$\dfrac{b^2c}{b^2-c} = 4 \cdots$ ②　　$\Rightarrow b^2c = 4b^2-4c$ (양변을 b^2c 로 나누고)

$\dfrac{c^2a}{c^2-a} = 4 \cdots$ ③　　$\Rightarrow c^2a = 4c^2-4a$ (양변을 c^2a로 나누고)

$1 = \dfrac{4}{b}-\dfrac{4}{a^2} \cdots$ ①′,　$1 = \dfrac{4}{c}-\dfrac{4}{b^2} \cdots$ ②′,　$1 = \dfrac{4}{a}-\dfrac{4}{c^2} \cdots$ ③′

①′＋②′＋③′　$1+1+1 = \dfrac{4}{b}-\dfrac{4}{a^2}+\dfrac{4}{c}-\dfrac{4}{b^2}+\dfrac{4}{a}-\dfrac{4}{c^2}$

$(1-\dfrac{4}{a}+\dfrac{4}{a^2})+(1-\dfrac{4}{b}+\dfrac{4}{b^2})+(1-\dfrac{4}{c}+\dfrac{4}{c^2}) = 0$

$(1-\dfrac{2}{a})^2+(1-\dfrac{2}{b})^2+(1-\dfrac{2}{c})^2 = 0$,

$\therefore a = b = c = 2$

$\triangle ABC$ 는 한 변의 길이가 2인 정삼각형, $\therefore S = \dfrac{\sqrt{3}}{4} \times 2^2 = \sqrt{3}$

3 정 n 다각형의 한 내각의 크기는 $\dfrac{180° \times (n-2)}{n}$

변의 개수가 p, q, r 인 정다각형의 한 내각의 크기를 각각 구하면

$\dfrac{180° \times (p-2)}{p}, \dfrac{180° \times (q-2)}{q}, \dfrac{180° \times (r-2)}{r}$ 이다.

이 세 정다각형이 한 꼭짓점에 모여 평면을 빈틈없이 메워야 하므로 위의 세 내각의 크기를 모두 합하면 $360°$ 가 되어야 한다.

즉, $\dfrac{180° \times (p-2)}{p} + \dfrac{180° \times (q-2)}{q} + \dfrac{180° \times (r-2)}{r} = 360°$

위 식을 정리하면, $\dfrac{p-2}{p} + \dfrac{q-2}{q} + \dfrac{r-2}{r} = 2 \Leftrightarrow \left(1 - \dfrac{2}{p}\right) + \left(1 - \dfrac{2}{q}\right) + \left(1 - \dfrac{2}{r}\right) = 2$

$\therefore \dfrac{1}{p} + \dfrac{1}{q} + \dfrac{1}{r} = \dfrac{1}{2}$

4 $(x+y+z \pm 1)^2 = x^2 + y^2 + z^2 + 2xy + 2x(z \pm 1) + 2y(z \pm 1) \pm 2z + 1$

$(x+y+z-1)^2 < x^2 + y^2 + z^2 + 2xy + 2x(z-1) + 2y(z+1) < (x+y+z+1)^2$ 이다.

$x^2 + y^2 + z^2 + 2xy + 2x(z-1) + 2y(z+1) = k^2$ (k 는 정수)이어야 하고,

$(x+y+z-1)^2 < k^2 < (x+y+z+1)^2$ 이므로 $k^2 = (x+y+z)^2$ 일 수 밖에 없다.

따라서 $x^2 + y^2 + z^2 + 2xy + 2x(z-1) + 2y(z+1) = x^2 + y^2 + z^2 + 2xy + 2xz + 2yz$ 이므로 정리하면

$x = y$ 이다. 즉 $x = y$ 인 모든 정수 순서쌍이 성립하므로 이에 해당되는 해의 개수는 4개이다.

5 갑의 속력을 a, 을의 속력을 b 라고 하자.

처음 갑이 을을 따라잡을 때까지 걸린 시간은 t_1, 처음 따라 잡은 후 다시 만날 때까지 걸린 시간은 t_2 라고 하자.

처음 갑이 을을 따라잡을 때까지 움직인 거리는 을이 움직인 거리보다 400m 많다.

따라서 $at_1 - bt_1 = 400$

두 번째 만날 때까지 갑과 을이 움직인 거리를 더하면 400m 가 된다.

따라서 $at_2 + bt_2 = 400$

그리고 을이 모두 움직인 거리가 2400m 이므로

$b(t_1 + t_2) = 2400$ 이다.

첫 번째 식에서 $t_1 = \dfrac{400}{a-b}$, 두 번째 식에서 $t_2 = \dfrac{400}{a+b}$ 을 구하고 세 번째 식에 대입하면

$b\left(\dfrac{400}{a-b} + \dfrac{400}{a+b}\right) = 2400$ 이다. 양변을 400으로 나누고 $(a-b)(a+b)$ 를 곱하면

$b(a+b+a-b) = 6(a^2 - b^2)$ 이다. 이 식을 정리하면 $3a^2 - ab - 3b^2 = 0$ 이 된다. 다시 양 변을 b^2 으로 나누면 $3\left(\dfrac{a}{b}\right)^2 - \left(\dfrac{a}{b}\right) - 3 = 0$ 이므로 이차방정식 $3x^2 - x - 3 = 0$ 의 근을 구하면 $\dfrac{a}{b}$ 의 값을 구할 수 있다.

$\dfrac{a}{b} > 0$ 이므로 $\dfrac{a}{b} = \dfrac{1 + \sqrt{37}}{6}$ 이다.

6 처음에 B 통에 흰색 페인트 50g 을 넣고 섞으면 전체는 150g 이고 흰색 50g, 검은색 100g 이 섞여 있다. 이제 다시 50g 을 꺼내면 흰색과 검은색이 $1 : 2$ 의 비율로 섞여 있으므로 B 통에서 꺼낸 50g 에는 흰색 페인트 $\dfrac{50}{3}$ g, 검은색 페인트 $\dfrac{100}{3}$ g 이 섞여 있게 된다. 이를 다시 A 통에 넣고 섞으면 흰색 페인트는 $\dfrac{200}{3}$ g,

검은색 페인트는 $\dfrac{100}{3}$ g 이 섞여 있게 된다. 그리고 B 통에는 흰색 페인트 $\dfrac{100}{3}$ g, 검은색 페인트 $\dfrac{200}{3}$ g이 남아 있게 된다.

이제 A 통에는 흰색과 검은색의 비율이 $2:1$, B 통에는 흰색과 검은색의 비율이 $1:2$이다. 이와 같은 시행을 다시 하면 A 통에서 꺼낸 50 g 의 페인트에는 흰색이 $\dfrac{100}{3}$ g, 검은색이 $\dfrac{50}{3}$ g이고 남아 있는 페인트에도 흰색이 $\dfrac{100}{3}$ g, 검은색이 $\dfrac{50}{3}$ g 이다.

따라서 B 통에 넣고 섞으면 B 통에는 흰색 $\dfrac{200}{3}$ g, 검은색 $\dfrac{250}{3}$ g 이 섞여 있게 된다. 따라서 B 통에는 150 g 의 페인트가 있고, 흰색과 검은색의 비율은 $4:5$이다.

이제 다시 B 통에서 50 g 의 페인트를 꺼내면 흰색 $\dfrac{200}{9}$ g, 검은색은 $\dfrac{250}{9}$ g 이 된다. 이제 이것을 A 통에 넣고 섞으면 흰색은 $\dfrac{500}{9}$ g, 검은색은 $\dfrac{400}{9}$ g 이 된다. 따라서 A 통에 있는 페인트의 흰색과 검은색의 비율은 $5:4$이다.

7 직선 $y=mx$는 $\triangle ABC$의 두 변 AB, BC와 만나는 점을 각각 D, E라 하자.

$E(6,\ 6m)$이고, D의 x좌표는 $mx=-x+6$에서 $x=\dfrac{6}{m+1}$

따라서 $\triangle BDE$의 넓이는 $\dfrac{1}{2}\times 6m \times \left(6-\dfrac{6}{m+1}\right)=\dfrac{18m^2}{m+1}$

$\triangle ABC$의 넓이는 8이므로 $\dfrac{18m^2}{m+1}=4$, $9m^2-2m-2=0$

$m>0$이므로 $m=\dfrac{1+\sqrt{19}}{9}$

8 최댓값은 일차함수의 그래프가 $(2,\ -3)$, $(4,\ 3)$을 지날 때다. 따라서 $f(6)$의 최댓값은 9 이다. 최솟값은 일차함수의 그래프가 $(2,\ 0)$, $(4,\ -1)$을 지날 때다. 따라서 $f(6)$의 최솟값은 -2이다. 따라서 최댓값과 최솟값의 차이는 11이다.

9 $k=ax^2$을 풀면 $x=\pm\dfrac{\sqrt{k}}{\sqrt{a}}$이므로 $\overline{BC}=\dfrac{2\sqrt{k}}{\sqrt{a}}$ 이다.

같은 방법으로 하면 $\overline{AD}=\dfrac{2\sqrt{k}}{\sqrt{b}}$ 이다.

따라서 $\dfrac{2\sqrt{k}}{\sqrt{b}}=2\times\dfrac{2\sqrt{k}}{\sqrt{a}}$ 이다. 즉 $\sqrt{a}=2\sqrt{b}$ 이므로 $a=4b$, 따라서 $\dfrac{a}{b}=4$

10 $\triangle OAC$의 넓이는 A의 y좌표를 높이로, $\overline{OC}$를 밑변으로 해서 구할 수 있다.

$\triangle OAC=\dfrac{1}{2}\times at^2\times\dfrac{1}{a}=\dfrac{t^2}{2}$

마찬가지로 $\triangle ABC$에서 밑변의 길이는 $\overline{BC}=\dfrac{1}{a}$, 높이는 C의 x좌표에서 A의 x좌표를 빼서 구할 수 있다.

$$\triangle \text{ABC} = \frac{1}{2} \times \frac{1}{a} \times \left(\frac{1}{a} - t\right) = \frac{1-at}{2a^2}$$

따라서 넓이가 같을 때는 $\dfrac{t^2}{2} = \dfrac{1-at}{2a^2}$ 이므로 $a^2 t^2 + at - 1 = 0$ 을 풀어서 at 의 값을 구할 수 있다.

$\overline{\text{OA}}$ 의 기울기는 $\dfrac{at^2}{t} = at$ 이고 $\overline{\text{OA}}$ 의 기울기는 양수이므로 at 의 값을 구하면 $\dfrac{\sqrt{5}-1}{2}$ 이다.

11 그림과 같이 정사각형 ABCD를 대칭시켜 나가면 직선 AP가 지나는 꼭 짓점은 x, y좌표가 모두 정수인 점이다. 이때, 직선 AP의 방정식은 $y = -\dfrac{13}{11}x + 1$ 이므로 $x = 11$일 때, $y = -12$인 점이 최초의 이 직선을 지나는 격자점이다. x축에 평행한 직선과 12회, y축에 평행한 직선과 10회 만난다. 따라서 반사하는 횟수는 22회이다.

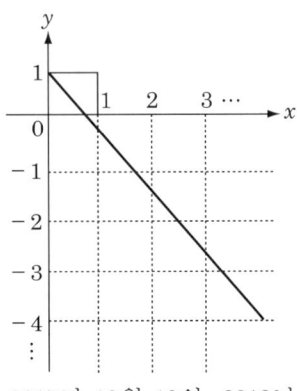

12 시작 일을 1일로 하고 계속 더해나가면 2016년 12월 31일은 365일째가 된다. 이제 각 달의 13일이 몇 번째 날인지 정한 후 7로 나눈 나머지를 비교하여 분석한다. 이와 같이 하면 2016년 5월 13일, 2017년 1월 13일, 2017년 10월 13일, 2018년 4월 13일, 2018년 7월 13일 총 5회가 13일의 금요일이 된다.

13 파푸스의 중선정리를 이용하자.
1) $\overline{\text{AB}}^2 + \overline{\text{AE}}^2 = 2(\overline{\text{AD}}^2 + \overline{\text{DE}}^2)$, $12^2 + y^2 = 2(x^2 + 5^2)$
2) $\overline{\text{AD}}^2 + \overline{\text{AF}}^2 = 2(\overline{\text{AE}}^2 + \overline{\text{EF}}^2)$, $x^2 + z^2 = 2(y^2 + 5^2)$
3) $\overline{\text{AE}}^2 + \overline{\text{AC}}^2 = 2(\overline{\text{AF}}^2 + \overline{\text{FC}}^2)$, $y^2 + 16^2 = 2(z^2 + 5^2)$
4) $\overline{\text{AB}}^2 + \overline{\text{AC}}^2 = 2(\overline{\text{AE}}^2 + \overline{\text{CE}}^2)$, $12^2 + 16^2 = 2(y^2 + 10^2)$ 이므로 $y^2 = 100$

이를 2)에 대입하면 $x^2 + z^2 = 250$
$$\therefore x^2 + y^2 + z^2 = 250 + 100 = 350$$

14 이 그림에서 색칠한 부분의 넓이는 세 원의 중심을 연결한 정삼각형의 넓이에서 중심각의 크기가 60°인 세 부채꼴의 넓이를 빼서 구할 수 있다.

따라서 색칠한 부분의 넓이는 $\dfrac{\sqrt{3}}{4} \times 4^2 - 3 \times \dfrac{4\pi}{6} = 4\sqrt{3} - 2\pi$ 이다.

색칠한 부분이 모두 네 개이므로 정답은 $16\sqrt{3} - 8\pi$ 이다.

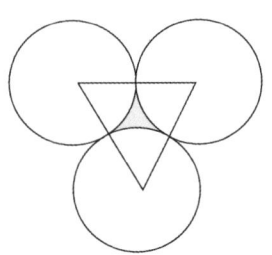

15 두 점 B, D는 동일 원주 상의 점이므로 $\angle\text{EBA} = \angle\text{EDF}$, $\angle\text{AEB} = \angle\text{FED}$(맞꼭지각)이므로 $\triangle\text{ABE} \backsim \triangle\text{FDE}$이다. $\overline{\text{AE}} = \overline{\text{AB}} = 6$(이등변삼각형)이므로 $\triangle\text{FDE}$도 이등변삼각형이다.
$\overline{\text{FD}} = \overline{\text{FE}} = x$라고 하자.
$\overline{\text{AE}} \cdot \overline{\text{ED}} = \overline{\text{FE}} \cdot \overline{\text{EB}}$, $\overline{\text{AE}} = 6$, $\overline{\text{ED}} = 2$, $\overline{\text{BE}} = 6\sqrt{2}$ 이므로 대입하면 $x = \sqrt{2}$
두 점 F, D는 동일 원주 상의 점이므로 $\angle\text{AFB} = \angle\text{ADB}$이고, $\angle\text{AEF} = \angle\text{BED}$(맞꼭지각)이므로 $\triangle\text{AEF} \backsim \triangle\text{BED}$이다.
따라서 $\overline{\text{EF}} : \overline{\text{AF}} = \overline{\text{ED}} : \overline{\text{BD}}$ 가 성립하고 $\overline{\text{EF}} = \sqrt{2}$, $\overline{\text{BD}} = 10$, $\overline{\text{ED}} = 2$이므로 대입하면 $\overline{\text{AF}} = 5\sqrt{2}$ 이다.

서술형 풀이 1

1   ⅰ) 특정한 색을 한 쪽 면 ①에 칠한다고 해도 일반성을 잃지 않는다.
   ⅱ) 남은 3가지의 색을 나머지 세 면에 칠한다. 2가지
   ⅰ), ⅱ)에서 $1 \times 2 = 2$가지

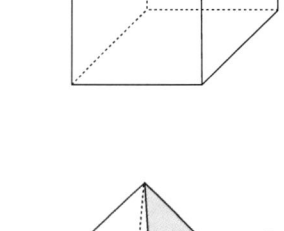

2   ⅰ) 특정한 색을 한 쪽 면 ①에 칠한다고 해도 일반성을 잃지 않는다.
   ⅱ) ①과 반대 면에는 5개 중의 하나의 색을 칠할 수 있다.
   ⅲ) 이제 남은 4가지 색을 나머지 네 면에 칠한다. 6가지
   ⅰ), ⅱ), ⅲ)에서 $1 \times 5 \times 6 = 30$가지

3   ⅰ) 특정한 수를 한 쪽 면 ①에 고정시킨다고 해도 일반성을 잃지 않는다.
   ⅱ) ①과 반대면 ②에는 7개 중의 하나가 들어 갈 수 있다.
   ⅲ) ①과 모서리를 공유하는 면 세 군데에 들어갈 수를 결정하고 이를 배열한다.
      $_6C_3 \times 2$가지 $= 20 \times 2$가지
   ⅳ) 이제 남은 3개의 수를 나머지 세 면에 배열한다. 6가지
   ⅰ), ⅱ), ⅲ), ⅳ)에서 $1 \times 7 \times 20 \times 2 \times 6 = 1680$가지

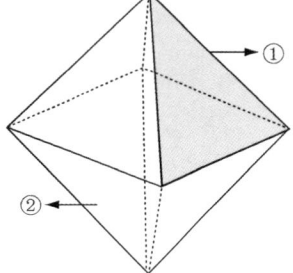

서술형 풀이 2

1 $0 \in S$라고 가정하면, $-0 \in S$도 성립하므로 조건에 위배된다.

2   자연수 n이 S의 원소가 아니라고 가정하면 $-n \in S$이다.
   조건에 의하여 $-n$을 n번 더하면 $(-n) + (-n) + (-n) + \cdots + (-n) = -n^2 \in S$
   또한, $(-n) \times (-n) = n^2 \in S$
   따라서 모순이 되어 모든 자연수 n은 S의 원소이다.

3   자연수 n에 대하여 $\dfrac{1}{n}$이 S의 원소가 아니라고 가정하면 $-\dfrac{1}{n} \in S$이다.

   $n \in S$, $-\dfrac{1}{n} \in S$에서 $n\left(-\dfrac{1}{n}\right) = -1 \in S$가 되어 모순이다.

   그러므로 모든 자연수 n에 대하여 $\dfrac{1}{n}$은 S의 원소이다.

   모든 자연수 n에 대하여 $\dfrac{1}{n} \in S$이므로 n과 서로소인 임의의 자연수 m에 대하여 조건에 의해

   $\dfrac{1}{n} \times m = \dfrac{m}{n} \in S$이다. 따라서 모든 양의 유리수는 S의 원소이다.

서술형 풀이 3

1 $\{1, 2, 3, 5, 7\}$일 때가 p-type 중 가장 원소의 개수가 많을 때이다.
   1
   2의 배수 : 2, 4, 6, 8, 10
   3의 배수 : 3, 6, 9
   5의 배수 : 5, 10

7의 배수 : 7

와 같이 나눌 때 비둘기집 원리에 의해 6개의 원소를 갖는 부분집합은 위의 다섯 개의 부분중 적어도하나
의 부분에서는 2개의 원소를 선택해야 한다. 따라서 6이상이면 모두 q-number가 된다.

2 2의 배수 : 12, 14, 16, 18, 20, 22, 24, 26, 28, 30
3의 배수 : 12, 15, 18, 21, 24, 27, 30
5의 배수 : 15, 20, 25, 30
7의 배수 : 14, 21, 28
11의 배수 : 11, 22
13의 배수 : 13, 26
17, 19, 23, 29
비둘기집 원리에 의해 11개의 원소를 갖는 부분집합은 반드시 q-type이 된다.
그런데 원소의 개수가 9일 때는 $\{16, 27, 25, 11, 13, 17, 19, 23, 29\}$을 만들 수 있다. 그러나 원소가
10개일 때는 서로 소가 아닌 두 수가 존재하게 되므로 정답은 10이다.

3 같은 방법으로 하면 소수를 모두 구한다. 53, 59, $\cdots$, 103 모두 12개
소인수의 거듭제곱을 구한다. 64, 81 모두 2개
지금까지 나타나지 않은 소인수의 곱을 구한다. $5 \times 11 = 55$, $7 \times 13 = 91$
그 외 다른 소인수들의 곱은 전체집합에 속하지 않으므로 구할 필요가 없다.
따라서 모두 16개인 경우에 p-type의 부분집합을 만들 수 있고 따라서 17이 최소의 q-number이다.

서술형 풀이 4

1 현재의 정가를 x할 올렸을 때의 정가, 판매수량, 판매총액은 각각 $P = \left(1 + \dfrac{x}{10}\right)$, $n\left(1 - \dfrac{y}{10}\right)$, nPz원
이므로, $nPz = P\left(1 + \dfrac{x}{10}\right) \cdot n\left(1 - \dfrac{y}{10}\right)$이다.
$$\therefore z = \frac{1}{100}(10 + x)(10 - y)$$

2 $y = kx$의 조건하에서 (1)의 z를 최대로 하는 x의 값, 즉 $(10 + x)(10 - y)$를 최대로 하는 x의 값을 구하
면 된다. $(10 + x)(10 - y) = (10 + x)(10 - kx) = -k\left\{x - \dfrac{5(1-k)}{k}\right\}^2 + \dfrac{25(1+k)^2}{k}$이므로 z를 최대로
하는 x의 값은 $x = \dfrac{5(1-k)}{k}$이다.
$\left(\because y = kx$이고 $0 < \dfrac{y}{10} < 1$이므로, $0 < \dfrac{kx}{10} < 1$, 따라서 $0 < x < \dfrac{10}{k}\right)$

3 $k = \dfrac{2}{3}$는 (2)의 k의 조건을 만족하므로, (2)의 $x = \dfrac{5(1-k)}{k}$에 $k = \dfrac{2}{3}$를 대입하면 된다.
$$\therefore x = \frac{5}{2}$$

4 $y = \dfrac{2}{3}x$일 때, (1)의 z는 $z = \dfrac{1}{100}(10 + x)\left(10 - \dfrac{2}{3}x\right)$ 판매총액이 증가하는 경우는 $z > 1$인 경우이므로,
$z = \dfrac{1}{100}(10 + x)\left(10 - \dfrac{2}{3}x\right) > 1$을 만족하는 x값의 범위는 $0 < x < 5$이다.

단답형 문항

01. 9	**02.** 950	**03.** $q^2 - p^2$	**04.** 10	**05.** 2
06. 0.6 m	**07.** $\dfrac{100}{3}$	**08.** 4	**09.** 16	**10.** 6
11. 12	**12.** $2\sqrt{3}$	**13.** 6	**14.** $\alpha + \beta = 45°$	**15.** $\dfrac{47}{200}$

서술형 문제

1~4. 풀이참조

단답형 정답 및 해설

1 $a+b+c=s$ 라고 하면

조건에 의해 $(1+2+3) \le s \le (5+6+7)$ 즉, $6 \le s \le 18$

a, b, c 로 만들 수 있는 6개의 자연수는 $abc, acb, bac, bca, cab, cba$ 이다.

$abc=100a+10b+c$, $acb=100a+10c+b$, $bac=100b+10c+a$, $bca=100b+10c+a$

$cab=100c+10a+b$, $cba=100c+10b+a$ 이다.

그러므로 주어진 여섯 수의 평균은 다음과 같다.

$$\frac{2(100a+100b+100c+10a+10b+10c+a+b+c)}{6} = \frac{2(a+b+c)(100+10+1)}{6} = 37(a+b+c)$$

그런데 $37s$의 일의 자리의 수가 3이고 $6 \le s \le 18$이므로 $s=9$이다.

$\therefore a+b+c=9$

2 $f(2)=f(1)+5 \times 1$

$f(3)=f(2)+5 \times 2$

$\quad \vdots$

$f(20)=f(19)+5 \times 19$

$f(21)=f(20)+5 \times 20$

변 끼리 모두 더하여 정리하면, $f(21)=f(1)+5 \times (1+2+\cdots+20)$

따라서 $f(1)=f(21)-5 \times 210=950$

3 근과 계수와의 관계에 의해 $\alpha+\beta=-p$, $\alpha\beta=1$, $\gamma+\delta=-q$, $\gamma\delta=1$이 성립한다.

$$(\alpha-\gamma)(\beta-\gamma)(\alpha+\delta)(\beta+\delta) = \{\alpha\beta-\gamma(\alpha+\beta)+\gamma^2\}\{\alpha\beta+\delta(\alpha+\beta)+\delta^2\}$$
$$= (1+\gamma p+\gamma^2)(1-p\delta+\delta^2)$$
$$= 1-p\delta+\delta^2+\gamma p-\gamma p^2\delta+\gamma p\delta^2+\gamma^2-\gamma^2 p\delta+\gamma^2\delta^2$$
$$= 2+\delta^2-p^2+\gamma^2 = 2+(\gamma+\delta)^2-2\gamma\delta-p^2$$
$$= 2+q^2-2-p^2 = q^2-p^2$$

4 삼각형의 세 변의 길이를 각각 a, b, c라고 할 때,
삼각형이 되기 위한 조건은 $a+b>c$, $a+c>b$, $b+c>a$이다.
(1) $2+4>\sqrt{2x}$ (2) $2+\sqrt{2x}>4$ (3) $4+\sqrt{2x}>2$
(1), (2), (3)을 모두 만족하는 $\sqrt{2x}$의 범위는 $2<\sqrt{2x}<6 \Leftrightarrow 4<2x<36 \Leftrightarrow 2<x<18$
$\sqrt{2x}$가 자연수가 되는 경우는 $x=8$인 경우이므로 세 변의 길이는 2, 4, 4이다.

5 $a_1 a_2 + a_2 a_3 + a_3 a_4 + \cdots + a_{n-1} a_n + a_n a_1 = 0$의 각 항 중에서 두 수의 곱이 1인 항들의 개수가 k개 일 때,
전체의 합이 0이 되려면 두 수의 곱이 -1인 항들의 개수도 k이다. 즉, 전체 항의 개수는 $n=k+k=2k$
이다.
$p_i = a_i a_{i+1}$ ($a_n a_1$ 포함)이라 할 때, n개의 항 $a_1 a_2$, $a_2 a_3$, $\cdots$, $a_{n-1} a_n$, $a_n a_1$ 중에서 절반(k개)의 값은
-1이므로 $p_1 p_2 \cdots p_n = (-1)^k$이다. ($\because$ 나머지 절반의 값은 1이므로)
이때, n개의 항 $a_1 a_2$, $a_2 a_3$, $\cdots$, $a_{n-1} a_n$, $a_n a_1$에 쓰인 a_1, a_2, $\cdots$, a_n의 개수는 2개씩이므로
$p_1 p_2 \cdots p_n = (-1)^k = (a_1 a_2)(a_2 a_3) \cdots (a_n a_1) = a_1^2 a_2^2 \cdots a_n^2 = 1$. 따라서 k는 2의 배수이다.

6 1초마다 0.2m 씩 늘어나므로 움직인 거리보다 t초 후에는 $1+0.2t$배만큼 더 가 있게 된다. 따라서 t초
후 개미의 위치는 $0.02t(1+0.2t)$cm 이다. 2m 늘어나면 시간은 10초가 걸리므로 0.6m 가 정답이 된다.

7 원래의 가격을 a, 그 때에 팔린 수량을 b라 하면,
주어진 조건에서 총 판매 금액은 $a\left(1+\dfrac{x}{100}\right) \times b\left(1-\dfrac{x}{200}\right) \times \dfrac{9}{10}$
따라서 조건에서 $a\left(1+\dfrac{x}{100}\right) \times b\left(1-\dfrac{x}{200}\right) \times \dfrac{9}{10} \geq ab$이다.
이것을 정리하면, $9x^2 - 900x + 20000 \leq 0$, $(3x-100)(3x-200) \leq 0$
따라서 $\dfrac{100}{3} \leq x \leq \dfrac{200}{3}$

8 원점을 지나는 두 직선을 $l_1 : y=mx$, $l_2 : y=nx$라 하고 직선
$x=1$과 x축, l_2, l_1의 교점을 각각 C, A, B라 하면 직선 l_2는
$\angle \text{BOC}$의 이등분선이고 $\overline{\text{AC}}=n$, $\overline{\text{BC}}=m=6n$이므로
$\overline{\text{AB}} = \overline{\text{BC}} - \overline{\text{AC}} = 5n$, $\overline{\text{OC}}=1$

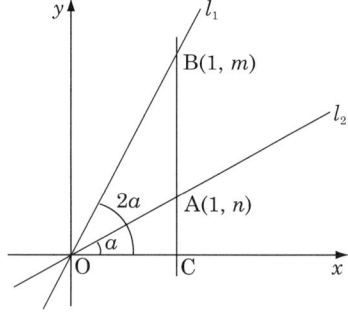

따라서, $\dfrac{\overline{\text{OC}}}{\overline{\text{OB}}} = \dfrac{\overline{\text{AC}}}{\overline{\text{AB}}}$
$\therefore \overline{\text{OB}} = \dfrac{\overline{\text{OC}} \cdot \overline{\text{AB}}}{\overline{\text{AC}}} = \dfrac{1 \cdot 5n}{n} = 5$
직각삼각형 OBC에서 $1 + (6n)^2 = 5^2$
$\therefore n^2 = \dfrac{2}{3}$ $\therefore mn = 6n \cdot n = 6n^2 = 6 \cdot \dfrac{2}{3} = 4$

9 $[x]=k$일 때, $k \leq x < k+1$이므로 이는 좌표평면에 나타내었을 때, 길이가 1인 선분이다.
따라서 $[x]=k$, $[y]=l$이 이루는 도형은 한 변의 길이가 1인 정사각형이므로 넓이는 1이다.
1) $[x][y]=1$인 경우 : 한 가지 경우 존재 ($\because x, y \geq 0$)
    $[x]=1$, $[y]=1$이므로 만족하는 해는 $1 \leq x < 2$, $1 \leq y < 2$인 모든 실수
    따라서 A_1이 나타내는 영역의 넓이는 1

2) $[x][y]=2$인 경우 : 두 가지 경우 존재

    $[x]=1,\ [y]=2$인 경우의 해는 $1\leq x<2,\ 2\leq y<3$

    $[x]=2,\ [y]=1$인 경우의 해는 $2\leq x<3,\ 1\leq y<2$

    따라서 A_2가 나타내는 영역의 넓이는 2

3) $[x][y]=3$인 경우 : 두 가지 경우 존재

    만족하는 $[x],\ [y]$를 구하면 $[x]=1,\ [y]=3\ /\ [x]=3,\ [y]=1$

    따라서 A_3이 나타내는 영역의 넓이는 2

4) $[x][y]=4$인 경우 : 세 가지 경우 존재

    만족하는 $[x],\ [y]$를 구하면 $[x]=1,\ [y]=4\ /\ [x]=2,\ [y]=2\ /\ [x]=2,\ [y]=1$

    따라서 A_4가 나타내는 영역의 넓이는 3

    같은 방식으로 해보면 A_n이 나타내는 영역의 넓이는 n의 양의 약수의 개수임을 알 수 있다.

    그러므로 A_{120}이 나타내는 영역의 넓이는 $120=2^3\times3\times5$에서 $(3+1)(1+1)(1+1)=16$이다.

10 A의 좌표를 $(-t,\ at^2)$, D의 좌표를 $(t,\ at^2)$, C의 좌표를 $(t,\ bt^2)$이라고 하자.

또 P의 좌표를 $(-s,\ as^2)$, S의 좌표를 $(s,\ as^2)$, R의 좌표를 $(s,\ bs^2)$이라고 하자.

사각형 ABCD의 넓이 $S_1=\overline{AD}\times\overline{DC}=2t\times(at^2-bt^2)=2(a-b)t^3$,

사각형 PQRS의 넓이 $S_2=\overline{PS}\times\overline{SR}=2s\times(as^2-bs^2)=2(a-b)s^3$,

따라서 $8=\dfrac{S_1}{S_2}=\dfrac{2(a-b)t^3}{2(a-b)s^3}=\left(\dfrac{t}{s}\right)^3$이므로 $\dfrac{t}{s}=2$이다.

이제 $\dfrac{\overline{AD}}{\overline{PS}}+\dfrac{\overline{DC}}{\overline{SR}}=\dfrac{2t}{2s}+\dfrac{(a-b)t^2}{(a-b)s^2}=\dfrac{t}{s}+\left(\dfrac{t}{s}\right)^2=2+2^2=6$이다.

11 $\overline{AD}=3x$라고 하면 삼각형 ADP는 삼각형 ABC와 닮은꼴이므로 $\overline{DP}=4x$이다. 따라서 삼각형 BDP의 넓이는

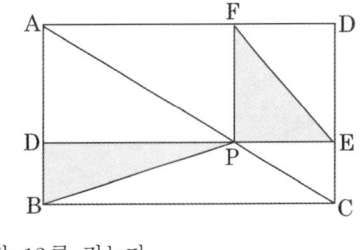

$\dfrac{1}{2}\times(6-3x)\times4x=12x-6x^2$이다.

또한 삼각형 PEF의 넓이는 $\dfrac{1}{2}\times(8-4x)\times3x=12x-6x^2$이다.

따라서 색칠한 부분의 넓이는 $-12x^2+24x$ 이므로

$-12x^2+24x=-12(x-1)^2+12$, 따라서 넓이는 $x=1$일 때 최댓값 12를 갖는다.

12 선분 CD의 연장선이 원과 만나는 점을 F라 하자.

$\overline{AD}\cdot\overline{BD}=\overline{CD}\cdot\overline{DF}$이고, $\angle CDO$는 OC를 지름으로 하는 원의 지름에 대한 원주각이므로 $90°$이다.

그리고 $\overline{OC}=\overline{OF}$이므로 선분 OD는 선분 CF의 수직이등분선이다.

$\overline{CD}=x$라고 하면 $\overline{AD}\cdot\overline{BD}=\overline{CD}\cdot\overline{DF}$에 의해 $x^2=3\times4=12$ $\therefore x=2\sqrt{3}$

13 옆 그림에서 선분 A_2C_1은 삼각형 $A_2A_1C_2$의 중선, C_2B_1은 삼각형 $C_2C_1B_1$의 중선, A_1B_2는 삼각형 $A_2B_2B_1$의 중선이다. 따라서 중선에 의해 나눠진 삼각형들의 넓이는 모두 동일하다.

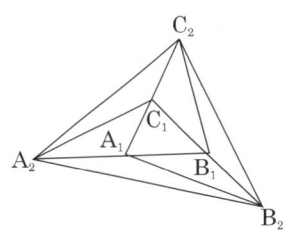

(아래 풀이의 △ 기호는 지정된 삼각형의 넓이를 뜻하는 것으로 한다.)

즉,

$\triangle A_1B_1C_1=\triangle A_1A_2C_1=\triangle A_2C_1C_2=\triangle A_2B_2A_1=\triangle A_1B_1B_2$

$=\triangle C_1C_2A_2=\triangle C_2C_1B_1$

따라서 $\triangle A_2B_2C_2=1\times7$

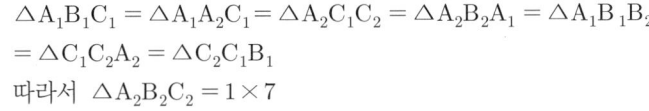

같은 방식으로 해보면 삼각형 $A_nB_nC_n$은 삼각형 $A_{n-1}B_{n-1}C_{n-1}$에 삼각형 $A_{n-1}B_{n-1}C_{n-1}$와 같은 넓이의 삼각형 6개가 더 추가되어 구성된다는 것을 알 수 있다. 관계식으로 나타내어보면 $\triangle A_nB_nC_n = \triangle A_{n-1}B_{n-1}C_{n-1} + 6 \times \triangle A_{n-1}B_{n-1}C_{n-1} = 7\triangle A_{n-1}B_{n-1}C_{n-1}$이 성립한다. 그러므로 $\triangle A_nB_nC_n$의 넓이를 n의 값에 따라 차례대로 나열하면 $1, 7, 7^2, 7^3, \cdots$이다.

즉, $\triangle A_nB_nC_n = 7^{n-1}$이므로 $\triangle A_nB_nC_n = 7^{n-1} > 10000$을 만족하는 최소 자연수 n을 구하면 $n=6$이다.

14 직사각형 ABCD를 한 변의 길이가 4cm인 여섯 개의 정사각형으로 나누고 다시 위쪽에 연장선을 그어 같은 크기의 정사각형을 3개 더 그린다. 그리고 $\overline{MN}$을 평행이동하여 $\overline{DP}$를 그리면 삼각형 PMD는 직각이등변삼각형이 되어 $\angle PDM = 45°$가 된다. $\angle ADP = \beta$이므로 $\alpha + \beta = 45°$이다.

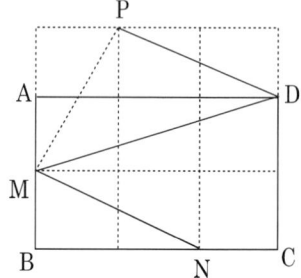

15 두 번은 흰 공, 한 번은 검은 공을 뽑았다는 것이다.
다음과 같이 세 가지 경우가 있다.

1) ① ② **❸** : $\dfrac{2}{5} \times \dfrac{1}{4} \times \dfrac{3}{3} = \dfrac{1}{10}$

2) ① **❷** ③ : $\dfrac{2}{5} \times \dfrac{3}{4} \times \dfrac{1}{4} = \dfrac{3}{40}$

3) **❶** ② ③ : $\dfrac{3}{5} \times \dfrac{2}{5} \times \dfrac{1}{4} = \dfrac{3}{50}$

모두 더하면 $\dfrac{1}{10} + \dfrac{3}{40} + \dfrac{3}{50} = \dfrac{47}{200}$

서술형 풀이 1

1 $f(x) = a|x-1| + (2-a)x + a$를 x의 범위에 따라 구해보자.
$x \geq 1$이면 $f(x) = 2x$, $x < 1$이면 $f(x) = 2(1-a)x + 2a$
이때, 함수가 일대일 함수가 되려면 기울기 값이 같은 부호를 가져야 한다.
즉, $2 \times 2(1-a) > 0$이면 되므로 $a < 1$

2 3개 모두 $\dfrac{1}{2}$보다 작다고 가정하자.

$|f(1)| < \dfrac{1}{2} \Leftrightarrow -\dfrac{1}{2} < 1 + a + b < \dfrac{1}{2} \cdots$①

$|f(2)| < \dfrac{1}{2} \Leftrightarrow -\dfrac{1}{2} < 4 + 2a + b < \dfrac{1}{2} \cdots$②

$|f(3)| < \dfrac{1}{2} \Leftrightarrow -\dfrac{1}{2} < 9 + 3a + b < \dfrac{1}{2} \cdots$③

②-①하면 $-4 < a < -2$이고, ③-② 하면 $-6 < a < -4$이 되어 동시에 만족하는 실수 a는 존재하지 않게 되어 모순이다. 따라서 3개 중에 적어도 하나는 $\dfrac{1}{2}$이상이다.

서술형 풀이 2

가로를 x, 세로를 y, 높이를 z로 놓고 생각한다.

1 $xyz = x+2y+3z$, $(xy-3)z = x+2y$에서 $z = \dfrac{x+2y}{xy-3} \geq y$, $(xy-3 > 0)$

$x+2y \geq y(xy-3)$, (왜냐하면 x, y는 자연수)

$x+2y \geq xy^2 - 3y$, $xy^2 - 5y \leq x$, $(xy-5)y \leq x$

$\therefore \ xy-5 \leq \dfrac{x}{y}$

2 $xy-5 \leq \dfrac{x}{y} \leq 1$

$xy \leq 6$이고, 가로 $\leq$ 세로이므로,

$(x,\, y) = (1,\, 6),\ (1,\, 5),\ (1,\, 4),\ (1,\, 3),\ (1,\, 2),\ (1,\, 1),\ (2,\, 2),\ (2,\, 3)$

3 $z = \dfrac{x+2y}{xy-3}$이고 자연수이므로

가로 $= 1$, 세로 $= 4$일 때, 높이 $= 9$

가로 $= 2$, 세로 $= 2$일 때, 높이 $= 6$이 되는 두 가지 경우뿐이다.

서술형 풀이 3

1 길이 3인 단어는 $3 \times 3 = 27$개이다.

2 모두 13개(aaa, abb, acc, bca, bab, cac, bac, bba, cca, cab, abc, acb, bac)

3 길이 n인 단어의 오른쪽 끝에 문자 t (t는 a, b, c중 하나)를 덧붙여 길이 $n+1$인 단어를 만든다. 이 같은 방법으로 길이 $n+1$인 단어를 얼마든지 만들어낼 수 있다.

따라서 a가 홀수 개인 길이 n인 단어에 문자 t로 b 또는 c를 고르면 a를 홀수 개 가진 길이 $n+1$인 단어의 조합이 가능하다. 또 a를 짝수 개 가진 길이 n인 단어에 문자 t로 a를 고르면 a를 홀수 개 가진 길이 $n+1$인 단어가 나온다.

따라서 $f(n+1) = 2f(n) + g(n)$ ········ (ⅰ)

4 **3**과 비슷한 방식으로 $g(n+1) = f(n) + 2g(n)$ ········ (ⅱ)

위 두 식의 변과 변을 더하거나 빼면

$f(n+1) + g(n+1) = 3(f(n) + g(n))$

$f(n+1) - g(n+1) = f(n) - g(n)$을 얻는다.

그러므로 $f(n) + g(n) = 3^{n-1}(f(1) + g(1))$ ········ (ⅲ)

$f(n) - g(n) = f(1) - g(1)$ ········ (ⅳ)

$f(1) = 1$, $g(1) = 2$

(ⅲ)식과 (ⅳ)식의 변과 변을 더한 뒤 정리하면 $f(n) = \dfrac{3n-1}{2}$이 나온다.

1

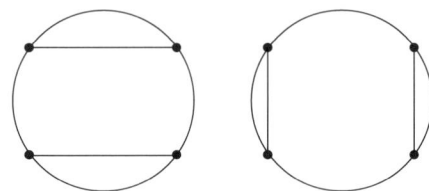

두 가지 방법이 있다.

2

다섯 가지 방법이 있다.

3 모두 14개의 방법이 있다. 점의 개수가 커질수록 일일이 세서 구하는 것은 매우
비효율적이다. 따라서 규칙성을 찾도록 한다.

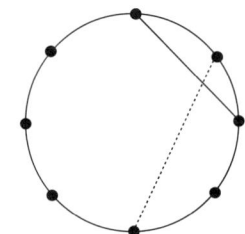

8개의 점에 각각 1부터 8까지 시계 방향으로 번호를 부여한다.

1번 점이 3번 점과 연결되면 2번 점을 다른 점과 연결할 때, 선분이 만날 수밖
에 없게 된다. 이것은 5번, 7번 점에도 적용되므로 1번 점은 짝수 번호의 점과
연결되어야만 한다.

1번 점과 2번 점이 연결된 경우 남은 여섯 개의 점을 같은 규칙을 적용하여 연
결해야 하므로 앞에서 구한 5개의 방법이 있다.

1번 점과 4번 점이 연결된 경우 오른쪽에 2개의 점, 왼쪽에 4개의 점을 같은 규칙을 적용하여 연결해야
하므로 1×2개의 방법이 있다.

1번 점과 6번 점이 연결된 경우 오른쪽에 4개의 점, 왼쪽에 2개의 점을 같은 규칙을 적용하여 연결해야
하므로 2×1개의 방법이 있다.

1번 점과 8번 점이 연결된 경우 오른쪽의 6개의 점을 같은 규칙을 적용하여 연결해야 하므로 5개의 방법
이 있다.

따라서 모든 방법의 수는 $5 + 2 \times 1 + 1 \times 2 + 5 = 14$개이다.

4 같은 방법을 적용한다.

$14 + 5 \times 1 + 2 \times 2 + 1 \times 5 + 14 = 42$개다.

5 $2n$개의 점이 있을 때 선분을 연결하는 방법의 수를 a_n이라고 하자. 1번 점과 이웃한 점을 연결한 경우
한 쪽에 나머지 $2n-2$개의 점들이 있으므로 다른 한 쪽에 0개의 점이 있다고 생각하여 $a_0 = 1$로 정의한
다. 또한 $a_1 = 1$이고 $a_2 = 2$이다.

그러면 위에서 발견한 규칙을 다음과 같이 쓸 수 있다.

$a_n = a_{n-1}a_0 + a_{n-2}a_1 + \cdots + a_1 a_{n-2} + a_0 a_{n-1} \, (n \geq 3)$

출제예상문제 9회 정답   P.104

단답형 문항

01. 6	**02.** 21	**03.** 7개	**04.** 8	**05.** 1
06. 4.2%	**07.** 2개	**08.** 11	**09.** $\sqrt{3}$	**10.** 40
11. 87	**12.** -2	**13.** 1	**14.** 15cm	**15.** 18cm

서술형 문제

1~4. 풀이참조

단답형 정답 및 해설

1 함수 $f(x)$가 일차 이하 다항함수이므로

$f(x) = ax + b$라 하면 $f(2) \geq f(3)$에서 $2a + b \geq 3a + b$

이므로 $a \leq 0 \cdots$ ①

$f(4) \leq f(5)$에서 $4a + b \leq 5a + b$이므로 $a \geq 0 \cdots$ ②

①, ②에 의해 $a = 0$

즉, $f(x) = b$이고 $f(6) = 6$이므로 $f(6) = b = 6$

즉, 모든 실수 x에 대하여 $f(x) = 6$이므로 $f(2020) = 6$

2 연립방정식을 풀면 $x : y : z = 1 : 2 : 3$임을 알 수 있다. 비례상수를 k라고 하면 주어진 식의 값은 $\dfrac{21}{5}k$이다.

x, y, z가 자연수이므로 비례상수 k도 자연수이다. 따라서 가능한 값은 21뿐이다.

3 어떤 물건의 무게를 $x\mathrm{g}$이라 하면

$x = c \times 5^2 + b \times 5 + a \times 1 \cdots$ ①

$x + 172 = a \times 7^2 + b \times 7 + 1 \cdots$ ②

②$-$①에서 $172 = 48a + 2b - 24c$

$\therefore b = 12c - 24a + 86$

$b < 5$이므로 $12c - 24a + 86 < 5$

$\therefore 8a > 4c + 27$

$a \leq 4$이므로 $4c + 27 < 8a \leq 32$

$\therefore c = 1$

따라서 $b = 98 - 24a$이고 $\therefore a = 4, b = 2$. 따라서 사용된 분동의 개수는 $a + b + c = 7$개

4 y절편의 값이 가장 작을 때인 $b = -1$일 때 점 A를 지나는 경우가 가장 기울기가 크다.

따라서 a의 최댓값 $M = \dfrac{4}{1.5} = \dfrac{8}{3}$이다.

y절편의 값이 가장 클 때인 $b = -\dfrac{1}{2}$일 때 점 B를 지나는 경우가 가장 기울기가 작다.

따라서 a의 최솟값 $m = \dfrac{1.5}{3.5} = \dfrac{3}{7}$이다. 따라서 $7Mm = 7 \times \dfrac{8}{3} \times \dfrac{3}{7} = 8$이다.

5 두 선분 $\overline{\text{AB}}$와 $\overline{\text{CD}}$가 평행해야 하므로 기울기가 같아야 한다. $\text{C}(c,\,c^2)$, $\text{D}(d,\,d^2)$이므로 $\overline{\text{CD}}$의 기울기는 $\dfrac{d^2-c^2}{d-c}=d+c$이다. 따라서 $c+d=1$이다.

6 처음에 예상했던 이익은 $1000\times\dfrac{a}{100}=10a$이다. 이제 개수가 줄었으므로 새로 판매할 때의 병 한 개당 이익을 $x\%$라고 하면 $960\times\dfrac{x}{100}=10a$를 만족해야 한다. 따라서 $x=\dfrac{25}{24}a$이므로 처음 이익의 $\dfrac{1}{24}$ 만큼 늘리면 된다. 따라서 $\dfrac{1}{24}\times100=4.16$이므로 반올림한 값은 4.2%이다.

7 시작하는 숫자가 m이고 모두 n개의 연속하는 자연수들의 합으로 표현할 수 있다고 하자.
그러면 $\dfrac{n(2m+n-1)}{2}=50$을 만족해야 한다.
$m+(m+1)+(m+2)+\cdots+(m+n-1)=50$
따라서 $n(2m+n-1)=100$이므로 n은 100의 약수이다.
$n\geq2$이므로
$n=2$일 때 $2m+1=50$이고, 이를 만족하는 m은 존재하지 않는다.
$n=4$일 때 $2m+3=25$이고, 이를 만족하는 m의 값은 11이다.
$n=5$일 때 $2m+4=20$이고, 이를 만족하는 m의 값은 8이다.
$n=10$일 때 $2m+9=10$이고, 이를 만족하는 m의 값은 존재하지 않는다.
또한 $n\geq10$일 때는 이를 만족하는 경우를 찾을 수 없다. 따라서 모두 2개의 경우가 존재한다.

8 두 이차함수 모두 중심축은 $x=2$이다. 따라서 A의 x좌표를 $2-t$라고 하면 D의 x좌표는 $2+t$이다. 따라서 네 점의 좌표를 모두 t로 표현할 수 있고, t의 값은 $0<t<2$임은 확실하다.
$\text{A}\big(2-t,\,-(2-t)^2+4(2-t)\big)=(2-t,\,4-t^2)$
$\text{B}\big(2-t,\,(2-t)^2-4(2-t)+3\big)=(2-t,\,t^2-1)$
직사각형의 가로의 길이는 $2t$
세로의 길이는 $\overline{\text{AB}}=(-t^2+4)-(t^2-1)=-2t^2+5$
따라서 둘레의 길이는 $2\times(-2t^2+5+2t)=-4t^2+4t+10=-4\left(t-\dfrac{1}{2}\right)^2+11$이다.
따라서 둘레의 길이의 최댓값은 $t=\dfrac{1}{2}$일 때, 11이다.

9 가장 작은 정삼각형의 한 변의 길이를 a, 그 다음 작은 정삼각형의 한 변의 길이를 b라고 하면 색칠한 평행사변형의 넓이는 $\dfrac{\sqrt{3}}{2}ab$이다. 따라서 $ab=8$이고, $a+b=6$이므로 $a=2$이다. 따라서 가장 작은 정삼각형의 넓이는 $\dfrac{\sqrt{3}}{4}\times2^2=\sqrt{3}$이다.

10 빗변의 길이를 c라 하더라도 일반성을 잃지 않는다.

최대공약수를 g라고 하면 $a=gx$, $b=gy$, $c=gz$이고 쌍마다 서로 소인 자연수 x, y, z를 찾을 수 있다.

따라서 $z^2=x^2+y^2$이 성립하며 $g+gxyz=2041$이다.

$g(1+xyz)=2041$인데 $2041=13\times157$이므로 g는 1, 13, 157 세 값 중 하나이다.

$g=157$인 경우 $1+xyz=13$이므로 $xyz=12$이고 이러한 자연수 x, y, z의 순서조는
$(1,\ 1,\ 12)$, $(1,\ 3,\ 4)$, $(2,\ 2,\ 3)$ 세 가지 뿐이고 피타고라스 수는 없다.

$g=13$인 경우 $1+xyz=157$이므로 $xyz=156$이다. $156=2^2\times3\times13$이므로 이러한 자연수 x, y, z의 순서조는 $(1,\ 1,\ 156)$, $(1,\ 3,\ 52)$, $(1,\ 4,\ 39)$, $(1,\ 12,\ 13)$, $(3,\ 4,\ 13)$뿐이다. 이 중 피타고라스 수는 없다.

$g=1$인 경우 $1+xyz=2041$이므로 $xyz=2040$이다. $2040=2^3\times3\times5\times17$이다.

이러한 자연수 x, y, z의 순서조는
$(1,\ 1,\ 2040)$, $(1,\ 3,\ 680)$, $(1,\ 5,\ 408)$, $(1,\ 8,\ 255)$, $(1,\ 15,\ 136)$, $(1,\ 17,\ 120)$, $(1,\ 24,\ 85)$,
$(1,\ 40,\ 51)$, $(3,\ 5,\ 136)$, $(3,\ 8,\ 85)$, $(3,\ 17,\ 40)$, $(5,\ 8,\ 51)$, $(5,\ 17,\ 24)$, $(8,\ 15,\ 17)$이다.
이 중 피타고라스 수는 $(8,\ 15,\ 17)$ 뿐이다.

11 S, T의 원소들이 모두 양수이므로 a, b, c, d는 모두 양수이다.

따라서 $0<a<b<c<d$로 놓으면 S의 원소 중 가장 작은 원소는 $a+b$, 가장 큰 원소는 $c+d$이고, T의 원소 중 가장 작은 원소는 ab, 가장 큰 원소는 cd이다.

$a+b=5$, $ab=6$, $c+d=12$, $cd=35$

$a^2+b^2=(a+b)^2-2ab=13$

$c^2+d^2=(c+d)^2-2cd=74$

$\therefore a^2+b^2+c^2+d^2=87$

12 $x\geq y$일 때,

$x\triangle y=\dfrac{1}{2}(x+y+x-y)=x$

$x<y$일 때,

$x\triangle y=\dfrac{1}{2}(x+y-x+y)=y$

따라서 $x\triangle y$는 x, y중 작지 않은 수를 나타낸다.

S의 모든 원소 x에 대하여 x, a중 작지 않은 수가 x이므로 a는 S의 원소 중 최소이다.

$a=-2$

13 함수 $g:\mathrm{R}\to\mathrm{R}$을 $g(x)=f\left(x+\dfrac{1}{4}\right)-f(x)$라고 정의하자.

주어진 조건에 의해 $g(x)=g\left(x+\dfrac{1}{5}\right)$이므로 $g(x)=g\left(x+5\times\dfrac{1}{5}\right)$도 성립하여 $g(x)=g(x+1)$이다.

함수 $h:\mathrm{R}\to\mathrm{R}$를 $h(x)=f(x+1)-f(x)$라고 정의하면
$h(x)=g(x)+g\left(x+\dfrac{1}{4}\right)+g\left(x+\dfrac{2}{3}\right)+g\left(x+\dfrac{3}{4}\right)$이므로 $h(x)=h(x+1)$도 성립한다.

따라서 1보다 큰 임의의 자연수 n에 대하여 $h(x)=h(x+n)$이 성립한다.

$f(x+n)-f(x)=h(x+1)+h(x+2)+\cdots+h(x+n-1)=(n-1)h(x)$

$|f(x)|<a$이므로 $|f(x+n)-f(x)|<2a$가 되어 $|(n-1)h(x)|<2a$ 가 된다.

$|(n-1)h(x)|<2a$ 에서 $\dfrac{-2a}{n-1}<h(x)<\dfrac{2a}{n-1}$이고 n은 1보다 큰 임의의 자연수이므로

$h(x)=0$ 임을 알 수 있다. 즉, $h(x)=f(x+1)-f(x)=0$ 이므로 $f(x)=f(x+1)$

따라서 함수 f의 주기는 1 이다.

14

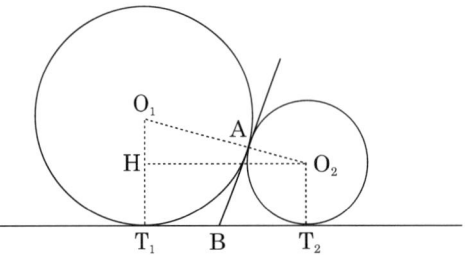

위의 그림에서 직각삼각형 O_1HO_2를 활용한다. 먼저 $\overline{O_1O_2} = 25 + 9 = 34\,(\text{cm})$
$\overline{O_1H} = 25 - 9 = 16\,(\text{cm})$이다. 따라서 $\overline{HO_2} = 30\text{cm}$이다. 따라서 $\overline{T_1T_2} = 30\text{cm}$이다.
원 외부에서 원에 그은 두 접선의 길이는 항상 같으므로 $\overline{BT_1} = \overline{BA} = \overline{BT_2}$ 따라서 B는 $\overline{T_1T_2}$의 중점이
므로 $\overline{BT_1} = 15\text{cm}$이고 따라서 $\overline{AB} = 15\text{cm}$이다.

15 오른쪽과 같이 되어 있는 경우
원의 중심 O에서 세 현에 내린 수선의 발을 각각 D, E, F라고 하
고 반지름의 길이를 r이라고 하면 세 현들 사이의 거리가 각각 4이
므로 다음과 같은 식이 성립한다.
$\sqrt{r^2 - 49} - \sqrt{r^2 - 81} = 8$
$\sqrt{r^2 - 81}$을 이항하면 $\sqrt{r^2 - 49} = 8 + \sqrt{r^2 - 81}$,
양 변을 제곱하면 $r^2 - 49 = 64 + 16\sqrt{r^2 - 81} + r^2 - 81$이다.
다시 양 변을 정리하면 $-32 = 16\sqrt{r^2 - 81}$
따라서 $\sqrt{r^2 - 81} = -2$이고 이것은 불가능하다.

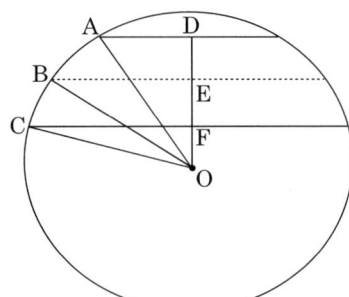

오른쪽과 같이 되어 있는 경우
$\sqrt{r^2 - 49} + \sqrt{r^2 - 81} = 8$이다. $\sqrt{r^2 - 81}$을 이항하면
$\sqrt{r^2 - 49} = 8 - \sqrt{r^2 - 81}$, 양 변을 제곱하면
$r^2 - 49 = 64 - 16\sqrt{r^2 - 81} + r^2 - 81$이다. 다시 양 변을 정리하면
$32 = 16\sqrt{r^2 - 81}$ 따라서 $\sqrt{r^2 - 81} = 2$이다. 다시 양 변을 제곱하면
$r^2 - 81 = 4$, 따라서 $r^2 = 85$이다.
이제 $r^2 - 81 = 4$이므로 $\overline{OF} = 2$이다. 따라서 $\overline{OE} = 2$이므로
$\overline{BE}^2 = \overline{OB}^2 - \overline{OE}^2 = 85 - 4 = 81$이고, $\overline{BE} = 9$이다. 따라서 가
운데 현의 길이는 18cm이다.

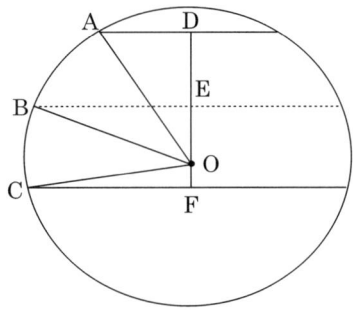

서술형 풀이 1

1 $n = 2m$일 때
$(p, q) = (1, 2m-1), (2, 2m-2), \cdots, (m, m)$
$\therefore a_n = a_{2m} = m = \dfrac{n}{2} = \left[\dfrac{n}{2}\right]$
$n = 2m+1$일 때, $(p, q) = (1, 2m), (2, 2m-1), \cdots, (m-1, m+2), (m, m+1)$
$\therefore a_n = a_{2m} = m = \left[\dfrac{2m+1}{2}\right] = \left[\dfrac{n}{2}\right]$

2 $n+3=i+j+k \, (2 \leq i \leq j \leq k)$
$\Leftrightarrow n=(i-1)+(j-1)+(k-1)\,(1 \leq i-1 \leq j-1 \leq k-1)$이므로 경우의 수는 b_n과 같다.

3 $n+3=i+j+k\,(1 \leq i \leq j \leq k)$

ⅰ) $i=1$일 때
   $n+2=j+k\,(1 \leq j \leq k)$로 나타낼 수 있으므로 이것은 a_{n+2}의 경우의 수와 같다.

ⅱ) $i \geq 2$일 때
   $n+3=i+j+k\,(2 \leq i \leq j \leq k)$이므로
   $n=(i-1)+(j-1)+(k-1)\,(1 \leq i-1 \leq j-1 \leq k-1)$로 나타낼 수 있다. 이 경우의 수는 b_n과 같다. 따라서 ⅰ)과 ⅱ)에 의해 $b_{n+3}=b_n+a_{n+2}$이다.

서술형 풀이 2

1 9^n의 첫 번째 자리의 수가 2이상이면 9^{n+1}은 반드시 한 자리 수가 더 늘어난다. 따라서 9^n의 첫 번째 자리의 수가 1이어야만 한다. 그러나 이 조건으로는 부족하다. 9^n의 두 번째 자리의 수가 2 이상이거나 또는 두 번째 자리의 수가 1이어도 세 번째 자리의 수가 2 이상이면 역시 자리 수가 늘어난다. 따라서 9^n의 첫 번째 자리의 수가 1이라는 조건으로는 설명하기 어렵다. 이제 생각을 바꿔서 9^{n+1}의 첫 번째 자리의 수를 생각한다면 9^n의 첫 번째 자리의 수가 반드시 1이어야 하고 자리의 수가 늘어나지 않았다면 9^{n+1}의 첫 번째 자리의 수는 반드시 9가 되어야 한다. 따라서 9^n과 9^{n+1}의 자리 수가 같기 위한 조건은 9^{n+1}의 첫 번째 자리의 수가 9인 것이다.

2 9^n의 첫 번째 자리의 수가 9인 경우 9^{n-1}과 9^n의 자리의 수가 같게 된다. 계산을 쉽게 하기 위해 1을 추가하면 1, 9^1, 9^2, $\cdots$, 9^{50}의 모두 51개의 숫자들이 있고, 가장 큰 수인 9^{50}이 48자리의 수이면 9^{n-1}에서 9^n으로 늘어날 때, 자리의 수가 늘어나지 않는 경우가 모두 3번 있었다고 말할 수 있다. ($n \geq 1$) 따라서 첫 번째 자리의 수가 9인 수는 모두 3개다.

3 위와 같은 방법을 그대로 사용하면 $2019-1926=93$이므로 첫 번째 자리의 수가 9인 수는 모두 93개다.

서술형 풀이 3

1 정삼각형을 합동인 4개의 정삼각형으로 분할한다. 그러면 4개의 정삼각형에서 5개의 점을 잡으면 2개 이상 잡히는 정삼각형이 있다. 그런데 작은 정삼각형에서 가장 멀리 있는 두 점 사이의 거리가 $\frac{1}{2}$이므로 두 개를 잡은 작은 정삼각형에서 그 두 점 사이의 거리는 $\frac{1}{2}$ 이하이다.

2 정삼각형의 각 변을 3등분하여 합동인 9개의 정삼각형으로 분할하면 2개 이상 잡히는 작은 정삼각형이 있다. 그런데 작은 정삼각형에서 가장 멀리 있는 두 점 사이의 거리가 $\frac{1}{3}$이므로 2개를 잡은 작은 정각각형에서 그 두 점 사이의 거리는 $\frac{1}{3}$ 이하이다.

3 정삼각형의 각 변을 n등분하여 합동인 작은 정삼각형으로 분할하면 그 개수는
$1+3+5+\cdots+(2n-1)=n^2$이다.
작은 정삼각형 내부에서 두 점 이상 잡으려면 n^2+1개 이상 잡으면 된다.
따라서 $k=n^2+1$

서술형 풀이 4

1 직접 세어 본다. 모두 8개

2 직접 세어 본다. 모두 30개

3 6개 중 3개를 선택하는 방법의 수이므로 $\dfrac{6\times5\times4}{3\times2\times1}=20$개

4 오른쪽 그림처럼 육각형의 꼭짓점들 중 4개를 선택하면 꼭짓점 중 2개는 육각형의 꼭짓점이고 다른 하나는 대각선의 교점인 삼각형을 모두 4개 찾을 수 있다. 따라서 6개 중 4개를 선택하는 방법의 수에 4를 곱하면 된다.
$\dfrac{6\times5\times4\times3}{4\times3\times2\times1}\times4=60$개

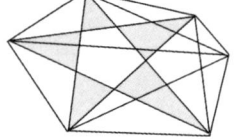

5 오른쪽 그림처럼 육각형의 꼭짓점들 중 5개를 선택하면 꼭짓점 중 1개는 육각형의 꼭짓점이고 다른 2개는 대각선의 교점인 삼각형을 모두 5개 찾을 수 있다. 따라서 6개 중 5개를 선택하는 방법의 수에 5를 곱하면 된다.
$\dfrac{6\times5\times4\times3\times2}{5\times4\times3\times2\times1}\times5=30$개

6 세 꼭짓점이 모두 대각선의 교점인 삼각형을 찾기 위해서는 대각선이 세 개 필요하므로 육각형의 경우 마주보는 두 점들을 서로 연결한 대각선을 선택하였을 때 한 개 찾을 수 있다. 1개

7 6각형에 적용한 방법을 그대로 적용하여 구한다.
세 꼭짓점이 모두 7각형의 꼭짓점인 삼각형 : $\dfrac{7\times6\times5}{3\times2\times1}=35$
두 꼭짓점이 7각형의 꼭짓점이고 하나가 대각선의 교점인 삼각형 : 네 개의 꼭짓점을 선택하여 구한다.
$\dfrac{7\times6\times5\times4}{4\times3\times2\times1}\times4=140$
한 꼭짓점이 7각형의 꼭짓점이고 다른 두개가 대각선의 교점인 삼각형 : 다섯 개의 꼭짓점을 선택하여 구한다. $\dfrac{7\times6\times5\times4\times3}{5\times4\times3\times2\times1}\times5=105$
세 꼭짓점이 모두 대각선의 교점인 삼각형 : 6개의 꼭짓점을 선택하면 한 개를 찾을 수 있다. 따라서 $\dfrac{7\times6\times5\times4\times3\times2}{6\times5\times4\times3\times2\times1}=7$. 모두 더하면 $35+140+105+7=287$이다.

단답형 문항

01. $x = 1.7\text{cm}$, $y = 11.3\text{cm}$

02. 27

03. $4\pi + 2\sqrt{3}$

04. H−D−S−C

05. $-\dfrac{41}{5}$

06. $\dfrac{1}{36}\left(\dfrac{13}{1-x} - \dfrac{1}{x} - 11x + \right.$

07. 2

08. 17.04

09. $\dfrac{1}{4}$

10. 18

11. $\dfrac{6(n-2)}{n(n-1)}$

12. 10

13. 2519

14. 1851

15. 5

서술형 문제

1~4. 풀이참조

단답형 정답 및 해설

1 원의 두 중심사이의 거리가 12cm 이므로 피타고라스 정리를 적용하면 두 원의 공통외접선의 길이는 13cm, 공통 내접선의 길이는 9.6cm 이다. 따라서 $\overline{EF} = 9.6\text{cm}$ 이다.
이제 $9.6 = \overline{EF} = \overline{PF} - \overline{PE} = \overline{PD} - \overline{PA} = (\overline{AD} - \overline{PA}) - \overline{PA} = \overline{AD} - 2\overline{PA} = 13 - 2x$ 이므로
$2x = 13 - 9.6 = 3.4$ 따라서 $x = 1.7(\text{cm})$ 이다.
또한 $9.6 = \overline{EF} = \overline{QE} - \overline{QF} = \overline{QB} - \overline{QC} = \overline{QB} - (\overline{BC} - \overline{QB}) = 2\overline{QB} - \overline{BC} = 2y - 13$ 이므로
$2y - 13 = 9.6$, $2y = 22.6$, $y = 11.3$ 이 성립한다.

2 (5)에서 D = 2, (6)에서 A = 8이다. 또한, (3)에서 F = 0
(2)에서 C는 4 또는 6이다.
C = 4일 때, (4)에서 $800 + 10B + 4 = 9 \times 88 + 8 + 10B + 4$
$= 9 \times 88 + 10B + 9 + 3$
9로 나누어떨어지려면 10B + 3이 9의 배수이어야 한다. 이를 만족하는 B의 값은 6이다.
(6)에서 E = 7이고, 이것은 (7)의 조건을 만족한다.
C = 6일 때, 위와 마찬가지 방법으로 구하면 B = 4, E = 9이다. 이것은 (7) 조건에 맞지 않는다.
따라서 A = 8, B = 6, C = 4, D = 2, E = 7, F = 0
A + B + C + D + E + F = 27

3

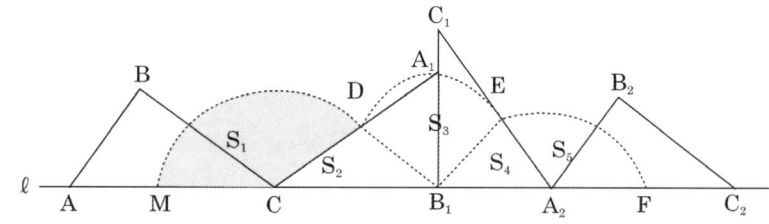

M은 직각 삼각형의 빗변의 중점이므로 외심이다.
$\overline{AB} = \overline{AM} = \overline{MC} = 2$
한편, $\angle DCB_1 = 30°$ 따라서, $S_1 = 2 \times 2 \times \pi \times \dfrac{150°}{360°} = 4\pi \times \dfrac{5}{12} = \dfrac{5}{3}\pi(\text{cm}^2)$

또, $\angle DB_1E = 90°$ ($\because \triangle CDB_1$은 이등변 삼각형 $\therefore$ $\angle DB_1C = 30°$ $\triangle B_1EA_2$은 이등변 삼각형
$\therefore$ $\angle EB_1A_2 = 60°$) 따라서,
$$S_3 = 2 \times 2 \times \pi \times \frac{90°}{360°} = 4\pi \times \frac{1}{4} = \pi\,(\mathrm{cm}^2) \quad S_5 = 2 \times 2 \times \pi \times \frac{120°}{360°} = 4\pi \times \frac{1}{3} = \frac{4}{3}\pi\,(\mathrm{cm}^2)$$
$$S_2 + S_4 = \triangle ABC \quad \therefore \triangle ABC = 2 \times 2 \times \tan60° \times \frac{1}{2} = 2\sqrt{3}\,(\mathrm{cm}^2)$$
$$\therefore S_1 + S_2 + S_3 + S_4 + S_5 += \frac{5}{3}\pi + \pi + \frac{4}{3}\pi + 2\sqrt{3} = 4\pi + 2\sqrt{3}\,(\mathrm{cm}^2)$$

4 첫 번째, 두 번째, 세 번째, 네 번째 카드를 맞힌 사람 수는 많아야 1명, 3명, 2명, 2명이다. 그런데 세 번째 카드와 네 번째 카드가 동시에 D가 될 수 없으므로 네 사람이 맞힌 수는 많아야 7개이다. 조건에서 네 사람이 맞힌 수는 같으므로 네 사람은 모두 하나씩 맞추었다. 각 카드는 적어도 한 사람에 의해 맞게 선택되었으므로 각 카드를 맞힌 사람은 한 사람 뿐이다. 두 번째 카드는 H가 될 수 없으므로 D이다. 즉, '정'은 두 번째 카드 D를 맞혔고 첫 번째, 세 번째, 네 번째 카드는 맞히지 못했다. 세 번째 카드는 D가 될 수 없으므로 세 번째 카드는 S이다. 따라서 네 번째 카드는 C이다. 첫 번째 카드는 당연히 H이다. 따라서 순서대로 나열하면, $H - D - S - C$ 순이다.

5 $S(A \cup B) = S(A) + S(B) - S(A \cap B)$, $S(A) = 40$, $S(A \cup B) = 99$이고 $A \cap B = \{9, 11\}$이므로 다음을 얻는다. $99 = 40 + S(B) - 20$ $\therefore S(B) = 79$
한편, $B = \{x \mid x = 3x_i + a,\ x_i \in A\}$이므로 다음을 얻는다.
$$S(B) = 3(x_1 + x_2 + x_3 + x_4 + x_5) + 5a$$
$$= 3S(A) + 5a = 120 + 5a$$
$$\therefore 79 = 120 + 5a \qquad \therefore a = -\frac{41}{5}\text{이다.}$$

6 주어진 식은 다음과 같다.
$$3f\left(\frac{1}{1-x}\right) + 4f\left(\frac{x-1}{x}\right) + 5f(x) = \frac{1}{1-x} \ \cdots \ ①, \ ①\text{에 } x \text{ 대신 } \frac{1}{1-x} \text{을 대입하면}$$
$$3f\left(\frac{x-1}{x}\right) + 4f(x) + 5f\left(\frac{1}{1-x}\right) = \frac{x-1}{x} \ \cdots \ ②, \ ②\text{에 } x \text{ 대신 } \frac{1}{1-x} \text{을 대입하면}$$
$$3f(x) + 4f\left(\frac{1}{1-x}\right) + 5f\left(\frac{x-1}{x}\right) = x \ \cdots \ ③$$
이제 $f\left(\frac{1}{1-x}\right) = k,\ f\left(\frac{x-1}{x}\right) = l,\ f(x) = m$이라 하자.
그러면 ①, ②, ③은 다음과 같이 된다.
$$3k + 4l + 5m = \frac{1}{1-x}, \quad 3l + 4m + 5k = \frac{x-1}{x}, \quad 3m + 4k + 5l = x$$
위의 세 식을 연립하여 풀면 다음과 같은 $m = f(x)$를 얻게 된다.
$$\therefore f(x) = \frac{1}{36}\left(\frac{13}{1-x} - \frac{1}{x} - 11x + 1\right)$$

7 $\frac{1}{4}x^2 = m(x-2) + 1 \Rightarrow x^2 - 4mx + 8m - 4 = 0 \Rightarrow (x-2)(x-4m+2) = 0$이므로
$x = 2$ 또는 $4m-2$이다.
$\therefore A = (2, 1),\ B = (4m-2,\ 4m^2 - 4m + 1)$이다.
$$S_{\square ABCD} = \frac{1}{2} \times (4 + 8m - 4) \times (4m^2 - 4m + 1 - 1) = 16m^3 - 16m^2$$
$$\therefore m^3 - m^2 - 4 = 0 \Rightarrow (m-2)(m^2 + m + 2) = 0 \quad \therefore m = 2\text{이다.}$$

8 점 P의 직선 AD에 대한 대칭점을 P′, 점 Q의 직선 CD에 대한 대칭점을 Q′ 이라고 하면

$$\overline{PS}+\overline{SR}+\overline{RQ}=\overline{P'S}+\overline{SR}+\overline{RQ'} \geq \overline{P'Q'}$$

따라서 사각형 PQRS의 둘레의 길이의 최솟값은

$$\overline{PQ}+\overline{P'Q'}=\sqrt{3^2+4^2}+\sqrt{9^2+8^2}=5+\sqrt{145}=5+12.04=17.04$$

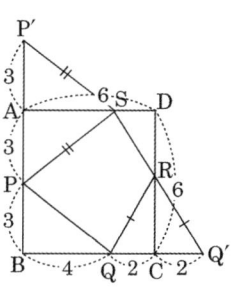

9 조건 (ii)에서 $x=0$을 대입하면 $f\left(\dfrac{0}{3}\right)=\dfrac{1}{2}f(0)$, $f(0)=\dfrac{1}{2}f(0)$이므로 $f(0)=0$

조건 (iii)에서 $x=0$을 대입하면 $f(1-0)=1-f(0)$ $\therefore f(1)=1$

조건 (ii)에서 $x=1$을 대입하면 $f\left(\dfrac{1}{3}\right)=\dfrac{1}{2}f(1)=\dfrac{1}{2}$

$$f\left(\dfrac{2}{3}\right)=f\left(1-\dfrac{1}{3}\right)=1-f\left(\dfrac{1}{3}\right)=1-\dfrac{1}{2}=\dfrac{1}{2}$$

또, $f\left(\dfrac{1}{9}\right)=f\left(\dfrac{\frac{1}{3}}{3}\right)=\dfrac{1}{2}f\left(\dfrac{1}{3}\right)=\dfrac{1}{2}\cdot\dfrac{1}{2}=\dfrac{1}{2^2}$

$$f\left(\dfrac{2}{9}\right)=f\left(\dfrac{\frac{2}{3}}{3}\right)=\dfrac{1}{2}f\left(\dfrac{2}{3}\right)=\dfrac{1}{2}\cdot\dfrac{1}{2}=\dfrac{1}{2^2}$$

$\dfrac{1}{9}<\dfrac{2}{13}<\dfrac{2}{9}$이므로, 조건 (i)에 의하여, $\dfrac{1}{4}=f\left(\dfrac{1}{9}\right)\leq f\left(\dfrac{2}{13}\right)\leq f\left(\dfrac{2}{9}\right)=\dfrac{1}{4}$

$$\therefore f\left(\dfrac{2}{13}\right)=\dfrac{1}{4}$$

10 (i) a_{12}, a_{21}, a_{22}에는 b, c, d가 들어가야 하고 채우는 방법의 수는 $3!$가지이다.

a	a_{12}		
a_{21}	a_{22}		
			a

(ii) a_{12}, a_{21}, a_{22}에 b, c, d를 채웠을 경우 a_{23}, a_{24}, a_{32}, a_{42}에는 각각 a, b, a, c가 채워져야 한다.

a	b		
c	d	a_{23}	a_{24}
	a_{32}		
	a_{42}		a

(ⅲ) a_{13}, a_{14}에는 c, d가, a_{31}, a_{41}에는 b, d가 채워져야 한다. ($2 \times 2 = 4$가지)

a	b	a_{13}	a_{14}
c	d	a	b
a_{31}	a	a_{33}	a_{34}
a_{41}	c	a_{43}	a

4가지 중 a_{13}, a_{31}에 d가 채워지는 경우는 모순이 생기므로 a_{13}, a_{14}, a_{31}, a_{41}를 채우는 방법의 수는 3가지이다. a_{33}, a_{34}, a_{43}을 채우는 방법은 각각 c, d, b로 채우는 한 가지이다.
따라서 경우의 수는 $3! \times 3 = 18$(가지)이다.

11 3개의 수를 꺼내는 모든 경우의 수는 $n(n-1)(n-2) \times \dfrac{1}{6}$ 가지,

3개의 수가 연속이 되는 경우는 $(1, 2, 3)$, $(2, 3, 4)$, $\cdots$ $((n-2), (n-1), n)$의 $n-2$ 가지이므로

확률은 $P_1 = \dfrac{n-2}{\dfrac{n(n-1)(n-2)}{6}} = \dfrac{6}{n(n-1)}$

3개의 수 중 2개의 수만이 연속되는 경우는
① 양끝의 수 1 또는 n이 연속된 두 수 $[1, 2, \square]$, $[\square, n-1, n]$에 포함되는 경우
   $(1, 2, 4)$, $(1, 2, 5)$, $\cdots$, $(1, 2, n)$: $n-3$가지
   $(1, n-1, n)$, $(2, n-1, n)$, $\cdots$, $(n-3, n-1, n)$: $n-3$가지
   $\therefore$ $(n-3) \times 2$가지
② 연속하는 두 수에 1, n이 포함되지 않는 경우의 가령 연속하는 두 수가 5, 6인 경우는 $(\square, 5, 6)$인 꼴 : 3가지,
   $(5, 6, \square)$인 꼴 $n-7$가지
   $\therefore$ $n-4$가지
   같은 방법으로 연속되는 두 수가 $(2, 3)$, $(3, 4)$, $\cdots$, $(n-2, n-1)$
   인 경우도 각각 $n-4$가지씩 있으므로 $(n-4) \times (n-3)$가지
   $\therefore$ 구하는 확률은
   $P_2 = \dfrac{(n-3) \times 2 + (n-4)(n-3)}{\dfrac{n(n-1)(n-2)}{6}} = \dfrac{6(n-3)}{n(n-1)}$ $\therefore$ $p_1 + p_2 = \dfrac{6(n-2)}{n(n-1)}$

12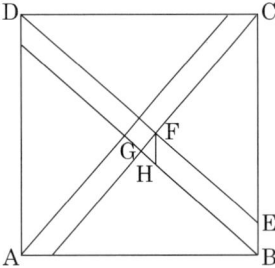

그림에서 두 삼각형 $\triangle FGH \backsim \triangle DCE$이므로

$\dfrac{\overline{FG}}{\overline{FH}} = \dfrac{\overline{DC}}{\overline{DE}}$, $\overline{FG}^2 = \dfrac{\overline{DC}^2}{\overline{DE}^2} \times \overline{FH}^2$이므로 $\dfrac{1}{181} = \dfrac{1}{1 + \left(1 - \dfrac{1}{n}\right)^2} \times \dfrac{1}{n^2}$

$n^2 - n - 90 = 0$ 따라서 $n = 10$

13 소년이 모은 우표수를 x라고 하자.

$x = 2a - 1, \ x = 3b - 1$

$x = 4c - 1, \ x = 5d - 1$

$x = 6e - 1, \ x = 7f - 1$

$x = 8g - 1, \ x = 9h - 1$

$x = 10i - 1$

x가 위의 조건을 만족하려면 x는 $(2, \ 3, \ 4, \ 5, \ 6, \ 7, \ 8, \ 9, \ 10$의 최소공배수$) \ -1$이다.

따라서 $x = 2520 - 1 = 2519$

14 1) $n = 2m$(짝수)일 때

$$\left[\frac{n}{2}\right] = [m] = m \qquad \frac{1 + (-1)^{n+1}}{2} = \frac{1-1}{2} = 0$$

따라서 $f(n) = f(2m) = f(m) + 0 = f(m)$이다.

2) $n = 2m + 1$(홀수)일 때

$$\left[\frac{n}{2}\right] = \left[\frac{2m+1}{2}\right] = \left[m + \frac{1}{2}\right] = m \qquad \frac{1 + (-1)^{n+1}}{2} = \frac{1+1}{2} = 1$$

따라서 $f(n) = f(2m+1) = f(m) + 1$

1), 2)에서 $f(2009) - f(0)$을 계산할 수 있다. 즉,

$$f(2019) = 1 + f(1009) = 1 + 1 + f(504) = 2 + f(252) = 2 + f(126)$$
$$= 2 + f(63) = 2 + 1 + f(31) = 3 + 1 + f(15) = 4 + 1 + f(7)$$
$$= 5 + 1 + f(3) = 6 + 1 + f(1) = 7 + 1 + f(0) = 8 + f(0)$$
$$\therefore f(2019) - f(0) = 8$$

15 $\angle \text{FED} = \angle \text{BCD}$(동위각)

$\angle \text{BAD} = \angle \text{BCD}$(원주각)이므로, $\angle \text{FED} = \angle \text{BAD} \cdots$ ① $\quad \angle \text{EFD}$는 공통 $\cdots$ ②

①, ②로부터 $\triangle \text{FED} \backsim \triangle \text{FAE}$임을 알 수 있다. 따라서 $\overline{\text{EF}}^2 = \overline{\text{AF}} \cdot \overline{\text{DF}}$이다.

또, 접선과 할선의 성질로부터 $\overline{\text{FG}}^2 = \overline{\text{AF}} \cdot \overline{\text{DF}}$. 따라서 $\overline{\text{EF}} = \overline{\text{FG}} = 5$이다.

서술형 풀이 1

1 AC의 중점을 M_1이라고 하고 점 P를 변 AC의 중점에 대하여 대칭이동한 점이 X이므로 $\text{PM}_1 = \text{XM}_1$, $\text{AM}_1 = \text{CM}_1$이 성립한다. $\angle \text{AM}_1 \text{X} = \angle \text{CM}_1 \text{P}$이므로 $\triangle \text{CM}_1 \text{P} \equiv \triangle \text{AM}_1 \text{X}$이다. 따라서 사각형 APCX는 평행사변형이다. 같은 방식으로 사각형 BPCZ도 평행사변형임을 증명할 수 있다. $\overline{\text{BZ}} /\!/ \overline{\text{AX}}$이고 $\overline{\text{BZ}} = \overline{\text{AX}}$이므로 사각형 ABZX는 평행사변형이다. 따라서 $\overline{\text{AZ}}$와 $\overline{\text{BX}}$는 평행사변형의 대각선이 되어 서로를 이등분한다. $\overline{\text{AZ}}$와 $\overline{\text{BX}}$의 교점을 K라 하자. AB의 중점을 M_2라 하면 점 P를 M_2에 대하여 대칭이동한 점이 Y이므로 위와 같은 방법으로 $\overline{\text{YA}} /\!/ \overline{\text{BP}} /\!/ \overline{\text{ZC}}$, $\overline{\text{YA}} = \overline{\text{BP}} = \overline{\text{ZC}}$ 임을 보일 수 있다. 따라서 사각형 AYZC는 평행사변형이 되고 $\overline{\text{AZ}}$와 $\overline{\text{YC}}$는 평행사변형의 대각선이 되어 서로를 이등분한다. 따라서 $\overline{\text{YC}}$가 K를 지나므로 세 선분 $\overline{\text{AZ}}$, $\overline{\text{BX}}$, $\overline{\text{CY}}$는 한 점에서 만난다.

2 AC의 중점을 M_1이라고 하고 점 P를 변 AC의 중점에 대하여 대칭이동한 점이 X이므로 $PM_1 = XM_1$, $AM_1 = CM_1$이 성립한다. $\angle AM_1X = \angle CM_1P$이므로 $\triangle CM_1P \equiv \triangle AM_1X$이다. 따라서 사각형 APCX는 평행사변형이다. 같은 방식으로 사각형 BPCZ도 평행사변형임을 증명할 수 있다. $\overline{BZ} = \overline{PC} = \overline{AX}$이고 $\overline{BZ} = \overline{PC} = \overline{AX} = \overline{YD}$를 만족하는 점 D를 세 점 Z, C, X가 놓인 평면 위에 잡아서 두 사각형 APBY, XCZD이 합동이 되게 할 수 있다. 따라서 AZ, BX, CY는 이 입체도형 (평행육면체) APBY – XCZD의 세 대각선이므로 한 점에서 만난다.

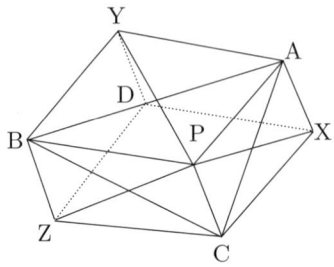

서술형 풀이 2

1 위의 그림에서 $\overline{BC} = 12$, $\overline{CD} = 5$, $\overline{BD} = 13$이라고 하면 $\angle DBC = \theta$이다.
$\angle DBE = \angle EBC$이므로, 삼각형의 닮음을 이용하면 $\overline{BC} : \overline{BD} = \overline{CE} : \overline{DE}$가 성립한다.
$\overline{CE} = \dfrac{12}{5}$이다.

2 이제 $\overline{AD} = x$라고 하면 $\overline{BC} : \overline{BA} = \overline{CD} : \overline{AD}$이므로 $\overline{AB} = \dfrac{12}{5}x$이다.

따라서 $(\dfrac{12}{5}x)^2 = 12^2 + (5+x)^2$이 성립한다.

양 변을 정리하면 $119x^2 - 250x - 4225 = 0$이고 인수분해하면 $(119x - 845)(x+5) = 0$이다.
따라서 $x = \dfrac{845}{119}$이다. 따라서 $\overline{AC} = 5 + \dfrac{845}{119} = \dfrac{1440}{119}$이다.

3 $\tan\dfrac{\theta}{2} = \dfrac{\overline{CE}}{\overline{BC}} = \dfrac{\frac{12}{5}}{12} = \dfrac{1}{5}$이고, $\tan 2\theta = \dfrac{\overline{AC}}{\overline{BC}} = \dfrac{\frac{1440}{119}}{12} = \dfrac{120}{119}$이므로

따라서 정답은 $\dfrac{1}{5} + \dfrac{120}{119} = \dfrac{719}{595}$이다.

4 D에서 $\overline{AB}$에 내린 수선의 발을 E라고 하면 $\triangle BDE \equiv \triangle BDC$이므로
$\overline{DE} = t$이다. 이제 $\overline{AE} = x$라고 하면 $\overline{AD} = \sqrt{x^2 + t^2}$이다. 또한 $\overline{AB} = x+1$,
$\overline{AC} = t + \sqrt{x^2 + t^2}$이므로 직각삼각형 ABC에서
$(x+1)^2 = 1^2 + (t + \sqrt{x^2 + t^2})^2$이 성립한다. 양 변을 정리하면
$x^2 + 2x + 1 = 1 + t^2 + 2t\sqrt{x^2 + t^2} + x^2 + t^2$, $t\sqrt{x^2 + t^2} = x - t^2$이 된다.
다시 양 변을 제곱하면 $t^2(x^2 + t^2) = x^2 - 2xt^2 + t^4$, $t^2x^2 + t^4 = x^2 - 2xt^2 + t^4$,
$(1 - t^2)x^2 = 2xt^2$이다.

$x > 0$이므로 $x = \dfrac{2t^2}{1 - t^2}$이다. ($\angle DBC < 45°$이므로 $0 < t < 1$이다.)

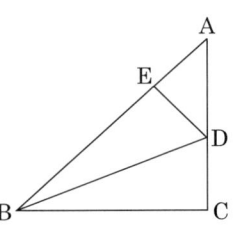

$$x^2+t^2=\left(\frac{2t^2}{1-t^2}\right)^2+t^2=\left(\frac{t(1+t^2)}{1-t^2}\right)^2 \text{이므로 } \overline{AC}=t+\sqrt{x^2+t^2}=t+\frac{t(1+t^2)}{1-t^2}=\frac{2t}{1-t^2} \text{이다.}$$

5 $\angle ABC=\theta$ 라고 하면 $\angle DBC=\dfrac{\theta}{2}$ 이므로 $\tan\dfrac{\theta}{2}=\dfrac{\overline{CD}}{\overline{BC}}=t$ 이고, $\tan\theta=\dfrac{\overline{AC}}{\overline{BC}}=\dfrac{2t}{1-t^2}$ 이므로

$$\tan\theta=\frac{2\tan\dfrac{\theta}{2}}{1-\tan^2\dfrac{\theta}{2}} \text{이다.}$$

서술형 풀이 3

1 1) $a_1=3$이고 $P\to A_1\to A_2$ 의 경우의 수를 알아보자.

P 에서 경로 1)을 따라 A_1 으로 이동한 경우 A_2 로 가는 경로의 수는 3가지이다.

P 에서 대각선을 따라 A_1 으로 이동한 경우 A_2 로 가는 경로의 수는 3가지이다.

P 에서 경로 2)을 따라 A_1 으로 이동한 경우 A_2 로 가는 경로의 수는 2 가지이다.

따라서 모두 8가지이다. $\therefore a_2=8$

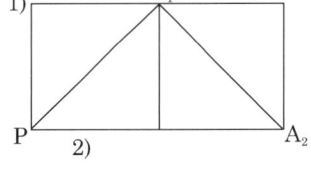

2) A_{n+1} 에 도착해서 A_{n+2} 로 가는 경로의 수는 3가지(ㄱ자 방향, ㄴ자 방향, 대각선)이므로 $3a_{n+1}$ 이다. 그러나 이 경우 지나온 선분을 되돌아가는 경우 a_n 가 포함되어 있으므로 제외해야 한다.

따라서 $a_{n+2}=3a_{n+1}-a_n$

1), 2)의 결과를 이용하자.

$a_4=3a_3-a_2=55$, $a_5=3a_4-a_3=144$, $a_6=3a_5-a_4=720-55=665$

$a_7=3a_6-a_5=1995-144=1851$

$\therefore a_7=1851$

서술형 풀이 4

1 $\overline{AB}:\overline{BC}=1:a$ 이므로

$\triangle PAB:\triangle PBC=1:a=8:S_1$ 이다.

$\overline{BC}:\overline{CD}=1:a$ 이므로

$\triangle QBC:\triangle QCD=1:a=S_2:32$ 이다.

따라서 $S_1+S_2=8a+\dfrac{32}{a}$ 이고 산술기하평균을

이용하면 $8a+\dfrac{32}{a}\geq 2\sqrt{8a\times\dfrac{32}{a}}=32$

$\therefore$ 최솟값은 32

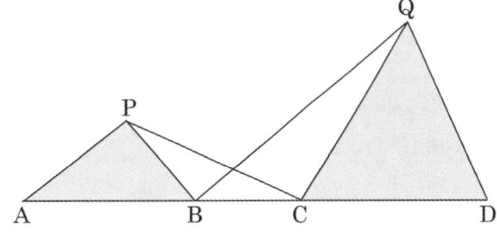

출제예상문제 11회 정답   P.126

단답형 문항

01. $\dfrac{9}{2}\,\mathrm{cm}^3$ 02. 1 03. 2 04. 최댓값 64, 최솟값 61 05. $16 \cdot (3 + \sqrt{7})$

06. $-\dfrac{16}{3} \le x \le \dfrac{13}{3}$ 또는 $\dfrac{8}{3} \le x < \dfrac{11}{3}$ 07. $\dfrac{850}{3}$ 08. $f(x) = x^2$ 또는 $f(x) = -x^2$ 09. $P = 6k \pm 1$ $(k \in N)$인 소수   10. $\overline{EF} = \sqrt{ab}$

11. $\dfrac{5}{81}$ 12. $\dfrac{43}{54}$ 13. 30° 14. 10개   15. $x^2 - 7x + 12 = 0$

서술형 문제

1~4. 풀이참조

단답형 정답 및 해설

1 변 BF 의 중점을 Q 라 하면 빗금 친 삼각형은 $\angle Q = \angle R = 90^\circ$ 이고 한 변의 길이가 $\dfrac{3}{2}\,\mathrm{cm}$인 직각이등변삼각형이므로 정 8면체의 한 변의

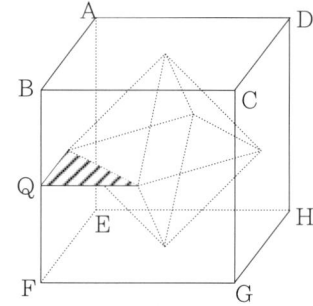

길이는 $\dfrac{3}{2}\sqrt{2}$ 가 된다.

따라서 부피 V 는 $V = 2\left(\dfrac{1}{3} \cdot \left(\dfrac{3}{2}\sqrt{2} \right)^2 \cdot \dfrac{3}{2} \right) = \dfrac{9}{2}$ (cm^3)

2 $n = 3k+2$ (k는 0, 1, 2, 3···), $n \equiv 2$,

$n^2 = (3k+2)^2 = 3(3k^2 + 4k + 1) + 1$ ∴ $n^2 \equiv 1$

$n^3 = n \cdot n^2 = 3n(3k^2 + 4k + 1) + n$ ∴ $n^3 \equiv n \equiv 2$

즉 $n^{2m} \equiv 1$, $n^{2m+1} \equiv 2$ (m은 자연수)

∴ $1 + n + n^2 + n^3 + \cdots + n^{10}$를 3으로 나눈 나머지는 16을 3으로 나눈 나머지와 같다.

3 조건에서 $a_{m+n} - a_n a_{m+1} = a_{n-1} a_m$ 이므로 $(a_{m+n}, a_n) | a_{n-1} a_m$ 이다.

그런데 a_n 과 a_{n-1} 은 서로 소이다. 따라서 $(a_{m+n}, a_n) | a_m$ 이므로

$(a_{m+n}, a_n) | (a_m, a_n)$ 이고 또한, $a_m a_{n-1} + a_n a_{m+1} = a_{m+n}$ 이다.

따라서 $(a_m, a_n) | a_{m+n}$ 이므로 $(a_m, a_n) | (a_{m+n}, a_n)$ 이고 $(a_m, a_n) = (a_{m+n}, a_n)$ 이다.

$2001 = 1002 + 999$ 이므로 $(a_{2001}, a_{1002}) = (a_{999}, a_{1002}) = (a_3, a_{999}) = (a_3, a_3) = a_3$

그런데 $a_3 = a_{1+2} = a_1 a_1 + a_2 a_2 = 2$ 이다.

4 한 해에 들어있는 주간의 수가 최대이기 위해서는 그 달의 한 주간에 들어있는 날수가 가능한 적은 주가 많이 있어야 하고, 일 년의 날수가 많은 윤년 (2월 ; 29일)을 생각하자. 그때, 1월 1일이 일요일이면 일년의 최대의 주간의 수는 64주 그리고 최소이기 위해서는 가능한 그 달의 주간에 요일의 빈 곳이 없도록 하고, 일 년의 날수가 작은 평년 (2월 ; 28일)을 생각하자. 그때, 1월 1일이 목요일이면 최소의 주간의 수는 61주이다. 그러므로 최댓값은 64, 최솟값은 61이다.

5

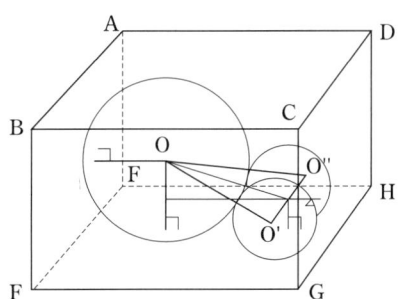 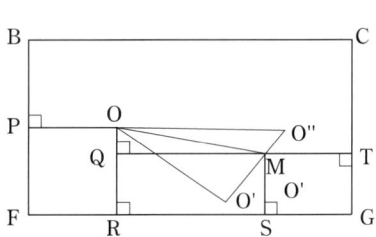

에서 $\overline{OO'} = 3$, $\overline{O'O''} = 2$, $\overline{OM} = 2\sqrt{2}$, $\overline{OQ} = 1$, $\overline{QM} = \sqrt{(2\sqrt{2})^2 - 1} = \sqrt{7}$

$\overline{PO} = 2$, $\overline{MT} = 1$, $\overline{BC} = \overline{OP} + \overline{QM} + \overline{MT} = 3 + \sqrt{7}$

그러므로 직육면체의 부피는 $16 \cdot (3 + \sqrt{7})$ 이다.

6 $[x] = n$ 이면 $x = n + \alpha$ $(0 \le \alpha < 1)$ 이다.

$x + \dfrac{1}{3} = n + \alpha + \dfrac{1}{3}$ 에서 $\dfrac{1}{3} \le \alpha + \dfrac{1}{3} < \dfrac{4}{3}$ 이므로

i) $\dfrac{1}{3} \le \alpha + \dfrac{1}{3} < 1$ 이면 $\left[x + \dfrac{1}{3}\right] = n$ 이고,

$x - \dfrac{2}{3} = n + \alpha + \dfrac{1}{3} - 1 = n - 1 + \alpha + \dfrac{1}{3}$ 이므로 $\left[x - \dfrac{2}{3}\right] = n - 1$ 이다.

따라서 준 식은 $n^2 + 2(n-1) - 13 = 0 \Rightarrow (n+5)(n-3) = 0$ 즉 $n = -5$ or 3

그러므로 $-5 \le x + \dfrac{1}{3} < -4 \Rightarrow -\dfrac{16}{3} \le x < -\dfrac{13}{3}$

또는 $3 \le x + \dfrac{1}{3} < 4 \Rightarrow \dfrac{8}{3} \le x < \dfrac{11}{3}$

ii) $1 \le \alpha + \dfrac{1}{3} < \dfrac{4}{3}$ 이면 $\left[x + \dfrac{1}{3}\right] = n + 1$ 이고, $\left[x - \dfrac{2}{3}\right] = n$ 이다.

따라서 준 식은 $(n+1)^2 + 2n - 13 = 0 \Rightarrow (n+6)(n-2) = 0$ 즉 $n = -6$ or 2

그러므로

$-6 \le x - \dfrac{2}{3} < -5 \Rightarrow -\dfrac{16}{3} \le x < -\dfrac{13}{3}$ 또는 $2 \le x - \dfrac{2}{3} < 3 \Rightarrow \dfrac{8}{3} \le x < \dfrac{11}{3}$

$\therefore -\dfrac{16}{3} \le x < -\dfrac{13}{3}$ 또는 $\dfrac{8}{3} \le x < \dfrac{11}{3}$

7 $\angle ACD = \angle CAD$ 가 되도록 $\overline{AD}$ 를 그리면

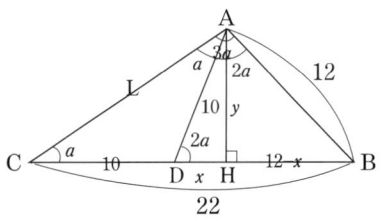

$\overline{BD} = 12$, $\overline{AD} = 10$, $\angle ADB = \angle BAD$ 이다.

$\overline{DH} = x$, $\overline{AH} = y$, $\overline{AC} = L$ 이라 하면

$y^2 = 10^2 - x^2 = 12^2 - (12 - x)^2$ 에서 $x = \dfrac{25}{6}$ 이다.

$\triangle ACH$에서 $L^2 = (10 + x)^2 + y^2 = 200 + 20x = \dfrac{850}{3}$ 이다.

8 준식에 $x = 0$, $y = 0$ 을 대입하면 $f(f(0)) = f(0)$

준식에 $x = 0$, $y = f(0)$ 를 대입하면 $f(f(f(0))) = f(0) + \{f(0)\}^2 f(f(0))$

즉 $f(0) = f(0) + \{f(0)\}^3$ $\therefore f(0) = 0$

따라서 준식에 $x = 0$ 을 대입하면 모든 실수 y 에 대하여 $f(f(y)) = y^2 f(y)$

한편 모든 실수 x 에 대하여 $f(x) = 0$ 이면 모순이므로 0이 아닌 적당한 실수 c 에 대하여 $f(c) \ne 0$ 이다.

이때 $k = f(c)$ 라 두면 $f(k) = f(f(c)) = c^2 f(c) = kc^2$ 이고, 준식에 $y = c$ 를 대입하면 모든 실수 x 에

대하여 $f(x+k)=f(x)+2c^2x+kc^2$ 준식에 $x=k$를 대입하면 $f(k+f(y))=f(k)+2ky^2+y^2f(y)$

즉 $f(f(y))+2c^2f(y)+kc^2=f(k)+2ky^2+y^2f(y)$

따라서 모든 실수 y에 대하여 $f(y)=\dfrac{1}{2c^2}\{2ky^2+f(k)-kc^2\}=my^2$ (단, $m=\dfrac{k}{c^2}$)

원식에 대입하면 $m(x+my^2)^2=mx^2+2xy^2+y^2(my^2)$

따라서 모든 실수 x, y에 대하여 $2m^2xy^2+m^3y^4=2xy^2+my^4$이 성립해야 하므로 $2m^2=2$, $m^3=m$

∴ $m=\pm 1$

$f(x)=x^2$과 $f(x)=-x^2$은 분명히 준 조건을 만족한다.

9 소수 P와 두 자연수 a, b에서 (단, $a=3k$, $b=3k\pm 1$라 하면) 문제의 조건에서
$P=a^2-b^2$ 또는 b^2-a^2 꼴로 표현 할 수 있으므로 다음과 같이 보이자.
$P=a^2-b^2=(a-b)(a+b)$이고 P는 소수이므로 $a-b=1$이다.
∴ $b=a-1$ ⋯ ①
따라서 ①을 $P=a^2-b^2$에 대입 정리하면 $P=2a-1$이고 가정에 의해 $P=6k-1$(단, k는 자연수)이다.
마찬가지로 $P=b^2-a^2$에서 $P=6k+1$이다. 즉, $P=6k\pm 1(k\in N)$인 소수이다.

10 $\overline{\rm AE}=a$, $\overline{\rm BE}=b$ (단, $\overline{\rm DE}>\overline{\rm DF}$) 이라 하자.

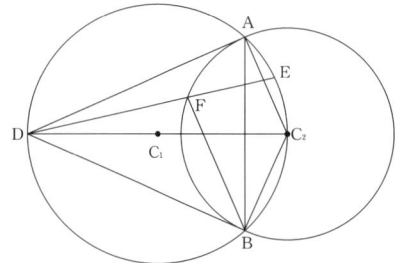

그림과 같이 $\triangle {\rm DAC_2}\equiv\triangle {\rm DBC_2}$ ∴ $\overline{\rm AD}=\overline{\rm BD}$이다. 따라서 $\angle {\rm AED}=\angle {\rm BED}$ ⋯ ①
그리고 $\triangle {\rm AFE}$와 $\triangle {\rm FBE}$에서 $\angle {\rm FAD}=\angle {\rm FBA}$ (∵ 접현각)
$\angle {\rm ADE}=\angle {\rm ABE}$(∵ 호 ${\rm AE}$ 원주각)
즉, $\angle {\rm AFE}=\angle {\rm FAD}+\angle {\rm ADE}=\angle {\rm FBE}+\angle {\rm ABE}=\angle {\rm FBE}$ ⋯ ②
∴ ① 과 ②에 의해 $\triangle {\rm AFE}\sim\triangle {\rm FBE}$이므로 $\dfrac{\overline{\rm FE}}{\overline{\rm AE}}=\dfrac{\overline{\rm BE}}{\overline{\rm FE}}$를 정리하면 $\overline{\rm EF}=\sqrt{ab}$ 이다.

11 1회의 게임에서 A, B 가 이길 경우는 각각 15가지, 비길 경우는 6가지이다.
1점 차로 이길 경우 : 5가지 / 2점 차로 이길 경우 : 4가지 / 3점 차로 이길 경우 : 3가지
4점 차로 이길 경우 : 2가지 / 5점 차로 이길 경우 : 1가지
ⅰ) A, B 가 한 번씩 이길 때, A 가 5점, B 가 1점일 때이다.
　　따라서, A 가 5점차로 이기고 B 가 1점 차로 이길 때(이기는 순서가 바뀌는 경우도)
　　∴ $1\times 5\times 2=10$ (가지)
ⅱ) A 가 4점 차로 한 번 이기고, 한 번 비길 경우 A 가 1회, 2회 게임에서 각각 이길 수 있으므로 2가지
　　∴ $2\times 6\times 2=24$ (가지)
ⅲ) A 가 두 번 모두 이길 때, 1회에 x 점, 2회에 y 점을 얻는다면,
　　$x=3$, $y=1$일 때, $3\times 5=15$ (가지)
　　$x=2$, $y=2$일 때, $4\times 4=16$ (가지)
　　$x=1$, $y=3$일 때, $5\times 3=15$ (가지)
　　∴ $15+16+15=46$ (가지)

따라서 구하는 확률은 $\dfrac{10+24+46}{36\times36}=\dfrac{5}{81}$

12 두 수의 합이 어떤 수의 제곱이 되는 경우를 살펴보면 다음과 같다.

$4=1+3$

$9=1+8=2+7=3+6=4+5$

$16=1+15=2+14=3+13=4+12=5+11=6+10=7+9$

$25=9+16=10+15=11+14=12+13$

이 중에서 16과 8은 단 한 가지의 제곱수를 만드는 데만
사용되기 때문에 첫 수 또는 끝수가 되어야 한다.

실제로 한 줄로 늘어놓으면 다음과 같다.

$16, 9, \ 7, 2, \ 14, \ 11, 5, 4, 12, 13, \ 3, 6, 10, 15, \ 1, \ 8$

따라서 구하고자 하는 값은 $16\times8=128$

13 그림과 같이 $\overline{BC}\perp\overline{PQ}$, $\overline{BC}\perp\overline{AR}$ 가 되도록 점 P를 $\overline{DE}$에, Q와 R을 $\overline{BC}$에 각각 잡고, $\overline{OP}=a$, $\overline{OQ}=b$, $\overline{AR}=c$ 라 하자.

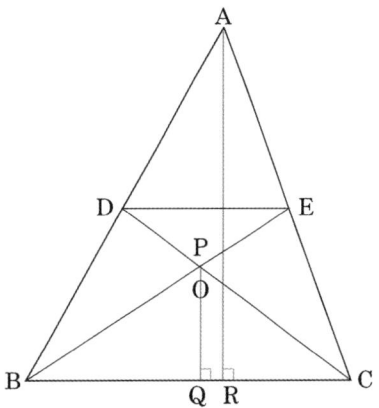

$\triangle OED \backsim \triangle OBC$ 이므로 넓이의 비 $16:36$ 에서

$\overline{DE}:\overline{BC}=2:3$ 이므로

$a:b=2:3$, 즉 다음이 성립한다.

또 $\triangle ADE \backsim \triangle ABC$ 이고, $\overline{DE}:\overline{BC}=2:3$ 이므로

$\{c-(a+b)\}:c=2:3$ 에서 다음을 얻는다.

$c=3(a+b)\cdots$ ②

①과 ②에서 $c=3a+3b=5b$ 이다. 한편 $\triangle OBC$ 와
$\triangle ABC$ 의 밑변이 $\overline{BC}$로 같아지므로 다음이 성립한다.

$(\triangle ABC):(\triangle OBC)=c:b=5:1$

따라서 $\triangle ABC$ 의 넓이는 다음과 같다.

$\triangle ABC=5\times\triangle OBC=5\times36=180$

14 정오각형 ABCDE와 FGHIJ는 서로 닮음꼴이므로 변 AB와 변 EJ의 비를 알면 두 정오각형의 넓이의 비를 구할 수 있다.

$\angle ABJ=\angle FAJ=36°$ 이고

$\angle BAJ=\angle BJA=\angle AFJ=\angle AJF=72°$

이므로 $\triangle AFJ \backsim \triangle BAJ$ 이다.

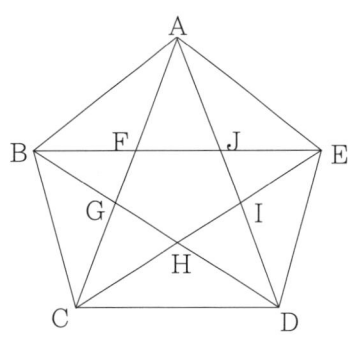

이제 $\overline{FJ}=x$, $\overline{AJ}=y$ 라고 하면 $\overline{BJ}=\overline{AB}=x+y$ 이고,

$\overline{FJ}:\overline{AJ}=\overline{AJ}:\overline{AB}$ 에서 $x:y=y:(x+y)$ 이다. 그러므로 $y^2=x(x+y)$ 이 성립하고

$\dfrac{y}{x}=t$ 라 하면 $1<t$ 이고, $t^2-t-1=0$ 이다. 여기서

$t=\dfrac{1+\sqrt{5}}{2}$ 이므로 $y=\dfrac{1+\sqrt{5}}{2}x$ 이다. 따라서

$x + y = \dfrac{3+\sqrt{5}}{2}x$ 이고, 큰 정오각형과 작은 정오각형의 변의 길이는 다음과 같다.

$$\overline{AB} : \overline{FJ} = \dfrac{3+\sqrt{5}}{2}x : x = (3+\sqrt{5}) : 2$$

따라서 넓이의 비는 $(3+\sqrt{5})2 : 2^2 = 7 + 3\sqrt{5} : 2$ 이다.

그런데 작은 정오각형 FGHIJ의 넓이가 2 이므로 큰 정오각형의 넓이는 $7 + 3\sqrt{5}$ 이다.

15
$$f(x) = \dfrac{1}{\sqrt{x} + \sqrt{x+1}} = \dfrac{\sqrt{x+1} - \sqrt{x}}{(\sqrt{x+1} + \sqrt{x})(\sqrt{x+1} - \sqrt{x})} = \sqrt{x+1} - \sqrt{x}$$
$$m = f(9) + f(10) + f(11) + \cdots\cdots + f(48) = (\sqrt{10} - \sqrt{9}) + (\sqrt{11} - \sqrt{10}) + \cdots\cdots + (\sqrt{49} - \sqrt{48})$$
$$= -3 + 7 = 4$$
$$n^2 - 4n + 7 = 4 \Rightarrow n^2 - 4n + 3 = 0 \Rightarrow (n-1)(n-3) = 0 \quad \therefore n = 1 \ \text{또는} \ 3$$
$$n = 1 \Rightarrow n+1 = 2 \text{이므로} \ A \cap B \neq \{4\} \quad \therefore \ n = 3$$
$$\therefore \ 4\text{와} \ 3\text{을 두 근으로 하는 이차방정식은} \ x^2 - 7x + 12 = 0 \text{이다.}$$

서술형 풀이 1

1 양의 실수 x, y, z에 대하여 $\dfrac{x+y+z}{3} \geq \sqrt[3]{xyz}$ 이므로

$\dfrac{x+y+z}{3} \geq \dfrac{x+yz}{3} \geq \sqrt[3]{xyz}$ 이다.

$\sqrt[3]{xyz} = t$ 라고 하면 $t^3 \geq 3t$, $t^2 \geq 3$, $t \geq \sqrt{3}$ 이다.

양수 a, b, c에 대하여 $a + b + c \geq 3\sqrt[3]{abc}$ 이므로

$$\sqrt{2x^2 + yz} + \sqrt{2y^2 + zx} + \sqrt{2z^2 + xy} \geq 3\sqrt[3]{\sqrt{2x^2 + yz} \cdot \sqrt{2y^2 + zx} \cdot \sqrt{2z^2 + xy}}$$
$$= 3\sqrt[6]{(2x^2 + yz)(2y^2 + zx)(2z^2 + xy)}$$
$$= 3\sqrt[6]{9x^2y^2z^2 + 4(x^3y^3 + y^3z^3 + z^3x^3) + 2xyz(x^3 + y^3 + z^3)}$$
$$\geq 3\sqrt[6]{9x^2y^2z^2 + 4 \cdot 3\sqrt[3]{x^6y^6z^6} + 2xyz \cdot 3\sqrt[3]{x^3y^3z^3}}$$
$$= 3\sqrt[6]{9x^2y^2z^2 + 12x^2y^2z^2 + 6x^2y^2z^2} = 3\sqrt[6]{27x^2y^2z^2} \geq 3 \cdot \sqrt[6]{27} \cdot \sqrt[3]{xyz} \geq 3 \cdot \sqrt{3} \cdot \sqrt{3} = 9$$

그러므로 $\sqrt{2x^2 + yz} + \sqrt{2y^2 + zx} + \sqrt{2z^2 + xy} \geq 9$ 이다.

서술형 풀이 2

1 선분 CB를 연장하여 $\overline{BD} = \overline{BA}$ 가 되도록 점 D를 잡자.

∠BDA $= a$라고 하면 삼각형의 외각의 성질에 의해

∠ABC $= 2a$

∠ABC $=$ ∠AMC $= 2a$ ($\because$ 동일한 호 APC 를 갖는 원주각)

△ACD 의 외접원 O′ 을 생각해 보면 ∠BDA $= a$,

∠AMC $= 2a$이므로 점 M 은 원 O′ 의 중심임을 알 수 있다.

따라서 O′ 의 반지름으로서 $\overline{MA} = \overline{MD} = \overline{MC}$ 이고, 삼각형 MDA는 이등변 삼각형이다.

$\overline{BD} = \overline{BA}$, $\overline{MA} = \overline{MD}$, MB 는 공통 선분으로써 SSS 합동 조건에 의해

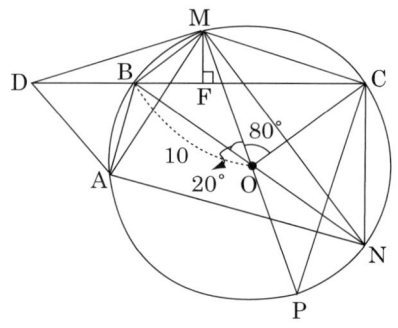

△MDB ≡ △MAB $\cdots$ ① 그리고 삼각형 MDC도 이등변 삼각

형이고, F 는 점 M 에서 삼각형의 밑변 CD 에 내린 수선의 발이므로 F 는 선분 CD 를 이등분한다.

따라서 $\overline{\mathrm{DF}} = \overline{\mathrm{CF}} \cdots ②$ 따라서 ①, ②에 의해,
$\overline{\mathrm{AB}} + \overline{\mathrm{BF}} = \overline{\mathrm{CB}} + \overline{\mathrm{BF}} = \overline{\mathrm{CF}} = \overline{\mathrm{DF}}$ 이다.

2 선분 BO를 O의 방향으로 연장하여 원과 만나는 점을 N이라고 할 때, BN은 원의 지름이므로
$\angle \mathrm{BMN} = \angle \mathrm{BCN} = 90°$ 이다.
원주각의 성질에 의해,
$\angle \mathrm{MNB} = \dfrac{1}{2} \angle \mathrm{MOB} = 10°, \ \angle \mathrm{MNC} = \angle \mathrm{MNA} = \dfrac{1}{2} \angle \mathrm{MOC} = 40°$
$\angle \mathrm{BNA} = \angle \mathrm{MNA} - \angle \mathrm{MBN} = 40° - 10° = 30°$ 이므로
$\overline{\mathrm{AB}} = \overline{\mathrm{BN}} \sin(\angle BNA) = 20 \sin 30° = 10$

서술형 풀이 3

1 A, B를 지나고 L에 접하는 원을 그려 접점을 P라 하면 P가 구하는 점이다.
(증명) L 위의 점 P 이외의 점 P′를 잡고 AP′와 원과의 교점을 Q라 하면
$\qquad \angle \mathrm{APB} = \angle \mathrm{AQB} = \angle \mathrm{QP'B} + \angle \mathrm{P'BQ} = \angle \mathrm{AP'B} + \angle \mathrm{P'BQ} > \angle \mathrm{AP'B}$
그러므로 ∠APB가 최대이다.

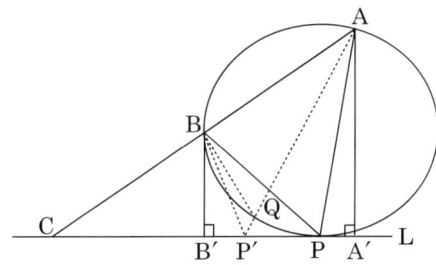

(작도) AB의 연장선과 직선 L과의 교점을 C라 하면 $\overline{\mathrm{CB}} \cdot \overline{\mathrm{CA}} = \overline{\mathrm{CP}}^2$ 이므로 AC의 연장선 위에
$\overline{\mathrm{BC}} = \overline{\mathrm{CD}}$ 가 되게 점 D를 잡고, AD를 지름으로 하는 원을 그리고 점 C를 지나고 AD에 수직인
선과 이 원과 만나는 점을 E라 하면 CE와 같은 길이로 직선 L 위의 A′쪽에 점을 잡으면 그
점이 점 P가 된다.
$\qquad \triangle \mathrm{ADE}$ 에서 $\overline{\mathrm{CE}}^2 = \overline{\mathrm{CD}} \cdot \overline{\mathrm{CA}} = \overline{\mathrm{CB}} \cdot \overline{\mathrm{CA}}$

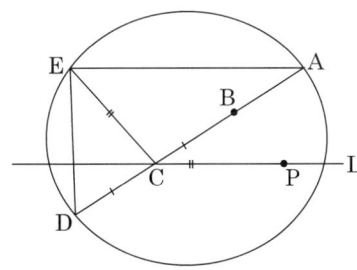

2 $\overline{\mathrm{AB}}^2 = \overline{\mathrm{A'B'}}^2 + (\overline{\mathrm{AA'}} - \overline{\mathrm{BB'}})^2 = 25$
$\qquad \therefore \ \overline{\mathrm{AB}} = 5, \ \overline{\mathrm{CB'}} = 4, \ \overline{\mathrm{CB}} = 5, \ \overline{\mathrm{CP}} = 5\sqrt{2}$
$\qquad \therefore \ \overline{\mathrm{B'P}} = 5\sqrt{2} - 4$

서술형 풀이 4

1 동전이 앞면일 때 0, 뒷면일 때 1이라고 하자.

동전	1	2	3	4	5	6	7
시작	0	0	0	0	0	0	0
1회 시행	1	1	1	0	0	0	0
2회	1	1	1	1	1	1	0
3회	0	0	1	1	1	1	1
4회	0	0	0	0	0	1	1
5회	1	0	0	0	0	0	0
6회	1	1	1	1	0	0	0
7회	1	1	1	1	1	1	1

∴ 총 7회

2

동전개수	1	2	3	4	5	6	7	8	9	10	11	12	13	14	15
시작	0	0	0	0	0	0	0	0	0	0	0	0	0	0	0
회수1	1	1	1	1	1	1	1	1	1	0	0	0	0	0	0
회수2	0	0	0	1	1	1	1	1	1	1	1	1	1	1	1
회수3	0	0	0	0	0	0	0	0	0	0	0	0	1	1	1
회수4	1	1	1	1	1	1	0	0	0	0	0	0	0	0	0
회수5	1	1	1	1	1	1	1	1	1	1	1	1	1	1	1

∴ 총 5회

3 동전 7개, 한 번에 3개 뒤집는 경우 다음과 같은 알고리즘을 찾을 수 있다.

$$7-3=4 \qquad 4-3=1 \qquad 1-3=-2 \qquad -2-3=-5$$
$$-5-3=-8 \qquad -8-3=-11 \qquad -11-3=-14$$

이때, -14가 7의 배수이므로 종료된다.

따라서 $n-km$이 n의 배수가 되는 k의 값이 바로 우리가 원하는 시행 횟수이다.

이제 n과 m의 최대공약수를 g라고 하면 $n=gn'$, $m=gm'$이고 n'과 m'은 서로 소이다.

따라서 k의 값은 n'이다.

4 일직선으로 배열하는 경우 위에서 찾은 알고리즘을 적용할 수 없다.

| 출제예상문제 12회 정답 | | | | P.136 |

단답형 문항

01. 25	02. 28	03. $4\pi m^2$	04. $a=b$	05. 14가지
06. 2	07. 7개	08. 1	09. 483개	10. 어른 1명, 아이 1명
11. $\dfrac{1}{12}$	12. 24	13. 4	14. $m=n=k$	15. 6

서술형 문제

1~4. 풀이참조

단답형 정답 및 해설

1 오른쪽 그림에서 $\overline{AD}=7$, $\overline{AH}=x$, $\overline{AB}=24$, $\overline{AE}=y$라고 하면
$\sqrt{x^2+y^2}=\overline{AP}$이고 $\sqrt{(7-x)^2+(24-y)^2}=\overline{PC}$이므로
$\sqrt{x^2+y^2}+\sqrt{(7-x)^2+(24-y)^2}=\overline{AP}+\overline{PC}$이다.
따라서, $\overline{AD}+\overline{PC}$가 최소가 되기 위해서는 A, P, C가 같은 직선 위에 있을
때이므로 최솟값은 $\overline{AC}=25$이다.

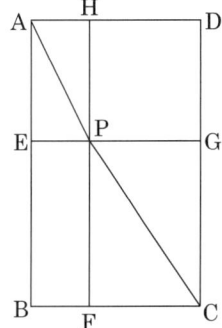

2 나무막대의 길이가 60이므로 세 종류의 눈금의 간격은 6, 5, 4이다.
따라서 60이하의 자연수 중에서 4, 5 또는 6의 배수의 개수를 구하면 된다.
4, 5, 6의 배수의 집합을 각각 A, B, C라고 하면,
$n(A)=15$, $n(B)=12$, $n(C)=10$
$n(A \cap B)=3$, $n(B \cap C)=2$, $n(C \cap A)=5$
$n(A \cap B \cap C)=1$
$\therefore n(A \cup B \cup C)=n(A)+n(B)+n(C)-n(A \cap B)-n(B \cap C)-n(C \cap A)$
$\quad +n(A \cap B \cap C)=28$

3 반구의 반지름을 Rm 라고 하면 그림에서와 같이 동상이 최
대한 옆면으로 가서 건물 천정에 닿는 순간 직각삼각형을 만
들 수 있다. 이때 직각삼각형의 빗변의 길이는 Rm, 높이는
2m 이므로 밑변의 길이는 $\sqrt{R^2-4}$ m 이다. 동상이 놓일 수
없는 부분의 넓이는 건물 바닥 전체의 넓이에서 반지름의 길
이가 $\sqrt{R^2-4}$ m인 원의 넓이를 빼서 구할 수 있다. 따라서
원하는 넓이는 $\pi R^2 - \pi(R^2-4)=4\pi(\text{m}^2)$ 이다.

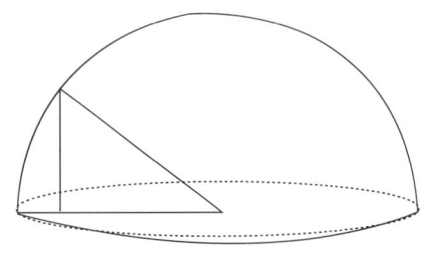

4 $\angle AOB = \angle AIB = 90°$이므로 A, O, B, I는 원주상의 네 점이다. 따라서 원주각의 성질에 의해
$\angle IBA = \angle AOI = 45°$이고 $\angle IOB = 90° - \angle AOI = 45°$이므로 점 I는 원점을 지나고 x축 양의 방향과
$45°$를 이루는 직선 위의 점이다. 즉, (a, b)는 직선 $y=x$ 위의 점이므로 $a=b$

5 첫 째 줄과 셋 째 줄에 두 개씩 검은 유리상자로 바꾸는 경우 $_4C_2 = 6$가지

한 줄에 3개의 검은 유리 상자를 바꾸고 다른 한 줄에 한 개의 유리 상자를 바꾸는 경우

$_4C_3 \times 2 = 8$가지

$\therefore \ 6 + 8 = 14$가지

6 $y = x^2 - 4x + 3$과 직선 $y = \dfrac{m}{4}x - \dfrac{13}{4}$이 한 점에서 만나므로

$x^2 - 4x + 3 = \dfrac{m}{4}x - \dfrac{13}{4}$이 중근을 갖는다.

$4x^2 - (16+m)x + 25 = 0$에서 $D = (16+m)^2 - 4 \times 4 \times 25 = 0$

$\therefore \ m = 4 \ (\because m > 0)$

$\therefore \ 4x^2 - 20x + 25 = 0, \ x = \dfrac{5}{2}, \ y = -\dfrac{3}{4}$

따라서 교점 P의 좌표 $\left(\dfrac{5}{2}, -\dfrac{3}{4} \right)$

$4x - 4y - 13 = 0$을 x축의 방향으로 1, y축의 방향으로 -1만큼 평행이동 하면

$4(x-1) - 4(y+1) - 13 = 0$에서 $y = x - \dfrac{21}{4}$이고,

$y = ax - \dfrac{1}{4}$과 수직이므로 $a = -1$,

$\therefore \ y = -x - \dfrac{1}{4}$과의 교점은 $x - \dfrac{21}{4} = -x - \dfrac{1}{4}$,

$\therefore \ x = \dfrac{5}{2}, \ y = -\dfrac{11}{4}$

따라서 Q의 좌표 $\left(\dfrac{5}{2}, -\dfrac{11}{4} \right)$

그러므로 PQ의 거리 $= \left| -\dfrac{3}{4} - \left(-\dfrac{11}{4} \right) \right| = 2$

7 정삼각형 ABC에서 BC위에 A에서 내린 수선의 발 H를 잡고 반직선 $\overrightarrow{AH}$ 위에서 변 BC에 대한 A의 대칭점을 A_1, 반직선 $\overrightarrow{AH}$ 위에서 $AA_2 = AB$가 되도록 A_2를 잡으면 A_1, A_2는 문제의 조건을 만족하는 점이다. 같은 방법으로 CA, AB에 대하여 시행하면 6개의 점을 찾을 수 있고 삼각형 내부의 외심이 하나 존재하므로 총 7개의 점의 위치가 나온다.

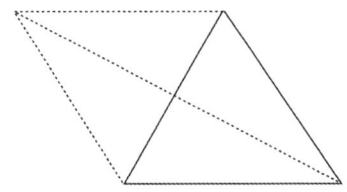

8 $\overline{AH} = r$ cm 라고 하면 $\overline{HB} = (8-r)$ cm 이다. 원의 성질에 의하여 $\overline{AH} \times \overline{HB} = \overline{CH}^2$이 성립하므로 $\overline{CH} = \sqrt{r(8-r)}$ cm 이다. 따라서 $S_1 = \dfrac{\pi r(8-r)}{4} \ cm^2$ 이다. 또한 색칠한 부분의 넓이는 전체 반원의 넓이에서 작은 두 반원의 넓이를 빼서 구할 수 있다. 따라서

$S_2 = \dfrac{16\pi}{2} - \dfrac{\pi r^2}{8} - \dfrac{\pi(8-r)^2}{8} = \dfrac{r(8-r)\pi}{4}$

따라서 $\dfrac{S_1}{S_2} = 1$이다.

9 한 자리 수에서는 나타나지 않는다.

두 자리 수에서는 □0에서 □에 들어갈 수 있는 수는 1부터 9까지 모두 9개다.

세 자리 수에서는 □□0, □0□, 두 가지 경우를 세 보면 모두 첫 번째 □에는 1부터 9까지 9개의 수가 들어갈 수 있고 두 번째 □에는 0부터 9까지 10개의 수가 들어갈 수 있다. 따라서 각각 90개씩 180개이고 □00인 경우 9개가 중복되므로 $180-9=171$개의 0이 나타난다.

네 자리 수에서는 1□□□, 2□□□ 두 가지 경우를 살펴본다.

먼저 1□□□일 때, 10□□, 1□0□, 1□□0 세 가지 경우가 가능하고 각각 중복되는 경우가 있다. 따라서 포함배제의 원리를 써서 구하도록 한다.

10□□일 때는 각각의 □에 0부터 9까지 10개의 수가 들어갈 수 있으므로 100개, 다른 경우도 모두 같으므로 각각 100개의 경우가 나온다.

또한 1□00, 10□0, 100□의 형태가 중복되므로 각각 10개씩 중복된다.

또한 1000 역시 중복되는 형태이다.

따라서 포함배제의 원리에 의해 $100+100+100-10-10-10+1=271$개다.

2□□□일 때는 2000부터 2019까지 세면되므로 모두 32개의 0이 나온다.

따라서 모든 0의 개수는 $9+171+271+32=483$개이다.

10 먼저 투숙한 어른은 최대 8인까지 가능하므로 조건 (6)에 의해 다음 3가지 경우가 고려된다.

어른=8인, 아이=4인 ······ (i)

어른=6인, 아이=3인 ······ (ii)

어른=4인, 아이=2인 ······ (iii)

하지만 조건 (2)에 의해 투숙객 총수는 홀수이어야 하므로 (ii)만 가능하다.

이제 조건 (5)를 이용하자. 만일 1호실에 아이가 둘이라면 조건 (1)과 (4)에 의해 모순이 일어나므로, 1호실에 아이가 있다면 반드시 1명이어야 한다. 이때 조건 (7)에 의해 반드시 아이가 있어야 하는 3호실에도 아이는 1명만 있게 되고, 4호실에도 아이가 1명 있어야 한다. 따라서 3호실에 어른 1명, 4호실에 어른 2명이 있어야 하며, 조건 (4)를 고려하면 결국 표에 나타낸 대로 결정된다.

이제 만일 1호실에 아이가 없다면 조건 (4)와 (7)을 동시에 만족하기 위해서 4호실에는 어른 2명, 아이 1명이 있어야 한다. 이 경우 조건 (3)을 만족시키는 경우가 존재하지 않게 된다.

	1호실	2호실	3호실	4호실
어른 수	2	1	1	2
아이 수	1	0	1	1

따라서 표에서 보듯이 3호실에 투숙한 사람은 어른 1명, 아이 1명이 된다.

11 $\overline{AP}$, $\overline{CP}$의 연장선과 $\overline{BC}$, $\overline{AB}$와의 교점을 각각 D, E라 하면

$a:c=\overline{BD}:\overline{DC}$ 따라서 $a\geq 2c$이면 $\overline{BD}\geq 2\overline{DC}$

또 $c:b=\overline{AE}:\overline{BE}$이므로 $c\geq b$에서 $\overline{AE}\geq \overline{BE}$

따라서 $\overline{BC}$를 2:1로 내분하는 점을 M, $\overline{AB}$의 중점을 N, $\overline{AM}$, $\overline{CN}$의 교점을 Q라 하면 점 P는 △QMC 내부의 점이다.

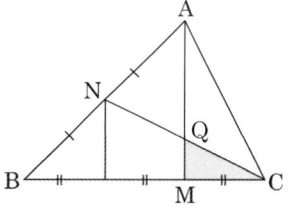

$\therefore \triangle QMC=\dfrac{1}{6}\triangle NBC$, $\triangle NBC=\dfrac{1}{2}\triangle ABC$

$\therefore \triangle QMC=\dfrac{1}{12}\triangle ABC$

구하고자 하는 확률은 $\dfrac{(\text{P가 존재하는 넓이})}{\triangle ABC}$이므로 $\therefore \dfrac{\triangle QMC}{\triangle ABC}=\dfrac{\dfrac{1}{12}\triangle ABC}{\triangle ABC}=\dfrac{1}{12}$

12 원 둘레를 12등분하는 점 A_1, A_2, $\cdots$, A_{12}에서 임의의 점 P까지 각각의 선분 PA_1, PA_2, PA_3, $\cdots$, PA_{12}는 지름에 대한 원주각이 각각 $90°$이다. 6개의 직각삼각형 $\triangle PA_1A_7$, $\triangle PA_2A_8$, $\triangle PA_3A_9$, $\triangle PA_4A_{10}$, $\triangle PA_5A_{11}$, $\triangle PA_6A_{12}$이 되도록 각각의 선분을 연결한다.

직각삼각형 $\triangle PA_1A_7$에서 $(\overline{PA_1})^2 + (\overline{PA_7})^2 = (\overline{A_1A_7})^2$

$\triangle PA_1A_8$에서 $(\overline{PA_2})^2 + (\overline{PA_8})^2 = (\overline{A_2A_8})^2$이므로

$\overline{A_1P^2} + \overline{A_2P^2} + \overline{A_3P^2} + ... + \overline{A_{12}P^2} = \overline{A_1P_7^2} + \overline{A_1P_8^2} + ... + \overline{A_1P_{12}^2}$

$= 4+4+4+4+4+4 = 24$

13 조건에 따르면 $3 \in A$이고, 집합 A에 속하는 원소끼리 더한 것은 반드시 집합 A에 속한다고 되어 있다. 즉, $3+3 = 6 \in A$, $3+6 = 9 \in A$, $\cdots$. 집합 A는 최소한 3의 배수를 원소로 가지고 있는 집합이다.

$\therefore A = \{3, 6, 9, \cdots 2010\}$이고 $n(A) = 2010 \div 3 = 670$

따라서 구하는 부분집합의 개수는 2^{670}이고, 일의 자릿수는 $2, 4, 8, 6$이 반복되고 $670 = 4 \times 167 + 2$이므로 2^{670}의 일의 자릿수는 4이다.

14 밑줄 그은 부분의 밑은 같은 숫자의 개수를 나타낸 것이다.

$$\underbrace{111\cdots1}_{2n개} - \underbrace{222\cdots2}_{m개} = \underbrace{11\cdots1}_{2n-m}\underbrace{00\cdots0}_{m개} - \underbrace{111\cdots1}_{m개} = \underbrace{11\cdots1}_{2n-m}(10^m - 1) =$$

$$\underbrace{11\cdots1}_{2n-m} \times \underbrace{99\cdots9}_{m개} = \underbrace{33\cdots3}_{2n-m} \times \underbrace{33\cdots3}_{m개}$$

이때, 마지막 우변에서 $2n-m = m$, $m = k$이어야 하므로 $m = n = k$이다.

15 직사각형의 둘레의 길이는 $2(13n+1)$, $2(13n+12)$, $2(8n+6)$, $2(8n+2)$, $2(7n+4)$, $2(7n+3)$이고, 최소일 때는 $2(7n+3)$이므로 $14n+6 = 90$

$\therefore n = 6$

서술형 풀이 1

1 $\overline{AP} = \overline{A'P}$, $\overline{AQ} = \overline{A''Q}$이므로 $\overline{AP} + \overline{PQ} + \overline{QA} = \overline{A'P} + \overline{PQ} + \overline{QA''}$이고 이것의 최솟값은 $\overline{A'A''}$의 길이이다. $\triangle OA'A''$은 직각이등변삼각형이므로 최단거리는 $3\sqrt{2}$이다.

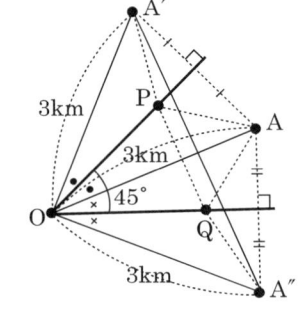

2 $\triangle ABC$에서 점 B를 중심으로 하여 $\overline{BP}$, $\overline{BA}$를 왼쪽으로 $60°$ 회전하여 각각 정삼각형 BPP', BAA'을 만들자.

$\triangle BPA \equiv \triangle BP'A'$ (SAS합동)이므로 $\overline{PA} = \overline{P'A'}$, $\overline{PB} = \overline{P'B}$, $\therefore \overline{PB} = \overline{PP'}$

이때, $\overline{PA} + \overline{PB} + \overline{PC} = \overline{P'A'} + \overline{PP'} + \overline{PC}$이고 이것의 최솟값은 $\overline{A'C}$의 길이이다.

따라서 $\triangle A'BC$는 꼭지각 $120°$인 이등변삼각형이고 $\overline{A'B} = \overline{BC} = 3$이므로 제2코사인법칙에 의하여 $\overline{A'C} = 3\sqrt{3}$이다.

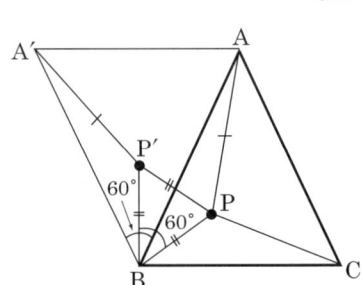

3 그림과 같이 점 P가 임의의 사각형 ABCD의 내부의 점일 때, $\overline{PA}+\overline{PB}+\overline{PC}+\overline{PD}$의 값을 최소가 되게 하는 점 P는 두 대각선 AC, BD의 교점의 위치에 있을 때이다.

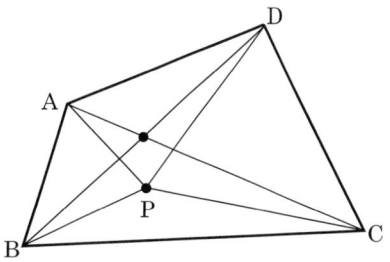

$\overline{PA}+\overline{PC} \geq \overline{AC}$, $\overline{PB}+\overline{PD} \geq \overline{BD}$

$\therefore \overline{PA}+\overline{PB}+\overline{PC}+\overline{PD} \geq \overline{AC}+\overline{BD}$

직선 AC의 방정식은 $y=x$이고, 직선 BD의 방정식은

$y=-\dfrac{1}{2}x+\dfrac{9}{2}$

따라서 두 직선의 교점은 P$(3,\,3)$이다.

서술형 풀이 2

1 그림 1에서 $\overline{AD}=\sin(\alpha+\beta)=\overline{AG}+\overline{GD}$

$\overline{AC}=\sin\beta$이므로 $\overline{AG}=\overline{AC}\cos\alpha=\sin\beta\cos\alpha$, $\overline{GD}=\overline{CE}=\overline{BC}\sin\alpha=\cos\beta\sin\alpha$

$\therefore \overline{AD}=\sin(\alpha+\beta)=\overline{AG}+\overline{GD}=\sin\beta\cos\alpha+\cos\beta\sin\alpha$

2 그림 2에서 $\sin(\alpha-\beta)=\overline{CE}=\overline{AD}-\overline{AG}=\overline{AB}\sin\alpha-\overline{AC}\cos\alpha=\cos\beta\sin\alpha-\sin\beta\cos\alpha$

3 그림 1에서 $\cos(\alpha+\beta)=\overline{BD}=\overline{BE}-\overline{DE}=\overline{BC}\cos\alpha-\overline{AC}\sin\alpha=\cos\beta\cos\alpha-\sin\beta\sin\alpha$

4 그림 2에서 $\cos(\alpha-\beta)=\overline{BE}=\overline{BD}+\overline{DE}=\overline{AB}\cos\alpha+\overline{AC}\sin\alpha=\cos\beta\cos\alpha+\sin\beta\sin\alpha$

서술형 풀이 3

1 오른쪽 그림에서 $h=a\sin\theta$, 삼각형의 넓이를 S라고 할 때,

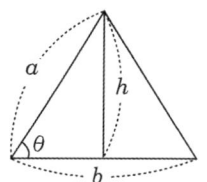

$S=\dfrac{1}{2}b\times a\sin\theta=\dfrac{1}{2}ab\sin\theta$이다. 직각삼각형인 경우는 $\theta=90°$,

$\sin90°=1$이 되어 $S=\dfrac{1}{2}ab\sin90°=\dfrac{1}{2}ab$가 성립한다.

2 물이 차 있는 부분도 역시 기둥형태이므로 정면에서 보이는 면을 밑면으로 하면, 회전을 어떤 각도로 하던지 높이는 일정하다. 따라서 물이 차 있는 부분의 부피는 정면에서 보이는 밑면의 넓이에 따라 달라지고, 물이 부피는 변함없으므로 밑면의 모양만 바뀔 뿐 넓이는 항상 일정하다. 그림 1의 사다리꼴의 넓이는

$\dfrac{\sqrt{3}}{4}\times 4^2\times\dfrac{3}{4}=3\sqrt{3}$.

따라서 그림 2의 삼각형부분의 넓이는 $\dfrac{\sqrt{3}}{4}\times 4^2\times\dfrac{1}{4}=\sqrt{3}$이다.

즉, **1**의 결과에 의해 $\sqrt{3}=\dfrac{1}{2}ab\sin60°=\dfrac{1}{2}ab\times\dfrac{\sqrt{3}}{2}$이므로 $ab=4$

이때, 삼각형의 모양의 유지되어야 하므로 $0<a\leq 4$이다.

$\therefore ab=4\,(0<a\leq 4)$

3 $a=4$일 때, **2**에 의해 $b=1$이다.

수면은 지면과 평행하므로 정면에서 보이는 삼각형을 그리면 오른쪽 그림과 같다.

실과 수면이 만나는 점을 Z, $\triangle ZXH = \triangle ZYH = S$라 하면, $\triangle OXY = 3\sqrt{3}$

이므로 $\triangle OZY = 3\sqrt{3} - 2S$, $\triangle PZO = \dfrac{1}{3}\triangle OZY = \sqrt{3} - \dfrac{2}{3}S$,

$\triangle PXO = \sqrt{3}$이므로 $\triangle PXZ = \sqrt{3} - (\triangle OZY) = \dfrac{2}{3}S$

이때, $\triangle ZXH : \triangle PXZ = S : \dfrac{2}{3}S = 3 : 2$이므로 $\overline{HZ} : \overline{PZ} = 3 : 2$

따라서 물에 잠긴 실의 길이 $\overline{HZ}$는 $\overline{HZ} = \dfrac{3}{5} \times 2\sqrt{3} = \dfrac{6\sqrt{3}}{5}$이다.

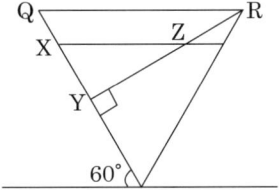

4 메넬라우스 정리를 이용하면 $\dfrac{\overline{ZR}}{\overline{YZ}} = \dfrac{\sqrt{3}-1}{2}$이므로

$\overline{YZ} = 2\sqrt{3} \times \dfrac{2}{\sqrt{3}+1} = 6 - 2\sqrt{3}$이다.

서술형 풀이 4

1 $A = \{(1,\,6),\,(2,\,5),\,(3,\,4),\,(4,\,3),\,(5,\,2),\,(6,\,1)\}$이므로 $\dfrac{n(A)}{6^2} = \dfrac{1}{6}$

2 $\dbinom{9}{2} = \dfrac{9 \cdot 8}{2 \cdot 1} = 36$

3 $B_1 = \{(8,\,1,\,1),\,(7,\,1,\,2),\,(7,\,2,\,1)\}$, $B_2 = \{(1,\,8,\,1),\,(1,\,7,\,2),\,(2,\,7,\,1)\}$,
$B_3 = \{(1,\,1,\,8),\,(1,\,2,\,7),\,(2,\,1,\,7)\}$

4 $36 - 9 = 27$이므로 $\dfrac{27}{6^3}$이다.

5 위에서 사용한 방법을 그대로 사용한다.

우선 $x_1 + x_2 + x_3 + x_4 + x_5 = 14$인 자연수들의 순서조 $(x_1,\,x_2,\,x_3,\,x_4,\,x_5)$의 개수는

$\dbinom{13}{4} = \dfrac{13 \cdot 12 \cdot 11 \cdot 10}{4 \cdot 3 \cdot 2 \cdot 1} = 715$이다.

이제 $x_i > 6$인 $(x_1,\,x_2,\,x_3,\,x_4,\,x_5)$들의 집합을 B_i라고 하면,

$B_i \bigcap B_j = \varnothing \ (i \neq j)$이고, $|B_i| = |B_j|$이다. (여기서 각각의 i, j는 $1 \leq i,\,j \leq 5$)

$|B_1|$을 구하기 위해서는 $x_1 + x_2 + x_3 + x_4 + x_5 = 14$에서 양 변에서 6을 빼서 새로운 방정식을 만든다.

$(x_1 - 6) + x_2 + x_3 + x_4 + x_5 = 8$. 이 방정식의 양의 정수해의 개수는 $\dbinom{7}{4} = \dfrac{7 \cdot 6 \cdot 5 \cdot 4}{4 \cdot 3 \cdot 2 \cdot 1} = 35$이므로

$|B_1| = 35$이다.

따라서 방정식 $x_1 + x_2 + x_3 + x_4 + x_5 = 14$의 715개의 양의 정수해들 중 6보다 큰 수가 포함되지 않는 해는 모두 $715 - 5 \times 35 = 540$개다. 따라서 확률은 $\dfrac{540}{6^5}$이다.

6 위의 풀이와 다른 점은 $B_1 \bigcap B_2 = \{(7,7,1,1,1)\} \neq \varnothing$ 이라는 점이다.

우선 $x_1 + x_2 + x_3 + x_4 + x_5 = 17$인 자연수들의 순서조 $(x_1, x_2, x_3, x_4, x_5)$의 개수는

$\binom{16}{4} = \dfrac{16 \cdot 15 \cdot 14 \cdot 13}{4 \cdot 3 \cdot 2 \cdot 1} = 1820$이다.

이제 $x_i > 6$인 $(x_1, x_2, x_3, x_4, x_5)$들의 집합을 B_i라고 하면,

$B_i \bigcap B_j = \{(a_1, a_2, a_3, a_4, a_5) \,|\, a_i = a_j = 7, \, a_k = 1, \, k \neq i, \, k \neq j\} \, (i \neq j)$이고,

$|B_i| = |B_j|$이다. (여기서 각각의 i, j는 $1 \le i, j \le 5$)

$|B_1|$을 구하기 위해서는 $x_1 + x_2 + x_3 + x_4 + x_5 = 17$에서 양 변에서 6을 빼서 새로운 방정식을 만든다.

$(x_1 - 6) + x_2 + x_3 + x_4 + x_5 = 11$. 이 방정식의 양의 정수해의 개수는 $\binom{10}{4} = 210$이므로 $|B_1| = 210$이다.

따라서 $|B_1 \cup B_2 \cup B_3 \cup B_4 \cup B_5| = 1040$이다.

따라서 방정식 $x_1 + x_2 + x_3 + x_4 + x_5 = 17$의 1820개의 양의 정수해들 중 6보다 큰 수가 포함되지 않는

해는 모두 $1820 - 1040 = 780$개이다. 따라서 확률은 $\dfrac{780}{6^5}$이다.

단답형 문항

01. 14	**02.** 1	**03.** 2	**04.** 32	**05.** 8
06. C	**07.** 4	**08.** 156	**09.** 3	**10.** 16
11. $9-6\sqrt{3}+\pi$	**12.** 2바퀴	**13.** $3:8$	**14.** 13	**15.** 14

서술형 문제

1~4. 풀이참조

단답형 정답 및 해설

1

$f(A)=t$ 라고 하면 $f(A)\cdot f(B)=t(21-t)=-t^2+21t=-\left(t-\dfrac{21}{2}\right)^2+\dfrac{441}{4}$

t 는 자연수이므로 t 에 관한 이차함수 $f(A)\cdot f(B)$ 의 최댓값은 $t=10$ or $t=11$ 에서 갖는다.

1) $f(A)=t=10$인 경우의 수

두 원소를 갖는 경우 $10=7+3=6+4$ 2가지

세 원소를 갖는 경우 $10=7+2+1=6+3+1=5+4+1=5+3+2$ 4 가지

네 원소를 갖는 경우 $10=4+3+2+1$ 1가지

따라서 총 7개다.

2) $f(A)=t=11$인 경우의 수

이 경우는 $f(B)=10$인 경우의 수와 같으므로 1)의 경우의 수와 같이 7 개다.

따라서 모든 경우의 수는 14 다.

2

두 점 A, B의 좌표를 구하기 위해 방정식 $\dfrac{k}{x}=ax$을 푼다. 양 변에 x를 곱하면 $x^2=\dfrac{k}{a}$이므로 이 방정식

의 해는 $x=\pm\dfrac{\sqrt{k}}{\sqrt{a}}$이다. 따라서 두 점의 좌표는 각각 $A\left(\dfrac{\sqrt{k}}{\sqrt{a}}, \sqrt{ak}\right)$, $B\left(-\dfrac{\sqrt{k}}{\sqrt{a}}, -\sqrt{ak}\right)$이므로

$\overline{AC}=2\sqrt{ak}$, $\overline{BC}=\dfrac{2\sqrt{k}}{\sqrt{a}}$이다. 따라서 삼각형 ABC의 넓이는 $2\times 2\sqrt{ak}\times\dfrac{2\sqrt{k}}{\sqrt{a}}=2k$이다. 따라

서 $S_1=2k$이고 같은 방법으로 $S_2=2k$임을 알 수 있다. 따라서 $\dfrac{S_1}{S_2}=1$이다.

3

수선들은 모두 평행하므로 사각형 PACR 과 사각형 SDBQ 는 모두 사다리꼴이다. 따라서 삼각형의 중점
연결 정리를 이용하면 M에서 내린 수선과 N에서 내린 수선이 모두 평행사변형 ABCD의 대각선의 교점
을 지남을 알 수 있다. 따라서 $H_1=H_2=H$이다.

이제 $\overline{MH}=\dfrac{\overline{DS}+\overline{BQ}}{2}=14$, $\overline{NH}=\dfrac{\overline{AP}+\overline{CR}}{2}=7$이므로 $\dfrac{\overline{MH}}{\overline{NH}}=\dfrac{14}{7}=2$이다.

4 정육면체의 각 면의 중심을 연결하면 그림과 같은 정팔면체가 나온다. 이제 이 정팔면체의 모서리를 따라 각 점을 한 번씩만 지나 다시 A로 돌아오는 회로의 개수를 구하면 된다.

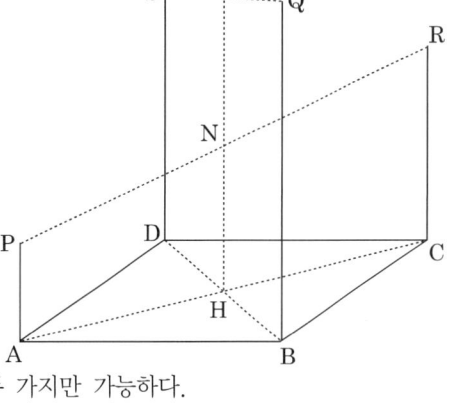

A−C인 경우

A−C−E일 때 :

A−C−E−B−D−F−A, A−C−E−B−F−D−A,

A−C−E−D−B−F−A 세 가지만 가능하다.

A−C−B 일 때 : A−C−B−D인 경우는 회로를 만들 수 없다. 따라서

A−C−B−E−D−F−A, A−C−B−F−D−E−A 두 가지만 가능하다.

A−C−F일 때 : A−C−E인 경우와 똑같이 세 개이다.

따라서 A−C로 시작하는 경우 모두 8가지 회로가 있다.

A−E, A−F, A−D 모두 같은 개수의 회로가 존재하므로 모두 $4 \times 8 = 32$개가 있다.

별해) BCDEF를 나열하는 방법 중 B가 맨 앞에 오거나 맨 뒤에 오는 경우를 제외하고, CD가 인접하는 경우, EF가 인접하는 경우를 제외하는 방법으로 구할 수도 있다.

포함배제의 원리를 써서 구하면

B가 맨 앞에 오거나 맨 뒤에 오는 경우들의 집합을 X,

CD가 인접하는 경우들의 집합을 Y,

EF가 인접하는 경우들의 집합을 Z

라고 하면 전체의 경우의 수 $5 \cdot 4 \cdot 3 \cdot 2 \cdot 1$에서

$X \cup Y \cup Z$의 개수를 빼면 된다.

$|X \cup Y \cup Z| = |X| + |Y| + |Z| - |X \cap Y| - |Y \cap Z| - |Z \cap X| + |X \cap Y \cap Z|$

이므로

$5! - 6 \times 4! + (4 \times 3! + 4 \times 3! + 3! \times 2! \times 2!) - 2 \times 2 \times 2 \times 2 = 32$임을 알 수 있다.

5 가장 끝 경계에 있을 때의 값을 구하는 방법(극값의 원리)을 사용한다.

우선 G가 좌우로 움직일 수 있는 범위를 생각해보자. $\overline{PQ}$의 중점을 M이라고 하면 G는 $\overline{MR}$을 $1:2$로 나누는 점이므로 $\overline{BC}$를 $1:2$로 나누는 점을 E라고 하면 E에서 $\overline{BC}$에 수직이 되게 그린 직선보다 왼쪽으로 갈 수 없다. 마찬가지로 $\overline{BC}$를 $2:1$로 나누는 점을 F라고 할 때 G는 F에서 $\overline{BC}$에 수직이 되게 그린 직선보다 오른쪽으로 갈 수 없다. 따라서 G가 좌우로 움직일 수 있는 범위는 그림과 같다.

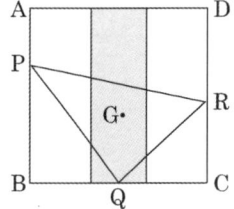

G가 위 아래로 움직일 수 있는 범위를 생각해보자. $\overline{PR}$의 중점을 N이라고 하면 G는 $\overline{QN}$을 $2:1$로 나누는 점이다. 따라서 $\overline{BA}$를 $2:1$로 나누는 점을 H라고 할 때, H에서 $\overline{BA}$에 수직이 되게 그린 직선보다 위로 갈 수는 없다. 그러나 P와 R은 얼마든지 각각 B와 C에 가깝게 갈 수 있으므로 N도 선분 $\overline{BC}$에 얼마든지 가깝게 갈 수 있다. 따라서 아래로 움직이는 것에는 제한이 없다. 따라서 G가 위 아래로 움직일 수 있는 범위는 그림과 같다.

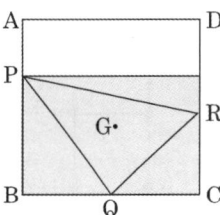

좌우로 움직이는 것과 위아래로 움직이는 것은 서로 영향을 주지 않으므로 두 영역이 겹치는 부분을 그려보면 그림과 같다.

따라서 넓이는 $2 \times 4 = 8$이다.

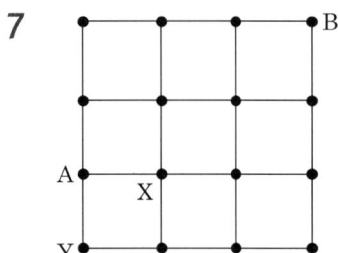

(별해) 고등학교 1학년 과정에서 배우는 좌표평면의 성질을 공부한 학생이라면 다음
과 같은 풀이도 가능하다.

B$(0, 0)$, A$(0, 6)$, C$(6, 0)$, D$(6, 6)$으로 정하고,

P$(0, p)$, Q$(q, 0)$, R$(6, r)$이라고 하면 G$(\frac{q+6}{3}, \frac{p+r}{3})$이다.

$0 \le p, q, r \le 6$이므로 $2 \le \frac{q+6}{3} \le 4$, $0 \le \frac{p+r}{3} \le 4$가 성립한다.

따라서 G$(\frac{q+6}{3}, \frac{p+r}{3})$가 움직일 수 있는 범위는 가로 2, 세로 4의 직사각형과 그 내부이다.

6 처음 수를 $abcd$라고 하자. 그러면 새로운 수는 $bcda$이다. 이 두 수를 더하면

$abcd + bcda = 1000a + 100b + 10c + d + 1000b + 100c + 10d + a = 1001a + 1100b + 110c + 11d$

이므로 $abcd + bcda = 11(91a + 100b + 10c + d)$, 즉 11의 배수가 되어야 한다. 따라서 다섯 개의 수 중 11의 배수가 아닌 것을 찾으면 된다.

7

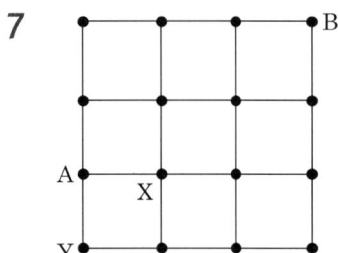

점 A를 출발하여 점 X를 지난 후에는 점 Y를 지날 수가 없으므로, 점 Y를 지난 다음에 점 X를 지나가야
한다. 따라서 점 A에서 Y를 먼저 통과해야 한다. 이런 경우는 다음 4가지 경우뿐이다.

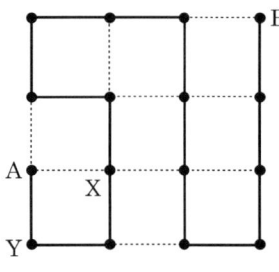
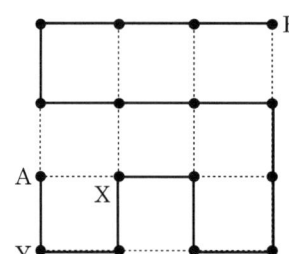

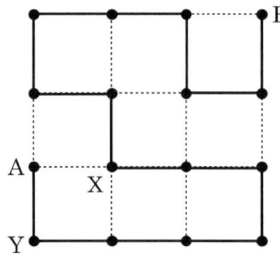
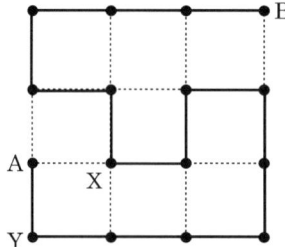

8 $d(n^2)$은 주기 7로 1, 4, 2, 2, 4, 1, 0을 반복하므로 $a_1 = |1-1| = 0$, $a_2 = |4-2| = 2$, $a_3 = |2-3| = 1$, $a_4 = |2-4| = 2$, $a_5 = |4-5| = 1$, $a_6 = |1-6| = 5$, $a_7 = |0-0| = 0$

a_1부터 a_7은 0, 2, 1, 2, 1, 5, 0이고 역시 a_n도 주기 7로 반복된다.

$a_1 + a_2 + \cdots + a_7 = 11$

$a_8 + a_9 + \cdots + a_{14} = 11$

...

$a_1 + a_2 + \cdots + a_{100} = (a_1 + a_2 + \cdots + a_{98}) + a_{99} + a_{100} = 14 \times 11 + 0 + 2 = 156$

9 조건 (2)에 $x = 0$을 대입하면 $f(0) = 0$이므로 조건 (3)에 $x = 0$을 대입하면 $f(1) = 1$ 이다.

이제 조건 (2)에 $x = 1$을 대입하면 $f\left(\dfrac{1}{5}\right) = \dfrac{1}{2}$ 이고, 조건 (3)에 $x = \dfrac{1}{5}$ 을 대입하면 $f\left(\dfrac{4}{5}\right) = \dfrac{1}{2}$ 이다.

한편 $\dfrac{1}{5} < \dfrac{1}{4} < \dfrac{1}{3} < \dfrac{1}{2} < \dfrac{4}{5}$ 이므로 조건 (1)에 의하여 $f\left(\dfrac{1}{5}\right) \leq f\left(\dfrac{1}{4}\right) \leq f\left(\dfrac{1}{3}\right) \leq f\left(\dfrac{1}{2}\right) \leq f\left(\dfrac{4}{5}\right)$ 이다.

그런데 $f\left(\dfrac{1}{5}\right) = f\left(\dfrac{4}{5}\right) = \dfrac{1}{2}$ 이므로, $f\left(\dfrac{1}{5}\right) = f\left(\dfrac{1}{4}\right) = f\left(\dfrac{1}{3}\right) = f\left(\dfrac{1}{2}\right) = \dfrac{1}{2}$ 이다.

따라서 구하는 값은 다음과 같다.

$f\left(\dfrac{1}{5}\right) + f\left(\dfrac{1}{4}\right) + f\left(\dfrac{1}{3}\right) + f\left(\dfrac{1}{2}\right) + f(1) = 4 \times \dfrac{1}{2} + 1 = 3$

10 도수분포표

계급값	도수	상대도수
x_1	f_1	0.125
x_2	f_2	0.5
x_3	f_3	0.25
x_4	f_4	0.0625
x_5	f_5	0.0625
계	N	1

실험 횟수의 총합을 N으로 하는 도수분포표를 위와 같이 만들 때

$\dfrac{f_1}{N} = 0.125$, $\dfrac{f_2}{N} = 0.5$, $\dfrac{f_3}{N} = 0.25$, $\dfrac{f_4}{N} = 0.0625$, $\dfrac{f_5}{N} = 0.0625$임을 알 수 있다.

$\dfrac{f_1}{N} = 0.125 = \dfrac{1}{8}$ 에서 $N = 8f_1$이고, $\dfrac{f_2}{N} = 0.5 = \dfrac{1}{2}$ 에서 $N = 2f_2$이고, $\dfrac{f_3}{N} = 0.25 = \dfrac{1}{4}$ 에서 $N = 4f_3$이고

$\dfrac{f_4}{N} = 0.0625 = \dfrac{1}{16}$ 에서 $N = 16f_4$이고 $\dfrac{f_5}{N} = 0.0625 = \dfrac{1}{16}$ 에서 $N = 16f_5$이다.

따라서 N은 2, 4, 8, 16의 배수이다.

∴ N의 최솟값은 16이다.

11 $\angle ABF = 15°$이므로 $\angle FBG = 60°$이다.

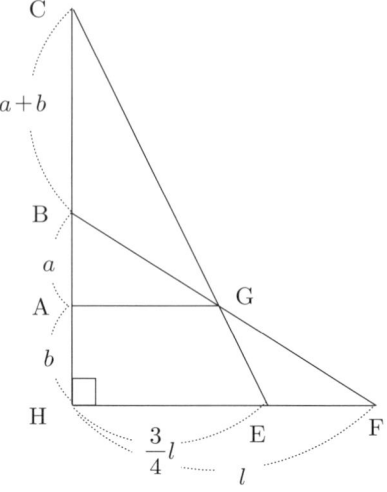

전체 정사각형의 넓이에서 두 사분원의 넓이의 합을 빼면 Q 부분을 두 번 빼게 되고 P, R 부분이 남게 되므로 결과는 P−Q+R이다.

따라서 $P - Q + R = 9 - 2 \times \dfrac{1}{4} \times \pi \times 6 = 9 - 3\pi$이다.

이제 Q부분의 넓이를 구해보자.

$\angle FBG$를 중심각으로 하는 반지름의 길이가 $\sqrt{6}$인 부채꼴의 넓이를 두 번 더하고 마름모 FBGD의 넓이를 빼면 Q부분의 넓이가 남는다. 또한 마름모 FBGD의 넓이는 한 변의 길이가 $\sqrt{6}$인 정삼각형 두 개의 넓이를 합한 것과 같다.

따라서

$$Q = \frac{1}{6} \times \pi \times 6 + \frac{1}{6} \times \pi \times 6 - 2 \times \frac{\sqrt{3}}{4} \times 6 = 2\pi - 3\sqrt{3}$$

이다.

$P - Q + R = 9 - 3\pi$의 양 변에 2Q를 더하면

$P + Q + R = 9 - 6\sqrt{3} + \pi$이다.

12

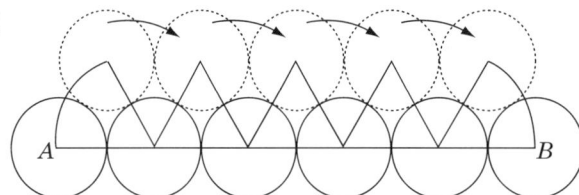

원이 움직인 거리는 원의 중심이 이동한 거리와 같다. 따라서 원의 반지름을 r이라 할 때, 원의 중심이 이동한 거리는 위의 그림에서 반지름 $2r$, 중심각 $60°$인 부채꼴 6개의 호의 길이를 합친 것과 같다. 이는 곧 반지름 $2r$인 원의 둘레의 길이와 같으므로 $4\pi r$이다.

따라서 원이 굴러간 바퀴 수는 $\dfrac{4\pi r}{2\pi r} = 2$(바퀴)이다.

13 오른쪽 그림에서 $\overline{AB} = a$, $\overline{AH} = b$, $\overline{HF} = l$이라 하면,

$\overline{BC} = a + b$, $\overline{HE} = \dfrac{3}{4}l$

$\overline{AG} /\!/ \overline{HE}$이므로 $\overline{AC} : \overline{HC} = \overline{AG} : \overline{HE}$로부터

$(2a+b) : 2(a+b) = 84 : \dfrac{3}{4}l$ …… ①

$\overline{AG} /\!/ \overline{HF}$이므로 $\overline{AB} : \overline{BH} = \overline{AG} : \overline{HF}$로부터

$a : (a+b) = 84 : l$ …… ②

②에서 $84 : \dfrac{3}{4}l = a : \dfrac{3}{4}(a+b)$ 이것을 ①에 대입하면

$(2a+b) : 2(a+b) = a : \dfrac{3}{4}(a+b) \Rightarrow (2a+b) : a = 2(a+b) : \dfrac{3}{4}(a+b) = 8 : 3$

$\therefore \overline{AB} : \overline{AC} = 3 : 8$

14 주사위를 3번 던져서 현재의 위치보다 $1-2=-1$ 만큼 변화되어야 하므로
$+1$이 1번, -1이 2번 나와야 한다. 이러한 경우는 $+\,-\,-,\ -\,+\,-,\ -\,-\,+$ 의 3가지가 있다.
한편, $+$ 가 될 확률은 $\frac{1}{3}$ 이고, $-$ 가 될 확률은 $\frac{2}{3}$ 이므로 각 경우의 확률은 $\frac{1}{3}\times\frac{2}{3}\times\frac{2}{3}=\frac{4}{27}$ 이고,
구하는 확률은 $\frac{4}{27}\times3=\frac{4}{9}$ 이다. 따라서 구하는 답은 $9+3=13$ 이다.

15 □의 앞과 뒤에 있는 두 수 사이에 다음이 성립함을 알 수 있다.
$3\times2-1=5,\ 3\times3-1=8,\ 3\times6-1=17,\ 3\times15-1=44$
그러므로 □ 다음에 오는 수는 □ 바로 앞의 수가 x 일 때 $3\times x-1$ 임을 알 수 있다.
또, ■의 앞과 뒤에 있는 두 수 사이에 다음이 성립함을 알 수 있다.
$5-2=3,\ 8-2=6,\ 17-2=15$
그러므로 ■ 다음에 오는 수는 ■ 바로 앞의 수가 y 일 때 $y-2$ 임을 알 수 있다.
따라서 다음과 같이 생각할 수 있다.
3번째 : $3=3\times2-1-2=(2-1)\times3$, 5번째 : $6=3\times3-1-2=(3-1)\times3$,
7번째 : $15=3\times6-1-2=(6-1)\times3$ 이로부터 다음과 같이 일반화할 수 있다.
9번째 : $(15-1)\times3=42$, 11번째 : $(42-1)\times3=123$, 13번째 : $(123-1)\times3=366$,
15번째 : $(366-1)\times3=1095$ 그런데 14번째에 오는 수는 $1095+2=1097$ 이므로
구하는 답은 14이다.

서술형 풀이 1

1 만약 $ax^2+bx+c=0$가 유리수를 근으로 가진다고 가정하고, 그 근을 $x=\dfrac{q}{p}$ ($p,\ q$: 서로소인 정수)라 하자.
즉, $a(\dfrac{q}{p})^2+b(\dfrac{q}{p})+c=0$
$\therefore aq^2+bpq+cp^2=0,\ aq^2+cp^2=-bpq$ (단, $|a|,\ |b|,\ |c|$: 홀수)
즉, $|aq^2+cp^2|=|bpq|$ $\cdots$ * 여기서, $p,\ q$는 서로소인 정수이므로,
ⅰ) p : 홀수, q : 홀수이면, (*)의 좌변=짝수, 우변=홀수, 모순.
ⅱ) p : 홀수, q : 짝수이면, (*)의 좌변=홀수, 우변=짝수, 모순.
ⅲ) p : 짝수, q : 홀수이면, (*)의 좌변=홀수, 우변=짝수, 모순.
때문에 $x=\dfrac{q}{p}$는 근이 될 수 없다.
예를 들면 $x^2-3x+1=0$ 의 해는 $x=3\pm\sqrt{5}$ 가 된다.

2 $x^2+ax+b=0$의 두 근 $\alpha,\ \beta$ 가 정수라면, 근과 계수와의 관계에서, $\alpha+\beta=-a,\ \alpha\beta=b$ (단, $a,\ b$: 홀수)
ⅰ) α : 짝수, β : 짝수이면, $a,\ b$ 모두 짝수, 모순.
ⅱ) α : 짝수, β : 홀수 또는 α : 홀수, β : 짝수이면, a 는 홀수, b 는 짝수, 모순.
ⅲ) α : 홀수, β : 홀수이면, a 는 짝수, b 는 홀수이므로 모순.
따라서 방정식은 정수해를 가질 수 없다.

서술형 풀이 2

1 불량품의 무게가 가볍다고 가정하자. 우선 2개의 공을 임의로 선택해 양팔저울에 올린다. 이때 만일 한쪽으로 기울면 가벼운 쪽이 불량이고 양팔저울이 균형을 이룬다면 저울에 올린 두 공은 정상이다.
즉, 남은 1개의 공이 불량품이다. 불량품의 무게가 무거운 경우에도 같은 상황이 발생한다. 따라서 불량품의 무게가 가벼운지 무거운지를 모른다면 양팔저울을 단 한 번 사용해서는 어떤 것이 불량품인지 알아낼 수 없다.

2 일단 8개의 공을 세 그룹(A그룹 3개, B그룹 3개, C그룹 2개)으로 나눈 뒤 공의 개수가 3개씩인 두 그룹(A그룹, B그룹)을 양팔저울에 올려 보자. 이때 가능한 상황은 저울이 수평이거나 기울어진 경우 중 하나일 것이다. 만일 수평 상황이라면 수평을 이룬 6개의 공은 정상이라는 것을 알 수 있으며 C그룹에 무게가 가벼운 불량품이 있음을 알 수 있다. 따라서 C그룹에 있는 2개의 공을 각각 1개씩 양팔저울에 올려서 가벼운 불량품을 골라내면 된다. 만약 기운 경우라면 두 그룹 중 가벼운 쪽에 불량품인 공이 있다는 것을 알 수 있다. 즉 가벼운 그룹의 세 공 중에 불량품인 공이 있고 불량품이 가볍다는 것을 알고 있기 때문에 문제 1)의 원리에 따라 저울을 한 번 더 사용하면 불량품을 찾을 수 있다(최종적으로 저울을 두 번 사용했다).

3 이 문제의 경우는 양팔 저울이 수평을 이루지 않으면 불량품이 어느 쪽에 속하는지를 알 수 없다(불량품이 무거운지 가벼운지 모르기 때문이다). 일단 문제 2)처럼 9개의 공을 3개씩의 세 그룹(A그룹, B그룹, C그룹)으로 구분하고 두 그룹(A그룹, B그룹)을 양팔 저울에 올리면 수평이 되거나 한 쪽으로 기우는 두 상황 중 하나일 것이다. 먼저 양팔저울이 수평을 이루는 경우를 생각해 보자. 그런 경우 수평을 만든 6개의 공은 정상이라는 정보를 얻을 수 있다. 따라서 C그룹에 불량품이 있음을 알 수 있다. 양팔저울의 양쪽에 A그룹과 C그룹을 다시 달아보면 수평을 이루지 않을 것이다. 왜냐하면 정상품만 있는 A그룹과 불량품이 들어있는 C그룹의 무게가 다를 것이기 때문이다. 결론적으로 저울을 두 번 사용해서 다음 두 가지 정보를 얻을 수 있다. C그룹에 불량품이 존재한다는 것과 그것이 무거운지 가벼운지에 대한 정보다. 이제 문제 1)과 같은 상황이 되므로 저울을 한 번 더 사용하면 C그룹의 세 공 중에서 불량품을 찾아낼 수 있다. 다음으로 A그룹과 B그룹을 올린 양팔저울이 기우는 경우를 살펴보자. 일단 C그룹에 속하는 공들은 정상이다. 만약 A그룹 쪽이 무거웠다면 A그룹과 C그룹을 저울에 달고 두 가지 가능한 상황을 따져보자(이때까지 저울을 2번 사용했다). A그룹과 C그룹이 수평을 이뤘다면 불량품은 가벼운 것이 되며 B그룹의 세 공 중에 있다. 이제 다시 문제 1)과 같은 방식으로 불량품을 찾을 수 있다. A그룹과 C그룹의 무게가 다르면 이때 A그룹에 불량품이 있고 그것이 무겁다는 것을 알 수 있다. 이제 문제 1)의 방법으로 불량품을 찾아낼 수 있다.

서술형 풀이 3

1 $a = x^3$, $b = y^3$, $c = z^3$ 이라고 하면

$$x^3 + y^3 + z^3 - 3xyz = (x+y+z)(x^2+y^2+z^2-xy-yz-zx)$$
$$= \frac{1}{2}(x+y+z)\{(x-y)^2+(y-z)^2+(z-x)^2\}$$

이고 x, y, $z > 0$이므로 $x^3+y^3+z^3-3xyz \geq 0$. $x^3+y^3+z^3 \geq 3xyz$.

따라서 $a+b+c \geq 3\sqrt[3]{abc}$

2 $f(a,b,c) = \dfrac{a}{b+c} + \dfrac{b}{c+a} + \dfrac{c}{a+b}$ 라 할 때, $f(a,b,c) = \dfrac{a+b+c}{b+c} + \dfrac{a+b+c}{c+a} + \dfrac{a+b+c}{a+b} - 3$

$$f(a,b,c) = (a+b+c)\left(\frac{1}{a+b} + \frac{1}{b+c} + \frac{1}{c+a}\right) - 3 \cdots ①$$

$$a+b+c = \frac{1}{2}\{(a+b)+(b+c)+(c+a)\} \geq \frac{1}{2} \times 3\sqrt[3]{(a+b)(b+c)(c+a)} \cdots ②$$

$$\frac{1}{a+b} + \frac{1}{b+c} + \frac{1}{c+a} \geq 3 \times \sqrt[3]{\frac{1}{(a+b)(b+c)(c+a)}} \cdots ③$$

②, ③에 의해 $f(a,b,c) \geq \dfrac{1}{2} \times 3\sqrt[3]{(a+b)(b+c)(c+a)} \times 3 \times \sqrt[3]{\dfrac{1}{(a+b)(b+c)(c+a)}} - 3 = \dfrac{3}{2}$

3 우선, $s = \dfrac{a+b+c}{2}$ 라고 할 때, $a+b > s$, $b+c > s$, $c+a > s$ 이다.

($\because a+b > c \Rightarrow a+b+a+b > c+a+b \Rightarrow 2(a+b) > a+b+c \Rightarrow a+b > s$,

다른 것도 이와 같은 방법으로 증명할 수 있다.)

따라서 $\dfrac{a}{b+c} + \dfrac{b}{c+a} + \dfrac{c}{a+b} < \dfrac{a}{s} + \dfrac{b}{s} + \dfrac{c}{s} = \dfrac{a+b+c}{s} = \dfrac{2(a+b+c)}{a+b+c} = 2$

$\therefore \dfrac{3}{2} \leq \dfrac{a}{b+c} + \dfrac{b}{c+a} + \dfrac{c}{a+b} < 2$

서술형 풀이 4

1 등식의 우변을 전개하면

$$(1-p)(1+p+p^2+\cdots+p^{n-1}) = (1+p+p^2+\cdots+p^{n-1}) - p(1+p+p^2+\cdots+p^{n-1})$$

$$= (1+p+p^2+\cdots+p^{n-1}) - (p+p^2+\cdots+p^n)$$

$$= 1+p+p^2+\cdots+p^{n-1}-p-p^2-\cdots-p^{n-1}-p^n = 1-p^n$$

2 아벨 합 공식을 이용하면

$$1+2\times3+3\times3^2+\cdots+n\times3^{n-1} = (1-2)+(2-3)(1+3)+(3-4)(1+3+3^2)$$

$$+\cdots+\{(n-1)-n\}(1+3+\cdots+3^{n-2})+n(1+3+\cdots+3^{n-1})$$

$$= -\left(\frac{3-1}{3-1}+\frac{3^2-1}{3-1}+\cdots+\frac{3^{n-1}-1}{3-1}\right)+n\frac{3^n-1}{3-1}$$

$$= -\frac{1}{2}(1+3+3^2+\cdots+3^{n-1}-n)+n\frac{3^n-1}{3-1}$$

$$= -\frac{1}{2}\left(\frac{3^n-1}{2}-n\right)+n\frac{3^n-1}{3-1} = \frac{n\times3^n}{2}-\frac{3^n-1}{4} = \frac{(2n-1)3^n+1}{4}$$

3 아벨 합 공식을 이용하면

$$1+4\times3+9\times3^2+\cdots+n^2\times3^{n-1} = (1-4)+(4-9)(1+3)+(9-16)(1+3+3^2)+\cdots$$

$$+\{(n-1)^2-n^2\}(1+3+3^2+\cdots+3^{n-2})+n^2(1+3+\cdots+3^{n-1})$$

$$= -\left(3\frac{3-1}{3-1}+5\frac{3^2-1}{3-1}+7\frac{3^3-1}{3-1}+\cdots+(2n-1)\frac{3^{n-1}-1}{3-1}\right)+n^2\frac{3^n-1}{3-1}$$

$$= \left(\frac{3-1}{3-1}+\frac{3^2-1}{3-1}+\cdots+\frac{3^{n-1}-1}{3-1}\right)-2\left(2\frac{3-1}{3-1}+3\frac{3^2-1}{3-1}+\cdots+n\frac{3^{n-1}-1}{3-1}\right)+n^2\frac{3^n-1}{3-1}$$

$$= \frac{1}{2}(1+3+3^2+\cdots+3^{n-1}-n)-\frac{2}{2}\left(1+2\times3+\cdots+n\times3^{n-1}-\frac{n(n+1)}{2}\right)+n^2\frac{3^n-1}{3-1}$$

$$= \frac{n^2\times3^n}{2}-\frac{(2n-1)3^n+1}{4}+\frac{2\times3^n-2}{8}$$

$$= \frac{3^n(4n^2-4n+4)-4}{8} = \frac{3^n(n^2-n+1)-1}{2}$$

출제예상문제 14회 정답　　　　　　　　P.156

단답형 문항

01. 0	02. 3	03. 12	04. $7\sqrt{3}$	05. $\dfrac{2+\sqrt{5}}{2}$
06. 6	07. 4	08. 90	09. $\dfrac{9}{4}$	10. $\dfrac{2}{15}$
11. 100	12. 102	13. 24	14. 10분	15. $\dfrac{1}{4}$

서술형 문제
1~4. 풀이참조

단답형 정답 및 해설

1 주어진 부등식의 양 변에 4를 곱하여 정리한다.
$x+y+z-4\sqrt{x-8}-4\sqrt{y-4}-4\sqrt{z} \le 0$
다시 식을 변형한다.
$(x-8)-4\sqrt{x-8}+4+(y-4)-4\sqrt{y-4}+4+z-4\sqrt{z}+4 \le 0$
다시 식을 변형한다.
$(\sqrt{x-8}-2)^2+(\sqrt{y-4}-2)^2+(\sqrt{z}-2)^2 \le 0$
실수 중에서 위의 부등식을 만족시키는 값은 $\sqrt{x-8}-2=0$, $\sqrt{y-4}-2=0$, $\sqrt{z}-2=0$ 뿐이므로
$x=12$, $y=8$, $z=4$이다.
따라서 $x-y-z=12-8-4=0$이다.

2 세 방정식의 공통근을 α라고 하면 $a\alpha^2+b\alpha+c=0$, $b\alpha^2+c\alpha+a=0$, $c\alpha^2+a\alpha+b=0$이 성립한다.
세 식을 모두 더하면 $(a+b+c)\alpha^2+(a+b+c)\alpha+(a+b+c)=0$,
따라서 $(a+b+c)(\alpha^2+\alpha+1)=0$인데 α가 실수이므로 $a+b+c=0$이 성립한다.
이제 $a=-b-c$를 대입하면
$\dfrac{a^3+b^3+c^3}{abc}=\dfrac{-b^3-3b^2c-3bc^2-c^3+b^3+c^3}{-bc(b+c)}=\dfrac{-3bc(b+c)}{-bc(b+c)}=3$이다.

3 소 한 마리가 하루에 먹는 풀의 양을 a, 매일 자라는 풀의 양을 b라고 하자.
처음에 목장에 있던 풀의 양을 S라고 하면 다음 식이 성립한다.
$30a \times 6 = S+6b$ (등식의 좌변은 30마리의 소가 6일 동안 먹은 풀의 양, 우변은 6일 뒤의 모든 풀의 양)
$24a \times 9 = S+9b$
따라서 $180a-6b = S = 216a-9b$이므로 $180a-6b = 216a-9b$이다.
따라서 $b=12a$, $S=108a$이다.
이제 m마리의 소들이 모든 풀을 다 먹게 되는 기간을 n일이라고 가정하자.
그러면 다음 식이 성립하게 된다.
$(ma) \times n = S+nb$, $mna=108a+12na$, $mn=108+12n$, $(m-12)n=108$이다.
따라서 만일 $m > 12$이면 $n=\dfrac{108}{m-12}$를 항상 구할 수 있다.

그러므로 $m \le 12$일 때는 조건을 만족시키는 양수 n이 존재하지 않으므로 모든 풀을 다 먹어치울 수 없게 된다. 따라서 12마리의 소를 방목하면 모든 풀을 영원히 다 먹을 수 없게 된다.

4 $\overline{BP}$를 한 변으로 하는 정삼각형 DBP과 $\overline{PC}$를 한 변으로 하는 정삼각형 EPC를 그림과 같이 만든다.

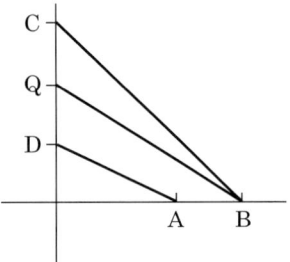

$\overline{DB} = \overline{PB}$ (정삼각형 DBP), $\overline{AB} = \overline{CB}$ (정삼각형 ABC),

$\angle DBA = \angle DBP - \angle ABP = 60° - \angle ABP$

$= \angle ABC - \angle ABP = \angle PBC$

따라서 $\triangle DBA \equiv \triangle PBC$ (SAS 합동), $\overline{AD} = \overline{CP} = \overline{EP}$ ……①

$\overline{EC} = \overline{PC}$ (정삼각형 EPC), $\overline{AC} = \overline{BC}$ (정삼각형 ABC),

$\angle PCB = \angle ACB - \angle ACP = 60° - \angle ACP = \angle ECP - \angle ABP = \angle ECA$

따라서 $\triangle EAC \equiv \triangle PBC$ (SAS 합동), $\overline{AE} = \overline{BP} = \overline{DP}$ ……②

①, ②에 의해 사각형 ADPE는 평행사변형이다.

한편 삼각형 APD에서 $\overline{AP} = 2$, $\overline{PD} = \overline{PB} = 2\sqrt{3}$, $\overline{AD} = \overline{PE} = \overline{PC} = 4$이므로 $\overline{AP}^2 + \overline{PD}^2 = \overline{AD}^2$,

삼각형 APD는 $\angle APD = 90°$, $\angle ADP = 30°$인 직각삼각형이다.

따라서 $\angle ADB = 90°$이므로 $\overline{AB}^2 = \overline{AD}^2 + \overline{DB}^2 = 16 + 12 = 28$이다.

따라서 삼각형 ABC의 넓이는 $\dfrac{\sqrt{3}}{4}\overline{AB}^2 = \dfrac{\sqrt{3}}{4} \times 28 = 7\sqrt{3}$ 이다.

5 A$(a, 0)$, D$(0, b)$로 놓으면 B$(a+1, 0)$, C$(0, b+2)$가 되어 사각형 ABCD의 넓이 S는

$S = \dfrac{1}{2}\{(a+1)(b+2) - ab\} = \dfrac{1}{2}(2a+b+2) \cdots ①$

$\overline{AD} = 1$이므로 $a^2 + b^2 = 1 \cdots ②$

①, ②에서 b를 소거하여 정리하면,

$5a^2 + 8(1-S)a + 4(1-S)^2 - 1 = 0$

a는 실수이므로 $\dfrac{D}{4} = 16(1-S)^2 - 5\{4(1-S)^2 - 1\} \geq 0$

$4(S-1)^2 \leq 5$, $\dfrac{2-\sqrt{5}}{2} \leq S \leq \dfrac{2+\sqrt{5}}{2}$

따라서 최댓값은 $\dfrac{2+\sqrt{5}}{2}$

6 $P(A) = \dfrac{1}{2}$, $P(B) = \dfrac{n}{6}$, $P(A) \times P(B) = P(A \cap B)$

$P(A \cap B) = \dfrac{n}{12}$이므로 $n = 2, n = 4$일 때 성립한다. 따라서 $2 + 4 = 6$

7 등식의 양 변에 $(1-x)$를 곱한다.

$(1-x)(1+x+x^2+x^3+x^4+\cdots+x^{15}) = (1-x)(a+x)(b+x^2)(c+x^4)(d+x^8)$

이때 등식의 좌변은

$1 - x^{16} = (1-x^8)(1+x^8)$

$\qquad\quad = (1-x^4)(1+x^4)(1+x^8)$

$\qquad\quad = (1-x^2)(1+x^2)(1+x^4)(1+x^8)$

$\qquad\quad = (1-x)(1+x)(1+x^2)(1+x^4)(1+x^8)$

따라서

$(1-x)(1+x)(1+x^2)(1+x^4)(1+x^8) = (1-x)(a+x)(b+x^2)(c+x^4)(d+x^8)$

으로부터 (준식)$ = (1+x)(1+x^2)(1+x^4)(1+x^8)$을 얻을 수 있다.

따라서 $a = b = c = d = 1$이다.

8 $N = a_{30} + 10a_{29} + \cdots + 10^{29}a_1$ 이므로

$A = 2a_1a_2 \cdots a_{30}1$

$\quad = 1 + 10a_{30} + 10^2 a_{29} + \cdots + 10^{30}a_1 + 2 \times 10^{31}$

$\quad = 1 + 2 \times 10^{31} + 10N$

$B = 1a_1a_2 \cdots a_{30}2$

$\quad = 2 + 10a_{30} + 10^2 a_{29} + \cdots + 10^{30}a_1 + 1 \times 10^{31}$

$\quad = 2 + 10^{31} + 10N$

$A : B = 7 : 4$ 이므로 $4A = 7B$

$4(1 + 2 \times 10^{31} + 10N) = 7(2 + 10^{31} + 10N)$

$3N = 10^{30} - 1 = \underbrace{999 \cdots 9}_{30개}$

따라서 $N = \underbrace{333 \cdots 3}_{30개}$

9 $(준식) = \dfrac{a}{b+c} + \dfrac{b}{c+a} + \dfrac{c}{a+b} + \dfrac{1}{3}\left(\dfrac{1}{b+c} + \dfrac{1}{c+a} + \dfrac{1}{a+b}\right)$

$a+b+c = \dfrac{8}{3}$, $\dfrac{1}{a+b} + \dfrac{1}{b+c} + \dfrac{1}{c+a} = \dfrac{7}{4}$ 에서

$(a+b+c)\left(\dfrac{1}{a+b} + \dfrac{1}{b+c} + \dfrac{1}{c+a}\right) = \dfrac{8}{3} \times \dfrac{7}{4}$

$\dfrac{a+b+c}{a+b} + \dfrac{a+b+c}{b+c} + \dfrac{a+b+c}{c+a} = \dfrac{14}{3}$

$\left(1 + \dfrac{c}{a+b}\right) + \left(1 + \dfrac{a}{b+c}\right) + \left(1 + \dfrac{b}{c+a}\right) = \dfrac{14}{3}$

$3 + \left(\dfrac{c}{a+b} + \dfrac{a}{b+c} + \dfrac{b}{c+a}\right) = \dfrac{14}{3}$

$\dfrac{c}{a+b} + \dfrac{a}{b+c} + \dfrac{b}{c+a} = \dfrac{5}{3}$

따라서 $(준식) = \dfrac{5}{3} + \dfrac{1}{3} \times \dfrac{7}{4} = \dfrac{9}{4}$

10 l 위의 5개의 점에서 2개의 점을 선택하는 경우의 수 10가지, m 위의 6개의 점에서 2개의 점을 선택하는 경우 15가지이다. 따라서 사각형의 경우의 수는 150가지이다.

사각형의 윗변의 길이 a, 아랫변의 길이 b라 하면, 150가지 사각형 중에서 넓이가 12가 되는 경우는 $\dfrac{1}{2} \times (a+b) \times 4 = 12$에서 $a+b = 6$이다.

ⅰ) $a = 1$, $b = 5$인 경우 사각형 4가지

ⅱ) $a = 2$, $b = 4$인 경우 사각형 6가지

ⅲ) $a = 3$, $b = 3$인 경우 사각형 6가지

ⅳ) $a = 4$, $b = 2$인 경우 사각형 4가지

따라서 구하는 확률은 $\dfrac{4+6+6+4}{150} = \dfrac{2}{15}$ 이다.

11 한 바퀴 돌면서 표를 나누어줄 때, 표를 받는 사람의 번호는 $a_n = 6n-5$꼴이다.

$a_{34} = 199$이므로 34명이 표를 받는다.

두 바퀴 돌면서 표를 나누어줄 때, 표를 받는 사람의 번호는 $b_n = 6n-1$꼴이다.

$b_{33} = 197$이므로 33명이 표를 받는다.

또한, $197+6 = 203 = 200+3$에서 세 번째에서는 3, 9, 15, $\cdots$번의 사람이 표를 받게 되므로 이 번호에 의해 $c_n = 6n-3$인 사람들이 표를 받는다. $c_{33} = 195$이므로 33명이 표를 받는다.

그런데 $195+6 = 201 = 200+1$이므로 네 번째에서는 첫 바퀴에서 표를 받았던 사람이 다시 받게 된다. 그러므로 표를 받는 사람의 수는 $34+33+33 = 100$명이다.

따라서 표를 하나도 받지 못한 사람의 수는 100명이다.

12 한 변의 길이가 1인 총 125개의 정육면체를 이용하여 한 변의 길이가 5인 하나의 정육면체를 만든다.

(i) 큰 정육면체의 꼭짓점에 검은색 정육면체를 배치하면 3개의 검은 면이 생긴다.

따라서 8개의 검은색 정육면체가 필요하다.

(ii) 꼭짓점을 제외한 모서리에 검은색 정육면체를 배치하면 2개의 검은 면이 생긴다.

따라서 36개의 검은색 정육면체가 필요하다.

(iii) (i), (ii)을 제외한 나머지 면에 배치하면 1개의 검은 면이 생긴다. 따라서 6개의 검은색 정육면체가 필요하다.

검은색이 차지하는 최대의 겉넓이는 $8 \times 3 + 36 \times 2 + 6 = 102$이다.

13 $X \triangle Y = (X \cup Y) \cap (X^c \cup Y^c)$
$\qquad\qquad = (X \cup Y) \cap (X \cap Y)^c$
$\qquad\qquad = (X \cup Y) - (X \cap Y)$

따라서 $(X \triangle Y) \triangle Y = X \triangle (Y \triangle Y) = X \triangle \phi = X$

이때, $(X \cup Y)^c = \{2\}$, $X \cup Y^c = \{2, 4, 5, 7, 8\}$, $X \cap Y = \{5, 7\}$이므로 $X = \{4, 5, 7, 8\}$, $Y = \{1, 3, 5, 6, 7, 9, 10\}$

따라서 구하는 집합 X의 모든 원소의 합은 24이다.

14 갑이 오후 4시에 역에 도착한 다음, 집을 향해 걷다가 만난 시각을 생각해보면 20분 일찍 도착했으므로 운전기사는 평소보다 20분을 벌었고 4시 50분에 만났다는 것을 알 수 있다.

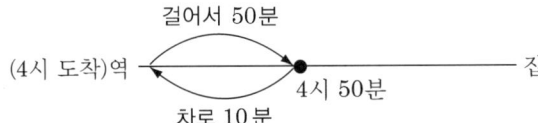

위 그림에서 보면, 갑은 걸어서 50분, 차로는 10분 걸린다는 것을 알 수 있다. 이때, 속력은 시간에 반비례하므로 차의 속력은 걷는 속력의 5배라는 것을 알 수 있다.

또한, 4시 30분에 도착했을 때, 걷다가 만난 지점까지 걸린 시간 t분이라 놓으면, 차로는 $\dfrac{t}{5}$만큼 걸린다.

갑은 4시 30분에 도착했고, 운전기사는 평소 5시에 도착하므로 30분 동안 차가 이동한 시간을 가지고 식을 세우면 $t + \dfrac{t}{5} = 30$, $t = 25$이고 갑은 10분 일찍 도착한다.

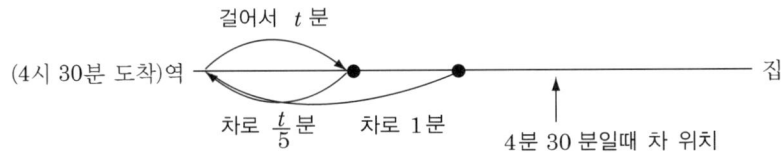

15 조건 (ii)에서 $x=0$을 대입하면 $f\left(\dfrac{0}{3}\right)=\dfrac{1}{2}f(0)$, $f(0)=\dfrac{1}{2}f(0)$이므로 $f(0)=0$

조건 (iii)에서 $x=0$을 대입하면 $f(1-0)=1-f(0)$ $\therefore f(1)=1$

조건 (ii)에서 $x=1$을 대입하면 $f\left(\dfrac{1}{3}\right)=\dfrac{1}{2}f(1)=\dfrac{1}{2}$

$f\left(\dfrac{2}{3}\right)=f\left(1-\dfrac{1}{3}\right)=1-f\left(\dfrac{1}{3}\right)=1-\dfrac{1}{2}=\dfrac{1}{2}$

또, $f\left(\dfrac{1}{9}\right)=f\left(\dfrac{\frac{1}{3}}{3}\right)=\dfrac{1}{2}f\left(\dfrac{1}{3}\right)=\dfrac{1}{2}\cdot\dfrac{1}{2}=\dfrac{1}{2^2}$

$f\left(\dfrac{2}{9}\right)=f\left(\dfrac{\frac{2}{3}}{3}\right)=\dfrac{1}{2}f\left(\dfrac{2}{3}\right)=\dfrac{1}{2}\cdot\dfrac{1}{2}=\dfrac{1}{2^2}$

$\dfrac{1}{9}<\dfrac{2}{13}<\dfrac{2}{9}$이므로, 조건 (i)에 의하여, $\dfrac{1}{4}=f\left(\dfrac{1}{9}\right)\leq f\left(\dfrac{2}{13}\right)\leq f\left(\dfrac{2}{9}\right)=\dfrac{1}{4}$

따라서 $f\left(\dfrac{2}{13}\right)=\dfrac{1}{4}$

서술형 풀이 1

1 $b(6)=3$, $b(13)=4$, $d(29)=5$

2 8개, $n=9,\ 10,\ \cdots,\ 16$

3 2^{m-1}

4 자연수 k에 대하여
$n=1$일 때는 $b(1)=1$
$n=2^k$일 때는 $b(n)=k$
$n\neq 2^k\,(n>1)$일 때는 n을 이진법으로 나타내었을 때의 자리의 수에 1을 더한 수가 $b(n)$이다.

서술형 풀이 2

1 직접 계산해서 확인할 수도 있다. 다음 등식을 사용한다.
$$1-\dfrac{1}{2}+\dfrac{1}{3}-\dfrac{1}{4}+\dfrac{1}{5}=\left(1+\dfrac{1}{2}+\dfrac{1}{3}+\dfrac{1}{4}+\dfrac{1}{5}\right)-2\left(\dfrac{1}{2}+\dfrac{1}{4}\right)$$
$$=\left(1+\dfrac{1}{2}+\dfrac{1}{3}+\dfrac{1}{4}+\dfrac{1}{5}\right)-\left(1+\dfrac{1}{2}\right)=\dfrac{1}{3}+\dfrac{1}{4}+\dfrac{1}{5}$$

2 **1**과 같은 방법으로 계산하면 $k=n+1$이다.

3 따라서 $S_7=\dfrac{1}{4}+\dfrac{1}{5}+\dfrac{1}{6}+\dfrac{1}{7}=\left(\dfrac{1}{4}+\dfrac{1}{7}\right)+\left(\dfrac{1}{5}+\dfrac{1}{6}\right)=11\left(\dfrac{1}{4\cdot 7}+\dfrac{1}{5\cdot 6}\right)$이다.
분모의 소인수들은 모두 11보다 작으므로 분자는 반드시 11의 배수이다.

4 $S_{4n+3} = \dfrac{1}{2n+2} + \dfrac{1}{2n+3} + \cdots + \dfrac{1}{4n+3} = \left(\dfrac{1}{2n+2} + \dfrac{1}{4n+3}\right) + \cdots + \left(\dfrac{1}{3n+2} + \dfrac{1}{3n+3}\right)$

$= (6n+5)\left(\dfrac{1}{(2n+2)\cdot(4n+3)} + \cdots + \dfrac{1}{(3n+2)(3n+3)}\right)$

이고 분모의 소인수들 중 $6n+5$ 보다 큰 수는 없으므로 분자는 반드시 $6n+5$ 의 배수이다. 따라서 문제에서 원하는 소인수는 $6n+5$ 이다.

서술형 풀이 3

2의 경우

$(n+1)$ 명의 사람이 모두 서로 다른 자리에 앉는 경우의 수를 D_{n+1} 이라 하자.

$\Rightarrow D_{n+1} = n \cdot (D_n + D_{n-1})$

$(\because)$ 1   2   3 $\cdots$ $(n+1)$

⇑   ⇑   ⇑   ⇑

2

⋮   ⋮   ⋮   ⋮

1의 자리에 올 수 있는 사람은 2부터 $(n+1)$ 까지 n 의 경우가 있게 된다.

만약 1의 자리에 2가 온 경우만 생각해 보자.

① 2의 자리에 1이 오는 경우 : 나머지 $(n-1)$ 명의 사람이 모두 다른 자리에 앉는 경우이므로 D_{n-1}

② 2의 자리에 1이 오지 않는 경우 : 나머지 n 명의 사람이 모두 다른 자리에 앉는 경우이므로 D_n 이 된다.

$\therefore D_{n+1} = n \cdot (D_n + D_{n-1})$

이제 주어진 식이 **1**의 경우의 수와 같다는 걸 증명하면 된다. 일반성을 잃지 않고, 여학생이 $(n+1)$ 의 자리에 있다고 하자. 그러면, 남학생 n 명 중 한명을 선택하는 경우이므로 n 가지가 있게 되고,

① 그 선택된 자리를 제외한 나머지의 자리에 다른 사람이 오는 경우 :

$(n-1)$ 개의 자리에 $(n-1)$ 명의 사람이 모두 다르게 앉는 경우와 같으므로 D_{n-1} 이 된다.

② n 개의 자리에 $(n-1)$ 명의 사람이 모두 다르게 앉는 경우 : n 명의 사람이 모두 다르게 앉는 경우와 같게 된다. ($\because$ 마지막에 앉는 사람이 선택할 수 있는 경우는 1이 되므로)

따라서 D_n 이 된다.

$\therefore n \cdot (D_n + D_{n-1})$

※ Derangement permutation(교란순열)

$$D_{n+1} = (n+1)!\left(1 - \dfrac{1}{1!} + \dfrac{1}{2!} - \cdots + (-1)^{n+1}\dfrac{1}{(n+1)!}\right)$$

$$= n \cdot (D_n + D_{n-1})$$

서술형 풀이 4

1 x 는 정수이다. 따라서 $x = 2n$ 일 때와 $x = 2n+1$ 일 때로 나누어서 생각한다.

$x = 2n$ 일 때, $\left[\dfrac{2n}{2}\right] = 2n$, $n = 2n$ 이므로 $n = 0$ 이다.

$x = 2n+1$ 일 때, $\left[\dfrac{2n+1}{2}\right] = \left[n + \dfrac{1}{2}\right] = n$ 이므로 $n = 2n+1$ 이 성립해야 한다.

따라서 $n = -1$ 이다. 따라서 x 의 값은 0, -1 두 개이다.

2 $x=6n$이라고 하면 $\left[\dfrac{x}{2}\right]+\left[\dfrac{x}{3}\right]=3n+2n=5n$이므로 $5n=6n$, 그러므로 $n=0$이다.

따라서 $x=0$이다.

3 $x=6n+1$이라고 하면

$\left[\dfrac{x}{2}\right]+\left[\dfrac{x}{3}\right]=\left[\dfrac{6n+1}{2}\right]+\left[\dfrac{6n+1}{3}\right]=\left[3n+\dfrac{1}{2}\right]+\left[2n+\dfrac{1}{3}\right]=3n+2n=5n$이므로

$5n=6n+1$을 만족하는 n의 값은 -1뿐이다. 따라서 $x=-5$

4 x는 정수이어야 하므로 6으로 나눈 나머지에 의해 분류한다.

$x=6n$일 때, **2**에 의해 $x=0$

$x=6n+1$일 때, **3**에 의해 $x=-5$

$x=6n+2$일 때,

$\left[\dfrac{x}{2}\right]+\left[\dfrac{x}{3}\right]=\left[\dfrac{6n+2}{2}\right]+\left[\dfrac{6n+2}{3}\right]=[3n+1]+\left[2n+\dfrac{2}{3}\right]=3n+1+2n=5n+1$이므로

$5n+1=6n+2$를 만족하는 n의 값은 -1이므로 $x=-4$이다.

$x=6n+3$일 때,

$\left[\dfrac{x}{2}\right]+\left[\dfrac{x}{3}\right]=\left[\dfrac{6n+3}{2}\right]+\left[\dfrac{6n+3}{3}\right]=\left[3n+1+\dfrac{3}{2}\right]+[2n+1]=3n+1+2n+1=5n+2$ 이므로

$5n+2=6n+3$를 만족하는 n의 값은 -1이므로 $x=-3$이다.

$x=6n+4$일 때,

$\left[\dfrac{x}{2}\right]+\left[\dfrac{x}{3}\right]=\left[\dfrac{6n+4}{2}\right]+\left[\dfrac{6n+4}{3}\right]=[3n+2]+\left[2n+1+\dfrac{1}{3}\right]=3n+2+2n+1=5n+3$ 이므로

$5n+3=6n+4$를 만족하는 n의 값은 -1이므로 $x=-2$이다.

$x=6n+5$일 때,

$\left[\dfrac{x}{2}\right]+\left[\dfrac{x}{3}\right]=\left[\dfrac{6n+5}{2}\right]+\left[\dfrac{6n+5}{3}\right]=\left[3n+2+\dfrac{1}{2}\right]+\left[2n+1+\dfrac{2}{3}\right]=3n+2+2n+1=5n+3$ 이므로

$5n+3=6n+5$를 만족하는 n의 값은 -2이므로 $x=-7$이다.

이상의 결과에서 주어진 등식을 만족시키는 x의 값은 -7, -5, -4, -3, -2, 0 모두 여섯 개이다.

5 x는 정수이어야 하므로 30으로 나눈 나머지에 따라 분류한다. 30개

$x=30n+k\,(0\le k\le 29)$

$k=6$, $k=10$, $k=15$인 경우에 모두 $n=0$이므로 $x=6$, $x=10$, $x=15$이다.

그 외의 경우 $n=1$이 되므로 $x=30+k$이다.

따라서 모두 30개의 해가 존재한다.

6 x는 정수이어야 하므로 $p_1p_2\cdots p_n$으로 나눈 나머지에 따라 분류한다.

$p_1p_2\cdots p_n$개

출제예상문제 15회 정답   P.166

단답형 문항

01. 8   **02.** 15   **03.** $\dfrac{43}{54}$ **04.** $30°$ **05.** 10개

06. 1   **07.** 13   **08.** 1   **09.** $\dfrac{1}{3}a^2$ **10.** 55

11. $\dfrac{72}{25}$ **12.** $\dfrac{17}{27}$ **13.** $a=1,$ $g(x)=3x^2+12x+10$ **14.** 15   **15.** 5

서술형 문제

1~4. 풀이참조

단답형 정답 및 해설

1   먼저, 1부터 10까지 자연수 중에서 1과 소수를 뽑을 수 있다.

1, 2, 3, 5, 7 – 5개 이후에 합성수이지만 제곱수가 되지 않도록 6, 10을 뽑을 수 있다.

총 7개를 뽑아도 제곱수가 없으므로 8개까지 뽑을 수 있다.

다른 방법으로 2, 3, 4, 5, 6, 7, 10을 뽑아도 제곱수가 없으므로 8개까지 뽑을 수 있다.

1이 포함되는 경우는 4와 9를 제외해야 하므로 9개까지 뽑는 방법은 없다.

1을 포함하지 않는 경우 2와 8, 또는 4와 9의 두 쌍 중 하나라도 동시에 포함되면 안되므로 8개까지 제곱수가 없도록 뽑는 방법은 없다. 즉, 9개까지 뽑는 방법은 없다.

2   먼저 $g(t)$를 구해보자. □OABC의 둘레의 길이가 10이므로 점 Q는 1초에 거리 1을 움직인다.

$0 \le t \le 2$일 때, $g(t)=\dfrac{3}{2}t$, $2 \le t \le 5$일 때, $g(t)=1+t$

$5 \le t \le 7$일 때, $g(t)=\dfrac{27}{2}-\dfrac{3}{2}t$, $7 \le t \le 10$일 때, $g(t)=10-t$

또한 $f(t)$는 $g(t)$를 두 배 확장해서 그리면 되므로 아래처럼 그래프를 그릴 수 있다.

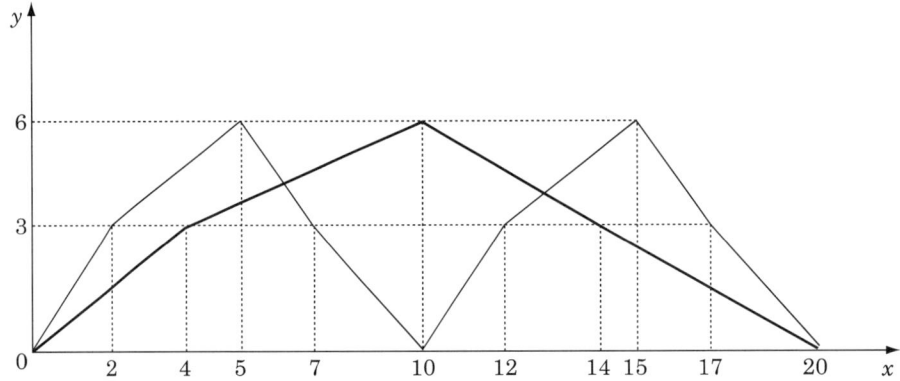

굵은 그래프가 $f(t)$, 가는 그래프가 $g(t)$이다. 20초가 될 때까지 세 번 만난다.(출발 후이므로 원점은 제외) 따라서 100초가 될 때가지 모두 15번 같은 값을 갖는다.

3 $y = (x-a)(x-b) + c = x^2 - (a+b)x + ab + c$
$$= \left(x - \frac{a+b}{2}\right)^2 + c - \left(\frac{a-b}{2}\right)^2$$

의 그래프가 x 축과 만나지 않을 조건은 $c - \left(\dfrac{a-b}{2}\right)^2 > 0$ 즉, $|a-b| < 2\sqrt{c}$

1) $c = 1$ 인 경우
   $|a-b| < 2$ 이므로 가능한 (a, b) 는 $a = b$ 인 경우 6가지, $a - b = \pm 1$ 인 경우 10가지 총 16가지
2) $c = 2$ 인 경우
   $|a-b| < 2\sqrt{2}$ 이므로 가능한 (a, b) 는 1)의 경우와 $a - b = \pm 2$ 인 경우 8가지가 추가되어 총 24가지
3) $c = 3$ 인 경우
   $|a-b| < 2\sqrt{3}$ 이므로 가능한 (a, b) 는 2)의 경우와 $a - b = \pm 3$ 인 경우 6가지가 추가되어 31가지
4) $c = 4$ 인 경우
   $|a-b| < 4$ 이므로 가능한 (a, b) 는 3)의 경우와 같다. 31가지
5) $c = 5$ 인 경우
   $|a-b| < 2\sqrt{5}$ 이므로 가능한 (a, b) 는 3)의 경우와 $a - b = \pm 4$ 인 경우 4가지가 추가되어 35가지
6) $c = 6$ 인 경우
   $|a-b| < 2\sqrt{6}$ 이므로 5)의 경우의 수와 같이 35가지이다.

1), 2), 3), 4), 5), 6)에 의해 조건을 만족하는 경우의 수는 172가지이다.

전체 경우의 수는 $6^3 = 216$ 가지이므로 확률은 $\dfrac{172}{216} = \dfrac{43}{54}$ 이다.

4 $\overline{\text{AC}}$ 의 중점을 M이라고 하면 중점 연결정리에 의하여

$\overline{\text{ME}} = \dfrac{1}{2}\overline{\text{AB}} = \dfrac{1}{2}\overline{\text{CD}} = \overline{\text{MF}}$ 이므로 $\triangle$MEF는 이등변삼각형

이다. 또한 $\overline{\text{AB}} \parallel \overline{\text{ME}}$ 이므로 $\angle$CME $= 90°$, $\overline{\text{CD}} \parallel \overline{\text{MF}}$ 이

므로 $\angle$AMF $= 30°$, 따라서 $\angle$EMF $= 120°$ 이고 $\triangle$MEF는 이

등변삼각형이므로 $\angle$EFM $= 30°$ 이다. 따라서 $\angle$SFR $= 30°$ 이

고 $\overline{\text{SM}} \parallel \overline{\text{PC}}$ 이므로 $\angle$PQR $= 30°$ 이다.

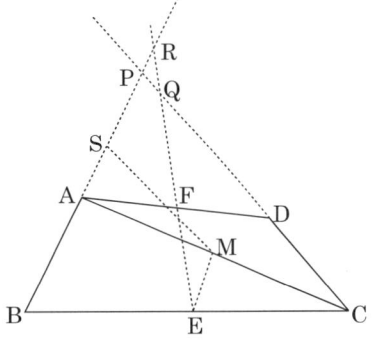

5 $A = 2(xy + yz + zx)$, $B = 6xyz$, $B = 5A$ 에서 $6xyz = 10(xy + yz + zx)$ 이다. 양변을 xyz 로 나누면
$\dfrac{3}{5} = \dfrac{1}{x} + \dfrac{1}{y} + \dfrac{1}{z}$, x, y, z 에 관한 대칭식이므로 우선 $1 < x \le y \le z$ 이라 하여도 무방하다.
$\dfrac{1}{z} \le \dfrac{1}{y} \le \dfrac{1}{x} < 1$, $\dfrac{3}{5} = \dfrac{1}{x} + \dfrac{1}{y} + \dfrac{1}{z} \le \dfrac{3}{x}$ 이므로 $x \le 5$ 임을 알 수 있다.

$x = 5$ 일 때, $\dfrac{1}{y} + \dfrac{1}{z} = \dfrac{2}{5}$, $2yz - 5(y+z) = 0$, $4yz - 10y - 10z = 0$, $4yz - 10y - 10z + 25 = 25$,
$(2y-5)(2z-5) = 25$ 이므로 $2y - 5 = 1$, $2z - 5 = 25$ 이거나 $2y - 5 = 5$, $2z - 5 = 5$ 가 가능하다. ($y \le z$ 로 가정하였으므로) 따라서 $y = 3$, $z = 15$ 또는 $y = 5$, $z = 5$ 인데 $x \le y \le z$ 로 가정하였으므로 $y = 5, z = 5$ 가 가능하다. 따라서 $x = 5$, $y = 5$, $z = 5$ 의 한 가지 경우가 가능하다.

$x = 4$ 일 때, $\dfrac{1}{y} + \dfrac{1}{z} = \dfrac{7}{20}$, $(7y - 20)(7z - 20) = 400$ 이므로 이를 만족하는 정수를 찾아보면 $y = 4$, $z = 10$ 뿐이다. 따라서 $x = 4$, $y = 4$, $z = 10$ 의 한 가지 경우가 가능하다.

$x = 3$ 일 때, $\dfrac{1}{y} + \dfrac{1}{z} = \dfrac{4}{15}$, $(4y - 15)(4z - 15) = 225$ 이므로 이를 만족하는 정수를 찾아보면 $y = 4$, $z = 60$ 또는 $y = 5$, $z = 15$ 또는 $y = 6$, $z = 10$ 이 가능하다. 따라서 3개의 경우가 있다.

$x = 2$ 일 때, $\dfrac{1}{y} + \dfrac{1}{z} = \dfrac{1}{10}$, $(y - 10)(z - 10) = 100$ 이므로 이를 만족하는 정수를 찾아보면 $y = 11$, $z = 110$ 또는 $y = 12$, $z = 60$ 또는 $y = 14$, $z = 35$ 또는 $y = 15$, $z = 30$ 또는 $y = 20$, $z = 20$ 의 5개의 경우가 있다. 따라서 모든 경우는 10개다.

6 ⅰ) $x \geq y$일 때,

$\max\{x,\ y\} = x^2 + y^2 = x \cdots$ ①

$\min\{x,\ y\} = x + 2y - 2 = y \cdots$ ②

②에서 $y = -x + 2$를 ①에 대입하면 $2x^2 - 5x + 4 = 0$

$D < 0$이므로 이 방정식은 실근을 갖지 않는다.

ⅱ) $x < y$일 때,

$\max\{x,\ y\} = x^2 + y^2 = y \cdots$ ③

$\min\{x,\ y\} = x + 2y - 2 = x \cdots$ ④

④에서 $y = 1$이므로 ③에 대입하면 $x = 0$

따라서 $x = 0,\ y = 1$

7 첫 번째 방정식 $x(x + y + z) = 4 - yz$를 변형하면 $x^2 + (y + z)x + yz = 4$, $(x + y)(x + z) = 4$가 된다.
다른 두 식도 변형하면 연립방정식이 다음과 같이 변형된다.

$$\begin{cases} (x + y)(x + z) = 4 \\ (y + x)(y + z) = 9 \\ (z + x)(z + y) = 25 \end{cases}$$

세 식을 모두 곱하면 $(x + y)^2(y + z)^2(z + x)^2 = 900$, $(x + y)(y + z)(z + x) = \pm 30$이다.

$(x + y)(y + z)(z + x) = 30$인 경우를 살펴보자.

$x + y = \dfrac{30}{25}$, $y + z = \dfrac{30}{4}$, $z + x = \dfrac{30}{9}$이다.

다시 세 식을 모두 더하면 $2(x + y + z) = 30\left(\dfrac{1}{25} + \dfrac{1}{4} + \dfrac{1}{9}\right)$

따라서 $x + y + z = \dfrac{361}{60}$이다.

따라서 $x = \dfrac{361}{60} - \dfrac{30}{4} = -\dfrac{89}{60}$, $y = \dfrac{361}{60} - \dfrac{30}{9} = \dfrac{161}{60}$, $z = \dfrac{361}{60} - \dfrac{30}{25} = \dfrac{289}{60}$

따라서 $20|\alpha - \beta + \gamma| = 20\left|-\dfrac{89}{60} - \dfrac{161}{60} + \dfrac{289}{60}\right| = 13$이다.

$(x + y)(y + z)(z + x) = -30$인 경우는 모든 값들의 부호를 반대로 하면 되므로 결과는 같다.

8 $\overline{AD} = a$, $\overline{AB} = b$, $\overline{BP} = x$, $\overline{BQ} = y$라고 하자.
$\triangle QBP \backsim \triangle QAD$ 이므로 $\overline{QB} : \overline{QA} = \overline{BP} : \overline{AD}$ 이다.

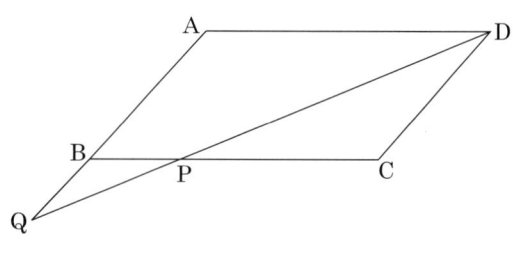

따라서 $y : (y + b) = x : a$, $x = \dfrac{ay}{y + b}$이다.

$\dfrac{\overline{BC}}{\overline{BP}} - \dfrac{\overline{BA}}{\overline{BQ}} = \dfrac{a}{x} - \dfrac{b}{y} = \dfrac{a}{\dfrac{ay}{y + b}} - \dfrac{b}{y} =$

$= \dfrac{a(y + b)}{ay} - \dfrac{b}{y} = 1 + \dfrac{b}{y} - \dfrac{b}{y} = 1$이다.

9 처음 꼭짓점으로 만나서 밑변이 서로 일치할 때까지는 겹치는 영역이 직각이등변삼각형이다. 그 중 최대의

넓이는 두 삼각형의 밑변이 일치할 때인 $\dfrac{1}{4}a^2$이다.

밑변이 일치한 이후 t만큼 더 지났다고 하자. A의 높이가 t이므로 B의 빗변의 길이는 $a - t$이다.
S의 넓이는

$$S = \frac{1}{2}a^2 - \frac{1}{2}t^2 - \frac{1}{4}(a-t)^2$$

$$= \frac{1}{4}(-3t^2 + 2at + a^2)$$

$$= -\frac{3}{4}\left(t - \frac{1}{3}a\right)^2 + \frac{1}{3}a^2$$

따라서 $t = \frac{1}{3}a$일 때, 최댓값 $\frac{1}{3}a^2$을 갖는다.

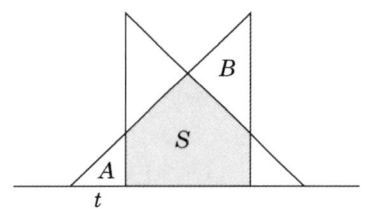

10 자연수 $a_1, a_2, a_3, \cdots, a_6$에 대하여

$a_1 + a_2 + a_3 + \cdots + a_6 = 385 = 5 \times 7 \times 11 \cdots ①$

최대공약수가 G이므로 $a_i = b_i G (1 \le i \le 6)$라 하면

b_i는 자연수이므로 $b_1 + b_2 + b_3 + \cdots + b_6 \ge 6$이다.

따라서 $a_1 + a_2 + a_3 + \cdots + a_6 = (b_1 + b_2 + b_3 + \cdots + b_6)G = 385$에서 $6G \le 385$

$G \le \frac{385}{6} = 64.****$

①에 의하여 $G = 5^a 7^b 11^c$(a, b, c는 0 또는 1)이다.

따라서 G의 최댓값은 55이다.

11 삼각형 ABC를 세 삼각형 $\triangle$PAB, $\triangle$PBC, $\triangle$PCA로 나누었을 때,

$\triangle\mathrm{PAB} = \frac{1}{2} \times 5 \times p$, $\triangle\mathrm{PBC} = \frac{1}{2} \times 4 \times q$, $\triangle\mathrm{PCA} = \frac{1}{2} \times 3 \times r$ 이고,

$\triangle\mathrm{ABC} = \triangle\mathrm{PAB} + \triangle\mathrm{PBC} + \triangle\mathrm{PCA}$ 이다.

$\triangle\mathrm{ABC} = \frac{1}{2} \times 3 \times 4 = 6$이므로 $6 = \frac{1}{2}(5p + 4q + 3r)$, $5p + 4q + 3r = 12$가 성립한다.

코시-슈바르츠의 부등식에 의하여 $(3^2 + 4^2 + 5^2)(p^2 + q^2 + r^2) \ge (3p + 4q + 5r)^2$ 이므로

$(p^2 + q^2 + r^2) \ge \frac{72}{25}$ 이다.

12 1회 가위, 바위, 보를 할 때의 경우의 수는 9,

3회 가위, 바위, 보를 할 때의 경우의 수는 27이다.

A가 B보다 위의 계단에 있을 경우는 B가 A보다 위에 있거나,

B와 A가 같은 계단에 있을 경우를 제외한 것이다.

B가 A보다 위에 있거나 B와 A가 같은 계단에 있을 경우는

B가 3승, B가 2승, B가 1승 비기기 2회일 때 이므로

BBB, BBA, BAB, ABB, BBO, BOB, OBB, BOO, OBO, OOB의 10개의 경우가 있다.

따라서 구하고자 하는 확률은 $1 - \frac{10}{27} = \frac{17}{27}$

13 $f(x) = -a(x-\alpha)^2 + 5$,

$g(x) = x^2 + 16x + 13 - f(x) = x^2 + 16x + 13 + ax^2 + a\alpha^2 - 2a\alpha x - 5$ 이므로

$g(\alpha) = (1+a)\alpha^2 + (16 - 2a\alpha)\alpha + 8 + a\alpha^2 = 25$ 그러므로 $\alpha^2 + 16\alpha - 17 = 0$ 에서 $\alpha = 1$ 이다.

$g(x) = (1+a)x^2 + (16 - 2a)x + 8 + a = (1+a)\left(x + \frac{8-a}{1+a}\right)^2 + 8 + a - \frac{(8-a)^2}{1+a}$ 에서

$8 + a - \frac{(8-a)^2}{1+a} = -2$ 따라서 $a = 2$, 따라서 $g(x) = 3x^2 + 12x + 10$

14 $x-1=a \geq 0$, $y-2=b \geq 0$, $z-3=c \geq 0$ 라 하면
$x+y+z=(a+1)+(b+2)+(c+3)=10$ 에서 $a+b+c=4$
따라서 만족하는 a, b, c 의 순서쌍은
$(a, b, c)=(0,0,4), (0,1,3), (0,2,2), (0,3,1), (0,4,0), (1,0,3), (1,1,2),$
$\qquad (1,2,1), (1,3,0), (2,0,2), (2,1,1), (2,2,0), (3,0,1), (3,1,0), (4,0,0)$ 의 15개

15 n번 반복하여 원하는 농도가 얻어진다면
$a \cdot (1-\frac{1}{2})^8 = a \cdot (1-\frac{2}{3})^n$ 따라서 $(\frac{1}{2})^8 = (\frac{1}{3})^n$ $\Rightarrow$ $3^n = 2^8 = 256$
여기서 $3^5 = 243$, $3^6 = 729$ 이므로 $n=5$ 이다.

서술형 풀이 1

1 정답 : 노란색
하나의 예를 살펴보자.

꺼낸 블록의 색	집어넣은 블록의 색	초록색 블록의 개수	노란색 블록의 개수	빨간색 블록의 개수
		3	4	5
초록, 노랑	빨강	2	3	6
노랑, 빨강	초록	3	2	5
초록, 빨강	노랑	2	3	4
노랑, 빨강	초록	3	2	3
초록, 빨강	노랑	2	3	2
초록, 빨강	노랑	1	4	1
초록, 빨강	노랑	0	5	0

각각의 블록의 개수는 한 번의 시행 후 $+1$ 또는 -1만큼 변한다. 따라서 처음에 초록색, 노란색, 빨간색 블록의 개수가 (홀, 짝, 홀)의 순서였다가 위의 표에서 한 번의 시행 후 (짝, 홀, 짝)이 되고 다음 시행 후 (홀, 짝, 홀)이 된다.
즉, 어떤 형태로 시행이 이루어지든 [홀, 짝, 홀] 또는 [짝, 홀, 짝]의 결과를 계속 유지하게 된다.
처음에 초록색 블록의 개수와 빨간색 블록의 개수는 홀수였기 때문에 시행 후 같이 홀수이거나 같이 짝수여야 한다.
마지막에 남은 블록이 만일 초록색이라면 다른 두 블록의 개수는 0이므로 [홀, 짝, 짝] 또는 [짝, 짝, 짝]의 결과가 된다. 그러나 이와 같은 결과를 얻을 수는 없다.
마지막에 남은 블록이 만일 노란색이라면 다른 두 블록의 개수는 0이므로 [짝, 홀, 짝] 또는 [짝, 짝, 짝]의 결과가 된다. 이 두 가지 결과 중 [짝, 홀, 짝]은 얻을 수 있는 결과이다.
마지막에 남은 블록이 만일 빨간색이라면 다른 두 블록의 개수는 0이므로 [짝, 짝, 홀] 또는 [짝, 짝, 짝]의 결과가 된다. 그러나 이와 같은 결과를 얻을 수는 없다.
따라서 마지막에 남은 블록은 반드시 노란색일 수 밖에 없다.

2 정답 : 불가능하다.

처음 단계에서 모든 무더기의 개수가 홀수이므로 두 개의 무더기를 선택하여 합치는 것이 가능하다. 다음 세 가지 경우가 가능하다.
(54개, 51개) 또는 (56개, 49개) 또는 (5개, 100개)
만일 두 개를 다시 합쳐버리면 홀수인 105개의 무더기가 되므로 더 이상 나눌 수 없다.

첫 번째 (54개, 51개)의 경우 두 수는 모두 3을 약수로 갖는다.
따라서 54개를 27개, 27개인 두 무더기로 나누면 세 무더기의 개수는 모두 3을 약수로 갖기 때문에 그 중 두 개의 무더기를 합치더라도 여전히 3을 약수로 갖게 된다. 그러므로 합친 후 만들어진 두 무더기의 개수는 여전히 모두 3을 약수로 갖게 된다. 그 중 하나를 다시 나눠 두 무더기로 만들더라도 역시 모두 3을 약수로 갖게 된다.
따라서 어떤 시행을 하더라도 처음에 (54개, 51개)로 시작한다면 각각의 무더기의 블록의 개수는 항상 3을 약수로 갖게 된다. 따라서 모두 1개로만 이루어진 105개의 무더기를 만들 수 없다.

두 번째 (56개, 49개)의 경우 두 수는 모두 7을 약수로 갖는다.
첫 번째 경우에서 살펴본 것과 마찬가지로 어떤 시행을 하더라도 각각의 무더기의 블록의 개수는 항상 7을 약수로 갖게 된다. 따라서 모두 1개로만 이루어진 105개의 무더기를 만들 수 없다.

세 번째 (5개, 100개)의 경우 두 수는 모두 5를 약수로 갖는다.
첫 번째 경우에서 살펴본 것과 마찬가지로 어떤 시행을 하더라도 각각의 무더기의 블록의 개수는 항상 5를 약수로 갖게 된다. 따라서 모두 1개로만 이루어진 105개의 무더기를 만들 수 없다.

3 동전 7개, 한 번에 3개 뒤집는 경우 다음과 같은 알고리즘을 찾을 수 있다.

$7-3=4$ $4-3=1$ $1-3=-2$ $-2-3=-5$
$-5-3=-8$ $-8-3=-11$ $-11-3=-14$

이때 -14가 7의 배수이므로 종료된다.
따라서 $n-km$이 n의 배수가 되는 k의 값이 바로 우리가 원하는 시행 횟수이다.
이제 n과 m의 최대공약수를 g라고 하면 $n=gn'$, $m=gm'$이고 n'과 m'은 서로 소이다.
$n-km=gn'-kgm'=g(n'-km')$이 n의 배수가 되어야 하므로 $n'-km'$이 n'의 배수가 되어야 한다.
n'과 m'이 서로 소이므로 k는 n'의 배수가 되어야 한다. 따라서 최소의 k값은 n'이다.

4 일직선으로 배열하는 경우 위에서 찾은 알고리즘을 적용할 수 없다.
m이 n의 약수일 때만 모두 뒤집을 수 있다.

서술형 풀이 2

1 $\angle PKC = \angle PLC = 90°$이므로 네 점 P, K, L, C는 한 원 위에 있다.
따라서 원주각으로서 $\angle PKL = \angle PCL$이다.
또한 $\triangle PCB$와 $\triangle PLC$가 모두 직각삼각형이므로 $\angle PCL = \angle PBC$이다.
따라서 $\angle PKL = \angle PBC$이다.

2 $\angle AJC = \angle AKC = 90°$이므로 네 점 A, J, K, C는 한 원 위의 점들이다.
따라서 원주각으로서 $\angle JCA = \angle JKA$이다.

3 $\angle AJC = \angle ADB = 90°$이므로 $\overline{JC} /\!/ \overline{DB}$이다. 따라서 동위각으로서 $\angle JCA = \angle DBC$이다.
따라서 $\angle PKL = \angle PBC = \angle JCA = \angle JKA$이므로 세 점 J, K, L은 한 직선 위에 있다.

4 **1**, **2**, **3**에서 사용한 방법에 따라 K, L, M도 한 직선 위에 있다. 따라서 네 점 J, K, L, M이 한 직선 위에 있다.

서술형 풀이 3

1 5개
$y = ax^2 + 2bx + c$가 $(-2, 0)$을 지나므로 대입하면 $4a - 4b + c = 0$이다.
$4a - 4b + c = 0 \Rightarrow b = \dfrac{4a+c}{4}$에서 $4a+c$는 4의 배수여야 한다. $4a + c > 4$이므로
$4a + c = 8, 12, 16, 20, 24$이고, $(a, c) = (1, 4), (2, 4), (3, 4), (4, 4), (5, 4)$이므로
$(a, b, c) = (1, 2, 4), (2, 3, 4), (3, 4, 4), (4, 5, 4), (5, 6, 4)$의 5개이다.

2 $\dfrac{1}{27}$

포물선이 x축과 접하기 위해서는 판별식 $\dfrac{D}{4} = b^2 - ac = 0$이어야 한다.
ⅰ) $b = 1, c = 1, a = 1$
ⅱ) $b = 2, a = 1, c = 4$ / $b = 2, a = 2, c = 2$ / $b = 2, a = 4, c = 1$
ⅲ) $b = 3, a = 3, c = 3$
ⅳ) $b = 4, a = 4, c = 4$
ⅴ) $b = 5, c = 5, a = 5$
ⅵ) $b = 6, c = 6, a = 6$
$\therefore P = \dfrac{8}{6 \times 6 \times 6} = \dfrac{1}{27}$

3 $f(-2) > 0, f(-1) < 0, f(0) > 0 \Rightarrow 4a - 4b + c > 0, a - 2b + c < 0, c > 0$

4 6개
$4b - 4a < c < 2b - a$, $4b - 4a > 0$이므로 $b > a$
$2b - a \leq 6$이므로 $b \leq \dfrac{a+6}{2}$이고 $2b - a > 4b - 4a$이므로 $a > \dfrac{2}{3}b$
따라서 $(a, b) = (2, 2), (3, 3), (4, 5), (5, 6)$이므로
④에서 $(a, b, c) = (2, 2, 1), (3, 3, 1), (3, 3, 2), (4, 5, 5), (5, 6, 5), (5, 6, 6)$의 6개이다.

서술형 풀이 4

1 그림에서 $\overline{BC} = 12$, $\overline{CD} = 5$, $\overline{BD} = 13$이라고 하면 $\angle DBC = \theta$이다.

$\angle DBC = \angle DBA$, $\angle DBE = \angle EBC$이므로,

삼각형의 닮음을 이용하면 $\overline{BC} : \overline{BD} = \overline{CE} : \overline{DE}$가 성립한다.

$\overline{CE} = \dfrac{12}{5}$이다.

2 이제 $\overline{AD} = x$라고 하면 $\overline{BC} : \overline{BA} = \overline{CD} : \overline{AD}$이므로 $\overline{AB} = \dfrac{12}{5}x$이다.

따라서 $\left(\dfrac{12}{5}x\right)^2 = 12^2 + (5+x)^2$이 성립한다.

양 변을 정리하면 $119x^2 - 250x - 4225 = 0$이고 인수분해하면 $(119x - 845)(x + 5) = 0$이다.

따라서 $x = \dfrac{845}{119}$이다. 따라서 $\overline{AC} = 5 + \dfrac{845}{119} = \dfrac{1440}{119}$이다.

3 $\tan \dfrac{\theta}{2} = \dfrac{\overline{CE}}{\overline{BC}} = \dfrac{\frac{12}{5}}{12} = \dfrac{1}{5}$이고, $\tan 2\theta = \dfrac{\overline{AC}}{\overline{BC}} = \dfrac{\frac{1440}{119}}{12} = \dfrac{120}{119}$이므로

따라서 정답은 $\dfrac{1}{5} + \dfrac{120}{119} = \dfrac{719}{595}$이다.

4 D에서 $\overline{AB}$에 내린 수선의 발을 E라고 하면 $\triangle BDE \equiv \triangle BDC$이므로

$\overline{DE} = t$이다. 이제 $\overline{AE} = x$라고 하면 $\overline{AD} = \sqrt{x^2 + t^2}$이다. 또한 $\overline{AB} = x + 1$,

$\overline{AC} = t + \sqrt{x^2 + t^2}$이므로 직각삼각형 ABC에서

$(x+1)^2 = 1^2 + (t + \sqrt{x^2 + t^2})^2$이 성립한다. 양변을 정리하면

$x^2 + 2x + 1 = 1 + t^2 + 2t\sqrt{x^2 + t^2} + x^2 + t^2$, $t\sqrt{x^2 + t^2} = x - t^2$이 된다.

다시 양변을 제곱하면 $t^2(x^2 + t^2) = x^2 - 2xt^2 + t^4$, $t^2x^2 + t^4 = x^2 - 2xt^2 + t^4$,

$(1 - t^2)x^2 = 2xt^2$이다.

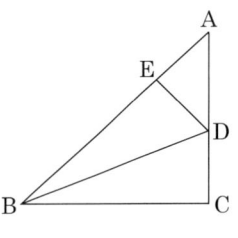

$x > 0$이므로 $x = \dfrac{2t^2}{1 - t^2}$이다. ($\angle DBC < 45°$이므로 $0 < t < 1$이다.)

$x^2 + t^2 = \left(\dfrac{2t^2}{1 - t^2}\right)^2 + t^2 = \left(\dfrac{t(1 + t^2)}{1 - t^2}\right)^2$이므로 $\overline{AC} = t + \sqrt{x^2 + t^2} = t + \dfrac{t(1 + t^2)}{1 - t^2} = \dfrac{2t}{1 - t^2}$이다.

5 $\angle ABC = \theta$라고 하면 $\angle DBC = \dfrac{\theta}{2}$이므로 $\tan \dfrac{\theta}{2} = \dfrac{\overline{CD}}{\overline{BC}} = t$이고, $\tan\theta = \dfrac{\overline{AC}}{\overline{BC}} = \dfrac{2t}{1 - t^2}$이므로

$\tan\theta = \dfrac{2\tan\frac{\theta}{2}}{1 - \tan^2\frac{\theta}{2}}$이다.

출제예상문제 16회 정답 P.176

단답형 문항

01. 211	**02.** $120\,^\circ$	**03.** 72	**04.** 15	**05.** $2\sqrt{3}-2$
06. 87	**07.** $(44, 10)$	**08.** $2+\sqrt{2}$	**09.** 34일	**10.** $3:5:4$
11. $\pm 2\sqrt{2}$	**12.** $\dfrac{1}{144}$	**13.** 23, 87	**14.** $\dfrac{1331a}{244}$	**15.** 50cm^2

서술형 문제

1~4. 풀이참조

단답형 정답 및 해설

1 1, 3, 7, 13, …에서 뒤항과 앞항의 차를 구하면

2, 4, 6, …

따라서 5번째 수는 $13+8=21$, 6번째 수는 $21+10=31$과 같이 구할 수 있다.

규칙을 찾기 위해 다음과 같이 써 보자.

$1=1$

$3=1+2$,

$7=3+4=1+2+4$

$13=7+6=1+2+4+6$

$21=13+8=1+2+4+6+8$

$31=21+10=1+2+4+6+8+10$

… … … … … … … … … … … … …

따라서 15번째 수는 $1+2+4+6+\cdots+28$이 되어야 한다.

$1+2+4+6+\cdots 28$

$=1+(2+28)+(4+26)+(6+24)+(8+22)+(10+20)+(12+18)+(14+16)$

$=1+7\times 30=211$

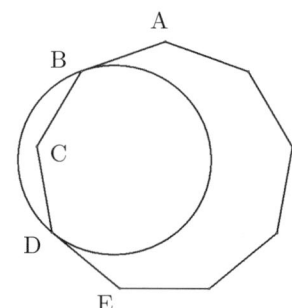

2 정구각형의 한 내각의 크기는 $180\,^\circ-\dfrac{1}{9}\times 360\,^\circ=140\,^\circ$이다.

원의 중심 O에 대하여 $\angle OBC=\angle ODC=140\,^\circ-90\,^\circ=50\,^\circ$

$\angle BCD=140\,^\circ$이므로 $\angle BOD=120\,^\circ$이다.

3 세 정육면체의 한 변의 길이는 각각 1, 2, 3이고,

겉넓이의 합은 $6+4\times 6+9\times 6=84$이고,

그림과 같이 정육면체를 붙인 다음

각각의 접한 두 면 중 작은 면의 2배를 겉넓이의 합에서 뺀다.

따라서 겉넓이의 최솟값은 $84-(2\times 1+2\times 1+2\times 4)=72$

4 $\dfrac{R_{24}}{R_4} = \dfrac{9R_{24}}{9R_4} = \dfrac{10^{24}-1}{10^4-1} = \dfrac{(10^8)^3-1}{10^4-1} = \dfrac{(10^8-1)(10^{16}+10^8+1)}{10^4-1}$

$= (10^4+1)(10^{16}+10^8+1)$

$= 10^{20}+10^{16}+10^{12}+10^8+10^4+1$

$= 100010001000100010001$

그러므로 15자리에서 자리의 수가 0이다.

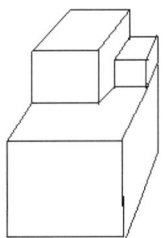

5 $\dfrac{B}{A} = \dfrac{\square ODEF}{\triangle COD} = \dfrac{\square OCEG - 2\cdot\triangle COD}{\triangle COD}$ 이다.

$\angle COD = 30°$ 이므로 $\overline{CD}=1$ 이면 $\overline{OC}=\sqrt{3}$ 이다.

$\triangle COD \equiv \triangle FOG$ 이므로 $\dfrac{B}{A} = \dfrac{3}{\dfrac{\sqrt{3}}{2}} - 2 = 2\sqrt{3}-2$ 이다.

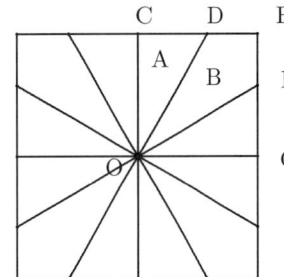

6 $\dfrac{N^2+7}{N+4} = \dfrac{(N-4)(N+4)+23}{N+4} = (N-4) + \dfrac{23}{N+4}$

여기서 기약분수가 안 되기 위해서는 $N+4$ 와 23은 1이외의 공약수를 가져야 한다.

그런데 23은 소수이므로 $N+4$ 은 23의 배수여야 한다.

즉 $N+4 = 23k$ (k 는 정수) 그러므로 $N = 23k-4$ 이다.

따라서 $1 < 23k-4 < 2001 \Rightarrow \dfrac{5}{23} < k < \dfrac{2005}{23}$.

즉 k 는 1부터 87까지의 정수이다. 그러므로 만족한 정수 N 의 개수는 87이다.

7 짝수 t 에 대하여 출발한지 t^2 분 후의 점의 위치는 $(0, t)$ 이다.

또 $2014 = 44^2 + 78 = 44^2 + 44 + 34$ 이므로

$44^2 = 1936$ 분 후의 점의 위치는 $(0, 44)$ 이고,

다시 이 점을 출발한지 44분 후의 점의 위치는

이 점에서 x 축에 평행하게 움직여서 $(44, 44)$,

다시 34분이 지나면 점의 위치는 $(44, 44)$에서

y 축의 음의 방향으로 34만큼 내려온 $(44, 10)$ 이다.

그러므로 $(44, 10)$ 이다.

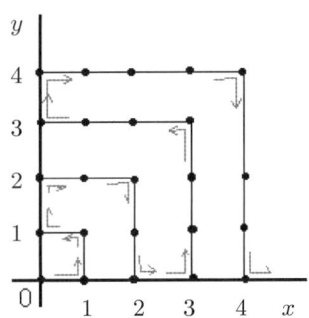

8 $u^2 + v^2 = w^2$ 이므로 $(x-1)^2 + y^2 + (x-1)^2 + (y-1)^2 = x^2 + (y-1)^2$

$\therefore x^2 - 4x + 2 + y^2 = 0 \Rightarrow (x-2)^2 + y^2 = 2 \Rightarrow (x-2)^2 + y^2 = 2$ 이므로

점 P의 자취는 중심이 $(2, 0)$이고, 반지름의 길이가 $\sqrt{2}$ 인 원의 원둘레 위의 점이다.

그러므로 $\overline{DP}$ 의 최댓값은 $\overline{DE} = 2 + \sqrt{2}$ 이다.

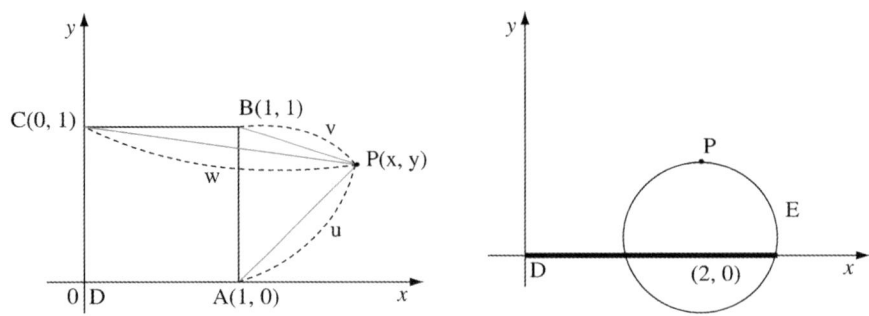

9 A가 혼자서 하면 a일, B가 혼자서 하면 b일 C가 혼자서 하면 c일이 걸린다고 하고, 전체 일의 양을 "1"이라 하면 문제의 조건에서

$$\begin{cases} \left(\dfrac{1}{a}+\dfrac{1}{b}+\dfrac{1}{c}\right)\times 15 = 1 \cdots ① \\ \left(\dfrac{1}{a}+\dfrac{1}{c}\right)\times 18 = 1 \cdots ② \\ \left(\dfrac{1}{b}+\dfrac{1}{c}\right)\times 21 = 1 \cdots ③ \end{cases}$$ 이므로 A, B가 함께 하면 x일이 걸리므로

$\left(\dfrac{1}{a}+\dfrac{1}{b}\right)\times x = 1$에서 $x = \dfrac{1}{\dfrac{1}{a}+\dfrac{1}{b}}$ 이고, ①, ②, ③에서 $\dfrac{1}{a}=\dfrac{2}{105}$, $\dfrac{1}{b}=\dfrac{1}{90}$ 이므로

$x = \dfrac{630}{19} = 33._{000}$이므로 $x = 34$ 일이다.

10 $\overline{AG}=\overline{GD}$, $\triangle AED \backsim \triangle CEF$ 이고, $\overline{DE}:\overline{EF}=2:1$

∴ $\overline{AE}:\overline{EC}=2:1 \cdots ①$

□ABFD는 평행사변형이므로 $\overline{AD}=\overline{BF} \cdots ②$

$\overline{AD}:\overline{CF}=2:1$이므로 $\overline{AG}=\overline{CF} \cdots ③$

$\triangle AHG \backsim \triangle CHB$ 이므로 $\overline{AH}:\overline{HC}=1:3 \cdots ④$

$\overline{AC}=4$ 라 하면 $\overline{AE}=\dfrac{8}{3}$, $\overline{HE}=\dfrac{5}{3}$, $\overline{EC}=\dfrac{4}{3}$

∴ $\overline{AH}:\overline{HE}:\overline{EC}=3:5:4$ 이다.

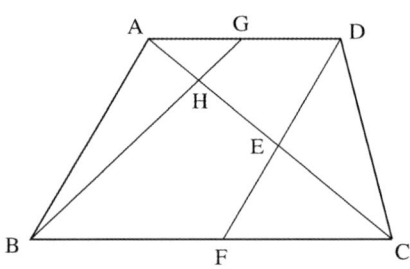

11 $x+\dfrac{2}{y}=y+\dfrac{2}{z}=z+\dfrac{2}{x}$

$x-y=\dfrac{2(y-z)}{yz}$, $y-z=\dfrac{2(z-x)}{zx}$, $z-x=\dfrac{2(x-y)}{xy}$ 이므로 모두 곱하면

$(x-y)(y-z)(z-x)=\dfrac{8(x-y)(y-z)(z-x)}{x^2y^2z^2}$, $(xyz)^2=8$이 성립한다.

따라서 $xyz=\pm 2\sqrt{2}$ 이다.

12 i) 네 번째 뽑힌 카드가 0인 경우
  - 세 번째 뽑힌 카드가 2인 경우
  ( )−4−2−0, ( )−5−2−0, ( )−6−2−0, 9−7−2−0의 네 가지 경우로 나눌 수 있다.
  ( )−4−2−0 인 경우 괄호에 들어갈 수 있는 수는 6, 7, 8, 9로 네 개
  ( )−5−2−0인 경우 괄호에 들어갈 수 있는 수는 7, 8, 9로 세 개
  ( )−6−2−0 인 경우 괄호에 들어갈 수 있는 수는 8, 9로 두 개
  9−7−2−0의 경우 한 개
  따라서 모두 10개의 경우가 있다.
  - 세 번째 뽑힌 카드가 3인 경우
  두 번째 뽑힌 카드가 4일 수 없으므로 위의 경우에서 두 번째 뽑힌 카드가 5이상인 경우의 수인 6개의 경우가 있다.
  - 세 번째 뽑힌 카드가 4인 경우
  같은 방법으로 3개의 경우가 있다.
  - 세 번째 뽑힌 카드가 5인 경우는 9−7−5−0으로 1개 뿐이다.
  따라서 네 번째 뽑힌 카드가 0인 경우는 모두 $10+6+3+1=20$ 개이다.
ii) 네 번째 뽑힌 카드가 1인 경우
  세 번째 뽑힌 카드가 3이상이므로 위의 경우에서 $6+3+1=10$개임을 알 수 있다.
iii) 네 번째 뽑힌 카드가 2인 경우
  세 번째 뽑힌 카드가 4이상이므로 위의 경우에서 $3+1=4$개임을 알 수 있다.
iv) 네 번째 뽑힌 카드가 3인 경우
  9−7−5−3의 1개만이 가능하다.
따라서 모두 더하면 $1+4+10+20=35$, 확률이므로 $\dfrac{35}{{}_{10}P_4}=\dfrac{1}{144}$ 개가 답이다.

13 주어진 조건에 따라 $(x+1)(y+1)-2000=x+y+2$이므로 $xy=2001=3\cdot23\cdot29$이다.
따라서 $x=23$ 또는 $x=29$ 또는 $x=69$ 또는 $x=87$이다.
$x=23$일 때, $y=87$이며 $(x+1)(y+1)=24\cdot88=2112$이고,
2000을 뺀 수인 112에 대하여 $x+y+2=112$가 성립한다.
따라서 문제에서 원하는 두 수는 23, 87이다.

14 오른쪽 그림과 같은 정팔면체를 평면 BCDE와 평행하게 10개의 평면으로 자른다. 이때, 생기는 11개의 입체도형에서 부피가 두 번째로 큰 것 중 하나의 부피를 a라 할 때, 전체 정팔면체의 부피를 a로 나타내어라. (단, 선분 AF를 10개의 평면으로 잘랐을 때, 생기는 11개의 선분의 길이는 모두 같다.)

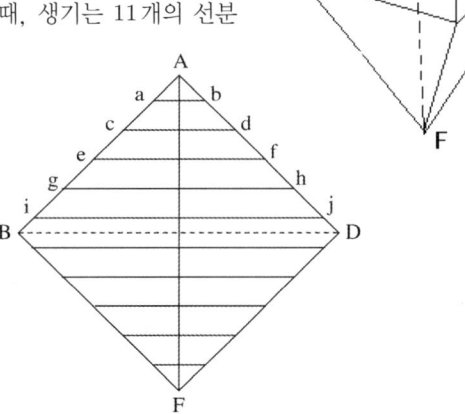

[풀이]
마름모 ABFD를 단면으로 잘라서 생각하면
삼각형 Aab의 부분의 부피를 1이라 하면
사각형 ghij 부분의 부피는 61이고,
삼각형 ABD 부분의 부피는 $\dfrac{1331}{8}$이므로
$61:\dfrac{1331}{8}=a:x$ 에서
$x=\dfrac{1331a}{488}$ 이므로 정팔면체의 부피는
$2x=\dfrac{1331a}{244}$ 이다.

15 $\overline{CE} : \overline{EO} = \overline{CQ_4} : \overline{Q_4Q_2} = 1 : 2 \cdots$ ①

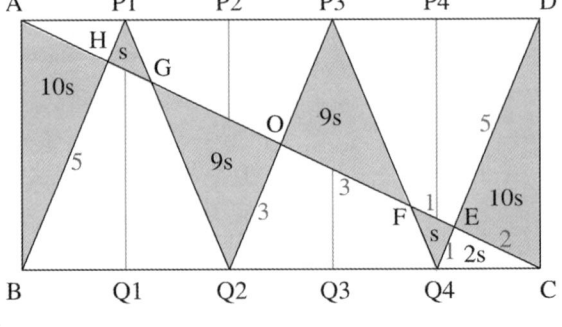

따라서 $\overline{EQ_4} : \overline{OQ_2} = 1 : 3$

즉 $\overline{EQ_4} : \overline{OP_3} = 1 : 3$

$\triangle EQ_4F \backsim \triangle OP_3F$ 이므로

$\overline{EF} : \overline{FQ} = 1 : 3 \cdots$ ②

①, ②에서

$\overline{CE} : \overline{EF} : \overline{FO} = 2 : 1 : 3$,

$\overline{EQ_4} : \overline{HB} = 1 : 5$ 이고,

$\overline{HB} = \overline{ED}$ 이므로 $\overline{EQ_4} : \overline{DE} = 1 : 5 \cdots$ ③ 이다.

$\triangle EFQ_4 = s$ 라 하면 $\triangle CEQ_4 = 2s$, $\triangle CED = 10s$, $\triangle FP_3O = 9s$ 이므로
색칠한 부분의 넓이는 $40s$ 이다.

그리고 $\triangle CEQ_4 : \triangle COQ_2 = 1 : 9$ 에서

$\triangle CEQ_4 = \dfrac{1}{9} \times \triangle COQ_2 = \dfrac{1}{9} \times \dfrac{1}{2} \times 9 \times 5 = \dfrac{5}{2} \, (\text{cm}^2)$ 이므로

$2s = \dfrac{5}{2}$ 즉 $s = \dfrac{5}{4}$ 이다.

그러므로 색칠한 부분의 넓이 $40s = 40 \times \dfrac{5}{4} = 50 \, (\text{cm}^2)$

서술형 풀이 1

1 $\left| 1 - \dfrac{2}{a} \right| = \left| 1 - \dfrac{2}{b} \right|$ 에서 $\dfrac{1}{a} + \dfrac{1}{b} = 1$ 즉, $ab = a + b$ 이다.

이를 $\left| 1 - \dfrac{2}{a} \right| = 2 \left| 1 - \dfrac{4}{a+b} \right|$ 와 연립하면 $a = \dfrac{4}{3}, b = 4$ 를 얻는다.

서술형 풀이 2

1 이차함수 $y = -x^2 + 2(m+1)x + m + 3$ 은 양근, 음근 두 개의 근을 갖는다.
따라서 판별식 $D = 4(m+1)^2 + 4(m+3) > 0$,
y절편 $-(m+3) < 0$이다.
정리하여 풀면, $m > -3$

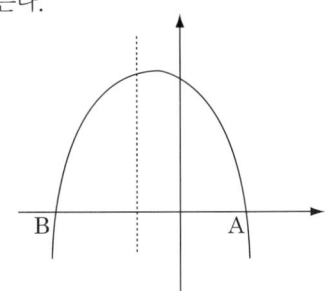

2 근과 계수와의 관계에 의하여, $a + (-b) = 2(m+1)$,
$a \times (-b) = -(m+3)$ 이다.
또한, $a : b = 3 : 1$에서 $a = 3b$
정리하여 풀면, $m = 0$
따라서 함수식은 $y = -x^2 + 2x + 3$

3 $A(3, 0)$, $C(0, 3)$이므로 $\triangle COA$는 직각이등변삼각형이다. 만약 포물선 위에 점 P가 있어서 $\triangle PAC \equiv \triangle OAC$를 만족한다고 하면, 우선 AC는 공통변이고, $\overline{OA} = \overline{OC}$이므로 P와 O는 직선 AC에 대하여 대칭이다. 그러므로 P의 좌표는 $(3, 3)$이다. 그런데 $x = 3$을 $y = -x^2 + 2x + 3$에 대입하면 $y = 0$이다. 그러므로 $P(3, 3)$은 포물선 위에 없다. 따라서 포물선 위의 점 P가 $\triangle PAC \equiv \triangle OAC$를 만족하는 경우는 있을 수 없다.

서술형 풀이 3

1 $\overline{BE} = ax$

2 $\overline{CE} = ax + b$

3 $\overline{CF} = \overline{CE}\, tan\omega = (ax + b)x = ax^2 + bx$

4 $\overline{DF} = \overline{CF} + \overline{BC} = ax^2 + bx + c$

5 $\overline{DF} = ax^2 + bx + c = 0$이면 점 D, F가 일치하는 것이고 조건에 의해 $\angle AEF = 90°$이다. 선분 AD를 지름으로 하는 원이 선분 BC와 만나는 교점을 각각 E_1, E_2, $\angle E_1AB = \omega_1$, $\angle E_2AB = \omega_2$ 라고 할 때, $tan\omega_1$, $tan\omega_2$ 가 이차방정식 $ax^2 + bx + c = 0$의 두 근이 된다.

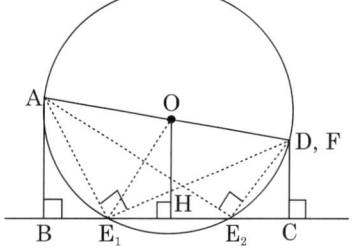

원의 중심 O에서 현 E_1E_2에 내린 수선의 발을 H라고 하면 $\overline{OH} = \dfrac{a+c}{2}$ 이고, 원 O의 반지름 r 은 $r = \dfrac{\sqrt{(a-c)^2 + b^2}}{2}$,

$\overline{E_1H} = \overline{E_2H}$ 이므로 $\overline{E_1H} = \overline{E_2H} = \sqrt{r^2 - \overline{OH}^2} = \dfrac{\sqrt{b^2 - 4ac}}{2}$

그리고 방향에 유의하여 점 E가 선분 BC의 왼쪽에 위치하였을 경우에 $\angle EAB = \omega > 0$로 간주하였으므로 $\overline{BH} = \overline{CH} = -\dfrac{b}{2}$ 이다.

따라서 $\overline{BE_1} = \overline{BH} - \overline{E_1H} = -\dfrac{b}{2} - \dfrac{\sqrt{b^2 - 4ac}}{2} = \dfrac{-b - \sqrt{b^2 - 4ac}}{2}$

$\qquad \overline{BE_2} = \overline{BH} + \overline{E_2H} = -\dfrac{b}{2} + \dfrac{\sqrt{b^2 - 4ac}}{2} = \dfrac{-b + \sqrt{b^2 - 4ac}}{2}$

$\therefore tan\omega_1 = \dfrac{-b - \sqrt{b^2 - 4ac}}{2a}$, $\therefore tan\omega_2 = \dfrac{-b + \sqrt{b^2 - 4ac}}{2a}$

서술형 풀이 4

1 x분 동안 A는 $90x$, B는 $120x$, C는 $180x$ 이동한다.

$0 < x < 4$일 때, 원주 위에 C, B, A순으로 나열되어 있으므로 $\angle \text{AOB} = 30°x$, $\angle \text{BOC} = 60°x$,

$\angle \text{COA} = 360° - 90°x$. 이등변삼각형이 되려면 $\angle \text{AOB} = \angle \text{COA}$ 이거나, $\angle \text{BOC} = \angle \text{COA}$ 이다.

∴ 2.4분 또는 3분이다.

2 **1**의 결과에 의하여 $0 < x < 4$일 때, 2번

$4 < x < 6$일 때, $\text{B} = 120x - 360°$, $\text{C} = 180x - 720°$, $\text{A} = 90x - 360°$ 이다.

$\angle \text{BOC} = 120x - 360° - (180x - 720°) = -60x + 360°$

$\angle \text{COA} = 180x - 720° - (90x - 360°) = 90x - 360°$

$\angle \text{AOB} = 90x - 360° + (360° - (120x - 360°)) = 360° - 30x$ 에서

$\angle \text{BOC} = \angle \text{COA}$ 에서 $x = 4.6$분

$6 < x < 8$일 때, $\text{A} = 90x - 360°$, $\text{B} = 120x - 720°$, $\text{C} = 180x - 1080°$ 이다.

$\angle \text{AOC} = 90x - 360° - (180x - 1080°) = 720° - 90x$

$\angle \text{COB} = 180x - 1080° - (120x - 720°) = 30x - 360°$

$\angle \text{BOA} = 120x - 720 + (360° - 90x + 360°) = 30x$

$\angle \text{AOC} = \angle \text{COB}$ 에서 $x = 9$분

$8 < x < 12$일 때, $\text{B} = 120x - 720°$, $\text{C} = 180x - 1440°$, $\text{A} = 90x - 720°$

$\angle \text{BOC} = 720° - 60x$

$\angle \text{COA} = 90x - 720°$

$\angle \text{AOB} = 360° - 30x$ 에서

$\angle \text{BOC} = \angle \text{COA}$ 에서 $x = 9.6$분

$\angle \text{COA} = \angle \text{AOB}$ 에서 $x = 9$분

12분까지 총 6개의 이등변 삼각형이므로 36분까지 18개이고, 40분까지 20개이다.

3 AB가 지름일 때, A, B는 1분에 30°이므로 6분마다 지름이므로 40분 동안 6번,

같은 방법으로 B, C가 지름일 때 13번, A, C가 지름일 때 20번이고,

A, B가 겹칠 때 3번, B, C가 겹칠 때 6번, A, C가 겹칠 때 10번,

A, B, C가 겹칠 때 3번이므로 $6 + 13 + 20 - 3 - 6 - 10 + 3 = 23$번이다.

출제예상문제 17회 정답			P.186	

단답형 문항

01. $\sqrt{10}-3$ 　　02. 0.9 　　03. 891 　　04. $\dfrac{5\sqrt{3}-1}{3}$km 　　05. 7

06. 12 　　07. 2π 　　08. 27 　　09. 12188 　　10. 9

11. 9 　　12. 21 　　13. 264 　　14. 20 　　15. 11

서술형 문제

1~4. 풀이참조

단답형 정답 및 해설

1 만일 $y=0$이면 $x^2=38$이므로 $x=\sqrt{38}$ 이고 $[x]=[\sqrt{38}]=6$, 따라서 $y=\sqrt{38}-6>0$이 되어 모순이 된다. 따라서 $y>0$이다.

이제 $0<y<1$이므로 $0<y^2<1$이다. 따라서 $0<38-x^2<1$, $37<x^2<38$이다.

따라서 $\sqrt{37}<x<\sqrt{38}$ 이 되어 $[x]=6$이다.

즉 $y=x-6$이므로 $x^2+(x-6)^2=38$, $2x^2-12x-2=0$, $x^2-6x-1=0$,

$x>0$이므로 $x=3+\sqrt{10}$ 이다. 따라서 $y=\sqrt{10}-3$이다.

2 $\begin{cases}(\sqrt{3}+\sqrt{2})x+(\sqrt{3}-\sqrt{2})y=\sqrt{3} \cdots\cdots ① \\ (\sqrt{3}-\sqrt{2})x-(\sqrt{3}+\sqrt{2})y=\sqrt{2} \cdots\cdots ②\end{cases}$

y를 소거하기 위해 ①에 $(\sqrt{3}+\sqrt{2})$을 곱하고, ②에 $(\sqrt{3}-\sqrt{2})$를 곱한 다음 ①+② 하면

$\{(\sqrt{3}+\sqrt{2})^2+(\sqrt{3}-\sqrt{2})^2\}x=\sqrt{3}(\sqrt{3}+\sqrt{2})+\sqrt{2}(\sqrt{3}-\sqrt{2})$

$10x=1+2\sqrt{6}$, 따라서 $x=\dfrac{1+2\sqrt{6}}{10}$

x를 소거하기 위해 ①에 $(\sqrt{3}-\sqrt{2})$을 곱하고, ②에 $(\sqrt{3}+\sqrt{2})$를 곱한 다음 ①−② 하면

$\{(\sqrt{3}+\sqrt{2})^2+(\sqrt{3}-\sqrt{2})^2\}y=\sqrt{3}(\sqrt{3}-\sqrt{2})-\sqrt{2}(\sqrt{3}+\sqrt{2})$

$10y=1-2\sqrt{6}$, 따라서 $y=\dfrac{1-2\sqrt{6}}{10}$

따라서 $a-b=\dfrac{1+2\sqrt{6}}{10}-\dfrac{1-2\sqrt{6}}{10}=\dfrac{2\sqrt{6}}{5}=\sqrt{\dfrac{24}{25}}$ 이다.

$4.5^2=20.25<24<25$이므로 $4.5<\sqrt{24}<5$, 즉 $0.9<\dfrac{2\sqrt{6}}{5}<1$이므로

$0.9<a-b<1$, $9<10(a-b)<10$이다.

따라서 $[10(a-b)]=9$이므로 $\dfrac{[10\times(a-b)]}{10}=0.9$이다.

3 $n < \sqrt{n^2+1} < n+1$이므로 $[\sqrt{n^2+1}\,] = n$이다.

$n-1 < \sqrt{n^2-1} < n$이므로 $[\sqrt{n^2-1}\,] = n-1$이다.

따라서 $f(n) = \dfrac{n+n-1}{9} = \dfrac{2n-1}{9}$이다.

$f(10) + f(11) + f(12) + \cdots + f(90) = \{\, f(1) + f(2) + \cdots + f(90)\,\} - \{\, f(1) + f(2) + \cdots + f(9)\,\}$이고

$1 + 3 + 5 + \cdots + (2n-1) = n^2$이므로

$f(1) + f(2) + \cdots + f(90) = \dfrac{90^2}{9}$, $f(1) + f(2) + \cdots + f(9) = \dfrac{9^2}{9}$이다.

따라서 $f(10) + f(11) + f(12) + \cdots + f(90) = \dfrac{90^2}{9} - \dfrac{9^2}{9} = 891$이다.

4 갑이 F에 도착할 때까지 걸린 시간을 t라고 하자. 갑이 움직인 거리는 $2t\,(\mathrm{km})$, 을이 움직인 거리는 $2.5(t+1)\,(\mathrm{km})$, 병이 움직인 거리는 $3(t+2)\,(\mathrm{km})$이다.

정삼각형의 넓이 $\dfrac{\sqrt{3}}{4} \times 100 = \dfrac{1}{2} \times \overline{\mathrm{AB}} \times \overline{\mathrm{PF}} + \dfrac{1}{2} \times \overline{\mathrm{BC}} \times \overline{\mathrm{PD}} + \dfrac{1}{2} \times \overline{\mathrm{CA}} \times \overline{\mathrm{PE}}$이므로

$25\sqrt{3} = \dfrac{1}{2} \times 10 \times (2t + 2.5t + 2.5 + 3t + 6)$

$5\sqrt{3} = 7.5t + 8.5$, $t = \dfrac{\sqrt{3} - 1.7}{1.5}$이다.

따라서 을이 움직인 거리는 $2.5 \times \left(\dfrac{\sqrt{3} - 1.7}{1.5} + 1 \right) = \dfrac{5\sqrt{3} - 1}{3}$이다.

5 $a^2 - 5ab + b^2 = (a+b)^2 - 7ab$이다. $a+b$와 $a^2 - 5ab + b^2$의 최대공약수를 d라고 하자. 그러면 d는 $a+b$의 약수이며 동시에 $a^2 - 5ab + b^2 = (a+b)^2 - 7ab$의 약수이다. 따라서 d는 $7ab$의 약수여야만 한다. 그러나 d는 ab의 약수가 아니므로 d는 반드시 7의 약수가 되어야 한다. $d > 1$이므로 $d = 7$이다.

6 A와 모서리 하나만큼 떨어져 있는 세 점 B, D, E를 각각 P_1, P_2, P_3라고 하자.

A와 모서리 두 개만큼 떨어져 있는 세 점 C, F, H를 각각 Q_1, Q_2, Q_3라고 하자.

A와 모서리 세 개만큼 떨어져 있는 점 G를 R이라고 하자.

A－P－Q－R－Q－P－Q－P－A형태와 A－P－Q－P－Q－R－Q－P－A형태 두 가지 경로가 있다.

A－P－Q－R－Q－P－Q－P－A형태에서

A－P_1인 경우 A－P_1－Q_1－R과 A－P_1－Q_2－R 두 가지 경우가 가능하다.

각각 모서리 8개를 지나는 방법은 하나씩만 존재한다.

A－P_1－Q_1－R－Q_2－P_3－Q_3－P_2－A, A－P_1－Q_2－R－Q_1－P_2－Q_3－P_3－A

A－P_2와 A－P_3 각각 두 가지 방법이 존재하므로 A－P－Q－R－Q－P－Q－P－A형태는 모두 6개의 경로를 찾을 수 있다.

A－P－Q－P－Q－R－Q－P－A형태에서

A－P_1인 경우 A－P_1－Q_1－P_2－Q_3－R과 A－P_1－Q_2－P_3－Q_3－R 두 가지 경우가 가능하다.

각각 모서리 8개를 지나는 방법은 하나씩만 존재한다.

A－P_1－Q_1－P_2－Q_3－R－Q_2－P_3－A, A－P_1－Q_2－P_3－Q_3－R－Q_1－P_2－A

A－P_2와 A－P_3 각각 두 가지 방법이 존재하므로 A－P－Q－P－Q－R－Q－P－A 형태는 모두 6개의 경로를 찾을 수 있다.

따라서 모든 경로의 수는 12이다.

7 직각삼각형의 빗변의 중점은 직각삼각형의 외심이다.

따라서 직각삼각형 PBQ의 빗변의 중점인 M 역시 외심이므로 $\overline{PM}=\overline{BM}=\overline{QM}=4$가 성립한다.

따라서 M은 중심이 B이고 반지름의 길이가 4인 원 위의 점이다.

따라서 M이 그리는 도형은 중심이 B이고 반지름의 길이가 4인 사분원이므로

그 길이는 $\dfrac{1}{4}\times 2\pi\times 4=2\pi$이다.

8 먼저 M을 구해본다.

003 013 023 ⋯ 093 103 113 ⋯ 993이므로 일의 자리의 수가 3으로 고정되고

앞의 두 자리의 수가 00부터 99까지 모두 100개 있다.

따라서 모든 수의 합은

$(00+01+02+\cdots+99)\times 10+100\times 3=49800$이다. 따라서 $M=498$이다.

같은 방법으로 N을 구해본다.

030 031 032 ⋯ 939이므로 십의 자리의 수가 3으로 고정되고

앞의 한 자리와 뒤의 한 자리의 수가 0□0 부터 9□9까지 모두 100개 있다.

맨 앞자리의 수가 0으로 고정되면 맨 끝 자리의 수가 0부터 9까지 10개의 경우가 있으므로

맨 앞자리의 수가 0인 수는 모두 10개다.

같은 방법으로 맨 앞자리의 수가 고정되면 각각 10개씩의 경우가 있다.

같은 방법으로 맨 끝 자리의 수가 고정되면 역시 10개의 경우가 있다.

따라서 모든 수의 합은 $(0+1+2+\cdots+9)\times 10\times 100+30\times 100+(0+1+2+\cdots+9)\times 10$이다.

따라서 $N=\dfrac{45\times 1010+3000}{100}=484.5$이다.

따라서 $2\times|M-N|=2\times 13.5=27$이다.

9 원주 위의 12개의 점을 차례로 $P_1, P_2, \cdots, P_{12}$이라고 하자.

P_1을 기준으로 다른 두 점을 이은 선분과 교차하지 않으려면

P_1과 이웃한 두 점 $P_2, P_2{}'$ 둘 중의 하나를 선택해야 한다.

이 점을 P_2라고 결정하자.

그리고 선분 P_1P_2과 다른 선분들과도 교차하지 않게 다른 점 P_3를 택하려면

선분 P_1P_2와 이웃한 양 쪽의 두 점 중에 하나를 택해야 한다.

이런 식을 계속하면 점 $P_n(n=1, 2, 3, \cdots, 10)$은 각각 두 가지 택하는 경우가 생긴다.

마지막 점 P_{12}는 선택할 방법이 한 가지 P_{11}로 연결할 수밖에 없다.

그리고 시작하는 점 12가지 경우에 대하여 위와 같은 경우가 각각 생긴다.

∴ $12\times 2^{10}=12188$

10 $\triangle$GAD$\backsim$$\triangle$GCE이므로 $\overline{AG}:\overline{GC}=\overline{AD}:\overline{CE}=3:2$이다.

점 F를 지나며 $\overline{AC}$에 평행한 직선이 $\overline{DE}$와 만나는 점을 K라고 하자.

$\triangle$DKF$\backsim$$\triangle$DGC이므로 $2:5=\overline{DF}:\overline{DC}=\overline{KF}:\overline{GC}$이다.

따라서 $\overline{KF}=\dfrac{2}{5}\overline{GC}$이다.

$\triangle$HFK$\backsim$$\triangle$HGA이므로 $\overline{AH}:\overline{HF}=\overline{AG}:\overline{KF}$이다.

따라서 $\dfrac{\overline{AH}}{\overline{HF}}=\dfrac{\overline{AG}}{\overline{KF}}$이고 $\overline{KF}=\dfrac{2}{5}\overline{GC}$를 대입하면

$\dfrac{\overline{AH}}{\overline{HF}}=\dfrac{\overline{AG}}{\dfrac{2}{5}\overline{GC}}=\dfrac{5}{2}\times\dfrac{\overline{AG}}{\overline{GC}}=\dfrac{15}{4}$이다.

따라서 $\overline{AH}:\overline{HF}=15:4$이다.

$\triangle$HCF$=\dfrac{4}{19}\triangle$ACF$=\dfrac{4}{19}\cdot\dfrac{3}{5}\triangle$ACD$=\dfrac{4}{19}\cdot\dfrac{3}{5}\cdot\dfrac{1}{2}\square$ABCD

$\triangle$HCG$=\dfrac{2}{5}\triangle$HAC$=\dfrac{2}{5}\cdot\dfrac{15}{19}\triangle$ACF$=\dfrac{2}{5}\cdot\dfrac{15}{19}\cdot\dfrac{3}{5}\triangle$ACD$=\dfrac{2}{5}\cdot\dfrac{15}{19}\cdot\dfrac{3}{5}\cdot\dfrac{1}{2}\square$ABCD

따라서 사각형 GCFH의 넓이는 $\left(\dfrac{6}{95}+\dfrac{9}{95}\right)\square$ABCD$=\dfrac{15}{95}\cdot57=9$이다.

11 $\overline{GR}$의 연장선은 $\overline{AB}$의 중점 M을, $\overline{GQ}$의 연장선은 $\overline{AC}$의 중점 N을 지나야 한다. 이제 $\overline{GR}:\overline{RM}=2:1$, $\overline{GQ}:\overline{QN}=2:1$이므로 $\overline{RQ}\,/\!/\,\overline{MN}$이고, $\overline{RQ}\,/\!/\,\overline{BC}$이다.

또한 $\overline{BC}:\overline{MN}=2:1$이고, $\overline{MN}:\overline{RQ}=3:2$이므로 $\overline{BC}:\overline{RQ}=3:1$이다. 다른 세 변에 대해서도 같은 성질이 성립하므로 $\triangle$PQR$\backsim$$\triangle$ABC이고 닮음비는 $1:3$이다. 따라서 넓이의 비는 $1:9$이다.

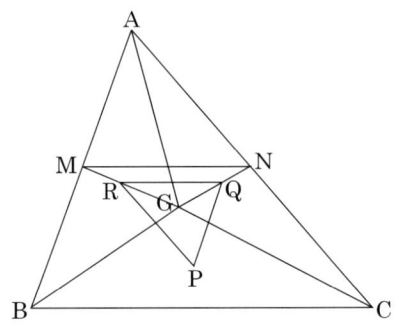

12

1경기	2경기	3경기	4경기	5경기	확 률
승	승	승			$\dfrac{3}{5}\times\dfrac{3}{5}$
승	패	승	승		$\dfrac{2}{5}\times\dfrac{1}{4}\times\dfrac{3}{5}$
승	승	패	승		$\dfrac{3}{5}\times\dfrac{2}{5}\times\dfrac{1}{4}$
승	패	패	승	승	$\dfrac{2}{5}\times\dfrac{3}{4}\times\dfrac{1}{4}\times\dfrac{3}{5}$
승	패	승	패	승	$\dfrac{2}{5}\times\dfrac{1}{4}\times\dfrac{2}{5}\times\dfrac{1}{4}$
승	승	패	패	승	$\dfrac{3}{5}\times\dfrac{2}{5}\times\dfrac{3}{4}\times\dfrac{1}{4}$
계					$\dfrac{144+24+24+18+4+18}{400}=\dfrac{232}{400}=\dfrac{29}{50}$

위의 표와 같이 결과가 나올 수 있다. 따라서 X팀이 우승할 확률은 $\dfrac{29}{50}$이므로 $p=29$, $q=50$이다.

따라서 $|p-q|=21$이다.

13 세 부분집합 A, B, C 중 어느 두 개도 서로 같지 않으므로 $X=\{A,\,B,\,C\}$에서 $Y=\{\varnothing,\,\{1\},\,\{2\},\,\{3\},\,\{1,\,2\},\,\{2,\,3\},\,\{1,\,3\},\,\{1,\,2,\,3\}\}$로의 함수 f들 중 X의 원소 하나에 대하여 각각 서로 다른 Y의 원소를 하나 대응시키는 함수(일대일 함수라고 부른다.)들 중에서 생각한다.

이런 함수의 개수는 8개에서 3개를 선택하여 나열하는 방법의 수와 같으므로 $8\times7\times6=336$개이다.

이 함수들 중 $A\cup B\cup C=U$의 조건에 위배되는 것들을 찾는다.

이 함수들에 의해 얻어진 A, B, C 들 중 $A\cup B\cup C=\varnothing$, $A\cup B\cup C=\{1\}$, $A\cup B\cup C=\{2\}$, $A\cup B\cup C=\{3\}$에 해당하는 경우는 서로 같은 것들이 반드시 존재해야 하므로 일대일 함수라는 가정에 맞지 않는다.

따라서 일대일 함수에 의해 얻어진 A, B, C 들 중 $A\cup B\cup C\neq U$인 것은 $A\cup B\cup C=\{1,\,2\}$, $A\cup B\cup C=\{2,\,3\}$, $A\cup B\cup C=\{1,\,3\}$ 중 하나이다.

$A\cup B\cup C=\{1,\,2\}$인 것은 X에서 $Y_1=\{\varnothing,\,\{1\},\,\{2\},\,\{1,\,2\}\}$로의 일대일 함수의 개수와 같다.

이 경우에는 공역의 원소가 4개이고 정의역의 원소가 3개이므로 $A\cup B\cup C\neq\{1,\,2\}$인 것은 존재하지 않는다. 따라서 4개에서 3개를 선택하여 나열하는 방법의 수인 $4\times3\times2=24$개의 $(A,\,B,\,C)$가 있다. 다른 경우도 모두 같은 방법으로 구할 수 있으므로 일대일 함수에 의해 얻어진 A, B, C 들 중 $A\cup B\cup C\neq U$인 것은 모두 $3\times24=72$개다.

따라서 $A\cup B\cup C=U$이고, 세 부분집합 A, B, C 중 어느 두 개도 서로 같지 않은 $(A,\,B,\,C)$의 개수는 $336-72=264$이다.

14 G는 $\triangle$EBC의 무게중심이므로 $\triangle$EFG $=4\,\mathrm{cm}^2$이면
$\triangle$EFG $=\triangle$BFG $=\triangle$GBM $=\triangle$GMC $=4\,\mathrm{cm}^2$이다.
따라서 $\triangle$ECG $=8\,\mathrm{cm}^2$이므로 $\triangle$EFC $=12\,\mathrm{cm}^2$이다.
따라서 $\triangle$EDC $=12\,\mathrm{cm}^2$이다.
$\square$EGCD $=\triangle$EGC $+\triangle$EDC $=8+12=20\,(\mathrm{cm}^2)$이다.

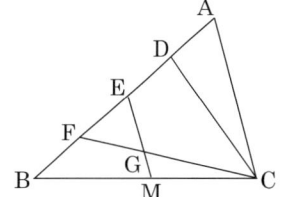

15 이차함수의 그래프에는 x가 양수일 때, $0<x\leq4$까지 y좌표가 정수인 점이 모두 8개 있다. 따라서 y좌표가 1인 점은 9번째, y좌표가 2인 점은 10번째, $\cdots$, y좌표가 n인 점은 $n+8$번째이다. 따라서 100번째 점은 y좌표가 92 일 때 이므로 $x^2-4x=92$의 양수 해를 찾으면 된다. $x^2-4x-92=0$의 양수 해는 $x=2+\sqrt{4+92}=2+\sqrt{96}$ 이다. $x=11.5$이면 $x-2=9.5$, $(x-2)^2=9.5^2=90.25<96$이므로 $11.5<2+\sqrt{96}$ 이다. 또한 $96<100$이므로 $2+\sqrt{96}<12$가 성립한다.

서술형 풀이 1

1 $\angle$BAE $=\angle$CAD, $\angle$ABE $=\angle$ACD(원주각)이므로 $\triangle$ABE$\backsim$$\triangle$ACD이다.
따라서 $\overline{\mathrm{AB}}:\overline{\mathrm{AC}}=\overline{\mathrm{BE}}:\overline{\mathrm{CD}}$이므로 $\overline{\mathrm{AB}}\cdot\overline{\mathrm{CD}}=\overline{\mathrm{AC}}\cdot\overline{\mathrm{BE}}$이다.

2 $\angle$EAD $=\angle$EAC $+\angle$CAD $=\angle$EAC $+\angle$BAE $=\angle$BAC, $\angle$BCA $=\angle$ADE(원주각)이므로 $\triangle$ADE$\backsim$$\triangle$ACB이다.
따라서 $\overline{\mathrm{AD}}:\overline{\mathrm{AC}}=\overline{\mathrm{DE}}:\overline{\mathrm{BC}}$이므로 $\overline{\mathrm{AD}}\cdot\overline{\mathrm{BC}}=\overline{\mathrm{AC}}\cdot\overline{\mathrm{DE}}$이다.
1에서 구한 $\overline{\mathrm{AB}}\cdot\overline{\mathrm{CD}}=\overline{\mathrm{AC}}\cdot\overline{\mathrm{BE}}$와 $\overline{\mathrm{AD}}\cdot\overline{\mathrm{BC}}=\overline{\mathrm{AC}}\cdot\overline{\mathrm{DE}}$을 더하면
$\overline{\mathrm{AB}}\cdot\overline{\mathrm{CD}}+\overline{\mathrm{AD}}\cdot\overline{\mathrm{BC}}=\overline{\mathrm{AC}}\cdot(\overline{\mathrm{BE}}+\overline{\mathrm{ED}})$이므로
$\overline{\mathrm{AB}}\cdot\overline{\mathrm{CD}}+\overline{\mathrm{AD}}\cdot\overline{\mathrm{BC}}=\overline{\mathrm{AC}}\cdot\overline{\mathrm{BD}}$이다.

3 원에 내접하는 사각형 ALMN 에서 2에서 증명한 결과를 적용하면

$\overline{AL} \cdot \overline{MN} + \overline{AN} \cdot \overline{LM} = \overline{AM} \cdot \overline{LN}$ ··· ①이 성립한다.

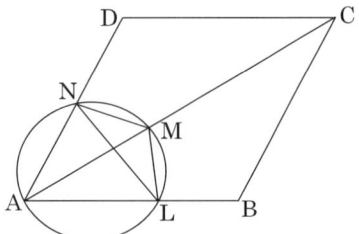

$\angle LNM = \angle LAM$(원주각), $\angle ACB = \angle NAM$(엇각),

$\angle NAM = \angle NLM$(원주각), 따라서 $\angle ACB = \angle NLM$

따라서 $\triangle ABC \backsim \triangle NML$ 이다.

따라서 $\overline{MN} : \overline{AB} = \overline{ML} : \overline{BC} = \overline{LN} : \overline{CA} = k : 1$ 라고 하면

$\overline{MN} = k\overline{AB}$, $\overline{ML} = k\overline{BC}$, $\overline{LN} = k\overline{CA}$ 이다. 이것을 ①에 대입하면

$k(\overline{AL} \cdot \overline{AB} + \overline{AN} \cdot \overline{BC}) = k\overline{AM} \cdot \overline{CA}$ 고 $\overline{BC} = \overline{AD}$ 이므로

$\overline{AL} \cdot \overline{AB} + \overline{AN} \cdot \overline{AD} = \overline{AM} \cdot \overline{AC}$ 이 성립한다.

4 삼각형 ABC의 각 변의 중점을 D, E, F라고 하고 외심을 O, 외접원의 반지름의 길이를 R, 내접원의 반지름의 길이를 r이라고 하자.

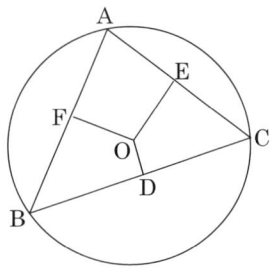

$\angle AFO = \angle AEO = 90°$ 이므로 네 점 A, F, O, E는 한 원위에 있다. 따라서 2에서 증명한 사실을 적용하면 $\overline{AF} \cdot \overline{OE} + \overline{AE} \cdot \overline{OF} = \overline{AO} \cdot \overline{EF}$ 이다.

$\overline{AB} = c$, $\overline{BC} = a$, $\overline{CA} = b$ 라고 하면 $\overline{AF} = \dfrac{c}{2}$, $\overline{AE} = \dfrac{b}{2}$, $\overline{OA} = R$,

$\overline{EF} = \dfrac{a}{2}$ (중점연결정리)이다.

따라서 $\overline{AF} \cdot \overline{OE} + \overline{AE} \cdot \overline{OF} = \overline{AO} \cdot \overline{EF}$ 에 대입하면

$\dfrac{c \cdot \overline{OE}}{2} + \dfrac{b \cdot \overline{OF}}{2} = \dfrac{aR}{2}$ 가 된다. 다른 두 경우에도 같은 결과를 얻을 수 있으므로

$\dfrac{c \cdot \overline{OD}}{2} + \dfrac{a \cdot \overline{OF}}{2} = \dfrac{bR}{2}$, $\dfrac{a \cdot \overline{OE}}{2} + \dfrac{b \cdot \overline{OD}}{2} = \dfrac{cR}{2}$

세 식을 모두 더하면 $R \cdot \dfrac{a+b+c}{2} = \dfrac{a}{2}(\overline{OE} + \overline{OF}) + \dfrac{b}{2}(\overline{OF} + \overline{OD}) + \dfrac{c}{2}(\overline{OD} + \overline{OE})$ ··· ①

또 삼각형의 전체의 넓이는 $\dfrac{1}{2}a\overline{OD} + \dfrac{1}{2}b\overline{OE} + \dfrac{1}{2}c\overline{OF}$ 인데 $\dfrac{r}{2}(a+b+c)$ 와 같으므로

$r \cdot \dfrac{a+b+c}{2} = \dfrac{1}{2}a\overline{OD} + \dfrac{1}{2}b\overline{OE} + \dfrac{1}{2}c\overline{OF}$ ··· ②

따라서 ① + ②하면

$(R+r)\dfrac{a+b+c}{2} = \dfrac{a}{2}(\overline{OD} + \overline{OE} + \overline{OF}) + \dfrac{b}{2}(\overline{OD} + \overline{OE} + \overline{OF}) + \dfrac{c}{2}(\overline{OE} + \overline{OE} + \overline{OF})$

따라서 $R+r = \overline{OD} + \overline{OE} + \overline{OF}$ 이 성립한다.

서술형 풀이 2

1 $f(x) = \dfrac{2^x + 2^{-x}}{2}$, $g(x) = \dfrac{2^x - 2^{-x}}{2}$ 으로 놓으면

$f(-x) = \dfrac{2^{-x} + 2^x}{2} = f(x)$ 이므로 우함수, $g(-x) = \dfrac{2^{-x} - 2^x}{2} = -g(x)$ 이므로 기함수가 된다.

또한, $y = 2^x = f(x) + g(x)$ 로 표현가능하다.

2 모든 실수 x에 대하여 정의된 임의의 함수를 $h(x)$라 하자.

$f(x) = \dfrac{h(x)+h(-x)}{2}$, $g(x) = \dfrac{h(x)-h(-x)}{2}$ 로 놓으면,

$f(-x) = \dfrac{h(-x)+h(x)}{2} = f(x)$이므로 우함수, $g(-x) = \dfrac{h(-x)-h(x)}{2} = -g(x)$이므로 기함수이다.

또한, $h(x) = f(x) + g(x)$으로 표현가능하다.

3 만약 $h(x) = f(x) + g(x) = f_1(x) + g_1(x) \cdots$ ① (단, f, f_1 : 우함수, g, g_1 : 기함수)로 놓자.

$h(-x) = f(-x) + g(-x) = f_1(-x) + g_1(-x)$

$f(x) - g(x) = f_1(x) - g_1(x) \cdots$ ②

$\dfrac{1}{2}$(①+②)에서 $f(x) = f_1(x)$

$\dfrac{1}{2}$(①-②)에서 $g(x) = g_1(x)$

따라서 $h(x)$를 우함수와 기함수의 합으로 표현하는 방법은 유일하다.

서술형 풀이 3

1 ⅰ) $L-3$이 유일함을 증명하자.

가능한 조합은 $3abc3d$ 또는 $a3bcd3$이다.

우선 $3abc3d$인 경우에서 2의 위치는 a일 수 없다. 왜냐하면 만약 a에 2가 오면 두 번째 3이 이미 위치하고 있으므로 모순이다. 따라서 2는 b의 위치에 올 수밖에 없다. 랭퍼드 수열의 정의에 따라 $d=2$가 된다. 나머지 1의 위치는 a와 c로 결정된다.

따라서 312132

두 번째 $a3bcd3$인 경우에서 2의 위치는 a이면 c가 되고, 당연히 1의 위치는 b와 d가 된다. 즉, 231213이다. 이것은 위의 경우와 방향을 고려하지 않으면 같은 경우이다. 만약 $b=2$이면 모순이다. 결국 숫자배열 방향을 고려하지 않으면 유일하다.

ⅱ) $L-4$

가능한 조합은 4****4**, *4****4, **4****4이다.

여기서 세 번째 경우는 첫 번째 경우를 뒤집은 것이므로 제외하고 3을 채워보자.

4 * 3 * * 4 3 *, 4 * * 3 * 4 3, 3 4 * * 3 * 4 *, * 4 * 3 * * 4 3

이제 남은 자리에 2를 넣으면,

4 * 3 * 2 4 3 2, 4 2 3 * 2 4 3 *, 4 2 * 3 2 4 * 3, * 4 2 3 * 2 4 3

여기에서 1을 넣을 수 있는 경우는 4 * 3 * 2 4 3 2 경우 밖에 없으므로 41312432가 유일하다.

2 첫 번째 r과 두 번째 r 사이에는 r개의 숫자가 위치하고 있고,

a_r는 r의 처음 위치를 나타내므로 두 번째 r의 위치는 $a_r + r + 1$이 된다.

3 a_r는 r의 처음 위치를 나타내므로 두 번째 r의 위치는 $a_r + r + 1$이 된다.

따라서 a_r, $a_r + r + 1$에 숫자를 부여한 후, 집합으로 표현하면 $\{1,\ 2,\ 3,\ \cdots,\ 2n\}$이 된다.

즉, (모든 a_r, $a_r + r + 1$에 부여된 숫자의 합)$= (1 + 2 + 3 + \cdots + 2n)$이다.

(좌변)$= 2(a_1 + a_2 + \cdots + a_n) + \dfrac{n(n+1)}{2} + n$

(우변)$= \dfrac{2n(2n+1)}{2}$

정리하면, $(a_1 + a_2 + \cdots + a_n) = \dfrac{n(3n-1)}{4} = $정수

분자 $n(3n-1)$이 4의 배수가 되어야하므로, $n = 4k,\ 4k-1\,(k$는 자연수$)$꼴만 가능하다.

서술형 풀이 4

1 $\sqrt{2}$ 가 유리수라고 가정하자.

$\sqrt{2} = \dfrac{q}{p}\,($단, $p,\ q$는 서로소이고 $p \neq 0)$로 놓자. $\quad \sqrt{2}\,p = q$

양변 제곱하면, $2p^2 = q^2$에서 좌변이 짝수이므로 우변도 짝수이다.

따라서 $q = 2m\,($단, m은 정수$)$꼴이다. 즉, $2p^2 = 4m^2$

$p^2 = 2m^2$에서 우변이 짝수이므로 좌변도 짝수이다. 따라서 $p = 2n\,($단, n은 정수$)$꼴이다.

이것은 $p,\ q$는 서로소라는 사실에 모순이다. 따라서 $\sqrt{2}$ 는 무리수이다.

2 유리수 근 $\alpha = \dfrac{q}{p}\,($단, $p,\ q$는 서로소이고 $p \neq 0)$로 놓자.

$a_n x^n + a_{n-1} x^{n-1} + \cdots + a_1 x + a_0 = 0$에 유리수 근 $\alpha = \dfrac{q}{p}$을 대입하면,

$a_n \left(\dfrac{q}{p}\right)^n + a_{n-1} \left(\dfrac{q}{p}\right)^{n-1} + \cdots + a_1 \left(\dfrac{q}{p}\right) + a_0 = 0$

양변에 p^n을 곱하여 정리하면,

$a_n q^n = p(-a_{n-1} q^{n-1} - a_{n-2} p q^{n-2} - \cdots - a_0 p^{n-1}) \cdots$ ①

$a_0 p^n = q(-a_{n-1} q^{n-1} - a_{n-2} p q^{n-2} - \cdots - a_1 p^{n-1}) \cdots$ ②

①에서 p와 q^n은 서로소이므로 a_n은 p의 배수이다.

②에서 p^n과 q는 서로소이므로 a_0는 q의 배수이다.

즉, p는 a_n의 약수이고, q는 a_0의 약수이므로 $\alpha = \dfrac{a_0\text{의 약수}}{a_n\text{의 약수}}$ 이다.

3 $x = \sqrt{2} + \sqrt{3}$ 라 놓자.

양변 제곱하면, $x^2 = 5 + 2\sqrt{6}$

양변을 다시 제곱하여 정리하면 $x^4 - 10x^2 + 1 = 0$이다.

만약 유리수 근을 갖는다면 **2**에 의하여 가능한 유리수 근은 $x = \pm 1$이다.

하지만 $x = \pm 1$은 $x^4 - 10x^2 + 1 = 0$의 근이 아니다.

따라서 $x = \sqrt{2} + \sqrt{3}$ 은 무리수이다.

출제예상문제 18회

단답형 정답 및 해설

1 $x_1 = \sqrt{3}$ 이므로 $y_1 = \sqrt{3}-1$,

$x_2 = \dfrac{1}{\sqrt{3}-1} = \dfrac{\sqrt{3}+1}{2}$, $y_2 = \dfrac{\sqrt{3}+1}{2} - \left[\dfrac{\sqrt{3}+1}{2}\right] = \dfrac{\sqrt{3}+1}{2}-1 = \dfrac{\sqrt{3}-1}{2}$

$x_3 = \dfrac{1}{\dfrac{\sqrt{3}-1}{2}} = \dfrac{2}{\sqrt{3}-1} = \sqrt{3}+1$, $y_3 = \sqrt{3}+1-[\sqrt{3}+1] = \sqrt{3}+1-2 = \sqrt{3}-1$

따라서 $x_4 = \dfrac{\sqrt{3}+1}{2}$, $y_4 = \dfrac{\sqrt{3}-1}{2}$, $x_5 = \sqrt{3}+1$, $y_5 = \sqrt{3}-1$, $\cdots$

따라서 n이 홀수이면 $y_n = \sqrt{3}-1$, n이 짝수이면 $y_n = \dfrac{\sqrt{3}-1}{2}$ 이다.

따라서 $y_{2019} = \sqrt{3}-1$ 이다.

2 $7(x+y) = (ax^2+by^2)(x+y) = ax^3+by^3+(ax+by)xy = 16+3xy$,

따라서 $7(x+y) = 16+3xy$ $\cdots$ ①

$16(x+y) = (ax^4+by^4)(x+y) = ax^4+by^4+(ax^2+by^2)xy = 42+7xy$,

따라서 $16(x+y) = 42+7xy$ $\cdots$ ②

①, ②를 변형하면 $7(x+y)-3xy = 16$, $16(x+y)-7xy = 42$, 두 식을 $(x+y)$, xy에 관하여 연립해서

풀면 $x+y = -14$, $xy = -38$

마찬가지 방법으로

$42(x+y) = (ax^4+by^4)(x+y) = ax^5+by^5+(ax^3+by^3)xy = ax^5+by^5+16xy$,

따라서 $ax^5+by^5 = 42(x+y)-16xy = 20$

3 x좌표가 1일 때 두 직선 위의 점들은 각각 A$(1, a)$, B$(1, b)$가 된다. 원점을 O, C$(1, 0)$이라고 할 때, 선분 OB는 조건에 의해 $\angle$AOC의 이등분선이 된다. 따라서 비례식 $\overline{\text{OA}}:\overline{\text{OC}} = \overline{\text{AB}}:\overline{\text{BC}}$가 성립한다.

따라서 $\sqrt{1+a^2}:1 = (a-b):b$이므로 $b\sqrt{1+a^2} = a-b$이다.

양 변을 제곱하면 $b^2 + b^2 a^2 = a^2 - 2ab + b^2$, $(1-b^2)a^2 = 2ab$이다.

조건에 의하여 $a = 3b$이므로 $(1-b^2)9b^2 = 6b^2$이다.

$b > 0$이므로 $1 - b^2 = \dfrac{6}{9}$,

따라서 $b^2 = \dfrac{1}{3}$, $b = \dfrac{1}{\sqrt{3}}$, $a = \dfrac{3}{\sqrt{3}}$이다.

따라서 $ab = 1$이다.

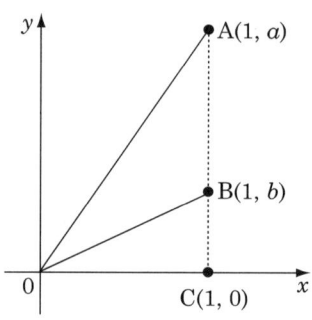

4 점 P의 좌표를 (t, at^2)이라고 하자.

점 Q의 x좌표는 $at^2 = \dfrac{2}{5}x^2$을 만족하는 x의 값이므로 $x = \dfrac{\sqrt{5a}}{\sqrt{2}}t$이다.

따라서 P(t, at^2), Q$\left(\dfrac{\sqrt{5a}}{\sqrt{2}}t, at^2\right)$, R$\left(t, \dfrac{9}{10}t^2\right)$이므로 점 S의 좌표는 $\left(\dfrac{\sqrt{5a}}{\sqrt{2}}t, \dfrac{9}{10}t^2\right)$이다.

점 S는 $y = ax^2$ 위의 점이므로 $\dfrac{9}{10}t^2 = a \cdot \dfrac{5a}{2}t^2$, $a^2 = \dfrac{9}{25}$. 따라서 $a = \dfrac{3}{5}$이다.

직사각형 PQSR가 정사각형이므로 $\overline{\text{PR}} = \overline{\text{PQ}}$이다.

$\dfrac{9}{10}t^2 - \dfrac{3}{5}t^2 = \dfrac{\sqrt{3}}{\sqrt{2}}t - t$, $\dfrac{3}{10}t = \dfrac{\sqrt{3}}{\sqrt{2}} - 1$

따라서 $t = \dfrac{10(\sqrt{3}-\sqrt{2})}{3\sqrt{2}} = \dfrac{5\sqrt{2}(\sqrt{3}-\sqrt{2})}{3} = \dfrac{5(\sqrt{6}-2)}{3}$이다.

5 원 E의 반지름을 r, $\overline{\text{CO}} = x$라 하자. $\overline{\text{EF}} = \overline{\text{EC}}$, $\overline{\text{CF}} = \overline{\text{CO}}$이므로 $\triangle$CEF $\sim$ $\triangle$OCF이다.

$\overline{\text{EF}}:\overline{\text{CF}} = \overline{\text{CF}}:\overline{\text{OF}}$, $r:x = x:3$ 따라서 $x^2 = 3r$

직각삼각형 OCE에서 $x^2 + r^2 = (3-r)^2$이다.

$x^2 = 3r$, $x^2 + r^2 = (3-r)^2$을 연립하여 풀면, $r = 1$

따라서 삼각형 OCE는 세 변의 길이가 각각 1, 2, $\sqrt{3}$이므로 $\angle$COE $= 30°$

(부채꼴 OAF) $= 9\pi \times \dfrac{30°}{360°} = \dfrac{3}{4}\pi$, (부채꼴 ECF) $= \pi \times \dfrac{120°}{360°} = \dfrac{1}{3}\pi$

따라서 ($\triangle$OCE의 넓이) $= \dfrac{\sqrt{3}}{2}$. 구하려는 넓이 $S = \dfrac{3}{4}\pi - \dfrac{1}{3}\pi - \dfrac{\sqrt{3}}{2} = \dfrac{5}{12}\pi - \dfrac{\sqrt{3}}{2}$

6 서로 외접하는 두 원의 공통 외접선의 길이를 구하여 보자. 원 A의 반지름의 길이를 a, 원 B의 반지름의 길이가 b라고 하자. 위의 그림에서 두 원과 접선이 만나는 접점을 각각 P, Q라고 하고 A에서 $\overline{\text{BQ}}$에 내린 수선의 발을 R이라고 하자.

그러면 $\overline{\text{AB}} = a+b$, $\overline{\text{BR}} = b-a$이므로

$\overline{\text{PQ}}^2 = \overline{\text{AB}}^2 - \overline{\text{BR}}^2 = (a+b)^2 - (b-a)^2 = 4ab$

이므로 $\overline{\text{PQ}} = 2\sqrt{ab}$이다.

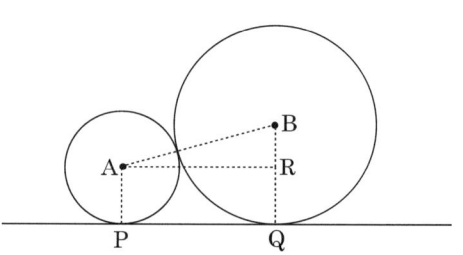

이제 문제의 그림에서 원 C의 반지름의 길이를 r이라고 할 때 두 원 A와 C의 공통외접선의 길이는 $2\sqrt{ar}$, 두 원 B와 C의 공통외접선의 길이는 $2\sqrt{br}$ 이다. 두 공통외접선의 길이를 더하면 두 원 A와 B의 공통외접선의 길이와 같으므로 다음 등식이 성립한다.

$2\sqrt{ab} = 2\sqrt{ar} + 2\sqrt{br}$, 따라서 $\sqrt{r} = \dfrac{\sqrt{ab}}{\sqrt{a}+\sqrt{b}}$ 임을 알 수 있다.

이제 $a=9$, $b=36$을 대입하면 $\sqrt{r}=2$이므로 $r=4$이다.

7 $\dfrac{x}{a}+\dfrac{y}{b}=1$, $y=-x+a$ 를 그리면 다음과 같다.

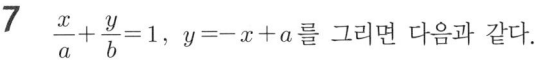

넓이는 $\dfrac{1}{2}\times|a-b|\times a = 3$이므로

① $a>b$일 때
   $(a-b)a=6$에서 $a-b=1$, $a=6$인 경우, $a-b=2$, $a=3$인 경우
   가 있다.
   따라서 $(a, b) = (6, 5)$ or $(3, 1)$ 두 가지가 존재한다.
② $a<b$일 때
   $(b-a)a=6$에서 $b-a=2$, $a=3$인 경우, $b-a=3$, $a=2$인 경우
   가 있다.
   따라서 $(a, b) = (3, 5)$ or $(2, 5)$ 두 가지가 존재한다.
③ $a=b$일 때 두 직선이 일치하게 되어 조건에 모순된다.

   모든 경우의 수는 36이고, 이 중 해당하는 경우의 수는 4이므로 확률은 $\dfrac{4}{36}=\dfrac{1}{9}$이다.

8 문제의 그림에서 H를 지나며 $\overline{CG}$에 평행한 직선과 G를 지나며 $\overline{CH}$에 평행한 직선이 만나는 점을 J라고 하면 사각형 CGJH는 평행사변형이다. 또한 평행사변형의 대각선은 서로 이등분하므로 N은 $\overline{CJ}$의 중점이다. 평행사변형에서 동측내각의 합이 180°이므로 $\angle JHC = 180° - \angle HCG = \angle ACB$이다. 또한 사각형 CGJH가 평행사변형이므로 $\overline{HJ}=\overline{CG}=\overline{CB}$, $\overline{CH}=\overline{AC}$이다.

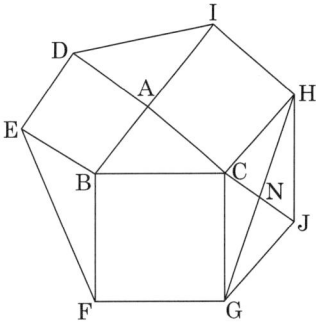

따라서 $\triangle ABC \equiv \triangle CJH$이므로 $\overline{CN}=\dfrac{1}{2}\overline{CJ}=\dfrac{1}{2}\overline{AB}$이다.

다른 경우에도 같은 결과를 얻을 수 있으므로
$\overline{AL}+\overline{BM}+\overline{CN} = \dfrac{1}{2}(\overline{BC}+\overline{CA}+\overline{AB}) = 9$이다.

9 색깔로만 짝을 맞추고 있으므로 짝이 안 맞는 양말의 개수는 각 색깔별로 1개씩 많아야 4개다.
짝이 안 맞는 색의 양말은 홀수 개가 뽑혔을 때이다.
24개의 양말을 뽑으면 짝이 안 맞는 것은 많아야 4개이므로 20개는 10켤레의 짝이 된다.
23개는 최대한 4개의 짝이 안 맞는 경우를 빼면 19개가 되어 짝을 맞출 수가 없다.
따라서 짝이 안 맞는 양말은 최대한 3개이므로 20개는 10켤레의 짝이 된다.
22개를 뽑으면 짝이 안 맞는 양말은 많아야 4개이므로 18개는 9켤레의 짝이 된다.
그러므로 10켤레의 양말짝을 확실하게 맞추려면 최소 23개의 양말을 뽑아야 한다.

10 양변에 $ab(a+b)$를 곱하여 b를 미지수로 하는 방정식으로 고치면

$b^2 - ab - a^2 = 0$

따라서 $b = \dfrac{1+\sqrt{5}}{2}a \ (\because a, b > 0)$

$\dfrac{b}{a} = \dfrac{1+\sqrt{5}}{2}$ 이므로 $\left(\dfrac{b}{a}\right)^3 = \left(\dfrac{1+\sqrt{5}}{2}\right)^3 = 2 + \sqrt{5}$

$\dfrac{a}{b} = \dfrac{2}{1+\sqrt{5}}$ 이므로 $\left(\dfrac{a}{b}\right)^3 = \sqrt{5} - 2$

따라서 $\left(\dfrac{b}{a}\right)^3 + \left(\dfrac{a}{b}\right)^3 = 2\sqrt{5}$

11 출발 후 t분 후에 어느 꼭짓점에서 처음 만난다고 가정하면

$60t + 40t = 100t$는 80의 배수, $60t$와 $40t$는 20의 배수이다.

즉 $\dfrac{5}{4}t$, $3t$, $2t$가 모두 정수이어야 하므로 $t = \dfrac{b}{a}$ (a, b는 자연수)라 하면

a는 5, 3, 2의 최대공약수, b는 4의 최소공배수이므로 $t = 4$이다.

따라서 4분에 한 번씩 만나게 되므로 구하는 횟수는 2회

12 $\begin{cases} a^2 - bc - 8a + 7 = 0 & \cdots \text{①} \\ b^2 + c^2 + bc - 6a + 6 = 0 & \cdots \text{②} \end{cases}$

①에서 $bc = a^2 - 8a + 7$ $\cdots$ ③

(②+③) 하면

$(b+c)^2 = (a-1)^2$, $b+c = \pm(a-1)$ $\cdots$ ④

③, ④로부터 근과 계수관계에 의해 b, c는 $t^2 \mp (a-1)x + (a^2 - 8a + 7) = 0$의 두 근임을 알 수 있다.

판별식을 사용하면, $D = \{\mp(a-1)\}^2 - 4(a^2 - 8a + 7) \geq 0$

따라서 $1 \leq a \leq 9$

a의 최댓값은 9이다.

13 $x^2 + px + q^2 = 0$의 근을 α, β라 하면 $\alpha + \beta = -p$, $\alpha\beta = q^2$

조건에서 $x^2 + qx + p^2 = 0$의 근은 $\alpha + 4$, $\beta + 4$이므로 $(\alpha+4) + (\beta+4) = -q$, $(\alpha+4)(\beta+4) = p^2$이다.

$\alpha + \beta = -p$, $(\alpha+4) + (\beta+4) = -q$에서 $-p + 8 = -q$

$\alpha\beta = q^2$, $\alpha\beta = q^2$을 $(\alpha+4)(\beta+4) = p^2$에 대입하면, $q^2 - p^2 - 4p + 16 = 0$

따라서 $p = 4$, $q = -4$

$p + q = 0$

14 두 버튼은 00부터 99까지 100가지의 경우가 생긴다.

두 버튼 사이의 거리	가지 수
0	10
1	$13 \times 2 = 26$
2	$7 \times 2 = 14$
3	$1 \times 2 = 2$
$\sqrt{2}$	$10 \times 2 = 20$
$\sqrt{5}$	$10 \times 2 = 20$
$\sqrt{10}$	$2 \times 2 = 4$
$2\sqrt{2}$	$2 \times 2 = 4$

$$(\text{평균}) = \frac{0 \times 10 + 1 \times 26 + 2 \times 14 + 3 \times 2 + \sqrt{2} \times 20 + \sqrt{5} \times 20 + \sqrt{10} \times 4 + 2\sqrt{2} \times 4}{100}$$

$$= \frac{15 + 7\sqrt{2} + 5\sqrt{5} + \sqrt{10}}{25}$$

15 한 상자에 들어있는 구슬의 개수를 n이라 하면, 다른 상자에는 $25-n$개의 구슬이 들어 있게 된다.
n개의 구슬이 들어 있는 상자의 검은 구슬의 개수를 b,

$25-n$개의 구슬이 들어 있는 상자의 검은 구슬의 개수를 B라 하면, $\dfrac{bB}{n(25-n)} = \dfrac{27}{50}$

$n(25-n)$는 5의 배수이어야 하므로 n도 5의 배수이다. 따라서 $n = 5,\ 10,\ 15,\ 20$중의 하나이다.
$n=5$일 때, $bB=54$이므로 b는 54의 약수이고 $b \leq 5$이므로 $b=1,\ 2,\ 3$이며 $B=54,\ 27,\ 18$이다.
B ≤ 20이므로 $b=3$, $B=18$이다.
두 개 모두 흰색일 확률은 $\dfrac{2}{5} \times \dfrac{1}{10} = \dfrac{1}{25}$
$n=10$일 때, $bB=81$이므로 $b=B=9$이다.
두 개 모두 흰색일 확률은 $\dfrac{1}{10} \times \dfrac{2}{5} = \dfrac{1}{25}$

서술형 풀이 1

1 $m=1$이면 $2^{4m}-1=15$
$m=2$이면 $2^{4m}-1=255=15 \cdot 17$
$2^{4m}-1 = 16^m - 1 = (16-1)(16^{m-1} + 16^{m-2} + \cdots + 1)$과 같이 인수분해될 수 있다.
$(m > 2)$
따라서 항상 15의 배수이다.

2 $2^{8m+3} - 2^{4m} - 7 = 2^{8m} \cdot 2^3 - 2^{4m} - 7 = 8(2^{4m})^2 - 2^{4m} - 7$이다.
$8x^2 - x - 7 = (x-1)(8x+7)$이므로
$2^{8m+3} - 2^{4m} - 7 = 2^{8m} \cdot 2^3 - 2^{4m} - 7 = 8(2^{4m})^2 - 2^{4m} - 7 = (2^{4m}-1)(8 \cdot 2^{4m} + 7)$이고
$2^{4m}-1$은 **1**에 의하여 5의 배수이다.
또한 $8 \cdot 2^{4m} + 7 = 8(2^{4m}-1) + 8 + 7 = 8(2^{4m}-1) + 15$ 이므로 $8 \cdot 2^{4m} + 7$도 5의 배수이다.
따라서 $2^{8m+3} - 2^{4m} - 7$은 25의 배수이다.

3 n이 홀수이므로 $n = 2m+1$이라고 할 수 있다.

$n = 1$이면 $2^{2n}(2^{2n+1}-1) = 28$

$m \geq 1$이라고 하자.

$2^{2n}(2^{2n+1}-1) = 2^{4m+2}(2^{4m+3}-1) = 2^{8m+5} - 2^{4m+2} = 4(2^{8m+3} - 2^{4m})$ 이다.

2에서 $2^{8m+3} - 2^{4m} - 7$이 25의 배수임을 보였으므로

$4(2^{8m+3} - 2^{4m} - 7) = 4(2^{8m+3} - 2^{4m}) - 28 = 2^{2n}(2^{2n+1}-1) - 28$은 100의 배수이다.

따라서 임의의 양의 홀수 n에 대하여 $2^{2n}(2^{2n+1}-1)$의 마지막 두 자리의 수는 28이다.

서술형 풀이 2

1 A에서 $\overline{BC}$에 내린 수선의 발을 E, D에서 $\overline{BC}$의 연장선에 내린
수선의 발을 F라고 하자. $\overline{AB} = a$, $\overline{BC} = b$, $\overline{AE} = h$, $\overline{BE} = x$라고
하자.

$\overline{AC}^2 = h^2 + (b-x)^2$, $\overline{BD}^2 = h^2 + (b+x)^2$이므로

$\overline{AC}^2 + \overline{BD}^2 = 2h^2 + 2b^2 + 2x^2 = 2(h^2 + x^2) + 2b^2$

$= 2a^2 + 2b^2 = \overline{AB}^2 + \overline{BC}^2 + \overline{CD}^2 + \overline{DA}^2$이다.

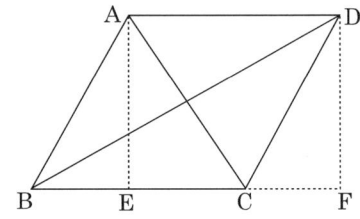

2 $\overline{AD}$의 연장선을 그리고 그 위에 $\overline{AD} = \overline{DE}$인 점 E를 잡는다.
그러면 사각형 ABEC는 대각선이 서로 이등분하므로 평행사변
형이 되고 (1)에 의하여

$\overline{AB}^2 + \overline{BE}^2 + \overline{EC}^2 + \overline{CA}^2 = \overline{AE}^2 + \overline{BC}^2$이 성립한다. 그런데

$\overline{BE} = \overline{AC}$, $\overline{EC} = \overline{AB}$, $\overline{AE} = 2\overline{AD}$이므로 주어진 식은

$2\overline{AB}^2 + 2\overline{AC}^2 = 4\overline{AD}^2 + \overline{BC}^2$이 성립한다.

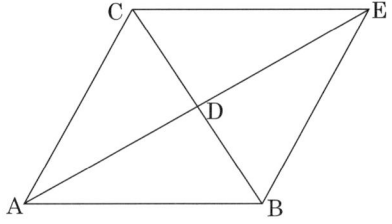

3 **2**에서 증명한 사실을 다른 두 가지 경우에도 적용하면

$4\overline{AD}^2 + \overline{BC}^2 = 2\overline{AB}^2 + 2\overline{CA}^2$

$4\overline{BE}^2 + \overline{CA}^2 = 2\overline{BC}^2 + 2\overline{AB}^2$

$4\overline{CF}^2 + \overline{AB}^2 = 2\overline{CA}^2 + 2\overline{BC}^2$

이 성립한다. 세 식을 모두 더하면

$4(\overline{AD}^2 + \overline{BE}^2 + \overline{CF}^2) = 3(\overline{BC}^2 + \overline{CA}^2 + \overline{AB}^2)$이 성립한다.

따라서 $\overline{AD}^2 + \overline{BE}^2 + \overline{CF}^2 = \dfrac{3}{4}(\overline{BC}^2 + \overline{CA}^2 + \overline{AB}^2)$이 성립한다.

서술형 풀이 3

1 $(a+b)^2 = a^2 + b^2 + 2ab > a^2 + b^2 = c^2$

따라서 $a+b > c$

2 $a^2 + b^2 = c^2 \Leftrightarrow (a^2+b^2)^3 = c^6$

즉, $a^6 + b^6 + 3a^2b^2(a^2+b^2) = c^6$ 이므로

$c^6 - (a^3+b^3)^2$

$= a^6 + b^6 + 3a^2b^2(a^2+b^2) - (a^6+b^6+2a^3b^3)$

$= a^2b^2(3a^2 - 2ab + 3b^2)$

$= 3a^2b^2\left\{\left(a - \dfrac{1}{3}b\right)^2 + \dfrac{8}{9}b^2\right\} > 0$

따라서 $a^3 + b^3 < c^3$

3 a, b 모두 홀수라고 가정하자.

$a = 2p+1$, $b = 2q+1$ (p, q는 자연수)라 하면

$a^2 = 4p(p+1)+1$, $b^2 = 4q(q+1)+1$

$a^2 + b^2 = 4\{p(p+1) + q(q+1)\} + 2$

즉, $a^2 + b^2$은 짝수이지만 4의 배수는 아니다.

또한, c^2은 c가 홀수이면 홀수, 짝수이면 4의 배수이므로 모순이다.

따라서 a, b중 적어도 하나는 짝수이다.

서술형 풀이 4

1 $\triangle OAC \backsim \triangle ODB$ 이므로 $\overline{OA} : \overline{AD} = \overline{OC} : \overline{CB}$,

$a : \overline{AD} = 1 : b$ 이다. 따라서 $\overline{AD} = ab$ 이다.

2 AOB 를 그리고 선분 OA 와 단위선분(길이가 1 인 선분) OC, 선분 BC 를 그린다.

두 점 A, B 를 연결하고 C 를 중심으로 하고 반지름이 선분 AB 의 길이인 원과 B 를 중심으로 하고 반지름이 1 인 원을 그린다.

두 원의 교점을 E 에서 직선 CE 를 그리고 반직선 OA 와의 교점을 D 라고 하면

선분 AD 의 길이가 $\dfrac{a}{b}$ 가 된다.

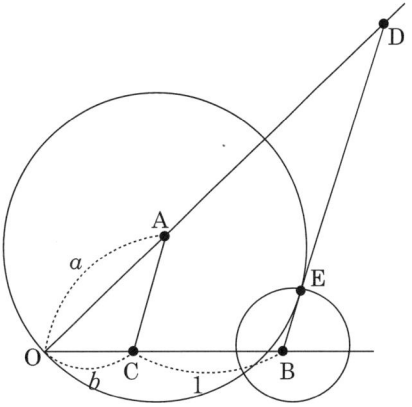

출제예상문제 19회

출제예상문제 19회 정답   P.206

단답형 문항

01. 70	02. $x = \dfrac{158}{\pi}$	03. -9	04. 1	05. 10
06. $\dfrac{7}{3}$	07. 96	08. $225°$	09. $6\sqrt{2}$	10. $4\sqrt{3}$
11. $\dfrac{3}{5}$	12. 모든 홀수	13. $\sqrt{3}+\sqrt{5}$	14. $2:3:4$	15. 144

서술형 문제

1~4. 풀이참조

단답형 정답 및 해설

1 $216 = 2^3 3^3$, $432 = 2^4 3^3$, $432 = 2^4 3^3$이므로 a와 b, c 모두 $2^x 3^y$(x, y는 음이 아닌 정수) 형태이다.

$a = 2^{m_1} 3^{n_1}$, $b = 2^{m_2} 3^{n_2}$, $c = 2^{m_3} 3^{n_3}$라고 하자.

a와 b의 최소공배수가 $2^3 3^3$ 이므로 $\max\{m_1, m_2\} = 3$, $\max\{n_1, n_2\} = 3$ 이다.

b와 c의 최소공배수가 $2^4 3^3$ 이므로 $\max\{m_2, m_3\} = 4$, $\max\{n_2, n_3\} = 3$ 이다.

c와 a의 최소공배수가 $2^4 3^3$ 이므로 $\max\{m_3, m_1\} = 4$, $\max\{n_3, n_1\} = 3$ 이다.

위의 식을 비교하면 $m_3 = 4$임을 알 수 있다. 그리고 m_1, m_2는 둘 중 하나가 3이어야 하고 나머지 하나는 0, 1, 2, 3 중 하나이다.

따라서 (m_1, m_2, m_3)가 될 수 있는 것을 나열해보면

$(3, 0, 4)$, $(3, 1, 4)$, $(3, 2, 4)$, $(3, 3, 4)$, $(0, 3, 4)$, $(1, 3, 4)$, $(2, 3, 4)$ 모두 7개가 가능하다.

같은 방식으로 하면 n_1, n_2, n_3 셋 중 두 개는 3이어야 한다. 그리고 다른 하나는 0, 1, 2, 3 중 하나이다.

따라서 (n_1, n_2, n_3)가 될 수 있는 것을 나열해보면

$(3, 3, 0)$, $(3, 3, 1)$, $(3, 3, 2)$, $(3, 0, 3)$, $(3, 1, 3)$, $(3, 2, 3)$, $(0, 3, 3)$, $(1, 3, 3)$, $(2, 3, 3)$, $(3, 3, 3)$ 모두 10개가 가능하다. 따라서 모든 (a, b, c)의 개수는 $7 \times 10 = 70$개다.

2 $3.14 < \pi < 3.15$ 이므로

$50 \times \pi < 50 \times 3.15 = 157.5 < 158 < 160.14 = 51 \times 3.14 < 51 \times \pi$

이다. 따라서

$50 \times \pi < 158 < 51 \times \pi$가 성립하므로

$50 < \dfrac{158}{\pi} < 51$이 성립한다.

주어진 식을 $\{|x| + |x-2| + \cdots + |x-100|\} - \{|x-1| + |x-3| + \cdots + |x-99|\}$으로 변형한다.

$|x-n|$에서 $n \leq 50$이면 절댓값 안의 값은 모두 양수이고, $n \geq 51$이면 절댓값 안의 값은 모두 음수이므로 우선

$|x| + |x-2| + \cdots + |x-100| = (x + x - 2 + \cdots + x - 50) + (-x + 52 - x + 54 - \cdots - x + 100)$

$= 26x - (2 + 4 + \cdots + 50) - 25x + (52 + 54 + \cdots + 100)$으로 변형할 수 있다.

또한

$|x-1| + |x-3| + \cdots + |x-99| = (x - 1 + x - 3 + \cdots + x - 49) + (-x + 51 - x + 53 - \cdots - x + 99)$

$= 25x - (1 + 3 + \cdots + 49) - 25x + (51 + 53 + \cdots + 99)$으로 변형할 수 있다.

따라서
$$\{|x|+|x-2|+\cdots+|x-100|\}-\{|x-1|+|x-3|+\cdots+|x-99|\}$$
$$=x-(2+4+\cdots+50)+(52+54+\cdots+100)+(1+3+\cdots+49)-(51+53+\cdots+99)$$
$$=x+(1-2)+(3-4)+\cdots+(49-50)-(51-52)-(53-54)-\cdots-(99-100)$$
$$=x-25+25=x$$

가 성립한다. 따라서 구하는 값은 $x=\dfrac{158}{\pi}$ 이다.

3 이차방정식의 근과 계수의 관계를 이용하면
$$\alpha_n+\beta_n=\frac{\sqrt{n\sqrt{n}}+\sqrt{n^2(n+1)}}{n+\sqrt{n(n+1)}}=\frac{\sqrt{\sqrt{n}}}{\sqrt{n}+\sqrt{n(n+1)}}\,,\ \ \alpha_n\beta_n=\frac{\sqrt{n}}{n+\sqrt{n(n+1)}}$$
$$\alpha_n{}^2+\beta_n{}^2=(\alpha_n+\beta_n)^2-2\alpha_n\beta_n=\frac{\sqrt{n}}{n+\sqrt{n(n+1)}}-\frac{2\sqrt{n}}{n+\sqrt{n(n+1)}}=-\frac{\sqrt{n}}{n+\sqrt{n(n+1)}}$$
$$=-\frac{1}{\sqrt{n}+\sqrt{n+1}}=-(-\sqrt{n}+\sqrt{n+1})=\sqrt{n}-\sqrt{n+1}\ \text{이 된다.}$$
따라서 $(\alpha_1{}^2+\alpha_2{}^2+\cdots+\alpha_{100}{}^2)+(\beta_1{}^2+\beta_2{}^2+\cdots+\beta_{100}{}^2)=(\alpha_1^2+\beta_1^2)+\cdots+(\alpha_{100}{}^2+\beta_{100}{}^2)$
$$=(\sqrt{1}-\sqrt{2})+(\sqrt{2}-\sqrt{3})+\cdots+(\sqrt{99}-\sqrt{100})=\sqrt{1}-\sqrt{100}=1-10=-9\text{이다.}$$

4 주어진 식은 $5^{2x}-30\cdot5^x+125=0$과 같이 변형될 수 있다.
$5^x=X$라고 하면 $X^2-30X+125=0$, $(X-5)(X-25)=0$, 따라서 $X=5$ 또는 $X=25$이다.
이제 $5^x=5$ 또는 $5^x=25$이므로 $x=1$ 또는 $x=2$이다.
따라서 $(x-1)^2+(x-2)^2=1$이다.

5 레일의 길이를 $S\,\text{m}$, A의 속력을 $a\,\text{m/s}$, B의 속력을 $b\,\text{m/s}$라고 하자.
처음 만날 때까지 움직인 시간이 같으므로 시간=거리/속력 관계를 이용하면 $\dfrac{0.7}{a}=\dfrac{S-0.7}{b}$,
두 번째 만날 때까지 움직인 시간이 역시 같으므로 $\dfrac{S-0.3}{a}=\dfrac{S+0.3}{b}$ 이다.
두 식을 연립하여 S를 소거하면 $10a^2+3ab-7b^2=0$을 얻을 수 있다.
a, b 모두 양수이므로 $10a=7b$, 따라서 $a:b=7:10$을 얻을 수 있다.
이제 $a=0.07\,\text{m/s}$, $b=0.1\,\text{m/s}$라고 하면 $S=1.7\,\text{m}$이다.
이제 움직인 시간에 따른 두 로봇의 위치를 그래프로 표현해보면(굵은 선이 A, 가는 선이 B의 움직임을 나타내는 그래프이다.)

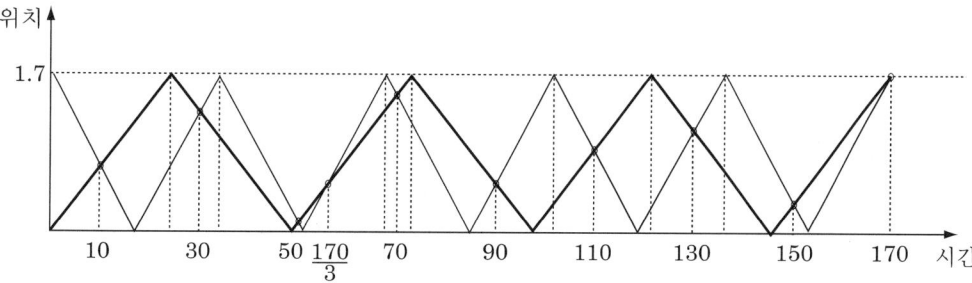

따라서 모두 10번 만난다.

6 직선 PQ는 직선 AB와 평행하므로 $\overline{PQ}$의 기울기는 1이다. $y=x^2$과 $y=x+2$의 교점을 구하면 A$(-1,\ 1)$, B$(2,\ 4)$이다. $\triangle OPQ \backsim \triangle OAB$이고 $\triangle OPQ$의 넓이가 $\triangle OAB$의 넓이의 $\dfrac{4}{9}$이므로 $\overline{PQ}$와 $\overline{AB}$의 닮음비는 $2:3$이다. 따라서 직선 PQ는 $\triangle OAB$의 무게 중심 $\left(\dfrac{1}{3},\ \dfrac{5}{3}\right)$을 지난다.

따라서 직선 PQ의 방정식은 $y=x+\dfrac{4}{3}$이다. $\therefore\ a+b=\dfrac{7}{3}$

[별해] $\triangle OAB$와 $\triangle OPQ$는 닮음이고 닮음비는 $1:\dfrac{2}{3}$이다. 따라서 직선 PQ의 y절편은 직선 AB의 y절편의 $2\times\dfrac{2}{3}=\dfrac{4}{3}$이다. 따라서 직선 PQ의 방정식은 $y=x+\dfrac{4}{3}$이다.

7

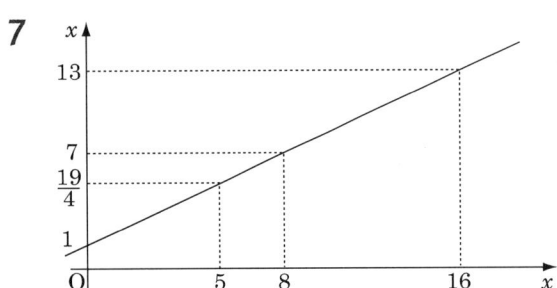

예를 들어 $x=5$인 경우에 함숫값은 $\dfrac{19}{4}$이다. 따라서 $x=5$ 위의 격자점의 수는 $\left[\dfrac{19}{4}\right]=4$개다. 그런데 $x=8$인 경우 함숫값은 7이므로 $[7]=7$이지만 경계에 있는 $(8,\ 7)$은 제외되므로 $x=8$위의 격자점의 수는 모두 6개다. 따라서 x좌표가 4의 배수인 경우는 $\left[\dfrac{3}{4}x+1\right]$에서 1을 빼서 구한다.

$$\left[\dfrac{3}{4}\cdot 1+1\right]+\left[\dfrac{3}{4}\cdot 2+1\right]+\cdots+\left[\dfrac{3}{4}\cdot 15+1\right]-3=(1+2+\cdots+12)+(3+6+9)=96$$

8 $\overline{BC}=\overline{DE}$, $\overline{CM}=\overline{EN}$, $\angle BCM=\angle DEN=30°$이므로

$\triangle BCM\equiv\triangle DEN$ $\therefore\ \angle CBM=\angle EDN$

$\angle BND=\angle BNC+\angle CND=180°-(\angle BCN+\angle CBM)+\angle CED+\angle EDN$

$=(\angle BCN-\angle CBM)+(\angle CED+\angle EDN)=(90°-\angle CBM)+(30°+\angle EDN)=120°$

따라서 $\angle BCD=240°$를 중심각으로 하는 원을 생각하면 $\angle BND=120°$는 원주각이 되므로 점 N은 그 원 위에 있다. 즉 점 N은 점 C를 중심으로 하고 $\overline{CB}=\overline{CD}$를 반지름으로 하는 원 위에 있다.

$\therefore\ \overline{CB}=\overline{CN}=\overline{CD}$

따라서 $\angle BNC=45°$, $\angle CND=75°$ $\angle DNE=105°$이므로 $\angle BNC+\angle CND+\angle DNE=225°$

9 $\overline{AB}=x$, $\overline{BD}=y$, $\overline{CD}=z$라고 하고 $\angle ABD=\alpha$, $\angle BDC=\beta$라고 하자.

사각형의 넓이는 두 삼각형 $\triangle ABD$와 $\triangle BDC$의 넓이의 합으로 나타낼 수 있다.

넓이 $S=\triangle ABD+\triangle BDC=$

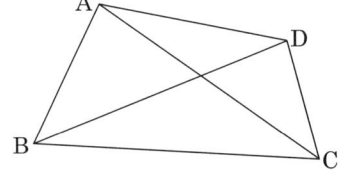

$\dfrac{1}{2}xy\sin\alpha+\dfrac{1}{2}yz\sin\beta\leq\dfrac{1}{2}xy+\dfrac{1}{2}yz=\dfrac{y}{2}(x+z)=\dfrac{y(12-y)}{2}$

이므로 최대가 되는 경우는 $\alpha=90°$, $\beta=90°$일 때,

$$\frac{1}{2}(-y^2+12y)=-\frac{1}{2}(y-6)^2+18,$$

따라서 $y=6$일 때 넓이 18이 될 때이다.

오른쪽 같은 모양이 될 때이다. C에서 $\overline{AB}$의 연장선에 내린 수선의 발을 E라고 할 때, $\overline{AE}=\overline{AB}+\overline{BE}=\overline{AB}+\overline{CD}=x+z=12-y=6$,

$\overline{EC}=\overline{BD}=y=6$이므로 $\overline{AC}=6\sqrt{2}$이다.

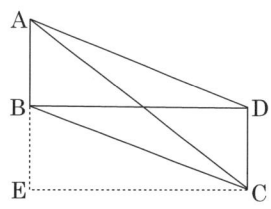

10 $\overline{AP}=4$이다.

P에서 $\overline{AB}$, $\overline{AC}$에 내린 수선의 발을 각각 E, F라고 하자.

$\overline{PQ}$와 $\overline{PR}$은 같은 크기의 원주각에 대한 현의 길이이므로 $\overline{PQ}=\overline{PR}$이다.

또한 $\triangle AEP$는 $\angle PAE=30°$인 직각삼각형이므로 $\overline{PE}=2$, $\overline{AE}=2\sqrt{3}$이다.

$\overline{AQ}=x$라고 하면 $\overline{QE}=2\sqrt{3}-x$, 이므로 $\overline{PQ}^2=2^2+(2\sqrt{3}-x)^2$이다.

또한 $\triangle AFP$는 $\angle PAF=30°$인 직각삼각형이므로 $\overline{PF}=2$, $\overline{AF}=2\sqrt{3}$이다.

$\overline{AR}=y$라고 하면 $\overline{RF}=y-2\sqrt{3}$, 이므로 $\overline{PR}^2=2^2+(y-2\sqrt{3})^2$이다.

$\overline{PQ}=\overline{PR}$이므로 $2^2+(2\sqrt{3}-x)^2=2^2+(y-2\sqrt{3})^2$, $2\sqrt{3}-x=y-2\sqrt{3}$

따라서 $x+y=4\sqrt{3}$이다.

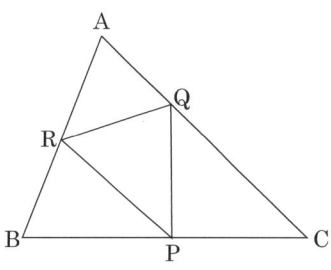

11 $x=\triangle BRP=\dfrac{n}{m+n}\triangle ABP=\dfrac{n}{m+n}\cdot\dfrac{3}{5}\triangle ABC=\dfrac{3n}{5(m+n)}$

$y=\triangle CPQ=\dfrac{5}{7}\triangle ACP=\dfrac{5}{7}\cdot\dfrac{2}{5}\triangle ABC=\dfrac{2}{7}$

$z=\triangle ARQ=\dfrac{2}{7}\triangle ARC=\dfrac{2}{7}\cdot\dfrac{m}{m+n}\triangle ABC=\dfrac{2m}{7(m+n)}$

$xy=z$이므로 $\dfrac{3n}{5(m+n)}\cdot\dfrac{2}{7}=\dfrac{2m}{7(m+n)}$

따라서 $3n=5m$, $\dfrac{m}{n}=\dfrac{3}{5}$

12 $\dfrac{1}{a}+\dfrac{1}{b}+\dfrac{1}{c}=\dfrac{1}{a+b+c}$, $\dfrac{ab+bc+ca}{abc}=\dfrac{1}{a+b+c}$, $(a+b+c)(ab+bc+ca)=abc$,

식을 전개해보면

$a^2b+abc+ca^2+ab^2+b^2c+abc+abc+bc^2+c^2a=abc$,

$a^2b+ca^2+ab^2+2abc+c^2a+b^2c+bc^2=0$,

$(b+c)a^2+(b^2+2bc+c^2)a+bc(b+c)=0$,

$(b+c)a^2+(b+c)^2a+bc(b+c)=0$, $(b+c)(a^2+(b+c)a+bc)=0$, $(b+c)(a+b)(a+c)=0$

따라서 $a+b=0$ 또는 $b+c=0$ 또는 $c+a=0$이다.

만일 $a+b=0$이면 $\dfrac{1}{a^n}+\dfrac{1}{b^n}+\dfrac{1}{c^n}=\dfrac{1}{(a+b+c)^n}$에서 $\dfrac{1}{a^n}+\dfrac{1}{(-a)^n}+\dfrac{1}{c^n}=\dfrac{1}{c^n}$이므로

$\dfrac{1}{a^n}+\dfrac{1}{(-a)^n}=0$이 성립하면 되므로 n은 홀수이면 충분하다.

다른 경우도 같은 결과를 얻을 수 있으므로 문제의 조건을 만족시키는 n은 모든 홀수들이다.

13 $x^3 = 18\sqrt{3} + 14\sqrt{5}$ 라고 하자.

$x = p\sqrt{3} + q\sqrt{5}$ (p, q는 유리수) 라고 할 수 있다.

이제 $x^3 = (p\sqrt{3} + q\sqrt{5})^3 = (p\sqrt{3} + q\sqrt{5})(p\sqrt{3} + q\sqrt{5})^2$

$x = (p\sqrt{3} + q\sqrt{5})(3p^2 + 2pq\sqrt{15} + 5q^2) = (3p^3 + 15pq^2)\sqrt{3} + (9p^2q + 5q^3)\sqrt{5}$

따라서

$3p^3 + 15pq^2 = 18$, 즉 $p^3 + 5pq^2 = 6$, $9p^2q + 5q^3 = 14$이 성립한다.

$p^3 + 5pq^2 = 6$ ······ ①

$9p^2q + 5q^3 = 14$ ······ ②

①$\times 7 -$②$\times 3$하면 결과는 $7p^3 + 35pq^2 - 27p^2q - 15q^3 = 0$이다. $q \neq 0$이므로

($q = 0$이면 $x = p\sqrt{3}$이 되어 $x^3 = 3p^3\sqrt{3}$이 되므로 조건에 위배된다.)

양변을 q^3으로 나누면

$7\left(\dfrac{p}{q}\right)^3 - 27\left(\dfrac{p}{q}\right)^2 + 35\left(\dfrac{p}{q}\right) - 15 = 0$이 된다.

이제 $\dfrac{p}{q} = x$라고 하면 $7x^3 - 27x^2 + 35x - 15 = 0$의 해를 구하면 된다.

$7x^3 - 27x^2 + 35x - 15 = 7x^3 - 7x^2 - 20x^2 + 20x + 15x - 15$

$= 7x^2(x-1) - 20x(x-1) + 15(x-1) = (x-1)(7x^2 - 20x + 15)$이고

$7x^2 - 20x + 15 = 0$은 판별식이 $20^2 - 4 \cdot 7 \cdot 15 = -20 < 0$이므로

삼차방정식 $7x^3 - 27x^2 + 35x - 15 = 0$의 근은 $x = 1$뿐이다.

따라서 $\dfrac{p}{q} = 1$, $p = q$가 성립하므로 ①에 대입하면 $6p^3 = 6$, $p^3 = 1$, $p = 1$,

따라서 $q = 1$이므로 $x = \sqrt{3} + \sqrt{5}$ 이다.

14 오른쪽 그림과 같이 $\overline{\mathrm{PD}} = a$, $\overline{\mathrm{PA}} = b$, $\angle \mathrm{DPA} = \theta$ 라고 하면

$S_1 = \dfrac{1}{2}\overline{\mathrm{PB}}\,\overline{\mathrm{PF}}\sin\theta - \dfrac{1}{2}\overline{\mathrm{PA}}\,\overline{\mathrm{PE}}\sin\theta =$

$\dfrac{1}{2} \times 2b \times 3a \times \sin\theta - \dfrac{1}{2} \times b \times 2a \times \sin\theta = 2ab\sin\theta \cdots (1)$

$S_2 = \dfrac{1}{2}\overline{\mathrm{PC}}\,\overline{\mathrm{PG}}\sin\theta - \dfrac{1}{2}\overline{\mathrm{PB}}\,\overline{\mathrm{PF}}\sin\theta =$

$\dfrac{1}{2} \times 3b \times 4a \times \sin\theta - \dfrac{1}{2} \times 2b \times 3a \times \sin\theta = 3ab\sin\theta \cdots (2)$

$S_3 = \dfrac{1}{2}\overline{\mathrm{PQ}}\,\overline{\mathrm{PR}}\sin\theta - \dfrac{1}{2}\overline{\mathrm{PC}}\,\overline{\mathrm{PG}}\sin\theta = \dfrac{1}{2} \times 4b \times 5a \times \sin\theta - \dfrac{1}{2} \times 3b \times 4a \times \sin\theta = 4ab\sin\theta \cdots (3)$

(1), (2), (3)에서 $S_1 : S_2 : S_3 = 2 : 3 : 4$ 이다.

15 1) 맨 앞의 바둑돌이 검은 색인 경우

● × × × × ··· ×이므로 $n-1$개를 배열하는 방법의 수 a_{n-1}

$\underbrace{}_{n-1개}$

2) 맨 앞의 두 바둑돌이 흰색-검은색인 경우

○ ● × × × ··· ×이므로 $n-2$개를 배열하는 방법의 수 a_{n-2}

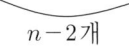

$\underbrace{}_{n-2개}$

3) 흰 바둑돌과 검은 바둑돌을 합쳐 n개가 있다고 하면 n개의 바둑돌은 맨 앞의 바둑돌이 검은 색인 경우와 앞의 두 바둑돌이 흰색-검은색인 경우 두 가지로 나눌 수 있다. 따라서 $a_n = a_{n-1} + a_{n-2}$ 가 성립한다.

4) 이 수열을 a_1에서 a_{10}까지 차례로 나열하면 다음과 같다.

2, 3, 5, 8, 13, 21, 34, 55, 89, 144, 233, $\cdots$

$\therefore a_{10} = 144$

서술형 풀이 1

1 M_3는 M_1, a, M_2, b, c의 5개의 수보다 커야 하고, $M_4 = 10$이므로, M_3가 될 수 있는 수는 6, 7, 8, 9의 네 개이다. 따라서 구하려는 수들의 합은 $6+7+8+9 = 30$

2 $M_3 = 7$이므로 d, e, f 중 2개는 8과 9이다.

(a) $M_2 = 4$이므로 1, 2, 3 중 2개의 수가 M_1과 a이므로 경우의 수는 $3 \times 2 = 6$가지.

(b) 1, 2, 3 중 (a)에서 사용하고 남은 수와 5, 6 중 중 두 개를 뽑아서 b, c를 만드는 방법은 $3 \times 2 = 6$가지

(c) (b)에서 사용하고 남은 수 하나와 8, 9를 사용하여 d, e, f를 만드는 방법은 $3 \times 2 \times 1 = 6$가지

따라서 구하려는 경우의 수는 $6 \times 6 \times 6 = 216$가지

			M_1
		a	4
	b	c	7
d	e	f	10

3 $M_3 = 7$이므로 $e = 8$, $f = 9$이다.

			M_1
		a	M_2
	b	c	7
d	8	9	10

(a) $M_2 = 3$일 때,

M_1, a는 1, 2 또는 2, 1의 두 가지 경우만 있고, 4, 5, 6의 중 두 수를 $b < c$의 순서를 고려하면서 b, c를 만드는 방법은 3가지이고, 남은 하나의 수를 d라 하면 된다. 그러므로 $2 \times 3 = 6$(가지)

(b) $M_2 = 4$일 때,

M_1, a는 1, 2, 3 중 두 개의 수를 선택하면 되고, 선택할 수 있는 경우의 수는 3×2가지이고, 남은 세 수를 $b < c$의 순서를 고려하면서 b, c, d를 만드는 방법은 3가지이다. 그러므로 $6 \times 3 = 18$(가지)

(c) $M_2 = 5$일 때,

M_1, a는 1, 2, 3, 4 중 두 개의 수를 선택하면 되고, 선택할 수 있는 경우의 수는 4×3가지이고, 남은 세 수를 $b < c$의 순서를 고려하면서 b, c, d를 만드는 방법은 3가지이다. 그러므로 $12 \times 3 = 36$(가지)

(d) $M_2 = 6$일 때,

M_1, a는 1, 2, 3, 4, 5 중 두 개의 수를 선택하면 되고, 선택할 수 있는 경우의 수는 5×4가지이고, 남은 세 수를 $b < c$의 순서를 고려하면서 b, c, d를 만드는 방법은 3가지이다. 따라서 $20 \times 3 = 60$(가지).

따라서 구하려는 경우의 수는 $6 + 18 + 36 + 60 = 120$(가지)

서술형 풀이 2

1 n번의 시행 후 A에 있는 검은 공의 개수를 p_n, B에 있는 검은 공의 개수를 q_n이라고 하자. $p_n + q_n = 3$이다. 한 번의 시행 후 처음과 같은 상황이 되면 $p_1 = 3$, $q_1 = 0$이다. 처음에 A에서 검은 공을 꺼낼 수밖에 없으므로 B에는 검은 공 1개, 흰 공 3개가 있게 된다. 다시 B에서 검은 공을 꺼내야 하므로 확률은 $\dfrac{1}{4}$이다.

2 두 번의 시행 후 처음과 같은 상황이 되면 $p_2 = 3$, $q_2 = 0$이다.

$p_1 = 3$, $q_1 = 0$ 이거나 $p_1 = 2$, $q_1 = 1$ 두 가지가 가능하다.

$p_1 = 3$, $q_1 = 0$ 인 상황에서 $p_2 = 3$, $q_2 = 0$이 되기 위해서는 A에서 검은 공을 꺼내고 B에서 검은 공을 꺼내야 하므로 역시 확률은 $\dfrac{1}{4}$이다. $p_1 = 3$, $q_1 = 0$인 상황이 될 확률도 $\dfrac{1}{4}$이므로 결국 $p_2 = 3$, $q_2 = 0$일 확률은 $\dfrac{1}{4} \times \dfrac{1}{4} = \dfrac{1}{16}$이다.

$p_1 = 2$, $q_1 = 1$인 상황에서 $p_2 = 3$, $q_2 = 0$이 되기 위해서는 A에서 흰 공을 꺼내고 B에서 검은 공을 꺼내야 하므로 확률은 $\dfrac{1}{3} \times \dfrac{1}{4} = \dfrac{1}{12}$이다. $p_1 = 2$, $q_1 = 1$인 상황이 될 확률은 처음에 A에서 검은 공을 꺼내고 B에서는 흰 공을 꺼내야 하므로 확률은 $\dfrac{3}{4}$이다. 결국 $p_2 = 3$, $q_2 = 0$일 확률은 $\dfrac{3}{4} \times \dfrac{1}{12} = \dfrac{1}{16}$이다.

따라서 두 번의 시행 후 처음과 같은 상황이 될 확률은 $\dfrac{1}{16} + \dfrac{1}{16} = \dfrac{1}{8}$이다.

3 $p_n = 3$일 때 $p_{n+1} = 3$이 되는 확률은 A에서 검은 공을 꺼낸 다음 B에서 검은 공을 꺼내야 하므로 $\dfrac{1}{4}$

$p_n = 3$일 때 $p_{n+1} = 2$가 되는 확률은 A에서 검은 공을 꺼낸 다음 B에서 흰 공을 꺼내야 하므로 $\dfrac{3}{4}$

$p_n = 2$일 때 $p_{n+1} = 3$가 되는 확률은 A에서 흰 공을 꺼낸 다음 B에서 검은 공을 꺼내야 하므로 $\dfrac{1}{3} \times \dfrac{1}{4} = \dfrac{1}{12}$

$p_n = 2$일 때 $p_{n+1} = 2$가 되는 확률은 A에서 검은 공을 꺼낸 다음 B에서 검은 공을 꺼내는 방법과 A에서 흰 공을 꺼낸 다음 B에서 흰 공을 꺼내는 방법의 두 가지가 있다. 따라서 확률은 $\dfrac{2}{3} \times \dfrac{2}{4} + \dfrac{1}{3} \times \dfrac{3}{4} = \dfrac{1}{3} + \dfrac{1}{4} = \dfrac{7}{12}$이다.

세 번의 시행 후 처음과 같은 상황이 될 수 있는 방법을 분류해 본다.

한 번의 시행 후	두 번의 시행 후	세 번의 시행 후	확 률
$p_1 = 3$	$p_2 = 3$	$p_3 = 3$	$\dfrac{1}{4} \times \dfrac{1}{4} \times \dfrac{1}{4} = \dfrac{1}{64}$
$p_1 = 2$	$p_2 = 3$	$p_3 = 3$	$\dfrac{3}{4} \times \dfrac{1}{12} \times \dfrac{1}{4} = \dfrac{1}{64}$
$p_1 = 3$	$p_2 = 2$	$p_3 = 3$	$\dfrac{1}{4} \times \dfrac{3}{4} \times \dfrac{1}{12} = \dfrac{1}{64}$
$p_1 = 2$	$p_2 = 2$	$p_3 = 3$	$\dfrac{3}{4} \times \dfrac{7}{12} \times \dfrac{1}{12} = \dfrac{7}{192}$

따라서 모든 경우의 확률을 다 더하면 $\dfrac{1}{64} + \dfrac{1}{64} + \dfrac{1}{64} + \dfrac{7}{192} = \dfrac{1}{12}$이다.

서술형 풀이 3

1

	0	1	2	3	4	5	6	7	8	9	A	B
0	0	0	0	0	0	0	0	0	0	0	0	0
1	0	1	2	3	4	5	6	7	8	9	A	B
2	0	2	4	6	8	A	10	12	14	16	18	1A
3	0	3	6	9	10	13	16	19	1A	23	26	29
4	0	4	8	10	14	18	20	24	28	30	34	38
5	0	5	A	13	18	21	26	2B	34	39	42	47
6	0	6	10	16	20	26	30	36	40	46	50	56
7	0	7	12	19	24	2B	36	41	48	53	5A	65
8	0	8	14	1A	28	34	40	48	54	60	68	74
9	0	9	16	23	30	39	46	53	60	69	76	83
A	0	A	18	26	34	42	50	5A	68	76	84	92
B	0	B	1A	29	38	47	56	65	74	83	92	A1

2 먼저, 12진법의 수 N을 $N = a_n a_{n-1} \cdots a_2 a_1 a_0$라 하면,

$$N = a_n 12^n + a_{n-1} 12^{n-1} \cdots a_2 12^2 + a_1 12 + a_0$$

으로 나타낼 수 있다.

(1) 2의 배수 판정법

$a_n 12^n + a_{n-1} 12^{n-1} \cdots a_2 12^2 + a_1 12$는 항상 2의 배수이므로 a_0만 2의 배수이면 된다.

⇒ 끝자리가 2의 배수이면 된다(0, 2, 4, 6, 8, A).

(2) 3의 배수 판정법

$a_n 12^n + a_{n-1} 12^{n-1} \cdots a_2 12^2 + a_1 12$는 항상 3의 배수이므로 a_0만 3의 배수이면 된다.

⇒ 끝자리가 3의 배수이면 된다(0, 3, 6, 9).

(3) 4의 배수 판정법

$a_n 12^n + a_{n-1} 12^{n-1} \cdots a_2 12^2 + a_1 12$는 항상 4의 배수이므로 a_0만 4의 배수이면 된다.

⇒ 끝자리가 4의 배수이면 된다(0, 4, 8).

(4) 6의 배수 판정법

2의 배수이며 3의 배수이면 된다. ⇒ 끝자리가 6의 배수이면 된다(0, 6).

(5) B의 배수 판정법

$a_n 12^n + a_{n-1} 12^{n-1} \cdots a_2 12^2 + a_1 12$에서 12들을 $(B+1)^k$로 고치면, 각 자리수의 합이 된다.

(12는 12의 배수이므로 다 빼고 생각해도 관계없다)

⇒ 각 자리수의 합이 B의 배수여야 한다.

3 (1) 8의 배수 판정법

$a_n 12^n + a_{n-1} 12^{n-1} \cdots a_2 12^2$

$= 8 \times 18(a_n 12^{n-2} + a_{n-1} 12^{n-2} \cdots a_2)$이므로, 언제나 8의 배수이다.

⇒ $a_1 a_{0(12)}$가 8의 배수이면 된다.

(2) 9의 배수 판정법

$a_n 12^n + a_{n-1} 12^{n-1} \cdots a_2 12^2$

$= 9 \times 16(a_n 12^{n-2} + a_{n-1} 12^{n-3} \cdots a_2)$이므로, 언제나 9의 배수이다.

⇒ $a_1 a_{0(12)}$가 9의 배수이면 된다.

서술형 풀이 4

1 $(좌변) - (우변) = a(a^n - b^n) - nb^n(a-b)$

$$= a(a-b)(a^{n-1} + a^{n-2}b + \cdots + ab^{n-2} + b^{n-1}) - nb^n(a-b)$$

$$= (a-b)(a^n + a^{n-1}b + \cdots + a^2 b^{n-2} + ab^{n-1} - nb^n)$$

$k = 1,\ 2,\ 3,\ \cdots$ 에 대하여

$a > b$이면 $a^k b^{n-k} > b^n$, $a < b$이면 $a^k b^{n-k} < b^n$이다.

두 가지 경우 모두 $(a-b)(a^n + a^{n-1}b + \cdots + a^2 b^{n-2} + ab^{n-1} - nb^n) > 0$이다.

2 $a \geq b \geq c > 0$을 가정하자.

삼각형 T_n에서 $c^n > a^n - b^n$이다.

즉, $c^n > (a-b)(a^{n-1} + a^{n-2}b + \cdots + ab^{n-2} + b^{n-1})$

$a \geq b \geq c$이므로 $(a^{n-1} + a^{n-2}b + \cdots + ab^{n-2} + b^{n-1}) \geq nc^{n-1}$

따라서 $c^n > (a-b)nc^{n-1}$

즉, $c > (a-b)n$

따라서 $a - b \geq 0$이다.

여기에서 만약, $a - b > 0$이면 $n > \dfrac{a-b}{c}$일 때 $c > (a-b)n$이 성립하지 않으므로 $n \geq 1$인 모든 자연수 n에 대하여 성립한다는 것에 대하여 모순이다.

따라서 $a = b$이므로 모든 삼각형 T_n은 이등변삼각형이다.

3 $\dfrac{a^{n+1} - b^{n+1}}{a^n - b^n} = \dfrac{(a-b)(a^n + a^{n-1}b + \cdots ab^{n-1} + b^n)}{(a-b)(a^{n-1} + a^{n-2}b + \cdots + ab^{n-2} + b^{n-1})}$

식을 정리하면,

$$\dfrac{a^{n+1} - b^{n+1}}{a^n - b^n} = a + \dfrac{b^n}{a^{n-1} + a^{n-2}b + \cdots + ab^{n-2} + b^{n-1}}$$

$$= b + \dfrac{a^n}{a^{n-1} + a^{n-2}b + \cdots + ab^{n-2} + b^{n-1}}$$

$a + \dfrac{a}{n} > a + \dfrac{b^n}{a^{n-1} + a^{n-2}b + \cdots + ab^{n-2} + b^{n-1}}$ 에서

$\dfrac{a}{n} > \dfrac{b^n}{a^{n-1} + a^{n-2}b + \cdots + ab^{n-2} + b^{n-1}}$ 이다.

$b + \dfrac{b}{n} < b + \dfrac{a^n}{a^{n-1} + a^{n-2}b + \cdots + ab^{n-2} + b^{n-1}}$ 에서

$\dfrac{b}{n} < \dfrac{a^n}{a^{n-1} + a^{n-2}b + \cdots + ab^{n-2} + b^{n-1}}$ 이다.

결국, $a(a^{n-1} + a^{n-2}b + \cdots + ab^{n-2} + b^{n-1}) > nb^n$, $b(a^{n-1} + a^{n-2}b + \cdots + ab^{n-2} + b^{n-1}) > na^n$임을 밝히면 된다.

$a > b$이므로 $a(a^{n-1} + a^{n-2}b + \cdots + ab^{n-2} + b^{n-1}) > b^n + b^n + \cdots + b^n = nb^n$

마찬가지로 $b(a^{n-1} + a^{n-2}b + \cdots + ab^{n-2} + b^{n-1}) > na^n$도 밝힐 수 있다.

단답형 문항

01. ㄷ	**02.** 256	**03.** 1008016	**04.** 20	**05.** 10
06. 32513	**07.** $\dfrac{12+4\sqrt{29}}{5}$	**08.** 96	**09.** 1	**10.** 26
11. $M=\dfrac{139}{60}$, $N=-\dfrac{4\sqrt{3}}{3}$	**12.** $y=\dfrac{3}{4}x-1$	**13.** $135\,^{\circ}$	**14.** 36	**15.** 4분

서술형 문제

1~4. 풀이참조

단답형 정답 및 해설

1 $3x+4y=45x-42x+25y-21y=5(9x+5y)+7(-6x-3y)$이고 $9x+5y$, $-6x-3y$
모두 정수이므로 $A\subset B$이다.
$5x+7y=9x-4x+15y-8y=3(3x+5y)+4(-x-2y)$이고 $3x+5y$, $-x-2y$
모두 정수이므로 $B\subset A$이다.
따라서 $A=B$이다.

2 분모 $2x^2+2x+1=2\left(x+\dfrac{1}{2}\right)^2+\dfrac{1}{2}>0$이다.
$f(x)=\dfrac{x^2-2x-3}{2x^2+2x+1}=k$라 두고 x에 관한 이차방정식으로 변형한다.
$(2k-1)x^2+2(k+1)x+(k+3)=0$이고, x는 실수이므로 $D=[2(k+1)]^2-4(2k-1)(k+3)\geq 0$이고
정리하면 $k^2+3k-4\leq 0$이다.
$\therefore\ -4\leq k\leq 1$
따라서 $\dfrac{m^4}{M^2}=256$이다.

3 평균값이 2가 되는 경우는 $(1,\,2,\,3)$ 한 가지 뿐이다.
평균값이 3이 되는 경우는 $(1,\,3,\,5)$, $(2,\,3,\,4)$ 두 가지이다.
평균값이 4가 되는 경우는 $(1,\,4,\,7)$, $(2,\,4,\,6)$, $(3,\,4,\,5)$ 세 가지이다.
$\cdots$
평균값이 1005가 되는 경우는 $(1,\,1005,\,2009)$, $(2,\,1005,\,2008)$, $\cdots$, $(1004,\,1005,\,1006)$
1004가지이다.
평균값이 1006이 되는 경우는 다시 줄어서 1003가지이다.
$\cdots$
평균값이 2008이 되는 경우는 $(2007,\,2008,\,2009)$ 한 가지이다.
따라서 모든 경우의 수는
$1+2+\cdots+1003+1004+1003+1002+\cdots+2+1$
$=2\times(1+2+\cdots+1003)+1004$
$=1003\times1004+1004=1004^2=1008016$이다.

4

$\dfrac{x+xy+y}{x-xy+y}=10$의 좌변의 분모, 분자를 xy로 나누면 $\dfrac{\dfrac{1}{x}+1+\dfrac{1}{y}}{\dfrac{1}{y}-1+\dfrac{1}{x}}=\dfrac{\left(\dfrac{1}{x}+\dfrac{1}{y}\right)+1}{\left(\dfrac{1}{x}+\dfrac{1}{y}\right)-1}=10$이다.

$\left(\dfrac{1}{x}+\dfrac{1}{y}\right)+1=10\left(\dfrac{1}{x}+\dfrac{1}{y}\right)-10$이므로 $\dfrac{1}{x}+\dfrac{1}{y}=\dfrac{11}{9}$, $p=9$, $q=11$ $\therefore p+q=20$

5 x, y가 모두 정수이고,

$15x^2-16x+6=(5x-7)y$와 같이 변형되므로 $5x-7$은 $15x^2-16x+6$의 약수가 되어야 한다.

$15x^2-16x+6=(5x-7)(3x+1)+13$이므로 $5x-7$은 13의 약수가 되어야 한다.

$5x-7=1$ 또는 $5x-7=13$이 되어야 하는데 x가 정수이므로 $5x-7=13$, 즉 $x=4$이다.

따라서 $y=14$를 얻을 수 있다.

따라서 $|x-y|=10$이다.

6 $2^{120}-1=(2^{60}-1)(2^{60}+1)$

$2^{60}+1=(2^{20})^3+1=(2^{20}+1)(2^{40}-2^{20}+1)$

$2^{60}-1=(2^{30}-1)(2^{30}+1)$

$2^{30}-1=(2^{15}-1)(2^{15}+1)$

$2^{30}+1=4\cdot2^{28}+1=4\cdot2^{28}+4\cdot2^{14}+1-2^{16}=(2^{15}+1)^2-(2^8)^2=(2^{15}-2^8+1)(2^{15}+2^8+1)$

따라서 $2^{120}-1=(2^{15}-2^8+1)(2^{15}+2^8+1)(2^{15}-1)(2^{15}+1)(2^{20}+1)(2^{40}-2^{20}+1)$

과 같이 2^{14}보다 큰 6개의 정수의 곱으로 인수분해 될 수 있다.

이 중 가장 작은 수는 $2^{15}-2^8+1=32768-256+1=32513$이다.

7 최대의 정사각형이 큰 원과 만나는 점을 각각 A, B라고 하고 원의 지름이 $\overline{AB}$와 만나는 점을 C, 정사각형이 작은 원과 만나는 점을 D라고 하자. 작은 원의 반지름의 길이를 r, 큰 원의 반지름의 길이는 R, 정사각형의 한 변의 길이를 $2x$라고 하자.

그러면 $\overline{OD}=R-2r$이 된다. 따라서 $\overline{OC}=2x-\overline{OD}=2x-(R-2r)$이다.

직각삼각형 AOC에서 $\overline{OA}=R$, $\overline{AC}=x$, $\overline{OC}=2x-(R-2r)$이므로 피타고라스의 정리를 적용하면

$x^2+\{2x-(R-2r)\}^2=R^2$이 된다.

$5x^2-4(R-2r)x+4r^2-4Rr=0$이므로 근의 공식을 이용하여 x의 값을 구해보면

$x=\dfrac{2(R-2r)\pm\sqrt{4(R-2r)^2-5(4r^2-4Rr)}}{5}$, 조건에 따라 $R=5r$을 대입해보면

$x=\dfrac{6r\pm\sqrt{116r^2}}{5}=\dfrac{6\pm2\sqrt{29}}{5}r$이다. $x>0$이므로 $2x=\dfrac{12+4\sqrt{29}}{5}r$이다.

8 순열을 이용하여 경우의 수를 구할 수 있는가를 묻는 문제이다.

주어진 프로펠러를 칠하는데 사용된 색의 수로 구분한다.

1) 2가지 색이 사용된 경우

a, b에 사용될 색을 택하여 칠하는 방법의 수는 $_4\mathrm{P}_2 = 12$

2) 3가지 색이 사용된 경우

a, b, c에 사용될 색을 택하여 칠하는 방법의 수는 $_4\mathrm{P}_3 + {}_4\mathrm{P}_3 \times \dfrac{1}{2} + {}_4\mathrm{P}_3 \times \dfrac{1}{2} = 48$

3) 4가지 색이 모두 사용된 경우

a, b, c, d에 사용될 색을 택하여 칠하는 방법의 수는

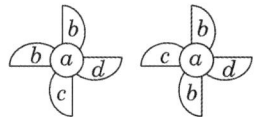

$_4\mathrm{P}_4 + {}_4\mathrm{P}_4 \times \dfrac{1}{2} = 36$

따라서 구하는 방법의 수는 $12 + 48 + 36 = 96$(가지)

9 $x = \dfrac{(\sqrt{3} + \sqrt{5})(\sqrt{5} + \sqrt{7})}{\sqrt{3} + 2\sqrt{5} + \sqrt{7}}$ 라고 하자.

$\dfrac{1}{x} = \dfrac{\sqrt{3} + \sqrt{5} + \sqrt{5} + \sqrt{7}}{(\sqrt{3} + \sqrt{5})(\sqrt{5} + \sqrt{7})} = \dfrac{\sqrt{3} + \sqrt{5}}{(\sqrt{3} + \sqrt{5})(\sqrt{5} + \sqrt{7})} + \dfrac{\sqrt{5} + \sqrt{7}}{(\sqrt{3} + \sqrt{5})(\sqrt{5} + \sqrt{7})}$

$= \dfrac{1}{\sqrt{5} + \sqrt{7}} + \dfrac{1}{\sqrt{3} + \sqrt{5}} = \dfrac{1}{2}(-\sqrt{5} + \sqrt{7}) + \dfrac{1}{2}(-\sqrt{3} + \sqrt{5}) = \dfrac{1}{2}(-\sqrt{3} + \sqrt{7})$

따라서 $x = \dfrac{2}{\sqrt{7} - \sqrt{3}} = \dfrac{\sqrt{7} + \sqrt{3}}{2} = \dfrac{1}{2}\sqrt{3} + 0 \cdot \sqrt{5} + \dfrac{1}{2}\sqrt{7}$ 이므로 $a = \dfrac{1}{2}$, $b = 0$, $c = \dfrac{1}{2}$ 이다.

따라서 $a - b + c = \dfrac{1}{2} - 0 + \dfrac{1}{2} = 1$ 이다.

10 $0 < x \le y \le z$ 라고 가정한다.

$\dfrac{1}{x} \ge \dfrac{1}{y} \ge \dfrac{1}{z}$ 이므로 $\dfrac{1}{x} < \dfrac{1}{x} + \dfrac{1}{y} + \dfrac{1}{z} \le \dfrac{1}{x} + \dfrac{1}{x} + \dfrac{1}{x} = \dfrac{3}{x}$

따라서 $\dfrac{1}{x} < \dfrac{4}{5} \le \dfrac{3}{x}$, $\dfrac{5}{4} < x \le \dfrac{15}{4}$ 이므로 $x = 2$ 이거나 $x = 3$ 이다.

$x = 2$ 일 때, $\dfrac{1}{y} + \dfrac{1}{z} = \dfrac{3}{10}$ 이다.

같은 방법으로 $\dfrac{1}{y} < \dfrac{1}{y} + \dfrac{1}{z} \le \dfrac{1}{y} + \dfrac{1}{y} = \dfrac{2}{y}$

따라서 $\dfrac{1}{y} < \dfrac{3}{10} \le \dfrac{2}{y}$, $\dfrac{10}{3} < y \le \dfrac{20}{3}$ 이므로 $y = 4$ 이거나 $y = 5$ 이거나 $y = 6$ 이다.

$x = 2$, $y = 4$ 일 때는 $z = 20$

$x = 2$, $y = 5$ 일 때는 $z = 10$

$x = 2$, $y = 6$ 일 때는 $z = \dfrac{15}{2}$ 이므로 해가 아니다.

$x = 3$ 일 때,

$\dfrac{1}{y} + \dfrac{1}{z} = \dfrac{7}{15}$ 이다. 같은 방법으로 $\dfrac{1}{y} < \dfrac{1}{y} + \dfrac{1}{z} \le \dfrac{1}{y} + \dfrac{1}{y} = \dfrac{2}{y}$

따라서 $\dfrac{1}{y} < \dfrac{7}{15} \le \dfrac{2}{y}$, $\dfrac{15}{7} < y \le \dfrac{30}{7}$ 이므로 $y = 3$ 이거나 $y = 4$ 이다.

$x=3$, $y=3$일 때는 $z=\dfrac{15}{2}$이므로 해가 아니다.

$x=2$, $y=4$일 때는 $z=\dfrac{60}{13}$이므로 해가 아니다.

따라서 가능한 해는 $(2,\ 4,\ 20)$, $(2,\ 5,\ 10)$을 나열한 12개이고
이 중에서 $x+y+z$가 가장 큰 경우는 26이다.

11 $1-3x^2=4y^2\geq 0$이므로 $3x^2\leq 1$, $x^2\leq\dfrac{1}{3}$이다. 따라서 $-\dfrac{\sqrt{3}}{3}\leq x\leq\dfrac{\sqrt{3}}{3}$이다.

이제 $y^2=\dfrac{1}{4}-\dfrac{3}{4}x^2$을 $4x+5y^2$에 대입하면

$4x+5y^2=4x+5\left(\dfrac{1}{4}-\dfrac{3}{4}x^2\right)=-\dfrac{15}{4}x^2+4x+\dfrac{5}{4}=-\dfrac{15}{4}\left(x-\dfrac{8}{15}\right)^2+\dfrac{139}{60}$

$-\dfrac{\sqrt{3}}{3}\leq x\leq\dfrac{\sqrt{3}}{3}$이고 $\dfrac{8}{15}<\dfrac{\sqrt{3}}{3}$이므로 최댓값은 $x=\dfrac{8}{15}$일 때, $M=\dfrac{139}{60}$이다.

최솟값은 $x=-\dfrac{\sqrt{3}}{3}$일 때, $N=-\dfrac{4\sqrt{3}}{3}$이다.

12 □ODAB는 평행사변형이다. 따라서 대각선의 교점을 G라고 하고
변 OB의 중점을 F라 하면, 직선 DF와 x 축은 △ODB 의 중선이다.
이 직선의 교점 즉 E는 △ODB 의 무게중심이다.
그러므로 △ODB : △OGB $=1:3$

따라서 △OEF $=\dfrac{1}{3}$△OGB $=\dfrac{1}{6}$△OAB

따라서, 구하는 직선의 방정식은 $y=\dfrac{3}{4}x-1$이다.

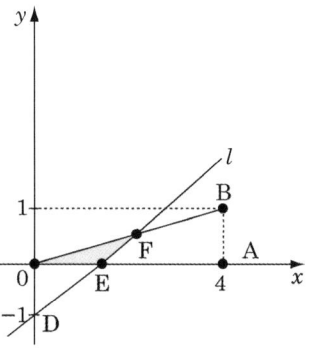

(별해) 위 그림의 직선 l의 방정식은 $y=ax-1\left(\dfrac{1}{2}\leq a\right)$,

직선 OB의 방정식은 $y=\dfrac{1}{4}x$이다.

따라서, 교점 F는 $ax-1=\dfrac{1}{4}x$에서 $x=\dfrac{4}{4a-1}$, $y=\dfrac{1}{4a-1}$ $\therefore$ F$\left(\dfrac{4}{4a-1},\ \dfrac{1}{4a-1}\right)$

교점 E는 $ax-1=0$에서 $x=\dfrac{1}{a}$, $y=0$ $\therefore$ E$\left(\dfrac{1}{a},\ 0\right)$

△OEF $=\dfrac{1}{8a^2-2a}$이고 △OAB $=2$이므로 $\dfrac{1}{8a^2-2a}=\dfrac{1}{3}$, $(2a+1)(4a-3)=0$,

$\therefore\ a=\dfrac{3}{4}(\because a\geq\dfrac{1}{2})$, 구하는 직선은 $y=\dfrac{3}{4}x-1$

13 $\angle$PBQ $=90°$, $\overline{BP}=\overline{BQ}=2$가 되는 점 Q를 잡는다.
그러면 $\overline{AB}=\overline{CB}$, $\angle$QBC $=90°-\angle$PBC $=\angle$ABC이므로
△PBA ≡ △QBC(SAS 합동)이다.
따라서 $\overline{QC}=1$.
이제 $\overline{BP}=\overline{BQ}=2$이고 $\angle$PBQ $=90°$이므로 △PBQ는
직각이등변삼각형이 되어서 $\overline{PQ}=2\sqrt{2}$, $\angle$PQB $=45°$이다.
따라서 △PQC에서 $\overline{PQ}=2\sqrt{2}$, $\overline{QC}=1$, $\overline{PC}=3$이므로
$\overline{PQ}^2+\overline{QC}^2=\overline{PC}^2$이 되어 $\angle$PQC $=90°$이다.
따라서 $\angle$BQC $=\angle$PQB $+\angle$PQC $=45°+90°=135°$

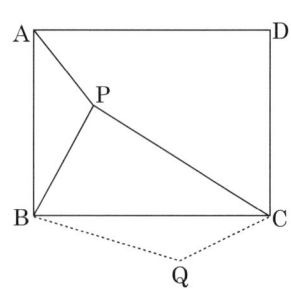

14 두 원의 공통 외접선을 $\overline{EF}$ 라고 하자.

$\angle APC = \angle DPB = 90°$ 이므로 $\overline{AC}$, $\overline{DB}$ 는 각각 원의 지름이다.

또한 $\overline{EF}$ 가 접선이므로 $\angle BDP = \angle BPF = \angle EPA = \angle ACP$ 가 성립한다.

따라서 $\overline{AC} /\!/ \overline{DB}$ 가 성립한다.

이제 $\overline{PA} = a$, $\overline{PB} = b$, $\overline{PC} = c$, $\overline{PD} = d$ 라고 하면

$a : b = \overline{AC} : \overline{BD} = 2 : 4 = 1 : 2$, 같은 방법으로 $c : d = 1 : 2$ 이다.

따라서 $\overline{AB} = a + b = a + 2a = 3a$, $\overline{CD} = c + d = c + 2c = 3c$ 이므로

$\overline{AB}^2 + \overline{CD}^2 = (3a)^2 + (3c)^2 = 9(a^2 + c^2) = 9\overline{AC}^2 = 9 \times 4 = 36$ 이다.

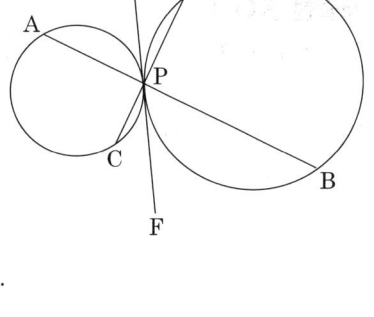

15 버스의 속력을 $v\,\text{km/h}$ 라 하고, 버스가 출발하는 시간 간격을 t분이라고 하자.

뒤에서 오는 버스가 택시를 따라잡는 것을 생각해보자.

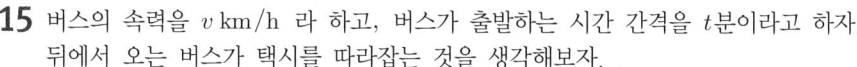

처음 버스가 택시를 B에서 따라잡을 때,

두 번째 버스의 위치를 A라 하고 두 번째 버스가 택시를 따라잡은 위치를 C라고 하자.

버스의 출발 간격이 t분이므로 $\overline{AB} = v \cdot \dfrac{t}{60}\,(\text{km})$ 이다.

택시가 B에서 C까지 가는 동안 버스가 두 대 지나갔으므로 시간은 6분이 걸렸다.

따라서 $\overline{BC} = 20 \cdot \dfrac{6}{60} = 2\,(\text{km})$ 이다. 또한 $\overline{AC} = v \cdot \dfrac{6}{60} = \dfrac{v}{10}\,(\text{km})$ 이다.

따라서 $\dfrac{v}{10} = \dfrac{vt}{60} + 2 \cdots\cdots$ ① 이다.

마주 오는 버스의 경우를 생각해보자.

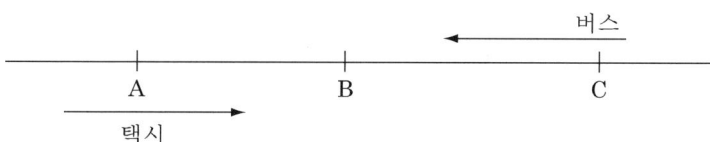

처음 버스와 A에서 마주칠 때, 두 번째 버스는 C에 있었다.

이제 두 번째 버스와 B에서 마주쳤다고 하자.

버스의 출발 간격이 t분이므로 $\overline{CA} = v \cdot \dfrac{t}{60}\,(\text{km})$ 이다.

택시가 A에서 B까지 가는 동안 버스가 두 대 지나갔으므로 시간은 3분이 걸렸다.

따라서 $\overline{AB} = 20 \cdot \dfrac{3}{60} = 1\,(\text{km})$ 이다.

또한 $\overline{CB} = v \cdot \dfrac{3}{60} = \dfrac{v}{20}$. 따라서 $\dfrac{vt}{60} = \dfrac{v}{20} + 1 \cdots\cdots$ ② 이다.

두 식을 변형하면 $\begin{cases} vt - 6v = -120 \\ vt - 3v = 60 \end{cases}$ 이 되고 연립해서 풀면

$v = 60\,(\text{km/h})$, $t = 4\,(\text{분})$ 임을 알 수 있다.

서술형 풀이 1

1 $0, 1, 1, 2, 3, 5, 8, 13, 21, 34, 55, 89, \cdots$ 이므로 $F_{10} = 34$ 이다.

2 피보나치 수열에 속하는 피타고라스 수를 F_m, F_n, F_p라고 하고, $m < n < p$ 라고 해도 일반성을 잃지 않는다. $F_m + F_n \leq F_{n-1} + F_n = F_{n+1} \leq F_p$이 성립한다. 그런데 F_m, F_n, F_p는 삼각형의 세 변의 길이이므로 짧은 두 변의 길이의 합이 가장 긴 변의 길이보다 커야하므로 $F_m + F_n > F_p$이어야 한다. 따라서 피보나치 수열에 속하는 피타고라스 수는 존재하지 않는다.

서술형 풀이 2

1 수 1이 나와야만 지울 수 있는 수는 1, 7, 11, 13, 17, 19, 23, 29의 8개인데, 수 1은 3회만 나왔으므로 5개는 지울 수 없다.

2 수 2가 나와야만 지울 수 있는 수는 2, 14, 22, 26의 4개인데, 수 2는 3회만 나왔으므로 1개는 지울 수 없다.

3 수 3이 나와야만 지울 수 있는 수는 3, 9, 21, 27의 4개인데, 수 3은 3회만 나왔으므로 1개는 지울 수 없다.

4 4의 배수는 4, 8, 12, 16, 20, 24, 28의 7개가 있는데, 수 4가 7번 나왔으므로 모두 지울 수 있다.

5 5의 배수는 5, 10, 15, 20, 25, 30의 6개가 있는데, 수 5가 7번 나왔으므로 모두 지울 수 있다.

6 6의 배수는 6, 12, 18, 24, 30의 5개가 있는데, 수 6이 7번 나왔으므로 모두 지울 수 있다.
그러므로 위의 **1**, **2**, **3**, **4**, **5**, **6**에서 지울 수 없는 수는 적어도 7개 있다.

(별해)
- 6의 배수는 5개뿐이므로 7회 중 2회는 지울 수 없다.
- 5의 배수는 6개이며, $5 \times 6 = 30$에 이미 지워졌으므로, 2회는 지울 수 없다.
- 4의 배수는 7개이며, $4 \times 3 = 2 \times 6 = 12$, $4 \times 5 = 20$, $4 \times 6 = 24$는 이미 지워졌으므로, 3회는 지울 수 없다.
- 3의 배수는 10개이며, 6의 배수가 5개와 5의 배수 중 $3 \times 5 = 15$는 이미 지워졌으므로 3회 모두 지울 수 있다.
- 2의 배수와 1의 배수도 모두 지울 수 있다.

그러므로 지울 수 없는 수는 $2 + 2 + 3 = 7$(개)가 있다.

서술형 풀이 3

1 $a_i < n+1$, $b_i < n+1$이라고 가정하자. a_i를 포함하여 $n+1$ 보다 작은 N_a의 원소는 $n - i + 1$개 존재한다. 같은 원리에 의해 b_i를 포함하여 $n+1$보다 작은 N_b의 원소는 i개 존재한다. 이렇게 되면 모두 합했을 때, $n+1$ 보다 작은 서로 다른 원소가 $n+1$개가 존재하여 모순이다.

2 **1**과 같은 방법으로 증명할 수 있다.

3 **1**, **2**에 의해 임의의 원소 $i \in \{1,\ 2,\ \cdots,\ n\}$에 대하여
$a_i \in \{1,\ 2,\ \cdots,\ n\}$이면 $b_i \in \{n,\ n+1,\ \cdots,\ 2n\}$이고,
$a_i \in \{n,\ n+1,\ \cdots,\ 2n\}$이면 $b_i \in \{1,\ 2,\ 3,\ \cdots,\ n\}$임을 알 수 있다.
따라서 $|a_1 - b_1| + |a_2 - b_2| + \cdots + |a_n - b_n| = \{(n+1) + (n+2) + \cdots + 2n\} - (1 + 2 + \cdots + n)$이다.
$$\{(n+1) + (n+2) + \cdots + 2n\} - (1 + 2 + \cdots + n) = \{(n+1) - 1\} + \{(n+2) - 2\} + \cdots + (2n - n)$$
$$= n + n + \cdots + n = n \times n = n^2$$

4 **3**에 의해 $2010 = 2 \times 1005$ 이므로 $n = 1005$
따라서 $|2009 - 2| + |2007 - 4| + |2007 - 6| + \cdots + |1 - 2010| = 1005^2$ 이다.

서술형 풀이 4

1 양 변에 2를 곱하면 $2\phi = \sqrt{5} + 1$, $2\phi - 1 = \sqrt{5}$, $(2\phi - 1)^2 = 5$, $\phi^2 - \phi - 1 = 0$이므로 ϕ를 한 근으로 하는 유리수 계수 이차방정식은 $x^2 - x - 1 = 0$이다.

2 다른 한 근은 $\dfrac{-\sqrt{5} + 1}{2}$ 이다. 따라서 $\phi^{50} \chi^{50} = (\phi \chi)^{50} = (-1)^{50} = 1$이다.

3 $\phi^2 - \phi - 1 = 0$이므로 $\phi^2 = \phi + 1$이다.
양 변에 ϕ를 곱하면 $\phi^3 = \phi^2 + \phi = (\phi + 1) + \phi = 2\phi + 1$이다.

4 $\phi = \phi + 0$
$\phi^2 = \phi + 1$
$\phi^3 = \phi^2 + \phi$, $\phi^3 = 2\phi + 1$
$\phi^4 = \phi^3 + \phi^2$, $\phi^4 = 3\phi + 2$
$\phi^5 = \phi^4 + \phi^3$, $\phi^5 = 5\phi + 3$
위의 예에서 알 수 있듯이 ϕ^{n+2}은 ϕ^{n+1}과 ϕ^n을 더해서 구할 수 있다.
즉 바로 앞의 일차식과 그 앞의 일차식을 더해서 구할 수 있다.
따라서 일차항의 계수는 $1,\ 1,\ 2,\ 3,\ 5,\ 8,\ 13,\ 21,\ 34,\ 55\,(2 = 1 + 1,\ 3 = 2 + 1,\ 5 = 3 + 2,\ \cdots)$와 같이
변하므로 ϕ^{10}을 ϕ에 관한 일차식으로 나타내었을 때 일차항의 계수는 55, 상수항은 바로 앞의 수인 34이다.
따라서 $\phi^{10} = 55\phi + 34$이다.

5 ϕ^{14}의 값을 구하기 위해 일차항의 계수를 계속 구해보면
$1,\ 1,\ 2,\ 3,\ 5,\ 8,\ 13,\ 21,\ 34,\ 55,\ 89,\ 144,\ 233,\ 377,\ \cdots$
이므로 $\phi^{14} = 377\phi + 233 = \dfrac{377(\sqrt{5} + 1)}{2} + 233 = \dfrac{843}{2} + \dfrac{377\sqrt{5}}{2}$ 이다.

Final test

네 어머니는 성취와 성공의 차이를 분명히 하셨다. 어머니는 말씀하셨다. '성취란 네가 열심히 공부했고 일했으며 네가 가진 최선을 다했다는 인식이다. 성공은 남들에게 추앙받는 것이며, 이것이 멋진 일이긴 하나 그렇게 중요하거나 만족을 주는 것은 아니다. 항상 성취를 목적으로 삼고 성공에 대해선 잊어라. 〈헬렌 헤이스〉

이 문제는 '경시대회 초등수학 길잡이'의 저자 정호영 선생님이 만드신 모의고사 문제입니다. 독자들의 의문 사항이나 지도 편달은 정호영 선생 님의 이메일(allpassid@naver.com)로 하시면 됩니다.

실전모의고사 1회

실전모의고사 1회 정답　　　　　　　　　P.228

단답형 문항

01. 1346개	**02.** $t=10$	**03.** 4999	**04.** 64	**05.** 3가지
06. 0가지	**07.** 77	**08.** 2020	**09.** 11	**10.** $1/a$

11. 16가지　　**12.** 83일

13. (1) $\sqrt{5}$　　(2) $\dfrac{\sqrt{27+\pi^2}}{\pi}$

14. (1) $30°$　　(2) $3(\sqrt{3}+1)$

15. 113

서술형 문제

1. (1) 풀이참조　(2) 풀이참조　(3) 15

2. (1), (2), (3)은 풀이참조 (4) 4 (5) 2.5 (6) 2

3. (1) 풀이참조　(2) 풀이참조　(3) 1/4

4. (1) 91개　(2) 63개　(3) 336개　(4) 48개　**5.** 풀이참조

단답형 정답 및 해설

1 이 문제는 대구과학영재학교 기출문제 변형문제로 알려져 있다.

어떤 자연수의 각 자리의 숫자들의 총합이 3의 배수이면 그 자연수는 3의 배수이다.

또한 어떤 자연수의 각 자리의 수들을 쪼개서 그들을 다 합한 수가 3의 배수이면 그 자연수도 3의 배수이다. 예컨대 1245의 경우 $1+2+4+5=12$가 3의 배수이니까 1245는 3의 배수이다. 또 예컨대 1245의 경우 $12+45=57$이 3의 배수이므로 1245도 3의 배수라 할 수 있다.

$$\therefore\ f(n)\equiv 1+2+3+\cdots+n\equiv \frac{n(n+1)}{2}\ (\mathrm{mod}\ 3)$$

여기서 $a\equiv b(\mathrm{mod}\,m)$이란 a, b를 m으로 나눈 나머지가 같다는 뜻이다.

즉, $f(n)$이 3의 배수라는 것은 $\dfrac{n(n+1)}{2}$가 3의 배수라는 것과 같은 것이다.

한편, $n(n+1)$은 연속된 두 정수의 곱이므로 어차피 2로 나누어떨어진다. 그러므로 $\dfrac{n(n+1)}{2}$이 3의 배수가 되려면 n, $n+1$중에서 어느 하나가 3의 배수이면 된다. 그러므로 조건을 만족하는 n은 3의 배수이거나 3으로 나누어 나머지가 2인 수들이다. 한편, 1부터 2020까지 3으로 나누었을 때 나머지가 1인 수는 674개 있다. 따라서 구하는 개수는 $2020-674=1346$개이다.

2 삼각형 ABC의 넓이와 삼각형 ABD의 넓이는 같아야 하므로 $\overleftrightarrow{AB}$의 기울기와 $\overleftrightarrow{DC}$의 기울기가 같아야 한다.

$$\therefore\ \frac{\dfrac{1}{9}+1}{-\dfrac{1}{3}-3}=\frac{9-t}{3}\quad \therefore\ t=10$$

3 막노동을 좀 하자.

$10000=2^4\times 5^4=25$(양의 약수는 $5^2=25$개)

$9999=3^2\times 11\times 101$(양의 약수는 $3\times 2^2=12$개)

$9998=2\times 4999$(약의 약수는 4개)

여기서 문제가 무얼까? 바로 4999가 왜 소수인지 알아보아야 한다.

만약 서술형이라면 그것을 반드시 명시해야 하기 때문이다.

$\sqrt{n}$ 이하의 소수들로 n이 나누어지지 않으면 n은 소수라는 것을 활용하자.

즉, 4999가 소수라면 $\sqrt{4999}$ 이하의 소수들로 49999가 나누어지지 않아야 한다.

이것을 확인해 주어야만 한다. 대충 어림잡아 $70^2 = 4900$, $71^2 = 5041$이므로

$\sqrt{4999} \fallingdotseq 70.\times\times\times\cdots$ 이다. 즉, 70이하의 모든 소수로 4999를 나누어서 나누어떨어지지 않으면

4999는 소수가 확실할 것이다. 이제 70이하의 소수를 다 적어보자.

  2 3 5 7 11 13 17 19 23 29 31 37 41 43 47 53 59 61 67

이제 위의 수들로 4999를 각각 나누어보면 나누어떨어지지 않음을 알 수 있다.

따라서 4999는 확실히 소수이고, 정답이다.

4 $x^2 + y^2 = 22$. $xy = 7$

$(x+y)^2 = x^2 + y^2 + 2xy = 36$

$\quad \therefore \ x + y = \pm 6$

이제 $z^2 - (x+y)z + xy = 0$을 떠올리자.

$\quad \therefore \ z^2 \mp 6z + 7 = 0$(단, $z = x$, y)

이제 근의 공식에 의하여

$\quad \therefore \ x = \pm 3 \pm \sqrt{2}$, $y = \pm 3 \mp \sqrt{2}$

단, 복부호는 동순이다.

따라서 $(x-y)^4 = (\pm 2\sqrt{2})^4 = 64$이다.

5 첫 수를 a, 항의 개수를 n개라고 하면 $n \cdot \dfrac{2a+n-1}{2} = 35$에서 $n \cdot (2a+n-1) = 70$이고 좌변의 두 인수

n과 $2a+n-1$은 홀짝성이 다르고 $n < 2a+n-1$이다. 이를 고려하여 생각해 보면, $n = 2$, 5, 7이다.

따라서 다음과 같이 3가지 방법이 있다.

$\quad 35 = 17 + 18$, $\quad 35 = 2+3+4+5+6+7+8$, $\quad 35 = 5+6+7+8+9$

6 첫 자연수가 a이고 더해지는 연속된 수의 개수가 n이라고 하면,

$\quad 64 = \dfrac{n(2a+n-1)}{2} \quad \Leftrightarrow \quad 128 = n \times (2a+n-1) \ \cdots$ ㉮

그런데 n은 2이상의 수이고 $2a+n-1$은 n보다 큰 수이다.

또한 n과 $2a+n-1$은 홀짝성(=기우성)이 다르므로 둘 중 어느 하나는 3보다 큰 홀수이어야 한다.

그런데 $128 = 2^7$이므로 3보다 큰 홀수의 약수가 없다. 즉, ㉮는 모순된 식이다.

따라서 구하는 정답은 0가지다.

7 주어진 식

$\quad 3f(x) + 4f(1-x) = x^2 \qquad \cdots$ ㉮

의 양변에 x대신 $1-x$를 대입하면,

$\quad 3f(1-x) + 4f(x) = (1-x)^2 \ \cdots$ ㉯

이제 $(3 \times ㉮ - 4 \times ㉯)$하고, 정리하면 다음을 얻는다.

$$\therefore \ f(x) = \frac{1}{7}(x^2 - 8x + 4) \quad \therefore \ f(5) = -\frac{11}{7}$$

따라서 $b \times a = 77$이다.

8 $P_1(x_1, 2019)$, $P_2(x_2, 2019)$를 $y = ax^2 + bx + 2020$(단, $a \neq 0$)에 대입하자.

$$\begin{cases} ax_1^2 + bx_1 + 2020 = 2019 & \cdots ㉮ \\ ax_2^2 + bx_2 + 2020 = 2019 & \cdots ㉯ \end{cases}$$

이제 $(㉮ - ㉯)$하자.

$$a(x_1^2 - x_2^2) + b(x_1 - x_2) = 0$$

$$\therefore \ (x_1 - x_2)[a(x_1 + x_2) + b] = 0$$

$$\therefore \ a(x_1 + x_2) + b = 0 \, (\because \ x_1 \neq x_2)$$

$$\therefore \ x_1 + x_2 = -\frac{b}{a}$$

이제 $x = x_1 + x_2 = -\dfrac{b}{a}$를 이차함수에 대입하면

$$y = a \cdot \left(-\frac{b}{a}\right)^2 + b \cdot \left(-\frac{b}{a}\right) + 2020$$

$$= \frac{b^2}{a} - \frac{b^2}{a} + 2020 = 2020$$

따라서 $x = x_1 + x_2$일 때, 구하는 y의 값은 2020이다.

9   포물선과 x축의 교점이 $A(x_1, 0)$, $B(x_2, 0)$(단, $x_1 < x_2$)일 때, x_1, x_2는 이차 방정식 $ax^2 + bx + c = 0$
의 두 실근이며, 두 근의 합은 음수이고, 곱은 양수이므로 다음 두 근은 모두 음수이다.

$$x_{1,2} = \frac{-b \pm \sqrt{b^2 - 4ac}}{2a}$$

또한 두 점 A, B에서 원점까지의 거리가 모두 1보다 작음으로 인하여 $-1 < x_1 < x_2 < 0$이다.

또한 $-1 < \dfrac{-b - \sqrt{b^2 - 4ac}}{2a}$으로부터 $0 < \sqrt{b^2 - 4ac} < 2a - b$이다.

양변을 제곱하면, $0 < b^2 - 4ac < 4a^2 - 4ab + b^2$.

그러므로 위 부등식을 2개로 나누어 정리하면 다음을 얻는다.

$$2\sqrt{ac} < b < a + c \ \cdots ㉮$$

그런데 a, b, c는 모두 양의 정수이다.

$$\therefore \ 2\sqrt{ac} + 1 < b + 1 \leq a + c$$

또한 두 음수의 근 x_1, x_2의 절댓값이 모두 1보다 작으므로 근과 계수의 관계에 의하여 다음이 성립
한다.

$$\frac{c}{a} = x_1 \times x_2 < 1 \quad \therefore \ 0 < c < a$$

$$\therefore \ 2\sqrt{ac} + 1 < a + c \quad \therefore \ 1 < (\sqrt{a} - \sqrt{c})^2$$

$$\therefore \ 1 < \sqrt{a} - \sqrt{c} \ \Leftrightarrow \ \sqrt{a} > \sqrt{c} + 1$$

$$\therefore \sqrt{a} > \sqrt{c}+1 \geq 2 \quad \therefore 4 < a$$

그러므로 $4 < a$, $2\sqrt{ac} < b < a+c$(㉮식), c가 자연수이므로 다음을 얻는다.

$$4 \leq 2\sqrt{4c} < 2\sqrt{ac} < b < a+c \quad \cdots \text{㉯}$$

a, b, c는 모두 자연수이다. 위 부등식 ㉯를 만족시키면서 $a+b+c$가 최소이려면 $c=1$이어야만 한다. 그러므로 ㉯는 다음과 같이 된다.

$$4 < b < a+1 \quad \cdots \text{㉰}$$

이제 위 ㉰부등식을 만족시키면서 $a+b+c$가 최소이려면 $a=5$, $b=5$, $c=1$을 취하면 된다.

이때 두 근은 $x_{1,2} = \dfrac{-5 \pm \sqrt{5}}{10}$ 이고, 이것은 주어진 조건을 모두 만족시킨다.

따라서 $a+b+c$의 최솟값은 $5+5+1=11$이다.

10 자연수 계수인 일차방정식이므로 $a \neq 0$, a, b는 자연수이다.

해가 자연수일 경우는 b가 a의 배수이면 된다.

즉, 임의의 자연수 b를 a로 나눈 나머지가 0인 경우가 될 확률을 구하라는 문제이다.

그런데 임의의 자연수 b를 a로 나눈 나머지의 종류는 a가지 있다. 그 중 나머지가 0인 경우 1가지가 선택될 확률을 구하는 문제와 같다. 따라서 구하는 정답은 $\dfrac{1}{a}$이다.

11 이 문제는 대구과학고 기출문제로 알려져 있는데 필자가 직접 확인하진 못했다. 다만 몇 몇 학생들이 이 문제가 출제된 적이 있다고 과거에 말해 준 적이 있었고, 창의적인 문제라 생각되어서 여기에 수록해 보았다.

(ⅰ) E가 끊겨 있을 경우

위쪽(A, D)으로 전기가 흐를 때, 아래쪽 (B, C)의 경우는 B만 닫힌 경우, C만 닫힌 경우, B와 C가 모두 닫힌 경우, 둘 다 열린 경우의 4가지 경우가 있을 수 있다. 또한 아래쪽으로 전기가 흐를 경우는 위쪽이 4가지의 경우가 있을 수 있다. 그런데 위 두 가지 생각에서 모든 스위치가 닫힌 경우는 두 번 계산 되므로 1번은 빼야 한다.

즉, $4+4-1=7$(가지) 경우가 있다.

(ⅱ) E가 연결되어 있을 경우 회로는 다음과 같다고 보아도 된다.

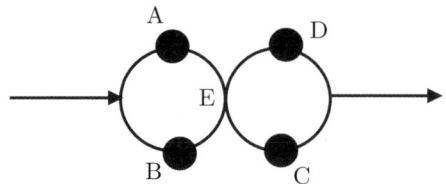

이 경우 A 또는 B로 전기가 흘러서 E까지 간 다음 다시 C, 또는 D를 통하여 출구로 나가게 될 것이다. 왼쪽 A, B가 취할 수 있는 경우는 둘 다 닫히거나 A, B 중 한쪽만 닫힌 경우가 있으므로 3가지 경우가 있다. 오른쪽 C, D가 취할 수 있는 것도 3가지 경우가 있다.

$$\therefore 3 \times 3 = 9 \text{(가지)}$$

따라서 구하는 정답은 $7+9=16$(가지)이다.

12 첫 주에 서예 공부한 날짜를 $(7\times0+a)$일이라 하자.

둘째 주에 서예 공부한 날짜를 $(7\times1+b)$일이라 하자.

셋째 주에 서예 공부한 날짜를 $(7\times2+c)$일이라 하자.

넷째 주에 서예 공부한 날짜를 $(7\times3+d)$일이라 하자.

다섯째 주에 서예 공부한 날짜를 $(7\times4+e)$일이라 하자.

a, b, c, d, e는 0, 1, 3, 3, 6이거나 위치만 바뀐 경우이다.

$$\therefore\ 7\times(0+1+2+3+4)+(a+b+c+d+e)=7\times10+13=83$$

한 달 동안 서예 공부하는 요일이 고정되어 있으므로 요일의 변동이 없으니까 서예 공부하는 날짜가 달라도 날짜의 총합은 언제나 일정함을 알아두자.

13 이 문제는 과거 어떤 중학교의 어떤 선생님께서 출제 하셨다고 하는데 상당히 창의적인 문제라서 여기에 소개해 보았다. 출제의 사실 여부는 내가 직접 확인하지는 못했다.

(1) 착각하여 $\sqrt{17}$ 로 답하면 틀린다. 원기둥에서 두 점이 180°를 넘게 빙 돌아서 가까워지게 되므로 그 거리는 가로가 2이고 세로가 1인 직사각형의 대각선 길이인 $\sqrt{5}$ 가 답이다.

(2) 원기둥을 세워 놓고서 점 $(1,\ 1)$을 지나는 곳을 수평으로 잘라서 단면을 헤아려 보면 다음 그림과 같다.

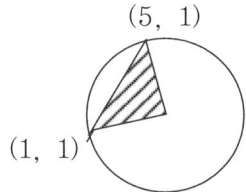

빗금 친 삼각형은 중심각이 120°이고 원의 반지름은 $\dfrac{3}{\pi}$이다. 그러므로 원기둥을 만들어 놓았을 때 기존의 $(1,\ 1)$, $(5,\ 1)$사이의 최단 거리는 $\dfrac{3\sqrt{3}}{\pi}$이다. 그러므로 원기둥을 만들어 놓았을 때 기존의 $(1,\ 1)$, $(5,\ 2)$사이의 최단 거리는 $\sqrt{\left(\dfrac{3\sqrt{3}}{\pi}\right)^2+1^2}=\dfrac{\sqrt{27+\pi^2}}{\pi}$이다.

14 (1) $\overline{AB}/\!/\overline{PQ}$, $\overline{AC}/\!/\overline{PS}$, $\overline{QS}/\!/\overline{BC}$이므로 삼각형 ABC와 삼각형 PQS는 닮은꼴이다. 왜냐하면 평행선에 교차하는 직선이 이루는 두 동위각의 크기가 같으므로 삼각형 ABC와 삼각형 PQS의 대응되는 내각들이 똑같기 때문이다. 그러므로 $\angle ABC=\angle PQS$이다.

한편 삼각형 PRS는 정삼각형이다. 그러므로 외각 $\angle PRQ=120^\circ$이고, 삼각형 PRQ는 이등변삼각형이므로 $\overline{PQ}=2\sqrt{3}$이다. 또한 $\overline{PS}=2$, $\overline{QS}=4$이다. 이로써 삼각형 PRQ은 세 변의 길이비가 $1:\sqrt{3}:2$인 특수 직각삼각형이다. 따라서 $\angle ABC=\angle PQS=30^\circ$이다.

(2)

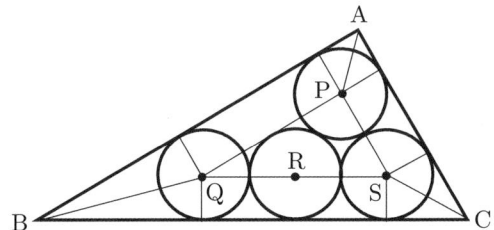

전체를 분할하는 조각 넓이의 합은 전체 넓이와 같으므로 그림에서 보이는 사다리꼴 4개와 △PQS의 넓이의 합은 △ABC의 넓이의 합과 같은데, 게다가 △ABC는 △PQS와 닮은꼴이므로 △PQS의 각 변에 비하여 △ABC의 각 대응변의 길이가 k배라고 하고 식을 세워보자.

우선 $\overline{PS}=2$, $\overline{QS}=4$, $\overline{PQ}=2\sqrt{3}$ 이니까 $\overline{AC}=2k$, $\overline{BC}=4k$, $\overline{AB}=2\sqrt{3}k$라 할 수 있다.

$$\therefore (\triangle ABC) = (\triangle PQS) + (\square QBCS) + (\square CAPS) + (\square ABQP)$$

$$\Leftrightarrow \frac{1}{2}(2k)(2\sqrt{3}k) = \frac{1}{2}(2)(2\sqrt{3}) + \frac{1}{2}(4+4k) + \frac{1}{2}(2+2k) + \frac{1}{2}(2\sqrt{3}+2\sqrt{3}k)$$

$$\Leftrightarrow 2k^2 - (\sqrt{3}+1)k - (3+\sqrt{3}) = 0 \Leftrightarrow (k+1)(2k-3-\sqrt{3}) = 0$$

$$\therefore k = \frac{3+\sqrt{3}}{2} \ (\because k > 0)$$

따라서 구하는 $\overline{AB} = 2\sqrt{3}k = 2\sqrt{3} \times \dfrac{3+\sqrt{3}}{2} = 3(\sqrt{3}+1)$이다.

15 그림을 생략한다. 각자가 문제를 읽고 그림을 그려서 설명을 보았으면 한다.

$\overline{BC}$의 중점을 T라 하자. 보조선 $\overline{DE}$, $\overline{DG}$, $\overline{AT}$를 긋고 생각하자.

두 점 D, G가 이등변 삼각형의 두 허리변의 중점이므로 $\overline{DG} // \overline{BC}$.

점 D, E가 $\overline{BA}$, $\overline{BT}$의 중점이므로 $\overline{DE} // \overline{AT} \perp \overline{BT}$이다.

한편 $\overline{AT} = \sqrt{10^2 - 6^2} = 8$이다. $\therefore \overline{DE} = 4$

또한 $\overline{DG} = \dfrac{1}{2}\overline{BC} = 6$. 그리고 $\overline{EG} = \sqrt{4^2 + 6^2} = 2\sqrt{13}$.

아르키타스의 사영정리에 의하여 $\overline{EH} = \dfrac{\overline{DE}^2}{\overline{EG}} = \dfrac{16}{2\sqrt{13}} = \dfrac{8\sqrt{13}}{13}$.

점G에서 $\overline{BC}$에 수선의 발을 내려서 다음을 얻는다. $\overline{IG} = \dfrac{8\sqrt{13}}{13}$.

$$\therefore \overline{HI} = \overline{EG} - \overline{EH} - \overline{IG} = 2\sqrt{13} - 2 \times \frac{8\sqrt{13}}{13} = \frac{10\sqrt{13}}{13}.$$

$$\therefore \overline{HI}^2 = \frac{100}{13} = \frac{q}{p} \ \therefore p+q = 113$$

서술형 풀이 1

1 $720 = 2^4 \times 3^2 \times 5$인데 결국 720의 약수는 $2^a \times 3^b \times 5^c$의 모양으로 나타내어질 것이다.

단, 여기서 $0 \le a \le 4$, $0 \le b \le 2$, $0 \le c \le 1$이며, 각 문자는 정수이다.

그러므로 a는 5가지, b는 3가지, c는 2가지의 수를 취할 수 있다.

따라서 경우의 수의 곱의 법칙에 따라서 720의 양의 약수의 개수는 다음과 같다.

$\quad 5 \times 3 \times 2 = 30(개)$

2 n을 어떤 정수라고 가정하다. 그러면 연속된 네 정수의 곱은 다음과 같이 나타내어진다.

$N = n \times (n+1) \times (n+2) \times (n+3)$

위 수 N의 각 인수 중에는 짝수가 2번 있고, 홀수도 2번 있다. 이웃한 짝수 중엔 4의 배수가 반드시 있다. 따라서 위 각 인수 중에 짝수들을 곱하면 8의 배수가 반드시 있음을 알 수 있다. 또한 N의 각 인수 중에는 3의 배수가 있을 수밖에 없다. 왜냐하면 n이 3의 배수이면 N은 3의 배수가 되고, n이 3으로 나누어 나머지가 1인 수이면 $n+2$가 3의 배수이므로 N도 3의 배수가 되고, n이 3으로 나누어 나머지가 2인 수이면, $n+1$이 3의 배수이므로 N도 3의 배수가 된다. 따라서 N은 3과 8의 공배수이고, 3과 8은 서로소이므로 N은 $3 \times 8 = 24$의 배수이다.

(3) $1000 = 2^3 \times 5^3$이다. 그러니까 A에는 최소한 2의 배수가 3개, 5의 배수가 3개 있어야만 한다.

즉, (2, 4, 6)과 (5, 10, 15)가 최소의 수 A를 구성하는 약수 중에 포함 되어야만 한다.

따라서 구하는 n의 최솟값은 15이다.

3 $1000 = 2^3 \times 5^3$이다. 그러니까 A에는 최소한 2의 배수가 3개, 5의 배수가 3개 있어야만 한다.

즉, (2, 4, 6)과 (5, 10, 15)가 최소의 수 A를 구성하는 약수 중에 포함 되어야만 한다.

따라서 구하는 n의 최솟값은 15이다.

서술형 풀이 2

1 $(\sqrt{1+a})^2 - \left(\dfrac{a+2}{2}\right)^2 = 1 + a - \left(1 + a + \dfrac{a^2}{4}\right) = -\dfrac{a^2}{4} \le 0$

$\therefore \sqrt{1+a} \le \dfrac{a+2}{2}$ (단, 등호는 $a = 0$일 때, 성립)

2 명백히 $A > 0$, $B > 0$이다. 그러므로 이번에는 두 수를 서로 나누어 보는 방법으로 증명을 해보자.

$\dfrac{A}{B} = \dfrac{\dfrac{\sqrt{2}+1}{\sqrt{2}+2}}{\dfrac{\sqrt{2}+2}{\sqrt{2}+3}} = \dfrac{\sqrt{2}+1}{\sqrt{2}+2} \times \dfrac{\sqrt{2}+3}{\sqrt{2}+2}$

$\therefore \dfrac{A}{B} = \dfrac{\sqrt{2}+1}{\sqrt{2}+2} \times \dfrac{\sqrt{2}+3}{\sqrt{2}+2}$

$\qquad = \dfrac{2\sqrt{2}-1}{2} = \sqrt{2} - 0.5 < \sqrt{2.25} - 0.5 = 1.5 - 0.5 = 1$

$\therefore \dfrac{A}{B} < 1 \quad \therefore A < B$

3 $0 < a$, $0 < b$ 이다.

$(\sqrt{a} - \sqrt{b})^2 \geq 0 \iff a + b - 2\sqrt{ab} \geq 0)$

따라서 $a + b \geq 2\sqrt{ab}$ 이다. (단, 등호는 $a = b$일 때 성립한다.)

4 $(a+b+c)\left(\dfrac{1}{a} + \dfrac{1}{b+c}\right)$

$= (a + (b+c))\left(\dfrac{1}{a} + \dfrac{1}{b+c}\right)$

$= \dfrac{b+c}{a} + \dfrac{a}{b+c} + 2$

$\geq 2\sqrt{\dfrac{b+c}{a} \times \dfrac{a}{b+c}} + 2$ $(\because (3)$번의 결과$)$

단, 위 식에서 등호는 $a = b+c$일 때 성립한다.

$\therefore (a+b+c)\left(\dfrac{1}{a} + \dfrac{1}{b+c}\right) \geq 4$

따라서 구하는 최솟값은 4이다.

5 $x = a^2 + 2a + 3$, $y = x + \dfrac{1}{x}$ 이다.

이 문제의 정답을 2라고 답해서 틀리는 학생들이 많다.

a, b가 양수일 때 부등식 $a + b \geq 2\sqrt{ab}$ 의 등호가 성립하는 경우는 $a = b$일 때뿐이다.

이것을 망각하여 틀리는 경우가 많으니까 주의하자. 이제 풀어보자.

$x = a^2 + 2a + 3 = (a+1)^2 + 2 \geq 2$이므로 $x \geq 2$이다.

$y = x + \dfrac{1}{x} \geq 2 + \dfrac{1}{2} = 2.5$

그러니까 다시 말하자면, $x \geq 2$일 때 x의 값이 증가하면 당연히 $y = x + \dfrac{1}{x}$ 의 값도 증가하기 때문에,

$x = 2$일 때 y는 최솟값 2.5를 가짐을 알 수 있다.

따라서 $a = -1$일 때 구하는 최솟값은 2.5이다.

6 $\dfrac{x^2 + 2}{\sqrt{x^2 + 1}} = \dfrac{x^2 + 1}{\sqrt{x^2 + 1}} + \dfrac{1}{\sqrt{x^2 + 1}} = \sqrt{x^2 + 1} + \dfrac{1}{\sqrt{x^2 + 1}} \geq 2$

따라서 $x = 0$일 때, 주어진 식의 최솟값은 2이다.

서술형 풀이 3

1 $\triangle BDE$, $\triangle BAF$에서 $\angle BDE = \angle BAF = 90°$이고 $\angle DBF = \angle ABF$이다.

$\therefore \angle AFB = \angle DEB = \angle AEF$

즉, $\triangle AEF$는 $\overline{AE} = \overline{AF}$인 이등변삼각형이다.

그런데 H는 $\overline{EF}$의 중점이므로 $\overline{AH} \perp \overline{EF}$이다.

2 다음 세 직각 삼각형들은 닮은꼴이다.

$$\triangle AHF \backsim \triangle BAF \backsim \triangle BDE$$

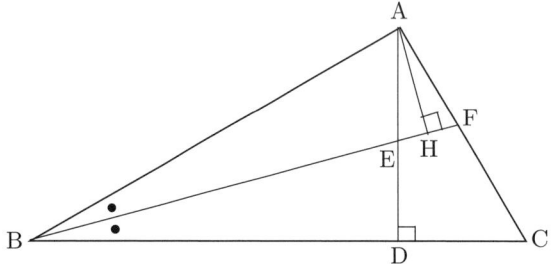

$$\frac{C_2}{C_3} = \frac{BE}{BF} = \frac{BF-EF}{BF} = \frac{BF-2HF}{BF} = 1 - 2\frac{FH}{FB} \quad \cdots \text{⑦}$$

또한 직각 $\triangle ABF$에서 $AH \perp BF$.

$$\therefore AF^2 = FH \cdot BF \,(\text{사영정리}) \quad \therefore \frac{FH}{BF} = \frac{AF^2}{BF^2} \quad \cdots \text{⑭}$$

이제 ⑭를 ⑦에 대입하면, $\dfrac{C_2}{C_3} = 1 - 2\left(\dfrac{AF}{BF}\right)^2$

또한 $\dfrac{C_1}{C_3} = \dfrac{AF}{BF}$ 이므로 다음을 얻는다.

$$\therefore \frac{C_1 + C_2}{C_3} = -2\left(\frac{AF}{BF}\right)^2 + \frac{AF}{BF} + 1$$

$$= -2\left(\frac{AF}{BF} - \frac{1}{4}\right)^2 + \frac{9}{8} \le \frac{9}{8}$$

3 등호는 $\dfrac{AF}{BF} = \dfrac{1}{4}$ 일 때 성립한다.

서술형 풀이 4

1 조합을 이용하는 방법이 있다.

$$_{14}C_2 = \frac{14 \times 13}{2} = 91\,(\text{개})$$

또 다른 방법으로는 다음과 같이 직접 일일이 세는 것이다.

즉, 꼭짓점 A에서 그을 수 있는 선분은 모두 13개이다.

위의 선분들을 제외하고, 꼭짓점 B에서 그을 수 있는 선분은 모두 12개이다.

위의 선분들을 제외하고, 꼭짓점 C에서 그을 수 있는 선분은 모두 11개이다.

위의 선분들을 제외하고, 꼭짓점 D에서 그을 수 있는 선분은 모두 10개이다.

위의 선분들을 제외하고, 꼭짓점 E에서 그을 수 있는 선분은 모두 9개이다.

위의 선분들을 제외하고, 꼭짓점 F에서 그을 수 있는 선분은 모두 8개이다.

위의 선분들을 제외하고, 꼭짓점 G에서 그을 수 있는 선분은 모두 7개이다.

위의 선분들을 제외하고, 꼭짓점 H에서 그을 수 있는 선분은 모두 6개이다.

위의 선분들을 제외하고, 꼭짓점 I에서 그을 수 있는 선분은 모두 5개이다.

위의 선분들을 제외하고, 꼭짓점 J에서 그을 수 있는 선분은 모두 4개이다.

위의 선분들을 제외하고, 꼭짓점 K에서 그을 수 있는 선분은 모두 3개이다.

위의 선분들을 제외하고, 꼭짓점 L에서 그을 수 있는 선분은 모두 2개이다.

위의 선분들을 제외하고, 꼭짓점 M에서 그을 수 있는 선분은 모두 1개이다.

위의 선분들을 제외하고, 꼭짓점 N에서 그을 수 있는 선분은 모두 0개이다.

따라서 구하는 선분의 개수는 다음과 같다.

$$0+1+2+\cdots+13=\frac{13\times14}{2}=91(\text{개})$$

2 임의의 점을 2개 지나는 직선을 세면 된다.

조합적인 방법으로 센다면 $\frac{14\times13}{2}=91$개를 생각할 수 있겠지만, 중복되는 것들을 제외해야 한다.

예컨대 한 세로 변 위의 A, B, C, D의 네 점 중 2개를 이어서 만들어지는 직선은 모두 1개뿐이므로 $\frac{4\times3}{2}=6$개의 직선은 제외시켜야 한다. 마찬가지로 또 다른 세로변 위의 네 점 H, I, J, K의 네 점 중 2개를 이어서 만들어지는 직선은 모두 1개뿐이므로 $\frac{4\times3}{2}=6$개의 직선도 제외시켜야 한다. 또한 가로변 위의 다섯 개의 점 D, E, F, G, H의 점 중 2개를 이어서 만들어지는 직선은 모두 1개뿐이므로 $\frac{5\times4}{2}=10$개의 직선은 제외시켜야 한다. 또한 가로변 위의 다섯 개의 점 K, L, M, N, A의 점 중 2개를 이어서 만들어지는 직선은 모두 1개뿐이므로 $\frac{5\times4}{2}=10$개의 직선은 제외시켜야 한다. 그런데 각 변을 지나는 직선 4개는 따로 더해주어야 한다. 이로써 직선의 개수는 다음과 같이 계산할 수 있다.

$$\frac{14\times13}{2}-2\times\frac{4\times3}{2}-2\times\frac{5\times4}{2}+4=63(\text{개})$$

또 다른 방법으로는 다음과 같이 일일이 세는 방법이 있다.

즉, 꼭짓점 A에서 그을 수 있는 직선은 모두 8개이다.

위의 직선들을 제외하고, 꼭짓점 B에서 그을 수 있는 직선은 모두 10개이다.

위의 직선들을 제외하고, 꼭짓점 C에서 그을 수 있는 직선은 모두 10개이다.

위의 직선들을 제외하고, 꼭짓점 D에서 그을 수 있는 직선은 모두 7개이다.

위의 직선들을 제외하고, 꼭짓점 D에서 그을 수 있는 직선은 모두 6개이다.

위의 직선들을 제외하고, 꼭짓점 F에서 그을 수 있는 직선은 모두 6개이다.

위의 직선들을 제외하고, 꼭짓점 G에서 그을 수 있는 직선은 모두 6개이다.

위의 직선들을 제외하고, 꼭짓점 H에서 그을 수 있는 직선은 모두 4개이다.

위의 직선들을 제외하고, 꼭짓점 I에서 그을 수 있는 직선은 모두 3개이다.

위의 직선들을 제외하고, 꼭짓점 J에서 그을 수 있는 직선은 모두 3개이다.

위의 직선들을 제외하고, 꼭짓점 K, L, M, N에서 그을 수 있는 직선은 모두 0개이다.

따라서 구하는 직선의 개수는 다음과 같다.

$$8+10+10+7+6+6+6+4+3+3=63(\text{개})$$

3 위의 선분이나 직선들을 센 것과 같은 방식으로 세면 된다.(여기서는 상세한 설명은 생략하지만 실제 구술 시험에서는 좀 더 성의껏 설명해야 함을 독자는 주지할 것)

$$\frac{14 \times 13 \times 12}{3 \times 2 \times 1} - 2 \times \frac{4 \times 3 \times 2}{3 \times 2 \times 1} - 2 \times \frac{5 \times 4 \times 3}{3 \times 2 \times 1} = 336\,(개)$$

또 다른 방법으로는 다음과 같이 일일이 세는 방법이 있다.

(i) 꼭짓점 A를 한 꼭짓점으로 가지는 삼각형은 다음과 같이 센다.

선분 AB를 한 변으로 하는 삼각형은 모두 10개.

위에서 센 삼각형을 제외하고 선분 AC를 한 변으로 하는 삼각형은 모두 10개.

위에서 센 삼각형을 제외하고 선분 AD를 한 변으로 하는 삼각형은 모두 10개.

위에서 센 삼각형을 제외하고 선분 AE를 한 변으로 하는 삼각형은 모두 9개.

위에서 센 삼각형을 제외하고 선분 AF를 한 변으로 하는 삼각형은 모두 8개.

위에서 센 삼각형을 제외하고 선분 AG를 한 변으로 하는 삼각형은 모두 7개.

위에서 센 삼각형을 제외하고 선분 AH를 한 변으로 하는 삼각형은 모두 6개.

위에서 센 삼각형을 제외하고 선분 AI를 한 변으로 하는 삼각형은 모두 5개.

위에서 센 삼각형을 제외하고 선분 AJ를 한 변으로 하는 삼각형은 모두 4개.

위에서 센 삼각형을 제외하고 더 이상의 삼각형은 없다.

따라서 구하는 정답은 다음과 같다.

$$10 + 10 + 10 + 9 + 8 + 7 + 6 + 5 + 4 = 69\,(개)$$

(ii) 위 (i)에서 센 삼각형들을 제외하고 꼭짓점 B를 한 꼭짓점으로 가지는 삼각형의 개수는 다음과 같이 계산하면 된다.(위 (i)과 마찬가지 방식으로 세면 되므로 상세 설명을 제외한다)

$$10 + 10 + 9 + 8 + 7 + 6 + 5 + 4 + 3 + 2 + 1 = 65\,(개)$$

(iii) 앞에서 센 삼각형들을 제외하고 꼭짓점 C를 한 꼭짓점으로 가지는 삼각형의 개수는 다음과 같이 계산하면 된다.

$$10 + 9 + 8 + 7 + 6 + 5 + 4 + 3 + 2 + 1 = 55\,(개)$$

(iv) 앞에서 센 삼각형들을 제외하고 꼭짓점 D를 한 꼭짓점으로 가지는 삼각형의 개수는 다음과 같이 계산하면 된다.

$$6 + 6 + 6 + 6 + 5 + 4 + 3 + 2 + 1 = 39\,(개)$$

(v) 앞에서 센 삼각형들을 제외하고 꼭짓점 E를 한 꼭짓점으로 가지는 삼각형의 개수는 다음과 같이 계산하면 된다.

$$6 + 6 + 6 + 5 + 4 + 3 + 2 + 1 = 33\,(개)$$

(vi) 앞에서 센 삼각형들을 제외하고 꼭짓점 F를 한 꼭짓점으로 가지는 삼각형의 개수는 다음과 같이 계산하면 된다.

$$6 + 6 + 5 + 4 + 3 + 2 + 1 = 27\,(개)$$

(vii) 앞에서 센 삼각형들을 제외하고 꼭짓점 G를 한 꼭짓점으로 가지는 삼각형의 개수는 다음과 같이 계산하면 된다.

$$6 + 5 + 4 + 3 + 2 + 1 = 21\,(개)$$

(viii) 앞에서 센 삼각형들을 제외하고 꼭짓점 H를 한 꼭짓점으로 가지는 삼각형의 개수는 9개이다.

(ix) 앞에서 센 삼각형들을 제외하고 꼭짓점 I를 한 꼭짓점으로 가지는 삼각형의 개수는 9개이다.

(x) 앞에서 센 삼각형들을 제외하고 꼭짓점 J를 한 꼭짓점으로 가지는 삼각형의 개수는 9개이다.

(xi) 이제 더 이상의 삼각형은 세어질 수 없다.

따라서 위 (ⅰ)~(ⅺ)까지를 종합하여 계산하면 정답은 다음과 같다.

$$69+65+55+39+33+27+21+9+9+9=336(개)$$

4 일단 정삼각형은 하나도 없음을 알 수 있다. 왜냐하면 한 변의 길이가 1인 정삼각형은 하나도 없다. 마찬가지로, 한 변의 길이가 2 또는 3 또는 4인 정삼각형은 하나도 없다. 마찬 가지로 임의의 어느 두 점을 선택하여 그것을 한 변으로 가지는 정삼각형은 하나도 없기 때문이다. 그렇다면 이제부터는 이등변삼각형만 세면 정답을 구할 수 있음을 알 수 있다. 정삼각형이 아닌 이등변삼각형의 두 변의 길이가 같은 두 변의 꼭지각에 있는 꼭짓점을 정점이라고 말하기로 하자. 예컨대 다음 그림과 같다.

정점

(ⅰ) A가 정점인 이등변삼각형은 삼각형 ABN, 삼각형 ACM, 삼각형 ADL의 3개가 있다. 또한 마찬가지 방식으로 세어서 정점이 D, H, K인 경우도 각각 3개씩 있음을 알 수 있다.

(ⅱ) B가 정점인 이등변삼각형은 삼각형 BME, 삼각형 BKI의 2개가 있다. 또한 마찬가지 방식으로 세어서 정점이 C, L, J인 경우도 각각 2개씩 있음을 알 수 있다.

(ⅲ) N이 정점인 이등변삼각형은 삼각형 NDJ, 삼각형 NDF, 삼각형 NEK, 삼각형 NFJ, 삼각형 NGI의 5개가 있다. 또한 마찬가지 방식으로 세어서 정점이 E, G, L인 경우도 각각 5개씩 있음을 알 수 있다.

(ⅳ) M이 정점인 이등변삼각형은 삼각형 MBJ, 삼각형 MCI, 삼각형 MDH, 삼각형 MEG의 4개가 있다. 또한 마찬가지 방식으로 세어서 정점이 F인 경우도 각각 4개가 있음을 알 수 있다. 이상을 종합하면 다음과 같이 정답을 구할 수 있다.

$$4\times3+4\times2+4\times5+2\times4=48(개)$$

서술형 풀이 5

1 정육면체 모양의 나무토막에서 8개의 귀퉁이들에서 정삼각형 모양의 절단면이 나오게 8개의 조각을 떼어내면 아래 겨냥도와 같은 통신위성 모양의 외형을 얻을 수 있다.

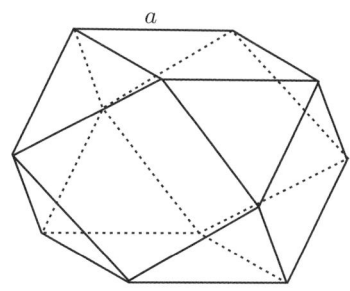

2 정면도, 평면도, 우측면도는 다음과 같다.

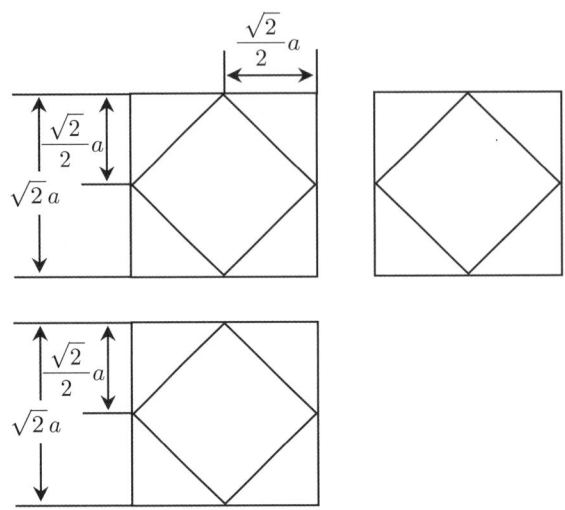

3 전개도는 한 개의 면에서 시작해서, 서로 마주치는 정삼각형, 정사각형의 결합으로 만들어진다. 마지막으로 적절히 조정하면 아래와 같은 모양이 만들어진다.

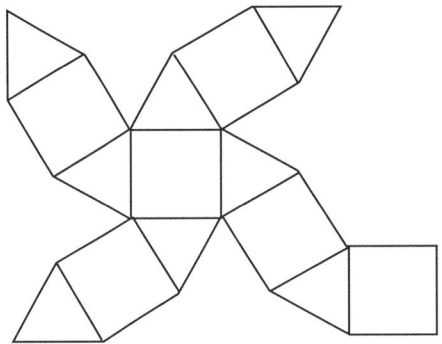

4 겉넓이 $S = 6a^2 + 8 \times \dfrac{\sqrt{3}}{4}a^2 = (6 + 2\sqrt{3})a^2$.

5 부피는 한 개의 큰 정육면체에서 8개의 사면체를 떼어내서 구한다.

$$\mathrm{V} = (\sqrt{2}\,a)^3 - 8 \cdot \frac{1}{6}\left(\frac{\sqrt{2}}{2}a\right)^3 = \frac{5\sqrt{2}}{3}a^3$$

실전모의고사 2회 정답   P.240

단답형 문항

01. 5개	02. 8	03. 112	04. 10월 11일	05. 4
06. 20	07. 15	08. -1	09. 1	10. 5바퀴
11. 36개	12. 22가지	13. 28	14. 13	15. 7

서술형 문제

1. (1) 1, 2, 4 (2) 풀이참조 (3) 1, 5 (4) $(7, 3, 2), (5, 3, 5), (3, 2, 7)$ **2.** (1) 풀이참조 (2) 풀이참조 (3) 9 (4) 11.5 (5) 1

3. (1) $m > -3$ (2) $m = 0$, $y = -x^2 + 2x + 3$ (3) $P\left(\dfrac{1-\sqrt{5}}{2}, 0\right)$ 또는 $P\left(\dfrac{1+\sqrt{5}}{2}, 0\right)$

4. (1) $P_0 = 0$ (2) $P_4 = 0$ (3) $p = \dfrac{6}{11}$ (4) $P_3 = \dfrac{10}{121}$ (5) $P_2 = \dfrac{57}{121}$ (6) $P_1 = \dfrac{54}{121}$

단답형 정답 및 해설

1 이 문제는 인천과학고의 과거 기출문제를 변형한 것이다.

x와 y를 동시에 y와 x로 문자를 바꾸어 쓴다 해도 주어진 식은 변하지 않는다.

이것은 x, y의 값을 바꾸어 대입해도 같은 값이 나온다는 뜻이다.

이를 이용하면 대입해서 중복된 값을 얻는 수고를 덜 수 있다.

또한 주어진 식을 인수분해 하면 다음과 같다.

$(x+y)(u+x+y+z)$

여기서 $u+x+y+z = 1+2+3+4 = 10$이므로 주어진 식은 다음과 같다고 볼 수 있다.

$10(x+y)$

이제 $x+y$의 값으로 가능한 것은 3, 4, 5, 6, 7이다.

따라서 주어진 식의 서로 다른 값은 5개가 가능하다.

2 이 문제는 민족사관고등학교 수학경시대회에 출제 되었던 문제로 알려진 것을 변형한 것이다.

예컨대 $f(2^{10}) = f(1024) = 1+24 = 25$, $f(f(2^{20})) = f(25) = 2+5 = 7$이다.

또 예컨대 $f(3^7) = f(2187) = 2+187 = 189$, $f(f(3^7)) = f(189) = 1+89 = 90$이다.

그러므로 $f(f(f(3^7))) = ff(90) = 9+0 = 9$이다.

일반적으로 자릿수를 분리시켜서 남은 수와 더한다 해도 그 수를 9로 나눈 나머지는 원래수를 9로 나눈 나머지와 같다. 이것을 이용해서 생각해보면 다음을 얻는다.

$n \equiv f(n) \equiv f(f(n)) \equiv f(f(f(n))) \equiv \cdots \pmod{9}$

여기서 $a \equiv b \pmod{m}$의 뜻은 a와 b를 9로 나눈 나머지는 같다는 것을 나타내는 것이다.

이로써 우리가 원하는 함숫값은 2^{2019}을 9로 나눈 나머지를 구하는 것과 같은 것이다. 물론 나머지가 0일 경우엔 9가 답이 될 것이다. 그러나 이 문제는 명백히 나머지가 0이 아닌 경우가 될 것이다.

이제 2^{2019}을 9로 나눈 나머지를 구해보자.

$2^3 = 8$, $2^6 = 64 \equiv 1 \pmod{9}$

이제 이것을 이용해서 계산해보자.

$2^{2019} = 2^{6 \times 336 + 3} = (2^6)^{336} \times 2^3 \equiv 1^{336} \times 8 \equiv 8 \pmod{9}$

참고로 합동식을 이용했을 때는 합동식의 원리 자체를 완전히 이해하고 이 문제를 풀어야만 구술고사 등에서 점수를 얻을 수 있다. 왜냐하면 심사하는 선생님들이 그것이 왜 그러냐고 묻는 경우가 있기 때문이다. 그러므로 인터넷에서 합동식을 찾아보길 권한다.

따라서 구하는 정답은 8이다.

3 $x = \overline{aabb}$ 라 하자. $0 < a \le 9$, $0 \le b \le 9$이다.

$x = 1000a + 100a + 10b + b = 11(100a + b)$

이로써 x는 소수 11의 배수임을 알 수 있다.

그리고 $100a + b = 99a + (a + b)$이므로 $(a + b)$는 11의 배수이어야 한다.

한편, $0 < a + b \le 18$이다. 그러므로 $a + b = 11$이다.

$\therefore x = 11^2 \times (9a + 1)$

여기서 $9a + 1$이 완전제곱수이어야 한다. 이제 $a = 1, 2, 3, \cdots, 9$인 경우에 대하여 차례로 알아보면 $a = 7$일 때만 적합함을 알 수 있다.

$\therefore x = 11^2 \times 8^2 = 88^2 = 7744$

따라서 구하는 정답은 $ab^2 = 7 \times 4^2 = 112$

4 125일을 연속된 13개의 수를 더한 것과 가깝게 대충 바꾸어보면

$125 = 8 + 9 + 10 + 11 + 12 + 13 + 14 + 15 + 16 + 17$

그런데 위 식에서 더해지는 수는 10개밖에 안 된다.

이것은 두 달에 걸쳐서 이루어졌기 때문에 그런 것이다.

$125 = 30 + 31 + 64$로 정해보면 64는 11개의 연속된 수의 합으로 나타낼 수 없다.

그러므로 다음과 같이

$125 = 29 + 30 + 66 = 29 + 30 + 1 + 2 + \cdots + 10 + 11$

으로 나타내면 13개 수의 합이 된다.

따라서 구하는 정답은 10월 11일임을 알 수 있다.

5 $\dfrac{\sqrt{3}}{3}$이 $\dfrac{x}{x+3}$와 $\dfrac{x+1}{x+4}$ 사이에 있다면, 그들의 역수 사이의 대소관계는 서로 뒤바뀌게 될 것이다.

그런데 세 수 중 가운데의 수는 역수로 바뀐다 해도 여전히 가운데의 수가 된다.

그러므로 $\sqrt{3}$이 $\dfrac{x+3}{x}$과 $\dfrac{x+4}{x+1}$ 사이에 존재할 조건을 묻는 문제와 같은 것이다.

그런데 $\dfrac{x+3}{x} = 1 + \dfrac{3}{x}$, $\dfrac{x+4}{x+1} = 1 + \dfrac{3}{x+1}$ 이므로 명백히 다음이 성립한다.

$\dfrac{x+4}{x+1} < \sqrt{3} < \dfrac{x+3}{x}$

이 부등식을 왼쪽과 오른쪽으로 나누어 풀면 일차부등식을 풀게 되는데 다음을 얻는다.

$\dfrac{3\sqrt{3}+1}{2} < x < \dfrac{3\sqrt{3}+3}{2} \quad \cdots \textcircled{\scriptsize 가}$

$\because 2.56 = 1.6^2 < 3 < 1.8^2 = 3.24$

$\sqrt{3} \doteqdot 1.7$로 잡으면 $\textcircled{\scriptsize 가}$식은 다음과 같다.

$3.05 < x < 4.05$

따라서 구하는 정답은 $x = 4$이다.

6 두 근의 곱이 -12(음수)인 것으로 보아 $\alpha = -3\beta$이다.

$\qquad \therefore\ -3\beta^2 = -12 \Rightarrow \beta = \pm 2,\ \alpha = \mp 6$(복호동순)

이제 근과 계수의 관계에 의하여 두 근의 합은?

$\qquad -(a-6) = \pm 4 \quad \therefore\ a-6 = \mp 4 \quad \therefore\ a = 2,\ 10$

따라서 정답은 20이다.

7 이차함수의 꼭짓점의 좌표는 $(-2,\ -1)$이고, 대칭축은 $x = -2$이다.

이차함수(포물선)의 x절편간의 거리는 2, 대칭성에 의하여 두 절편의 좌표는 $(-3,\ 0)$과 $(-1,\ 0)$이다.

$x = -1,\ y = 0$을 $y = a(x+2)^2 - 1$에 대입하면, 다음을 얻는다.

$\qquad a(-1+2)^2 - 1 = 0 \quad \therefore\ a = 1$

그러므로 구하는 이차함수는 $y = (x+2)^2 - 1$이다.

따라서 $y_{x=2} = (2+2)^2 - 1 = 15$

8 $y = x^2 - |x| - 12 = 0$의 x절편을 구해보자.

$\qquad x^2 - |x| - 12 = 0 \quad \therefore\ (|x|-4)(|x|+3) = 0$

그런데 $|x|+3 > 0$이다.

즉, $|x| = 4$이므로 $x_1 = -4,\ x_2 = 4$이다.

그러므로 $A,\ B$ 두 점의 좌표는 $A(-4,\ 0),\ B(4,\ 0)$.

즉, $y = ax^2 + bx + c$는 다음과 같이 변형된다.

$\qquad y = a(x+4)(x-4) \quad \cdots\ ㉮$

여기서 P점의 좌표는 $(0,\ 4)$ 또는 $(0,\ -4)$이다.

이제 $(0,\ 4)$를 식 ㉮에 대입하면, $a = -\dfrac{1}{4}$이다.

$\qquad \therefore\ y = -\dfrac{1}{4}(x^2 - 16) = -\dfrac{1}{4}x^2 + 4$

$\qquad \therefore\ a = -\dfrac{1}{4},\ b = 0,\ c = 4$

이제 $(0,\ -4)$를 ㉮에 대입하면 $a = \dfrac{1}{4}$ 이다.

$\qquad \therefore\ y = \dfrac{1}{4}(x^2 - 16) = \dfrac{1}{4}x^2 - 4$

$\therefore\ (a = -\dfrac{1}{4},\ b = 0,\ c = 4)$ 또는 $(a = -\dfrac{1}{4},\ b = 0,\ c = 4)$

따라서 구하는 정답은 $ac = -1$이다.

9 먼저 그림을 그려서 생각해보자. 두 그림 중 아래쪽에 있는 것이 구하고자 하는 곡선 C이다.

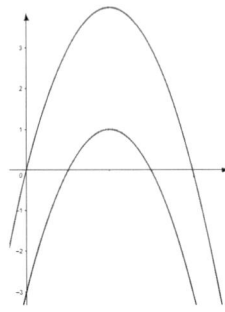

곡선 C를 y축을 따라서 3만큼 평행이동해서 위쪽 그래프의 x절편이 0, 4임을 알 수 있다.

이 옮겨진 곡선을 $y=ax(x-4)$라 하자. 그러면 곡선 C의 식은 다음과 같다.

$\quad C : f(x)=ax(x-4)-3 \qquad \cdots ㉮$

위 식을 그래프로 옮겼을 경우 대칭축은 $x=2$이고, x절편의 x좌표는 $x=1$, $x=3$임을 쉽게 알 수 있다.

$\quad \therefore f(x)=ax(x-4)-3=a(x-1)(x-3) \quad \cdots ㉯$

이제 ㉮와 ㉯는 같으므로 다음과 같이 식을 세울 수 있다.

$\quad \therefore ax^2-4ax-3=ax^2-4ax+3a$

$\quad \therefore a=-1$

그러므로 $f(x)=-x^2+4x-3$이다.

따라서 구하는 정답은 $f(2)=1$이다.

10 이 문제는 틀리기 매우 쉽다. 이론적으로 4바퀴면 될 것 같지만 조금씩 더 돌아서 결국 1바퀴를 더 채워서 5바퀴를 돌아야만 되는 것이다. 믿지 못하는 학생들을 위하여 상세하게 일일이 설명해 보겠다.

정팔각형의 각 꼭짓점을 P_0, P_1, P_2, $\cdots$, P_7이라고

5칸씩 2번 이동하면 10칸이 이동하므로 원래 시작한 자리에서 두 칸이 더 진행되게 된다. 여기까지 10칸 이동해서 P_2에 도착한다. (여기까지 1바퀴+2칸) 다시 10칸을 또 이동하면 총 20칸을 이동해서 P_4에 도착한다. (여기까지 2바퀴+4칸) 다시 10칸을 또 이동하면 총 30칸을 이동해서 P_6에 도착한다. (여기까지 3바퀴+6칸) 다시 10칸을 또 이동하면 총 40칸을 이동해서 P_0에 도착한다. (여기까지 4바퀴+8칸) 따라서 총 5바퀴 돌았음을 알 수 있다.

11 "임의로 어떤 네 점을 선택해도 3개의 실선쌍이 항상 존재해야한다" 라는 문장을 귀찮으니까 간단히 p라고 하자. 중요한 것은 p를 만족시켜야 한다는 점이다. 만약 실선쌍에 속하지 아니한 2개의 점이 있도록 실선쌍을 만드는 것으로 작업을 마무리 짓는다면, 실선쌍에 속하지 아니한 그 2개의 점과 나머지 중에서 2개의 점을 선택(총 4개의 점을 선택)하였을 때는 p를 만족시킬 수 없게 된다. 따라서 결론적으로 말하자면 어느 한 점을 제외하고 나머지를 다 실선쌍으로 연결해야만 p를 만족시킬 수 있는 연결이 된다. 따라서 문제의 조건을 만족시키면서 동시에 가능한 최소의 개수의 실선쌍을 만들려면 서로 다른 10개의 점들 중에서 1개의 점을 제외하고 나머지 9개의 점은 모두 연결이 되어야 한다. 그러므로 9개의 점들 중 2개씩 쌍을 지어 실선으로 연결하는 모든 방법의 수인 $\dfrac{9\times8}{2\times1}=36$개가 답이다.

12 다음과 같이 가는 길목마다 그 곳까지 오는 길잡이 수를 빠짐없이 기록해 나간다. 왼쪽 아래에서 오른쪽 위로 올라가면서 길잡이의 수를 구해나가면 어느덧 C에 이르게 된다.

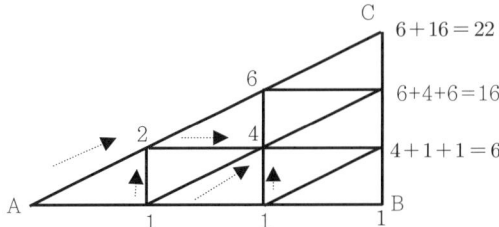

따라서 구하는 모든 길잡이의 수는 22가지이다.

13 정 n각기둥에서 밑면의 한 모서리와 꼬인 위치에 있는 모서리의 개수는 n이 홀수이면 $2n-3$(홀수)개이고, 짝수이면 $2n-4$(짝수)개다. 52는 짝수이므로 짝수각형기둥이라 할 수 있다.

$\therefore 2n-4=52 \quad \therefore n=28$

14 다음 그림과 같이 직각삼각형을 하나 그려서 생각하자.

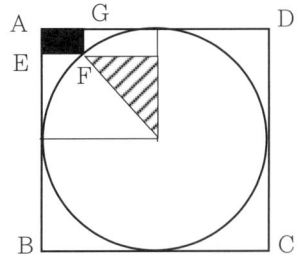

원의 반지름을 r이라 하고, 빗금 친 직각삼각형에 피타고라스 정리를 적용하자.

따라서 $r^2=(r-1)^2+(r-8)^2$이므로 $r=13\,(\mathrm{cm})$이다.

15 AD, BD, CD를 연결하자. 점 D는 열호 ABC의 중점이다. 그러므로 다음을 얻는다.

$AD=DC, \angle DAB=\angle DCB$

이제 △DBC를 점 D를 회전 중심으로 하여 시계방향으로 돌려서 점 C가 점 A에 오도록 하자. 그래서 점 B가 회전된 위치의 점을 B′(여기서 점 B′은 $\overline{AB}$ 위에 있다)이라 하자.

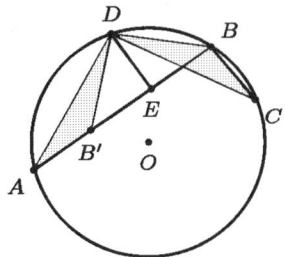

그러면 AB′=BC이다. 그러면 △ADB′ ≡ △CDB이므로 $\overline{DB'}=\overline{DB}$이다. 또한 DE가 공통이고 DE⊥B′B이므로 △DB′E ≡ △DBE이다. 그러므로 $\overline{B'E}=\overline{BE}$이다.

따라서 $\overline{AE}=\overline{AB'}+\overline{B'E}=\overline{BC}+\overline{BE}=3+4=7$이다.

서술형 풀이 1

1 두 수 $r+5$와 $r+1$의 최대공약수는 유클리드 호제법에 의하여 두 수의 차인 4의 약수이다.
즉, 두 수 $r+5$와 $r+1$의 최대공약수는 1, 2, 4에서 정해질 것이다.

2 쌍둥이소수는 쌍둥이 소수(twin prime)는 두 수의 차가 2인 소수의 쌍을 말한다. 일례로 3과 5가 있다.

3 1 또는 5만이 가능하다. 왜냐하면 6의 약수가 1, 2, 3, 6이므로 나머지가 2, 4이면, 6으로 나눈 피제수는 2의 배수가 되고, 나지가 3이면, 6으로 나눈 피제수는 3의 배수가 되고, 나머지가 0이면 6의 배수가 되기 때문에 6으로 나눈 피젯수(단, 5이상의 수)가 소수이려면 나머지는 오직 1 또는 5만이 가능하다.

4 (ⅰ) $r+5$와 $r+1$의 최대공약수가 1일 때, $p=r+5$, $q=r+1$.
p와 q는 홀짝성이 같은 소수이므로 둘 다 홀수이어야 하니까 r은 소수 2만이 가능하다.
$$\therefore r=2, \ q=3, \ p=7 \ \cdots ㉮$$

(ⅱ) $r+5$와 $r+1$의 최대공약수가 2일 때, $p=\dfrac{r+5}{2}$, $q=\dfrac{r+1}{2}$.

$$\therefore p+q=r+3, \ p-q=2$$

p, q는 차가 2인 소수의 쌍이므로 쌍둥이 소수이다.

$$\therefore q=3이면 \ p=5, \ r=5이다. \ \cdots ㉯$$

만약 $q \geq 5$인 소수라면, p는 소수이므로 $p=6n+1$ or $6n-1$뿐이다.(단, n은 정수)

① $p=6n+1$, $q=6n-1$이 되므로 $p+q$는 6의 배수이므로
$p+q=r+3=$(3의 배수)가 될 수 있으니까 r은 3의 배수이고 소수이니까
$r=3$, $p=4$가 되어 p가 소수라는 조건에 모순된다.

② $p=6n-1$, $q=6n-3=3(2n-1)$이고, q는 소수이니까 $q=3$이고
$r=5$, $p=4$가 되어 p가 소수라는 조건에 모순된다.

(ⅲ) $r+5$와 $r+1$의 최대공약수가 4일 때, $p=\dfrac{r+5}{4}$, $q=\dfrac{r+1}{4}$.

$$\therefore p+q=\dfrac{r+3}{2}, \ p-q=1$$

그런데 두 수의 차가 1인 소수는 2, 3뿐이다.

그러므로 $p=3$, $q=2$, $r=7$이다. $\cdots ㉰$

이로써 ㉮, ㉯, ㉰에 의하여 원하는 순서쌍이 모두 구해졌다.

따라서 구하는 정답은 $(p,q,r)=(7,3,2), (5,3,5), (3,2,7)$이다.

서술형 풀이 2

1 $(a^2+b^2)(x^2+y^2)-(ax+by)^2$
$= a^2x^2 + a^2y^2 + b^2x^2 + b^2y^2 - (a^2x^2 + 2abxy + b^2y^2)$
$= b^2x^2 - 2abxy + a^2y^2 = (bx-ay)^2 \geq 0$
$\therefore (a^2+b^2)(x^2+y^2) \geq (ax+by)^2$

단, 등호는 $\dfrac{a}{x}=\dfrac{b}{y}$일 때, 성립.

2　$(a^2+b^2+c^2)(x^2+y^2+z^2)-(ax+by+cz)^2$

$\quad =a^2y^2+a^2z^2+b^2x^2+b^2z^2+c^2x^2+c^2y^2-2abxy-2acxz-2bcyz$

$\quad =(a^2y^2-2abxy+b^2x^2)+(a^2z^2-2acxz+c^2x^2)+(b^2z^2-2bcyz+c^2y^2)$

$\quad =(ay-bx)^2+(az-cx)^2+(bz-cy)^2\ge 0$

$\quad \therefore\ (a^2+b^2+c^2)(x^2+y^2+z^2)\ge(ax+by+cz)^2$

단, 등호는 $\dfrac{a}{x}=\dfrac{b}{y}=\dfrac{c}{z}$ 일 때, 성립.

3　$(a+b+c)\left(\dfrac{1}{a}+\dfrac{1}{b}+\dfrac{1}{c}\right)\ge\left(\sqrt{a\cdot\dfrac{1}{a}}+\sqrt{b\cdot\dfrac{1}{b}}+\sqrt{c\cdot\dfrac{1}{c}}\right)^2=9$

따라서 $a=b=c$ 일 때, 최솟값은 9이다.

4　$\dfrac{4a}{b+c}+\dfrac{9b}{c+a}+\dfrac{16c}{a+b}$

$\quad =\left(4+\dfrac{4a}{b+c}\right)+\left(9+\dfrac{9b}{c+a}\right)+\left(16+\dfrac{16c}{a+b}\right)-29$

$\quad =\left(\dfrac{4(a+b+c)}{b+c}\right)+\left(\dfrac{9(a+b+c)}{c+a}\right)+\left(\dfrac{16(a+b+c)}{a+b}\right)-29$

$\quad =(a+b+c)\left(\dfrac{4}{b+c}+\dfrac{9}{c+a}+\dfrac{16}{a+b}\right)-29$

$\quad =\dfrac{1}{2}\big((b+c)+(c+a)+(a+b)\big)\left(\dfrac{4}{b+c}+\dfrac{9}{c+a}+\dfrac{16}{a+b}\right)-29$

$\quad \ge\dfrac{1}{2}\left(\sqrt{(b+c)\times\dfrac{4}{b+c}}+\sqrt{(c+a)\times\dfrac{9}{c+a}}+\sqrt{(a+b)\times\dfrac{16}{a+b}}\right)^2-29$

$\qquad$ /* 바로 위에서 (2)번의 부등식이 활용되었다. */

$\quad =\dfrac{1}{2}\left(\sqrt{4}+\sqrt{9}+\sqrt{16}\right)^2-29$

$\quad =\dfrac{81}{2}-29=11.5\,(최솟값)$

이제 위 식의 최솟값을 가지기 위한 조건을 알아보자.

$\dfrac{b+c}{\frac{4}{b+c}}=\dfrac{c+a}{\frac{9}{c+a}}=\dfrac{a+b}{\frac{16}{a+b}}$ 일 때, 등호가 성립한다.

즉, $b+c=2k$, $c+a=3k$, $a+b=4k$ 일 때, 등호가 성립한다.

즉, $\dfrac{a}{5}=\dfrac{b}{3}=\dfrac{c}{1}$ 일 때, 주어진 식은 최솟값 11.5를 가진다.

5　조각 넓이들의 합은 전체 넓이와 같음을 이용하자.

$\quad (\triangle ABP)+(\triangle BCP)+(\triangle CAP)=(\triangle ABC)$

$\quad \therefore\ \left(\dfrac{1}{2}\times2\times a\right)+\left(\dfrac{1}{2}\times2\times b\right)+\left(\dfrac{1}{2}\times2\times c\right)=\sqrt{3}$

$\quad \therefore\ a+b+c=\sqrt{3}$

$\quad (1^2+1^2+1^2)(a^2+b^2+c^2)\ge(a+b+c)^2\ \ (\because(2)번의 식)$

$$\therefore \ 3(a^2+b^2+c^2) \geq (a+b+c)^2 = 3$$
$$\therefore \ a^2+b^2+c^2 \geq 1(\text{단, 등호는 } a=b=c \text{일 때, 성립})$$
따라서 $a^2+b^2+c^2$의 최솟값은 1이다.

서술형 풀이 3

1 $f(x)=-x^2+2(m+1)x+(m+3)$이라 하자.
양근과 음근을 동시에 가지려면 $f(0)=m+3>0$이어야 한다. $\therefore \ m>-3$

2 $f(x)=0$의 두 근을 $-b$, $3b$라 하자. 그러면 근과 계수의 관계에 의하여 다음과 같이 식을 세울 수 있다.
$$-b+3b=2(m+1) \ \text{and} \ -b \times (3b)=-(m+3)$$
$$\therefore \ b=1, \ m=0, \ a=3$$
따라서 구하는 정답은 $y=-x^2+2x+3$.

3 문제의 뜻을 만족시키기 위한 점 P는 지름이 $\overline{AC}$인 원과 주어진 (2)번에서 구한 이차함수의 그래프가 만나는 점이다. 다음 그림과 같이 두 점 P_1, P_2이 구하는 점들이다.

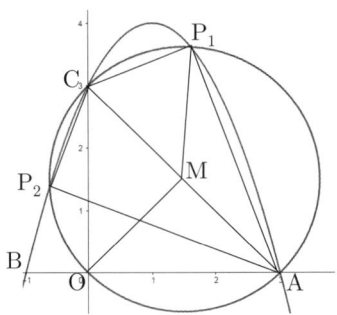

원의 중심 $M(1.5, 1.5)$로부터 포물선 $y=-x^2+2x+3$ 위의 점까지의 거리가 $1.5\sqrt{2}$인 점이 구하는 점이므로 다음과 같이 식을 세울 수 있다.
$$(x-1.5)^2+(-x^2+2x+3-1.5)^2=(1.5\sqrt{2})^2$$
$$\therefore \ x^4-4x^3+2x^2+3x=0 \ \cdots ㉮$$
$x \neq 0$이므로 위 식은 다음과 같다.
$$x^3-4x^2+2x+3=0 \cdots ㉯$$
그림에서 보듯이 $A(3, 0)$의 x좌표인 $x=3$도 이 방정식의 해이므로 ㉯는 $(x-3)$을 인수로 가질 것이다. 그러므로 ㉯를 $(x-3)(x^2+kx+l)=0$으로 생각할 수 있다.
$$\therefore \ x^3-4x^2+2x+3=(x-3)(x^2+kx+l) \ \cdots ㉰$$
조립제법을 사용하면 좋겠지만 중학생 수준으로 풀 수 있는 방법을 생각해야 한다.
그러므로 이제 ㉰의 우변을 전개하여 다시 쓰면
$$x^3-4x^2+2x+3=x^3+(k-3)x^2+(l-3k)x-3l$$
좌변과 우변은 같아야 하므로 다음을 얻는다.
$$-4=k-3, \ 2=l-3k, \ 3=-3l$$

$$\therefore\ k=-1,\ l=-1$$

그러므로 ㉯에서 $(x-3)(x^2-x-1)=0$

그런데 $x \neq 3$이므로 $(x^2-x-1)=0$이다.

그러므로 $x=\dfrac{1\pm\sqrt{5}}{2}$이다.

따라서 $\mathrm{P}\left(\dfrac{1-\sqrt{5}}{2},0\right)$ 또는 $\mathrm{P}\left(\dfrac{1+\sqrt{5}}{2},0\right)$이다.

서술형 풀이 4

1 공이 바로 생겨났으므로 0개가 남았을 경우는 없다. 그러므로 $P_0=0$이다.

2 어떤 공도 4초 이상 살아남을 수 없으므로 공은 아무리 많아야 4개 이상 남을 경우가 없다.
그러므로 $P_4=0$이다.

3 임의의 공은 반드시 1초, 2초, 3초가 되는 순간에 사라진다고 했으므로 1초, 2초, 3초에 사라질 확률의 총합은 1이다. 그러므로 다음과 같이 식을 세울 수 있다.

$$p+\frac{p}{2}+\frac{p}{3}=1 \quad \therefore\ p=\frac{6}{11}$$

4 지금 생겨난 공이 1개 있고, 3초 전의 공만 바로 사라지고, 2초 전의 공은 남아있고(=이 공은 반드시 3초 후에 사라지게 된다), 1초 전의 공도 남아있으면(=1초 후에 사라지지 않고 남아 있으면) 총 3개가 남아있게 된다. 그럴 확률은 다음과 같다.

$$P_3=1\times 1\times \frac{p}{3}\times(1-p)$$

$$\therefore\ P_3=1\times 1\times \frac{\dfrac{6}{11}}{3}\times\left(1-\frac{6}{11}\right)$$

$$\therefore\ P_3=\frac{10}{121}$$

5 지금 공이 1개 생겨나는 순간, 1개의 공(3초 전 공)은 반드시 사라질 것이므로 2초전 생겨난 공과 1초 전 생겨난 공 중 어느 하나만 지금 사라지면 된다(즉, 어느 하나만 남아야 한다).

(i) 1초전 생겨난 공만 사라질 경우의 확률 p_1을 구해보자.

이 경우 3초전 생겨난 공은 신경 쓸 것이 없으며(자동으로 죽으니까), 또한 2초전 생겨난 공은 생겨나고 나서 2초 이상 살아남아야 하는 것(생겨난 지 3초 후 사라지는 것과 같다)이며, 1초전 생겨난 공은 생겨나고 나서 1초 후에 사라져야 한다.

$$p_1=1\times\frac{p}{3}\times p=\frac{p^2}{3}$$

(ii) 2초전 생겨난 공만 지금 사라질 경우의 확률 p_2를 계산해 보자.

이 경우 1초전 생겨난 공은 살아남는 경우를 말하는 것이기도 하다. 즉, 3초전의 생겨난 공은 저절로 사라질 것이므로 신경 쓸 것이 없고, 다만 지금부터 2초 전 생겨난 공은 생겨나고 나서 1초 후 또는 2초 후에 사라지면 되며(=3초 후 사라지는 경우의 반대의 경우), 지금부터 1초전 생겨난 공은 반드시 1초 후까지 살아 남아야한다(＝1초 후 사라지게 되는 경우의 반대의 경우).

$$p_2 = 1 \times \left(1 - \frac{p}{3}\right) \times (1-p)$$

이상을 종합하여 다음과 같이 P_2를 구할 수 있다.

$$P_2 = p_1 + p_2 = \frac{p^2}{3} + \left(1 - \frac{p}{3}\right)(1-p) = \frac{57}{121} \text{ 이다.}$$

6 확률의 총합은 1이므로 이를 이용하여 다음과 같이 P_1을 구할 수 있다.

$$P_1 = 1 - (P_0 + P_2 + P_3 + P_4)$$
$$= 1 - \left(0 + \frac{57}{121} + \frac{10}{121} + 0\right) = \frac{54}{121}$$

실전모의고사 3회 정답   P.252

단답형 문항

01. 419   02. 105개   03. 명희   04. 1   05. 96

06. $\dfrac{-1+\sqrt{5}}{2}$ 07. 100   08. $\dfrac{3}{2}$ 09. 1   10. 233가지

11. 18가지   12. 130가지   13. $1.5-\sqrt{2}$ 14. 644   15. 3

서술형 문제

1. (1) 337203   (2) 342002   (3) 65126003, 65193902   (4) 3394755, 3349076   **2.** (1), (2), (3) 풀이참조

3. (1), (2), (3) 풀이참조   (4) $a=-1$ (5) 13   **4.** (1) 풀이참조   (2) 9   (3) $a_n=(n-1)\left(a_{n-1}+a_{n-2}\right)$ (4) 265

단답형 정답 및 해설

1 몫을 p(소수)라 하자. 그러면 $1504=N\times p+41$이다.

그러므로 $N\times p=7\times 11\times 19$이다.

$\therefore\ N=77,\ 133,\ 209\ (\because\ N>41)$

따라서 정답은 419이다.

2 a, b, c 중 가장 큰 수가 9일 때 $8+1=9$, $7+2=9$, $6+3=9$, $5+4=9$가 된다. 이제 819, 729, 639, 549는 각각 각 자리의 숫자들의 순서가 바뀌는 경우가 6번씩 가능하다. 그러므로 가장 큰 수가 9일 때, 문제에서 원하는 수의 개수는 $4\times 6=24$가지이다. 가장 큰 수가 8일 경우엔 $1+7=8$, $2+6=8$, $3+5=8$, $4+4=8$이 있고, 178, 268, 358은 각 자리의 숫자들의 위치 바꿈이 6번씩 가능하고, 448은 3번만 가능하다. 그러므로 가장 큰 수가 8일 경우는 모두 $6\times 3+3\times 1=21$가지가 있다. 마찬가지 원리로 하여 a, b, c 중 가장 큰 수가 9, 8, 7, 6, 5, 4, 3일 때로 나누어 차례로 따져보면, 그러한 수 abc의 가능한 개수는 24개, 21개, 18개, 15개, 12개, 9개, 6개이다.

따라서 $24+21+18+15+12+9+6=105$(개)가 정답이다.

3 가볍게 생각해서 몸무게의 순서는 준희<영희<명희<다희<세희 임을 쉽게 알 수 있다.(상세 풀이 생략)

4 $x=\gamma$는 공통인 근이므로 주어진 두 방정식에 대입해도 등식은 성립한다.

$2\gamma^2+(a^2-2b)\gamma+(b^2+2a)=0\quad\cdots\ ㉮$

$2\gamma^2+2(a-b)\gamma+(a^2+b^2)=0\quad\cdots\ ㉯$

이제 위 식에서 아래 식을 빼고 정리하면

$a(a-2)(\gamma-1)=0$

$\therefore\ a=0\ \text{or}\ a=2\ \text{or}\ \gamma=1$

(i) $a=0$이면 주어진 두 식은 똑같아지므로 $\alpha\neq\beta$에 어긋난다.

(ii) $a=2$일 때도 위 (i)처럼 조건에 어긋난다.

(iii) $\gamma=1$이면, ㉮, ㉯는 다음과 같이 된다.

$(a+1)^2+(b-1)^2=0\quad\therefore\ a=-1,\ b=1$

따라서 구하는 정답은 $a^2b=1$

5 식의 우변에 있는 x에 전체 식을 대입하기를 거듭하면 무한히 반복되는 식을 얻을 수 있다.

그러므로 다음 식 $x = \sqrt{20} + \dfrac{19}{x}$ 를 얻는다.

$\therefore\ x^2 - \sqrt{20}\,x - 19 = 0$ (단, $x = \alpha,\ \beta,\ \alpha > 0,\ \beta < 0$)

$A^2 = (\,|\,\alpha\,| + |\,\beta\,|\,)^2 = (\alpha - \beta)^2 = (\alpha + \beta)^2 - 4\alpha\beta = 20 + 4 \times 19 = 96$

6 주어진 식의 값을 x(단, $x > 0$)라 하자.

다음과 같이 분모, 분자의 약분을 거듭하면 모든 수의 값이 1로 변한다.

$$x = \cfrac{1}{1 + \cfrac{2}{2 + \cfrac{6}{3 + \cfrac{12}{4 + \cfrac{20}{5 + \cfrac{30}{6 + \ldots}}}}}}$$

$$= \cfrac{1}{1 + \cfrac{1}{1 + \cfrac{3}{3 + \cfrac{12}{4 + \cfrac{20}{5 + \cfrac{30}{6 + \ldots}}}}}} \qquad \text{☞ 2로 분모, 분자를 약분함}$$

$$= \cfrac{1}{1 + \cfrac{1}{1 + \cfrac{1}{1 + \cfrac{4}{4 + \cfrac{20}{5 + \cfrac{30}{6 + \ldots}}}}}} \qquad \text{☞ 3으로 분모, 분자를 약분함}$$

$\quad\vdots\quad$ ☞ 약분을 무한 반복함.

$$= \cfrac{1}{1 + \cfrac{1}{1 + \cfrac{1}{1 + \cfrac{1}{1 + \cfrac{1}{1 + \ldots}}}}} = \cfrac{1}{1 + x}$$

그러므로 $x = \dfrac{1}{1 + x}$ 의 해 중 양의 해가 답이다.

따라서 $x = \dfrac{-1 + \sqrt{5}}{2}$ 이다.

7 $x^2 + 4(y-3)^2 - 16 = 0$에서 $x^2 = 16 - 4(y-3)^2 \geq 0$이므로 $(y-3)^2 \leq 4$.

$\quad \therefore -2 \leq y-3 \leq 2 \quad \therefore 1 \leq y \leq 5 \cdots$ ㉮

$z = x^2 + 2y^2$라 하면, $x^2 = 16 - 4(y-3)^2$을 대입하여,

$\quad \therefore z = 16 - 4(y-3)^2 + 2y^2$

$\quad \Leftrightarrow z = -2y^2 + 24y - 20 \Leftrightarrow z = -2(y-6)^2 + 52 \cdots$ ㉯

㉮의 범위에서 ㉯는 y의 값이 증가하면 z의 값도 증가하므로 $2 \leq z \leq 50$이다.

따라서 구하는 정답은 $2 \times 50 = 100$이다.

8 l_1, l_2가 점 $\mathrm{A}(x_1, y_1)$에서 만나고 l_2와 x축이 $\mathrm{B}(x_2, 0)$에서 만난다고 하자.

$l_2 ; y = (3-k)x + k \Leftrightarrow (1-x)k + (3x-y) = 0$ (k에 관계없이 점 $(1, 3)$을 지난다.)

l_1과 l_2의 교점의 좌표를 구하자.

$$4x = (3-k)x + k\text{에서 } x_1 = \frac{k}{k+1}, \ y_1 = \frac{4k}{k+1}.$$

또한 l_2의 x절편의 x좌표는 $x_2 = \dfrac{k}{k-3}$.

$$(\triangle \mathrm{AOB}) = \frac{1}{2}x_2 \times y_1 = f(k) = \frac{2k^2}{(k-3)(k+1)} = t\text{라 하자.}$$

삼각형의 만들어진다고 하였으므로 $t > 0$이다.

$\quad \therefore (t-2)k^2 - 2tk - 3t = 0$

여기서 (판별식) $= \dfrac{1}{4}\left(t^2 + 3t(t-2)\right) \geq 0$이어야 한다.

$\quad \therefore t(2t-3) \geq 0 \quad \therefore 2t-3 \geq 0 \, (\because t > 0)$

따라서 구하는 최솟값은 $\dfrac{3}{2}$이다. 이때 $k = -3$이다.

9 $f(n+2) = f(n+1) - f(n) \qquad \cdots$ ㉮

㉮에 n대신 $n+1$을 대입하면,

$f(n+3) = f(n+2) - f(n+1) \qquad \cdots$ ㉯

이제 ㉮를 ㉯에 대입하고 정리하면,

$\quad \therefore f(n+3) = -f(n) \qquad \cdots$ ㉰

이제 ㉰에 n대신 $n+3$을 대입하고 정리하면,

$\quad \therefore f(n+6) = -f(n+3) \qquad \cdots$ ㉱

㉰를 ㉱에 대입하면 $f(n+6) = f(n)$이다.

즉, $f(n)$은 주기가 6인 주기함수임을 알 수 있다.

$\quad \therefore f(2019) = f(6 \times 336 + 3) = f(3) = f(2) - f(1) = 2 - 1 = 1$

따라서 구하는 정답은 1이다.

10 다음과 같이 가는 길목마다 그 곳까지 오는 길잡이 수를 빠짐없이 기록해 나가자. 왼쪽 아래에서 오른쪽 위로 올라가면서 파스칼의 삼각형을 구하는 방식과 유사하게 길잡이의 수를 구해나가면 길잡이의 수가 피보나치 수열을 이루면서 어느덧 A로 다시 돌아오게 된다. 피보나치 수열과 상관이 있음을 알 수 있다.

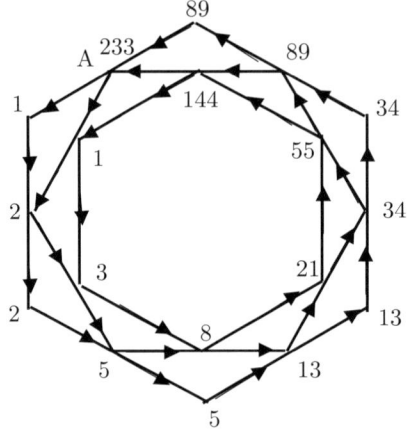

따라서 구하는 길잡이 수는 233가지이다.

11 동일한 경로를 반복해서 왔다 갔다 한다면 무한히 많은 경우의 수가 생길 수 있다. 그렇지만 같은 경로를 반복해서 왔다 갔다 하는 횟수의 제한이 있을 경우엔 유한개의 경우의 수가 존재할 것이다. 이럴 때는 경로를 구하는 것보다는 제한된 반복 횟수에 초점을 두고 생각하는 것이 낫다. 그러니까 다음과 그림과 같이 도달하는 점들을 검은 점으로 나타낼 때, 그 점까지 도달하는 모든 경로의 수를 점 옆에 수로 표시해두면 쉽게 따질 수가 있다. 예를 들어 아래 ②번의 그림에 있는 점들에서 1칸만 더 움직이면 3번 만에 도달할 수 있는 점들이 ③번 그림처럼 나타나고, 점 B에서 그 점들까지 도달할 수 있는 모든 경로의 수를 점의 바로 옆에 수로 표시해두는 것이다.

① 1번 만에 도달하는 점들까지 갈 수 있는 길잡이의 수

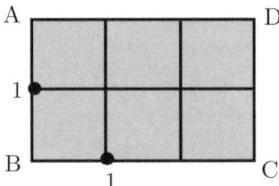

② 2번 만에 도달하는 점들까지 갈 수 있는 길잡이의 수

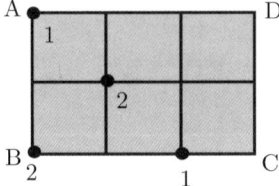

③ 3번 만에 도달하는 점들까지 갈 수 있는 길잡이의 수

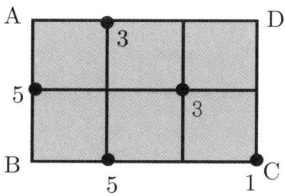

④ 4번 만에 도달하는 점들까지 갈 수 있는 길잡이의 수

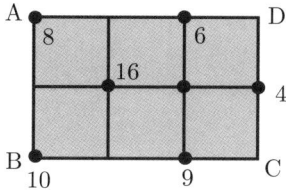

이렇게 출발점부터 시작해서 움직이는 횟수에 따라서 도달할 수 있는 점들을 찾아서 도달하는데 움직이는 횟수를 적어나가면 따지기가 쉽다. 그러므로 꼭짓점 B에서 출발하여 1번 만에 꼭짓점 K까지 도달하는 방법은 없고, 2번 만에 꼭짓점 K에 도달하는 방법은 2가지이고, 3번 만에 꼭짓점 K까지 도달하는 방법은 없고, 4번 만에 꼭짓점 K에 도달할 수 있는 모든 경로의 수는 $5+5+3+3=16$이며, 5번 움직여서 꼭짓점 K에 도달할 수 있는 방법은 없다. 따라서 4번 이하로 움직여서 꼭짓점 K에 도달할 수 있는 모든 길잡이의 수는 모두 $2+16=18$가지임을 알 수 있다.

12 □ODAB 이런 경우 영희가 전화 받는 위치가 어디냐에 따라서 최단 길잡이가 달라질 것이므로 우리는 하나씩 분류하여 최단길잡이를 결정해야 한다. 다음과 같이 가로줄로 된 1단, 2단, 3단, 4단의 어떤 도로의 교차로에서 전화를 받느냐에 따라서 구분을 해보자.
   (i) 영희가 다음과 같은 교차로에서 전화를 받았을 때, 약국으로 가는 방법은 오직 1가지뿐이다.
       여기서 검은 점들은 전화를 받게 되는 위치들을 뜻한다.

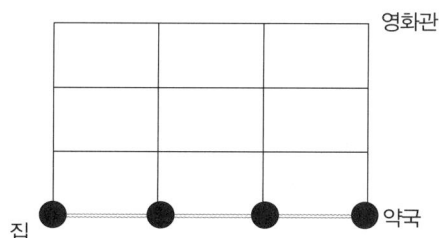

(ii) 영희가 다음과 같은 교차로에서 어머니로부터 전화를 받고 약국으로 가는 것은 그냥 집에서
①의 위치로 가는 것과 길잡이의 수가 같다.

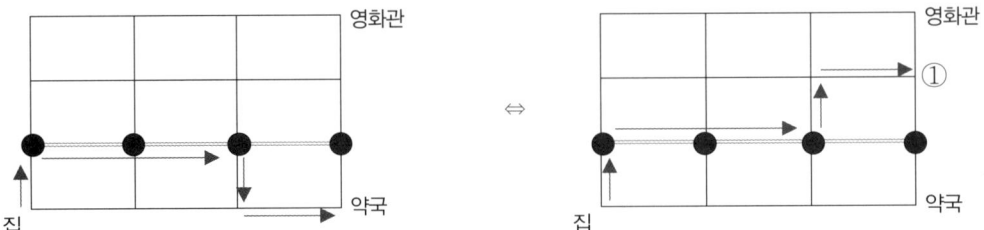

그러므로 위 까만 교차로들에서 전화를 받고 약국에 가는 것은 결국 약국을 ①의 위치로 옮겨
놓고서 집에서 ①까지 가는 방법으로 바꾸어 생각하면 따지기가 쉽다. 그러니까 집에서 ①의 위치
까지 최단 길잡이의 수는 $\dfrac{5\times4\times3\times2\times1}{(3\times2\times1)\times(2\times1)}=10$(가지)가 된다.

(iii) 영희가 다음과 같은 교차로에서 어머니로부터 전화를 받고 약국으로 가는 것은 그냥 집에서
②의 위치로 가는 것과 길잡이의 수가 같다.

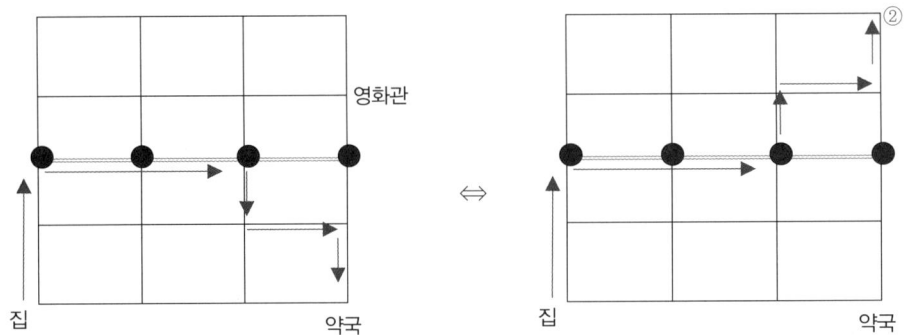

그러므로 위 까만 교차로들에서 전화를 받고 약국에 가는 것은 결국 약국을 ②의 위치로 옮겨 놓고
서 집에서 ②까지 가는 방법을 생각하면 된다. 그러니까 집에서 ②의 위치까지 최단 길잡이의 수는
$\dfrac{7\times6\times5\times4\times3\times2\times1}{(3\times2\times1)\times(4\times3\times2\times1)}=35$(가지)가 된다.

(iv) 영화관이 있는 가로줄의 교차로에서 전화를 받고 약국으로 가는 최단 길잡이의 수는 앞에서
와 마찬가지 방식으로 생각하여 다음과 같이 최단 길잡이의 수를 구할 수 있다.

$$\dfrac{9\times8\times7\times6\times5\times4\times3\times2\times1}{(3\times2\times1)\times(6\times5\times4\times3\times2\times1)}=84$$(가지)

따라서 위 (ⅰ), (ⅱ), (ⅲ), (ⅳ)를 종합하여 생각하면, 도로망을 따라서 영희가 집에서 영화
관에 가다가 교차로에서 전화를 받고 약국까지 갈 수 있는 최단 길잡이의 수는 총 130가지가
됨을 알 수 있다.

13 두 원의 넓이의 합이 가장 크게 되려면 두 원이 다음 그림처럼 사각형의 테두리에 접해야 한다. 이제 두 원의 반지름을 각각 a, b라고 하자. 단, $a \geq b$이다.

그러면 정사각형의 한 변의 길이는 $a + \dfrac{(a+b)}{\sqrt{2}} + b = 1$이다.

$\therefore \ \sqrt{2}(a+b) + (a+b) = \sqrt{2} \ \Leftrightarrow \ (\sqrt{2}+1)(a+b) = \sqrt{2}$

$\therefore \ a+b = 2 - \sqrt{2}$ (단, $0 < b \leq a \leq 0.5$)

$\therefore \ b = 2 - \sqrt{2} - a \leq a \ \cdots$ ㉮

$\therefore \ \dfrac{2-\sqrt{2}}{2} \leq a \leq 0.5 \ \cdots$ ㉯

한편 두 원의 넓이 합을 y라고 하면,

$y = \pi(a^2 + b^2) \ \cdots$ ㉰

이제 ㉮을 ㉰에 대입하고 정리하면,

$y = 2\pi(a^2 - (2-\sqrt{2})a) + \pi(2-\sqrt{2})^2 \ \cdots$ ㉱

위 식은 a에 관한 이차함수이고 대칭축은 $a = \dfrac{2-\sqrt{2}}{2} < 0.5$이므로 ㉯의 범위에서 ㉱의 그래프를 그려보면 a가 증가할 때, y도 증가하므로 y가 최대가 되려면 $a = 0.5$가 되어야 한다.

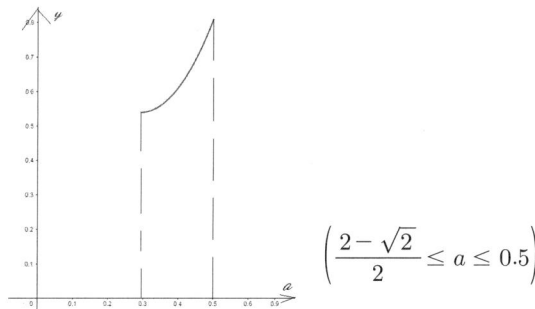

$$\left(\dfrac{2-\sqrt{2}}{2} \leq a \leq 0.5 \right)$$

따라서 구하는 $b = 1.5 - \sqrt{2}$ 이다.

14 삼각형이 최대한 많이 보이는지를 묻는 문제이므로 정24각형으로 작업을 해서는 안 된다. 왜냐하면 정24각형에서는 대각선들이 정24각형의 중심에서 겹쳐서 만나기 때문이다. 그러므로 이 문제의 24각형은 정24각형이 아니며 가능한 삼각형이 많이 나타나는 24각형을 의미한다 하겠다. 일반화해서 볼록 n각형으로 확장하여 이 문제를 접근해 보자.

〈Step 1〉 삼각형들의 모임을 분류하기 좋게 분할하자.

문제에서 논의 되고 있는 삼각형들의 모임을 T라고 하자.

그리고 생각하기 좋게 모임 T를 다음과 같이 네 개의 모임 T_0, T_1, T_2, T_3으로 분류하자.

즉, 다음과 같이

T_3: 세 개의 꼭짓점이 모두 볼록 n각형의 꼭짓점으로 구성되는 삼각형들의 모임.

T_2: 세 개의 꼭짓점 중 두 개만 볼록 n각형의 꼭짓점으로 구성되는 삼각형들의 모임.

T_1: 세 개의 꼭짓점 중 어느 한 개만 볼록 n각형의 꼭짓점으로 구성되는 삼각형들의 모임.

T_0: 세 개의 꼭짓점 중 어느 한 개도 볼록 n각형의 꼭짓점과 공유하지 않는 삼각형들의 모임을 말한다.

즉, 볼록 n각형의 대각선들의 교차에 의하여 이루어지는 삼각형 중에서 어떤 꼭짓점도 볼록 n각형의 꼭짓점과 공유되지 않는 삼각형들의 모임을 말한다.

〈Step 2〉 각 모임에 대하여 대응의 원리를 적용하자.

(ⅰ) T_3의 원소의 개수는 다음과 같이 구한다. 그림을 참조하자.

볼록 n각형의 n개의 꼭짓점 중에서 임의의 점 3개를 옆의 왼쪽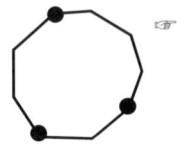
그림처럼 택하자. 이제 세 점을 서로 선분으로 연결을 하자. 그 선
분들에 의하여 이루어지는 삼각형이 곧 오른쪽 그림처럼 세 개의
꼭짓점이 모두 볼록 n각형의 꼭짓점만으로 구성되는 삼각형임을 알
수 있다. 즉, 모임 T_3는 『볼록 n각형의 n개의 꼭짓점에서 임의로 점 3개 택하는 방법』 그 자체를
원소로 하는 모임 A_3와 일대일로 대응하므로 다음과 같다.(여기서 $|X|$의 뜻은? 모임 X의 구성원이
개수를 뜻한다. 절댓값 기호가 아님을 주의하자. 예컨대 10이하의 자연수의 모임을 Y라 하면
$|Y|=10$이다.)

$$|T_3| = |A_3| = \frac{n(n-1)(n-2)}{3\cdot 2\cdot 1} = \frac{n(n-1)(n-2)}{6}$$

(ⅱ) T_2의 원소의 개수는 다음과 같이 구한다.

예컨대 볼록 n각형의 n개의 꼭짓점 중에서 임의의 점 4개를 다음 그림처럼 택하자.

이제 네 점을 서로 선분으로 연결을 하자. 그 선분들의 교차에 의하여 이루어지는 삼각형 중에서 세 개
의 꼭짓점 중 두 개만 볼록 n각형의 꼭짓점으로 구성되는 삼각형을 찾아서 구별을 해주면, 다음의 맨
오른쪽 그림처럼 4가지의 경우가 있음을 알 수 있다. 모임 T_2는 『볼록 n각형의 n개의 꼭짓점에서
임의로 점 4개 택하여, 앞에서 설명한 바와 같이 4개의 삼각형을 만드는 방법』들 그 자체들을 원소로
하는 모임 A_2와 일대일대응이므로 다음을 얻는다.

$$|T_2| = |A_2| = \frac{n(n-1)(n-2)(n-3)}{6}$$

(ⅲ) T_1의 원소의 개수는 다음과 같이 구한다.

예컨대 볼록 n각형의 n개의 꼭짓점 중에서 임의의 점 5개를 다음 왼쪽 그림처럼 택하자. 이제 5개의
점을 서로 선분으로 연결하되 그림의 별모양으로 연결을 하자. 그러면, 선분들의 교차에 의하여 이루어
지는 삼각형 중에서 세 개의 꼭짓점 중 한 개만 볼록 n각형의 꼭짓점으로 구성되는 삼각형을 찾아서
구별을 해주면, 다음의 맨 오른쪽 그림처럼 5가지의 경우가 있음을 알 수 있다. 여기서 별 모양이라 함
은 진짜 별모양이 아니라 다음의 가운데 그림의 모양을 말한다. 사실상 진짜 별모양은 둥그렇다.

모임 T_1은 『볼록 n 각형의 n 개의 꼭짓점에서 임의로 점 5 개 택하여 앞의 그림과 같이 5 개의 삼각형을 만드는 방법』들 그 자체들을 원소로 하는 모임 A_1과 일대일대응이므로 다음을 얻는다.

$$| T_1 | = | A_1 | = {}_nC_5 \times 5 = \frac{n(n-1)(n-2)(n-3)(n-4)}{5 \times 4 \times 3 \times 2 \times 1} \times 5$$

$$\therefore \ | T_1 | = \frac{n(n-1)(n-2)(n-3)(n-4)}{24}$$

㉐ T_0 의 원소의 개수는 다음과 같이 구한다.

예컨대 볼록 n 각형의 n 개의 꼭짓점 중에서 임의의 점 6 개를 다음 왼쪽 그림처럼 택하자. 이제 6 개의 점을 서로 선분으로 연결하되 다음 그림처럼 멀리서 마주보는 점들끼리 연결을 하자. 그러면, 그림에서 보이는 대각선들의 교차에 의하여 이루어지는 삼각형은 세 개의 꼭짓점 중 어느 한 개도 볼록 n 각형의 꼭짓점과 공유하지 않는 삼각형임을 알 수 있다. 즉, 다음의 맨 오른쪽 그림처럼 1 가지의 경우만 있음을 알 수 있다.

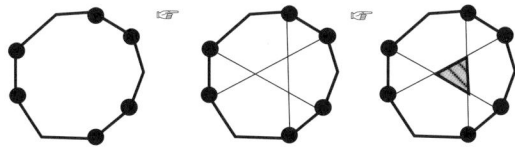

모임 T_0는 『볼록 n 각형의 n 개의 꼭짓점에서 임의로 점 6 개 택하여 앞의 그림과 같이 1 개의 삼각형을 만드는 방법』들 그 자체들을 원소로 하는 모임 A_0와 일대일대응이므로 다음을 얻는다.

$$| T_0 | = | A_0 | = \frac{n(n-1)(n-2)(n-3)(n-4)(n-5)}{720}$$

〈Step 3〉 결론을 내리자.

$$| T | = | T_0 | + | T_1 | + | T_2 | + | T_3 |$$

그러므로 위 ㉮, ㉯, ㉰, ㉐의 결과를 모두 더하여 다음 결론을 얻는다.

$$| T | = \frac{n(n-1)(n-2)(n^3 + 18n^2 - 43n + 60)}{720}$$

그러므로 앞의 식에 $n = 24$을 대입하여 계산하면 $| T | = 391644$를 얻는다.

따라서 구하는 정답은 644이다.

15 닮음을 공부할 수 있는 좋은 문제이다. 우선 선분으로 점 D와 점 A, B와 M을 연결한다. 다음 그림과 같이 문제의 뜻에 알맞은 그림을 그리자. 이제 $\dfrac{\overline{AM}}{\overline{AB}} = t$라 하자.

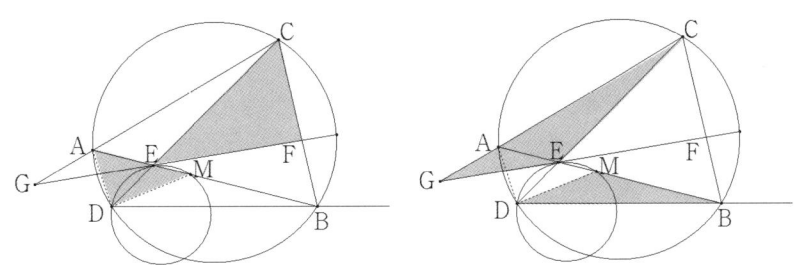

앞의 두 그림은 각각 색칠한 것들이 서로 닮음이라는 뜻이다.

다음과 같이 닮음을 증명하여 이 문제를 해결할 수 있다.

$$\because \angle ECF = \angle MAD (\text{큰 원의 원주각들})$$

$$\text{and} \ \angle CEF = \angle DEG = \angle EMD (\text{맞꼭지각과 접현각 정리})$$

$$\therefore \triangle CEF \backsim \triangle AMD (\text{왼쪽 그림의 어두운 두 삼각형이 닮음})$$

$$\therefore CE \times MD = EF \times AM \qquad \cdots \text{㉮}$$

한편 $\angle ECG = \angle MBD (\text{큰 원의 원주각들})$

$$\angle CGE = \angle CEF - \angle GCE = \angle AMD - \angle MBD = \angle BDM$$

이므로 $\triangle CGE \backsim \triangle BDM (\text{오른쪽 그림의 어두운 두 삼각형이 닮음})$

그리하여 $GE \times MB = CE \times MD \qquad \cdots \text{㉯}$

이다. ㉮와 ㉯로부터 $GE \times MB = EF \times AM$을 얻는다.

$$\therefore \ \frac{GE}{EF} = \frac{AM}{MB} = \frac{tAB}{(1-t)AB} = \frac{t}{1-t}$$

따라서 $t = \dfrac{3}{4}$이므로 $\dfrac{\overline{GE}}{\overline{EF}} = \dfrac{\dfrac{3}{4}}{1 - \dfrac{3}{4}} = 3$이다.

서술형 풀이 1

1 곱이 가장 큰 홀수인 경우는?

두 개의 세 자리 수의 곱이 최대가 되게 하려면 100의 자릿수가 가장 커야 하므로 백의 자릿수로서 5와 6을 선택하는 것이 좋다. 또한 그 곱의 결과가 홀수가 되게 하려면 일의 자릿수로서 제일 작은 3, 1을 선택하는 것이 좋다. 그리고 10의 자릿수는 4, 2를 선택하면 되겠다. 그런데

$$64 \times 52 = 3328 < 62 \times 54 = 3348 \qquad \cdots\cdots \text{㉮}$$

이므로

$$621 \times 543 = 337203 \ \text{또는} \ 623 \times 541 = 337043 \ \cdots\cdots \text{㉯}$$

중에서 더 큰 수를 답으로 하면 된다.

따라서 답은 337203이다.

2 곱이 가장 큰 짝수인 경우는?

위와 같은 원리로 생각하여 $631 \times 542 = 342002$가 답이다.

참고로 두 수의 합이 일정할 때 두 수의 곱은 두 수의 차가 작을수록 크다는 사실(산술평균과 기하평균의 관계)을 이용해도 좋다.

3 곱이 가장 큰 홀수인 경우는 $8521 \times 7643 = 65126003$

곱이 가장 큰 짝수인 경우는 $8531 \times 7642 = 65193902$

4 곱이 가장 작은 홀수인 경우는 $1365 \times 2487 = 3394755$

곱이 가장 작은 짝수인 경우는 $1357 \times 2468 = 3349076$

서술형 풀이 2

1 $S_n = kn - (1 + 2 + 3 + \cdots + k)$

$\quad = kn - \dfrac{k(k+1)}{2}$

2 $S_n = (n-1) + (n-2) + \cdots + 1 + 0 + 1 + \cdots + (k-n)$

$\quad = ((n-1) + (n-2) + \cdots + 2 + 1) + 0 + (1 + 2 + \cdots + (k-n))$

$\quad = \left(\dfrac{n(n-1)}{2} \right) + 0 + \left(\dfrac{(k-n)(k-n+1)}{2} \right)$

$\quad = n^2 - (k+1)n + \dfrac{k(k+1)}{2}$

3 $S_n = n^2 - (k+1)n + \dfrac{k(k+1)}{2}$

$\quad = \left(n - \dfrac{k+1}{2} \right)^2 + \dfrac{k^2-1}{4}$

k가 홀수이면, $n = \dfrac{k+1}{2}$ 일 때, 최솟값은 $\dfrac{k^2-1}{4}$ 이다.

4 k가 짝수이면, $n = \dfrac{k}{2}$ 또는 $\dfrac{k+2}{2}$ 일 때, 최솟값은 $\dfrac{k^2}{4}$

서술형 풀이 3

1 $x - 1 = ax^2 + bx + c$에서 $ax^2 + (b-1)x + c + 1 = 0$인데 접하므로 판별식이 0이어야 한다.

$\quad \therefore (b-1)^2 - 4a(c+1) = 0 \ \cdots \ ㉮$

2 $-x + 3 = ax^2 + bx + c$에서 접하므로 판별식이 0이어야 한다.

$\quad \therefore (b+1)^2 - 4a(c-3) = 0 \ \cdots \ ㉯$

3 ㉮, ㉯를 연립하여 풀면,

$\quad \therefore b = -4a, \ c = 4a + \dfrac{1}{4a} + 1 \ \cdots \ ㉰$

4 주어진 포물선의 x절편의 x좌표를 α, β라고 하자.

$(\alpha - \beta)^2 = (\sqrt{3})^2 \Leftrightarrow (\alpha + \beta)^2 - 4\alpha\beta = 3$

$\therefore \left(-\dfrac{b}{a} \right)^2 - 4 \times \dfrac{c}{a} = 3 \Leftrightarrow 4^2 - 4 \times \left(4 + \dfrac{1}{4a^2} + \dfrac{1}{a} \right) = 3$

$\therefore 3a^2 + 4a + 1 = 0 \ \therefore a = -1 (\because a$는 정수$)$

5 $a = -1$을 ㉰에 대입하면, $b = 4$, $c = -\dfrac{13}{4}$ 이다.

따라서 구하는 정답은 $abc = (-1) \times 4 \times \left(-\dfrac{13}{4} \right) = 13$

서술형 풀이 4

1 교란의 수 중 a_4를 생각해보자. 먼저 1번의 자리에 2가 온 경우만 생각한 다음, 나중에 3, 4가 오는 경우는 마찬가지 원리로 생각하면 된다. 이제 1번의 자리에 2가 온 경우 방법의 수는 몇 가지가 있는지 알아보자. ①, ②, ③, ④는 1번, 2번, 3번, 4번의 자리를 뜻하고, 그 밑의 수는 각 번호 위치에 나열되는 수를 뜻한다.

	①	②	③	④
a	2	1	4	3
b	2	3	4	1
	2	4	1	3

$\leftrightarrow$

	①	②	③	④
a	2	1	4	3
b	2	3	4	$2'$
	2	4	$2'$	3

먼저 왼쪽 표부터 살펴보자. ①번의 자리에 2가 왔을 때, 숫자 2가 ②번 자리에 오는 경우가 a의 경우이다. 또한 숫자 2가 ②번이 아닌 자리에 오는 경우가 b의 경우이다. a의 경우는 ③, ④에 3, 4를 배치하는 경우이므로 $a_2 = 1$가지가 있다. 또한 b의 경우는 오른쪽처럼 숫자 1을 $2'$으로 바꾸어 생각해도 경우의 수는 같을 것이다. 왜냐하면, b의 경우는 어차피 ②번 자리에는 숫자 1이 올 수 없는 경우이므로 ②, ③, ④에 $2'$, 3, 4가 문제의 뜻대로 배치되어야 하는 경우로 생각할 수 있다. 그러므로 b의 경우는 $a_3 = 2$가지가 된다. 이로써 ①에 2가 오는 경우는 $a_3 + a_2 = 3$가지가 되는데 ①에 3, 4가 오는 경우도 마찬가지 경우의 수가 있으므로 다음을 얻는다. 따라서
$a_4 = 3(a_3 + a_2)$ 이다.

2 $a_4 = 3(a_3 + a_2) = 3 \times (2 + 1) = 9$

3 앞의 문제 (2)번의 설명과 같은 방식으로 생각하여 다음을 얻는다.
$a_n = (n-1)(a_{n-1} + a_{n-2})$ (단, $n \geq 3$)

4 앞의 (3)번 공식을 이용해서 a_5, a_6를 차례로 구할 수 있다.
$a_5 = 4(a_4 + a_3) = 4 \times (9 + 2) = 44$
$\therefore a_6 = 5(a_5 + a_4) = 5 \times (44 + 9) = 265$

실전모의고사 4회

단답형 정답 및 해설

1 준 식을 변형하면 $(2x-1)(y-2) = 6$이고, $(2x-1)$은 명백히 홀수이다.

그러므로 $2x-1 = 1$, 3만이 가능하다.

즉, $(x, y) = (1, 8)$, $(2, 4)$만이 해이다.

따라서 구하는 정답은 2개이다.

2 N의 10의 자리의 숫자를 m, 1의 자리의 숫자를 n이라 하자.(단, m, n은 홀수인 자연수)

그러면 $N = 10m + n$, $M = 10n + m$이다.

$$\therefore N^2 - M^2 = 99(m+n)(m-n)$$

단, $m = 2a + 1$, $n = 2b + 1$(단, a, b는 0이상 4이하의 정수)

$$\therefore N^2 - M^2 = 99 \times 4 \times (a+b+1) \times (a-b)$$

위 수가 2^k(단, k는 가능한 가장 큰 자연수임이 중요하다)으로 나누어떨어져야 한다.

그런데 a, b가 0이상 4이하의 정수이고, $a+b+1$과 $a-b$는 홀짝성(=기우성)이 다르고,

$a+b+1$이 $a-b$보다 크므로 $a+b+1 = 8$이어야 한다.(k가 가능한 가장 크기 때문에)

즉, $a+b = 7$인데, 가능한 (a, b)의 순서쌍은

$(0, 7)$, $(1, 6)$, $(2, 5)$, $(3, 4)$, $(4, 3)$, $(5, 2)$, $(6, 1)$, $(7, 0)$

이 있다. 그런데 a, b가 0이상 4이하의 정수이므로

$(a, b) = (3, 4)$ 또는 $(4, 3)$

그러므로 구하는 $N = 79$ 또는 97뿐이다.

따라서 구하는 정답은 176이다.

3 qr을 주어로 놓고 변형해 보자.

$$qr = 3p + 4q - \frac{7q^2}{p}$$

qr이 자연수이고, p와 q는 서로 다른 소수이므로 $p = 7$이다.

$$\therefore qr = 21 + 4q - q^2 \iff r = \frac{3 \times 7}{q} + 4 - q$$

그런데 r은 자연수이고 $q \neq p = 7$이며, q는 소수이므로 $q = 3$.

즉, $(p, q, r, s) = (7, 3, 8, 55)$이다.

따라서 $n = 7 + 3 + 8 + 55 = 73$이다.

4 대구과학고등학교 기출문제 변형문제

$\sqrt{\dfrac{44}{3}n} = 2\sqrt{\dfrac{11}{3}n}$ 이므로 자연수가 되도록 해주는 n의 최솟값은 33.

5 이 문제는 대구과학고 기출문제를 변형한 것으로 알려져 있다.

상대적 거리이므로 원점이 가장 작은 좌표를 가진 점(좌표가 0)이라고 생각하고 풀면 가장 큰 좌표를 가진 것은 21, 두 번째로 큰 좌표는 2가 될 것이다. 그러므로 다섯 개의 점의 좌표는 다음과 같이 된다.

$0 < 2 < y < z < 21$

21과 2의 차이가 이미 19이고 차이는 10개이고, 5개 수들 간의 차는 최대한 $\dfrac{5 \times 4}{2 \times 1} = 10$ 종류(이것이 문제의 차들인 10개의 수와 일치)이므로 똑같은 차는 없다. 그러므로 15의 차가 만들어지려면 수 $z = 15$가 반드시 있어야한다. 만약 y 또는 z가 21과 15의 차를 만들어 내려면 y 또는 z가 6이어야 하는데 그러면, $6 - 2 = 4$의 차가 있어야 하는데 그런 것은 없다. 그러므로 다섯 개의 수는 다음과 같다.

$0 < 2 < y < 15 < 21$

이제 차들 중에서 7의 차를 만들어 주려면 $y = 7(7 - 0 = 7)$ 또는 $y = 8(15 - 8 = 7)$로 정해야 한다. 그런데 $y = 8$이면 5의 차를 만들어 낼 수가 없다. 따라서 $y = 7$이어야 한다. 그러므로 다섯 개의 수는 다음과 같다.

$0 < 2 < 7 < 15 < 21$

위 수들 끼리의 차는 2, 5, 6, 7, 8, x, 14, 15, 19, 21이고 이들을 모두 만족시키고 이때의 $x = 15 - 2 = 13$이다.

6 유사한 사고방식을 묻는 문제가 영재학교에 출제된 바 있다.

사실은 그래프가 x축에 걸치는지 묻는 문제가 출제된 바 있는데 아래와 같은 방식으로 풀어도 좋다.

$x^4 + x^2 + 1 = 0$

$\Leftrightarrow (x^4 + 2x^2 + 1) - x^2 = 0$

$\Leftrightarrow (x^2 + 1)^2 - x^2 = 0$

$\Leftrightarrow (x^2 + 1 + x)(x^2 + 1 - x) = 0$

$\Leftrightarrow x^2 + x + 1 = 0$ 또는 $x^2 - x + 1 = 0$

$\Leftrightarrow \left(x + \dfrac{1}{2}\right)^2 + \dfrac{3}{4} = 0$ 또는 $\left(x - \dfrac{1}{2}\right)^2 + \dfrac{3}{4} = 0$

x가 실수라면 위 두 식의 좌변은 모두 양수이다. 이는 모순된다.

따라서 실수근을 가질 수 없다.

7 $f_1(x) = f(x) = \dfrac{x-3}{x+1}$,

$$f_2(x) = f(f_1(x)) = \dfrac{f_1(x)-3}{f_1(x)+1} = \dfrac{\dfrac{x-3}{x+1}-3}{\dfrac{x-3}{x+1}+1} = -\dfrac{x+3}{x-1}$$

$$f_3(x) = f(f_2(x)) = \dfrac{f_2(x)-3}{f_2(x)+1} = \dfrac{-\dfrac{x+3}{x-1}-3}{-\dfrac{x+3}{x-1}+1} = x \ , \ \cdots$$

이로써 주기가 3인 것을 추정하게 된다.

즉, $f_{3n}(x) = f_3(x)$, $f_{3n+1}(x) = f_1(x)$, $f_{3n+2}(x) = f_2(x)$ 이다.

따라서 $f_{2019}(2020) = f_{3 \times 673}(2020) = f_3(2020) = 2020$ 이다.

8 x, y는 양의 변수이다. $x+y=10$이므로 $0 < x < 10$이다.

$x+y=10$에서 $y=-x+10$이다. $3x+4y=k$라 하자.

그러면 $3x+4(-x+10)=k$이므로 $k=-x+40$

따라서 k의 범위는 $30 < k < 40$이다.

9 표를 그려서 생각해보자.

	A(단위는 l)	B(단위는 l)
최초 퍼낸 알코올의 양	x	0
섞었을 때 알코올의 양	$5-x$	x
2회째 퍼낸 알코올의 양	$x \times \dfrac{5-x}{5}$	$x \times \dfrac{x}{10}$
최종 알코올의 양	$(5-x) - x \times \dfrac{5-x}{5} + x \times \dfrac{x}{10}$ $= \dfrac{1}{10}(50-20x+3x^2)$	$5 - \dfrac{1}{10}(50-20x+3x^2)$

최종 알코올 양을 계산할 때, 최종적으로 농도가 같을 것이고, 전체 양이 B가 A의 2배라고 했으므로 알코올의 양은 A에 비하여 B가 2배가 될 것이다.

$$\therefore \ 5 - \dfrac{1}{10}(50-20x+3x^2) = \dfrac{1}{10}(50-20x+3x^2) \times 2$$

위 방정식을 정리하면, $(3x-10)^2 = 0$.

따라서 $x = \dfrac{10}{3}$ 이다.

10 먼저 1번에 1칸씩 이동할 수 있다고 한다면 다음과 같이 35가지의 경우의 수가 있음을 쉽게 알 수 있다. 여기서 각 교차로에 쓰여 있는 수는 집에서 그 교차로까지 가는 방법의 수를 뜻한다. 따라서 위와 같이 왼쪽 아래에서 오른쪽 위로 가면서 수를 더하는 것을 반복해나가면 집에서 학교까지 가는 방법의 수가 35(가지)임을 쉽게 알 수 있다.

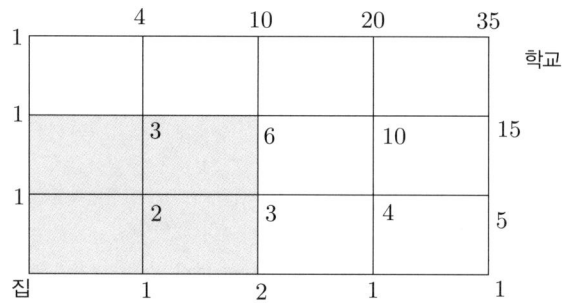

그런데 이 문제는 1번에 1칸만 가는 것이 아니라 2칸을 가는 것도 허용이 된다는 점이 문제에 추가되어 있다. 그러므로 이를 고려하여 문제를 풀어나가야 한다. 우리는 아래와 같이 단계적으로 문제를 풀어 나갈 수 있다. 먼저 최초 1번의 이동으로 옮겨질 수 있는 점들과 거기까지 가는 최단 길잡이의 수를 나타내보자. 교차점 옆에 쓰인 수는 그 교차점까지 갈 수 있는 최단 길잡이의 수를 뜻한다.

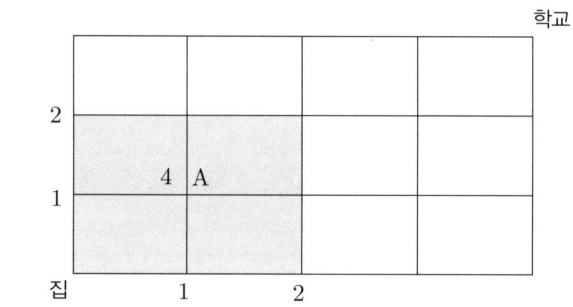

위에서 P점까지 가는 방법이 왜 4가지인지? 이 경우만 간단히 알아보자. 그림의 아래 왼쪽만 일부 잘라서 생각해보기로 하자. 화살표 1개는 1번의 이동을 뜻하니까 집에서 P점까지 가는 방법은 아래 그림과 같이 모두 4가지임을 알 수 있다.

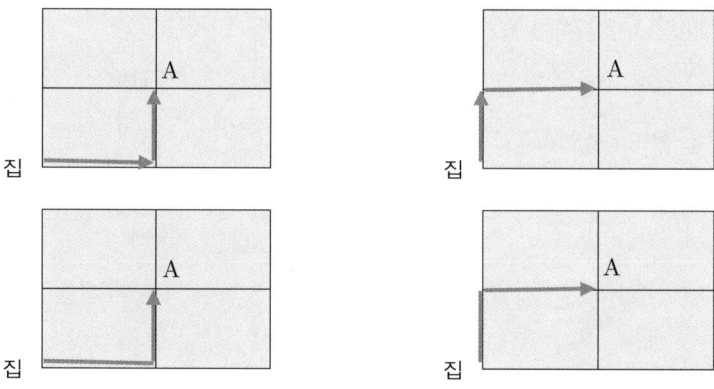

이와 같이 해서 좀 더 확장해 나가보자.

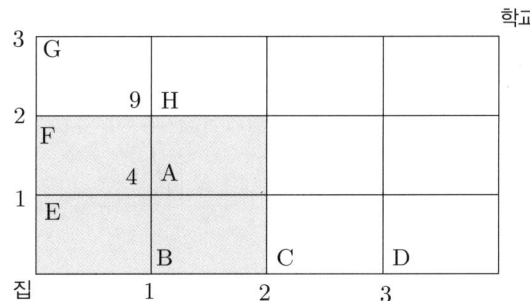

여기서 잠깐 점 G까지 가는 방법이 왜 3가지인지 생각해보자. 우리는 점 G까지 가는데, 그 바로 전 단계에서 점 G까지 1번의 이동으로 점 G까지 갔을 것이다. 그러니까 그런 경우는 점 B, E, A, F에서 1회 더 이동하여 점 G까지 갔을 것이다.

그런데 점 A와 F에서 1회 이동하여 각각 H까지 간 경우는 4+2=6가지 방법이 있을 것이다. 또한 점 B와 E에서 H까지 이동한 경우를 일일이 나열하면 다음과 같은 경우들이 있을 것이다.

① B에서 H까지 1번에 2칸을 지난 경우는 1가지이다.(A에서 쉬질 않는다.)

② E에서 H까지 1번에 1칸을 지난 경우는 2가지이다.(A, F에서 쉬질 않는다.) 여기서 왜 2가지냐 하면 점 E에서 시계 방향으로 또는 반시계 방향으로 1번에 2칸을 이동해서 H까지 갔을 것이기 때문이다. 그러므로 점 B와 E에서 H까지 이동하는 경우의 수는 모두 3가지가 있음을 알 수 있다.

따라서 점 H까지 도달하는 경우의 수는 6+3=9가지가 있음을 알 수 있다.

이제 좀 확장해서 다음 코스로 진행해보자. 아래 그림처럼 쓰면 된다.

학교

```
3 ┌─G──────20 K──────┬──────────┬──────────┐
  │                  │          │          │
2 │        9  H   30 │ L        │          │
  ├─F────────────────┼──────────┼──────────┤
  │        4  A    9 │ I    20  │ J        │
1 ├─E────────────────┼──────────┼──────────┤
  │           B      │   C      │   D      │
  └──────────────────┴──────────┴──────────┘
 집           1          2          3
```

자 이제 점 K까지 도달하는데 왜 20가지가 되는지 세세히 알아보자. 점 K까지 도달하기 바로 1단계 전에 도달하게 되는 점들은 점 G, H, F, A들이다. 이 네 점만이 1번 더 이동하여 점 K에 도달할 수 있다.

① 집에서 출발하여 점 F까지 도달해서 1회만 더 이동(G나 H에서 쉬지 않고 한 번에 2칸 이동)하여 K까지 가는 방법은 2+2=4(가지)이다.

② 집에서 출발하여 점 A까지 도달하여 1회만 더 이동하여 K까지 가는 방법은 4(가지)이다.

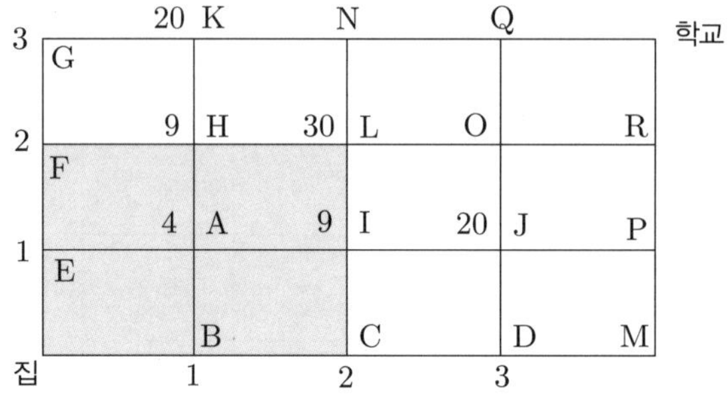

③ 집에서 출발하여 점 G까지 도달하여 바로 1회만 더 이동(한 번에 1칸 이동)하여 K까지 가는 방법은 3(가지)이다. ④ 집에서 출발하여 점 H까지 도달하여 바로 1회만 더 이동(한 번에 1칸 이동)하여 K까지 가는 방법은 9(가지)이다.

위 4가지(①, ②, ③, ④번) 내용 때문에 집에서 점 K까지 최단 길잡이로 가는 방법의 수는

$4+4+3+9=20$(가지)

가 됨을 알 수 있다.

위와 같은 방식으로 생각하여 점 J까지 가는 방법도 20(가지)임을 쉽게 알 수 있다.

그렇다면 점 L까지 가는 방법은 왜 30가지인지 점검해보자. 1회만 더 이동(한 번에 1칸이나 2칸을 이동)하여 점 L까지 가려면 5개의 점 F, H, A, I, C에서 가야 한다. 집에서 출발하여 이 5개의 점들에 도달해서 1회만 더 이동해서 각각 차례로 점 L까지 가는 방법을 모두 더하면 다음과 같이 계산될 것이다.

$$\underset{\text{점F 출발}}{2} + \underset{\text{점H 출발}}{9} + (4+4) + \underset{\text{점I 출발}}{9} + \underset{\text{점C 출발}}{2} = 30\text{(가지)}$$

마찬가지 방식으로 생각해서 점 N까지 도달하는 방법은 총 80가지가 될 것이다.

이제 점 N까지 도달하는 방법이 왜 80가지가 되는지 생각해보자.

집에서 출발하여 5개의 점 G, K, H, L, I에 도달해서 1회만 더 이동하여 각각 차례로 점 N까지 가는 방법을 모두 더하면 다음과 같이 계산될 것이다.

$3+20+(9+9)+30+9=80$(가지)

마찬가지 원리로 점 O까지 도달하는 방법의 수도 80(가지)가 될 것이다.

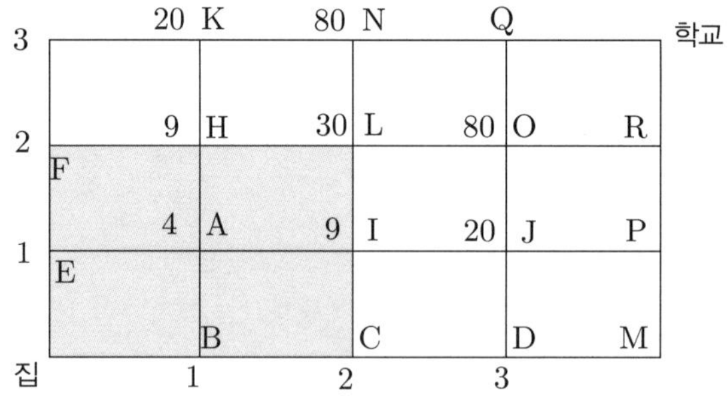

이제 나머지 점들 M, Q, P, R까지 가는 방법들을 모두 계산해보자.

점 Q까지는 $20+80+(30+30)+80+20=260$(가지)

점 M까지는 $2+3=5$(가지)

점 P까지는 $9+20+(3+3)+5=40$(가지)

점 R까지는 $30+80+(20+20)+40+5=195$(가지)

이제 집에서 출발하여 5개의 점 N, Q, O, R, P에 도달하여 1회만 더 이동해서 학교까지 가는 방법들을 모두 계산하면 다음과 같을 것이다.

$80+260+(80+80)+195+40=735$(가지)

이로써 집에서 출발하여 1회 이동할 때마다 1칸 또는 2칸을 이동하는 방식으로 학교까지 가는 최단경로의 수는 모두 735(가지)임을 알아내었다.

11 명수가 적으므로 다음과 같이 그냥 일일이 나열해서 푼다.

(AB, C, D), (AC, B, D), (AD, B, C), (BC, A, D), (BD, A, C), (CD, A, B)

따라서 정답은 6가지이다.

그런데 명수가 많은 문제를 만나면 어떻게 해야 할까? 명수가 많으면 위와 같이 일일이 나열하는 것은 엄청 어렵게 된다. 따라서 명수가 많을 경우에 대한 풀이도 알아놓는 것이 좋겠다. 그것을 설명하자면, 아래와 같이 하면 된다.

서로 다른 사람 n명을 i개의 조로 가르는 방법의 수를 $f(n, i)$라고 하자. 이제 $f(n, i)$를 쉽게 구하는 것을 연구해 보기로 하자. 예컨대 세 사람의 모임 $\{x, y, z\}$를

1개의 조로 가르는 방법은 $(\{x, y, z\})$뿐이니까 $f(3,1)=1$이다. 2개의 조로 가르는 방법은 $(\{x, y\}, \{z\})$, $(\{y, z\}, \{x\})$, $(\{z, x\}, \{y\})$처럼 나누면 되므로 3가지 방법이 있으므로 $f(3, 2)=3$이다.

3개의 조로 가르는 방법은 $(\{x\}, \{y\}, \{z\})$처럼 나누면 되므로 3가지 방법이 있으므로 $f(3, 3)=1$이다.

이제 $0<i<n$인 정수 n, i에 대하여 다음이 성립한다.

$f(n,\ i)=f(n-1,\ i-1)+i\cdot f(n-1,\ i)$ $\cdots$ ①

왜냐하면 서로 다른 사람 n명이 있을 때, 이들을 i개의 그룹으로 가르고 싶다면 다음과 같이 하면 될 것이다. 즉, 특정한 1명을 기준으로 가르는데, 이 특정한 한 명이 혼자서 그룹을 구성할 경우에는 나머지 $n-1$명으로 $i-1$개의 그룹만 더 만들면 모두 i개의 그룹이 만들어지므로 $f(n-1,\ i-1)$가지의 방법이 있고, 다음에 위의 특정한 1명이 다른 사람들이 만든 그룹에 속할 경우에는 먼저 $n-1$명으로 i개의 그룹을 만든 다음에 특정한 한 사람을 i개의 그룹가운데 어느 한 그룹을 정해서 거기에 넣어주면 되므로 $i\cdot f(n-1,\ i)$가지가 될 것이다. 따라서 위 두 가지 경우를 고려하고 합의 법칙을 적용하여 ①식을 얻는다. 위 ①식은 스털링이란 사람이 고안한 방법이다. 그래서 서로 다른 사람 n명을 i개의 조로 가르는 방법의 수인 $f(n,i)$를 제2종 스털링 수라고도 말한다. 그러니까 이 문제는 제2종 스털링 수 중에서 $f(4, 3)$을 구하는 문제이다. 앞에서 배운 식 ①을 활용하면 되겠다.

$f(n,\ i)=f(n-1,\ i-1)+i\cdot f(n-1,\ i)$에 $n=4$, $i=3$을 대입하면 다음을 얻는다.

$f(4,\ 3)=f(3,\ 2)+3\times f(3,\ 3)=3+3\times 1=6$

따라서 구하는 방법의 수는 6이다.

〈참고〉 물론 위 예제는 그냥 세어도 금세 6가지임을 알 수 있다. 하지만 인간의 명수도 많고, 나누어야할 그룹도 많은 경우에는 위의 공식을 활용하여 점화적으로 푸는 것이 시간을 더 절약할 수 있다.

12 다음 그림처럼 교차로 D에서 쉬는 방법은 1가지이다. 또한 C교차로에서 쉬는 방법도 1가지이다. 그러면 E교차로에서 쉬는 방법은 2가지임을 쉽게 알 수 있다. 왜냐하면 E까지 가는데 도중에 D에서 한 번 쉬는 A→D→E코스나 C에서 한 번 쉬는 A→C→E코스가 있기 때문이다.

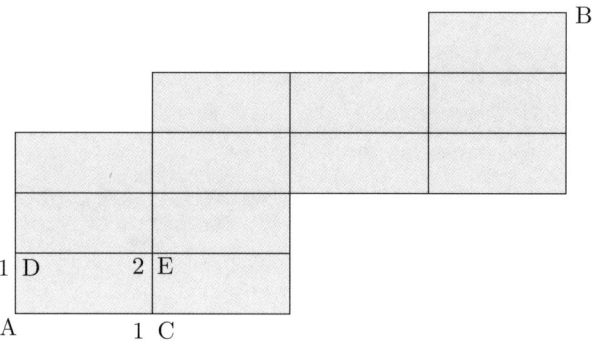

이제 좀 더 확장해서 생각하면 다음과 같다.

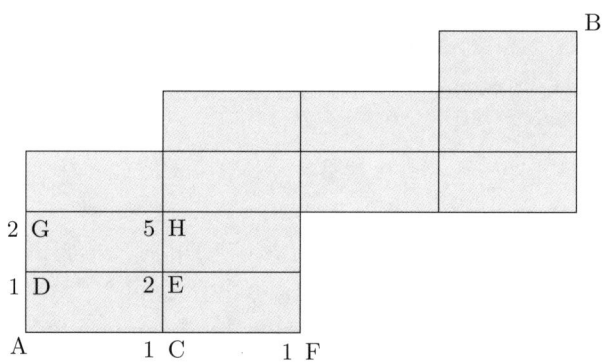

H휴게소에서 쉬게 되는 경우를 생각해 보자. H휴게소에서 쉬기까지 쉰 총 횟수보다 1회 작은 횟수만큼 쉰 휴게소까지 도착하는 휴게소는 G, C, E가 될 것이고, G, C, E에서 쉰 다음 H휴게소에서 쉴 수 있는 경우는 각각 차례로 계산해서 그것들을 모두 합하면 다음과 같이 $2+1+2=5$(가지)임을 알 수 있다. 이 5가지의 코스를 일일이 나열하면 다음과 같을 것이다. 단, 여기서 괄호가 쳐진 휴게소는 쉬지 않고 지나치는 휴게소를 뜻한다.

① A→ C→E → H

② A→ C→(E) → H ☞ E에서는 쉬지 않고 지나침

③ A→ D→E → H

④ A→ D→G → H

⑤ A→ (D)→G → H ☞ D에서는 쉬지 않고 지나침

위와 같이 생각하여 A에서 출발하여 H휴게소까지 도착해서 H휴게소에서 쉬게 되는 경우는 모두 5가 지임을 알 수 있다.

이제 마찬가지 방식으로 생각해서 더 확장해서 생각하면 다음과 같다.

```
                                                    117 T        292 B
                 15 L         46 O
                                              86 | R       1351 | U
      2 | G   10 | J   22 | N           31 | P          40 | S
      2 | G    5 | H    9 | M       9    N            9    Q
      1 | D    2 | E    3 | K
      A      1  C      1  F
```

따라서 구하는 정답은 292가지이다.

13 참고로 만약 고교의 삼각함수과정을 배운 학생들이라면 바로 이렇게 풀 수도 있다.

$$\cos 2\theta = \frac{2}{3} \quad \therefore\ 2\cos^2\theta - 1 = \frac{2}{3} \quad \therefore\ \cos\theta = \frac{\sqrt{30}}{6}\ (\because\ 0° < \theta < 90°)$$

그러나 중학생들은 그냥 막노동해서 풀어야 한다. 이제 막노동을 해보자.

$3\overline{AB} = 2\overline{AC}$ 와 내각의 이등분선 정리에 의하여

$$\overline{AB} = 2m,\ \overline{AC} = 3m,\ \overline{BD} = 2l,\ \overline{DC} = 3l$$

이라 할 수 있다. 이제 $\overline{AD} = x$ 라 하자. 그러면 피타고라스의 정리를 이용하여 작은 직각삼각형과 큰 직각삼각형에서 다음과 같이 식을 세울 수 있다.

$$x^2 = (2m)^2 + (2l)^2 \quad \text{and} \quad (2m)^2 + (5l)^2 = (3m)^2$$

$$\therefore\ x^2 = 4(l^2 + m^2) \text{ and } m^2 = 5l^2$$

$$\therefore\ x^2 = 4(l^2 + 5l^2) = 24l^2 \quad \therefore\ x = 2\sqrt{6}\,l = \overline{AD}$$

또한 $\overline{AB} = 2\sqrt{5}\,l$ 이다.

따라서 $\cos\theta = \dfrac{\overline{AB}}{\overline{AD}} = \dfrac{2\sqrt{5}\,l}{2\sqrt{6}\,l} = \dfrac{\sqrt{30}}{6} = \dfrac{\sqrt{k}}{6}$ 이므로 $k = 30$ 이다.

14 모든 경우의 수는 $6 \times 6 \times 6 = 216$ 이다.

그 중 정삼각형이 아닌 이등변삼각형이 되는 경우는 다음과 같다.

$$(2\ 2\ 1)\ (2\ 2\ 3)$$
$$(3\ 3\ 1)\ (3\ 3\ 2)\ (3\ 3\ 4)\ (3\ 3\ 5)$$
$$(4\ 4\ 1)\ (4\ 4\ 2)\ (4\ 4\ 3)\ (4\ 4\ 5)\ (4\ 4\ 6)$$
$$(5\ 5\ 1)\ (5\ 5\ 2)\ (5\ 5\ 3)\ (5\ 5\ 4)\ (5\ 5\ 6)$$
$$(6\ 6\ 1)\ (6\ 6\ 2)\ (6\ 6\ 3)\ (6\ 6\ 4)\ (6\ 6\ 5)$$

위 각각에 대해 수들의 위치 바꿈을 고려하면 $(2\ 2\ 1)$, $(2\ 1\ 2)$, $(1\ 2\ 2)$ 처럼 3가지씩 경우가 있다.

그러므로 구하는 확률 $P = \dfrac{3 \times 21}{216} = \dfrac{7}{24}$ 이다. 따라서 구하는 $a \times b = 168$ 이다.

15 이제 삼각형 EDL의 세 변의 길이를 $\overline{DE}=a$, $\overline{DL}=b$, $\overline{EL}=c$라 하자. 또한 $\angle EDL = \theta$라 하자. 그러면 닮음 관계에 의하여 다음 그림과 같이 각 변의 길이를 설정할 수 있다.(단, $r<s$)

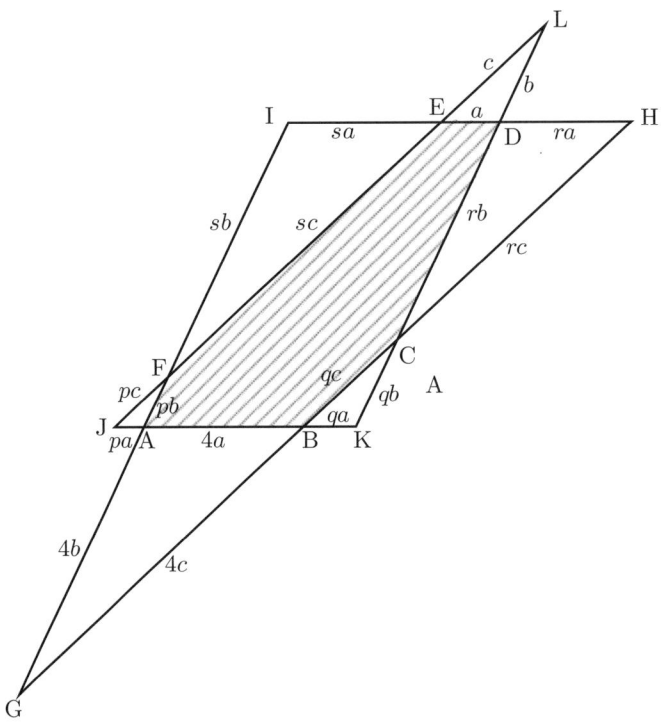

이제 $b=na$라 하자. 또한 $k=\dfrac{1}{2}n\sin\theta$라 하자.

그러면 세 변의 길이가 ma, mb, mc인 삼각형의 넓이 T는 다음과 같다.

$$T=\frac{1}{2}ma\times mb\times\sin\theta=\frac{1}{2}ma\times(m\times na)\times\sin\theta=km^2a^2$$

그러므로 다음을 얻는다.

$(\triangle GHI)=k(s+r+1)^2a^2$ ☞ 큰 삼각형 T_1의 넓이

$(\triangle JKL)=k(p+q+4)^2a^2$ ☞ 작은 삼각형 T_2의 넓이

$(\triangle EFI)=ks^2a^2$

$(\triangle CDH)=kr^2a^2$

$(\triangle ABG)=16ka^2$

이제 육각형 ABCDEF의 넓이를 x라 하자. 그러면

$$x=\frac{1}{2}T_1=\frac{1}{2}k(s+r+1)^2a^2$$

$$x=\frac{49}{72}T_2=\frac{49}{72}k(p+q+4)^2a^2$$

위 두 식의 우변을 같다고 놓으면 다음을 얻는다.

$$6(s+r+1)=7(p+q+4)\ \cdots\ ㉮$$

이제 삼각형 GHI와 삼각형 LED는 닮은꼴이므로 대응변의 닮음비는 같을 것이므로 이것을 이용하여 다음과 같이 식을 세울 수 있다.

$$\frac{sa+a+ra}{a}=\frac{sb+pb+4b}{b}=\frac{rc+qc+4c}{c}$$

$$\therefore \ s+1+r=s+p+4=r+q+4$$

$$\therefore \ p=r-3, \ q=s-3 \ \cdots \ ㉯$$

이제 ㉯를 ㉮에 대입하여 다음을 얻는다.

$$r+s=20 \ \cdots \ ㉰$$

이제 큰 삼각형 T_1의 넓이를 T_1이라 하면,

$$T_1=x+(\triangle\mathrm{EFI})+(\triangle\mathrm{CDH})+(\triangle\mathrm{ABG}) \ \cdots \ ㉱$$

이제 ㉱에

$$T_1=k(s+r+1)^2a^2, \ x=\frac{1}{2}T_1, \ (\triangle\mathrm{EFI})=ks^2a^2,$$

$$(\triangle\mathrm{CDH})=kr^2a^2, \ (\triangle\mathrm{ABG})=16ka^2$$

을 대입하면 다음을 얻는다.

$$k(s+r+1)^2a^2=\frac{1}{2}k(s+r+1)^2a^2+ks^2a^2+kr^2a^2+16ka^2$$

$$\therefore \ (s+r+1)^2=2(s^2+r^2+16) \ \cdots \ ㉲$$

이제 ㉰와 ㉲를 연립하여 풀면, $r=\dfrac{17}{2}$, $s=\dfrac{23}{2}$이다.

또한 ㉯에 의하여, $p=\dfrac{11}{2}$, $q=\dfrac{17}{2}$이다.

$$\therefore \ \frac{\overline{\mathrm{AB}}\times\overline{\mathrm{CD}}\times\overline{\mathrm{EF}}}{\overline{\mathrm{BC}}\times\overline{\mathrm{DE}}\times\overline{\mathrm{FA}}}=\frac{4a\times rb\times sc}{qc\times a\times pb}=\frac{4rs}{qp}=\frac{4\times\dfrac{17}{2}\times\dfrac{23}{2}}{\dfrac{17}{2}\times\dfrac{11}{2}}=\frac{92}{11}$$

따라서 구하는 정답은 $11+92=103$이다.

서술형 풀이 1

1 존재한다.

예컨대 $m=1818\cdots 1818$, $n=8181\cdots 8181$일 경우

$m+n=999\cdots 999$(9로만 이루어진 2002자리의 수)가 성립한다.

2 존재할 수 없다.

이제 $a_1, a_2, a_3, \cdots, a_{2003}$을 자연수 a의 각 자리에 있는 수라 하고,

$b_1, b_2, b_3, \cdots, b_{2003}$를 자연수 b의 각 자리에 있는 수라 하자.

이제 문제의 식을 성립시키는 자연수 a, b의 쌍이 존재한다고 가정하자.(귀류법으로 증명하기 위한 준비)

그러면 $a+b=999\cdots 999$(9로만 이루어진 2003자리의 수)의 계산과정에서 받아올림은 절대 없었을 것이다.(Why?)

그러므로 a의 각 자리에 있는 숫자들과 b의 각 자리에 있는 숫자들의 합은

$(a_1+b_1)+(a_2+b_2)+\cdots+(a_{2003}+b_{2003})=2003\times 9=$(홀수)이다.

한편, a의 각 자리에 있는 숫자들과 b의 각 자리에 있는 숫자들은 위치만 바뀌었을 뿐 숫자의 종류와 개수는 똑같은 것이므로

즉, $a_1+a_2+a_3+\cdots+a_{2003}=b_1+b_2+b_3+\cdots+b_{2003}$이니까

a의 각 자리에 있는 숫자들과 b의 각 자리에 있는 숫자들의 합은

$$(a_1 + a_2 + a_3 + \cdots + a_{2003}) + (b_1 + b_2 + b_3 + \cdots + b_{2003})$$
$$= 2 \times (a_1 + a_2 + a_3 + \cdots + a_{2003}) = (\text{짝수})$$

이다.

이는 위의 결과와 모순! 따라서 주어진 식을 성립시키는 자연수 a, b의 쌍은 존재하지 않는다.

서술형 풀이 2

1 $\dfrac{5}{9} = \dfrac{1}{x} + \dfrac{1}{y} \Rightarrow x(5y-9) = 9y$

$x = 9$로 정하면 y는 정수가 되지 않는다.

$x = 18$로 정하면 $y = 2$이다.

따라서 $\dfrac{5}{9} = \dfrac{1}{18} + \dfrac{1}{2}$이다.

2 $\dfrac{5}{9} = \dfrac{1}{18} + \dfrac{1}{2} = \dfrac{1}{18} + \dfrac{1}{4} + \dfrac{1}{4}$처럼 쓰면 안 된다. 왜냐하면 서로 다른 3개의 양의 단위분수의 합으로 나타내라고 했기 때문이다.

일반적으로 다음과 같은 레오나르드 다빈치식 방법이 있다.

$$\frac{1}{x} = \frac{1}{x+1} + \frac{1}{x(x+1)} \quad \cdots \text{㉮}$$

위와 같은 방식을 이용하면, $\dfrac{1}{2} = \dfrac{1}{(2+1)} + \dfrac{1}{2(2+1)}$

$$\frac{5}{9} = \frac{1}{18} + \frac{1}{2} = \frac{1}{18} + \frac{1}{3} + \frac{1}{6}$$

3 $\dfrac{5}{9} = \dfrac{1}{18} + \dfrac{1}{3} + \dfrac{1}{6} = \dfrac{1}{18 \times 19} + \dfrac{1}{19} + \dfrac{1}{3} + \dfrac{1}{6}$이므로

$$\frac{5}{9} = \frac{1}{342} + \frac{1}{19} + \frac{1}{3} + \frac{1}{6}$$

4 분모가 가장 큰 단위 분수를 골라서 공식 ㉮를 이용해서 분모가 더 큰 서로 다른 단위 분수 2개의 합으로 나타낼 수 있다. 이 방법을 이용하면 $\dfrac{5}{9}$를 임의의 개수의 단위분수들의 합으로 나타낼 수 있다. 따라서 정답은 "그렇게 할 수 있다." 이다.

서술형 풀이 3

1 $f(x) = -\left(x - \dfrac{a}{2}\right)^2 + \dfrac{a^2}{4}$이므로 꼭짓점의 좌표는 $\left(\dfrac{a}{2}, \dfrac{a^2}{4}\right)$이다.

2 a값의 범위에 따라서 최댓값이 달라지므로 a의 범위에 따라서 최댓값을 구해야 한다.

(i) $a < 0$일 때, $0 \leq x \leq 1$에서 x의 값이 증가하면 y의 값이 감소하므로 최댓값은 $f(0) = 0$이다.

(ii) $0 < a < 2$일 때, $0 \leq x \leq 1$의 범위 내에 대칭축이 위치하므로 최댓값은 $\dfrac{a^2}{4}$이다.

(iii) $2 \le a$일 때, $0 \le x \le 1$에서 x의 값이 증가하면 y의 값이 증가하므로 최댓값은 $f(1) = a - 1$이다.

3 a값의 범위에 따라서 최솟값이 달라지므로 a의 범위에 따라서 최솟값을 구해야 한다.

(i) $a < 0$일 때, $0 \le x \le 1$에서 x의 값이 증가하면 y의 값이 감소하므로 최솟값은 $f(1) = a - 1$이다.

(ii) $0 < a < 1$일 때, $0 \le x \le \dfrac{1}{2}$의 범위에 대칭축이 위치하므로 최솟값은 $f(1) = a - 1$이다.

(iii) $1 \le a < 2$일 때, $\dfrac{1}{2} \le x < 1$의 범위 내에 대칭축이 위치하므로 최솟값은 $f(0) = 0$이다.

(iv) $2 \le a$일 때, $0 \le x \le 1$에서 x의 값이 증가하면 y의 값이 증가하므로 최솟값은 $f(0) = 0$이다.

서술형 풀이 4

1 다음과 같이 4개의 괄호 쌍을 가지고 완전한 괄호를 만드는 방법을 세어보면 된다.
☞ ()()()(), ()()(()), ()(())(), ()((())), (())()(), (())(()),
((()))(), ((()))(), (()()), (()(())), ((()())), ((((())))]
따라서 $C_4 = 14$이다.

2 C_5는 다음과 같이 대각선을 넘지 않고 A에서 B까지 가는 모든 최단 길잡이의 가짓수와 같다고 볼 수 있다.

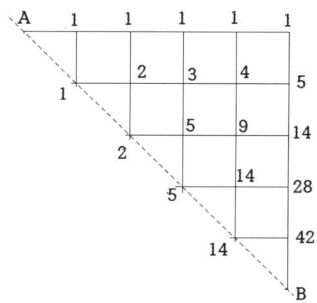

그림에 쓰인 수들은 A지점에서 수가 쓰인 곳까지 가는 최단 길잡이의 수를 뜻한다.
따라서 구하는 정답은 $C_5 = 42$이다.

3 $C_4 = C_3 C_0 + C_2 C_1 + C_1 C_2 + C_0 C_3$

4 $C_4 = C_3 C_0 + C_2 C_1 + C_1 C_2 + C_0 C_3 = 5 + 2 + 2 + 5 = 14$
$C_5 = C_4 C_0 + C_3 C_1 + C_2 C_2 + C_1 C_3 + C_0 C_4$
$\quad = 14 + 5 + 2 \times 2 + 5 + 14 = 42$
$\therefore C_4 = 14, \ C_5 = 42$
위의 답은 (1)번, (2)번 문제의 결과와 같음을 확인할 수 있다.

실전모의고사 5회 정답   P.276

단답형 문항

01. 46	**02.** 184	**03.** 74	**04.** 424	**05.** 83333가지
06. 24척	**07.** 1	**08.** 1	**09.** 3	**10.** 42
11. 234가지	**12.** 261	**13.** 49	**14.** 151	**15.** 21840

서술형 문제

1. (1) 43, 63   (2) 1681   **2.** (1) 6   (2) 50%   (3) 20개

3. (1) $a = -1$, 0, 1   (2) 풀이참조   (3) $a = 2$ **4.** (1) $C_3 = C_2 + C_1 \times C_1 + C_2$ (2) 132

단답형 정답 및 해설

1 한마디로 말해서 다음 식

$$\frac{(2n^2 - 3n + 3)}{(n-3)} = \frac{(2n+3)(n-3) + 12}{n-3}$$

$$= (2n+3) + \frac{12}{n-3}$$

의 값이 자연수이어야 한다는 뜻이다.

$n > 3$이므로 $n - 3 > 0$이다.

가능한 $n - 3 = 1$, 2, 3, 4, 6, 12이다.

즉, $n = 4$, 5, 6, 7, 9, 15이다.

따라서 정답은 $4 + 5 + 6 + 7 + 9 + 15 = 46$이다.

2 주어진 수열의 항 중에서 3이 n번 있는 수를 $333 \cdots 3331$이라 하자.

$$333 \cdots 3331 = 333 \cdots 3333 - 2$$

$$= \frac{1}{3} \times (999 \cdots 9999) - 2$$

$$= \frac{1}{3} \times (10^n - 1) - 2$$

$$\therefore 333 \cdots 3331 = \frac{10^n - 7}{3} \text{ (단, } n \geq 2, \ n\text{은 정수)}$$

우변의 분자는 자동으로 3의 배수임을 알 수 있다.($\because 10^n$과 7을 3으로 나눈 나머지가 1로 같기 때문이다.)

그러므로 위의 수가 31의 배수가 되려면 10^n을 31로 나눈 나머지가 7이면 된다.

아래에서 $a \equiv b \pmod{p}$는 a와 b를 p로 나눈 나머지는 같다는 뜻이다.

$n = 2$일 때, $10^n \equiv 7 \pmod{31}$

$n = 3$일 때, $10^n \equiv 10 \times 10^2 \equiv 10 \times 7 \equiv 70 \equiv 8 \pmod{31}$

$n = 4$일 때, $10^n \equiv (10^2)^2 \equiv 7^2 \equiv 49 \equiv 18 \pmod{\bmod 31}$

$n = 5$일 때, $10^n \equiv 10^2 \times 10^3 \equiv 7 \times 8 \equiv 56 \equiv 25 \pmod{31}$

마찬가지 방식으로 하여 $6 \le n \le 14$까지 10^n을 31로 나눈 나머지는 절대로 7이 되지 않음을 알 수 있다.

이제 $n = 15$일 때,

$$10^{15} \equiv (10^5)^2 \times 10^5 \equiv 25^2 \times 25 \equiv\equiv 625 \times 25 \,(\text{mod}\,31)$$
$$\equiv 5 \times 25 \equiv 125 \equiv 1 \,(\text{mod}\,31)$$

그러므로 $n = 15k + 2$일 때, 다음이 성립한다.

$$\therefore 10^n = 10^{15k+2} \equiv (10^{15})^k \times 10^2 \equiv 1 \times 100 \equiv 7 \,(\text{mod}\,31)$$

(단, $k = 0, 1, 2, \cdots$)

따라서 $k = 4$일 때,

$$\frac{1}{3} \times (10^n - 1) - 2 = \frac{1}{3} \times (10^{62} - 1) - 2$$

의 각 자리 숫자들의 합은 $3 \times 61 + 1 = 184$이다.

3 $a_2 = 2 = 2^2 - 2$, $a_3 = 6 = 2^3 - 2$, $a_4 = 14 = 2^4 - 2$, $\cdots$

이제 $a_{2000} = 2^{2000} - 2$를 100으로 나눈 나머지를 구하면 된다.

$2^{10} = 1024$인데, $2^{20} = 1024^2 = 100k + 76$이다.(단, k는 자연수)

한편 $76^2 = 5776 = 100n + 76$이 된다.(단, n은 자연수)

이상으로 $2^{20l} = (2^{20})^l$의 끝의 두 자리의 수는 항상 76으로 끝난다.

즉, $2^{20l} = (2^{20})^l = 100s + 76$(단, s는 자연수)

$$a_{2000} = (2^{20})^{100} - 2 = 100t + 76 - 2 = 100t + 74$$

단, t는 자연수이다. 따라서 구하는 정답은 74이다.

4 전준기와 송서우는 한국과학영재학교를 졸업한 제자들이고, 황재하는 천재인 제자였다.

처음 정육면체의 세 모서리의 길이를 $a+2$, $b+2$, $c+2$라 하고

$$2 < (a+2) < (b+2) < (c+2)$$

라 정하자. 단, $1 \le a < b < c$이다. 그러면 주스가 전혀 묻지 않은 단위 입방체의 개수는 abc이고, 1개의 면만 주스가 묻은 단위 입방체의 개수는 $2(ab+bc+ca)$개다. 또한 2개의 면이 주스가 묻은 단위 입방체의 개수는 $4(a+b+c)$이다. 그리고 3개의 면이 주스가 묻은 단위 입방체의 개수는 8개이다.

이제 전준기의 정보를 이용하여 다음과 같이 식을 세울 수 있다.

$$abc - 2(ab+bc+ca) + 4(a+b+c) - 8 = 6$$

이제 위 식의 좌변에 a, b, c 대신 2를 대입하면 성립하므로 다음과 같이 인수분해 할 수 있다.

$$\therefore (a-2)(b-2)(c-2) = 6$$

그런데 $1 \le a-2 < b-2 < c-2$이므로 $a = 3$, $b = 4$, $c = 5$이다.

그러므로 주어진 직육면체의 세 모서리의 길이는 5, 6, 7이다.

$$\therefore S = 2(5 \times 6 + 6 \times 7 + 7 \times 5) = 214, \quad V = 210$$

따라서 $S + V = 424$이다.

5 모든 중복조합의 수에서 두 개의 해가 중복되는 것들을 제거하여 나열하는 방법을 없앤 경우의 수들을 모두 더하면 된다.

$$({}_3H_{997} - 333 \times 3 - 166 \times 3) \div 6 + 333 + 166 = 83333 (가지)$$

위 내용은 중복조합을 모르는 학생들에겐 아무 소용이 없는 풀이다. 필자도 아주 오래 전에 위와 같은 방식으로 풀었는데, 지금 보니까 뭔 얘기를 하는 건지 아리송하다. 늙으면 괴롭다, 그러므로 우리 중학생들은 다음과 같이 일일이 세는 것이 좋겠다. 막노동이 사고를 유연하게 해준다는 사실을 알아야 한다. 나는 아래의 풀이가 중학생에게 매우 좋은 풀이라고 생각된다.

더해지는 세 개의 수 중 최소인 수가 1인 경우 : 방법의 수는 499가지
더해지는 세 개의 수 중 최소인 수가 2인 경우 : 방법의 수는 498가지
더해지는 세 개의 수 중 최소인 수가 3인 경우 : 방법의 수는 496가지
더해지는 세 개의 수 중 최소인 수가 4인 경우 : 방법의 수는 495가지
더해지는 세 개의 수 중 최소인 수가 5인 경우 : 방법의 수는 493가지
더해지는 세 개의 수 중 최소인 수가 6인 경우 : 방법의 수는 492가지
더해지는 세 개의 수 중 최소인 수가 7인 경우 : 방법의 수는 490가지
           ⋮   ⋮   ⋮
더해지는 세 개의 수 중 최소인 수가 331인 경우 : 방법의 수는 4가지
더해지는 세 개의 수 중 최소인 수가 332인 경우 : 방법의 수는 3가지
더해지는 세 개의 수 중 최소인 수가 333인 경우 : 방법의 수는 1가지

$\therefore$ (모든 방법의 수)

$$= (499 + 496 + 493 + \cdots + 4 + 1) + (498 + 495 + \cdots + 6 + 3)$$

$$= \frac{167 \times 500}{2} + \frac{166 \times 501}{2} = 83333 (가지)$$

6 큰 배를 x척, 작은 배를 y척 빌리고자 한다. 그러면 총 204명을 태워야 하므로 다음과 같이 식을 세울 수 있다.

$$12x + 5y = 204 \ \cdots \ ㉮$$

㉮를 만족시키는 적당한 수를 생각해보면, $x = 2$, $y = 36$을 떠올릴 수 있다.

$$\therefore \ 12 \times 2 + 5 \times 36 = 204 \ \cdots \ ㉯$$

이제 (㉮−㉯)하고 정리하면 다음을 얻는다.

$$12(x-2) = -5(y-36) = 60k \ (단, \ k는 정수)$$

$$\therefore \ x = 5k + 2, \ y = 36 - 12k$$

$x > 0$, $y > 0$이므로 $k = 0$, 1, 2이 가능하다.

그러므로 다음과 같이 x, y, $x+y$의 표를 작성할 수 있다.

k	0	1	2
x	2	7	12
y	36	24	12
$x+y$	38	31	24

그런데 배는 합해서 가능한 적게 빌려야만 빌리는 비용을 절약할 수 있다.

따라서 각각 12척씩 모두 24척을 빌려야 한다.

7 G는 결국 무게중심임을 알 수 있다. 무게중심은 세 중선의 교차점이므로 주어진 두 방정식을 연립하여 풀면 G$(-3, -1)$이다. 두 점 A, B의 좌표를 각각 A$(2a-1, a)$, B$(-b-4, b)$라 하자. C$(-3, -7)$이다. 그리고 무게중심은 세 꼭짓점의 좌표들의 평균으로 계산하므로 다음과 같이 식을 세울 수 있다.

$$\frac{(2a-1)+(-b-4)-3}{3}=-3, \quad \frac{a+b-7}{3}=-1$$

위 두 식을 연립하여 풀면 $a=1$, $b=3$이다.

그러므로 A$(1,1)$, B$(-7,3)$이다.

$$\therefore f(x)=-\frac{1}{4}x+\frac{5}{4}$$

따라서 구하는 정답은 $f(1)=1$이다.

8 주어진 두 직선의 방정식을 연립하여 풀면, $x=a+2$이다.

이제 두 직선의 y절편의 y좌표는 각각 $-a^2$, -4이다.

따라서 두 직선의 y절편 간의 거리를 밑변으로 잡고 삼각형의 넓이를 구하면 다음과 같다.

$$\frac{1}{2}\times(4-a^2)\times(a+2)=\frac{9}{2}$$

$$\therefore a^3+2a^2-4a+1=0 \quad \cdots ㉮$$

그런데 정수의 a값은 상수항의 약수에 해당할 것이므로 $a=1$, $a=-1$ 중에서 결정된다.

$a=1$이면 ㉮는 만족된다. 하지만 $a=-1$은 ㉮를 만족시킬 수 없다.

따라서 구하는 $a=1$뿐이다.

9 무게 중심을 지나는 직선이 항상 삼각형의 넓이를 이등분하지는 못한다(Why?). 이것은 많은 입시에서 물어보는 내용이고, 많은 학생들이 틀리고 있다. 영희도 그렇게 착각하였던 것이다. 그렇다면 제대로 된 정답은 어떻게 구해야 하는가 생각해보자.

세 점을 A$(0,1)$, B$\left(0, \frac{3}{2}\right)$, C$(1,0)$라 하자.

$\overleftrightarrow{AC}$의 방정식은 $y=-x+1 \qquad \cdots ㉮$

$\overleftrightarrow{BC}$의 방정식은 $y=-\frac{3}{2}x+\frac{3}{2} \qquad \cdots ㉯$

$y=ax$와 $\overleftrightarrow{AC}$의 교차점을 D, $y=ax$와 $\overleftrightarrow{BC}$의 교차점을 E라고 하자.

그러면 D$\left(\frac{1}{a+1}, \frac{a}{a+1}\right)$, E$\left(\frac{3}{2a+3}, \frac{3a}{2a+3}\right)$이다.

좌표평면 위의 원점을 O$(0,0)$이라 하자.

이제 넓이 관계로 식을 세우면 다음과 같다.

$2(\triangle CDE)=(\triangle CAB)$

$\Leftrightarrow 2((\triangle OCE)-(\triangle OCD))=(\triangle CAB)$

$\therefore \frac{3a}{2a+3}-\frac{a}{a+1}=\frac{1}{4}$

$\therefore (a-3)(2a+1)=0$

따라서 구하는 정답은 $a=3$이다.

10 결과적으로 첫 항부터 임의의 항까지 항상 $+1$의 개수가 -1의 개수보다 모자라지 않는 식을 만들어야 한다. 예를 들어 다음과 같이 대응시킬 수 있다.

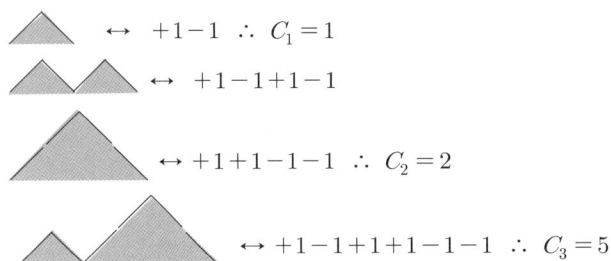

즉, 완전한 산을 만들기는 모든 경로의 높이가 가장 하단인 0의 아래로 내려가는 법이 없고, 한 칸씩 올라가는 것은 $+1$로, 내려가는 것은 -1로 나타내면 되므로 완전한 산 만드는 방법의 수와 주어진 문제에서 구하고자 방법의 수는 같음을 알 수 있다.

그런데 완전한 산을 그리는 것은 아래와 같이 정사각형의 한 꼭짓점에서 가장 먼 꼭짓점까지 대각선을 아래쪽을 넘지 않고 가는 방법과 일대일 대응된다.

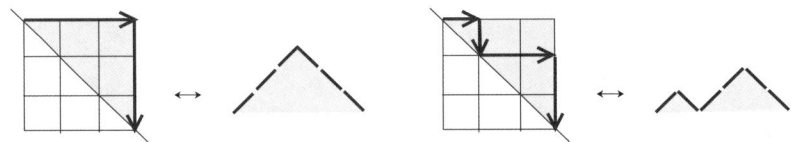

그러므로 이 문제는 결국 아래 그림과 같이 P에서 Q까지 최단 경로로 가는데 대각선 아래쪽을 넘지 않고 가는 방법의 수를 구하는 것과 같다.

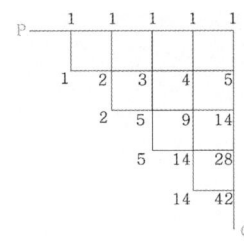

따라서 구하는 총 개수는 $C_5 = 42$가지임을 알 수 있다.

11 다음과 같이 왼쪽 아래에서 오른쪽 위로 가면서 단계적으로 해결하면 된다.

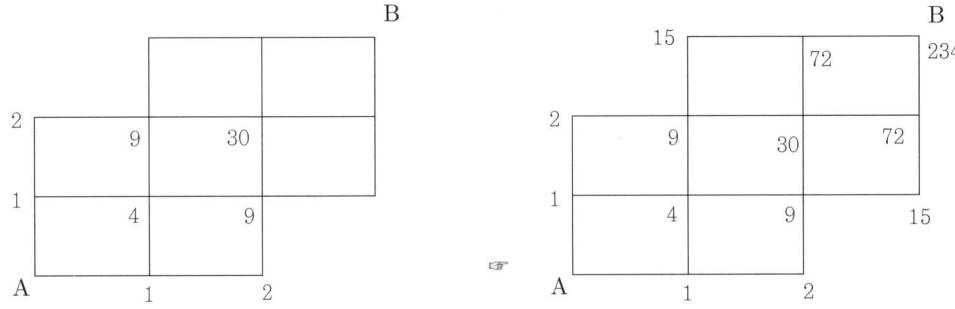

따라서 구하는 정답은 234(가지)이다.

12 제2종 스털링 수를 구하는 공식 $f(n,\ i) = f(n-1,\ i-1) + i \cdot f(n-1,\ i)$를 활용하면 되겠다. 여덟 곳의 빈 칸에 써야할 수는 차례로 15, 25, 10, 1이 위쪽 줄에 있어야 하며, 31, 90, 65, 15가 아래쪽 줄에 있어 야 한다. 따라서 구하는 정답은 다음과 같다.

$15 + 25 + 10 + 10 + 31 + 90 + 65 + 15 = 261$

스털링 수를 모르는 학생들은 각자 인터넷을 검색해서 알아보자.

13 다음 그림처럼 점 N에서 큰 원의 지름에 수선의 발을 내려 그 점을 H라고 하자.

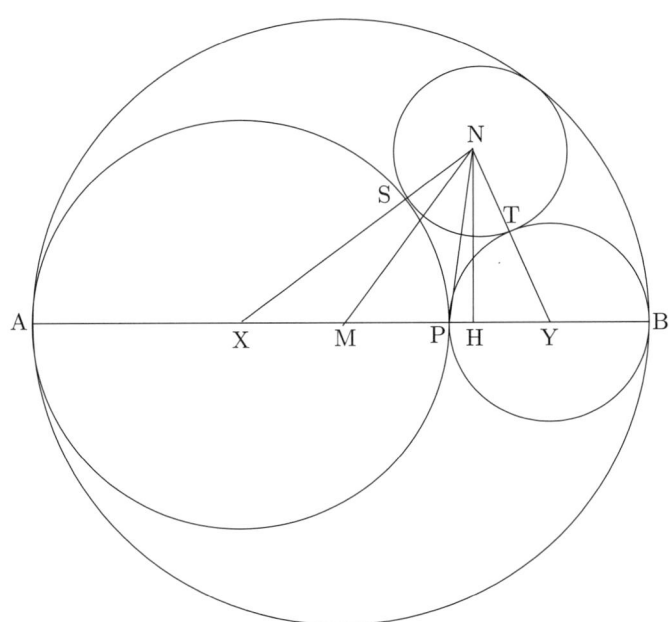

이제 피타고라스의 정리를 사용하여 3개의 직각삼각형 △NXH, △NMH, △NHY에 관해서 차례로 식을 다음과 같이 세울 수 있다. 여기서 $\overline{MH} = x$, $\overline{NH} = y$, $\overline{NS} = \overline{NT} = z = \dfrac{a}{b}$로 정하였다.

$$\begin{cases} (x+2)^2 + y^2 = (z+3)^2 \\ x^2 + y^2 = (5-z)^2 \\ (3-x)^2 + y^2 = (z+2)^2 \end{cases}$$

위 연립방정식을 풀어서 $x = \dfrac{25}{19}$, $y = \dfrac{60}{19}$, $z = \dfrac{30}{19}$을 얻는다.

(여기서는 방정식의 풀이 과정은 쉬우므로 생략한다.)

또 다른 풀이방법으로 이런 방법도 있다.

원 X의 반지름은 3, 원 Y의 반지름은 2, 원 M의 반지름은 5이다. 원 N의 반지름을 n이라 하면, 곡률에 의하여 다음이 성립한다.(데카르트의 정리, 자세한 것은 각자 인터넷에서 검색해 볼 것)

$$\frac{1}{z} = \frac{1}{2} + \frac{1}{3} - \frac{1}{5} + 2\sqrt{\frac{1}{2 \times 3} - \frac{1}{2 \times 5} - \frac{1}{3 \times 5}} \quad \therefore z = \frac{30}{19}$$

따라서 $a + b = 30 + 19 = 49$이다.

14 다음 그림처럼 $\overline{BC}$의 중점을 M이라 하자.

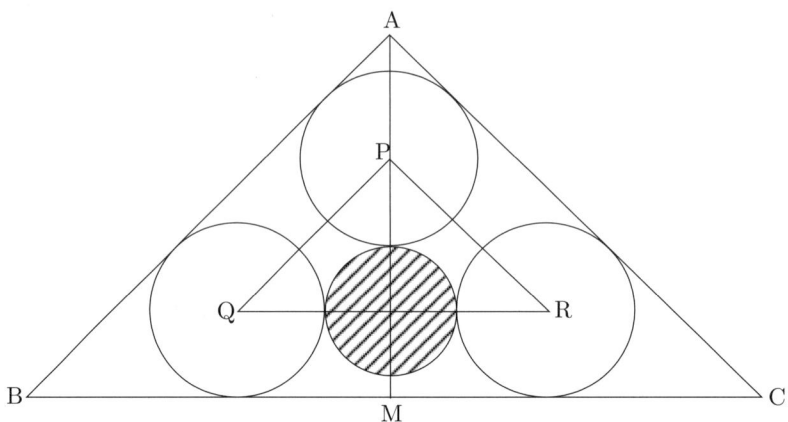

세 원의 반지름을 x라 하고, 찡겨있는 원의 반지름을 y라 하자.

그러면 $\overline{AM}=1$, $\overline{AP}=\sqrt{2}\,x$이므로 다음과 같이 식을 세울 수 있다.

$\overline{AM}=\sqrt{2}\,x+x+y+x=1$

$\therefore\ y=1-(2+\sqrt{2})x\ \cdots\ ㉮$

이제 네 원의 넓이의 합을 S라 하면 위 식을 이용해서 x의 함수로 나타낼 수 있다.

$S=\pi(3x^2+y^2)$

$\therefore\ S=\pi\big(3x^2+(1-(2+\sqrt{2})x)^2\big)$

$\therefore\ S=(9+4\sqrt{2})\pi\left(x-\dfrac{2+\sqrt{2}}{9+4\sqrt{2}}\right)^2+\dfrac{3}{9+4\sqrt{2}}\pi\ \cdots\ ㉯$

$\therefore\ S_{\min}=\dfrac{3}{9+4\sqrt{2}}\pi=\dfrac{27-12\sqrt{2}}{49}\pi$

S가 최대가 되는 경우는 ㉯의 x의 값이 가장 클 때이다.

즉, 흰 원 3개가 서로 접할 때 x는 가장 최대가 된다.

그때는 다음과 같이 식이 세워진다.

$2x=\sqrt{2}\,(x+y)\ \cdots\ ㉰$

이제 ㉮, ㉰를 연립하여 풀면, $x=\dfrac{2\sqrt{2}-1}{7}$이고, 이것을 ㉯에 대입하여 최대의 S를 구할 수 있다.

$\therefore\ S_{\max}=\dfrac{70-42\sqrt{2}}{49}$

그러므로 $S_{\max}+S_{\min}=\dfrac{a-b\sqrt{2}}{49}\pi$이니까 $a=97$, $b=54$이다.

따라서 구하는 정답은 $97+54=151$이다.

15 다음 그림의 어두운 정삼각형의 넓이를 1로 잡아서 계산한 결과 나머지 244개의 모든 도형들의 넓이는 항상 분모가 3, 5, 7, 13들만의 배수인 기약분수들로 계산이 된다.(설명이 너무 길어져서 여기서는 상세한 풀이를 생략한다.

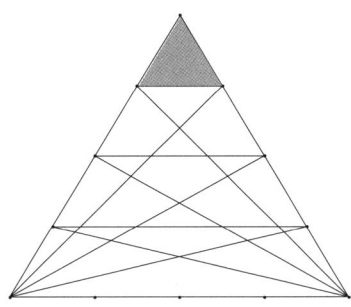

이것은 여러분이 확인해 보도록 하자. 필자가 직접 다 계산 해보았기 때문에 확신한다. 그리고 혹시 시험에 나올지도 모르니까 아예 이와 같은 사실을 외워두고 써먹도록 하자. 근데 구하는 방법을 알아야만 한다. 설명하라고 할지도 모르니까. 그런 경우에 대비하여 구하는 방법을 알아두어야만 한다. 모르는 학생들은 각자 선생님들께 여쭈어 볼 것.) 예컨대 아래 그림의 어두운 부분 삼각형의 넓이가 1이면, 바로 그 아래에 있는 4개의 도형의 넓이는 각각 $\frac{16}{15}$(2단 왼쪽), $\frac{3}{5}$(2단 가운데 위), $\frac{4}{15}$(2단 가운데 아래), $\frac{16}{15}$(2단 오른쪽)이다. 2단은 밑변과 평행한 선 3개로 구획 된 것 중 두 번째 가로영역을 말한다. 그러므로 24개의 모든 도형이 다 정수가 되려면 어두운 정삼각형의 넓이의 최솟값은 3, 5, 7, 13의 최소공배수인 $3 \times 5 \times 7 \times 13 = 1365$으로 정해져야 한다. 그런데 큰 정삼각형의 넓이는 어두운 것의 16배이므로 구하는 정삼각형의 넓이는

$1365 \times 16 = 21840$이다.

서술형 풀이 1

1 $n = 10a + b$이다. 그러므로 $10a + b = a^2 + b^3$이다.

$\therefore a(10-a) = b(b+1)(b-1)$

그런데 $a \neq 0$, $a \neq 10$이므로 $b \neq 0$, $b \neq 1$이다.

$b = 3$일 때, $a = 4$ 또는 $a = 6$이 가능하고, 그 외에는 조건을 만족시키는 것이 없다.

따라서 구하는 것은 43 또는 63이다.

2 $2n^2 = kd$라 하자. 여기서 k는 양의 정수이다.

이제 $n^2 + d = x^2$이라 가정하자.

$$k^2 x^2 = k^2(n^2 + d) = k^2\left(n^2 + \frac{2n^2}{k}\right) = n^2(k^2 + 2k)$$

여기서 $k^2 < k^2 + 2k < (k+1)^2$이므로 위 식의 우변의 수는 완전제곱수가 될 수 없다.

그런데 좌변은 완전제곱수이므로 모순! 따라서 $n^2 + d$는 완전제곱수가 아니다.

3 문제의 조건을 만족시키는 완전제곱수를 n^2이라 하자.

$n^2 = 100a^2 + b$이다.

$b = 0$이면 "두 자리의 수 $\overline{xy}$"라는 조건에 모순된다.

그러므로 $0 < b < 100$이다.

또한 $n > 10a$이다. 즉, $n \geq 10a + 1$이다.

$\therefore b = n^2 - 100a^2 \geq 20a + 1$ (바로 위 부등식을 제곱한 것과 비교)

그리고 $0 < b < 100$이므로 $100 \geq 20a + 1$이다. 즉, $a \leq 4$.

마침 $a = 4$일 때, $n = 41$은 조건을 만족시킨다.

그런데 $a = 4$일 때, 만약 $n > 41$이면, $n^2 \geq 42^2$이니까

$b = n^2 - 100a^2 = n^2 - 40^2 \geq 42^2 - 40^2 > 100$이 되어 b가 두 자리 수가 안 된다.

따라서 구하는 최대의 수는 $41^2 = 1681$이다.

서술형 풀이 2

1 $xz = yz + 1$에서 $z(x-y) = 1$이다.

x, y, z가 모두 양의 정수라는 조건에서 다음을 얻는다.

$\therefore z = 1$ 이고 $x - y = 1$

이제 $z = 1$를 $xy = xz + yz + 1$에 대입하면,

$xy = x + y + 1$ ··· ㉮

$x - y = 1$로부터, $x = y + 1$ ··· ㉯

㉯를 ㉮에 대입하고 정리하면, $y^2 - y - 2 = 0$.

$\therefore y_1 = 2$, $y_2 = -1$(당연히 버려야 한다.)

$y = 2$를 ㉯에 대입하면, $x = 3$이다.

따라서 구하는 직육면체의 부피는 $1 \times 2 \times 3 = 6$이다.

2 원래 차의 속력을 v km/h, 원래 걸리는 시간을 t라고 하여, 문제의 조건에 따라서 다음과 같이 거리를 구하는 식을 세울 수 있다.

$$(1+20\%)v \cdot (t-1) = vt$$

$$\therefore \ 0.2vt = 1.2v \quad \therefore \ t = 6\text{시간}(\because \ v \neq 0)$$

한편, 2시간 먼저 도착하는데 소요되는 차의 속력을 v' km/h라 놓고 거리를 구하는 식을 세우면 다음과 같다.

$$(6-2)v' = 6v \quad \therefore \ \frac{v'}{v} = \frac{3}{2} = 1 + 50\%$$

$$\therefore \ v' = v + v \times 50\%$$

따라서 두 시간 먼저 도착하려면 차의 속력을 50% 상승시켜야 한다.

3 어려운 문제, 쉬운 문제, 중간수준의 문제가 x, y, z개 있다 하고 문제의 조건에 따라서 y개의 쉬운 문제는 세 사람 모두가 풀었으므로 $3y$개이고, 중간 문제는 두 사람이 풀었으므로 $2z$개이다. 방정식을 세우면

$$\begin{cases} x+y+z = 100 \\ x+3y+2z = 3 \times 60 \end{cases}$$

즉, $(x-y)+(2y+z) = 100 \quad \cdots \ ㉮$

$(x-y)+2(2y+z) = 180 \quad \cdots \ ㉯$

$(㉮ \times 2 - ㉯)$하면, $x-y = 20$.

따라서 "쉬운 문제"는 "어려운 문제"보다 20개 적다.

서술형 풀이 3

세 직선은 다음과 같다.

$$y = -x-1 \ \cdots \ ㉮ \quad y = ax-2a+2 \ \cdots \ ㉯ \quad y = \frac{1}{a}x + 2 - \frac{2}{a} \ \cdots \ ㉰$$

1 ㉰에서 $a=0$이면 직선이 될 수 없다.

또한 ㉮, ㉯, ㉰ 중 어느 두 개가 평행하면 삼각형을 이룰 수 없다.

즉, $a = \pm 1$일 때도 삼각형은 만들어질 수 없다.

따라서 구하는 정답은 $a = -1$, 0, 1이다.

2 삼각형 ABC가 직각삼각형이 되려면 다음 세 가지 중 어느 하나라도 되어야 한다.

(ⅰ) ㉮, ㉯가 서로 수직이어야 한다. 그런데 그러려면 $a=1$이어야 하는데, 그러면 삼각형 자체가 만들어지지 않는다.

(ⅱ) ㉮, ㉰가 서로 수직이어야 한다. 그런데 그러려면 $a=1$이어야 하는데, 그러면 삼각형 자체가 만들어지지 않는다.

(ⅲ) ㉯, ㉰가 서로 수직이려면 $a \times \frac{1}{a} = -1$이어야 하는데, 그러면 $1 = -1$이 되므로 모순된다.

따라서 삼각형 ABC가 직각삼각형이 될 수 없다.

3 ㉮, ㉯의 교차점을 A라 하고 A의 좌표를 구하자. ㉮, ㉯를 연립하여 풀어서 다음을 얻는다.

$$A\left(\frac{2a-3}{a+1}, \frac{2-3a}{a+1}\right)$$

마찬가지 방식으로 하여 ㉮, ㉰의 교차점을 B라 하고 B의 좌표를 구하자.

$$B\left(\frac{2-3a}{a+1}, \frac{2a-3}{a+1}\right)$$

그런데 $\overline{AB}^2 = \left(\frac{5\sqrt{2}}{3}\right)^2$ 이므로 다음과 같이 식을 세울 수 있다.

$$\overline{AB}^2 = \left(\frac{5(a-1)}{a+1}\right)^2 + \left(\frac{5(a-a)}{a+1}\right)^2 = (5\sqrt{2})^2\left(\frac{a-1}{a+1}\right)^2$$

그러므로 $\frac{a-1}{a+1} = \frac{1}{3}$ 이다. 따라서 구하는 $a = 2$ 이다.

서술형 풀이 4

1 명백히 $C_1 = 1$, $C_2 = 2$가 확실하다. 그러면 C_3를 일일이 그리지 않고 구하는 방법을 알아보자.

$2 \times 3 = 6$명의 사람 P_1, P_2, P_3, P_4, P_5, P_6이 팔뚝이 교차하지 않고 악수하는 방법의 수가 곧 C_3이다. 다음 그림을 보자.

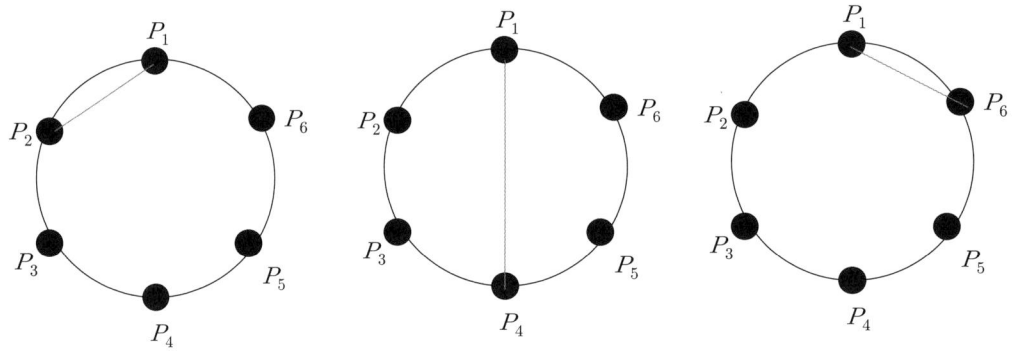

P_1은 악수할 수 있는 경우가 P_2, P_4, P_6이 전부이다. 왜냐하면 P_1이 P_3와 악수를 하게 되면 P_2가 고립되기 때문에 P_2는 팔뚝이 교차되지 않게 악수할 수 없게 된다. 마찬가지로 P_1이 P_5와 악수하게 되면 P_6가 고립되기 때문에 안 된다.

(ⅰ) P_1이 P_2와 악수할 경우, 나머지 P_3, P_4, P_5, P_6이 악수하는 방법의 수는 C_2가지가 될 것이다.

(ⅱ) P_1이 P_4와 악수할 경우, 나머지 P_2와 P_3이 악수하는 데 이 방법의 수는 C_1가지가 될 것이다.
  또한 P_2와 P_3이 악수할 때, P_5과 P_6이 악수하는 방법의 수도 C_1가지가 될 것이다. 그러므로 P_1이 P_4와 악수할 경우 나머지 4명이 악수하는 방법의 수는 곱의 법칙에 의하여 $C_1 \times C_1$ 가지가 될 것이다.

(ⅲ) P_1이 P_6와 악수할 경우, 나머지 P_2, P_3, P_4, P_5가 악수하는 방법의 수는 C_2가지가 될 것이다.

따라서 위 (ⅰ), (ⅱ), (ⅲ)에 의하여 다음과 같이 C_3을 쉽게 구할 수 있다.

$$C_3 = C_2 + C_1 \times C_1 + C_2$$

2 결국 C_6를 구하라는 문제이다.

앞의 (1)번 문제의 내용을 확장하여 생각하면 다음과 같다.

명백히 $C_1 = 1$, $C_2 = 2$이다.

$$C_3 = C_2 + C_1 \times C_1 + C_2 = 2 + 1 \times 1 + 2 = 5$$

$$C_4 = C_3 + C_1 \times C_2 + C_2 \times C_1 + C_3 = 5 + 1 \times 2 + 2 \times 1 + 5 = 14$$

$$C_5 = 14 + 1 \times 5 + 2 \times 2 + 5 \times 1 + 14 = 42$$

$$C_6 = C_5 + C_1 \times C_4 + C_2 \times C_3 + C_3 \times C_2 + C_4 \times C_1 + C_5$$

$$\therefore \ C_6 = 42 + 1 \times 14 + 2 \times 5 + 5 \times 2 + 14 \times 1 + 42 = 132 (가지)$$

즉 바로 앞의 일차식과 그 앞의 일차식을 더해서 구할 수 있다.

따라서 일차항의 계수는 1, 1, 2, 3, 5, 8, 13, 21, 34, $55 (2 = 1 + 1,\ 3 = 2 + 1,\ 5 = 3 + 2,\ \cdots)$와 같이 변하므로 ϕ^{10}을 ϕ에 관한 일차식으로 나타내었을 때 일차항의 계수는 55, 상수항은 바로 앞의 수인 34이다.

따라서 $\phi^{10} = 55\phi + 34$이다.

5 ϕ^{14}의 값을 구하기 위해 일차항의 계수를 계속 구해보면

$$1,\ 1,\ 2,\ 3,\ 5,\ 8,\ 13,\ 21,\ 34,\ 55,\ 89,\ 144,\ 233,\ 377,\ \cdots$$

이므로 $\phi^{14} = 377\phi + 233 = \dfrac{377(\sqrt{5} + 1)}{2} + 233 = \dfrac{843}{2} + \dfrac{377\sqrt{5}}{2}$ 이다.

실전모의고사 6회 정답   P.290

단답형 문항

01. 198   **02.** 217   **03.** 2개   **04.** 55명   **05.** -1

06. $m < -4$ 또는 $m > 0$.   **07.** $2x + y - 2 = 0$ 위의 점들(단, 점 $(0, 2)$는 제외)   **08.** 56   **09.** 12   **10.** 56조각

11. 840   **12.** π^2 **13.** 8   **14.** 6   **15.** 28

서술형 문제

1. 풀이참조   **2.** (1) $\dfrac{55}{x}$ (2) $\dfrac{30}{x}$ (3) 66계단

3. (1) 13가지   (2) $f(2n+1) = f(2n) + f(2n-1)$ (단, $f(1) = 1$, $f(2) = 1$, $n \geq 1$)   **4.** (1) 풀이참조 (2) 42개

단답형 정답 및 해설

1 n번 째 수를 a_n이라 하면

$$a_n = 100^{n-1} + 100^{n-2} + \cdots + 100 + 1$$

인데 a_n의 각 자리 숫자들의 총합은 n이다.

$9999 = 9 \times 11 \times 101$(소인수분해)의 배수이려면 a_n은 9, 11, 101의 배수이어야 한다.

(i) 9의 배수가 될 조건은 a_n의 각 자리 숫자들의 총합이 9의 배수이어야 한다.

그러므로 n은 9의 배수이어야 한다.

(ii) a_n이 11의 배수가 될 조건을 알아보자.

11의 배수가 되기 위해서는 a_n의 홀수 번째 자리 숫자들의 총합에서 짝수 번째 숫자들의 총합을 뺀 수들이 11의 배수가 되어야 한다. 그러한 수들은 a_{11}, a_{22}, $a_{33}, \cdots$ 이다. 즉, n은 11의 배수이어야 한다.

(iii) a_n이 101의 배수가 될 조건을 알아보자.

100^k(단, k는 자연수)을 101로 나눈 나머지는 어떠한가? k가 홀수이면 100^k을 100으로 나눈 나머지는 99이고, k가 짝수이면 나머지는 1이다. 그러므로 a_n이 101의 배수가 되려면 $n-1$이 홀수이어야 한다. 즉, n은 짝수이어야 한다.

이상 위 (i), (ii), (iii)을 동시에 만족시키는 n의 최솟값은 $9 \times 11 \times 2 = 198$임을 알 수 있다.

2 $n = 2, 3, 4, 5, 6$을 대입해보면 소수가 아닌 합성수가 하나 이상 발견된다. $n = 7$일 때 알아보자.

참고로, 7의 배수를 판정하는 방법은 다음과 같다(스펜서의 방법). 즉, 어떤 수가 7의 배수인지 알고 싶으면, 그 수의 일의 자리를 두 배한 수와, 나머지 수의 차가 7의 배수이면, 원래의 수는 7의 배수이다. 예를 들어 10633의 끝의 자리의 수는 3인데 이 수의 2배는 6이고, 6과 1063의 차는 1057이고 이것이 7의 배수이면 10633도 7의 배수가 된다. 이제 또 다시 1057에서 끝수 7의 2배인 14와 105의 차는 91이고, 91은 7의 배수가 확실하다. 따라서 1057도 10633도 모두 7의 배수이다.

이제 위와 같은 방법으로 n을 제외한 나머지 6개의 수들을 7로 나눈 나머지를 조사해보면 그 나머지는 1, 2, 3, 4, 5, 6이다. 즉, 주어진 7개의 소수는 다음과 같다.

n, $7a+1$, $7b+2$, $7c+3$, $7d+4$, $7e+5$, $7f+6$

단, 문자는 모두 자연수이다.

위 수들은 7로 나눈 나머지가 다 다르다. 그러므로 주어진 7개의 수들 가운데 반드시 7의 배수가 존재한다. 따라서 최소가 되는 경우는 $n=7$(소수)이 답이 될 가능성이 있다. 그런데 $n=7$일 때, 마침 주어진 7개의 수들은 모두 소수임을 확인할 수 있다.(소수판정법을 이용할 수도 있겠지만 문제에서 이미 힌트를 주었으므로 그것을 이용해서 확인할 수 있다.)

그러므로 7개의 소수들의 총합의 최솟값은 $44609 \times 7 + 2954 = 315217$이다.

따라서 구하는 정답은 217이다.

3 (i) p, q가 모두 홀수인 소수이면 $p^q + q^p$는 2보다 큰 짝수가 되므로 조건에 맞지 않는다.

(ii) p, q가 모두 짝수인 소수이면 $p^q + q^p = 2^2 + 2^2 = 8$이 되므로 조건에 맞지 않는다.

(iii) 따라서 p, q 중 하나는 홀수, 하나는 짝수인 소수임을 알 수 있다.

$p=2$일 경우 $2^q + q^2 =$(소수)인데,

㉮ $q=3$을 대입해보면 $2^3 + 3^2 = 17$(소수)이므로 조건에 맞는다.

㉯ $q>3$을 대입해보면 q는 홀수인 소수이므로 q를 3으로 나눈 나머지는 1 또는 2이다.

① $q=3k+1$(단, k는 짝수)일 때, $2^{3k+1} + (3k+1)^2$은 3의 배수가 되므로 조건에 맞지 않는다.

② $q=3k+2$(단, k는 홀수)일 때, $2^{3k+2} + (3k+2)^2$은 3의 배수가 되므로 조건에 맞지 않는다.

이상으로 $(p,q) = (2,3)$이 정답임을 알 수 있고, 마찬가지 원리로 $(p,q) = (3,2)$도 정답임을 알 수 있다.

4 고등학생 x명, 중학생 y명이라고 하자.

$$1700x + 1500y = 107000$$

$$\therefore \ 17x + 15y = 1070 \ \cdots \ ㉮$$

위 식 ㉮를 만족시키는 특수해를 적당히 하나 떠올리자.(사실은 유클리드 호제법이란 방법을 사용해야 하는데, 이 문제처럼 비교적 쉬운 문제들은 그냥 어림잡아 짐작을 하는게 빠르다.)

$$17 \times 10 + 15 \times 60 = 1070 \ \cdots \ ㉯$$

이제 (㉮−㉯)하고 정리하면 다음을 얻는다.

$$17(x-10) = -15(y-60) = 17 \times 15 \times k \ (단, \ k는 \ 정수)$$

$$\therefore \ x = 15k+10, \ y = 60-17k$$

이제 $x>0$, $y>0$이므로 $k=0$, 1, 2, 3이 가능하다.

k	0	1	2	3
x(고등)	10	25	40	55
y(중)	60	43	26	9

그런데 고등학생수가 중학생수보다 2배보다 많았다는 조건이 있었다.

따라서 신규 가입한 고등학생은 55명이었음을 알 수 있다.

5 $a^2+ab+b^2-a-2b=t$라 하자.

위 식을 a에 관한 이차방정식으로 고치면,

$$a^2+(b-1)a+(b^2-2b-t)=0.$$

그런데 a는 실수이므로 위 방정식은 실근만을 가진다.

$$\therefore \text{(판별식)}=(b-1)^2-4(b^2-2b-t) \geq 0$$

$$4t \geq 3b^2-6b-1=3(b-1)^2-4 \geq -4 \quad \therefore \ t \geq -1$$

실제로 $b=1$, $a=0$일 때, $t=-1$을 가진다.

따라서 $a=0$, $b=1$일 때, 주어진 식의 최솟값은 -1이다.

또 다른 풀이법으로 다음과 같은 방법이 있다.

$$a^2+ab+b^2-a-2b$$

$$=a^2+(b-1)a+b^2-2b$$

$$=a^2+2 \cdot a \cdot \frac{1}{2}(b-1)+\left[\frac{1}{2}(b-1)\right]^2+\frac{3}{4}(b-1)^2-1$$

$$=\left[a+\frac{1}{2}(b-1)\right]^2+\frac{3}{4}(b-1)^2-1$$

따라서 $b=1$, $a=0$일 때, 주어진 식의 최솟값은 -1이다.

6 $f(x)=2mx^2-2x-3m-2$라 가정하자.

이차방정식이라고 했으므로 $m \neq 0$이다. 좌표평면 위에 그래프를 그렸을 때 x절편이 $x=1$의 좌우에 나타나야만 문제의 조건을 만족시킬 수 있다. 그렇게 되기 위해서는 다음과 같이 되어야 한다.

（ⅰ) $2m>0$일 때, $f(1)=2m-2-3m-2<0$

（ⅱ) $2m<0$일 때, $f(1)=2m-2-3m-2>0$

부등식 （ⅰ)을 풀면, $m>0$이고, （ⅱ)를 풀면, $m<-4$이다.

따라서 구하는 범위는 $m<-4$ 또는 $m>0$.

7 $2mx+(m-1)y=2m-2$을 m에 관하여 정리하자.

$$(2x+y-2)m=(y-2)$$

위 식에서 $2x+y-2=0$이고, $y-2 \neq 0$이면 불능에 빠져버린다.

따라서 구하는 답은 직선 $2x+y-2=0$ 위의 점 중에서 $(0,2)$를 제외한 부분에 있는 점들이 정답이다.

8 내부의 점이 42개이므로 다음과 같이 식을 세울 수 있다.

$$(p-1)(q-1)=42 \qquad \cdots ㉮$$

또한 둘레 위의 격자점의 개수가 16개이므로 다음과 같이 식을 세울 수 있다.

$$2(p+q)=30 \qquad\qquad\qquad \cdots ㉯$$

이제 ㉮, ㉯를 연립하여 풀면,

$$p+q=15, \ pq=56$$

따라서 구하는 (직사각형 ABCD)$=pq=56$이다.

9 직사각형 ABCD는 $\overline{AC}$의 중점에 관하여 대칭이므로

$k = 2 \times (\triangle ABC$내부의 격자점의개수$) + (\overline{AC}$위의 격자점의 개수$)$

$\therefore k = 2 \times 7 + 1 = 15$(개)

$\therefore (p-1)(q-1) = 15 \cdots$ ㉮

또한 $\overline{AC}$위의 A, C 이외의 격자점의 개수에 $\overline{AB}$, $\overline{BC}$의의 격자점의 개수를 더하고 B의 격자점이 중복되니까 점 B의 개수를 한 번 빼주면, 그것이 곧 삼각형 ABC의 둘레 위에 있는 격자점의 개수가 되므로 다음과 같이 식을 세울 수 있다.

$1 + (p+1) + (q+1) - 1 = 12$

$\therefore p + q = 10 \cdots$ ㉯

이제 ㉮, ㉯를 연립하여 풀면, $pq = 24$.

따라서 $(\triangle ABC) = \dfrac{1}{2}(\square ABCD) = \dfrac{1}{2}pq = \dfrac{1}{2} \times 24 = 12$이다.

10 문제의 뜻과 같이 해서 n번 칼질을 하면 생기는 조각의 개수를 a_n이라고 하자.

다음과 같은 규칙으로 이루어져 있다.

$a_1 = 2$

$a_2 = a_1 + 2$

$a_3 = a_2 + 3$

$\vdots$

$\underline{a_n = a_{n-1} + n}$

이제 위 식을 모두 변변 더하자. 그러면 양변에서 똑같은 것들은 다 지워진다.

$a_n = 2 + 2 + 3 + \cdots + n$

$\therefore a_n = 1 + (1 + 2 + 3 + \cdots + n)$

$\therefore a_n = 1 + \dfrac{n(n+1)}{2}$

따라서 $a_{10} = 1 + 55 = 56$(조각)이다.

11 먼저 충청북도를 칠하는 색깔을 정하는 것이 7가지인 것을 제외한다면, 이 나머지 5개의 도를 칠하는 것은? 결국 원을 n개의 서로 다른 모양의 부채꼴로 나누었을 때, 6가지 색깔로 칠해서 부채꼴들의 경계를 구별하는 문제로 바꾸어 볼 수 있다. 이때의 칠하는 방법의 수를 a_n이라고 하면, 명백히

$a_1 = 6$, $a_2 = 6 \times 5 = 30$이다.

그리고 $a_{n+1} + a_n = 6 \times 5^n (2 \le n)$이다. (Why?)

즉, $a_{n+1} = 6 \times 5^n - a_n$이다.

$\therefore a_3 = 6 \times 5^2 - a_2 = 150 - 30 = 120$

$\therefore a_4 = 6 \times 5^3 - a_3 = 750 - 120 = 630$

$\therefore a_5 = 6 \times 5^4 - a_4 = 3750 - 630 = 3120$

그런데 이것은 충청북도를 칠하지 않은 경우의 가짓수이므로 충청북도를 칠하는 방법의 수 7을 곱해야 한다. 그러므로 $7 \times 3120 = 21840$가지이다.

따라서 구하는 정답은 840이다.

12 그림 1에서 도심(또는 무게중심)을 찾을 수 있다. 부피를 구할 수 있는 방법을 생각하면

$$\frac{\pi}{2} \times 2\pi a = \frac{4}{3}\pi$$

이므로 도심의 위치는 $a = \frac{4}{3\pi}$ 이다. 그림 2에서 부피는

$$\frac{\pi}{2} \times 2\pi \times (1-a) = \frac{\pi}{2} \times 2\pi \times (1 - \frac{4}{3\pi}) = \pi^2 - \frac{4}{3}\pi.$$

따라서 그림 1과 그림 2의 부피의 합은 π^2이다.

13 문제의 뜻에 따라서 그림을 그리면 다음과 같다.

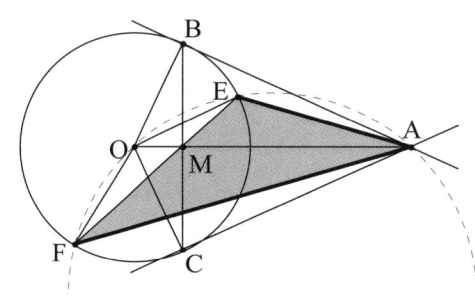

$\overline{BM} \cdot \overline{CM} = \overline{FM} \cdot \overline{EM}$. ($\because \triangle MBE \sim \triangle MFC$, 닮음)

$\therefore \overline{BM}^2 = \overline{FM} \cdot \overline{EM}$ ($\because \overline{BM} = \overline{CM}$)

한편 사영정리에 의하여 $\overline{BM}^2 = \overline{OM} \times \overline{AM}$.

$\therefore \overline{FM} \cdot \overline{EM} = \overline{OM} \times \overline{AM}$

위 결과는 $\triangle MFO \sim \triangle MAE$(닮음)임을 뜻한다.

그러므로 $\angle MFO = \angle MAE$(대응각)이다.

즉, 원주각 $\angle EFO = \angle OAE$이므로 사각형 EOFA는 한 원(그림의 점선으로 나타낸 원)에 내접한다.

그런데 $\overline{OE} = \overline{OF}$(반지름)이므로 $\angle OAE = \angle OAF$(원주각)이다.

그러므로 $\overline{AM}$은 $\triangle AEF$의 내각인 $\angle A$의 이등분선이다.

각의 이등분선 정리에 의하여 다음이 성립한다.

$\overline{AE} : \overline{AF} = \overline{EM} : \overline{MF}$

조건에서 $\overline{AE} = 6$, $\overline{EM} = 3$, $\overline{MF} = 4$이다.

$\therefore 6 : \overline{AF} = 3 : 4$

따라서 $\overline{AF} = 8$이다.

14 $\angle OBP = \angle OCP = \angle OAP = 90°$ 이므로 다섯 개의 점 A, B, O, C, P는 지름이 $\overline{OP}$인 한 원 위에 있다.

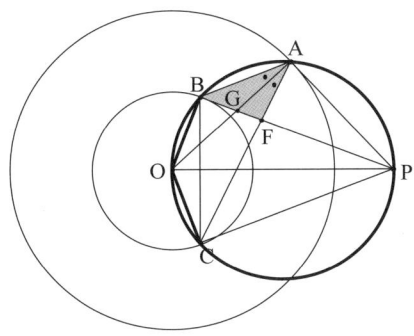

한편 반지름 $\overline{OB} = \overline{OC}$이다. 그러므로 원주각 $\angle BAO = \angle CAO$이다.

그러므로 $\overline{AG}$는 $\angle BAF$의 이등분선이다.

따라서 $\triangle BAF$에 내각의 이등분선의 정리를 적용하면 다음이 성립한다.

$\overline{AB} : \overline{AF} = \overline{BG} : \overline{GF}$

그런데 $\overline{AB} = 8$, $\overline{BG} = 4$, $\overline{GF} = 3$이다.

따라서 $\overline{AF} = 6$이다.

15 그림을 다시 그리면 다음과 같다. 그림에서 직선 m은 두 원의 공통접선이다.

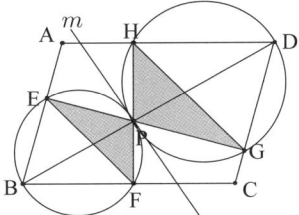

$\angle PEB = \angle PFB = 90°$, $\angle PHD = \angle PGD = 90°$이므로 사각형 PEBF와 사각형 PGDH는 각각 원에 내접하는 사각형이다. 이제 원주각 관계에 의하여 다음과 같이 식을 세울 수 있다.

$\angle PEF = \angle PBF = \angle PDH = \angle PGH$

즉, 두 엇각 $\angle PEF = \angle PGH$이므로 $\overline{EF} \, // \, \overline{GH}$이다.

그러므로 삼각형 PEF와 삼각형 PGH는 닮은꼴이다. (모래시계 닮음)

$\overline{PE} : \overline{PG} = \overline{PF} : \overline{PH}$

그런데 $\overline{PE} = 18$, $\overline{PG} = 24$, $\overline{PF} = 12$이므로 $\overline{PH} = 16$이다.

따라서 $\overline{HF} = \overline{HP} + \overline{PF} = 16 + 12 = 28$이다.

서술형 풀이 1

1 $4y+5z=n$(단, $y \geq 0$, $z \geq 0$)이라 할 때, 특수해를 하나 떠올려서 다음과 같이 쓰자.

$$\begin{cases} 4y+5z=n \\ 4\times(-n)+5\times n=n \end{cases}$$

이제 위 식에서 아래 식을 변변 빼면,

$$4(y+n)=5(n-z)=20k \ \text{(단, } k\text{는 정수)}$$

$$\therefore \ y=-n+5k, \ z=n-4k \ \cdots \ ㉮$$

그런데 $y \geq 0$, $z \geq 0$이므로 다음을 얻는다.

$$\frac{n}{5} \leq k \leq \frac{n}{4} \ \cdots \ ㉯$$

(i) $n \geq 20$ 이면 $\dfrac{n}{4}-\dfrac{n}{5}=\dfrac{n}{20} \geq 1$이므로 ㉮를 만족시키는 정수 k 가 반드시 존재한다.

(ii) $16 \leq n \leq 19$ 이면 ㉮를 만족시키는 $k=4$가 존재한다.

(iii) $12 \leq n \leq 15$ 이면 ㉮를 만족시키는 $k=3$이 존재한다.

2 $n=11$ 이면, ㉯에서 $2\dfrac{1}{5} \leq k \leq 2\dfrac{3}{4}$이므로 정수 k 는 존재하지 않는다.

따라서 $4y+5z \neq 11$이다.

3 $n \geq 36$이고 n이 3의 배수일 경우

$$10x+12y+15z=n \ \Leftrightarrow \ 10x+3(4x+5z)=n$$

이 경우 $x=0$으로 정하면, $4x+5z$가 12이상의 모든 자연수를 표현할 수 있으므로 $n \geq 36$이고 n이 3의 배수이면 당연히 음이 아닌 정수해 (x,y,z)가 존재한다.

4 $n \geq 46$이고 3으로 나누어 1이 남는 수이면,

$x=1$일 때, $12y+15z=n-10 \equiv 1-1 \equiv 0(\text{mod}3)$, $12y+15z \geq 36$이므로 위 (3)과 마찬가지 원리로 $10x+12y+15z=n$의 음이 아닌 정수해 (x,y,z)는 존재한다.

5 $n \geq 56$이고 3으로 나누어 2가 남는 수이면,

$x=2$일 때, $12y+15z=n-20 \equiv 2-2 \equiv 0(\text{mod}3)$, $12y+15z \geq 36$이므로 위 (3)과 마찬가지 원리로 $10x+12y+15z=n$의 음이 아닌 정수해 (x,y,z)는 존재한다.

6 위 (3), (4), (5)의 결과에 의하여 $n \geq 56$인 임의의 자연수 n에 대하여 주어진 방정식의 음이 아닌 정수해 (x,y,z)는 항상 존재한다.

7 $n=55$ 는 3으로 나누어 나머지가 1이 되므로 (4)번의 결과에 의하여 음이 아닌 정수해가 존재한다.

$n=54$ 이면 (3)번의 결과에 의하여 음이 아닌 정수해가 존재한다. $n=53$ 이면 3으로 나눈 나머지가 2이므로 정수해가 존재하지 않는다. 실제로 다음 식

$$10x+3(4y+5z)=53 \ \cdots \ ㉰$$

에서 $4y+5z$가 $4y+5z \geq 12$인 모든 자연수를 표현할 수 있으므로

$$4y+5z = 12, \ 13, \ 14, \ 15, \ 16, \ 17$$

을 ㉑에 대입해보면 ㉑를 만족시키는 정수해는 없음을 알 수 있다.

따라서 구하는 최대의 것은 53원이다.(최대의 경우를 구하는 것이므로 53보다 작은 것은 굳이 구할 필요가 없다)

서술형 풀이 2

1 사람은 에스컬레이터의 움직임과 관계없이 자신의 다리로 올라간 계단 수만 생각해서 올라가는 시간 식을 세워야 한다. 그러므로 갑이 아래층에서 끝까지 올라가는데 걸리는 시간은 $\dfrac{55}{x}$ 이다.

2 을은 갑의 2배로 움직이므로 을이 걸리는 시간은 $\dfrac{60}{2x} = \dfrac{30}{x}$ 이다.

3 에스컬레이터가 올라가는 동안 사람이 올라간 계단 수도 있으므로 그것을 더하여 총 계단수를 헤아릴 수 있다. 에스컬레이터는 단위시간 당 y개씩 올라간다고 하자. 이제 문제의 조건에 따라서 식을 세우면 다음과 같다.

$$y \cdot \frac{55}{x} + 55 = y \cdot \frac{30}{x} + 60 \quad \therefore \quad \frac{y}{x} = \frac{1}{5}$$

그러므로 $y \cdot \dfrac{55}{x} + 55 = 11 + 55 = 66$ 이다.

따라서 에스컬레이터는 아래층에서 위층까지 모두 66계단이 있다.

서술형 풀이 3

1 주어진 그림에 다음 그림과 같이 점을 찍어서 그 점들을 선으로 잇고, 그 선들을 따라서 점 A에서 점 D까지 가는 경로가 몇 가지인지 알아낸다면 이 문제를 푼 것과 다름이 없다.(Why?)

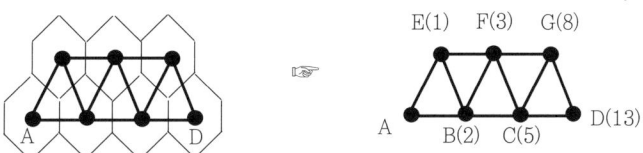

위 오른쪽 그림을 눈여겨보자. 점 A에서 점 E까지 가는 경로는 명백히 1가지이다. 그리고 B까지 가는 경로는 A→E→B, A→B의 2가지이다. 그리고 점 F까지 가는 경로는 A→E→F와 A→B→F의 $1+2=3$가지이다. 그리고 점 C까지 가는 경로는 A→B→C와 A→F→C의 $2+3=5$가지이다. 그리고 점 G까지 가는 경로는 A→F→G와 A→C→G의 $3+5=8$가지이다. 따라서 점 D까지 가는 경로는 A→C→D와 A→G→D의 $5+8=13$가지이다. 참고로 말인데 위의 계산과정만 정리해서 다시 써보면 다음과 같다.

$f(1) = 1$(가지)	☞ A에 그대로 있는 방법 자체 1가지로 셈
$f(2) = 1$(가지)	☞ E에 도착하는 경우
$f(3) = 1+1 = 2$(가지)	☞ B에 도착하는 경우
$f(4) = 1+2 = 3$(가지)	☞ F에 도착하는 경우
$f(5) = 2+3 = 5$(가지)	☞ C에 도착하는 경우
$f(6) = 3+5 = 8$(가지)	☞ G에 도착하는 경우
$f(7) = 5+8 = 13$(가지)	☞ D에 도착하는 경우

참고로 위 계산의 결과로 이루어지는 다음 수열을 피보나치의 수열이라고 말한다.

$$1, 1, 2, 3, 5, 8, 13, \cdots$$

따라서 구하는 경우의 수는 13가지이다.

2 $f(2n+1) = f(2n) + f(2n-1)$ (단, $f(1) = 1$, $f(2) = 1$, $n \geq 1$)

서술형 풀이 4

1 다음 그림과 같이 7개의 꼭짓점이 있는 정칠각형이 있다.

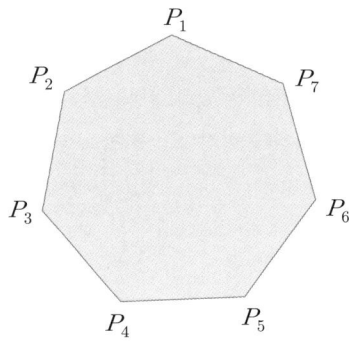

이제 $\triangle P_1 P_r P_7$의 삼각형을 기준으로 생각해보자.

(ⅰ) $\triangle P_1 P_2 P_7$의 삼각형을 만들어 놓은 경우

다음 그림 중에서 왼쪽의 그림의 경우이다.

$\triangle P_1 P_2 P_7$을 제외한 나머지 부분 다각형 $P_2 P_3 P_4 P_5 P_6 P_7$로 만들어지는 다각형은 6각형이므로 이 6각형을 삼각형으로 쪼개는 방법의 수는 E_6가지이다.

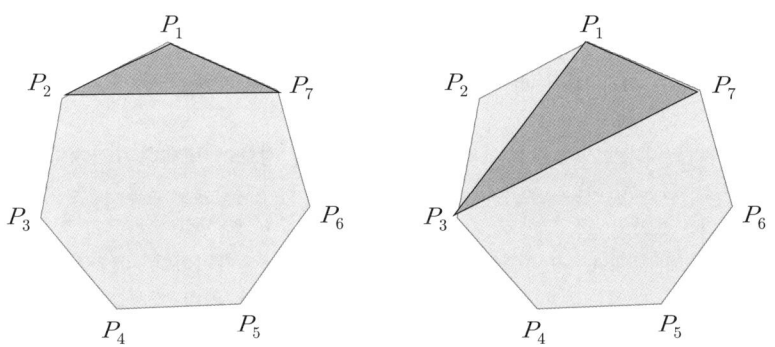

(ⅱ) $\triangle P_1 P_3 P_7$의 삼각형을 만들어 놓은 경우

앞의 그림 중 오른쪽의 그림을 말한다. 이 경우 $\triangle P_1 P_3 P_7$를 제외한 나머지 부분은 삼각형 $P_1 P_2 P_3$과 다각형 $P_3 P_4 P_5 P_6 P_7$을 모두 삼각형으로 쪼개는 방법의 수는 $E_3 \times E_5$가지이다.

(iii) $\triangle P_1 P_4 P_7$의 삼각형을 만들어 놓은 경우

나머지 부분은 사각형 $P_1 P_2 P_3 P_4$와 사각형 $P_4 P_5 P_6 P_7$을 모두 삼각형으로 쪼개는 방법의 수는 $E_4 \times E_4$가

지이다.

(iv) $\triangle P_1 P_5 P_7$의 삼각형을 만들어 놓은 경우

$\triangle P_1 P_5 P_7$을 제외한 나머지 부분은 오각형 $P_1 P_2 P_3 P_4 P_5$와 삼각형 $P_5 P_6 P_7$을 모두 삼각형으로 쪼개는 방법의 수는 $E_5 \times E_3$가지이다.

(v) $\triangle P_1 P_6 P_7$의 삼각형을 만들어 놓은 경우

$\triangle P_1 P_5 P_7$을 제외한 나머지 부분의 6각형 $P_1 P_2 P_3 P_4 P_5 P_6$을 삼각형으로 쪼개는 방법의 수는 E_6이다.

따라서 위 (i)부터 (v)까지의 내용을 종합하면 합의 법칙에 의하여 다음 식이 성립한다.

$$\therefore E_7 = E_6 + E_3 \times E_5 + E_4 \times E_4 + E_5 \times E_3 + E_6$$

2 $E_7 = 14 + 1 \times 5 + 2 \times 2 + 5 \times 1 + 14 = 42(\text{가지})$

| 실전모의고사 7회 정답 | | | | P.304 |

단답형 문항

01. $(p, q) = (19, 13)$	**02.** 500	**03.** 131	**04.** 1	**05.** 59
06. 5	**07.** 8가지	**08.** 8	**09.** 256	**10.** 998
11. 50	**12.** 8	**13.** 200	**14.** 4	**15.** 13

서술형 문제

1. (1) 풀이참조 (2) 풀이참조 　　　　　　　　　　　**2.** (1)풀이참조 (2) 2019

3. (1) 6가지 (2) 18가지 (3) 18가지 (4) 3가지 (5) 3가지 (6) 36가지 (7) 풀이참조 　　**4~5.** 풀이참조

단답형 정답 및 해설

1 (i) p, q가 모두 짝수이면 $\dfrac{p+7}{q}$ 는 자연수가 될 수 없다.

(ii) p가 홀수이고, q가 짝수이면 $q = 2$이므로 두 수는 $\dfrac{8}{p}$ 과 $\dfrac{p+7}{2}$ 가 되는데 여기서 $\dfrac{8}{p}$ 은 자연수가 될 수 없다.

(iii) p가 짝수이고, q가 홀수이면, $p = 2$이므로 두 수는 $\dfrac{q+6}{2}$ 과 $\dfrac{9}{q}$ 가 되는데 여기서 $\dfrac{q+6}{2}$ 은 자연수가 될 수 없다.

(iv) 이상으로 p, q는 모두 홀수이어야 한다. $\dfrac{q+6}{p}$ 과 $\dfrac{p+7}{q}$ 가 모두 자연수이므로 다음이 성립한다.

　　$p \leq q+6$ and $q \leq p+7$

　　그리고 $\dfrac{p+7}{q}$ 의 분자는 짝수이고 q는 홀수이므로 $\dfrac{p+7}{2}$ 은 q의 배수이다.

　　$\therefore q \leq \dfrac{p+7}{2} \leq \dfrac{(q+6)+7}{2} = \dfrac{q+13}{2}$ ⋯ ㉮

　　$\therefore 2q \leq q + 13$ $\therefore q \leq 13$

　　이상으로 홀수인 소수

　　$q = 3, 5, 7, 11, 13$ ⋯ ㉯

　　이제 ㉮를 정리하면

　　$2q - 7 \leq p \leq q+6$ ⋯ ㉰

　　이제 ㉯를 ㉰에 대입하여 홀수인 소수 p를 구해보면

　　① $q = 3$일 때, $\dfrac{9}{p}$ 과 $\dfrac{p+7}{3}$ 이 모두 자연수이어야 하는데 불가능!

　　② $q = 5$일 때, $\dfrac{11}{p}$ 과 $\dfrac{p+7}{5}$ 이 모두 자연수이어야 하는데 불가능!

　　③ $q = 7$일 때, $\dfrac{13}{p}$ 과 $\dfrac{p+7}{13}$ 이 모두 자연수이어야 하는데 불가능!

　　④ $q = 11$일 때, $\dfrac{17}{p}$ 과 $\dfrac{p+7}{11}$ 이 모두 자연수이어야 하는데 불가능!

　　⑤ $q = 13$일 때, $\dfrac{19}{p}$ 과 $\dfrac{p+7}{13}$ 이 모두 자연수가 되는 경우는 $p = 19$일 경우이다.

　　따라서 구하는 순서쌍 $(p, q) = (19, 13)$이다.

2 $f(x) = x - 10 \times \left[\dfrac{x}{10}\right]$ 는 x의 일의 자리의 숫자를 뜻한다.

$k = 1, 2, 3, 4, \cdots$ 을 차례로 7^k에 대입하면 7^k의 일의 자리의 숫자는 7, 9, 3, 1이 네 번 주기로 반복되고 있다.

$$\therefore\ n = (7 + 9 + 3 + 1) \times 25 = 500$$

3 $[\sqrt{n}] = k$라 하자. 그러면

$$k \leq \sqrt{n} \leq k+1 \ \cdots\ \text{㉮}$$

이다. 또한 $\dfrac{n}{[\sqrt{n}]} = \dfrac{n}{k}$ 이 자연수이므로 $n = km$이라 하자.

단, m은 자연수.

그러면 ㉮에서 다음을 얻는다.

$$k^2 \leq n \leq (k+1)^2 \ \Leftrightarrow\ k^2 \leq km \leq (k+1)^2$$

$$\Leftrightarrow k^2 \leq km \leq (k+1)^2 = k(k+2) + 1$$

$$\Leftrightarrow k^2 \leq km \leq (k+1)^2 = k(k+2) \ (\because km\text{은 } k\text{의 배수})$$

$$\therefore\ n = k^2, \ k(k+1), \ k(k+2)$$

$$n = 1^2, \ 2, \ 3 \ \text{or}\ n = 2^2, \ 2 \times 3, \ 2 \times 4$$

$$\text{or}\ n = 3^2, \ 3 \times 4, \ 3 \times 5$$

$$\vdots$$

$$\text{or}\ n = 43^2 = 1849, \ 43 \times 44 = 1892, \ 43 \times 45 = 1935$$

$$\text{or}\ n = 44^2 = 1936, \ 44 \times 45 = 1980.$$

그러나 $n \neq 44 \times 46 = 2024.\ (\because n < 2024)$

따라서 n의 개수는 $43 \times 3 + 2 = 131$(개)이다.

4 $x + y + \dfrac{9}{x} + \dfrac{4}{y} = 10$을 변형하면, $\left(\sqrt{x} - \dfrac{3}{\sqrt{x}}\right)^2 + \left(\sqrt{y} - \dfrac{2}{\sqrt{y}}\right)^2 = 0$

$$\therefore\ \sqrt{x} - \dfrac{3}{\sqrt{x}} = 0 \ \text{and}\ \sqrt{y} - \dfrac{2}{\sqrt{y}} = 0$$

그러므로 $x = 3, \ y = 2$이다. 따라서 구하는 정답은 $x - y = 1$이다.

5 두 개의 정수근이 $x_1, \ x_2$이고 $x_1 \leq x_2$라 하면, 근과 계수와의 관계에 의하여 다음과 같이 식을 세울 수 있다.

$$\begin{cases} x_1 + x_2 = a > 0 \ \cdots\ \text{㉮} \\ x_1 x_2 = 4a > 0 \ \ \ \cdots\ \text{㉯} \end{cases}$$

또한 ㉮, ㉯에서 a를 소거하면,

$$x_1 x_2 - 4(x_1 + x_2) = 0 \ \Leftrightarrow\ (x_1 - 4)(x_2 - 4) = 16 \ \cdots\ \text{㉰}$$

그런데 ㉮, ㉯에서 $x_1 > 0, \ x_2 > 0$이다.

$$\therefore\ x_1 - 4 > -4 \ \text{or}\ x_2 - 4 > -4$$

그러므로 ㉰에서 다음을 얻는다.

$$\therefore\ (x_1 - 4)(x_2 - 4) = 1 \times 16 = 2 \times 8 = 4 \times 4$$

$$\therefore \begin{cases} x_1 - 4 = 1 \\ x_2 - 4 = 16, \end{cases} \begin{cases} x_1 - 4 = 2 \\ x_2 - 4 = 8, \end{cases} \begin{cases} x_1 - 4 = 4 \\ x_2 - 4 = 4 \end{cases}$$

$$\therefore \begin{cases} x_1 = 5 \\ x_2 = 20, \end{cases} \begin{cases} x_1 = 6 \\ x_2 = 12, \end{cases} \begin{cases} x_1 = 8 \\ x_2 = 8 \end{cases}$$

그러므로 a는 다음 세 개의 값을 가진다.

$$a_1 = 5 + 20 = 25, \quad a_2 = 6 + 12 = 18, \quad a_3 = 8 + 8 = 16$$

따라서 구하는 정답은 $25 + 18 + 16 = 59$이다.

6 두 방정식의 계수관계의 특징을 살펴보면, $19s^2 + 99s + 1 = 0$의 2차 항의 계수와 상수항은
$t^2 + 99t + 19 = 0$의 상수항과 2차 항의 계수이다.

$t \neq 0$이다. $t^2 + 99t + 19 = 0$의 양변에 t^2을 나누면

$$19\left(\frac{1}{t}\right)^2 + 99 \cdot \frac{1}{t} + 1 = 0$$

그런데 $19s^2 + 99s + 1 = 0$, $st \neq 1$, $s > \dfrac{1}{t}$이다.

그러므로 이차방정식 $19s^2 + 99s + 1 = 0$의 두 근 중 큰 것이 s이고 작은 것이 $\dfrac{1}{t}$이다.

이제 근과 계수의 관계로부터

$$s + \frac{1}{t} = -\frac{99}{19}, \quad s \cdot \frac{1}{t} = \frac{1}{19}$$

따라서 다음을 얻는다.

$$\left(s - \frac{1}{t}\right)^2 = \left(s + \frac{1}{t}\right)^2 - 4s \cdot \frac{1}{t} = \left(-\frac{99}{19}\right)^2 - 4 \times \frac{1}{19} = \frac{9725}{361}$$

$$\therefore \quad s - \frac{1}{t} = \sqrt{\frac{9725}{361}} = \sqrt{26.9\cdots} = 5.\cdots$$

따라서 구하는 정답은 5이다.

7 좌표평면 위에 을이 이긴 판의 수를 x좌표로 정하고, 을이 진(=갑이 이긴) 판의 수를 y좌표로 정하자.
그러면 $(5, 3)$에 도달하기 전까지는 $|y - x| \leq 1$이어야 마지막 판에서 을이 이겨서 5승 3패로 시합이
마무리된다. 이를 그래프로 나타내면 다음과 같다.

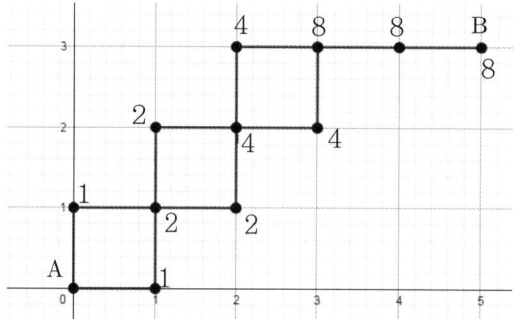

예컨대 만약 $(5,3)$에 도달하기 전에 $|y-x| \geq 2$이면, 8판을 두기도 전에 이미 승부가 결정 나게 되
므로 문제의 뜻과 어긋난다. A에서 B까지 가는 동안에 점들의 좌표 (x, y)는 그 점 (x, y)에 도착하기

까지 을은 x판을 이기고, 갑은 y판을 이겼다는 뜻이 된다. 예컨대 점 $(3, 2)$에 도착할 때까지 진행한 경로의 패턴은 4가지가 있는데, 이 뜻은 점 $(3, 2)$에 도착할 때까지 $3 + 2 = 5$판을 두었고, 그 때까지 을이 3번 이기고, 갑이 2번 이겼으므로 그 과정(패턴) 4가지를 구체적으로 적어보면 다음과 같다.

(을갑을갑을), (을갑갑을을), (갑을을갑을), (갑을갑을을)

따라서 구하는 모든 경우는 8가지임을 알 수 있다.

8 문제의 뜻을 그려보면, 그림의 점 C가 구하는 점이다.

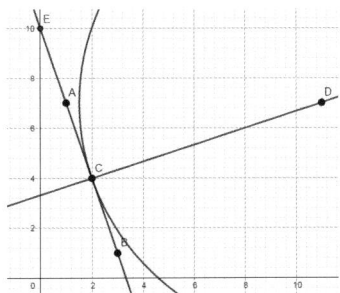

직선 AB의 방정식은 $y = -3x + 10$이므로, 직선 AB와 수직으로 교차하는 직선 CD는 기울기가 $\dfrac{1}{3}$ 이고, 점 $D(11, 7)$을 지난다.

$$\overleftrightarrow{CD} : y = \frac{1}{3}(x - 11) + 7 \cdots ㉮$$

이제 $y = -3x + 10$와 ㉮를 연립하여 풀면 $C(2, 4)$를 얻을 수 있다.

따라서 구하는 정답은 $2 \times 4 = 8$이다.

9 그냥 보고 찍는다면 $f(x) = x^2$으로 정하면 된다.

근데 문제는 $f(x) = x^2$의 하나로 결정되는 지는 미지수다.

그래서 결국 풀어야만 한다.

주어진 조건식에 $= ax^2 + bx + c$을 대입하고 정리하자.

(i) $f(x^2) = (f(x))^2$에서

$$ax^4 + bx^2 + c = (ax^2 + bx + c)^2$$

$$\therefore (a^2 - a)x^4 + 2abx^3 + (2ac + b^2 - b)x^2 + 2bcx + c^2 - c = 0$$

$$\therefore (a = 0, \ a = 1) \text{ and } 2ac + b^2 - b = 0 \text{ and } bc = 0 \text{ and } (c = 0, \ c = 1)$$

(ii) $f(x^2) = f(f(x))$에서

$$ax^4 + bx^2 + c = a(ax^2 + bx + c)^2 + b(ax^2 + bx + c) + c$$

$$\therefore (a^3 - a)x^4 + 2a^2bx^3 + (2a^2c + ab^2 + ab - b)x^2 + b(2ac + b)x + ac^2 + bc = 0$$

$$\therefore (a = 0, \ a = \pm 1) \text{ and } 2a^2c + ab^2 + ab - b = 0 \text{ and } b(2ac + b) = 0 \text{ and } ac^2 + bc = 0$$

위 두 가지 경우를 모두 만족시키는 경우는 $a = 1$, $b = 0$, $c = 0$뿐이다.

그러므로 $f(x) = x^2$이다. 따라서 $f(16) = 16^2 = 256$이다.

10 1자리의 대칭수와 2자리의 대칭수는 각각 9개씩 있다. 3자리의 대칭수는 가운데 수를 정하는 것이 10가지가 있고 좌우를 정하는 것이 9가지 있으므로 모두 90가지의 대칭수가 있다.

4자리의 대칭수는 가운데 두 수를 정하는 것이 10가지이고 나머지 양끝을 정하는 것이 9가지 있으므로 모두 90가지 있다. 5자리의 대칭수는 4자리의 대칭수를 만들고 그 가운데에 수를 끼워 넣는 방법으로 900가지의 대칭수를 만들 수 있다.

이런 식으로 계속하여 생각하면 1억 미만의 수들 중에서 대칭수는 다음과 같이 계산된다.

$$9+9+90+90+900+900+9000+9000 = 19998$$

따라서 구하는 정답은 998이다.

11 예컨대 5명을 A, B, C, D, E라고 하자. 이제 특정한 사람 E를 주목해 보자.

(i) E가 원탁에 혼자서 앉을 경우

이 경우는 나머지 A, B, C, D가 한 원탁에 둘러앉는 방법은 $g(4,1)=6$가지가 있다.

(ii) E가 누군가와 꼭 함께 앉을 경우

우선 A, B, C, D가 2개의 원탁에 배치되는 경우는 $g(4,2)=11$가지의 경우가 있다. 이 각 경우에 대하여 E를 누군가의 왼쪽에 앉히는 경우는 4가지가 있다. 누군가의 오른쪽에 앉히는 것은 신경 쓸 필요가 없다. 왜냐하면 누군가의 왼쪽에 앉힌다는 것은 또 다른 누군가의 오른쪽에 앉히는 것과 같기 때문이다. 따라서 구하는 정답은 다음과 같다.

$$g(5,2)=g(4,1)+(5-1)\times g(4,2)=6+4\times 11=50$$

12 이 문제는 많은 학생들이 자주 틀리는 문제이다. 또한 이 문제는 종이 자르기 문제와 연계된 문제이다. 이제 한 평면을 n번 칼질하여 최대한 조각을 많이 내었을 때 생기는 조각(평면도형)의 개수를 a_n이라고 하자.

$$a_n = 1 + \frac{n(n+1)}{2}$$

위 식은 이미 전(前, 앞) 회의 모의고사에서 다루었으므로 여기서는 증명과정을 생략한다.

또한 이 문제의 뜻과 같이 해서 n번 칼질을 하면 생기는 조각(입체도형)의 개수를 b_n이라고 하자.

$$b_1 = 2, \ b_2 = 4, \ b_3 = 8, \cdots, \ b_n \ \cdots ⑦$$

한 번 칼질할 때마다 칼질당한 평면의 아래쪽에 기존에 칼질 당한 사과의 개수가 더 생겨난다. 즉, 새로 칼질당한 평면이 기존의 칼질에 의하여 조각(평면도형)난 개수만큼 사과의 개수가 늘어나게 된다. 그러므로 위 ⑦는 다음과 같이 다시 쓸 수 있다.

$b_1 = 2,$

$b_2 = b_1 + a_1 = 2+2 = 4$

$b_3 = b_2 + a_2 = 4+4 = 8$

$b_4 = b_3 + a_3 = 8+7 = 15$

$b_5 = b_4 + a_4 = 15+11 = 26$

$b_6 = b_5 + a_5 = 26+16 = 42$

$b_7 = b_6 + a_6 = 42+22 = 64$

따라서 $\sqrt{x} = \sqrt{64} = 8$이 정답이다.

13 선분 OP, OQ에 대한 점 C의 대칭점 C′, C″.

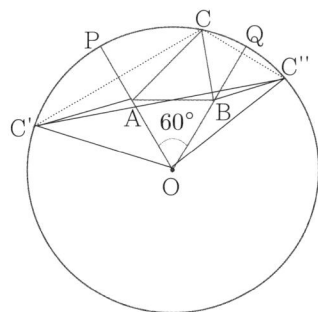

$\overline{AC}=\overline{AC'}$, $\overline{BC}=\overline{BC''}$ 이므로 △ABC에서 다음이 성립한다.

$$\overline{AB}+\overline{BC}+\overline{CA}=\overline{AB}+\overline{BC''}+\overline{AC'} \geq \overline{C'C''}$$

$\overline{AB}+\overline{BC}+\overline{CA}$의 최솟값은 $\overline{C'C''}$이고, △OC′C″는 $\angle C'OC''=120°$인 이등변삼각형이므로 $\overline{C'C''}=20\sqrt{3}$이다. 따라서 정답은 200이다.

14 다음 그림처럼 중점 M에 대하여 △ABC와 대칭인 △CB′A를 생각하자. E, F의 대칭점을 각각 E′, F′이라고 하고, P, Q, P′, Q′를 그림과 같이 표시하자.

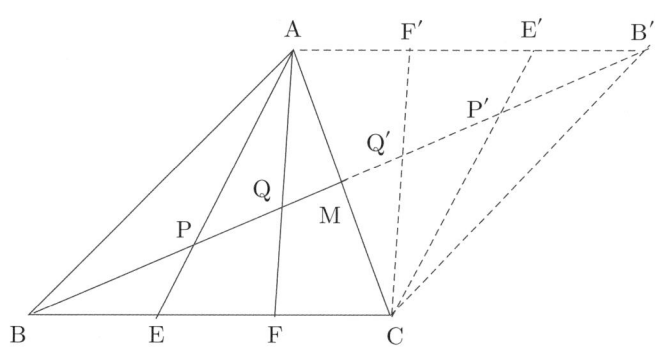

$\overline{PB}=\overline{P'B'}=x$, $\overline{PQ}=\overline{P'Q'}=y$, $\overline{QM}=\overline{Q'M}=z$이다.

또, $\overline{BE}=\overline{EF}=\overline{FC}=\overline{B'E'}=\overline{E'F'}=\overline{F'A}$ 이다.

$\overline{AE}\,/\!/\,\overline{CE'}$이고 $\overline{AF}\,/\!/\,\overline{CF'}$, $\overline{PE}\,/\!/\,\overline{P'C}$이므로 $\overline{BP}:\overline{PP'}=\overline{BE}:\overline{EC}$이다.

   $x:2y+2z=1:2$, $\therefore x=y+z \cdots$ ㉮

$\overline{QF}\,/\!/\,\overline{Q'C}$ 이므로, $\overline{BQ}:\overline{QQ'}=\overline{BF}:\overline{FC}$.

   $x+y:2z=2:1$, $\therefore x+y=4z \cdots$ ㉯

㉮, ㉯를 연립하여 풀면 $x=\dfrac{5}{2}z$, $y=\dfrac{3}{2}z$이다.

따라서 구하는 값은 4이다.

15 다음과 같이 닮음을 이용하여 3개의 식을 세울 수 있다.

$$\frac{\overline{AB}}{\overline{DE}} = \frac{\overline{PA}}{\overline{PE}} \ (\because \triangle PAE \backsim \triangle PED, \ AA닮음)$$

$$\frac{\overline{CD}}{\overline{FA}} = \frac{\overline{PC}}{\overline{PA}} \ (\because \triangle PCD \backsim \triangle PAF, \ AA닮음)$$

$$\frac{\overline{EF}}{\overline{BC}} = \frac{\overline{PE}}{\overline{PC}} \ (\because \triangle PFE \backsim \triangle PBC, \ AA닮음)$$

이제 위의 세 식을 변변 모두 곱하여 다음을 얻는다.

$$\frac{\overline{AB}}{\overline{DE}} \cdot \frac{\overline{CD}}{\overline{FA}} \cdot \frac{\overline{EF}}{\overline{BC}} = \frac{\overline{PA}}{\overline{PE}} \cdot \frac{\overline{PC}}{\overline{PA}} \cdot \frac{\overline{PE}}{\overline{PC}} = 1$$

$$\therefore \ \frac{\overline{AB}}{\overline{DE}} \cdot \frac{\overline{CD}}{\overline{FA}} \cdot \frac{\overline{EF}}{\overline{BC}} = 1 \quad \therefore \ \frac{5}{2} \times \frac{4}{\overline{FA}} \times \frac{\overline{EF}}{3} = 1$$

따라서 $\frac{\overline{FA}}{\overline{EF}} = \frac{n}{m} = \frac{10}{3}$ 이므로 정답은 $m+n=13$ 이다.

서술형 풀이 1

1 다음과 같이 만들어 나가면 된다.(즉, 다음 식이 답이다)

$1+2=3, \ 4+5+6=7+8, \ 9+10+11+12=13+14+15, \cdots$

여기서 연속된 $n+1$개의 정수들의 합은 그 다음에 오는 연속된 n개의 정수들의 합으로 나타낼 수 있기 때문에 위와 같은 것이 가능한 것이다. 증명은 간단하다. n^2에서 시작하여 $n(n+1)$로 끝나는 연속된 $n+1$개의 자연수들의 합은 다음 n^2+n+1로 시작하여 $(n+1)^2-1$로 끝나는 연속된 n개의 자연수들의 합과 같음을 증명하면 된다. 여기서는 식으로 설명하는 것을 생략한다.

2 다음이 답이다.

$(4)-(2)=2, \quad (13)-(10)=3, \quad (5)-(1)=4, \quad (14)-(9)=5,$
$(12)-(6)=6, \quad (15)-(8)=7, \quad (11)-(3)=8, \quad (16)-(7)=9$

답이 되는 이유를 설명해보자. 주어진 수열에서 k라는 수를 얻어 보자. 조건에 의하면 수 k와 k의 사이에 k개의 수가 있다고 했다. 그러므로 항 중에 $k-1$인 항 2개의 항 번호를 구해서 그 차를 구하면 k를 얻을 수 있다. 무슨 말이냐면 주어진 수열이 다음과 같다고 하자.

$a_1, \ \cdots, \ a_i = k-1, \ ((k-1)$개의 수의 나열$), \ a_{i+k} = k-1, \cdots$

그러면 다음을 얻게 된다.

즉, $k-1$인 항 2개의 항 번호의 차가 바로 k이다.

즉, 위에서 a_{i+k}의 항 번호에서 a_i의 항 번호의 차를 구하면 그 값은 k가 되고 이것이 바로 구하는 수이다.

예를 들어 보기로 하자.

$3, \ 1, \ 7, \ 1, \ 3, \ 5, \ 8, \ 6, \ 4, \ 2, \ 7, \ 5, \ 2, \ 4, \ 6, \ 8$

위에서 차가 8인 것을 어떻게 얻을 것인가?

즉, 차가 7인 두 수는 각각 왼쪽으로부터 3번째와 11번째이니까 $(11)-(3)=8$을 얻을 수 있다.

이해를 돕기 위하여 또 한 번 적어보면 어떨까? 예컨대 4라는 차를 얻어 보자. 그러면 4보다 1이 작은 3이 되는 항은 주어진 수열의 왼쪽으로부터 4번째와 1번째에 있으므로 $(5)-(1)=4$가 되는 것이다.

서술형 풀이 2

1

$$\left(a + \frac{1}{b} - \frac{a}{ab+1}\right)^2$$

$$= a^2 + \frac{1}{b^2} + \frac{a^2}{(ab+1)^2} + 2\left[\frac{a}{b} - \frac{a^2}{ab+1} - \frac{a}{b(ab+1)}\right]$$

$$= a^2 + \frac{1}{b^2} + \frac{a^2}{(ab+1)^2} + 2\left[\frac{a(ab+1) - a^2b - a}{b(ab+1)}\right]$$

$$= a^2 + \frac{1}{b^2} + \frac{a^2}{(ab+1)^2} + 2\left[\frac{a^2b + a - a^2b - a}{b(ab+1)}\right]$$

$$= a^2 + \frac{1}{b^2} + \frac{a^2}{(ab+1)^2}$$

따라서 $\sqrt{a^2 + \frac{1}{b^2} + \frac{a^2}{(ab+1)^2}} = \left|a + \frac{1}{b} - \frac{a}{ab+1}\right|$ 이다.

2

$$\sqrt{1 + 2019^2 + \frac{2019^2}{2020^2}} - \frac{1}{2020}$$

$$= \sqrt{2019^2 + \frac{1}{1^2} + \frac{2019^2}{(2019 \times 1 + 1)^2}} - \frac{1}{2020}$$

$$= \left| 2019 + \frac{1}{1} - \frac{2019}{2019 \times 1 + 1} \right| - \frac{1}{2020}$$

$$= 2020 - \frac{2019}{2020} - \frac{1}{2020} = 2019$$

서술형 풀이 3

1 (A, B, C)와 $1, 2, 3$을 일대일로 대응시키면 되므로 모두 $3 \times 2 \times 1 = 6$가지이다.

2 (A, B, C)와 $(1, 1, 2)$, $(1, 1, 3)$, $(2, 2, 1)$, $(2, 2, 3)$, $(3, 3, 1)$, $(3, 3, 2)$를 대응시키면 되는데 각각 수를 문자에 대응시키는 방법이 3가지씩 있으므로 $6 \times 3 = 18$가지이다.

3 위 (2)번 문제에서 문자대신 숫자를 숫자대신 문자로 바꿔놓은 경우이므로 마찬가지로 생각하여 18가지가 정답이다.

4 (A, B, C)와 $(1, 1, 1)$, $(2, 2, 2)$, $(3, 3, 3)$을 대응시키는 경우이므로 모두 3가지가 있다.

5 위 (4)번 문제에서 문자대신 숫자를 숫자대신 문자로 바꿔놓은 경우이므로 마찬가지로 생각하여 3가지가 정답이다.

6 예컨대 (A, A, B)와 $(1, 1, 2)$를 대응시키는 경우는 $(A1, A2, B1)$의 1가지 경우가 있다. 그런데 (A, A, B)처럼 문자가 2종류인 경우는 6가지가 있고, $(1, 1, 2)$처럼 숫자가 2종류인 경우도 6가지가 있으므로 총 경우의 수는 $1 \times 6 \times 6 = 36$가지가 있다.

7 위 6가지 경우는 있을 수 있는 모든 경우를 총 망라하였는데, 그것의 총 가짓수는 다음과 같다.

$6+18+18+3+3+36=84$(가지) ··· ㉮

한편, 서로 다른 9개의 구슬에서 서로 다른 3개의 구슬을 선택하는 방법의 수는

$$_9C_3 = \frac{9 \times 8 \times 7}{3 \times 2 \times 1} = 84 \text{(가지)} \cdots ㉯$$

이다. 위 ㉮와 ㉯는 같다. 이로써 검산이 끝났다. 그런데 이 검산은 완벽하다 할 수 없다. 그 이유는? 덧셈의 결과가 같다고 해서 더해지는 수들까지 일일이 다 같다고는 할 수 없기 때문이다. 예를 들어 1과 4의 합과 2와 3의 합이 같다고 해서 1과 4가 2와 3이 될 수는 없는 것과 같다.

서술형 풀이 4

1 $\triangle ABC$는 정삼각형이고, $\overline{AB} = \overline{BC} = \overline{CA} = \frac{\sqrt{2}}{2}a$이다.

2 $\overline{AB}$는 갑 정사각형의 대각선이고 $\overline{BB'}$은 갑 정사각형의 한 변이다.

$\therefore \angle ABB' = \angle CAA' = \angle BCC' = 45°$

3 $\angle BAB' = \angle ACA' = \angle CBC' = 15°$ 이다.

$\therefore \triangle BAB' \equiv \triangle ACA' \equiv \triangle CBC'$ (합동)

그러므로 $\triangle A'B'C'$는 정삼각형이다.

한편, $\triangle ABG$와 $\triangle BGC$는 두 변의 길이가 같은데 사잇각만 다르다. 그러므로 삼각형의 넓이는 사잇각의 사인값에 비례한다. ($\because$ 삼각형의 넓이를 구하는 공식 $\frac{1}{2}ab \cdot \sin C$를 상기하자.)

$$\therefore k = \frac{S_{\triangle ABG}}{S_{\triangle GBC}} = \frac{\sin 45°}{\sin 15°} = \sqrt{3}+1$$

4 아래 식이 성립한다. 이 식은 이 문제 풀이의 맨 끝부분의 〈참고 설명〉을 참조하자.

$$\frac{S_{\triangle A'B'C'}}{S_{\triangle ABC}} = \frac{(k-1)^2}{k^2+k+1} = 2-\sqrt{3} \cdots ㉮$$

$$\therefore S_{\triangle A'B'C'} = (2-\sqrt{3})S_{\triangle ABC} = \left(\frac{\sqrt{3}}{4} - \frac{3}{8}\right)a^2$$

5 갑, 을, 병 면적을 각각 $S_갑, S_을, S_병$라고하고, 갑을, 을병, 병갑을 다시 합친 부분의 면적을 각각 $S_{갑을}, S_{을병}, S_{병갑}$이라고 하고, 갑, 을, 병을 다시 조합한 부분의 면적을 $S_{갑을병}$이라고 하면, $S_갑 = S_을 = S_병 = a^2$이 된다.

$$S_{갑을} = S_{을병} = S_{병갑} = \frac{1}{4}a^2$$

$$S_{갑을병} = S_{\triangle A'B'C'} = \left(\frac{\sqrt{3}}{4} - \frac{3}{8}\right)a^2$$

$$\therefore S = S_갑 + S_을 + S_병 - S_{갑을} - S_{을병} - S_{병갑} + S_{갑을병} = \frac{15+2\sqrt{3}}{8}a^2$$

따라서 구하는 정답은 $\frac{15+2\sqrt{3}}{8}a^2$이다.

〈참고 설명〉 문제 풀이의 ㉔식이 나오게 된 것의 보충설명

한 변의 길이가 1인 정삼각형 ABC에서 $\overline{AN}:\overline{NB}=\lambda:1$, $\overline{BL}:\overline{LC}=\lambda:1$, $\overline{CM}:\overline{MA}=\lambda:1$되게끔 세 점 N, L, M을 세 변 $\overline{AB}$, $\overline{BC}$, $\overline{CA}$ 위에 잡았을 때, 다음 그림에서 삼각형 PQR의 넓이와 삼각형 ABC의 넓이의 비를 구하여 보자.

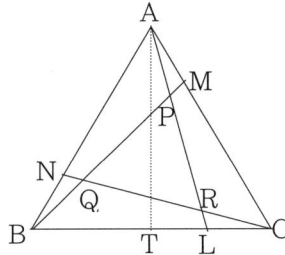

꼭짓점 A에서 변 BC에 내린 수선의 발을 T라 하자.

그러면 $\overline{AT}\perp\overline{BC}$, $\overline{BT}=\overline{TC}$. $\therefore$ $\overline{TL}=\dfrac{1}{2}-\dfrac{1}{\lambda+1}$

또한 삼각형 ATL에서 피타고라스의 정리에 의하여 다음을 얻는다.

$$\overline{AL}=\frac{\sqrt{\lambda^2+\lambda+1}}{\lambda+1}$$

$\angle LCA=\angle LRC=60^\circ$, $\angle CAL=\angle RCL$. $\therefore$ $\triangle CAL\backsim\triangle RCL$

$$\therefore\ 1\ :\ \frac{\sqrt{\lambda^2+\lambda+1}}{\lambda+1}\ :\ \frac{1}{\lambda+1}=\overline{RC}\ :\ \frac{1}{\lambda+1}\ :\ \overline{RL}$$

$$\therefore\ \overline{RC}=\frac{1}{\sqrt{\lambda^2+\lambda+1}},\ \overline{RL}=\frac{1}{(\lambda+1)\sqrt{\lambda^2+\lambda+1}}$$

한편, $\overline{AP}=\overline{RC}$이므로 다음을 얻는다.

$$\overline{PR}=\overline{AL}-\overline{AP}-\overline{RL}$$

$$=\frac{\sqrt{\lambda^2+\lambda+1}}{\lambda+1}-\frac{1}{\sqrt{\lambda^2+\lambda+1}}-\frac{1}{(\lambda+1)\sqrt{\lambda^2+\lambda+1}}$$

$$=\frac{\lambda-1}{\sqrt{\lambda^2+\lambda+1}}$$

그러므로 넓이 $(\triangle PQR)=\dfrac{\sqrt{3}(\lambda-1)^2}{4(\lambda^2+\lambda+1)}$ 이다.

그런데 넓이 $(\triangle ABC)=\dfrac{\sqrt{3}}{4}$ 이다.

따라서 $\dfrac{\triangle PQR}{\triangle ABC}=\dfrac{(\lambda-1)^2}{(\lambda^2+\lambda+1)}$ 이다.